Maple V Release 4

Michael Kofler

Maple V Release 4

Einführung und Leitfaden für den Praktiker

ADDISON-WESLEY PUBLISHING COMPANY

Bonn • Reading, Massachusetts • Menlo Park, California • New York
Don Mills, Ontario • Harlow, England • Amsterdam • Milan • Sydney
Tokyo • Singapore • Madrid • San Juan • Seoul • Mexico City • Taipei, Taiwan

Die Deutsche Bibliothek – CIP-Einheitsaufnahme

Maple V Release 4: Einführung und Leitfaden für den Praktiker / Michael Kofler. –
Bonn : Addison-Wesley, 1996
ISBN 3-89319-903-9

Satz: Michael Kofler, Graz
Belichtung, Druck und Bindung: Bercker Graphischer Betrieb, Kevelaer
Produktion: Claudia Lucht, Bonn
Umschlaggestaltung: Hommer DesignProduction, Haar bei München

Das verwendete Papier ist aus chlorfrei gebleichten Rohstoffen hergestellt und alterungsbeständig. Die Produktion erfolgt mit Hilfe umweltschonender Technologien und unter strengsten Auflagen in einem geschlossenen Wasserkreislauf unter Wiederverwendung unbedruckter, zurückgeführter Papiere.

Inhaltsübersicht

Inhaltsverzeichnis

Vorwort

Maple zählt zu den ausgereiftesten Computeralgebraprogrammen, die derzeit auf dem Markt sind. Der richtige Einsatz erspart stundenlange und fehleranfällige manuelle Berechnungen. Das führt vielleicht dazu, daß Sie wie der Autor nach kurzer Zeit Maple-süchtig werden: Sie können sich dann nicht mehr vorstellen, bestimmte Berechnungen noch von Hand durchzuführen. Ziel dieses Buchs ist, das dazu erforderliche Wissen in möglichst praxisnaher und übersichtlicher Form zu vermitteln.

Mit Release 4 wurde die stetige Weiterentwicklung von Maple fortgesetzt. Neu sind vor allem die stark verbesserte Benutzeroberfläche und die einfacher zu bedienende Online-Hilfe. Neu bzw. verändert sind auch zahllose Kommandos. Dieses Buch wurde im Hinblick auf Release 4 vollkommen überarbeitet, alle Beispiele wurden mit der neuen Version getestet und – soweit erforderlich – adaptiert. (Einen Überblick über die Neuheiten gegenüber Release 3 und die dabei entstandenen Inkompatibilitäten finden Sie auf Seite 23.)

Maple hat natürlich auch seine Tücken. Diese reichen von der teilweise inkonsistenten Syntax bis hin zu echten Fehlern. Bei der Arbeit an diesem Buch bin ich in anderen Büchern immer wieder auf Beispiele gestoßen, die zwar in der vorgestellten Form funktionieren, die Maple aber vor unlösbare Probleme stellen, sobald eine Kleinigkeit verändert wird – echte Vorzeigebeispiele also. In diesem Buch werden Sie keine unkritischen Lobeshymnen finden, sondern konkrete Hinweise darauf, wo die Grenzen von Maple liegen und bei welchen Berechnungen Vorsicht geboten ist. Ich hoffe, daß Ihnen diese – bei aller Begeisterung – kritische Einschätzung von Maple hilft, unnötige Hindernisse und Ärgernisse zu vermeiden und Maple so schätzen zu lernen.

Zum Abschluß noch eine Zukunftsvision: In den letzten Jahrzehnten hat der Taschenrechner das traditionelle wissenschaftliche Rechnen revolutioniert. Rechenschieber sind ebenso verschwunden wie endlose Tabellen für elementare mathematische Funktionen. Computeralgebrasysteme wie Maple etablieren sich zur Zeit als Werkzeuge, deren Verwendung auf höheren Schulen, auf Universitäten und in der Industrie bald so selbstverständlich sein wird, wie es heute der Taschenrechner ist. In diesem Sinne wünsche ich Ihnen viel Spaß mit diesem Buch über den 'Taschenrechner der Zukunft'!

Michael Kofler `<kofler@ping.at>`, April 96

`http://www.addison-wesley.de/Service/Kofler/home.html`

Konzeption des Buchs

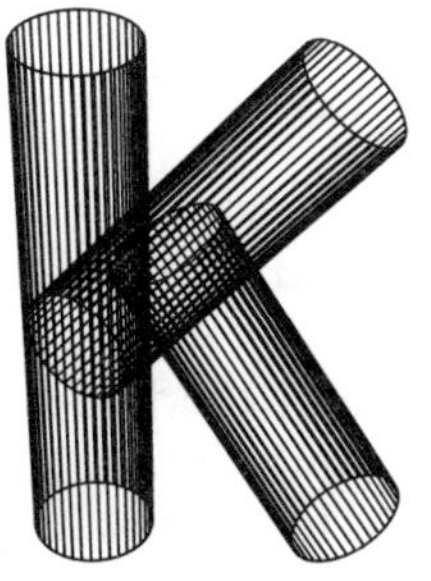

Das Buch ist in drei Teile gegliedert. Teil I gibt eine Einführung in Maple, Teil II beschreibt in systematischer Reihenfolge alle wichtigen Kommandos für den täglichen Umgang mit Maple, Teil III behandelt schließlich verschiedene fortgeschrittene Themen.

Teil I beginnt mit einem Überblick über die Fähigkeiten von Maple. Dabei war mir nur wichtig zu zeigen, daß es geht – nicht wie. Es erwartet Sie also ein Kapitel, in dem keine Rücksicht auf Details genommen wird. Kapitel 2 geht auf wichtige Formalitäten bei der Bedienung Maples ein und beschreibt einige elementare Syntaxkonventionen.

Schon die Titel der beiden folgenden Kapitel zeigen, daß auch darin die Anforderungen an den Leser nicht allzu hoch sind: *Maple als Taschenrechner verwenden* und *Mit Maple durchs Abitur*. Vermutlich haben Sie vor, Maple anders einzusetzen. Aber lassen Sie sich nicht täuschen: Sie gewinnen anhand der leicht nachvollziehbaren Beispiele beinahe spielerisch ein unverzichtbares Basiswissen, das sonst nur in abstrakt-theoretischer Form vermittelt werden könnte. Auch Kapitel 5 sollte ein Muß für alle Leser sein, auch für jene, die mit Maple schon gearbeitet haben. In *Überlebensregeln* wird auf die häufigsten Fehler im Umgang mit Maple hingewiesen.

Mit *Teil II* wird das Buch dann systematischer. In 15 relativ kurzen Kapiteln lernen Sie die elementaren Maple-Kommandos kennen – von `sqrt` zur Berechnung der Quadratwurzel bis zu `plot3d` zum Zeichnen dreidimensionaler Grafiken. Auch wenn Sie je nach geplanter oder schon vorhandener Anwendung von Maple auf das eine oder andere Kapitel verzichten können – die meisten hier behandelten Kommandos gehören zum täglichen Brot jedes Maple-Anwenders.

Teil III nennt sich hochtrabend *Maple für Fortgeschrittene* – aber so fortgeschritten müssen Sie gar nicht sein, wenn Sie einen Blick in das eine oder andere Kapitel werfen wollen (und sollen!). Die meisten der Kapitel sind vollkommen eigenständig und bauen nur auf dem im zweiten Teil vermittelten Grundwissen auf. Ob Sie nun Vektor-Analysis betreiben, Maple als Programmiersprache verwenden und erweitern, oder die Grafikmöglichkeiten bis zu ihren Grenzen ausnutzen möchten – hier erfahren Sie das Wie und Warum.

Den Abschluß des Buchs bilden zwei Anhänge: Anhang A geht kurz auf den Austausch von mathematischen Ausdrücken zwischen Maple und dem Konkurrenzprodukt Mathematica ein. Auf diese Weise lassen sich die Ergebnisse mathematischer Umformungen zuverlässig überprüfen. Anhang B gibt ein Inhaltsverzeichnis der beiliegenden CD-ROM.

Probleme mit Maple

Maple wird häufig als eine eierlegende Wollmilchsau beschrieben, die alle Mathematikprobleme – egal wie kompliziert – rasch und problemlos löst. In vielen Maple-Büchern wird eben dieser Eindruck vermittelt, indem lauter (oft kompliziert wirkende) Beispiele abgedruckt sind, die alle scheinbar problemlos funktionieren. Dieses Buch will sich von dieser unkritischen Betrachtung der Fähigkeiten von Maple ein wenig absetzen. Für die praktische Anwendung von Maple ist es von großem Nutzen, nicht nur die positiven Aspekte zu kennen, sondern auch über die zur Zeit bestehenden Einschränkungen.

Daher werden Sie immer wieder Hinweise finden, daß eine Berechnung nicht geklappt hat, daß die Möglichkeiten von Maple in manchen Bereichen der Mathematik (z.B. Integrale, Differentialgleichungen) noch nicht ausgereift sind, daß Maple bei einer ungünstigen Formulierung der Problems falsche Resulatate liefern kann etc. Natürlich überwiegen auch in diesem Buch die Positiv-Beispiele, und zwar aus zwei Gründen:

Erstens ist es die Aufgabe eines Buchs, zu beschreiben, was geht und wie es geht, und nicht nur zu lamentieren, daß bestimmte Dinge eben noch nicht klappen.

Und zweitens stellt sich bei jedem Problem die Frage: Ist es ein Eingabefehler? Eine für Maple ungeeignete oder ungünstige Formulierung? Ein Fehler der Maple-Version für Windows, der auf anderen Rechnern vielleicht gar nicht auftritt? Ein Fehler, der nur wegen unzureichendem Speicherplatz (immerhin 32 MB RAM) auftritt? Zuwenig Geduld (weil eine Berechnung nach 10 ergebnislosen Minuten abgebrochen wurde)? Oder kann Maple das Problem in dieser Form wirklich nicht lösen?

Es ist einfach, über Beispiele zu schreiben, die funktionieren – eben weil es selbstverständlich ist, daß sie funktionieren. Aber es ist schwierig, über Dinge zu schreiben, die nicht funktionieren, besonders dann, wenn die Ursache unklar ist.

Was Sie in diesem Buch nicht finden

- Maple liegt in zahlreichen Versionen für DOS-, Windows-, Macintosh- und UNIX-Rechner vor. Die mathematischen Funktionen sind in allen Versionen gleich, die Details der Bedienung sind hingegen vom Computertyp und dessen Betriebssystem abhängig. Aus diesem Grund wird auf die Bedienung von Maple nur ganz am Rande eingegangen; die mathematischen Kommandos stehen im Vordergrund. (Ausgenommen von dieser Regel ist nur Kapitel 2, das Grundlageninformationen zur Bedienung von Maple und zum neuen Worksheet-Konzept vermittelt. Dieses Kapitel basiert auf der Windows-Version von Maple.)

- Maple umfaßt zur Zeit etwa 2500 Kommandos. Eine Menge weiterer Kommandos befinden sich in diversen Zusatzpaketen der share-Bibliothek. Erwarten Sie sich also keine vollzählige Beschreibung aller Kommandos – das wäre schon allein aus Platzgründen unmöglich. Dieses Buch kann und will die Orginaldokumentation und die Online-Hilfe nicht ersetzen.

- Gespart wurde schließlich mit längeren Beispielen. Diese sind zur Erklärung der Anwendung von Kommandos selten erforderlich und würden das Buch unnötig aufblähen (und jeweils nur eine sehr kleine Lesergruppe interessieren). Wenn Sie sehen möchten, wie die Kommandos von Maple zur Lösung komplexerer Probleme eingesetzt werden, werfen Sie einen Blick in das hervorragende Buch von Markus Hörhager (siehe Literaturverzeichnis). Es enthält eine umfangreiche Sammlung von Beispielen aus den Bereichen Differential- und Integralrechnung, gewöhnliche und partielle Differentialgleichungen, Statistik, Interpolations- und Ausgleichsrechnung.

Formalitäten, Schreibweisen

In Maple-Kommandos werden die meisten Konstanten, etwa `I` (imaginäre Einheit), `exp(1)` (Eulersche Zahl) und `Pi` (Kreisteilungszahl), mit großen Anfangsbuchstaben geschrieben, einige andere wie `infinity` dagegen mit kleinen Anfangsbuchstaben. Im Ergebnis werden statt dessen zumeist die üblichen mathematischen Zeichen verwendet, also I (groß geschrieben), π, e (klein) und ∞.

Die Syntax von Maple weicht gelegentlich ein wenig von den mathematischen Konventionen ab. So meint `sin(x)^2` die Formel $(\sin x)^2$, während `sin(x^2)` für $\sin x^2$ steht. Mathematische Formeln werden in diesem Buch in der Syntax von Maple angegeben.

Kommandos und Maple-Eingaben werden in derselben Schriftart wie dieses `kommando` gesetzt. Maple-Ausgaben werden als mathematische Formeln in der Art $\frac{\sin(\alpha)}{\pi}$ gesetzt. Das in Maple übliche Zeichen > vor dem Beginn jeden Kommandos wird nicht angegeben. Wenn es der Platz zuläßt, befindet sich der erklärende Text in der Textspalte links, das dazugehörige Kommando in der Spalte rechts. Das Beispiel rechts zeigt ein einfaches bestimmtes Integral.

```
int(x^2+x^3,x=a..b);
```

$$\frac{b^4}{4} + \frac{b^3}{3} - \frac{a^4}{4} - \frac{a^3}{3}$$

Aufgrund verschiedener interner Abläufe beim Satz dieses Buchs mit LaTeX kommt es vor, daß manche Formeln in diesem Buch nicht ganz so aussehen wie am Bildschirm Ihres Rechners. Beispielsweise tritt der Fall ein, daß ein Bruch am Bildschirm als solcher angezeigt wird, während in diesem Buch die Formel $(...)^{-1}$ zu sehen ist. Ebenso passiert es, daß der Nenner eines Bruchs als Faktor vor oder hinter dem Zähler angeschrieben wird, beispielsweise $\sqrt{x}\ 1/2$ statt $\frac{\sqrt{x}}{2}$. Mathematisch sind die Ergebnisse aber selbstverständlich gleichwertig.

Probleme mit Packages

Viele Beispiele in diesem Buch verwenden Kommandos aus verschiedenen Packages. (Eine kurze Erklärung, was ein Package ist, finden Sie in Kapitel 2.) Diese Packages müssen mit `with(name)` aktiviert werden, bevor ein darin definiertes Kommando verwendet werden kann. Dieses `with`-Kommando wird im Buch immer beim ersten dies betreffenden Beispiel (und fallweise in weiteren Abschnitten neuerlich) angegeben, nicht aber bei *jedem* Beispiel. Wenn ein Beispiel nicht wie erwartet funktioniert oder unerklärliche Fehlermeldungen liefert, kann es daran liegen, daß Sie das Package nicht aktiviert haben. Am ehesten tritt dieses Problem auf, wenn Sie ein Kapitel nicht linear durchlesen, sondern unmittelbar ein Beispiel aus der Mitte des Kapitels eingeben.

Abhilfe: Sehen Sie in der Syntaxzusammenfassung am Ende des jeweiligen Kapitels nach, ob sich eines der Kommandos in einem Package befindet. Führen Sie gegebenenfalls `with` aus und wiederholen Sie das bzw. die fehlerhaften Kommandos.

Das gleiche Problem gibt es auch bei Kommandos, die vor ihrer Verwendung mit `readlib` (ebenfalls Kapitel 2) aktiviert werden müssen. Auch hierfür gilt der Verweis auf die Syntaxzusammenfassung.

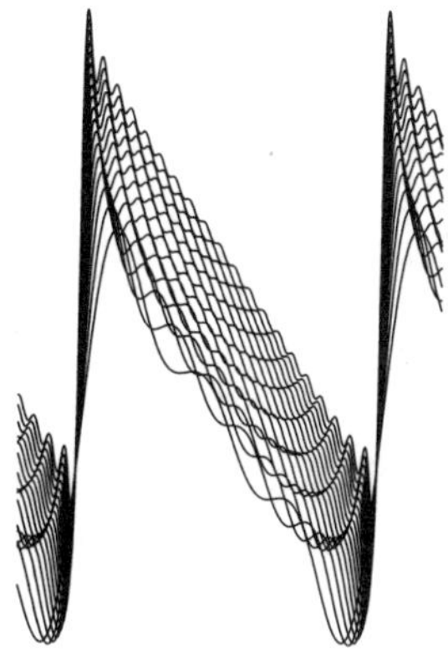

Neuheiten in Release 4

Um es gleich vorweg zunehmen: Trotz vieler neuer Features hat Maple V Release 4 beim Autor nicht nur Begeisterung hervorgerufen: Die Neuerungen im mathematischen Bereich sind sehr spärlich ausgefallen. Maple rechnet weder schneller noch exakter. Manche Fehler aus den bisherigen Versionen sind wohl korrigiert, dafür sind andere hinzugekommen. Ein Teil der neuen Kommandos ist inkompatibel zu denen der vorigen Versionen; manche Kommandos und Packages aus Release 3 fehlen in Release 4 vollständig. Das neue Worksheet-Interface sieht zwar schön aus, wirkt bei seiner Bedienung (insbesondere über die Tastatur) aber noch unausgegoren.

Ein etwas langsamerer Produktzyklus gepaart mit etwas mehr Qualität würde einem Computeralgebrasystem wie Maple gut anstehen. Andernfalls wird die Werbeversprechung, derzufolge Maple das *most powerful and respected mathematical problem-solving system available* ist, beim Anwender gewissen Zweifel auslösen.

Neu in Release 4

Das Buch wurde für Maple V Release 4 vollkommen überarbeitet, d. h. der gesamte Text und alle Beispiele wurden aktualisiert. Daher fehlt ein eigenes Kapitel, das speziell auf Release 4 eingeht. Statt dessen faßt dieser Abschnitt die wichtigsten Änderungen gegenüber der Vorgängerversion (Release 3) zusammen und gibt Querverweise auf die Kapitel, in denen neue oder geänderte Kommandos beschrieben werden.

Die Liste mit den Änderungen erhebt ebensowenig wie das restliche Buch einen Anspruch auf Vollständigkeit! (Angesichts von mehr als 2500 Kommandos wäre es ein aussichtsloses Unterfangen, *alles* beschreiben zu wollen.) Neben den hier aufgezählten Packages und Kommandos wurden zahllose bereits vorhandene Kommandos verbessert. Es gibt noch mehr vordefinierte Funktionen, der zulässige Wertebereich für die Parameter schon vorhandener Funktionen wurde erweitert. Es gibt eine Menge neuer Kommandos für die Maple-Programmierung etc. Werfen Sie auf jeden Fall auch einen Blick in die Online-Hilfe (HELP—CONTENTS—WHAT´S NEW) und sehen Sie sich die mit Maple mitgelieferte Datei `examples\r4menu.mws` an!

Worksheet-Interface: Die optisch auffälligste Änderung betrifft die neue Benutzeroberfläche. Maple bietet jetzt deutlich mehr Möglichkeiten zur Gestaltung von Maple-Dokumenten. Es stehen vordefinierte Absatz- und Zeichenformate zur Verfügung, weitere Formate können (ähnlich wie WinWord-Formatvorlagen) definiert werden. Mehrere Absätze mit Text, Maple-Kommandos und deren Ergebnissen können zu Gruppen zusammengefaßt und aus- und wieder eingeblendet werden. Querverweise auf andere Textstellen oder auf andere Dokumente können eingerichtet werden.

Auch der Umgang mit mathematischen Ausdrücken wurde verbessert: Aus Ergebnissen können mit der Maus einzelne Teile kopiert und an einer anderen Stelle (sowohl bei der Kommandoeingabe als auch als Formel im Fließtext) wieder eingefügt werden.

Grafiken werden nicht mehr in einem eigenen Fenster angezeigt, sondern direkt im Maple-Dokument. Dadurch wird nicht nur die Bearbeitung und Speicherung von Grafiken erleichtert, es wird auch beim Ausdruck eine erheblich bessere Qualität erzielt.

Verbessert hat sich schließlich die Schnittstelle zu LaTeX: Wenn ein Worksheet im LaTeX-Format gespeichert wird, werden jetzt automatisch PostScript-Dateien von allen darin enthaltenen Grafiken erzeugt. Sofern eine vollständige LaTeX-Umgebung vorhanden ist, ist der Ausdruck eines Worksheets samt Grafiken in der anerkannt hohen Qualität von LaTeX problemlos möglich.

Das neue Worksheet-Interface und die Schnittstelle zu LaTeX werden in Kapitel 2 beschrieben.

Substitution: Dem Kommando `subs` wurde die flexiblere Variante `algsubs` beigestellt, mit der auch zusammengesetzte Ausdrücke ersetzt werden können: Beispielsweise liefert `algsubs(x*y=z, sin(x*Pi*y))` das Ergebnis $\sin(\pi\, z)$. (Siehe Kapitel 6.)

Stückweise Definition von Funktionen: Das Kommando `piecewise` wurde vollständig überarbeitet. Verbessert haben sich insbesondere die Möglichkeiten, mit stückweise definierten Funktionen weiterzurechnen. (Siehe Kapitel 8.)

Bearbeitung mathematischer Ausdrücke: `combine` kennt jetzt wie `simplify` die Option `symbolic`, die weitergehende Vereinfachungen bewirkt (dabei allerdings Variablen bzw. Funktionen im Raum der reellen Zahlen voraussetzt). `collect` ist leistungsfähiger geworden und kann Ausdrücke jetzt auch nach partiellen Ableitungen oder nach trigonometrischen Funktionen gruppieren. Zur Normalisierung von rationalen Funktionen kann das neue Kommando `radnormal` eingesetzt werden. `convert` kennt einige neue Konversionstypen zur Umwandlung von Ausdrücken. (Siehe Kapitel 10.)

Lösung von Gleichungssystemen: `solve` kommt jetzt auch mit Systemen von Ungleichungen zurecht und kann bei trigonometrischen Funktionen Lösungsmannigfalten als Ergebnis liefern (d. h. π `` `_Z` `` als Lösung zu $\sin(x) = 0$, wobei `` `_Z` `` eine beliebige ganze Zahl annehmen kann. `solve` wurde in zahlreichen weiteren Punkten verbessert und erweitert – siehe Kapitel 11 sowie die mit Maple mitgelieferte Datei `Examples/Solve.mws`.)

Listen: Manche Listenoperationen können jetzt unmittelbar durchgeführt werden: `[1,2]+[3,4]` liefert $[4, 6]$, `[1,2]*3` liefert $[3, 6]$. Komplexere Operationen müssen aber nach wie vor manuell mit `map` und `zip` durchgeführt werden. Der Zugriff auf einzelne Listenelemente liefert abermals Listen (und nicht mehr Folgen). Daher ist das Ergebnis von `l:=[a,b,c,d]:l[2..3]` die Liste $[b, c]$. Beim Zugriff auf Listenelemente sind jetzt auch negative Indize erlaubt, durch die auf das Ende der Liste zugegriffen wird. `l[-2]` liefert als Ergebnis das vorletzte Listenelement c. Das Kommando `seq` verhält sich jetzt wie alle anderen Kommandos und verändert die Laufvariable nicht mehr. (Siehe Kapitel 12.)

Differentiation: Partielle Ableitungen multivariabler Funktionen können einfacher als bisher mit dem neuen Kommando `implicitdiff` gebildet werden.

Differentialgleichungen: `dsolve` zur Lösung von Differentialgleichungen wurde verbessert, das Package `DEtools` wurde vollständig überarbeitet. Das neue Kommando `pdesolve` kommt jetzt sogar mit einfachen partiellen Differentialgleichungen zurecht. (Siehe Kapitel 18.)

Grafik: Durch das `geometry`-Package erzeugte Objekte können jetzt sehr bequem durch `draw` gezeichnet werden. (Siehe Kapitel 14.)

Die Kommandos `DEplot`, `DEplot3d` und `PDEplot` zur grafischen Darstellung von (partiellen) Differentialgleichungen sind überarbeitet worden. (Siehe Kapitel 18.)

`plot` kann jetzt auch eine Liste von Funktionen entgegennehmen (bisher nur Mengen). Damit ist es einfacher, mehrere Funktionen durch unterschiedliche Farben oder Linientypen zu kennzeichnen. (Siehe Kapitel 19.)

`display` ist jetzt in der Lage, mehrere Grafiken neben- und / oder übereinander anzuordnen. (Siehe Kapitel 19.)

`complexplot[3d]` und `rootlocus` ermöglichen eine bequeme Visualisierung komplexer Funktionen. `inequal` stellt zweidimensionale Ungleichungssysteme grafisch dar. `semilogplot` stellt eine Ergänzungen zu den bisher schon vorhandenen Kommandos `logplot` und `loglogplot`-dar. Grafiken können in 45 verschiedenen Koordinatensysteme gezeichnet werden (bisher nur 4), zusätzlich können eigene Koordinatensysteme definiert werden. (Siehe Kapitel 31.)

Das neue Package `plottools` ermöglicht eine komfortable Verwendung von Grafikprimitiven (`arc`, `ellipse`, `sphere` etc.) und die effektvolle Manipulation bereits vorhandener Grafiken. (Siehe Kapitel 32.)

Vektoranalysis: So wie `plot` können auch die Kommandos `div`, `grad` und `curl` zur Vektoranalysis in 45 vordefinierten Koordinatensystemen angewandt werden. (Siehe Kapitel 27.)

Programmierung: Die größte Verbesserung im Bereich der Programmierung betrifft nicht irgendwelche Kommandos, sondern den neuen 'Programming Guide': Diese beinahe 400-seitige Einführung in die Programmierung Maples ist hervorragend aufgebaut und erklärt zum ersten Mal in einer nachvollziehbaren Form die Eigenheiten der Programmiersprache Maple. Die Kapitel 28 bis 30 haben von diesen zusätzlichen Informationen natürlich profitiert und sind jetzt noch übersichtlicher. Insbesondere sei auf den Abschnitt zu Besonderheiten im Umgang mit Variablen und Parametern hingewiesen.

Release 4 bietet aber auch echte Neuigkeiten: Bei der Deklaration von Parametern in Prozeduren werden Datentypen jetzt mit zwei Doppelpunkten angegeben (bisher war einer ausreichend). Mit den Schlüsselwörtern `evaln` oder `uneval` kann eine vollständige Auswertung des Parameters bei der Übergabe von Ausdrücken vermieden werden, was vor allem dann sehr praktisch ist, wenn über den Parameter veränderte Werte zurückgegeben werden sollen. (Siehe Kapitel 29.)

`hasoptions` ermöglicht eine sehr bequeme Auswertung von eigenen Optionen. Mit den Kommandos `fopen`, `fclose`, `fscanf`, `fprintf` stehen die aus der Programmiersprache C bekannten IO-Funktionen jetzt in sehr ähnlicher Form auch unter Maple zur Verfügung. Der Zugriff auf Dateien erfolgt nun über File-Descriptors, so daß auch mehrere Dateien gleichzeitig geöffnet werden können. (Siehe Kapitel 29.)

Es steht in allen Maple-Versionen ein interaktiver Debugger zur Verfügung, mit dem nicht funktionierende Prozeduren analysiert werden können. Der Debugger kann direkt im Worksheet-Interface verwendet werden. (Siehe Kapitel 30.)

Neu ist auch das Kommando HELP|SAVE TO DATABASE zum Speichern von Maple-Worksheets als Hilfeseiten in einer eigenen Library. Im Vergleich zu früheren Versionen, in denen das Erstellen eigener Online-Hilfetexte ein qualvoller Vorgang war, ist das eine geradezu sensationelle Vereinfachung. (Siehe Kapitel 30.)

Verweis: Die mit Maple mitgelieferte Datei `examples\lang.mws` enthält eine Aufzählung weiterer Neuigkeiten.

Inkompatibilitäten gegenüber Release 3

- Das Format von Worksheet-Dateien hat sich geändert, die neue Kennung lautet `*.mws`. Worksheet-Dateien aus Release 3 (Kennung `*.ms`) können weiterhin gelesen werden. Beim Speichern werden sie ohne Rückfrage und ohne Änderung der Kennung im neuen Format gespeichert und können dann mit Release 3 nicht mehr gelesen werden! (Siehe Kapitel 2.)
- Die Kurzschreibweise `E` für die Eulersche Zahl e existiert nicht mehr. Statt dessen muß jetzt `Exp(1)` geschrieben werden. Bei Worksheets, die häufig auf e zurückgreifen, kann am Beginn eine Abkürzung mit `macro(E=exp(1)` definiert werden. (Siehe Kapitel 7.)
- Die Kurzschreibweise `<f | var >` bzw. `<f | var | local var>` zur Definition von Funktionen ist nicht mehr zulässig. Funktionen müssen mit dem Pfeiloperator -> oder mit `proc` definiert werden. (Siehe Kapitel 8.)

- `piecewise` zum Zusammensetzen von Funktionen wurde wesentlich verbessert. Allerdings hat sich dabei auch gleich die Reihenfolge der Parameter geändert, so daß die neue Funktion inkompatibel zur alten ist. (Siehe Kapitel 8.)

- `allvalues` zur Auflösung von `RootOf`-Ausdrücken berücksichtigt nun standardmäßig Abhängigkeiten zwischen den Variablen. In Release 3 mußte dazu die Option `d` angegeben werden; diese Option ist in Release 4 nicht mehr zulässig. Stattdessen kann `dependent` (Defaulteinstellung) oder `independent` angegeben werden. (Siehe Kapitel 11.)

- `solve` liefert das Ergebnis von Ungleichungen wahlweise in Form von von Lösungsgleichungen für die Variable (z. B. $\{x < 1\}$, Defaulteinstellung in Release 3) oder in Form von `RealRange`-Ausdrücken (z. B. $RealRange(-\infty, Open(1))$, Defaulteinstellung ab Release 4). `RealRange`-Ausdrücke lassen sich zwar besser weiterverarbeiten, sind aber unübersichtlich zu lesen. (Siehe Kapitel 11.)

- Das `geometry`-Package wurde vollkommen überarbeitet. Die Kommandos sind jetzt konsistenter als bisher. Dadurch haben sich allerdings Syntax und Parameterreihenfolge häufig geändert, d. h., alle Berechnungen, die auf dem `geometry`-Package basieren, müssen überarbeitet werden. Die Packages `geom3d` und `projgeom` wurden ersatzlos gestrichen. (Siehe Kapitel 14.)

- `limit` liefert bei komplexen Grenzwerten, die nach Unendlich konvertieren, nur mehr das Ergebnis ∞ zurück. Bis Release 3 wurde zusätzlich die Richtung angegeben, beispielsweise $(3/5 + 4\,I/5)\infty$. (Siehe Kapitel 15.)

- Das `tensor`-Package wurde neu strukturiert, die interne Verwaltung der Tensoren wurde verändert. Das Package enthält jetzt auch Kommandos, die bisher in den Packages `debever`, `cartan`und `petrov` definiert waren. Ebenso wurde auch das Package `DEtools` überarbeitet. Auch hier hat sich die Syntax der Kommandos geändert. (Siehe Kapitel 18.)

- Die Kommandos `fourier`, `invfourier`, `invlaplace`, `invztrans`, `laplace` und `mellin` zählen jetzt zum neuen `inttrans`-Package, das mit `with(inttrans)` aktiviert werden muß. (Siehe Kapitel 25 und 26).

- Programmierung: Die Typenüberprüfung von Parametern in eigenen Prozeduren erfolgt jetzt mit dem Operator `::` (statt bisher mit nur einem Doppelpunkt). Alle Variablen, die nicht explizit als `global` deklariert sind, gelten jetzt automatisch als lokale Variablen. (In Release 2 war es gerade umgekehrt, und in Release 3 hing es von der Verwendung ab.)

  Geändert haben sich auch einige Kommandos zum Bearbeiten von Dateien. Das Kommando `write` wurde durch `fprintf` ersetzt, das selbstredend wieder eine vollkommen neue Syntax aufweist. Auch die Syntax von `open` ist inkompatibel zur bisherigen Version dieses Kommandos. Immerhin gleichen die Kommandos jetzt weitgehend dem, was in der Programmiersprache C üblich ist. `printf` und `scanf` kennen das Format `%i` nicht mehr, statt dessen muß `%d` verwendet werden. (Siehe Kapitel 29.)

Programmcode für Release 3, der in ASCII-Dateien vorliegt, kann mit `updtsrc` in die Syntax von Release 4 übersetzt werden. `updtsrc` ist ein von Maple unabhängiges Programm. Sein Aufruf (von DOS bzw. von einem Shell-Fenster aus) sieht folgendermaßen aus:

```
updtsrc alt.mp > neu.mpl
```

Damit wird die Release-3-Datei `alt.mp` gelesen, analysiert und verändert in `neu.mpl` gespeichert. `updtsrc` liefert auch Informationen zu allen Veränderungen und gibt Hinweise auf eventuell noch zu erwartende Probleme.

- Das Erstellen von Hilfetexte ist zugegebenermaßen viel komfortabler als unter Release 3. Der unerfreuliche Aspekt an der Sache ist, daß alte Hilfetexte (die recht umständlich als Programmcode formuliert werden mußten) nicht weiterverwendet werden können. (Siehe Kapitel 30.)

Teil I

Maple kennenlernen

Der erste Teil dieses Buchs soll Ihnen den Einstieg in Maple erleichtern. Die Zielsetzung liegt (im Gegensatz zu den beiden folgenden Teilen) weniger darin, systematisch geordnetes Wissen zu vermitteln. Detailinformationen zu einzelnen Kommandos werden Sie ab Teil II noch zur Genüge vorfinden! Die Absicht der ersten fünf Kapitel liegt vielmehr darin, Ihnen ein Gefühl für Maple zu vermitteln, einen Überblick darüber, was mit Maple möglich ist, die Klärung formaler Fragen, Tips zur Vermeidung von Fehlern etc.

Kapitel 1 demonstriert die Fähigkeiten von Maple, ohne dabei ins Detail zu gehen. Kapitel 2 faßt die wichtigsten Formalitäten der Bedienung von Maple zusammen. In Kapitel 3 und 4 lernen Sie anhand verhältnismäßig einfacher Berechnungen einige mathematische Fähigkeiten von Maple kennen.

Ein ganz wichtiger Aspekt in Kapitel 4 ist das Zusammenwirken mehrerer Maple-Kommandos. Zur Lösung eines konkreten Beispiels benötigen Sie fast immer mehrere Kommandos. Das Hauptproblem besteht nun darin, bereits vorhandene Zwischenergebnisse möglichst effizient (d.h. ohne viel Tipparbeit) in den folgenden Berechnungsschritten weiter zu verwenden.

Kapitel 5 faßt einige elementare (Überlebens-)Regeln für den Umgang mit Maple zusammen. Selbst wenn Sie schon mit Maple gearbeitet haben, sollten Sie dieses Kapitel zumindest überfliegen. Einsteiger lassen sich besser etwas mehr Zeit – es lohnt sich! Sie finden dort eine Menge Tips, wie Sie frustrierende Anfängerfehler vermeiden können.

Lassen Sie sich bitte nicht von der scheinbaren Trivialität der Beispiele in den Kapitel 3 und 4 abschrecken! Wenn Sie Maple zum ersten Mal starten und sofort ein Problem lösen möchten, bei dem Sie mit händischem Rechnen oder herkömmlichen Hilfsmitteln nicht mehr weiterkommen, werden Sie mit allergrößter Wahrscheinlichkeit scheitern. Maple ist zwar für ein Programm seiner Leistungsklasse relativ einfach zu bedienen, gerade der Einstieg birgt aber durchaus einige Tücken. Aus diesem Grund sollten Sie die ersten Stunden (realistischer: die ersten zwei bis drei Tage) hauptsächlich solche Berechnungen durchführen, von denen Sie gesicherte Ergebnisse und somit eine einfache Kontrollmöglichkeit besitzen.

Kapitel 1

Was ist Maple?

Eine vereinfachte Antwort auf diese Frage könnte lauten: ein Programm zur Durchführung mathematischer Berechnungen. Diese Minimaldefinition ist allerdings nicht ausreichend, um den tatsächlichen Anwendungsbereich Maples zu beschreiben. Maple stellt nämlich gleichzeitig eine (für mathematische Anwendungen optimierte) Programmiersprache und ein sehr mächtiges Grafikwerkzeug zur Visualisierung komplexer mathematischer Zusammenhänge dar.

Auf den nächsten Seiten finden Sie einige Beispiele, die Ihnen besser als viele Worte eine Vorstellung davon vermitteln, was Sie mit Maple anstellen können. Sie werden diese Beispiele nur soweit verstehen, wie Ihnen die zugrundeliegenden mathematischen Kenntnisse vertraut sind. Ziel dieses Kapitel ist es nicht, Detailwissen zu vermitteln, sondern einen groben Überblick zu geben. Aus diesem Grund werden Sie auf den folgenden Seiten so gut wie keine Erklärungen über das Wie und Warum finden – gedulden Sie sich damit bis zu den folgenden Kapiteln, in denen es mehr Text und weniger Formeln geben wird.

Dieses Kapitel erhebt natürlich keinen Anspruch auf Vollständigkeit. Es stellt lediglich die wichtigsten Grundmuster der Anwendung von Maple vor. Maple kennt derart viele Kommandos, daß eine vollständige Beschreibung im Rahmen dieses Buchs von vornherein ausgeschlossen ist. Noch viel breiter gestreut ist der Bereich der tatsächlichen Anwendungsbereiche dieses Programms, der von der Wirtschaftsmathematik bis hin zu physikalischen Berechnungen nach der Relativitätstheorie gehen kann.

Mit Maple rechnen

Maple versucht immer, exakt zu rechnen. Aus diesem Grund bleiben unkürzbare Brüche als solche stehen.

```
1/3 + 1/7;
```

$$\frac{10}{21}$$

Selbstverständlich ist eine numerische Auswertung jederzeit und in beliebiger Stellenzahl möglich.

```
evalf( 1/3 + 1/7);
```

$$0.4761904762$$

```
evalf(Pi, 50);
```

$$3.1415926535897932384626433832$$
$$79502884197169399375 1$$

Maple macht generell keinen Unterschied zwischen reellen und komplexen Zahlen. Alle elementaren Funktionen sind auch für komplexe Argumente definiert. Die imaginäre Einheit `I` wird in Maple groß geschrieben.

```
abs(2+3*I);
```

$$\sqrt{13}$$

```
(3+2*I)/(2-I);
```

$$4/5 + \frac{7\,I}{5}$$

Polynome

Die große Stärke von Maple besteht darin, daß es auch symbolisch rechnen kann, also mit Variablen wie x und y statt mit konkreten Zahlenwerten.

```
factor(x^4+2*x^3-12*x^2-40*x-32);
```

$$(x+2)^3\,(x-4)$$

```
expand((x-1)^4);
```

$$x^4 - 4\,x^3 + 6\,x^2 - 4\,x + 1$$

Maple ist in der Lage, sehr weitgehende Vereinfachungen durchzuführen.

```
simplify( exp(x*log(y)) );
```

$$y^x$$

```
simplify(sin(x)^2+cos(x)^2);
```

$$1$$

Maple kennt eine Menge Regeln zur Vereinfachung trigonometrischer Ausdrücke.

```
expand( cos(4*x)+4*cos(2*x)+3, trig);
```

$$8\,\cos(x)^4$$

```
combine(4*cos(x)^3, trig);
```

$$\cos(3\,x) + 3\,\cos(x)$$

Lösung von Gleichungen

Die Lösung einfacher Gleichungen bereitet Maple keine Schwierigkeiten.

```
solve( x^2-x=5, x);
```

$$1/2+\frac{\sqrt{21}}{2}, 1/2-\frac{\sqrt{21}}{2}$$

Maple kommt auch mit Gleichungssystemen zurecht.

```
glsys:={ 2*x + 3*y +   z = 1,
           x -   y -   z = 4,
         3*x       + 7*z = 5}:
solve( glsys );
```

$$\left\{x=\frac{101}{41}, z=-\frac{14}{41}, y=-\frac{49}{41}\right\}$$

Komplizierte Gleichungssysteme, zu denen keine symbolische Lösung existiert, können immer noch numerisch gelöst werden.

```
fsolve( {x^2+y^2=10, x^y=2}, {x,y} );
```

$$\{x=3.102449071, y=0.6122170880\}$$

Matrizenrechnung

Maple kennt zahlreiche Kommandos zur Definition und Manipulation von Vektoren und Matrizen. Diese Kommandos sind in einem sogenannten Package definiert und müssen vor ihrer Verwendung mit `with` aktiviert werden. Im Beispiel rechts wird die inverse Matrix und die Determinante zu a berechnet.

```
with(linalg):
a:=matrix([[1,2],[3,4]]);
```

$$a := \begin{bmatrix} 1 & 2 \\ 3 & 4 \end{bmatrix}$$

```
inverse(a), det(a);
```

$$\begin{bmatrix} -2 & 1 \\ 3/2 & -1/2 \end{bmatrix}, -2$$

Berechnungen mit Matrizen erfolgen normalerweise über das Kommando `evalm`.

```
b:=matrix([[w,x],[y,z]]):
evalm(a + b);
```

$$\begin{bmatrix} 1+w & 2+x \\ 3+y & 4+z \end{bmatrix}$$

Für die Matrizenmultiplikation ist der Operator `&*` definiert.

```
evalm(a &* b);
```

$$\begin{bmatrix} w+2\,y & x+2\,z \\ 3\,w+4\,y & 3\,x+4\,z \end{bmatrix}$$

Grenzwerte, Summen und Produkte

Die Berechnung von Grenzwerten gelingt auch bei relativ komplexen Fällen, wie das zweite Beispiel beweist.

```
limit( (sqrt(1+x)-1)/x, x=0);
```

$$1/2$$

```
limit(x!/x^x, x=infinity);
```

$$0$$

Selbst wo die symbolische Berechnung von Summen oder Produkten scheitert, ist häufig wenigstens eine numerische Auswertung möglich (zweites Beispiel).

```
sum( 1/2^n, n=1..infinity);
```

$$1$$

```
evalf( product( 1+1/x^2,
                x=1..infinity ));
```

$$3.676077910$$

Differentiation und Integration

Zur Diffentiation ist das Kommando `diff` vorgesehen. Das Ergebnis kann oft mit `simplify` noch vereinfacht werden. `diff` bildet mühelos auch partielle Ableitungen von multivariablen Funktionen.

```
simplify(diff( (x-1)/(x^2+1), x));
```

$$-\frac{x^2-1-2\,x}{(x^2+1)^2}$$

```
diff( sin(x*y), x);
```

$$\cos(xy)y$$

Mit `integrate` können sowohl allgemeine als auch bestimmte Integrale berechnet werden (zweites Beispiel). Die Ergebnisse fallen bei komplizierteren Funktionen ziemlich umfangreich aus.

```
integrate( 1/(1+x^3), x);
```

$$\frac{\ln(x+1)}{3}-\frac{\ln(x^2-x+1)}{6}+\frac{\sqrt{3}\,\arctan(\frac{(2\,x-1)\sqrt{3}}{3})}{3}$$

```
integrate( sin(x^2), x=a..b);
```

$$\sqrt{2}\,\sqrt{\pi}\,\mathrm{FresnelS}(\frac{\sqrt{2}\,b}{\sqrt{\pi}})1/2-\sqrt{2}\,\sqrt{\pi}\,\mathrm{FresnelS}(\frac{\sqrt{2}\,a}{\sqrt{\pi}})1/2$$

Differentialgleichungen

Die Formulierung von Differentialgleichungen und Randbedingungen ist ein wenig mühsam. Wenn die Differentialgleichung nicht zu kompliziert ist, lohnt Maple den Aufwand mit der korrekten Lösung. Wenn eine zu geringe Anzahl von Neben- und Randbedingungen angegeben wird, formuliert Maple die Lösung mit den Integrationskonstanten $\_Cn$.

```
dgl := diff(y(x),x) * y(x) * (1+x^2) = x;
```

$$dgl := \left(\frac{d}{dx}y(x)\right)y(x)\left(1+x^2\right) = x$$

```
dsolve( { dgl, y(0)=0 }, y(x));
```

$$y(x) = -\sqrt{\ln(1+x^2)}\,, y(x) = \sqrt{\ln(1+x^2)}$$

```
dsolve( (y(x)^2 - x)*D(y)(x) + x^2-y(x) = 0, y(x) );
```

$$\frac{x^3}{3} - y(x)x + \frac{y(x)^3}{3} = \_C1$$

Reihenentwicklungen

Wo eine exakte Lösung eines mathematischen Problems nicht möglich ist, hilft häufig eine Reihenentwicklung durch `series` weiter.

```
series(sin(x), x=0, 10);
```

$$x - \frac{1}{6}x^3 + \frac{1}{120}x^5 - \frac{1}{5040}x^7 + \frac{1}{362880}x^9 + O\left(x^{10}\right)$$

Auch das oben schon erwähnte Kommando `dsolve` ist in der Lage, Lösungen von Differentialgleichungen in Form von Reihen zu berechnen.

```
Order:=10:
dgl:=diff(y(x), x$2) + diff(y(x),x) + y(x) = x+sin(x);
```

$$dgl := \frac{d^2}{dx^2}y(x) + \frac{d}{dx}y(x) + y(x) = x + \sin(x)$$

```
lsg1:=dsolve( {dgl, y(0)=0, D(y)(0)=0}, y(x), series);
```

$$lsg1 := y(x) = \frac{1}{3}x^3 - \frac{1}{12}x^4 - \ldots + \frac{1}{181440}x^9 + O\left(x^{10}\right)$$

Laplace- und Fouriertransformation

Die Laplacetransformation wird durch das Kommando `laplace` ausgeführt. `laplace` ist Teil des `inttrans`-Package. Das Package muß vor der Verwendung von `laplace` mit `with(inttrans)` aktiviert werden. Zur Rücktransformation steht `invlaplace` zur Verfügung. Nach einer Vereinfachung mit `combine` ist die Originalfunktion wieder erkennbar.

```
with(inttrans):
laplace( cos(t-a), t, s);
```

$$\frac{s\cos(a)+\sin(a)}{s^2+1}$$

```
invlaplace(", s, t);
```

$$\cos(a)\cos(t)+\sin(a)\sin(t)$$

```
combine(",trig);
```

$$\cos(-t+a)$$

Im Beispiel rechts wird zuerst der Rechteckimpuls f aus der Überlagerung zweier Sprungfunktionen definiert. f liefert für $-1 < t < 1$ den Wert 1, sonst 0. Die Fouriertransformation sieht auf ersten Blick nicht wie das erwartete Ergebnis $\frac{2\sin(w)}{w}$ aus, das Maple V Release 3 unmittelbar lieferte, es kann aber entsprechend vereinfacht werden (siehe Kapitel 25).

```
alias(sigma=Heaviside):
f:=sigma(t+1)-sigma(t-1):
g:=simplify(fourier(f, t, w));
```

$$2\,\frac{I\,(\pi\,\mathrm{Dirac}(w)\,w-I)\sin(w)}{w}$$

Interpolation, Näherungsfunktionen

Das Kommando `interp` berechnet ein Polynom der Ordnung $n-1$, das exakt durch n Datenpunkte führt. Im folgenden Beispiel wird eine Kurve durch 10 zufällige y-Werte an den x-Positionen zwischen 1 und 10 gelegt.

```
datax:=[seq(i,i=1..10)]:
datay:=[seq(rand(10)(), i=1..10)]:
dataxy:=zip( (x,y)->[x,y], datax, datay):
```

$$dataxy := [[1,1],[2,0],[3,7],[4,3],[5,6],[6,8],[7,5],[8,8],[9,1],[10,9]]$$

```
f:=interp( datax, datay, x);
```

$$f := \frac{17\,x^9}{51840}-\frac{517\,x^8}{40320}+\frac{11699\,x^7}{60480}-\frac{3719\,x^6}{2880}+\frac{27323\,x^5}{17280}+\frac{176741\,x^4}{5760}-\frac{652577\,x^3}{3240}+$$
$$\frac{1816483\,x^2}{3360}-\frac{1669153\,x}{2520}+293$$

`pade` berechnet über ein numerisches Verfahren eine rationale Näherungsfunktion zu einer vorgegebenen Funktion. Neben `pade` stehen zahlreiche weitere Kommandos zur numerischen Berechnung von Näherungsfunktionen zur Verfügung.

```
with(numapprox):
x0:=solve(x^2=Pi/2)[1];
f:=pade( tan(x^2), x=x0, [3,3]):
evalf(normal(f));
```

$$\frac{-2719774873.0x^2 + 632510616.6x^3 - 675187878.0 + 3212301282.0x}{(2.0x - 2.506628274)(-109716870.0x^2 + 895824869.0x - 1356288866.0)}$$

Grafik

Die beiden universellsten Kommandos zur Darstellung zwei- und dreidimensionaler Funktionen lauten `plot` und `plot3d`. Die vielfältigen Möglichkeiten Maples zur grafischen Darstellung mathematischer Funktionen sind durch die beiden Abbildungen unten aber noch nicht einmal richtig angedeutet.

```
plot(sin(x)*exp(1)^(-x/5), x=0..4*Pi);
```

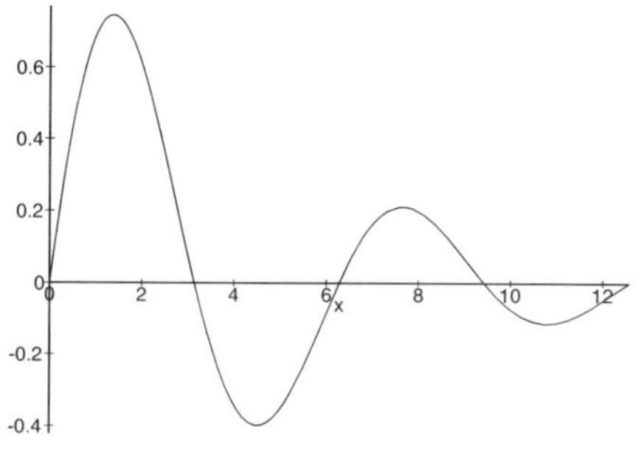


```
plot3d(sin(x)*exp(1)^y, x=0..2*Pi,
      y=0..Pi, axes=boxed);
```

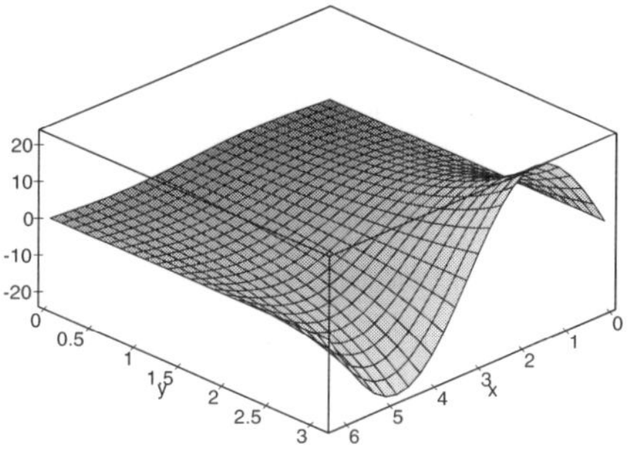

Programmierung

Maple ist nicht nur ein System zur Berechnung mathematischer Ausdrücke, sondern auch eine eigene Programmiersprache. Das Beispiel rechts zeigt die Definition der rekursiven Fibonacci-Funktion.

```
f:=proc(x::nonnegint)
  option remember;
  if x=0 then 0
  elif x=1 then 1
  else f(x-1)+f(x-2) fi
end:

f(50);
```

$$12586269025$$

Kapitel 2

Die Bedienung von Maple

Das Kapitel gibt eine kurze Einführung in den praktischen Umgang mit Maple. Dabei sind weniger mathematische Aspekte von Interesse als vielmehr die zur korrekten Bedienung erforderlichen formalen Details. Das Kapitel beschreibt die Benutzeroberfläche von Maple (Worksheet-Interface), den Ausdruck von Dokumenten und Grafiken sowie die wichtigsten Syntaxkonventionen von Maple (Sonderzeichen, Umgang mit Packages etc.).

Das Kapitel geht nicht (bzw. nur andeutungsweise) auf versionsabhängige Besonderheiten von Maple ein. Vom mathematischen/syntaktischen Standpunkt her gesehen, sind alle Maple-Versionen gleich. Unterschiede kann es dagegen in der Bedienung, im Aufbau der Menüs, in den Grafikmöglichkeiten etc. geben. Bei der Beschreibung des Worksheet-Interfaces werden Tastenkürzel und Menükommandos angegeben, wie sie bei der Windows-Version von Maple auftreten. Davon abweichende Kürzel oder Kommandos bei anderen Maple-Versionen entnehmen Sie bitten dem mit Maple mitgelieferten Handbuch *Learning Guide*.

Die Informationen in diesem Kapitel sollten ausreichen, um die ersten Versuche mit Maple ohne größere Schwierigkeiten durchzuführen. Natürlich werden hier viele Themen nur berührt, die in späteren Kapiteln noch ausführlicher behandelt werden.

Symbolisches / numerisches Rechnen	Kapitel 3
Vermeiden typischer Fehler	Kapitel 5
Variablenverwaltung	Kapitel 6
Elementare Operatoren und Funktionen	Kapitel 7
Definition eigener Funktionen	Kapitel 8
Folgen, Listen, Mengen	Kapitel 11
Laden und Speichern von Daten	Kapitel 29
Grafik	Kapitel 19, 20, 31, 32
Tips für Umsteiger von Mathematica	Anhang A

Das Worksheet-Interface

Die wesentlichste Neuerung von Release 4 liegt in der grundlegend überarbeiteten Benutzerschnittstelle (Worksheet-Interface). Maple vereint jetzt die Fähigkeiten eines einfachen Textverarbeitungsprogramms mit dem eines Computeralgebraprogramms. Bei der Gestaltung von Texten werden frei definierbare Zeichen- und Absatzformate unterstützt. Mathematische Formeln können auch im Fließtext verwendet werden. Mit `plot` erzeugte Grafiken werden direkt in das Maple-Dokument eingebunden und können in hoher Qualität ausgedruckt werden.

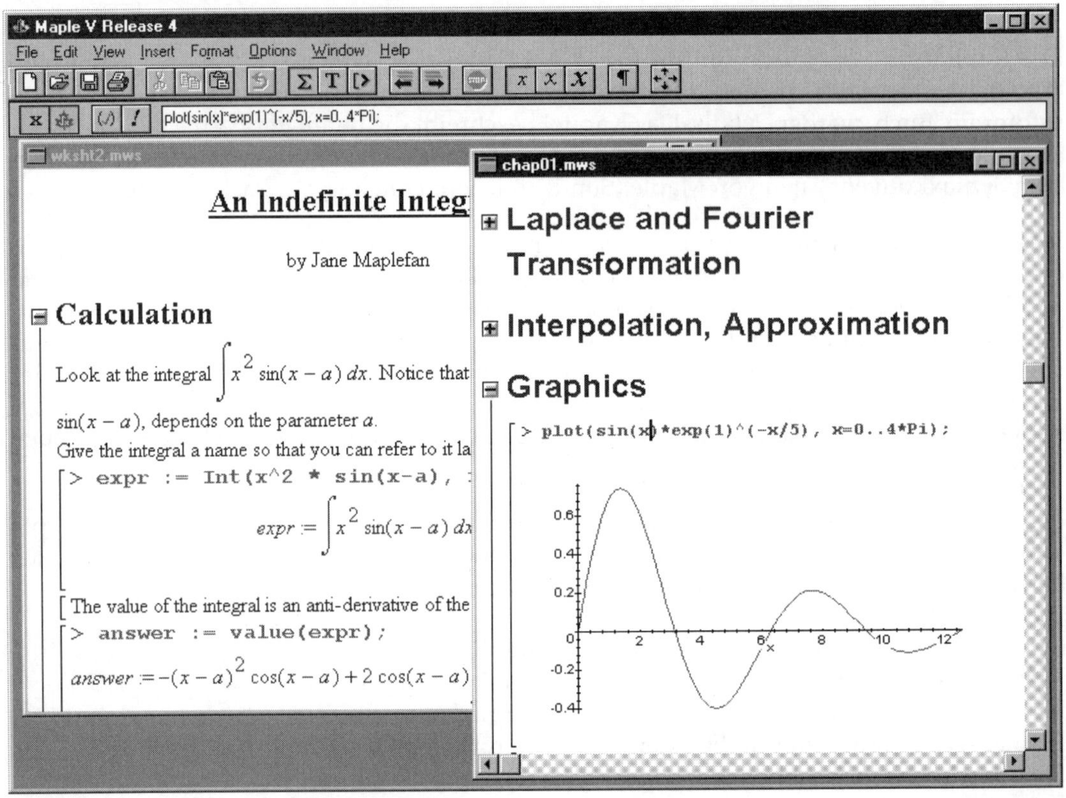

Anmerkung: Das Worksheet-Interface hat bei der getesteten Windows-Version bisweilen zwiespältige Eindrücke hinterlassen. Auf der einen Seite sind die Gestaltungsmöglichkeiten in Worksheets beachtlich. Auf der anderen Seite wirkt die Bedienung (insbesondere über die Tastatur) noch etwas unausgegoren.

Die ersten Maple-Kommandos

Nach dem Start von Maple zeigt das Programm in der ersten Zeile das Zeichen > an und erwartet an dieser Stelle die Eingabe eines Kommandos. Kommandos müssen mit einem Strichpunkt enden und mit (↵) abgeschlossen werden (bzw. mit (Enter) oder (Return), je nach Beschriftung der Tastatur).

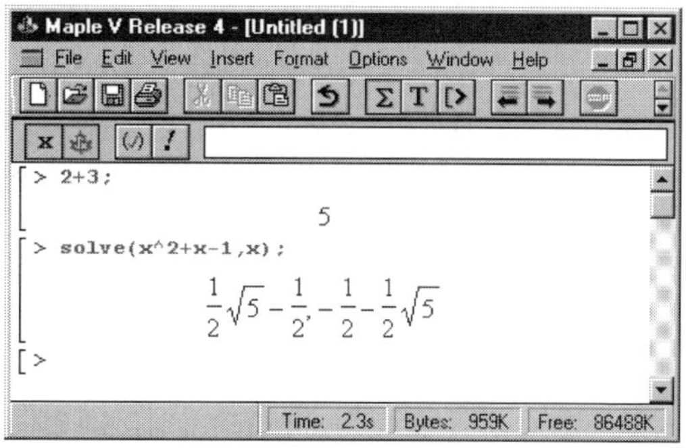

In diesem Buch werden Maple-Kommandos und ihre Ergebnisse in der folgenden Form dargestellt:

```
2+3;
```

$$5$$

```
solve(x^2+x-1=0,x);
```

$$1/2\,\sqrt{5} - 1/2, -1/2 - 1/2\,\sqrt{5}$$

Innerhalb des Worksheets (also des Fensters, in dem Maple Kommandos und Ergebnisse anzeigt), können Sie sich mit der Maus bzw. mit den Cursortasten bewegen. Wenn Sie ein Kommando nachträglich verändern, müssen Sie mit (↵) eine neuerliche Auswertung auslösen – Maple berechnet von sich aus nichts automatisch. Falls von der Veränderung eines Kommandos auch weitere Anweisungen betroffen sind (weil diese auf ein Zwischenergebnis zurückgreifen), müssen auch diese Kommandos neu ausgewertet werden.

Berechnungen unterbrechen

Wenn Sie Maple bei einer langwierigen Berechnungen unterbrechen möchten, klicken Sie einfach den STOP-Button der Symbolleiste an. (Unter Umständen kann es allerdings recht lange dauern, bis Maple die Berechnung tatsächlich abbricht.) Außerdem stehen Ihnen auch während einer Berechnung alle Menükommandos zur Verfügung; Sie können also beispielsweise die aktuelle Arbeitsmappe speichern, in ein anderes Fenster wechseln, Text eingeben etc.

Strukturierung von Maple-Dokumenten

Ein Maple-Kommando und sein Ergebnis stellt eine Gruppe dar. Maple kennzeichnet diese Gruppe durch eine eckige Klammer am linken Rand. Wenn sich innerhalb einer Gruppe mehrere Maple-Kommandos befinden, werden alle Kommandos dieser Gruppe gleichzeitig durch (↵) ausgewertet. (Bei mehrzeiligen Eingaben gelangen Sie mit (Shift)+(↵) in eine neue Zeile, ohne die Auswertung auszulösen.)

Gruppen mit mehreren Kommandos können durch Edit|Split or Join|Split Execution Group in zwei Gruppen zerlegt werden. Entsprechend können zwei markierte Gruppen mit Edit|Split or Join|Join Execution Group zu einer größeren Gruppe zusammengefaßt werden.

Mehrere Gruppen können zu einem Abschnitt (engl. section) zusammengefaßt werden. Dazu markieren Sie die Gruppen mit der Maus oder mit den Cursortasten und führen anschließend Format|Indent aus. Maple faßt die Gruppen durch eine weitere eckige Klammer zusammen. Am Kopf dieser Klammer wird ein kleiner Button mit einem Plus- oder Minuszeichen angezeigt. Mit diesem Button können Sie den gesamten Abschnitt aus- bzw. wieder einblenden.

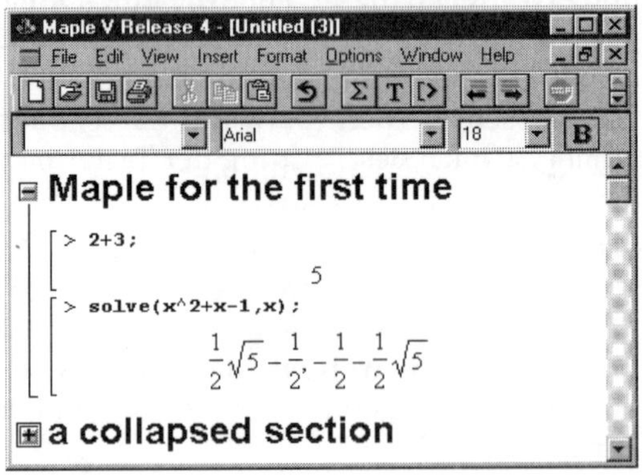

Abschnitte können verschachtelt werden, d.h., Sie können mehrere Abschnitte in einen weiteren, übergeordneten Abschnitt zusammenfassen. Ebenso wie Gruppen können auch Abschnitte an der Cursorposition in zwei Abschnitte geteilt bzw. wieder zusammengefaßt werden. Die erforderlichen Kommandos lauten Edit|Split or Join|Split Section bzw. ...|Join Section.

Mit View|Collapse all Sections können Sie alle Abschnitte eines Worksheets zusammenklappen. Besonders lange Maple-Dokumente können damit sehr kompakt und übersichtlich dargestellt werden. Analog können Sie alle Abschnitte mit View|Expand all Sections wieder ausklappen.

Beschriftung von Maple-Dokumenten

Bis jetzt bestehen die Worksheets ausschließlich aus Maple-Kommandos und deren Ergebnissen. Maple ermöglicht es aber auch, Absätze mit normalem Text in das Dokument einzufügen. Auf diese Weise lassen sich Worksheets gestalten, die nicht nur eine mathematische Berechnung enthalten, sondern auch beliebig formatierten Text. Auch wenn Maple nicht alle Möglichkeiten eines Textverarbeitungsprogramm bietet (keine Fußnoten, kein Inhaltsverzeichnis, keine einstellbaren Kopf- und Fußzeilen etc.), können Texte doch erstaunlich gut formatiert werden.

Maple verwendet dazu ähnlich wie WinWord Formatvorlagen. Einen Überblick über die vordefinierten Formatvorlagen gibt Format|Styles. Jedem Absatz kann einer der dort definierten Absatzformate zugewiesen werden. Außerdem können zuvor markierte Textpassagen mit eigenen Zeichenformaten hervorgehoben werden. Sie können die Formatvorlagen verändern und sogar neue Formate definieren.

Zur Eingabe von Texten (die keine Maple-Kommandos darstellen sollen) müssen Sie vorher Platz für einen Absatz schaffen. Das erfolgt durch die Kommandos INSERT|FORMAT|BEFORE oder ...|AFTER. Damit wird in der gerade aktuellen Gruppe vor oder hinter der Kommandozeile eine neue leere Zeile eingefügt. In diese Zeile können Sie beliebigen Text eingeben. ↵ funktioniert bei der Texteingabe übrigens wie in einem Textverarbeitungsprogramm und startet einen neuen Absatz. Eine Auswertung von Maple-Kommandos ist nur möglich, wenn die Zeile mit > beginnt. (Fließtext kann mit FORMAT|CONVERT TO|MAPLE INPUT in ein Maple-Kommando umgewandelt werden.)

Sie können innerhalb von Fließtext auch mathematische Formeln eingeben. Für die Formeleingabe gilt die normale Maple-Syntax. Anschließend markieren Sie die Formel und führen FORMAT|CONVERT TO|MATH EXPRESSION durch. Maple zeigt jetzt statt des Maple-Kommandos die entsprechende Formel an. Eine weitere Veränderung der Formel ist nur noch in der Eingabezeile möglich, während im Dokument die Formel angezeigt wird. (Eine direkte Bearbeitung der Formel ist dagegen nicht möglich.)

Die Abbildung zeigt eine Überschrift (Formatvorlage 'Heading 2'), die eine Formel enthält. Das Editieren der Formel kann nur in der Eingabezeile erfolgen. Dabei muß die Maple-Syntax beachtet werden.

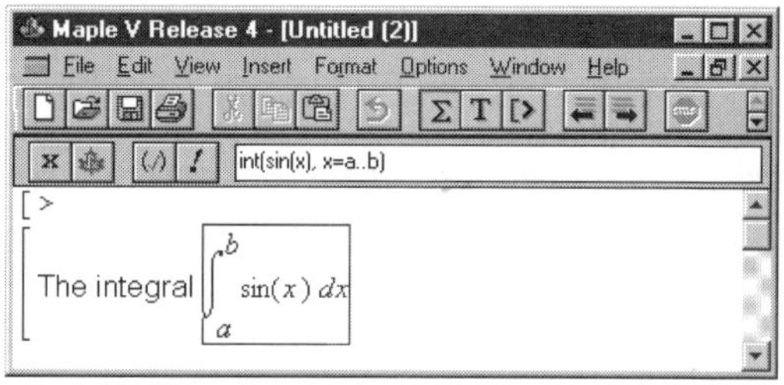

Falls Sie Formeln im Fließtext durch Maple auswerten lassen möchten (sogar das ist möglich), müssen Sie die Formel in eine Maple-Eingabe umwandeln. Dazu existiert kein Menükommando, sie müssen den Button mit dem grünen Maple-Symbol anklicken. Die Formel ändert dadurch Ihre Farbe. Wenn Sie ↵ drücken, während sich der Cursor in der Formel befindet, wird das entsprechende Maple-Kommando ausgewertet. (Es muß natürlich wie alle Maple-Kommandos durch einen Strichpunkt abgeschlossen sein.)

Gleichzeitige Bearbeitung mehrerer Maple-Dokumente

Sie können in Maple mehrere Worksheets gleichzeitig laden. Diese Worksheets werden in jeweils eigenen Fenstern angezeigt. Beachten Sie aber, daß in der Standardversion von Maple alle definierten Funktionen, Variablen etc. für alle Worksheets gelten! Wenn Sie in einem Worksheet die Variable x definieren, gilt diese Variable auch für alle anderen Worksheets als definiert. Das kann unter Umständen zu gravierenden Problemen führen. (Neben der Standardversion existiert auf vielen Rechnerplattformen auch eine Parallel-Version. In dieser Version wird jedes Worksheet als eigene Einheit betrachtet. Siehe Seite 60.)

Wenn Sie mit einem neuen Worksheet zu arbeiten beginnen, ist es in der Regel sinnvoll, das Kommando `restart` auszuführen. Damit werden alle Variablendefinitionen etc. gelöscht, Maple verhält sich also wie nach einem Neustart.

Querverweise auf andere Dokumente

In Maple-Dokumenten können Querverweise verwendet werden. Querverweise zeigen auf eine andere Stelle im selben Dokument oder auf ein anderes Dokument. Querverweise werden üblicherweise unterstrichen angezeigt (wie in der Online-Hilfe oder in World-Wide-Web-Dokumenten).

Die Eingabe eines Querverweises erfolgt durch INSERT|HYPERLINK. Im nun erscheinenden Dialog können Sie den Text des Querverweises und sein Ziel angeben. Das Ziel kann eine Textmarke (engl. bookmark) im aktuellen Text, eine andere Maple-Datei oder ein Hilfethema sein. Textmarken müssen gegebenenfalls vorher durch VIEW|BOOKMARK|EDIT definiert werden.

Online-Hilfe

Zu allen in Maple definierten Kommandos existieren Hilfetexte. Der Aufruf der Hilfe erfolgt wahlweise über das HILFE-Menü, durch das Kommando `?name` oder mit (F1). Wenn der Cursor in einem Schlüsselwort steht, zeigt Maple mit (F1) automatisch den dazugehörigen Hilfetext an. Allerdings sind nach dem Anklicken einiger Querverweisen eine unüberschaubare Anzahl von Fenstern geöffnet. Abhilfe bietet das Kommando WINDOWS|CLOSE ALL HELP.

Manche Online-Hilfethemen sind aus Thema und Unterthema zusammengesetzt (beispielsweise `plots,options`). In diesem Fall erfolgt der Hilfeaufruf durch `?plot,options` oder durch `?plot[options]`. Ein Hilfeaufruf mit (F1) funktioniert nur bei der zweiten Schreibweise mit eckigen Klammern.

Wenn die Option HELP|BALLON HELP aktiv ist, zeigt Maple zu allen Optionen und Menükommandos Sprechblasen mit einer kurzen Erklärung an. Diese Sprechblasen sind vergleichbar mit den Quickinfo-Texten der Microsoft-Office-Programme.

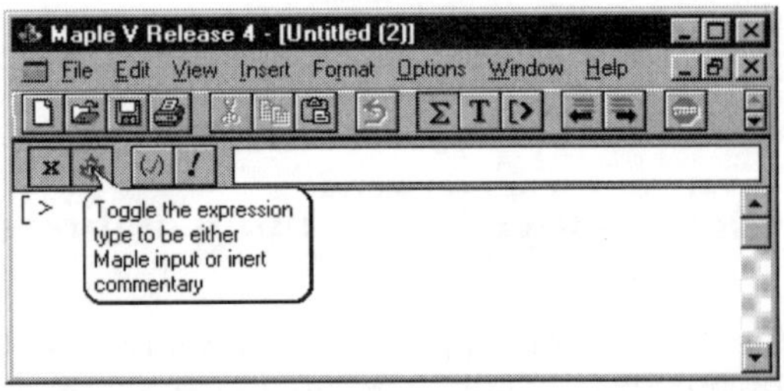

Internet: Auch das Internet ist oft eine wertvolle Quelle von Informationen. Diskussionsbeiträge über Probleme in verschiedenen Computeralgebraprogrammen und deren Lösungen finden Sie am ehesten in der News-Gruppe `sci.math.symbolic`. Am WWW-Server von Waterloo-Software finden Sie neben Werbung auch Bugfixes, Demo-Versionen und die neuesten Ergänzungen der `share`-Library (`www.maplesoft.com`). Weitere Internet-Querverweise finden Sie auf der WWW-Seite des Autors (Adresse siehe Vorwort).

Laden und Speichern

Maple-Worksheets werden mit FILE|SAVE gespeichert und können mit FILE|OPEN wieder geladen werden. Nach dem Laden zeigt Maple alle Ergebnisse an, so daß das Worksheet im gleichen Zustand wie beim Speichern erscheint. Dieser Schein trügt! Maple hat das Worksheet nur als Text gespeichert. Die im Worksheet verwendeten Variablen sind aber noch leer. (Maple V Release 4 bietet im Gegensatz zu Release 3 keine Möglichkeit, ein Worksheet mit den Inhalten von Variablen gemeinsam zu speichern.)

Damit das Worksheet sich wieder im selben Zustand wie vor dem Speichern befindet, müssen alle Maple-Kommandos noch einmal ausgeführt werden. Am bequemsten erfolgt das mit EDIT|EXECUTE|WORKSHEET.

Maple-Worksheets können mit FILE|EXPORT|LATEX auch im LaTeX-Format gespeichert werden. Das ermöglicht eine Weiterverarbeitung des Worksheets mit dem Satzprogramm LaTeX. Mehr dazu weiter unten.

Ausdruck von Maple-Dokumenten

Der Ausdruck eines Worksheets erfolgt einfach durch FILE|PRINT. Wenn Sie möchten, können Sie sich vor dem Ausdruck mit FILE|PRINT PREVIEW davon überzeugen, daß Maple an passenden Stellen Seitenumbrüche einfügt. Anbei einige Tips, wie Sie die Qualität des Ausdrucks verbessern können:

- Verwenden Sie ausschließlich schwarze Schriften. Blaue Überschriften, rote Maple-Kommandos etc. machen zwar die Arbeit mit Maple übersichtlicher, werden aber als Graustufen ausgedruckt und erwecken den Eindruck, als ob der Ausdruck nicht ganz scharf wäre. (Farbeinstellungen erfolgen über FORMAT|STYLES. Mit dem Kommando MERGE EXISTING können Sie die Formatvorlage eines anderen Dokuments laden, so daß Sie nur einmal eine Schwarzweiß-Vorlage definieren müssen und diese dann bequem wiederverwenden können.)
- Verwenden Sie bei 2D-Grafiken die Option `color=black`. Damit werden alle Linienzüge schwarz gezeichnet.
- Bei 3D-Grafiken ist die Option `color=black` nur bei Grafiken ohne Schattierung sinnvoll. Bei schattierten Grafiken bewährt sich die Option `shading=zgreyscale`. (Diese Option kann auch über das Grafik-Menükommando COLOR|Z (GREYSHADE) nachträglich eingestellt werden.)
- Schalten Sie vor dem Ausdruck die Anzeige der Gruppen- und Abschnittsklammern ab (Kommando VIEW|SHOW GROUP RANGES bzw. VIEW|SHOW SECTION RANGES).
- Falls Sie mit dem automatischen Seitenumbruch Probleme haben, wird es Sie vielleicht irritieren, daß Maple keine Möglichkeit bietet, einen festen Seitenumbruch zu setzen.

Das macht aber nichts: Definieren Sie sich mit FORMAT|STYLES ein neues Absatzformat (etwa mit dem Namen *Newpage*). Als einzige Formateinstellung wählen Sie die Option START NEW PAGE. Jetzt können Sie an der Stelle Ihres Dokuments, an der Sie einen Seitenumbruch benötigen, einfach einen Absatz einfügen und diesem Absatz das Format *Newpage* zuweisen.

Anmerkungen: Generell funktioniert der Ausdruck von Grafiken direkt aus dem Worksheet-Interface im Vergleich zu Release 3 jetzt hervorragend und in guter Qualität. Enttäuschend ist lediglich der Ausdruck von schattierten 3D-Grafiken: Die Anzahl der Farben bzw. Schattierungen ist viel zu gering, um einen richtigen 3D-Eindruck (wie bei den Grafiken in diesem Buch) zu erzielen. Qualitativ hochwertige Ausdrucke von 3D-Grafiken sind also wie in den vorangegangenen Versionen nur über den Umweg von PostScript-Dateien möglich. (Mehr zu diesem Thema auf Seite 54.)

Leider ist es aber noch immer unmöglich, Maple-Grafiken oder Formeln ohne großen Aufwand in ein Textverarbeitungsprogramm zu kopieren. Grafiken werden dabei in das Bitmap-Format umgewandelt, was zu einer starken Qualitätseinbuße führt. Formeln können seit Release 4 überhaupt nur noch im ASCII-Format kopiert werden. Im Fall von Grafiken besteht der Ausweg darin, in Maple PostScript-Dateien zu erzeugen und diese in das Textverarbeitungsprogramm zu importieren. Bei Formeln sieht Maple als einzigen Export-Filter die Konvertierung in das LaTeX-Format vor. Der Umgang mit LaTeX-Dokumenten ist auf Seite 56 kurz beschrieben.

Tastenkürzel (Windows-Version)

In der praktischen Arbeit mit Maple werden Sie wahrscheinlich meistens Tastenkürzel statt der Menükommandos verwenden. Die unten abgedruckte Tabelle faßt die wichtigsten Kürzel zusammen. Die Tabelle gilt für die Windows-Version von Maple, bei anderen Maple-Versionen gelten fallweise andere Kürzel.

Einfügen und Löschen

↵	Kommando ausführen
Shift+↵	Kommandozeile einfügen
Tab	Cursor zum nächsten Kommando
Shift+Tab	Cursor zum vorigen Kommando
Strg+C	Markierung in die Zwischenablage kopieren
Strg+V	Zwischenablage einfügen
Strg+X	Markierung löschen und in die Zwischenablage kopieren
Shift+Entf	Markierung löschen und in die Zwischenablage kopieren
Strg+Entf	aktuellen Absatz löschen

Strg+T	Text in der aktuellen Zeile einfügen
Strg+M	Maple-Kommando oder Formel in die aktuelle Zeile einfügen
Strg+K	Kommandozeile (neue Gruppe) oben einfügen
Strg+J	Kommandozeile (neue Gruppe) unterhalb einfügen
Shift+Strg+K	Textabsatz oben einfügen
Shift+Strg+J	Textabsatz unten einfügen

Bearbeitung von Gruppen und Abschnitten

Strg+.	mehrere Gruppen zu einem Abschnitt zusammenfassen (indent)
Strg+,	Abschnitt auflösen (outdent)
F3	Gruppe teilen (split execution group)
F4	mehrere markierte Gruppe vereinen (join group)
Shift+F3	Abschnitt teilen (split section)
Shift+F4	mehrere Abschnitte vereinen (join section)

Sonstiges

Strg+F4	(Hilfe-)Fenster schließen
Shift+Strg+F6	aktives Fenster wechseln
Strg+N	neues Worksheet erzeugen
Strg+O	Worksheet öffnen (laden)
Strg+S	Worksheet speichern
Strg+P	Worksheet drucken
Strg+F	im Worksheet nach einem Text suchen

Syntaxkonventionen

Damit Maple ein Kommando (bzw. eine Berechnung) ausführt, muß dieses in einer Kommandozeile (erkennbar am vorangestellten >-Zeichen) eingegeben werden. Das Kommando muß mit einem Strichpunkt oder Doppelpunkt abgeschlossen werden. Wenn ein Doppelpunkt verwendet wird, führt Maple die Berechnung zwar aus, zeigt das Ergebnis aber nicht an.

Die Namen von Funktionen, Kommandos und Operatoren werden in der Regel klein geschrieben, Konstanten zumeist groß. Diese Regeln haben natürlich auch Ausnahmen: So gibt es zu einigen Kommandos (etwa zum Integralkommando `int`) sogenannte träge (engl.

inert) Varianten, die groß geschrieben werden. Diese Varianten werden nicht unmittelbar ausgewertet und dienen häufig Darstellungszwecken (am Bildschirm wird das Integralzeichen angezeigt) oder Modulo-Berechnungen, wo aufgrund der verzögerten Auswertung Vereinfachungen durchgeführt werden können. Die wichtigste Ausnahme bei den Konstanten betrifft das klein geschriebene Schlüsselwort `infinity` für unendlich (∞).

Argumente von Kommandos und Funktionen werden in runden Klammern eingeschlossen, also `sin(x)` oder `solve(gl,x)`. Bei manchen Kommandos (etwa bei `plot`) können außerdem Optionen angegeben werden. Die Syntax lautet dabei `optname=einstellung`. Normalerweise müssen sowohl der Name der Option als auch die gewünschte Einstellung klein geschrieben werden. Die Schlüsselwörter für die Einstellung dürfen zumeist auch vollständig groß geschrieben werden, gemischte Groß- und Kleinschreibung ist aber nicht erlaubt.

Maple rechnet, wann immer möglich, symbolisch. Es wertet Terme wie $\sin(\pi/9)$ daher nicht numerisch aus, sondern läßt sie in dieser Form stehen. Eine numerische Berechnung kann jederzeit mit der Funktion `evalf` durchgeführt werden.

Im Beispiel rechts werden die Quadratwurzeln von 2 und 3 numerisch ausgewertet. Allerdings wird nur die Wurzel von 2 tatsächlich angezeigt.

```
evalf(sqrt(3)): evalf(sqrt(2));
```

$$1.414213562$$

Durch Kommata getrennte Ausdrücke gelten in Maple als Folgen. Aus diesem Grund ist die rechts stehende Anweisung erlaubt. Das Resultat stellt allerdings eine Einheit dar, nicht einfach drei Einzelergebnisse.

```
2+3,2*3,2^3;
```

$$5, 6, 8$$

Auf das zuletzt ermittelte Ergebnis kann mit `"` zugegriffen werden, auf das vorletzte Ergebnis mit `""` und auf das vorvorletzte mit `"""`. Weiter zurückliegende Resulate können nur noch verwendet werden, wenn sie in Variablen gespeichert wurden. Das Kommando `evalf` im Beispiel rechts erzwingt eine numerische Auswertung des Ergebnisses.

```
sin(Pi/9);
```

$$\sin(\frac{\pi}{9})$$

```
evalf(");
```

evalf(%);

$$0.3420201433$$

Wenn ein Kommando mehrere Ergebnisse als Folge (einfache Aufzählung), Liste (dito, aber in eckigen Klammern) oder Menge (geschwungene Klammern) liefert, erfolgt der Zugriff auf Teilelemente durch nachgestelltes `[index]`. Das erste Teilelement hat den Index 1 (nicht 0).

```
solve(x+1/x=5,x);
```

$$5/2 + \frac{\sqrt{21}}{2}, 5/2 - \frac{\sqrt{21}}{2}$$

```
evalf("[2]);
```

$$0.208712152$$

Variablen und Funktionen

Grundsätzlich kann jedes noch nicht verwendete Symbol in einer Berechnung als Variable im Sinne eines Platzhalters für ein noch unbekanntes Ergebnis dienen (siehe `solve`-Beispiel oben).

Durch eine Zuweisung mit `:=` können Werte oder Ausdrücke in einer Variablen gespeichert werden.

```
a:=3; b:=x^2;
```

$$a := 3$$

$$b := x^2$$

Beachten Sie, daß viele Kommandos voraussetzen, daß die darin verwendeten Variablen noch unbelegt sind. Das Summationskommando kann nur ausgeführt werden, wenn x keinen Inhalt hat.

```
x:=2;
```

$$x := 2$$

```
sum(x^2, x=1..3);
  Error, (in sum) summation
  variable previously assigned,
  second argument evaluates to,
  2 = 1 .. 3
```

Sie können x löschen, indem Sie der Variablen den eigenen Namen zuweisen. Der Name muß in linksgerichteten Apostrophen ´ (Akut) angegeben werden. Bei DOS- und Windows-Versionen müssen statt linksgerichteter Apostrophe gerade Apostrophe (Shift+#) eingegeben werden!

```
x:=´x´;
```

$$x := x$$

```
sum(x^2,x=1..3);
```

$$14$$

Funktionen werden in ihrer einfachsten Form wie Variablen definiert (siehe auch Kapitel 8). Im Beispiel rechts wird f durch eine Sinusfunktion definiert. Anschließend wird das Integral über f von 0 bis 2 berechnet.

```
f:=sin(x);
```

$$f := \sin(x)$$

```
int(f, x=0..2);
```

$$2$$

Aus den obigen Beispielen geht hervor, daß zwischen den Operatoren `:=` und `=` ein fundamentaler Unterschied besteht. `:=` wird ausschließlich für Zuweisungen verwendet, also um Ausdrücke oder Werte in Variablen zu speichern. `=` dient dagegen zur Formulierung von Gleichungen (`x^2=3`), zum Anschreiben von Optionen (`scaling=constrained`) sowie für vorübergehende Zuweisungen innerhalb eines Kommandos (etwa `x=1..3` im letzten Beispiel).

Sonderzeichen in Maple

Die folgende Tabelle faßt die wichtigsten Sonderzeichen von Maple zusammen. Eine ausführliche Beschreibung der Operatoren finden Sie in Kapitel 7.

>	kennzeichnet eine Kommandozeile
;	schließt ein Kommando ab
:	wie oben, allerdings wird das Ergebnis nicht angezeigt
.	Verbindungsoperator (a.b ergibt ab)
..	Bereichsoperator (z. B. für Integrale und beim plot-Kommando)
!	Fakultät
?	Aufruf der Online-Hilfe
'	verhindert die sofortige Auswertung von Ausdrücken
`	Kennzeichnung von Zeichenketten (z.B. `dateiname.m`)
"	Zugriff auf das letzte Ergebnis
""	Zugriff auf das vorletzte Ergebnis
"""	Zugriff auf das drittletzte Ergebnis
:=	Zuweisungsoperator (c:=3)
=	Vergleichsoperator (kreis:=x^2+y^2=1
$	Aufzählungsoperator (x$3 liefert x, x, x)
@	Verkettungsoperator ((a@b)(x) liefert $a(b(x))$)
[ ]	Kennzeichnung von Listen
{ }	Kennzeichnung von Mengen

Packages und Librarys

Eine sehr große Anzahl von Kommandos steht in Maple automatisch zur Verfügung. Daneben existieren Kommandos, die vor ihrer ersten Verwendung mit `readlib` oder mit `with` aktiviert werden müssen. Dabei bezieht sich `readlib` auf einzelne Kommandos (etwa `poisson`). Im Gegensatz dazu aktiviert `with` gleich ein ganzes Paket (Package) von Funktionen (z. B. `linalg` mit Funktionen aus der linearen Algebra).

Wie das folgende Beispiel zeigt, können Kommandos aus Packages auch ohne vorheriges `with` verwendet werden. Dazu muß allerdings bei jedem Funktionsaufruf der vollständige Funktionsname (inklusive Package-Name) angegeben werden, was sehr umständlich ist.

Mit dem `array`-Kommando wird eine 2*2-Matrix definiert.

```
mat:=array([[1,2],[3,4]]);
```

$$mat := \begin{bmatrix} 1 & 2 \\ 3 & 4 \end{bmatrix}$$

Da sich das Kommando `det` zur Berechnung der Determinante im Package `linalg` befindet, scheitert der erste Versuch, `det` aufzurufen. Erst durch die zusätzliche Angabe des Packages glückt die Berechnung.

```
det(mat);
```

$$\det([[1, 2], [3, 4]])$$

```
linalg[det](mat);
```

$$-2$$

Bequemer ist es, die Funktionen des jeweils benötigten Packages mit `with` zu aktivieren. Beim Ausführen von `with` gibt Maple Warnungen aus, falls bereits vorhandene Schlüsselwörter neu definiert werden. Außerdem wird eine Liste mit allen gänzlich neuen Schlüsselwörtern angezeigt. Auf das Anzeigen dieser Liste kann verzichtet werden, wenn das `with`-Kommando mit einem Doppelpunkt und nicht mit einem Semikolon abgeschlossen wird.

```
with(linalg);
  Warning: new definition for norm
  Warning: new definition for trace
```

$$[BlockDiagonal, GramSchmidt, ...,$$

$$vectdim, vector]$$

`det` kann jetzt unmittelbar verwendet werden.

```
det(mat);
```

$$-2$$

Abschließend noch einige Anmerkungen: Durchaus nicht alle Kommandos, die ohne `readlib` oder `with` verwendet werden können, sind im Kernel von Maple enthalten. Die Namen vieler Kommandos sind lediglich durch `readlib`-Kommandos vordefiniert. Wenn das Kommando zum ersten Mal ausgeführt wird, wird der entsprechende Code aus der Maple-Library geladen.

Wenn Sie beim Ausprobieren von Beispielen aus diesem Buch Probleme haben, ist eine mögliche Fehlerursache die fehlende Angabe des erforderlichen `readlib`- oder `with`-Kommandos. Das passiert vor allem dann leicht, wenn Sie ein Beispiel aus der Mitte eines Kapitels ausführen wollen: Da kann es leicht vorkommen, daß das dazugehörige `with`-Kommando einige Seiten vorher angegeben war. Am einfachsten können Sie durch einen Blick auf die Syntaxzusammenfassung am Ende des Kapitels feststellen, ob ein Kommando Teil eines Package ist.

Maple stellt zur Definition von Kommandos und Funktionen eine echte Programmiersprache zur Verfügung (siehe Kapitel 28 bis 30). Aus diesem Grund kann die Funktionalität von Maple einfach durch das Nachladen des Programmcodes für einige Kommandos erweitert werden. In früheren Versionen von Maple existierten Packages real als eigene Dateien (z.B. `plot.ms`). Ab Release 2 sind alle Package-Dateien in die Library-Datei `maple.lib` eingegangen.

Die share-Library

Mit der `share`-Library sind eine Reihe von Zusatzkommandos, Packages und Beispieldateien gemeint, die zwar mit Maple ausgeliefert werden, aber nicht offiziell zur Standard-Library gehören und nicht wie andere Maple-Kommandos dokumentiert sind.

Die `share`-Library wird mit `with(share)` aktiviert. Anschließend können neue Kommandos mit `readshare(name)` bzw. mit `readshare(name, package)` geladen werden. Nach dem Laden des Kommandos stehen auch neue Hilfethemen zur Verfügung, die Informationen zur Bedienung der Kommandos enthalten.

```
with(share): readshare(Echelon, linalg);
```

See ?share and ?share, contents for information about the share library

See ?RowEchelon

Dieses Buch enthält kein eigenes Kapitel zur `share`-Library. Vielmehr sind nützliche Kommandos der `share`-Library in jenen Kapiteln beschrieben, in die sie inhaltlich passen. Eine Referenz der in diesem Buch behandelten Kommandos bzw. Packages aus der `share`-Library finden Sie im Stichwortverzeichnis unter `share`.

Hinweis: In `readshare` muß auf die korrekte Groß- und Kleinschreibung geachtet werden. Die meisten Namen sind durchgängig klein zu schreiben. Einige Namen beginnen mit großem Anfangsbuchstaben, andere müssen durchgängig groß geschrieben werden. Kapitel 30 zeigt, wie Sie mit dem Zusatzprogramm `march` den gesamte Inhalt der `share`-Library samt der korrekten Groß- und Kleinschreibung der Namen ermitteln können.

Grafik und Animation

Beinahe alle Grafiken werden mit dem `plot`-Kommando oder einer seiner vielen Varianten gezeichnet. Die Reaktion von Maple auf ein `plot`-Kommando besteht darin, daß es die Grafik im aktuellen Fenster ausgibt. Die Größe der Grafik kann durch eine Veränderung des Rahmens beliebig eingestellt werden.

Wenn die Grafik mit der Maus angeklickt wird, verändern sich das Menü und die Symbolleiste von Maple: Es stehen jetzt zahlreiche Kommandos zur Bearbeitung der Grafik zur Verfügung. Bei zweidimensionalen Grafiken kann die Position der Koordinatenachsen und der Zeichenstil (punktiert, liniert) verändert werden. Noch mehr Optionen stehen bei dreidimensionalen Grafiken zur Verfügung: Die Grafik kann verdreht, neu eingefärbt, anders skaliert werden etc. Sämtliche Einstellungen können auch im voraus durch verschiedene Optionen im `plot`-Kommando eingestellt werden.

Die Abbildung zeigt, wie eine dreidimensionale Grafik in einem Maple-Worksheet angezeigt wird. Die Darstellung der Koordinatenachsen und die Schattierung der Grafik entsprechen nicht der Defaulteinstellung, sondern wurden nachträglich durch Anklicken verschiedener Buttons der Grafiksymbolleiste so gewählt.

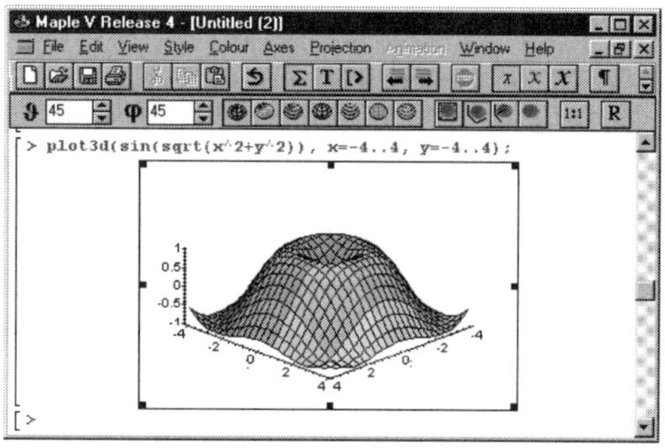

In diesem Buch werden Grafiken zumeist wie in diesem Beispiel dargestellt, d. h. mit einer kurze Erklärung links, dem `plot`-Kommando und seinem Ergebnis rechts. Dieses Beispiel zeigt die Verwendung von Optionen im `plot`-Kommando: Die Sinuskurve wird in Punktform (statt normalerweise als Kurve) dargestellt, die Grafik wird durch ein Rechteck (statt durch ein Koordinatenkreuz) beschriftet.

```
plot(sin(x), x=0..2*Pi, style=POINT,
    axes=BOXED);
```

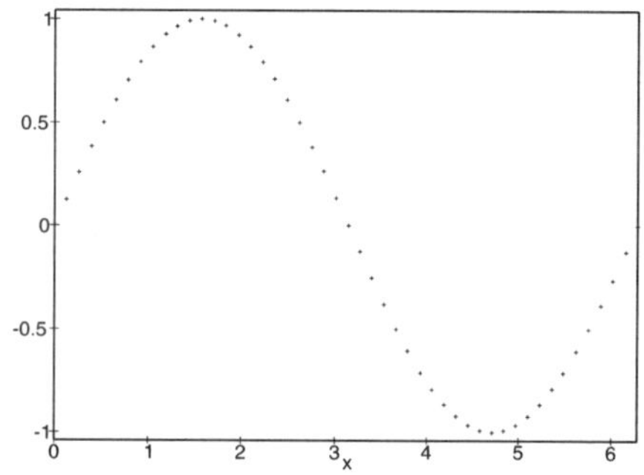

Animation

Das Kommando `animate` aus dem `plots`-Package berechnet mehrere zweidimensionale Grafiken, die sich durch einen Parameter unterscheiden. In Maple wird vorläufig nur eine dieser Grafiken angezeigt. Sobald diese Grafik angeklickt wird, erscheinen ein eigenes Menü und eine eigene Symbolleiste, mit der die Animation gestartet werden kann. Maple projeziert jetzt der Reihe nach die zuvor berechneten Bilder.

Nach dem Start der Animation durch den Pfeil-Button wandert die Sinuswelle nach links. Mit den anderen Buttons der Animations-Symbolleiste kann die Projektionsrichtung und -geschwindigkeit eingestellt werden. Außerdem kann zwischen einer kontinuierlichen und einer einfachen Projektion des zuvor berechneten Films umgeschalten werden.

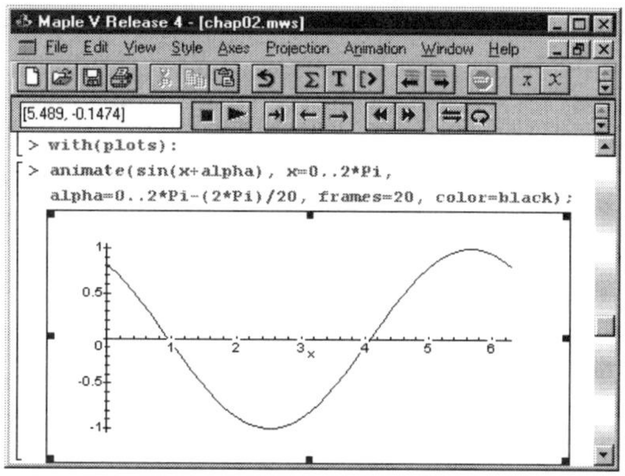

Ausdruck von Grafiken

Maple bietet keine Möglichkeit, eine einzelne Grafik direkt auszudrucken. Grafiken können nur als Bestandteil eines Worksheets ausgedruckt werden. (Informationen zum Ausdruck von Worksheets und einige Tips zur Steigerung der Qualität finden Sie etwas weiter oben.) In manchen Fällen ist diese Form des Ausdrucks unbefriedigend: Zum einen ist die Qualität von schattierten 3D-Grafiken nicht optimal. Zum anderen ist ein Export der Grafiken in ein Textverarbeitungsprogramm praktisch unmöglich. (Beim Datenaustausch über die Zwischenablage wird die Grafik nur als Bitmap übertragen.)

Einen Ausweg aus diesen Problemen bietet das Kommando `plotsetup`. Mit diesem Kommando kann angegeben werden, daß Grafiken nicht am Bildschirm ausgegeben, sondern direkt in einer Datei gespeichert werden. (`plotsetup` stellt eine bequeme Variante zu dem aus früheren Maple-Versionen bekannten Kommando `interface` dar.)

Mit der Hilfe von `plotsetup` lassen sich also Grafikdateien in unterschiedlichen Formaten (PostScript, HPGL, JPEG etc.) erzeugen. Das eigentliche `plot`-Kommando ändert sich dadurch nicht, es muß lediglich vorher `plotsetup` ausgeführt werden. Die einfachste Form zur Erzeugung einer PostScript-Datei sieht folgendermaßen aus:

```
plotsetup(plotdevice=postscript, plotoutput=`dateiname.eps`):
plot(sin(x),x=0..2*Pi);  #beliebiges Grafikkommando
```

Damit wird mit dem nächsten `plot`-Kommando die Grafik im PostScript-Format in die angegebene Datei geschrieben. Beachten Sie bei der Angabe des Dateinamens auf die nach rechts gerichteten Apostrophe. DOS- und Windows-Anwender müssen außerdem beachten, daß das Zeichen \ zur Kennzeichnung von Verzeichnissen jeweils doppelt angegeben werden muß, also beispielsweise `` `c:\\maple\\test.eps` ``. (Übrigens darf in allen Versionen – auch in der Windows-Version – das in Unix übliche Zeichen / zur Trennung von Verzeichnissen verwendet werden.)

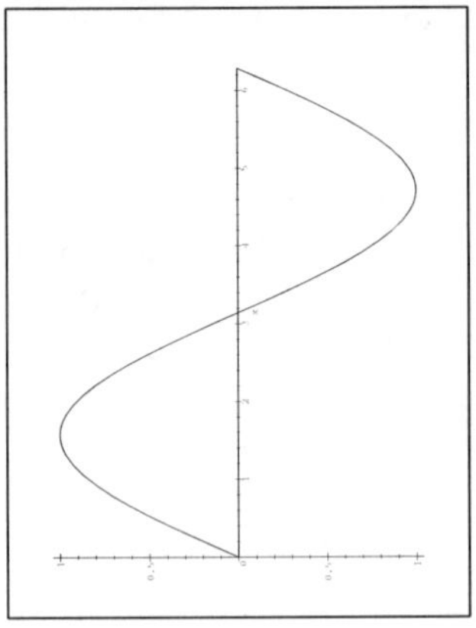

Diese PostScript-Datei können Sie nun in ein Textverarbeitungsprogramm importieren (WinWord: Kommando EINFÜGEN|GRAFIK) und auf einem PostScript-Drucker ausdrucken. Das Ergebnis wird Sie aber kaum begeistern: Die Grafik ist um 90 Grad verdreht (weil Maple eine EPS-Datei im Querformat erzeugt hat) und von einem relativ dicken schwarzen Rahmen umgeben. Wenn Sie die Grafik verkleinern (wie bei allen Abbildungen dieses Buchs), werden die Beschriftung der Koordinatenachsen unleserlich klein und die Linien der Grafik so dünn, daß sie auf einem normalen Laserdrucker kaum mehr sichtbar sind.

Diese Probleme lassen sich durch einige Optionen beseitigen: Die Option `portrait` stellt vom Quer- auf das übliche Hochformat um. `noborder` verhindert das Zeichnen des Rahmens um die Grafik. Durch `width` und `height` wird die Grafik in ein beliebiges Format skaliert. (Bei PostScript-Grafiken erfolgen die Angaben in Punkt. 100 Punkt entsprechen etwa 3.5 cm. PostScript-Grafiken können zwar nachträglich beliebig skaliert werden, dennoch hat die Größenangabe einen Einfluß auf das endgültige Ergebnis: Durch die nachträgliche Skalierung ändert sich auch die Schriftgröße. Wenn die PostScript-Grafik vorher seitenfüllend war, wird die Beschriftung unleserlich klein.)

```
plotsetup(plotdevice=postscript, plotoutput=`dateiname.eps`,
    plotoptions=`portrait, noborder, width=350, height=260`):
plot(sin(x),x=0..2*Pi);
```

Nach dem Import der gerade erzeugten Grafik sieht die Sinus-Kurve wie in der Abbildung rechts aus. Ganz optimal ist das Ergebnis noch immer nicht, weil die in der PostScript-Datei angegebene Boundingbox nicht ganz mit der tatsächlichen Größe der Grafik übereinstimmt.

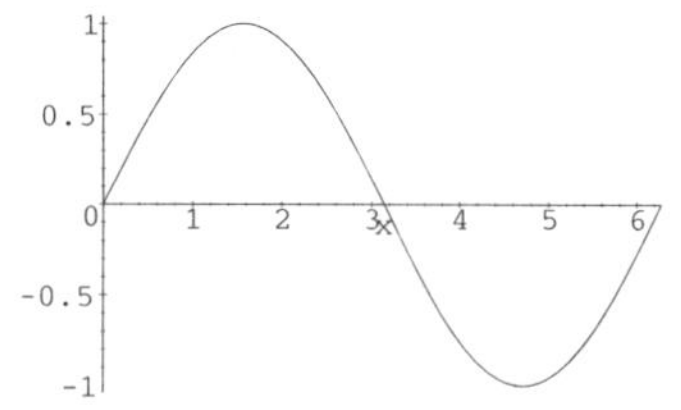

Falls Sie mit den Schriftarten zur Beschriftung der Grafiken nicht zufrieden sind, können Sie diese durch die Optionen `font`, `axesfont` und `labelfont` einstellen. Auch das Aussehen (Stärke, Strichlierung) und die Farbe von Linien kann durch Optionen eingestellt werden. Diese Optionen müssen allerdings direkt beim `plot`-Kommando angegeben werden (nicht durch `plotsetup`). Die Optionen sind im Detail in Kapitel 19 beschrieben.

Die Abbildungen zu diesem Buch wurden mit `plotdevice=postscript`, aber ohne irgendwelche weiteren Optionen erstellt. Anschließend wurden die Abbildungen mit dem Zusatzprogramm `MaplePS` bearbeitet.

`MaplePS` verändert den PostScript-Code der `*.eps`-Dateien. Dabei werden die Grafiken vom Quer- ins Hochformat gedreht, der Rahmen entfernt, die Schriftarten und Linienstärken verändert etc. Diese Vorgehensweise hat unter anderem den Vorteil, daß alle Grafiken einer Worksheet-Datei ganz bequem mit FILE|EXPORT|LATEX erzeugt werden können. Dieses Kommando erzeugt nicht nur eine LaTeX-Datei des aktuellen Worksheets (siehe den folgenden Abschnitt), sondern auch `*.eps`-Dateien von allen Grafiken. Die Windows-Version von `MaplePS` befindet sich übrigens samt Quellcode (Visual Basic) auf der beiliegenden CD-ROM.

So sieht dieselbe Grafik wie in den obigen Beispielen aus, nachdem die PostScript-Datei mit MaplePS bearbeitet wurde.

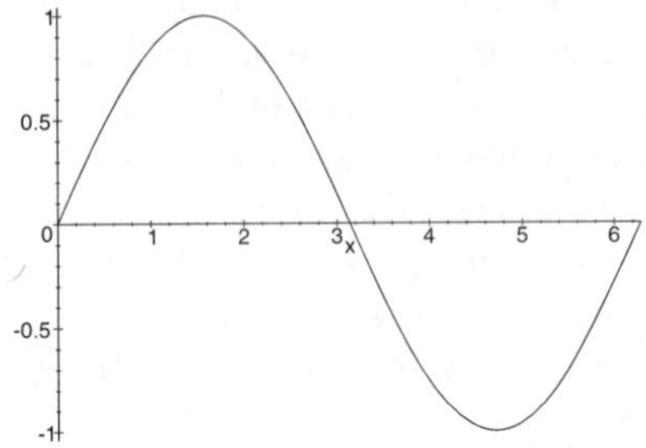

Die Bedienung von MaplePs ist einfach: Sie stellen zuerst die Optionen des Programms ein (im Regelfall können Sie die Voreinstellungen unverändert belassen) und wählen anschließend die gewünschten Dateien mit dem Button TRANSFORM PLOT FILES aus. Bei der Dateiauswahl ist eine Mehrfachauswahl möglich. Sofern nicht die Option BUILD BACKUP FILES aktiviert wird, verändert das Programm die angegebenen *.eps-Dateien ohne weitere Rückfragen.

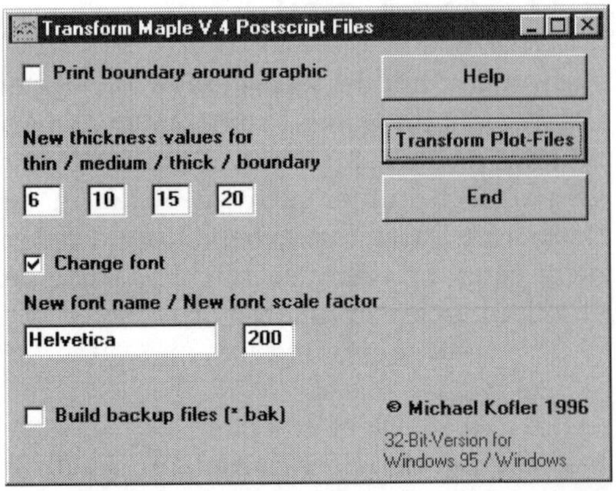

Wenn Sie Grafiken wieder am Bildschirm anzeigen möchten, müssen Sie `plotdevice=inline` angeben. Dabei wird allerdings die zuletzt eingestellte Datei überschrieben (ein Fehler von Maple). Um das zu vermeiden, muß ein beliebiger gültiger Dateiname angegeben werden, der mit Sicherheit keine Daten enthält. Maple legt bei der Ausführung des Kommandos eine leere Datei dieses Namens an. (Wenn die Datei Daten enthält, werden diese gelöscht!)

```
plotsetup(plotdevice=inline, plotoutput=`dummy.tmp`):
```

Maple und LaTeX

Was ist LaTeX?

LaTeX ist ein Satzprogramm (kein Textverarbeitungsprogramm). Es verarbeitet einen ASCII-Text, der mit einem beliebigen Texteditor geschrieben wird. Dieser Text enthält alle Formatierungsangaben in Form von Kommandos. Die obige Zwischenüberschrift wurde beispielsweise mit `\section{Was ist \LaTeX?}` erzeugt, die Formel $\sqrt{\pi + x^2}$ entsteht aus der Zeichenkette `$\sqrt{\pi+x^2}$`.

LaTeX ist aus zwei Gründen relativ populär geworden: Es war lange Zeit das einzige Programm, das mit mathematischen Formeln in einer wirklich effizienten Weise umgehen konnte, und es ist (noch immer) kostenlos erhältlich. LaTeX ist besonders im wissenschaflichen Bereich und auf Unix-Rechnern stark verbreitet. Es existieren aber auch DOS-, Windows- und Macintosh-Versionen.

Im Vergleich zu modernen Textverarbeitungsprogrammen ist das Konzept von LaTeX steinzeitlich. Die Texteingabe erfolgt in einem beliebigen Texteditor, in dem Sie in keiner Weise erkennen können, wie der eingegebene Text im Ausdruck aussehen wird. Vielmehr wird der Text durch die zahllosen Formatierungskommandos zerstückelt und ist in dieser Form mühsam zu lesen. Nach der Texteingabe verarbeiten Sie den Text mit LaTeX. Das Ergebnis ist in der Regel eine mehr oder weniger lange Syntaxfehlerliste. Wenn es nach mehreren Anläufen gelingt, alle Fehler zu beseitigen, produziert LaTeX eine `*.dvi`-Datei, die das Dokument in einem Drucker-unabhängigen Format beschreibt. Diese Datei wird anschließend mit einem Konvertierungsprogramm in das PostSript-Format übersetzt und schließlich ausgedruckt.

Warum also LaTeX verwenden, wenn es jede Menge komfortable Textverarbeitungsprogramme gibt?

- Zum einen läßt die Qualität von LaTeX-Dokumenten die Ergebnisse der Formeleditoren von WinWord, Word Perfect, Framemaker etc. ziemlich trostlos aussehen. Wenn Sie Wert auf perfekt gesetzte Formeln legen, gibt es zu LaTeX keine Alternative (höchstens Systeme wie Scientific Word, die aber selbst auf LaTeX aufbauen und eine Art Benutzeroberfläche darstellen).

- Zum anderen zeichnen sich Computeralgebraprogramme wie Mathematica oder Maple dadurch aus, daß sie als einziges Exportformat für Formeln LaTeX unterstützen. Spätestens wenn Sie drei oder vier komplexe Formeln mit einem Formeleditor nachgebildet haben, werden Sie feststellen, daß das Erlernen von LaTeX vielleicht doch der schnellere Weg zu mathematischen Dokumenten ist.

Worksheets als LaTeX-Text drucken

Der erste Schritt zum Ausdruck eines Worksheets als LaTeX-Text besteht darin, die gesamte Datei mit FILE|EXPORT AS|LATEX als `*.tex`-Datei zu speichern. Seit Release 4 erzeugt Maple dabei gleichzeitig von allen im Worksheet vorhandenen Grafiken eine PostScript-Datei (Querformat, mit Rand). Als Dateiname wird der Name der LaTeX- Datei plus eine zweistellige Nummer plus `*.eps` verwendet. Die von Maple erzeugte LaTeX-Datei sieht etwa folgendermaßen aus:

```
%% Created by Maple V Release 4 (IBM INTEL NT)
%% Source Worksheet: chap01.mws
%% Generated: Thu Feb 22 10:53:27 1996
\documentclass{article}
```

```
\usepackage{maple2e}
\DefineParaStyle{Heading 1}
\DefineParaStyle{Heading 2}
% etc.
\begin{document}
\begin{maplegroup}
\begin{Heading 1}
Chapter 1: Introduction
\end{Heading 1}
\end{maplegroup}
\section{Doing simple calculations}
\begin{maplegroup}
\begin{mapleinput}
\mapleinline{active}{1d}{1/3 + 1/7; }{}
\end{mapleinput}
\mapleresult
\begin{maplelatex}
\[{\displaystyle \frac {10}{21}} \]
\end{maplelatex}
\end{maplegroup}
\begin{maplegroup}
\begin{mapleinput}
\mapleinline{active}{1d}{evalf( 1/3 + 1/7); }{}
\end{mapleinput}
\mapleresult
\begin{maplelatex}
\[.4761904762\]
\end{maplelatex}
% etc.
```

Sofern LaTeX korrekt und vollständig installiert ist, erfolgt die Übersetzung der LaTeX-Datei in eine DVI-Datei mit:

```
latex worksheetname
```

Damit die Übersetzung klappt, muß LaTeX die `*.sty`-Dateien aus dem Maple-Verzeichnis `etc` finden. Am einfachsten kopieren Sie diese Dateien in das Verzeichnis, in dem Sie auch die LaTeX-Datei gespeichert haben. (In den `*.sty`-Dateien befinden sich LaTeX-Makros, die zur Formatierung des von Maple erzeugten Texts benötigt werden.) Zur korrekten Verarbeitung der Grafiken wird außerdem das LaTeX-Makropaket `epsfig` benötigt. Dieses Makropaket ist Bestandteil der meisten LaTeX-Installationen.

Das Ergebnis des `latex`-Kommandos ist die Datei `worksheetname.dvi`. Diese Datei wird jetzt mit einem Konverter (am populärsten ist das Programm `dvips`) in das PostScript-Format übersetzt:

```
dvips worksheetname -o druck.ps
```

Die Datei `druck.ps` kann jetzt mit einem PostScript-Viewer (z. B. ghostview) am Bildschirm angezeigt bzw. auf jedem PostScript-Laserdrucker ausgedruckt werden.

Anmerkung: Dieses Buch ist übrigens mit LaTeX unter Linux erstellt worden. Linux hat den Vorteil, daß nicht nur LaTeX, sondern auch alle erforderlichen Style-Dateien und Zusatzprogramme wie `dvips` und `ghostview` gleich mitgeliefert werden. Der LaTeX-Exportmechanismus von Maple wurde nur dazu erzeugt, rasch zum LaTeX-Code der Ergebnisse von Maple-Kommandos zu gelangen. Das eigentliche LaTeX-Dokument verwendet aber eigene Makros zur Formatierung des Texts (nicht die aus den `*.sty`-Dateien von Maple). Alle PostScript-Dateien von Grafiken wurden mit `MaplePs` nachbearbeitet, um ein besseres Ergebnis zu erzielen (siehe Seite 54). Anschließend wurden die `*.eps`-Dateien mit `\epsfxsize=58mm\epsffile{name.eps}}` in den LaTeX-Text importiert. Die beiden `\epsfxxx`-Kommandos sind im LaTeX-Package `epsf` definiert.

Einzelne Formeln ins LaTeX-Format umwandeln

Wenn Sie nicht eine ganze Datei in einer `*.tex`-Datei speichern möchten, können Sie zur Kontierung einzelner Maple-Ausdrücke das Kommando `latex` verwenden. Dieses Kommando war bis Release 2 die einzige Möglichkeit zur Konversion von Maple-Ausdrücken und ist für den Satz der ersten Auflage dieses Buchs hunderte Male eingesetzt werden.

Die Bedienung des Kommandos ist sehr einfach: Sie geben den zu konvertierenden Ausdruck als Parameter von `latex` an. Im Beispiel rechts sehen Sie sowohl die von Maple erzeugte Zeichenkette als auch die von LaTeX daraus erzeugte Formel.

```
f:=Pi*sqrt(x+alpha/(1+x^2));
latex(");
    \pi \,\sqrt {x+{\frac {\alpha}
    {1+x^{2}}}}
```

$$\pi \,\sqrt {x+{\frac {\alpha}{1+x^{2}}}}$$

In der täglichen Arbeit mit `latex` hat sich allerdings herausgestellt, daß dieses Kommando einige Fehler aufweist. Die von `latex` erzeugten Zeichenketten stimmen häufig nicht mit dem überein, was am Bildschirm zu sehen ist. Aus diesem Grund ist der Einsatz des Kommandos nur bei einfachen Formeln zielführend.

Informationen für fortgeschrittene Maple-Anwender

Die Versionen von Maple

Maple steht je nach Rechner in bis zu drei unterschiedlichen Versionen zur Verfügung:

Standardversion: Normalerweise bezieht sich die Beschreibung dieses Buchs auf die Standardversion mit Worksheet-Oberfläche. Zur Auswertung von Kommandos wird nur *ein*

Kernel gestartet. Aus diesem Grund gelten Variablendefinitionen, Packages etc. für *alle* Fenster.

Parallel-Server-Version: Diese Variante von Maple sieht wie die Standardvariante aus. Der einzige Unterschied besteht darin, daß für jedes Fenster ein eigener Kernel gestartet wird. Die Auswertung von Kommandos kann parallel erfolgen, d. h., während das Kommando in einem Fenster ausgeführt wird, kann in ein anderes Fenster gewechselt werden und dort ebenfalls ein Kommando gestartet werden. Auf Einzelprozessor-Computern ergeben sich daraus kaum Vorteile, bei Rechnern unter UNIX oder Windows NT, die mehrere Prozessoren unterstützen, kann dadurch (zumindest theoretisch) eine echte Parallelverarbeitung erreicht werden.

In der Praxis besteht der größte Unterschied zur Standardversion darin, das die in einem Fenster definierte Variablen und Funktionen von den Definitionen in anderen Fenstern vollkommen unabhängig sind. Auch der Speicherverbrauch ist gegenüber der Standardversion etwas höher.

Die Parallel-Server-Version ist übrigens kein eigenes Programm. Maple startet je nach Kommandooptionen wahlweise in der Standard- oder in der Parallelvariante (Option `-km p`).

Command-Line-Version: Diese Variante von Maple verzichtet auf die grafische Oberfläche. Es gibt keine Worksheets, Ergebnisse (sogar Grafiken) werden ausschließlich als ASCII-Text angezeigt. Der Vorteil dieser Version besteht darin, daß die Systemanforderungen (freier Speicherplatz, Geschwindigkeit) geringer sind. Außerdem kann diese Version auch zur Verarbeitung von Maple-Kommandos im Batch-Betrieb eingesetzt werden (Option -f). Die Windows-Version wirkt allerdings recht unausgegoren und weist erhebliche Probleme bei der Eingabe von Sonderzeichen über die Tastatur auf.

Weitere Informationen zu den Maple-Varianten und den Kommandozeilen-Optionen finden Sie in der Datei `cmdline.txt` im Maple-Verzeichnis sowie im Online-Hilfetext zu `maple`.

Konfiguration und Initialisierung

Informationen über Einstellungen und Optionen der Benutzeroberfläche von Maple werden bei der Windows-Version in der Datei `MapleV4.ini` im Windows-Verzeichnis gespeichert. (Für die anderen Maple-Versionen entnehmen Sie diese Information bitte der Orginaldokumentation.)

Darüber hinaus liest Maple beim Start des Programms eine Konfigurationsdatei, deren Name je nach Version `src/init`, `mapleinit` oder so ähnlich lautet. Bei Unix-Rechnern wird zusätzlich die Datei `.mapleinit` aus dem jeweiligen Home-Verzeichnis gelesen. Unter Windows wird die Datei `maple.ini` aus dem aktuellen Arbeitsverzeichnis gelesen. Nach der Installation von Maple gilt Verzeichnis `Examples` als Arbeitsverzeichnis. Wenn Sie diese Voreinstellung verändern (im Explorer oder Dateimanager die Eigenschaften des Maple-Icons verändern), müssen Sie auch `maple.ini` in ein anderes Verzeichnis verschieben.

In den Konfigurationsdateien können normale Maple-Kommandos ausgeführt werden. Das kann dazu genutzt werden, um bereits beim Start von Maple oft benötigte Packages mit `with` zu aktivieren, um mit `alias` (siehe Kapitel 6) Abkürzungen für häufig benötigte Kommandos einzuführen oder um mit `interface` oder `setoptions` Voreinstellungen für Optionen durchzuführen. Kommandos in der Initialisierungsdatei sollten mit Doppelpunkten abgeschlossen werden, sonst sind die Resultate im ersten von Maple angezeigten Fenster sichtbar. (Eine konkrete Anwendung der Initialisierungsdatei – die Veränderung globaler Systemvariablen – wird in Kapitel 30 demonstriert.)

Dateiformate

Worksheet-Dateien werden in Dateien mit der Kennung `*.mws` gespeichert. Diese Dateien sind (laut Online-Hilfe) zwischen verschiedenen Maple-Versionen austauschbar. Sie enthalten ausschließlich ASCII-Zeichen und können daher problemlos (und ohne vorherige Codierung) als E-Mail versandt werden. `*.mws`-Dateien sind inkompatibel zu den `*.ms`-Dateien (Worksheet-Dateien aus Release 3). In Release 4 können `*.ms`-Dateien gelesen werden. Beim Speichern wird aber automatisch das neue Format verwendet. Release 3 kann `*.mws`-Dateien nicht lesen.

Dateien, in denen ausschließlich mathematische Informationen (aber keine Formatierungsdaten) gespeichert werden, haben zumeist die Endung `*.m`. Auch diese Dateien bestehen seit Release 4 ausschließlich aus ASCII-Zeichen, sie sind allerdings codiert und können nur von Maple gelesen werden. `*.m`-Dateien können mit `save` geschrieben und mit `read` gelesen werden. Obwohl sich die Dateikennung gegenüber Release 3 nicht geändert hat, sind `*.m`-Dateien vollständig inkompatibel zueinander.

Dateien mit Maple-Programmcode werden seit Release 4 mit der Kennung `*.mpl` versehen. (In Release 3 war keine Kennung oder `*.mp` üblich.) Diese Dateien liegen ebenfalls im ASCII-Format vor. Dateien aus Release 3 können mit dem Zusatzprogramm `Updtsrc` an die Syntaxkonventionen von Release 4 angepaßt werden.

Siehe auch Kapitel 28 bis 30 zum Thema Programmierung sowie die Online-Hilfetexte zu den Themen `files`, `share`, `share[content]` und `share[contrib]`.

Kapitel 3

Maple als Taschenrechner verwenden

Selbstverständlich stellt Maple keinen sinnvollen Ersatz für Ihren Taschenrechner dar. Wenn Sie schnell einige Zahlen addieren möchten, ist Maple viel zu umständlich. Sie sollen hier also nicht ermuntert werden, Ihren Taschenrechner wegzuwerfen, vielmehr sollen Sie ein Gefühl dafür bekommen, wie Maple mit Zahlen(werten) umgeht. Dabei treten nämlich durchaus einige Unterschiede zur Behandlung von Zahlen durch den Taschenrechner hervor. So versucht Maple in der Regel, Genauigkeitsverluste durch die explizite Berechnung mathematischer Terme zu vermeiden. Wenn Sie Maple dazu zwingen, einen konkreten Zahlenwert auszurechnen, können Sie die gewünschte Stellenzahl (auch 100 oder 1000 Stellen!) einfordern. Spätestens jetzt wird Ihr noch so wissenschaftlicher Taschenrechner im Wettstreit mit Maple unterliegen.

Grundrechenarten

Maple beherrscht natürlich die Grundrechenarten inklusive Fakultät. Beachten Sie aber, daß jede Eingabe mit einem Semikolon abgeschlossen werden muß und daß Multiplikationen explizit mit * angeschrieben werden müssen. Wie das letzte Beispiel zeigt, besteht auch die Möglichkeit, mehrere Berechnungen in einer Zeile anzuschreiben.

```
2+3;
```

5

```
2 3;
  syntax error:
  2 3;
    ^
```

```
2*3, 2^3, 5!
```

$6, 8, 120$

Wenn Brüche vom Computer als Gleitkommazahlen dargestellt werden (also 0.83333333 statt 5/6), dann kommt es zu einem Genauigkeitsverlust. 5/6 ist 'unendlich' genau, 0.83333333 dagegen nur auf 8 Nachkommastellen. Aus diesem Grund vermeidet es Maple, numerische Ergebnisse explizit auszurechnen.

```
1/2;
```

$1/2$

```
1/2+1/3;
```

$5/6$

Wie Sie sehen, gilt das auch für die Berechnung mit verschiedenen Funktionen.

```
sqrt(2), sin(Pi/4);
```

$\sqrt{2}, \frac{\sqrt{2}}{2}$

Selbstverständlich können Sie symbolische Ausdrücke wie `sqrt(2)` jederzeit numerisch auswerten. Im zweiten Parameter der Funktion `evalf` (evaluate floating point) können Sie die gewünschte Stellenzahl angeben. Wenn Sie darauf verzichten, rechnet Maple mit der voreingestellten Genauigkeit (siehe unten).

```
evalf( sqrt(2) );
```

1.414213562

```
evalf( sqrt(2), 50);
```

$1.4142135623730950488016887242096980785696718753769$

Beachten Sie aber den Unterschied zwischen symbolischen und numerischen Berechnungen! Bei symbolischen Berechnungen treten keine Rundungsfehler auf, Maple kann mathematische Verfahren zur Vereinfachung der Ausdrücke anwenden.

```
sqrt(2) * sqrt(8) - 4;
```

0

```
evalf(sqrt(2)) * evalf(sqrt(8)) -4;
```

-0.000000002

Rechengenauigkeit

Die Genauigkeit für numerische Berechnungen ist durch die Systemvariable `Digits` festgelegt und beträgt normalerweise 10 Stellen. Durch eine Veränderung dieser Variable kann die Genauigkeit eingestellt werden. Das beeinflußt zwar den absolute Fehler bei numerischen Berechnungen, nicht jedoch die Tatsache an sich, daß Rundungsfehler auftreten.

```
Digits;
```

$$10$$

```
Digits:=50;
```

$$Digits := 50$$

```
evalf(sqrt(2)) * evalf(sqrt(8)) -4;
```

$$-3.0 \times 10^{-49}$$

```
Digits:=10;
```

$$Digits := 10$$

`Digits` hat keinen Einfluß auf die Genauigkeit symbolischer Berechnungen! Die Fakultät von 100 wird in einer Genauigkeit von über 150 Stellen berechnet, weil die Zahl 100 von Maple symbolisch (also 'unendlich genau') interpretiert wird. Maple sieht trotz der Größe der Zahl keinen Grund, auf numerische Verfahren umzusteigen.

```
100!;
```

9332621544394415268169923885626670049071596826438162146859296389521

7599993229915608941463976156518286253697920827223758251185210916864

000000000000000000000000

```
evalf(");
```

$$9.332621544 \times 10^{157}$$

Das Beispiel rechts geht nochmals auf den Unterschied zwischen symbolischer und numerischer Berechnung ein. `log[2](256)` berechnet den Logarithmus von 256 zur Basis 2. Das Ergebnis wird allerdings nicht vereinfacht. Wenn Sie es jetzt mit `evalf` numerisch auswerten, tritt ein Rundungsfehler auf. Wenn Sie Maple dagegen auffordern, das Ergebnis mit `simplify` symbolisch zu vereinfachen, liefert es das korrekte Ergebnis.

```
lg2:=log[2](256);
```

$$lg2 := \frac{\ln(256)}{\ln(2)}$$

```
evalf(lg2);
```

$$7.999999999$$

```
simplify(lg2);
```

$$8$$

Beachten Sie, daß eine nachträgliche Vergrößerung der Stellenzahl durch `evalf(.., n)` die Genauigkeit nur scheinbar vergrößert. Obwohl das Ergebnis der Berechnung rechts fünfzig Stellen umfaßt, sind ab der zehnten Nachkommastelle alle Ziffern falsch. Der Grund: Die Ausgangszahl in der Variablen $sq2$ wurde nur mit zehnstelliger Genauigkeit berechnet. Alle weiteren Berechnungen können nicht mehr genauer werden!

```
sq2:=evalf(sqrt(2));
```

$$sq2 := 1.414213562$$

```
evalf(1/sq2^2,50);
```

$$0.50000000026381803913919991547\\ 70579394602463501555 6$$

Sehr große Zahlen können wahlweise in der Form $n * 10^m$ oder nem angeschrieben werden. Die zweite Variante hat den Vorteil, daß Sie sich manchmal das Anschreiben von Klammern sparen können. Allerdings gelten Zahlen der zweiten Variante prinzipiell als Fließkommazahlen, während mit Zahlen der Form $n * 10^m$ versucht wird, exakt (symbolisch) zu rechnen. In den Beispielen wird die Zeit (in Sekunden) berechnet, den ein Lichtstrahl von der Erde zur Sonne benötigt.

```
149.6*10^9 / (3*10^8);
```

$$498.6666666$$

```
149.6e9 / 3e8;
```

$$498.6666667$$

Komplexe Zahlen, Matrizen, Statistikfunktionen

Maple rechnet mit komplexen Zahlen ebenso selbstverständlich wie mit normalen Zahlen (allerdings erst ab Release 2; vorher mußte `evalc` aufgerufen werden).

```
-20 * I + 200 * I / (20 + 10 * I);
```

$$4 - 12\,I$$

```
abs(4-12*I); evalf(");
```

$$4\sqrt{10}$$

$$12.64911064$$

Matrizen werden üblicherweise mit dem Kommando `array` definiert. Wenn Sie mehrzeilige Eingaben durchführen möchten, müssen Sie zum Zeilenwechsel (Shift)+(↵) eingeben. Wenn eine Eingabe mit einem Doppelpunkt endet (z.B. die Definition von *mat2*), verzichtet Maple auf die sonst automatische Ausgabe am Bildschirm.

```
mat1:=array( [ [ 1, 2, 3],
               [ 7,11,-3] ] );
```

$$mat1 := \begin{bmatrix} 1 & 2 & 3 \\ 7 & 11 & -3 \end{bmatrix}$$

```
mat2:=array([[0,7], [-3,17],
              [5,-1]]):
```

Zum Rechnen mit Matrizen müssen Sie das Kommando `evalm` verwenden. Außerdem gibt es einen eigenen Operator `&*` für die nichtkommutative Matrizenmultiplikation.

```
mat3:=evalm( mat2 &* mat1 +
        [[1,0,0],[0,1,0],[0,0,1]]);
```

$$mat3 := \begin{bmatrix} 50 & 77 & -21 \\ 116 & 182 & -60 \\ -2 & -1 & 19 \end{bmatrix}$$

Weitergehende Kommandos zur Matrizenrechnung befinden sich im Package `linalg`. Dieses muß mit `with` aktiviert werden, bevor die Funktionen verwendet werden können. Die beiden Warnungen deuten darauf hin, daß die Maple-Kommandos `norm` und `trace` in `linalg` neu definiert wurden. Anschließend können Determinante und Umkehrmatrix problemlos berechnet werden.

```
with(linalg):
  Warning: new definition for norm
  Warning: new definition for trace
det(mat3);
```

$$4224$$

```
inverse(mat3);
```

$$\begin{bmatrix} \frac{1699}{2112} & -\frac{721}{2112} & -\frac{133}{704} \\ -\frac{521}{1056} & \frac{227}{1056} & \frac{47}{352} \\ \frac{31}{528} & -\frac{13}{528} & \frac{7}{176} \end{bmatrix}$$

Statistikfunktionen befinden sich ebenfalls in einem eigenen Package. Im Beispiel unten wird zu einer Zahlenreihe der Mittelwert, die Varianz und daraus die Standardableitung berechnet.

```
with(stats): with(describe):
data:=[ 10.2, 9.9, 10, 9.95, 10, 10.1, 10.4,  9.3, 9.85, 10.05, 10.1 ];
```

$$data := [10.2, 9.9, 10, 9.95, 10, 10.1, 10.4, 9.3, 9.85, 10.05, 10.1]$$

```
mean(data);
```

$$9.986363636$$

```
variance(data);
```

$$.06776859503$$

```
sqrt(");
```

$$.2603240193$$

Kapitel 4

Mit Maple durchs Abitur

Um sich an den Umgang mit Maple zu gewöhnen, eignen sich einfache Beispiele hervorragend. Solche Beispiele haben mehrere Vorteile: Erstens kann die Lösung relativ einfach manuell bzw. mit einem Taschenrechner ermittelt werden, so daß die von Maple ermittelte Lösung kontrolliert werden kann. Zweitens sind die Lösungsverfahren zumeist so einfach, daß keine nennenswerten Wartezeiten auftreten. (Bei komplexeren Aufgaben kann es schon mal passieren, daß Maple einige Minuten rechnet!) Drittens sind in der Regel mehrere Lösungswege möglich – Experimentieren lohnt sich also.

Natürlich sind die Aufgaben in diesem Kapitel – verglichen mit Problemen, für die Maple normalerweise eingesetzt wird – trivial. Dennoch werden Sie auf den nächsten Seiten viele elementare Maple-Kommandos kennenlernen, die Sie später in gleicher oder ähnlicher Weise auch für kompliziertere Probleme anwenden können. Außerdem zeigen die folgenden Beispiele einen Aspekt des Umgangs mit Maple besser als die meisten folgenden Kapitel über 'höhere' Mathematik: nämlich das Zusammenwirken mehrerer Kommandos. Oft ist es gar nicht so einfach, das aus einem Kommando resultierende Zwischenergebnis im nächsten Kommando einzusetzen, womöglich nachträgliche Korrekturen durchzuführen etc. In diesem Kapitel finden Sie dazu einige Tips.

Die Erklärungen zu den Maple-Kommandos sind in diesem Kapitel bewußt knapp gehalten, weil sie im zweiten Teil des Buchs ohnehin noch ausführlich erklärt werden.

Gedämpfte Schwingung

Gegeben:

$f(x) := 5e^{-0.1x} sin(x)$

Gesucht:

- Wertetafel und Graph für $0 <= x <= 3\pi$.
- Ab welchem Vielfachen k von π ist der Betrag der Amplitude y kleiner als 0.1?

Als erstes muß die angegebene Funktion in einer für Maple verständlichen Form definiert werden. Beachten Sie, daß dazu die Form `f(x):=..` nicht ohne weiteres verwendet werden kann. (Siehe auch die Anmerkungen am Ende des nächsten Beispiels.)

```
f:=5*exp(-0.1*x)*sin(x);
```

$$f := 5\, e^{-0.1x} \sin(x)$$

Einen ersten Eindruck dieser Funktion vermittelt sehr bequem das `plot`-Kommando. Im ersten Parameter dieses Kommandos wird die zu zeichnende Funktion angegeben. Im zweiten Parameter wird die Variable und der Wertebereich angegeben. Die Funktion soll für x-Werte zwischen 0 und 3π gezeichnet werden.

```
plot(f, x=0..3*Pi);
```

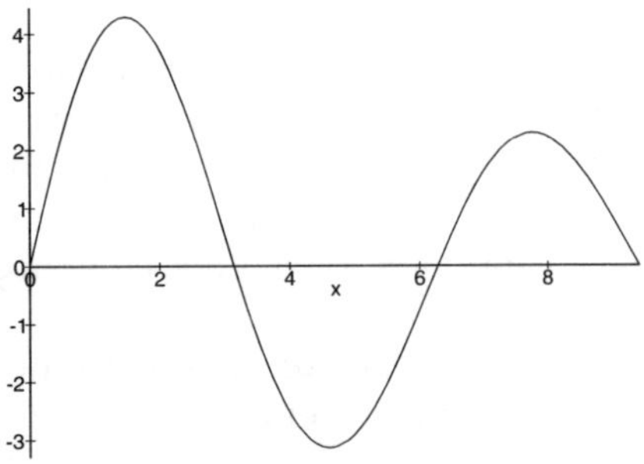

Nun soll ermittelt werden, ab welchem x-Wert (ausgedrückt in einem Vielfachen von π) der Betrag der Funktion kleiner als 0.1 wird. Da die Sinusfunktion nur einen Beitrag im Bereich ±1 liefert, reicht eine Analyse der Exponentialfunktion vollkommen aus.

Das Standardkommando für solche Fälle lautet `solve`. Damit können Gleichungen bzw. Gleichungssysteme aller Art gelöst werden. Es können dabei durchaus Probleme auftreten, wie die folgenden Beispiele noch zeigen werden. Im vorliegenden Fall liefert Maple aber sofort die korrekte Lösung.

```
lsg:=solve(5*exp(-0.1 * x)=0.1, x);
```

$$lsg := 39.12023005$$

Da k als Vielfaches von π gesucht ist, muß die Lösung durch π dividiert werden. Der erste Versuch schlägt allerdings fehl – Maple wertet die Division nicht aus. Daher muß das Kommando `evalf` eingesetzt werden.

```
k:=lsg/Pi;
```

$$k := \frac{39.12023005}{\pi}$$

```
k:=evalf(lsg/Pi);
```

$$k := 12.45235597$$

Zur Kontrolle des Ergebnisses bieten sich zwei Möglichkeiten an. Entweder kann der Lösungswert in die Funktion f eingesetzt werden. Dazu wird das Kommando `subs` verwendet, das eine vorübergehende Substitution $x = lsg$ durchführt, ohne x bleibend zu verändern.

```
evalf( subs(x=lsg,f));
```

$$0.09888191285$$

Oder die Funktion kann im Lösungsbereich durch `plot` gezeichnet werden, wobei als zusätzliche Hilfe eine vertikale Linie an der Höhe $y = 0.1$ dargestellt wird.

```
plot( {abs(f),0.1}, x=10*Pi..15*Pi);
```

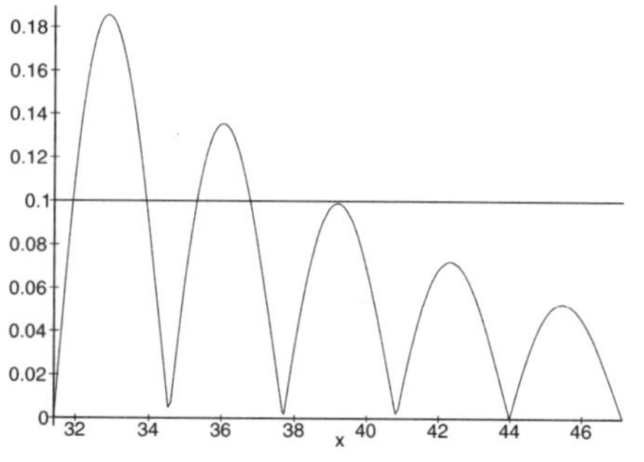

Etwas schwieriger wird es, zu einer optisch übersichtlichen Wertetafel zu gelangen. Die folgenden vier Kommandos stellen eine sehr kompakte (und vielleicht am Anfang schwer verständliche) Einführung in das Thema Folgen, Listen, Felder etc. dar. Diese Datentypen werden von Maple zum Verwalten und Bearbeiten größerer Datenmengen verwendet. Systematische Informationen zu diesem Thema finden Sie in den Kapiteln 11 und 12.

Die Funktion f soll für die Funktionswerte 0, $\pi/8$, $2\pi/8$, $3\pi/8$ etc. im Bereich zwischen 0 und 3π berechnet werden. Der erste Schritt besteht darin, eine Liste mit diesen x-Werten zu erzeugen. Dazu bietet sich das Kommando `seq` an, das eine Zahlenreihe (z.B. von 0 bis 24) in eine Funktion einsetzt. Als Laufvariable für die Zahlenreihe wird n verwendet.

Damit das Ergebnis als Liste zurückgegeben wird, muß die `seq`-Anweisung in eckige Klammern gestellt werden. Ohne die eckigen Klammern liefert Maple das Ergebnis als Folge. Für die weitere Bearbeitung ist eine Liste aber besser geeignet.

```
data:=[seq( n*Pi/8, n=0..24)];
```

$$data := [0, \frac{\pi}{8}, \frac{\pi}{4}, \frac{3\pi}{8}, \frac{\pi}{2}, \frac{5\pi}{8}, \frac{3\pi}{4}, \frac{7\pi}{8}, \pi, \frac{9\pi}{8}, \frac{5\pi}{4}, \frac{11\pi}{8}, \frac{3\pi}{2}, \frac{13\pi}{8}, \frac{7\pi}{4}, \ldots, \frac{23\pi}{8}, 3\pi]$$

Im zweiten Schritt sollen diese Werte in die Funktion f eingesetzt werden. Die Anweisung ist ein wenig verschachtelt. Das Kommando `subs` nimmt eine Substitution $x = n$ vor. In x

wird dabei nur vorübergehend der Wert von n eingesetzt. Durch `evalf` wird erreicht, daß die Funktion zu einer Fließkommazahl ausgewertet wird. In `seq` wird der Zahlenbereich für n diesmal nicht durch einen Bereich in der Form `start..ende` angegeben, sondern durch die oben gerade berechnete Liste.

```
fdata:= [evalf(seq(subs(x=n,f), n=data))];
```

$$fdata := [0, 1.839733687, 3.268478238, 4.106021670, 4.273179996, \ldots, 0.7754458273, 0]$$

Alle notwendigen Zahlenwerte sind somit berechnet – jetzt geht es nur noch darum, das Ergebnis etwas ansprechender zu präsentieren. Aus diesem Grund werden die Zahlenreihen in ein zweidimensionales Feld umgeformt, das von Maple automatisch in Matrizenform angezeigt wird. Zuerst müssen die beiden Listen $[x1, x2, x3, ..]$ und $[f1, f2, f3, ..]$ in die Form $[[x1, f1], [x2, f2], ..]$ gebracht werden. Dabei hilft das Kommando `zip`, das auf den Inhalt zweier Listen eine Funktionsvorschrift anwendet. Als Funktion wird `(x,y)->[x,y]` verwendet, wodurch die gewünschte Gruppierung in Zahlenpaaren erfolgt.

```
zip( (x,y)->[x,y], data, fdata);
```

$$[[0, 0], [\frac{\pi}{8}, 1.839733687], [\frac{\pi}{4}, 3.268478238], \ldots, [\frac{23\,\pi}{8}, 0.7754458273], [3\,\pi, 0]]$$

Diese verschachtelte Liste kann jetzt durch ein einfaches `array`-Kommando in die gewünschte Matrizenform gebracht werden.

```
array(");
```

$$\begin{bmatrix} 0 & 0 \\ \frac{\pi}{8} & 1.839733687 \\ \frac{\pi}{4} & 3.268478238 \\ \frac{3\,\pi}{8} & 4.106021670 \\ \vdots & \vdots \\ \frac{23\,\pi}{8} & 0.7754458273 \\ 3\,\pi & 0 \end{bmatrix}$$

Kurvendiskussion

Gegeben:

$$f(x) = \frac{x^2}{x^2 - 4}$$

Aufgabe:

Diskutieren Sie die Funktion f (Definitionsbereich, Symmetrie, Asymptoten, Nullstellen, Extremwerte, Monotonie- und Krümmungsverhalten), und zeichnen Sie den Graphen für $-5 \leq x \leq 5$.

Falls Sie das Beispiel direkt anschließend an das vorangegangene ausprobieren möchten, sollten Sie vorher die bisher vorgenommenen Definitionen löschen. Bei einer Maple-Version mit Notebook-Oberfläche können Sie dazu das Menükommando NEW aufrufen. Bei allen Maple-Versionen funktioniert das Kommando `restart`.

Während im vorangegangenen Abschnitt die Funktion in der Form `f:=..` definiert wurde, wird hier ein neuer Weg beschritten. 'Echte' Funktionen, bei denen ein beliebiger Parameter nachgestellt in Klammern angegeben wird, werden in Maple mit dem Pfeiloperator definiert. Links vom Pfeiloperator steht die Liste der Parameter (hier nur x), rechts die Funktionsvorschrift.

Die Funktion f kann mit `f(x)` zum Rechnen verwendet werden. Durch `f(3)` wird die Funktion an der Stelle $x = 3$ ausgerechnet, `f(sin(y))` würde den Parameter x der Funktionsvorschrift durch $\sin(y)$ ersetzen.

```
restart;
f:=x->x^2/(x^2-4);
```

$$f := x \mapsto \frac{x^2}{x^2 - 4}$$

```
f(3);
```

$$9/5$$

Um sich einen Überblick über die zu analysierende Funktion zu verschaffen, wird die Funktion in der Variablen f definiert und mit `plot` gezeichnet. Dabei wird durch den dritten Parameter `-10..10` erreicht, daß das Diagramm auf den y-Bereich ± 10 eingeschränkt wird. Die vertikalen Asymptoten an den Stellen $x = \pm 2$ zeichnet Maple unbeabsichtigt.

```
plot(f(x), x=-5..5,-10..10);
```

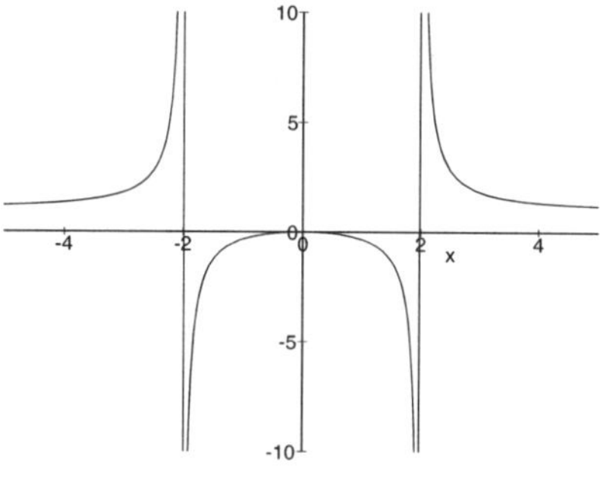

Der Ort der vertikalen Asymptoten ist aus der Funktionsvorschrift und dem obigen Diagramm zwar leicht zu erkennen, dennoch soll gezeigt werden, wie die Asymptoten rechnerisch bestimmt werden können. Der naheliegendste Weg wäre die Lösung der Gleichung $f = \infty$ für die Variable x. Dieser Versuch scheitert allerdings kläglich. Maple liefert zwei falsche Ergebnisse! (Beim Abitur sollte das besser nicht passieren!)

```
s:=solve(f(x)=infinity, x);
```

$$1, -1$$

Um das Problem zu vermeiden, wird ein etwas umständlicher Lösungsweg gewählt. Die Gleichung $f = inf$ wird für die Unbekannte x gelöst, wobei *inf* vorläufig eine noch undefinierte Variable ist. Für die beiden Lösungen dieser Gleichungen wird ein Grenzwertübergang $inf \rightarrow \infty$ durchgeführt, der zu den erwarteten Lösungen $x = \pm 2$ führt.

```
s:=solve(f(x)=inf, x);
```

$$s := \frac{2\sqrt{-\mathrm{inf}+\mathrm{inf}^2}}{1-\mathrm{inf}},\; -\frac{2\sqrt{-\mathrm{inf}+\mathrm{inf}^2}}{1-\mathrm{inf}}$$

```
limit(s[1],inf=infinity);
```

$$-2$$

```
limit(s[2],inf=infinity);
```

$$2$$

Die horizontale Asymptote bei $y = 1$ kann wahlweise durch eine Polynomdivision mit dem Kommando `quo` oder durch den Grenzwertübergang $x \rightarrow \infty$ ermittelt werden.

```
quo(x^2, x^2-4, x);
```

$$1$$

```
limit(f(x), x=infinity);
```

$$1$$

Die aus dem obigen Diagramm offensichtliche Symmetrie der Kurve kann mit `solve` bewiesen werden. Die Gleichung $f(x) = f(-x)$ gilt für alle x.

```
solve( f(x) = f(-x) );
```

$$x$$

Die erste Ableitung der Funktion wird mit dem Kommando `diff` berechnet und in *f1* gespeichert. Bemerkenswert ist dabei das Kommando `unapply`. Dieses Kommando ist erforderlich, damit Maple die durch `diff` berechnete Ableitung $f'(x)$ in eine Funktionsvorschrift mit Pfeiloperator umwandelt. (Siehe auch die Anmerkungen am Ende dieses Abschnittes!)

```
f1 := unapply( diff(f(x),x), x);
```

$$f1 := x \mapsto \frac{2x}{x^2-4} - \frac{2x^3}{(x^2-4)^2}$$

Anschließend wird die erste Ableitung von f mit `plot` gezeichnet. Aus dem Diagramm ist ersichtlich, daß f für alle $x < 0$ monoton fallend ist.

```
plot(f1(x),x=-5..5,-10..10);
```

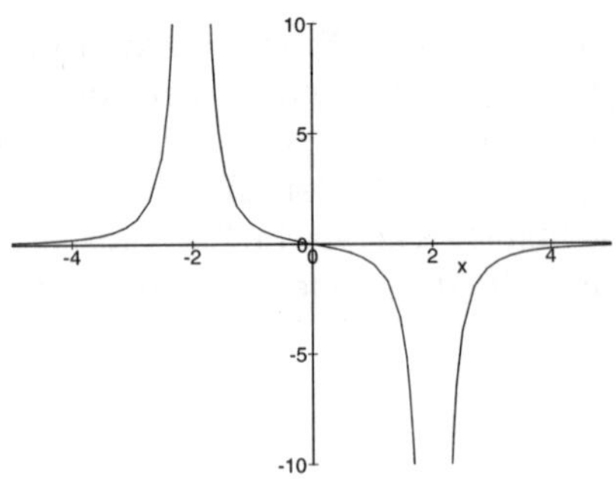

Durch Nullsetzen der ersten Ableitung wird der einzige Extremwert von f bei $x = 0$ rechnerisch bestimmt.

```
solve(f1(x)=0, x);
```

$$0$$

Das Diagramm der zweiten Ableitung zeigt, daß die Krümmung von f im Bereich $-2 < x < 2$ konvex ist (also $f2(x) < 0$).

```
f2:=unapply(simplify(diff(f1(x),x)),x);
```

$$f2 := x \mapsto \frac{24\,x^2 + 32}{(x^2 - 4)^3}$$

```
plot(f2(x),x=-5..5, -10..10);
```

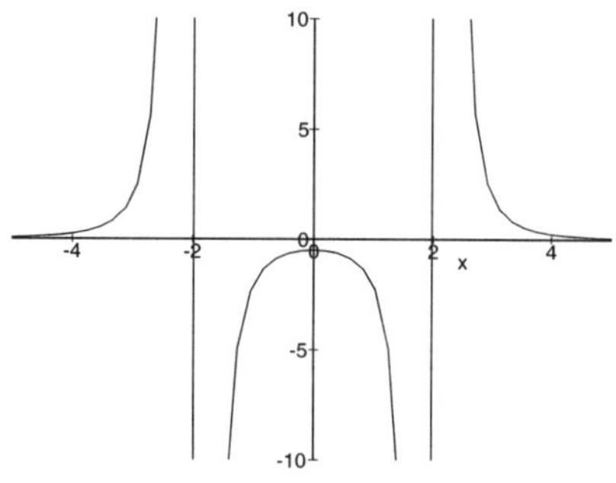

Die Suche nach Wendepunkten liefert nur komplexe Lösungen, f weist somit keine Wendepunkte auf.

```
solve(f2(x)=0,x);
```

$$\frac{2\,I\,\sqrt{3}}{3}, -\frac{2\,I\,\sqrt{3}}{3}$$

Probleme mit selbstdefinierten Funktionen

Der erste Versuch, eine eigene Funktion zu definieren, sieht vermutlich folgendermaßen aus:

```
f(x):=x^2/(x^2-4);
```

$$f(x) := \frac{x^2}{x^2 - 4}$$

Auf ersten Blick scheint alles zu funktionieren. Aber der Versuch, die Funktion mit anderen Parametern als `(x)` zu verwenden, scheitert kläglich.

```
f(x), f(0), f(y);
```

$$\frac{x^2}{x^2 - 4}, f(0), f(y)$$

Der Grund ist, daß Maple durch die Zuweisung `f(x):=..` die Funktionsvorschrift lediglich für den Sonderfall 'x' gespeichert hat. (Eine detaillierte Beschreibung, was hier wirklich passiert ist, folgt in Kapitel 8. Beachten Sie, daß Sie `f(x):=..` nur dann ausführen können, wenn f vorher unbelegt war. Gegebenenfalls müssen Sie f zuerst durch die Anweisung `f:='f';` löschen.)

Wie nicht anders zu erwarten, findet sich in den Maple-Handbüchern ein eleganterer Weg, Funktionen zu definieren. Durch den Pfeiloperator wird ein allgemeiner Parameter mit einer Funktionsvorschrift verbunden. Durch die Zuweisung an f wird diese Funktionsregel dort gespeichert (und diesmal unabhängig von 'x' einfach als einparametrige Funktion).

Erste Versuche mit der durch den Pfeiloperator definierten Funktion verlaufen verheißungsvoll:

```
f := x -> x^2/(x^2-4);
```

$$f := x \mapsto \frac{x^2}{x^2-4}$$

```
f(x), f(0), f(y);
```

$$\frac{x^2}{x^2-4}, 0, \frac{y^2}{y^2-4}$$

Probleme treten erst auf, wenn versucht wird, mit *f* wirklich zu rechnen. So scheitert der Versuch, *f1* wie *f* durch die Ableitung $f'(x)$ zu definieren.

```
f1:=x->diff(f(x), x);
```

$$f1 := x \mapsto diff(f(x), x)$$

```
f1(0);
    Error, (in f1) wrong number
    (or type) of parameters in
    function diff
```

Was ist passiert? Der Pfeiloperator -> wertet den rechten Teil (also die Funktionsvorschrift) nicht aus. Der Versuch, $f1(0)$ anzuzeigen, scheitert, weil Maple zunächst 0 in den Term `diff(f(x), x)` einsetzt und erst anschließend zu differenzieren versucht (was jetzt mathematisch sinnlos ist).

Abhilfe schafft hier das Kommando `unapply`. Es wandelt eine Funktion der Form `f(x)` in eine Funktionsvorschrift mit Pfeilschreibweise um: `x->f`.

```
f1:=unapply(diff(f(x),x), x);
```

$$f1 := x \mapsto \frac{2\,x}{x^2-4} - \frac{2\,x^3}{(x^2-4)^2}$$

Alternativ zum Einsatz echter Funktionen können Sie auch mit Scheinfunktionen wie im ersten Abschnitt dieses Kapitels arbeiten. Solche Funktionen werden ohne Pfeiloperator einfach in der Form `f:=x^2+..` definiert. *f* ist damit eigentlich keine echte Funktion in dem Sinne, daß ihr Parameter einfach in runden Klammern angegeben werden kann.

Wenn in den Parameter x der Wert 0 eingesetzt werden muß, bestehen zwei Möglichkeiten. Entweder wird x durch eine Zuweisung wirklich 0 gesetzt (was aber nicht sinnvoll ist, x soll ja eine Variable und keine Konstante sein), oder x wird innerhalb f durch den Wert 0 substitutiert. Dafür gibt es das Kommando `subs`, mit dem solche Substitutionen durchgeführt werden können.

Die nebenstehenden Kommandos verdeutlichen den eher umständlichen Umgang mit der Funktion f. Mit der Hilfe des `subs`-Kommandos wird $f(y)$ gebildet.

```
f:=x^2/(x^2-4);
```

$$f := \frac{x^2}{x^2-4}$$

```
subs(x=y,f);
```

$$\frac{y^2}{y^2-4}$$

Beide Arten von Funktionen weisen Vor- und Nachteile auf und werden je nach Anwendungsbereich eingesetzt. Echte Funktionen haben den Vorteil, daß ohne das umständliche `subs`-Kommando Zahlenwerte oder andere mathematische Ausdrücke eingesetzt werden können. Der Nachteil liegt darin, daß aus Berechnungen resultierende Funktionen nur mit `unapply` gespeichert und weiterverarbeitet werden können, was irritierend sein kann.

Der Umgang mit selbstdefinierten Funktionen sowie die Kommandos `subs` und `unapply` werden ausführlich in Kapitel 8 beschrieben.

Extremwertrechnung 1

Gegeben für $x > 0$:

$$f(x) := \frac{x}{8} + \frac{2}{x}$$

Aufgabe:

Zeichnen Sie den Graph der Kurve. In die Fläche zwischen Kurve und x-Achse ist ein Streifen mit der Breite 3 parallel zur y-Achse so einzufügen, daß seine Fläche möglichst klein wird. Berechnen Sie den Ort der beiden Parallelen und die resultierende minimale Fläche.

Zur Lösung dieser Aufgabe ist es am sinnvollsten, sich als erstes einen Eindruck vom Verlauf dieser Kurve zu bilden. Dabei hilft wieder das `plot`-Kommando.

```
f:=x/8+2/x;
```

$$f := \frac{x}{8} + \frac{2}{x}$$

```
plot(f,x=0..50,0..10);
```

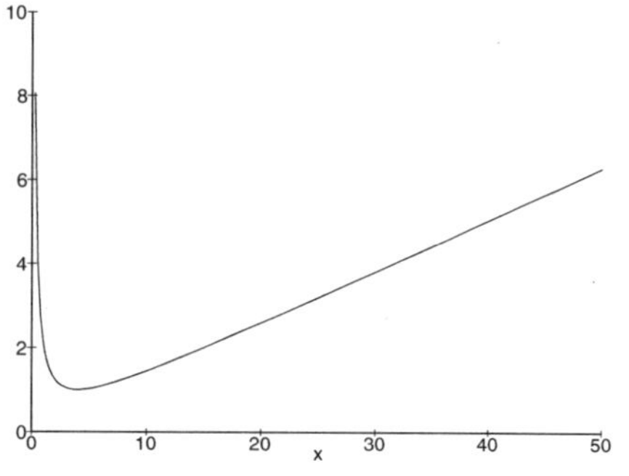

Nun soll das Ergebnis eines Flächenintegrals minimiert werden, es sind also Start- und Endpunkt des Integrals gesucht. Dazu wird diese Fläche in allgemeiner Form definiert, d.h als Integral beginnend bei $x = start$ und endend bei $x = start + 3$.

Die Verwendung des `int`-Kommandos ist beinahe selbsterklärend: Im ersten Parameter wird die zu integrierende Funktion, im zweiten Parameter der Integrationsbereich angegeben.

```
flaeche:=int(f, x=start..start+3);
```

$$flaeche := \frac{3\,start}{8} + \frac{9}{16} + 2\ln(start+3) - 2\ln(start)$$

Um die Extrema der Fläche zu ermitteln, wird die Funktion nach der Variablen *start* abgeleitet.

```
dfl:=diff(flaeche,start);
```

$$dfl := 3/8 + \frac{2}{start+3} - \frac{2}{start}$$

`solve` ermittelt die Lösungswerte zu $dfl = 0$. Das Kommando liefert zwei Lösungen. Eine der beiden Lösungen ist negativ und daher unbrauchbar.

```
lsg:=solve(dfl);
```

$$lsg := -3/2 + \frac{\sqrt{73}}{2}, -3/2 - \frac{\sqrt{73}}{2}$$

```
evalf(lsg);
```

$$2.772001873, -5.772001873$$

Die in der Aufgabe gesuchte Parallelen verlaufen also bei $x = 2.77$ und bei $x = 5.77$. Die Fläche kann nun durch einfaches Einsetzen der ersten der beiden Lösungswerte ermittelt werden.

```
evalf(subs(start=lsg[1], flaeche));
```

$$3.068899118$$

Extremwertrechnung 2, Volumsintegral

Gegeben:

Der Ellipse $9x^2 + 16y^2 = 144$ soll ein möglichst großes Rechteck eingeschrieben werden, dessen Seiten parallel zu den Koordinatenachsen sind.

Gesucht:

a) Abmessungen des Rechtecks und
b) Volumen des Ellipsoids und des Zylinders bei Drehung um die x-Achse.

Der erste Schritt zur Lösung dieser Aufgaben besteht darin, daß die zwei Gleichungen *ellipse* und *flaeche* definiert werden. *flaeche* drückt die zu maximierende Fläche des Rechtecks aus. Die Kommandos rechts zeigen, daß in Variablen auch ganze Gleichungen gespeichert werden können. Beachten Sie den Unterschied zwischen dem Zuweisungsoperator `:=` und dem Vergleichsoperator `=`.

```
ellipse:= 9*x^2+16*y^2=144;
```

$$ellipse := 9\,x^2 + 16\,y^2 = 144$$

```
flaeche:=a=4*x*y;
```

$$flaeche := a = 4\,xy$$

Als nächstes soll die Fläche a als Funktion einer Variablen (nämlich x) dargestellt werden. Aus den beiden Gleichungen *ellipse* und *flaeche* muß die gemeinsame Variable y eliminiert werden. Da es dazu kein eigenes Maple-Kommando gibt, ist ein wenig Handarbeit notwendig:

Zuerst wird mit `solve` y in *flaeche* isoliert. Das Ergebnis wird mit `subs` in die Ellipsengleichung eingesetzt. Dabei wird (wie noch mehrmals in dieser Aufgabe) die Tatsache ausgenutzt, daß über `"` ein Zugriff auf das letzte Ergebnis möglich ist. Die resultierende neue Gleichung wird in *gl* gespeichert.

```
solve(flaeche, y);
```

$$\frac{a}{4\,x}$$

```
gl:=subs(y = ", ellipse);
```

$$gl := 9\,x^2 + \frac{a^2}{x^2} = 144$$

Mit `solve` kann jetzt problemlos a isoliert werden. Von den beiden Lösungen der quadratischen Gleichung wird die erste a zugewiesen.

```
solve(gl,a);
```

$$3\,x\sqrt{-x^2+16}\,,\ -3\,x\sqrt{-x^2+16}$$

```
a:="[1];
```

$$a := 3\,x\sqrt{-x^2+16}$$

a enthält jetzt die Formel für den Flächeninhalt in Abhängigkeit von x. Um die Fläche zu maximieren, muß die Ableitung nach x gebildet und 0 gesetzt werden.

```
a0:=diff(a,x);
```

$$a0 := 3\,\sqrt{-x^2+16} - \frac{3\,x^2}{\sqrt{-x^2+16}}$$

`solve` liefert beide möglichen Lösungen. Für den weiteren Rechengang ist nur die positive Alternative von Interesse.

```
solve(a0);
```

$$\sqrt{8}\,,\ -\sqrt{8}$$

Beachten Sie in der Zuweisung an x die Formulierung `max(")`. Mit `"` wird auf das vorige Ergebnis zurückgegriffen. Da dieses Ergebnis eine Folge ist (also mehrere, durch Kommas getrennte Ausdrücke), muß angegeben werden, welches dieser Ergebnisse gewünscht ist. Mit `max` wird erreicht, daß das wertmäßig größte Ergebnis verwendet wird.

```
x0:=max(");
```

$$x0 := \sqrt{8}$$

```
ellipse;
```

$$72 + 16\,y^2 = 144$$

Der zur x-Koordinate passende y-Wert kann leicht aus der Ellipsengleichung ermittelt werden.

```
subs(x=x0,ellipse);
solve(ellipse);
```

$$\frac{3\sqrt{2}}{2}\,,\ -\frac{3\sqrt{2}}{2}$$

```
y0:=max(");
```

$$y0 := \frac{3\sqrt{2}}{2}$$

Auch die maximale Fläche des Rechtecks ist bereits bekannt.

```
subs(x=x0, y=y0, a);
simplify(");
```

$$6\sqrt{8}\sqrt{2}$$

$$24$$

Dieser erste Teil der Aufgabe hätte noch schneller und bequemer mit dem Spezialkommando `extrema` gelöst werden können. Dieses Kommando muß zuerst mit `readlib(extrema)` gelesen werden. Anschließend werden dem Kommando im ersten Parameter die zu optimierende Funktion, im zweiten Parameter die Nebenbedingung(en), im dritten Parameter eine Aufzählung der Variablen und im vierten Parameter der Name einer Variable übergeben. `extrema` optimiert daraufhin die Funktion und schreibt die Lösungspunkte in die angegebene Variable. `allvalues` vereinfacht die mathematische Beschreibung der Lösungpunkte, die Maple-intern mit `allvalues` erfolgt (siehe Kapitel 11). Wie schon im obigen Beispiel treten auch hier wieder negative Lösungen für x und y auf, wodurch sich vier Lösungspaare ergeben.

```
readlib(extrema):
extrema( 4*x*y, {9*x^2+16*y^2=144}, {x,y}, ´lsg´);
```

$$\{-24, 24\}$$

```
allvalues(lsg,dependent);
```

$$\{\left\{x = 2\sqrt{2}, y = \frac{3\sqrt{2}}{2}\right\}, \left\{y = -\frac{3\sqrt{2}}{2}, x = -2\sqrt{2}\right\},$$
$$\left\{x = 2\sqrt{2}, y = -\frac{3\sqrt{2}}{2}\right\}, \left\{x = -2\sqrt{2}, y = \frac{3\sqrt{2}}{2}\right\}\}$$

Als nächstes soll im zweiten Teil der Aufgabe jenes Volumen berechnet werden, das durch die Rotation der Ellipsenkurve bzw. des Rechtecks um die y-Achse entsteht. Um eine bessere Vorstellung von der Aufgabenstellung zu erhalten und um die Integralgrenzen zu ermitteln, wird die Ellipse gezeichnet.

Das Zeichnen impliziter Funktionen erfolgt mit dem Kommando `implicitplot`. Dieses Kommando ist allerdings erst verfügbar, wenn das `plots`-Package mit `with` aktiviert wird.

```
with(plots):
implicitplot(ellipse, x=-5..5,y=-5..5);
```

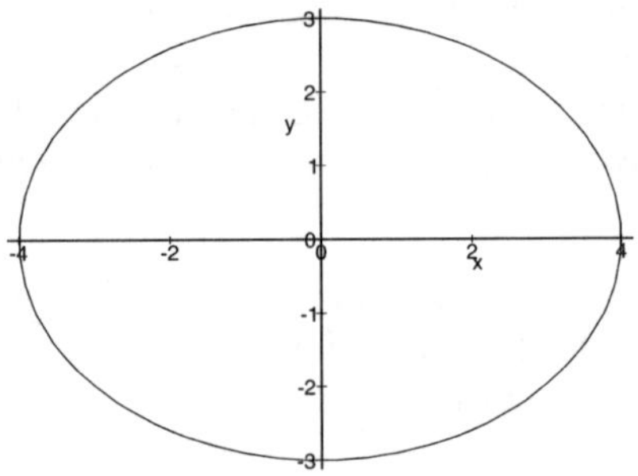

Zur Berechnung des Integrals ist die y-Funktion der Ellipsenkurve erforderlich. Diese wird wiederum mit `solve` ermittelt und in f gespeichert. Mit `"[1]` wird dabei auf das erste Teilergebnis der Lösungsmenge zugegriffen.

```
solve(ellipse,y);
```

$$\frac{3\sqrt{-x^2+16}}{4}, -\frac{3\sqrt{-x^2+16}}{4}$$

```
f:="[1];
```

$$f := \frac{3\sqrt{-x^2+16}}{4}$$

Die Berechnung des Volumsintegrals der Ellipse bereitet dann keine Probleme mehr. Noch einfacher ist die Berechnung des Zylindervolumens nach der Formel $y0^2\pi 2x0$, wobei die weiter oben ermittelten Werte verwendet werden.

```
ellvol:=Pi * int(y^2,x=-4..4);
```

$$ellvol := 48\,\pi$$

```
zylvol:=y0^2* Pi *2*x0
```

$$zylvol := 18\,\sqrt{2}\,\pi$$

Rechnen mit komplexen Zahlen

Aufgabe:

Löse in **C** (Menge der komplexen Zahlen) und stelle die Lösung grafisch dar:

a) $z^3 = \frac{(3+4I)^5}{(4-3I)^2}$

b) $z^2 + 4z + 13 = 0$

c) $z^2 + (5+5i)z - 24 + 40i = 0$

Gleichungen dieser Art stellen für Maple überhaupt kein Problem dar und können mit `solve` unmittelbar gelöst werden. Über `evalf` kann die symbolische Lösung numerisch ausgewertet werden. Im zweiten Parameter dieser Funktion wird die gewünschte Stellenzahl angegeben (hier nur 5 Stellen, damit das Ergebnis übersichtlich bleibt).

```
solve(z^3=(3+4*I)^5/(4-3*I)^2);
```

$$3/2 + 2\,I + \frac{\sqrt{3}\,\sqrt{7-24\,I}}{2}, 3/2 + 2\,I - \frac{\sqrt{3}\,\sqrt{7-24\,I}}{2}, -3 - 4\,I$$

```
sol:=evalf(",5);
```

$$sol := 4.9642 - 0.5982I, -1.9642 + 4.5982I, -3.0 - 4.0I$$

Die grafische Darstellung der Lösungspunkte stellt seit Release 4 überhaupt kein Problem mehr dar. Das neue Kommando `complexplot` aus dem `plots`-Package ist in der Lage, die Lösung direkt grafisch auszugeben.

```
with(plots):
complexplot([sol], style=point);
```

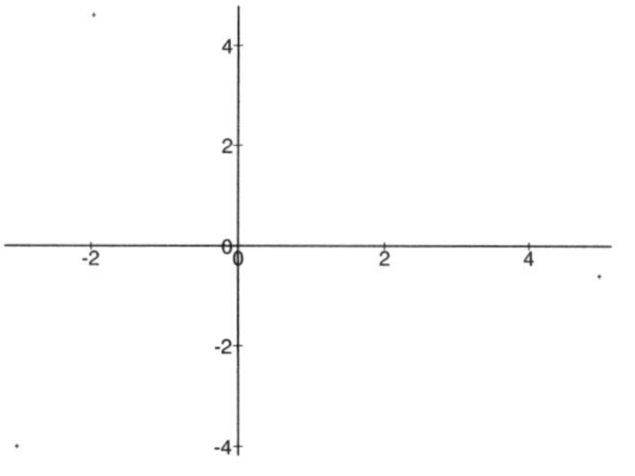

Die Teilaufgaben b) und c) sind ebenso problemlos zu lösen. Auf eine grafische Darstellung wird verzichtet.

```
lsg:=evalf(solve(z^2+4*z+13=0),5);
```

$$lsg := -2.0 + 3.0I\,, -2.0 - 3.0I$$

```
lsg:=evalf(solve(z^2+(5+5*I)*z-24+40*I), 5);
```

$$lsg := 3.0 - 5.0I\,, -8.0$$

Parametrische Gleichung in explizite Form umwandeln

Aufgabe:

Bringen Sie die Funktion $x = 2\cos(t)$, $y = \cos(3t)$ in explizite Form und zeichnen Sie den Graphen. Bestimmen Sie den Inhalt der Flächenstücke, die zwischen der Kurve und der x-Achse eingeschlossen werden.

Das Zeichnen der Funktion kann unmittelbar erfolgen (d.h., ohne die Funktion vorher in explizite Form zu überführen). Es muß lediglich das `plot`-Kommando ein wenig anders als sonst formuliert werden. Statt der üblichen Form `plot(f,x=..)` müssen parametrische Funktionen in einer Liste (eckige Klammern) angegeben werden: `[x, y, t=..]`. Der Wertebereich für t muß bei unbekannten Funktionen eventuell durch Probieren ermittelt werden.

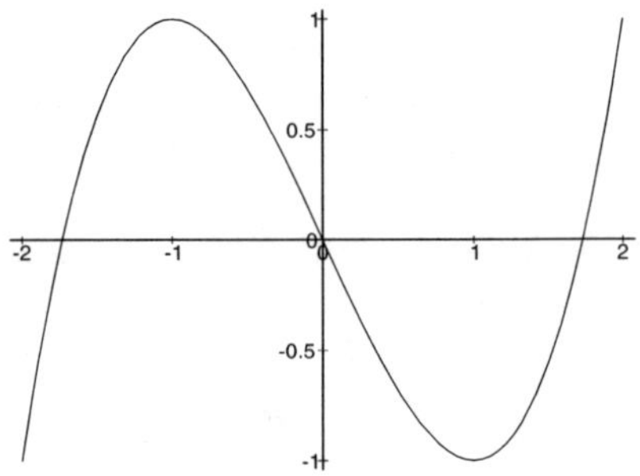


```
plot( [2 * cos(t), cos(3*t),
       t=0..Pi] );
```

Um die Funktion in explizite Form zu überführen, muß aus den beiden Gleichungen für x und y die Variable t eliminiert werden. `solve` ist dazu leider nicht geeignet: Wenn das Gleichungssystem im ersten Parameter und die beiden Variablen x und y im zweiten Parameter (als zu bestimmende Unbekannte) angegeben werden, sieht Maple keinen Grund, die Gleichungen weiter zu bearbeiten: für x wie für y existieren ja bereits Lösungen. Beachten Sie, daß Gleichungssysteme oder Variablenlisten an `solve` als Mengen (geschwungene Klammern) übergeben werden müssen.

```
solve( {x=2*cos(t), y=cos(3*t)}, {x, y} );
```

$$\{x = 2\cos(t), y = \cos(3\,t)\}$$

Wird dagegen nur noch eine Variable angegeben, antwortet Maple mit der leeren Menge und gibt so zu erkennen, daß es überfordert ist (oder daß es keine Lösung gibt).

```
solve({x=2*cos(t), y=cos(3*t)}, x);
```

Auch das Kommando mit dem vielversprechenden Namen `eliminate`, das vor seiner Verwendung mit `readlib(eliminate)` aktiviert werden muß, enttäuscht.

In dieser Situation hilft nur ein manuelles Rechnen mit der Unterstützung von Maple. Durch `expand` wird $y = \cos(3t)$ in eine einfachere Form übergeführt. `expand` wird üblicherweise dazu eingesetzt, Produkte auszumultiplizieren und in Summen mit einfacheren Termen zu überführen. Bei trigonometrischen Funktionen versucht `expand`, die Funktionsargumente (hier $3t$) zu vereinfachen.

```
y:= cos(3*t);
```

$$y := \cos(3\,t)$$

```
expand(y);
```

$$4\,\cos(t)^3 - 3\,\cos(t)$$

Mit dem aus den vorigen Beispielen schon bekannten `subs`-Kommando wird $\cos(t)$ durch $x/2$ ersetzt – diese Beziehung ist durch die erste parametrische Gleichung der Angabe vorgegeben. Dabei wird mit " auf das Ergebnis der letzten Berechnung zurückgegriffen.

```
y:=subs(cos(t)=x/2, ");
```

$$y := \frac{x^3}{2} - \frac{3\,x}{2}$$

Damit liegt y nunmehr als Funktion von x vor. Durch ein `plot`-Kommando wird das Ergebnis kontrolliert.

```
plot(y,x=-2..2);
```

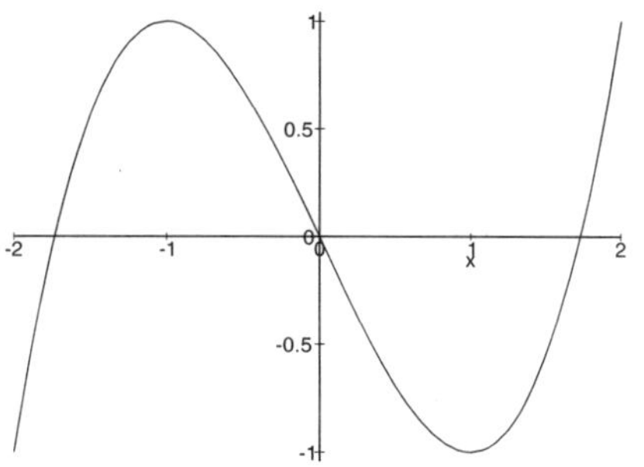

Zur Berechnung des Flächenintegrals der Funktion müssen zuerst die Integrationsgrenzen, d.h. die Schnittpunkte der Funktion mit der x-Achse, ermittelt werden.

```
solve(y);
```

$$0, \sqrt{3}, -\sqrt{3}$$

Die Integration erfolgt anschließend mit dem Kommando `int`. Da eine Integration zwischen $-\sqrt{3}$ und $\sqrt{3}$ das Ergebnis 0 liefern würde, erfolgt die Integration nur über eine Hälfte. Das Ergebnis wird anschließend mit 2 multipliziert.

```
2*int(y,x=-sqrt(3)..0);
```

$$9/4$$

Numerische Lösung einer transzendenten Gleichung

Aufgabe:

Wie tief sinkt ein zylindrisches Aluminiumrohr (Wanddicke $d = 1$ cm, Außendurchmesser $2\ R = 60$ cm, $\rho = 2.7$ g/cm^3) in Wasser ein?

Hinweis: Die auftretende transzendente Gleichung soll nach geometrischer Bestimmung des ersten Näherungswertes auf 5 Stellen genau mit Hilfe des Taschenrechners gelöst werden.

Die Idee des Lösungsansatzes sieht folgendermaßen aus: Das Gewicht des Rohres muß mit dem Gewicht des verdrängten Wassers gleichgesetzt werden. Die Rechnung wird für eine Rohrlänge von 1 cm durchgeführt, so daß sich die Länge des Rohres wegkürzt. (Sie hat keinen Einfluß auf das Ergebnis – je länger das Rohr wird, desto mehr Wasser wird verdrängt.)

In *wassergewicht* wird zur Berechnung des Gewichts des verdrängten Wassers (das spezifische Gewicht von Wasser ist näherungsweise 1) die Kreisgleichung $y = \sqrt{30^2 - x^2}$ verwendet. Der Faktor zwei vor dem Integral ist notwendig, weil das Integral nur von 0 bis zur positiven Wurzel berechnet wird, in Wahrheit aber von der negativen Wurzel zur positiven Wurzel reichen soll.

```
rohrgewicht:=(30^2-29^2)*Pi*2.7; evalf(");
```

$$rohrgewicht := 159.3\pi$$

$$500.4557098$$

```
wassergewicht:=2*int(sqrt(30^2-x^2), x=-30..-30+tiefe);
```

$$wassergewicht := -30\sqrt{-tiefe^2 + 60\,tiefe} + \sqrt{-tiefe^2 + 60\,tiefe}\;tiefe + 900\arcsin(-1 + \frac{tiefe}{30}) + 450\,\pi$$

Die nebenstehende Abbildung zeigt das Gewicht des verdrängten Wassers, aufgetragen über die Eindringtiefe des Rohres. Das Rohrgewicht beträgt etwa 500 g / cm, so daß die erforderliche Eindringtiefe etwa bei 15 cm liegen wird.

```
plot(wassergewicht, tiefe=0..60);
```

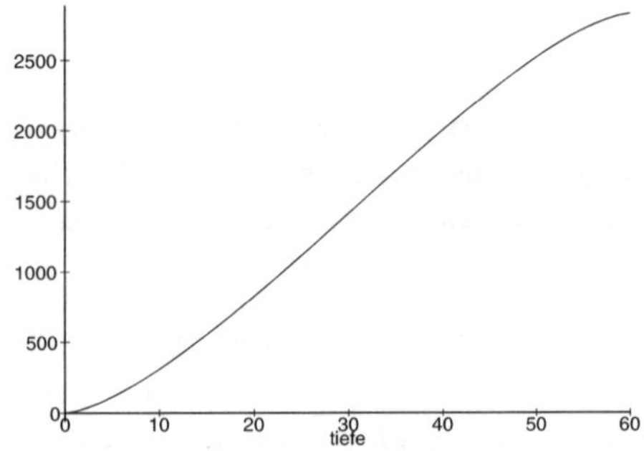

Zur Berechnung der exakten Tiefe wird im ersten Versuch `solve` eingesetzt. Da bereits die Angabe nahelegt, daß keine exakte (symbolische) Lösung existiert, ist es nicht weiter überraschend, daß `solve` keine Lösung findet.

```
solve( wassergewicht=rohrgewicht );
```

Ein zweiter Versuch, die Eindringtiefe zu ermitteln, erfolgt nun mit `fsolve`. Diese Variante zu `solve` ist speziell auf numerische Lösungsverfahren optimiert. Das Kommando liefert das richtige Ergebnis.

```
fsolve(wassergewicht=rohrgewicht);
```

$$13.98139860$$

```
evalf( subs(tiefe=", wassergewicht));
```

$$500.3847589$$

Rechtwinkliger Schnitt zwischen Kreis und quadratischer Kurve

Aufgabe:

Der Kreis $x^2+y^2+6y-91=0$ und die Kurve $y=ax^2+b$ schneiden einander in $P(6, y>0)$ unter einem Winkel von 90 Grad. Berechnen Sie a und b!

Vorweg eine kurze Beschreibung des Lösungswegs: Um die beiden Unbekannten a und b zu bestimmen, sind zwei Gleichungen erforderlich. Eine Gleichungen ergibt sich sofort durch das Einsetzen der Koordinaten des Schnittpunkts (der aus der Kreisgleichung bestimmt wird). Die zweite Gleichung wird über die Steigung angesetzt. Damit sich ein rechtwinkliger Schnitt ergibt, müssen die Steigungen der beiden Kurven im Schnittpunkt negativ reziprok zueinander sein.

Das Beispiel zeigt, daß Maple zwar mit der zugrundeliegenden Mathematik keine Schwierigkeiten hat, wohl aber der Anwender mit der Maple-gerechten Formulierung des Problems.

Als erstes soll der Schnittpunkt der beiden Kurven ermittelt werden. $x=6$ ist aus der Angabe bekannt, y kann daher unmittelbar aus der Kreisgleichung errechnet werden. Der erste Versuch mit `solve` schlägt allerdings fehl. Das Kommando ist scheinbar nicht in der Lage, die Lösung zu berechnen.

```
kreis:=x^2+y^2+6*y-91=0:
kurve:= y=a*x^2+b:
solve( {kreis, x=6}, y);
```

Nach einigem Probieren kann der Grund für das Fehlverhalten geschaffen werden. $x = 6$ wurde als zweite Gleichung in `solve` angegeben. Somit liegen aus der Sicht von Maple zwei Gleichungen mit zwei Unbekannten vor. `solve` ist nur in der Lage, die Lösung für beide Unbekannte zu ermitteln, nicht aber die isolierte Lösung für y.

```
lsgkr:=solve( {kreis, x=6},{x,y});
```

$$lsgkr := \{x = 6, y = -11\},\ \{x = 6, y = 5\}$$

Das Problem wäre nicht aufgetreten, wenn in `solve` auf den zweiten Parameter ganz verzichtet worden wäre (dann löst `solve` das Gleichungssystem automatisch für alle Unbekannten), oder wenn statt der Angabe der zweiten Gleichung $x = 6$ direkt in die Kreisgleichung substituiert worden wäre. Rechts sind die beiden Alternativen angeführt.

```
solve( {kreis, x=6} );
```

$$\{x = 6, y = -11\}, \{x = 6, y = 5\}$$

```
solve( subs(x=6, kreis), y );
```

$$5, -11$$

Das nächste überraschende Ergebnis ergibt sich beim Versuch, die Kreisgleichung partiell nach x zu differenzieren. Da Maple nicht wissen kann, daß y von x abhängig ist, vereinfacht es $\frac{dy}{dx}$ zu 0.

```
dkreis:=diff(kreis,x);
```

$$dkreis := 2\,x = 0$$

Auch in diesem Fall kann durch ein wenig Probieren Abhilfe gefunden werden. Wenn in der Kreisgleichung statt y der Ausdruck $y(x)$ geschrieben wird, erkennt Maple die Abhängigkeit von x und differenziert wunschgemäß. (Alternativ dazu kann seit Release 4 das neue Kommando `implicitdiff` verwendet werden – siehe Kapitel 16!)

Da das ständige Ausschreiben von $y(x)$ im Verlauf dieser Rechnung mühsam wäre, wird mit `alias` y als Abkürzung für $y(x)$ definiert. Anschließend müssen die beiden Gleichungen *kreis* und *kurve* neu eingegeben werden, weil diese noch mit der alten Definition von y gespeichert sind.

```
alias(y=y(x)):
kreis:=x^2+y^2+6*y-91=0:
kurve:= y=a*x^2+b:
dkreis:=diff(kreis,x);
```

$$dkreis := 2\,x + 2\,y\frac{d}{dx}y + 6\,\frac{d}{dx}y = 0$$

Die obige Gleichung drückt den Zusammenhang zwischen $\frac{dy}{dx}$ (also der Steigung der Kreiskurve) und x aus. Mit `solve` wird die Gleichung nach $\frac{dy}{dx}$ aufgelöst. Anschließend wird versucht, mit `subs` den oben berechneten Schnittpunkt $(6, 5)$ einzusetzen. Das Ergebnis sieht allerdings merkwürdig aus.

```
lsgdy:=solve(dkreis, diff(y,x));
```

$$lsgdy := -\frac{2\,x}{2\,y + 6}$$

```
steig:=subs(lsgkr[2], lsgdy);
```

$$-\frac{12}{2\,5(6) + 6}$$

Der Grund ist, daß *lsgkr* noch mit y berechnet wurde, während in *dkreis* die `alias`-Definition $y(x)$ verwendet wurde. Es ist daher notwendig, *lsgkr* neu zu berechnen. Anschließend kann die Steigung des Kreises im Punkt $(6, 5)$ ohne weitere Probleme berechnet werden.

```
lsgkr:=solve( {kreis, x=6});
```

$$lsgkr := \{y = -11, x = 6\}, \{y = 5, x = 6\}$$

```
steig:=subs(lsgkr[2], lsgdy);
```

$$steig := -3/4$$

Im nächsten Schritt wird auch die Ableitung von *kurve* gebildet. Durch Gleichsetzen der rechten Seite der Gleichung *dkurve* mit dem negativen Reziprokwert der oben berechneten Steigung kann eine Gleichung für die Unbekannte a aufgestellt werden. Durch Einsetzen von $x = 6$ kann für a der Wert 1/9 berechnet werden.

```
dkurve:=diff(kurve,x);
```

$$dkurve := \frac{d}{dx}y = 2\,ax$$

```
gla:=-1/steig=rhs(dkurve);
```

$$gla := 4/3 = 2\,ax$$

```
solve( subs(x=6, gla), a );
```

$$1/9$$

Es bleibt nun noch b zu berechnen. Als Ausgangspunkt dient die Gleichung von *kurve*, in die mit `subs` die nunmehr bekannten Werte für a, x und y eingesetzt werden. Der erste Versuch schlägt wieder einmal fehl:

```
kurve;
```

$$y = ax^2 + b$$

```
solve( subs(a=1/9, x=6, y=5,
            kurve), b);
```

$$y(6) - 4$$

Der Grund für das merkwürdige Ergebnis: `subs` führt die Substitutionen der Reihe nach aus. Daher wird aus $y(x) \rightarrow y(6)$, anschließend erkennt Maple die Substitution von $y(x)$ durch 5 nicht mehr. Abhilfe schafft die Einklammerung der Substitutionsregeln in eckige oder geschwungene Klammern – Maple führt dann alle drei Substitutionen gleichzeitig aus. Damit ist auch $b = 1$ berechnet.

```
solve( subs( {a=1/9, x=6, y=5},
             kurve), b);
```

$$1$$

Damit die gesuchte Kurve gezeichnet werden kann, werden in a und b die errechneten Lösungswerte gespeichert.

```
a:=1/9: b:=1: kurve;
```

$$y = \frac{x^2}{9} + 1$$

Das Kommando `plot` ist zwar zum Zeichnen von Kurven geeignet, deren Funktion explizit bekannt ist, nicht aber zur grafischen Darstellung impliziter Gleichungen. Im Package `plots` findet sich für diesen Sonderfall das Spezialkommando `implicitplot`. Mit `with` wird das Package aktiviert. An das Kommando werden im ersten Parameter die zu zeichnenden Gleichungen als Menge übergeben, in den beiden folgenden Parametern der gewünschte x- und y-Bereich. Der Versuch, die beiden Kurven zu zeichnen, führt allerdings nur zu einer Fehlermeldung.

```
with(plots):
implicitplot( {kreis,kurve}, x=-10..10,y=-15..10);
   Error, (in plot/iplot2d) bad range arguments, x = -10 .. 10, y = -15 .. 10
```

Grund dafür ist die `alias`-Anweisung von oben, mit der y als Funktion von x definiert wurde. `implicitplot` akzeptiert im zweiten Parameter anscheinend nur echte Variablen. Auf jeden Fall hilft ein weiteres `alias`-Kommando, mit dem y wieder in den Urzustand zurückgesetzt wird. Die Option `scaling=constrained` führt dazu, daß Maple die Grafik nicht wie sonst verzerrt und so den vorhandenen Platz optimal ausfüllt. Dafür erscheint der Kreis wirklich als solcher und nicht als Ellipse.

```
alias(y=y):
implicitplot( {kreis,kurve}, x=-10..10,
      y=-15..10, scaling=constrained);
```

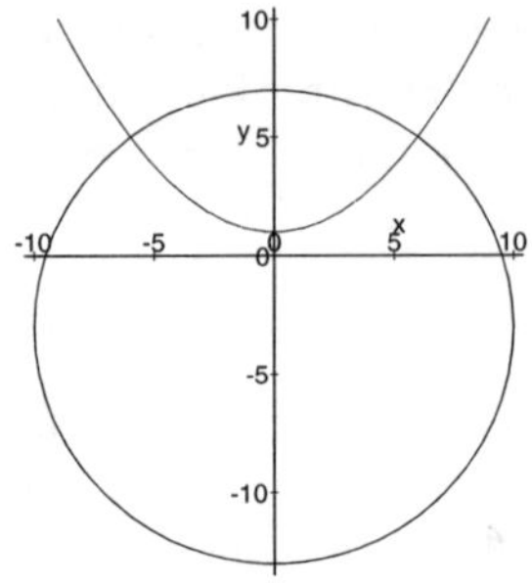

Vektorrechnung, Umkreis zu einem Dreieck

Aufgabe:

Gegeben ist das Dreieck ABC mit $A(-8,0)$, $B(2,2)$ und $C(2,-10)$. Ermitteln Sie die Gleichung des Kreises K durch die Eckpunkte.

Die drei Punkte A, B und C werden unter den Namen p1, p2 und p3 als Listen (eckige Klammern) definiert.

```
p1:=[-8, 0]:  p2:=[2, 2]:  p3:= [2,-10]: p1,p2,p3;
```

$$[-8,0],[2,2],[2,-10]$$

Die Kreisgleichung mit den gesuchten Koordinaten des Mittelpunktes mx und my und dem ebenfalls unbekannten Radius rad wird folgendermaßen angeschrieben:

```
circle := (x-mx)^2 + (y-my)^2 = rad^2;
```

$$circle := (x - mx)^2 + (y - my)^2 = rad^2$$

Um die drei Unbekannten mx, my und rad zu bestimmen, sind drei Gleichungen erforderlich. Diese ergeben sich, wenn $p1$ bis $p3$ in die Kreisgleichung eingesetzt werden. Das Substitutionskommando für $p1$ ist leicht verständlich:

```
subs( x=p1[1], y=p1[2], circle);
```

$$(-8 - mx)^2 + my^2 = rad^2$$

x wird durch das erste Listenelement in $p1$ substituiert, y durch das zweite Listenelement. Natürlich könnte die obige Anweisung entsprechend auch für $p2$ und $p3$ eingetippt werden, eleganter ist aber folgendes Kommando:

```
seq( subs( x=p.i[1], y=p.i[2], kreis), i=1..3);
```

$$(-8 - mx)^2 + my^2 = rad^2,\ (2 - mx)^2 + (2 - my)^2 = rad^2,$$

$$(2 - mx)^2 + (-10 - my)^2 = rad^2$$

Damit wird die Substitution dreimal hintereinander durchgeführt. Neu ist dabei die Schreibweise `p.i`. Maple setzt für i die Werte 1 bis 3 ein und setzt p und die Ziffer anschließend zu den Variablennamen $p1$ bis $p3$ zusammen. Der Punktoperator dient also zum Verbinden zusammengesetzter Variablennamen. Jetzt müssen nur noch die drei obigen Gleichungen gelöst werden – kein Problem für `solve`:

```
solve({"});
```

$$\{mx = -2,\ my = -4,\ rad = 2\,\mathrm{RootOf}(\_Z^2 - 13)\}$$

```
allvalues(");
```

$$\{mx = -2,\ my = -4,\ rad = 2\sqrt{13}\},\ \{mx = -2,\ my = -4,\ rad = -2\sqrt{13}\}$$

Alternative Lösung mit dem geometry-Package

Das obige Beispiel kann erheblich effizienter (aber didaktisch weniger anschaulich) gelöst werden, wenn das `geometry`-Package zu Hilfe genommen wird. Dieses Package enthält zahlreiche Kommandos zur zweidimensionalen Vektorrechnung, unter anderen `point` zur Definition eines Koordinatenpunkts, `triangle` zur Definition eines Dreiecks und `circle` zur Definition eines Kreises. Da `circle` aus der Position dreier Punkte automatisch die Kreisgleichung aufstellen kann, reduziert sich das Beispiel auf wenige Anweisungen:

```
restart: with(geometry):
point(A, -8,0), point(B, 2,2), point(C, 2,-10):
triangle(Tr, [A,B,C]):
circle(Ci, [A, B, C]):
coordinates(center(Ci));
```

$$[2, -4]$$

```
radius(Ci);
```

$$\sqrt{52}$$

Besonders attraktiv am `geometry`-Package ist die Möglichkeit, die zuvor definierten grafischen Objekte mit wenig Aufwand zu zeichnen:

```
draw( [Tr, Ci], scaling=constrained,
  axes=normal );
```

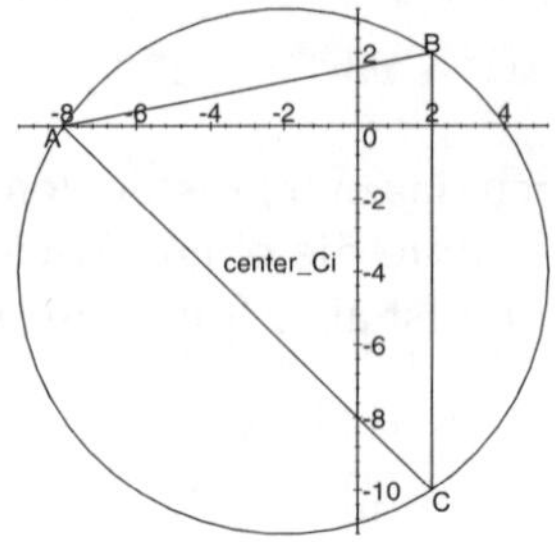

Vektorrechnung, Schnitt Kugel-Gerade

Gegeben:

- Kugel $k : x^2 + y^2 + z^2 = 45$ und
- Gerade g durch die Punkte $P1(9, -15, 18)$ und $P2(-3, 15, -6)$.

Gesucht:

- Schnittpunkte der Geraden g mit der Kugel k,
- Gleichung der beiden Tangentialebenen auf die Kugel in den Schnittpunkten und
- Gleichung der Schnittgerade der beiden Tangentialebenen.

Als erstes wird wieder versucht, das Problem in einige handliche Gleichungen zu fassen. Die Gleichung der Kugel ist ohnedies gegeben, die Geradengleichung in der Form *Punkt* + *Richtungsvektor* kann für die drei Komponenten x, y und z ebenfalls leicht aufgestellt werden. Mit `union` werden die Mengen mit den Gleichungen zusammengefaßt.

```
kugel:=x^2+y^2+z^2=45;
```

$$kugel := x^2 + y^2 + z^2 = 45$$

```
gerade:={ x=9-12*t, y=-15+30*t, z=18-24*t};
```

$$gerade := \{z = 18 - 24\,t, y = -15 + 30\,t, x = 9 - 12\,t\}$$

```
glsys:=gerade union {kugel};
```

$$glsys := \left\{z = 18 - 24\,t, y = -15 + 30\,t, x^2 + y^2 + z^2 = 45, x = 9 - 12\,t\right\}$$

`solve` löst das Gleichungssystem auf Anhieb. Damit sind die beiden Schnittpunkte der Geraden mit der Kugel bekannt. Als nächstes sollen die Tangentialebenen ermittelt werden. Am günstigsten ist hier eine Formulierung in der Hesseschen Normalform (HNF), d.h. durch die Normalvektoren der Tangentialebenen. Da die Kugel im Koordinatenursprung liegt, sind die Normalvektoren mit den Vektoren zu den beiden Schnittpunkten identisch. Durch `subs` können die Vektoren mit minimalem Schreibaufwand aufgestellt werden.

```
lsg:=solve(glsys);
```

$$lsg := \{z = 6, y = 0, x = 3, t = 1/2\}, \left\{z = 2/3, y = \frac{20}{3}, x = 1/3, t = \frac{13}{18}\right\}$$

```
n1:=subs(lsg[1], [x,y,z]);
```

$$n1 := [3, 0, 6]$$

```
n2:=subs(lsg[2], [x,y,z]);
```

$$n2 := [1/3, \frac{20}{3}, 2/3]$$

Für den weiteren Rechengang sind einige Kommandos aus dem Package `linalg` erforderlich, das mit `with` aktiviert ist. Das Package enthält eine Menge Funktionen zur Vektor- und Matrizenrechnung. Beim Laden der Funktionsdefinitionen des Packages werden einige Warnmeldungen angezeigt, die hier aber nicht von Interesse sind.

```
with(linalg):
   Warning: new definition for   norm
   Warning: new definition for   trace
```

Die beiden folgenden Kommandos, mit denen die Gleichungen für die Tangentialebenen aufgestellt werden, sind nicht ganz einfach zu verstehen. Die Beschreibung erfolgt von innen nach außen: `normalize` bildet aus $n1$ einen auf die Länge 1 normierten Vektor. Dieser wird durch `dotprod` mit dem Vektor $[xyz] - n1$ multipliziert (skalares Produkt). Das Ergebnis wird 0 gesetzt und durch `simplify` vereinfacht. Es entspricht der HNF $\frac{\vec{n}\cdot(\vec{x}-\vec{n})}{|\vec{n}|} = 0$. Beachten Sie bitte, daß kompliziertere Vektorrechnungen von Maple nur mit `evalm` ausgeführt werden können (siehe Kapitel 14).

```
ebene1 := simplify(   dotprod( normalize(n1) , [x,y,z]-n1 )=0   );
```

$$ebene1 := \frac{\sqrt{5}\,(x - 15 + 2\,z)}{5} = 0$$

```
ebene2 := simplify(   dotprod( normalize(n2) , [x,y,z]-n2 )=0   );
```

$$ebene2 := \frac{\sqrt{5}\,(x - 135 + 20\,y + 2\,z)}{45} = 0$$

Um die Schnittgerade der beiden Ebenen aufzustellen, wird zuerst ein Schnittpunkt berechnet, wobei willkürlich die z-Koordinate dieses Punktes 0 gewählt wird. (Es gibt unendlich viele Schnittpunkte, erst durch die Wahl $z = 0$ wird die Lösung eindeutig.) Die Lösung wird via `subs` als Vektor in p gespeichert.

```
solve( {ebene1,ebene2,z=0});
```

$$\{z = 0, x = 15, y = 6\}$$

```
p:=subs(",[x,y,z]);
```

$$p := [15, 6, 0]$$

Jetzt ist also ein Punkt der Schnittgeraden bekannt, nämlich $(15, 6, 0)$. Die Richtung der Geraden kann durch eine einfache Überlegung bestimmt werden: Sie muß sowohl zu *n1* als auch zu *n2* im rechten Winkel stehen (sonst würde sie nicht in der jeweiligen Tangentialebene verlaufen). Der Richtungsvektor kann somit eindeutig durch das Kreuzprodukt von *n1* und *n2* ermittelt werden.

```
richt:=crossprod(n1,n2);
```

$$richt := [-40, 0, 20]$$

Das einzig verbleibende Problem besteht jetzt darin, die Gleichung der Schnittgeraden in einer mathematisch brauchbaren Form anzuschreiben. Eine Möglichkeit wäre eine Schreibweise als Vektor, mit der aber nur schwer weitergerechnet werden kann.

```
schnittgerade:= evalm([x,y,z] = p + r * richt);
```

$$schnittgerade := [x, y, z] = [15 - 40\,r, 6, 20\,r]$$

Mit dem Kommando `equate` aus dem `student`-Package kann sehr bequem eine Menge von Gleichungen erstellt werden (in der gleichen Form, wie oben die gegebene Gerade angeschrieben wurde).

```
with(student):
schnittgerade:=equate(  [x,y,z], evalm(p+r*richt));
```

$$schnittgerade := \{x = 15 - 40\,r, z = 20\,r, y = 6\}$$

Simulation

Aufgabe:

Die Autos A1 und A2 fahren mit einer Geschwindigkeit von je 126 km/h mit einem Abstand von 12 m hintereinander. Nach 3 Sekunden bremst A1 mit der Bremsverzögerung von $6\,m/s^2$, nach einer weiteren Sekunde bremst auch A2 mit der Bremsverzögerung von $8\,m/s^2$. Ermitteln Sie die Gleichungen des Bewegungsvorgangs und erzeugen Sie eine grafische Darstellung. Interpretieren Sie die rechnerische Untersuchung des Geschehens.

Um den Geschwindigkeitsverlauf der beiden Autos mathematisch zu formulieren, wird die Sigmafunktion (Einheitssprungfunktion) benötigt. Diese Funktion liefert das Resultat 0 für x-Werte kleiner 0 und das Resultat 1 für x-Werte größer gleich 0. In Maple ist diese Funktion unter dem Namen `Heaviside` zugänglich. Da das ständige Eintippen dieses Namens umständlich ist, wird mit `alias` eine Abkürzung definiert – die Funktion kann damit unter dem kürzeren Namen `sigma` aufgerufen werden.

Die Abbildung rechts zeigt den Verlauf der Sigmafunktion. Durch die Option `axes=frame` wird das Zeichnen des Koordinatenkreuzes durch (0,0) verhindert – von der Sprungfunktion wäre sonst wenig zu sehen.

```
alias(sigma=Heaviside):
plot(sigma(x), x=-1..1, axes=frame);
```

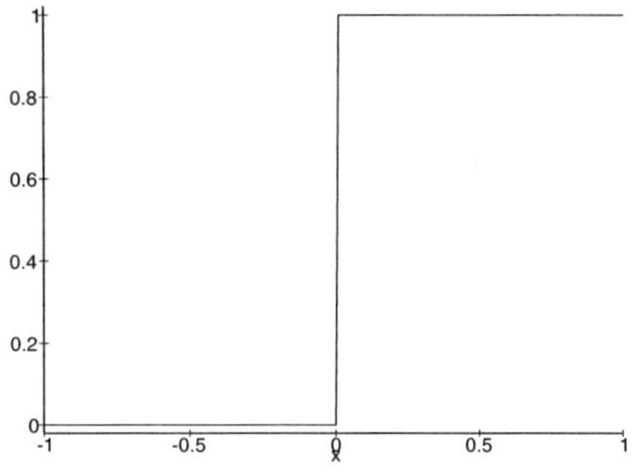

Die Geschwindigkeitsfunktionen können jetzt problemlos definiert und gezeichnet werden:

```
v0:=126*1000/3600:
v1:=v0-6*(t-3)*sigma(t-3);
v2:=v0-8*(t-4)*sigma(t-4);
```

$$v1 := 35 - 6\,(t-3)\,\sigma(t-3)$$

$$v2 := 35 - 8\,(t-4)\,\sigma(t-4)$$

```
plot( {v1,v2}, t=0..10,0..40);
```

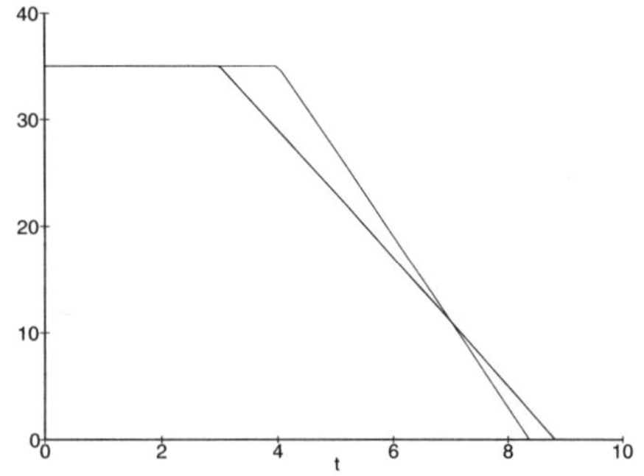

Ganz exakt entsprechen die Funktionen *v1* und *v2* natürlich nicht der Wirklichkeit. Für große t wird die Geschwindigkeit negativ, was bei einem echten Bremsmanöver nicht zu erwarten ist. Für die Analyse dieses (wie sich noch herausstellen wird) Beinahe-Unfalls ist die Definition von $v1$ und $v2$ aber ausreichend.

Der Ort der beiden Autos kann durch das Integral über die Geschwindigkeit ermittelt werden. (Die einfache Formel $s = v\,t$ ist hier nicht zulässig, weil v nicht konstant ist!) Beim Integral-Kommando wird als obere Integrationsgrenze *t1* angegeben. Das Ergebnis ist somit eine Funktion dieser Variablen und gibt den zurückgelegten Weg bis zu diesem Zeitpunkt an. In *s1* ist der Anfangsabstand zwischen den beiden Autos berücksichtigt.

```
s1:=12+int(v1,t=0..t1);
```

$$s1 := -3/2 + 44\,t1 + 9\,t1\,\mathrm{signum}(t1-3) - \frac{27\,\mathrm{signum}(t1-3)}{2} - \frac{3\,t1^2\mathrm{signum}(t1-3)}{2} - \frac{3\,t1^2}{2}$$

```
s2:=int(v2,t=0..t1);
```

$$s2 := 51\,t1 + 16\,t1\,\mathrm{signum}(t1-4) - 32\,\mathrm{signum}(t1-4) - 32 - 2\,t1^2\mathrm{signum}(t1-4) - 2\,t1^2$$

Einen ersten Eindruck über den Verlauf des Unfalls gibt die nebenstehende Abbildung, in der die Orte der beiden Autos über die Zeit aufgetragen sind. Die Abbildung legt die Vermutung nahe, daß es dem Auto 2 wegen der besseren Bremsen gelingt, einen 'Unfall' zu vermeiden.

```
plot( {s1,s2}, t1=0..8);
```

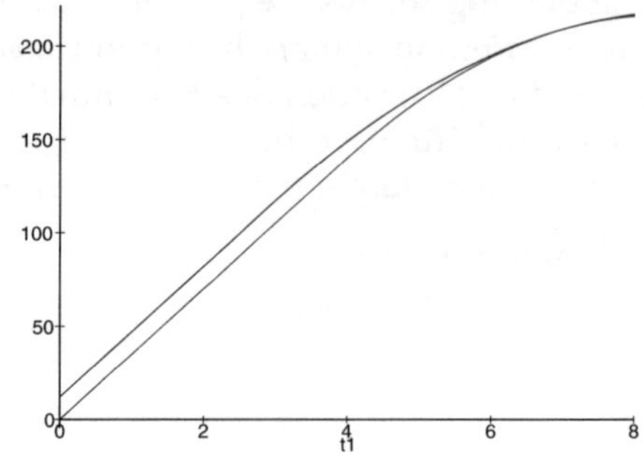

Da die Abbildungen eine genaue Analyse des 'Unfalls' nicht ermöglichen, muß noch ein wenig gerechnet werden. Als erstes sollen die Zeitpunkte ermittelt werden, zu denen die Autos zum Stillstand kommen. `solve` ist mit den `signum`-Funktionen erwartungsgemäß überfordert. Beim ersten Versuch versagt allerdings auch `fsolve`! Ein Blick ins Handbuch verrät, daß dem Kommando in einem zusätzlichen Parameter ein Hinweis gegeben werden kann, in welchem Bereich die Lösung zu erwarten ist.

```
solve(v1=0, t);
fsolve(v1=0, t);
t11:=fsolve(v1=0,t, {t=5..10});
```

$$t11 := 8.833333333$$

```
t12:=fsolve(v2=0,t, {t=5..10});
```

$$t12 := 8.375000000$$

Als nächstes werden die Orte bestimmt, an denen sich die beiden Autos zu den Zeitpunkten *t11* und *t12* befinden. Das Resultat ergibt einen Abstand von immerhin zweieinhalb Metern.

```
subs(t1=t11,s1);
```

$$270.1250 - 51.04167\mathrm{signum}(5.833333)$$

```
eval(");
```

$$219.0833333$$

```
eval(subs(t1=t12,s2));
```

$$216.5625000$$

Jetzt ist noch interessant, was vorher passierte. Haben sich die Autos während des Bremsvorgangs berührt? `fsolve` ermittelt hierfür den Zeitpunkt 7.0 Sekunden nach Beginn des Bremsvorgangs. Ein Einsetzen des Ergebnisses in *v1* und *v2* ergibt, daß die Autos zu diesem Zeitpunkt exakt gleich schnell fuhren. Da das hintere Auto aber bessere Bremsen besitzt, vergrößert sich der Abstand zwischen den beiden Autos ab diesem Zeitpunkt wieder.

```
fsolve(s1=s2,t1,{t1=6..10});
```

$$7.0$$

```
eval(subs(t=7, v1));
```

$$11$$

```
eval(subs(t=7, v2));
```

$$11$$

Abschließend soll noch eine Tabelle mit den Einträgen *Zeit* und *Abstand zwischen den beiden Autos* für den kritischen Zeitraum $6 \leq t \leq 8$ erstellt werden.

```
s:=seq( [t1,s1-s2],
        t1 = seq(i/10.,i=60..80));
```

$$s := [6.0, 1.0], [6.100000000, 0.8100000],$$
$$..., [8.0, 1.0]$$

```
s:=evalf(s, 5);
```

$$s := [6.0, 1.0], [6.1000, 0.81000],$$
$$...,, [8.0, 1.0]$$

```
array( [s] );
```

6.0	1.0
6.1000	0.81000
6.2000	0.64000
6.3000	0.49000
6.4000	0.36000
6.5000	0.25000
6.6000	0.16000
6.7000	0.090000
6.8000	0.040000
6.9000	0.010000
7.0	0
7.1000	0.010000
7.2000	0.040000
7.3000	0.090000
7.4000	0.16000
7.5000	0.25000
7.6000	0.36000
7.7000	0.49000
7.8000	0.64000
7.9000	0.81000
8.0	1.0

Kapitel 5

Überlebensregeln für den Umgang mit Maple

Dieses Kapitel gibt einige grundlegende Tips, wie Sie typische Fehler (besonders beim Einstieg in Maple) vermeiden können. Selbst wenn Sie schon eine Weile mit Maple gearbeitet haben, kann ein rasches Überfliegen dieses Kapitels nicht schaden.

Das Kapitel ist gezwungenermaßen redundant: Fallweise werden Probleme beschrieben, die bereits in den vorangegangenen Kapiteln vorkamen. Zudem werden die meisten der hier angesprochenen Themen später nochmals aufgegriffen und mit mehr Hintergrundinformationen erklärt. Wundern Sie sich daher nicht, wenn Sie in einigen Beispielen auf Kommandos stoßen, die Ihnen noch unbekannt sind.

Ziel dieses Kapitel ist es nicht, Detailwissen zu vermitteln, sondern auf häufig auftretende Probleme, Mißverständnisse und Feinheiten der Syntax hinzuweisen. In diesem Sinne sollten Sie das Kapitel als kompakte Zusammenfassung von Informationen betrachten, die Sie über das ganze Buch verstreut wiederfinden werden.

Setzen Sie die Zeichen , ; : richtig ein

Eingaben werden in Maple normalerweise mit einem Semikolon und RETURN abgeschlossen. Maple wertet daraufhin die Eingabe aus, führt die Berechnung aus und zeigt das Ergebnis an.

Statt des Semikolons darf auch ein Doppelpunkt am Ende eines Kommandos stehen. In diesem Fall wird die Berechnung zwar ebenso durchgeführt, das Resultat wird aber nicht am Bildschirm angezeigt. Durch den Einsatz des Doppelpunkts kann vermieden werden, daß ohnedies nur als Zwischenschritt durchgeführte Kommandos seitenweise Formeln produzieren, die (in diesem Zwischenstadium) nicht von Interesse sind. Auf das nicht angezeigte Ergebnis kann dennoch ganz normal mit " zugegriffen werden (siehe auch nächsten Punkt).

Es besteht die Möglichkeit, mehrere Kommandos in einer Zeile zu formulieren. Diese Kommandos können wahlweise durch Strich- oder Doppelpunkte voneinander getrennt werden. Die Ergebnisse werden in jeweils eigenen Zeilen angezeigt (und natürlich nur von jenen Kommandos, die mit Semikolons abgeschlossen wurden).

Prinzipiell ist es auch möglich, mehrere Berechnungen (aber keine Variablenzuweisungen) durch Kommas voneinander zu trennen. Maple führt diese Berechnungen zwar nacheinander aus, gibt das Ergebnis aber in einer Einheit (nämlich als Folge) aus. Diese Vorgehensweise hat bei kurzen Ergebnissen den Vorteil, daß sie platzsparend ist und einen direkten Vergleich der Ergebnisse (in einer Zeile) erlaubt.

In diesem Zusammenhang ist auch die umgekehrte Situation erwähnenswert, nämlich der Fall, daß ein Kommando über mehrere Zeilen reicht. Dann gelangen Sie mit SHIFT RETURN in die nächste Zeile, ohne die Berechnung zu starten.

Abschließend noch einige Beispiele: Zuerst wird eine normale Berechnung durchgeführt, deren Ergebnis angezeigt wird (;). Daran anschließend werden zwei Variablenzuweisungen durchgeführt, bei denen auf die Anzeige der neuen Werte am Bildschirm verzichtet wird (:).

```
2+3;
```

$$5$$

```
a:=3: b:=5:
```

Die drei Berechnungen ab, $a+b$ und a^b werden zuerst als Folge formuliert (,), das Ergebnis ist eine Einheit und wird in einer Zeile dargestellt. Zum Vergleich werden anschließend die gleichen Berechnungen mit ; in drei eigenständige Kommandos zerlegt.

```
a*b, a+b, a^b;
```

$$15, 8, 243$$

```
a*b; a+b; a^b;
```

$$15$$

$$8$$

$$243$$

Greifen Sie korrekt auf Teilergebnisse zu

Über die Symbole " und "" und """ können Sie auf die Ergebnisse der drei vorangegangenen Berechnungen zugreifen (und zwar unabhängig davon, ob die dazugehörigen Ergebnisse am Bildschirm angezeigt werden oder deren Ausgabe durch : unterdrückt wurde). Beachten Sie, daß der Ort, an dem Sie ein neues Kommando eingeben, keinen Einfluß auf die "-Symbole hat. " bezieht sich auf das zeitlich zuletzt berechnete Ergebnis. Wenn Sie nach der letzten Berechnung den Cursor an eine andere Stelle in ihrem Notebook bewegt haben, dann stimmt " nicht mit dem Ergebnis des Kommandos oberhalb der Cursorposition überein!

Das Beispiel rechts zeigt eine elegante (weil optisch übersichtliche und mit wenig Tippaufwand verbundene) Formulierung einer Umformung: Der zu vereinfachende Ausdruck wird zuerst als Ausdruck mit : formuliert. Im zweiten Kommando wird auf das (unsichtbare) Ergebnis zweimal zugegriffen, einmal mit und einmal ohne Umformungskommando.

```
(a+b)^3: " = expand(");
```

$$(a+b)^3 = a^3 + 3\,a^2 b + 3\,ab^2 + b^3$$

Die Verwendung der "-Symbole setzt etwas Umsicht voraus. Wenn Sie in zwei Kommandos auf das letzte Ergebnis zugreifen möchten, müssen Sie sich im ersten Kommando auf " beziehen, im zweiten Kommando dagegen auf "". Wenn Ihnen bei der Eingabe eines Kommandos ein logischer (kein syntaktischer) Fehler unterläuft und Sie das Kommando nochmals (in korrigierter Form) ausführen möchten, müssen Sie ebenfalls " in "" ändern. Insgesamt ist die Fehlergefahr durch den Einsatz von "-Symbolen nicht unerheblich. Sinnvoller ist es zumeist, Zwischenergebnisse in Variablen zu speichern, auf die beliebig oft (und nicht nur maximal dreimal) zugegriffen werden kann.

Im Beispiel links werden mit `solve` beide Lösungen einer quadratischen Gleichung ermittelt. Um in den weiteren Beispielen bequem auf das Ergebnis zugreifen zu können, wird es in der Variablen *lsg* gespeichert.

```
solve(x^2+x-1,x);
```

$$1/2\,\sqrt{5} - 1/2, -1/2 - 1/2\,\sqrt{5}$$

```
lsg:=";
```

$$lsg := 1/2\,\sqrt{5} - 1/2, -1/2 - 1/2\,\sqrt{5}$$

Etwas schwieriger wird es, wenn Sie nicht das gesamte Ergebnis, sondern nur einen Teil davon weiterverarbeiten möchten. Das kommt sehr häufig bei Kommandos wie `solve` vor, die mehrere Ergebnisse als Lösung liefern. Zumeist ist nur ein Ergebnis (oft das positive) von Interesse.

Zum Zugriff auf die positive Lösung bestehen mehrere Möglichkeiten: `lsg[1]` greift auf das erste Element der Folge der Ergebnisse zu. Das ist an sich in Ordnung, problematisch ist nur, wenn das Worksheet später neu ausgewertet wird: Die Reihenfolge der Ergebnisse von `solve` ist nicht festgeschrieben, und es könnte passieren, daß `solve` beim nächsten Mal zuerst die kleinere und dann die größere Lösung zurückgibt. Aus diesem Grund ist `max(lsg)` (ermittelt die wertmäßig größte Lösung) sicherer. `max` funktioniert allerdings nur, wenn sich die Reihenfolge der Ergebnisse bestimmen läßt, die Lösung also keine Variablen enthält.

```
x1:=lsg[1];
```

$$x1 := 1/2\sqrt{5} - 1/2$$

```
x1:=max(lsg);
```

$$x1 := 1/2\sqrt{5} - 1/2$$

Gelegentlich tritt das Problem auf, daß Maple eine recht lange Formel als Ergebnis liefert, Sie aber nur mit einem Teil dieser Formel weiterarbeiten möchten. Ein Zugriff über " bringt hier nichts, weil " immer den gesamten Ausdruck meint. Die bequemste Lösung dieses Problems besteht seit Release 4 darin, den betreffenden Teil der Formel mit der Maus zu markieren, mit STRG+V zu kopieren und mit STRG+C in die Eingabezeile für das neue Kommando zu kopieren. Maple wandelt die Formel dabei automatisch in die Kommandosyntax von Maple um.

Der Nachteil dieser Methode ist, daß er nicht nachvollziehbar ist. Wenn Sie zu einem späteren Zeitpunkt eine Ausgangsvariable Ihrer Berechnung ändern, wird eine neuerliche Berechnung zu einem anderen Zwischenergebnis führen. Das Kopieren und Einfügen eines Teils der Formel müßte jetzt neuerlich manuell durchgeführt werden. Aus diesem Grund bietet Maple einige Kommandos an, mit denen gezielt einzelne Bestandteile von komplexeren Ausdrücken ermittelt werden können – etwa `op`, `remove` oder `select`. Kommandos zur Bearbeitung komplexer Ausdrücke werden in den Kapitel 10, 12 und 28 beschrieben.

Auch dazu wieder ein Beispiel: Aus der rechts abgebildeten Formel soll der sin-Term entfernt werden, weil er für große x-Werte vernachlässigbar wird. Dazu wird `remove` eingesetzt. (Beachten Sie aber, daß `remove` bei komplexeren Ausdrücken oft versagt und eine manuelle Bearbeitung unvermeidlich wird.)

```
expr := 1+diff( sin(x)/x^2, x);
```

$$expr := 1 + \frac{\cos(x)}{x^2} - \frac{2\sin(x)}{x^3}$$

```
remove(has, expr, sin);
(1+cos(x)/x^2)^(1/2);
```

$$1 + \frac{\cos(x)}{x^2}$$

Beachten Sie die unterschiedlichen Apostrophtypen

Maple kennt zwei Typen von Apostrophen: nach links gerichtete Apostrophe ´ (Akut) und nach rechts gerichtete Apostrophe ` (Gravis). Nach links gerichtete Apostrophe (die im Buch generell als Apostrophe bezeichnet werden) kommen verhältnismäßig oft vor. Sie verzögern die Auswertung eines mathematischen Ausdrucks. Nach rechts gerichtete Apostrophe werden dagegen zur Identifikation von Zeichenketten eingesetzt. Sie finden die häufigste Anwendung bei der Angabe von Dateinamen oder bei der Nennung von Variablen- oder Prozedurnamen, die Maple-Sonderzeichen enthalten.

Der Einsatz von Apostrophen gehört zu den verwirrendsten Syntaxeigenheiten von Maple. Gerade bei komplexen zusammengesetzten Anweisungen entscheiden richtig eingesetzte Apostrophe häufig zwischen syntaktisch korrekten und fehlerhaften bzw. nicht ausführbaren Ausdrücken. Sie müssen sich daher unbedingt mit der Anwendung von Apostrophen vertraut machen. Beispiele zur Anwendung von Apostrophen finden Sie auch in den beiden folgenden Überlebensregel sowie im nächsten Kapitel, das sich intensiv mit den Besonderheiten der Variablenverwaltung auseinandersetzt.

Verzögerung der Auswertung durch linksgerichtete Apostrophe ´ (Akut)

Maple wertet mathematische Ausdrücke normalerweise sofort aus. Wenn x das Symbol π enthält und Sie geben `sin(x/2)` ein, dann ersetzt Maple die Variable x sofort durch π, wertet den Ausdruck x also unmittelbar aus. In manchen Situationen ist das nicht erwünscht.

Typische Anwendungen von linksgerichteten Apostrophen sind verzögerte Zuweisungen, die Nennung eines Rückgabeparameters, in das ein Kommando ein Ergebnis schreiben soll, und die Formulierung verschachtelter Ausdrücke, die syntaktisch nur dann korrekt sind, wenn in bestimmte Variablen Zahlenwerte eingesetzt werden, bevor der Ausdruck ausgewertet wird. Einfache Beispiele finden Sie in den beiden folgenden Überlebensregel.

Variablen werden in Maple durch die Zuweisung ihres Namens gelöscht. Dabei muß die unmittelbare Auswertung dieses Namens vermieden werden, weswegen linksgerichtete Apostrophe zum Einsatz kommen.

```
x:=3: x;
```

$$x := 3$$

```
x:=´x´: x;
```

$$x := x$$

Die Funktion f wird durch den Einsatz von linksgerichteten Apostrophen unabhängig vom aktuellen Wert von x definiert. Erst bei der tatsächlichen Verwendung von f wird x durch den gerade aktuellen Wert ersetzt.

```
f:=´x^2-7´;
```

$$f := x^2 - 7$$

Achtung: Bei der Windows-Version müssen statt der linksgerichteten Apostrophe gerade Apostrophe ((Shift)+(#)) eingegeben werden! (Windows kennt im Gegensatz zu den meisten anderen Betriebssystemen gleich drei Apostrophe: gerade, links- und rechtsgerichtete.)

Kennzeichnung von Zeichenketten durch rechtsgerichtete Apostrophe ` (Gravis)

Auf ersten Blick sieht es so aus, als hätten rechtsgerichtete Apostrophe dieselbe Wirkung wie linksgerichtete Apostrophe:

```
x:=3:
´x+1´;
```

$$x+1$$

```
`x+1`;
```

'x+1'

Erst wenn Sie mit dem Kommando `eval` eine Auswertung der resultierenden Ausdrücke erzwingen, wird der Unterschied offensichtlich.

```
eval(´x+1´);
```

$$4$$

```
eval(`x+1`);
```

x+1

Die Zeichen in rechtsgerichteten Apostrophen gelten für Maple nicht mehr als mathematische Ausdrücke, sondern als Zeichenketten. Die Auswertung wird nicht verzögert, sondern ist gänzlich unmöglich. Zeichenketten werden daher nie zur Angabe oder Speicherung mathematischer Ausdrücke verwendet, sondern als Datei- oder Variablennamen.

Im Beispiel rechts wird die Variable *bsp/option* mit dem Wert 3 belegt. *bsp/option* enthält einen Bruchstrich und kann deswegen nur dann als Variablenname verwendet werden, wenn der gesamte Ausdruck als Zeichenkette identifiziert wird.

```
`test/option`:=3;
```

$$test/option := 3$$

Im zweiten Beispiel werden alle bisher definierten Variablen der Maple-Sitzung in der Datei `session.tst` gespeichert. Der Punkt . gilt als Maple-Sonderzeichen zur Verknüpfung von Symbolen, weswegen auch hier rechtsgerichtete Apostrophe zur Kennzeichnung des Dateinamens als Zeichenkette erforderlich sind.

```
save `session.tst`;
```

Berücksichtigen Sie die globale Gültigkeit von Variablen

Im alltäglichen Umgang mit Maple treten eine Menge Probleme auf, weil bereits belegte Variablen an Stellen verwendet werden, wo noch leere Symbole als Platzhalter für unbekannte oder variable Ausdrücke benötigt werden.

Im Zuge einer Rechnung wurde x mit $\sqrt{3}$ belegt. Aus diesem Grund scheitert der Versuch, später eine Gleichung in x zu lösen. Noch vor dem Versuch, die Gleichung zu lösen, ersetzt Maple x durch $\sqrt{3}$; danach gibt es in der Gleichung keine Unbekannten mehr. Das Problem kann leicht gelöst werden, indem x gelöscht wird – anschließend funktioniert `solve` wieder.

```
x:=sqrt(3);
```

$$x := \sqrt{3}$$

```
solve( x^2+3*x+6, x );
    Error (in solve) a constant is
    invalid as a variable, 3^(1/2)
x:='x';
```

$$x := x$$

Oft erfolgen Wertzuweisungen in der Art `x:=...` nur zur Auswertung einer Funktion. Zu diesem Zweck bietet Maple aber Substitutionsmechanismen an, die eine bleibende Zuweisung vermeiden: Beispielsweise ersetzt `subs` eine Variable vorübergehend durch einen Wert (siehe Beispiel). x bleibt aber weiterhin eine Variable. Ebenfalls sehr praktisch sind Funktionsvorschriften (siehe weiter unten).

```
f:=x^2+5*x;
```

$$f := x^2 + 5\,x$$

```
subs( x=sqrt(3), f);
```

$$3 + 5\,\sqrt{3}$$

```
x;
```

$$x$$

Unterscheiden Sie direkte und verzögerte Zuweisungen

In Maple werden Variablenzuweisungen prinzipiell sofort ausgeführt. Das hat zur Folge, daß sich Änderungen nicht rückwirkend auf andere Variablen auswirken. Dazu gleich ein Beispiel:

In der Variablen x wird der Wert 4 gespeichert. y bekommt den Inhalt von x zugewiesen, z den Inhalt von y.

```
x:=4; y:=x; z:=y;
```

$$x := 4$$

$$y := 4$$

$$z := 4$$

Wird nun x verändert, so hat dies keinen Einfluß auf y und z mehr!

```
x:=3;
```

$$x := 3$$

```
z;
```

$$4$$

Diese Vorgehensweise von Maple ist einfach nachzuvollziehen und für die meisten Anwendungsfälle auch die effizienteste Lösung. Dennoch wäre es manchmal praktisch, auch verzögerte Zuweisungen durchzuführen, die erst dann ausgewertet werden, wenn die Variablen wirklich benötigt werden. Dazu müssen Sie in Maple die rechte Seite einer Zuweisung in linksgerichtete Apostrophe setzen. Diese Apostrophe verzögern die Auswertung. Wenn Sie `y:='x'` eingeben, dann speichert Maple in y das Symbol x. Die Apostrophe werden dabei entfernt, im Gegensatz zu einer normalen Zuweisung wird x aber nicht ausgewertet. y zeigt daher auf x (im Gegensatz zum obigen Beispiel, wo y einfach den Inhalt 4 hatte).

Die Kommandos rechts demonstrieren verzögerte Zuweisungen der Variablen x, y und z.

```
x:=5; y:='x'; z:='y';
```

$$x := 5$$

$$y := x$$

$$z := y$$

Erst wenn z wirklich benötigt wird (beispielsweise um den Inhalt von z auszugeben wie im Kommando rechts), kommt es zur Auswertung: z zeigt auf y, daher wird auch y ausgewertet. y zeigt auf x, und x enthält den Wert 5.

```
z;
```

$$5$$

Jetzt wirkt sich die Veränderung von x auch rückwirkend auf z aus!

```
x:=6;
```

$$x := 6$$

```
z;
```

$$6$$

Beachten Sie die Syntax bei der Definition von Funktionen

Zur Definition eigener Funktionen sieht Maple eine ziemlich ungewöhnliche Syntax vor:

```
name := (var)->funktionsvorschrift;
```

Wenn Sie die Funktion $f(x)$ als $x^2 + 3x + 5$ definieren möchten, müssen Sie das nebenstehende Kommando eingeben.

```
f:= (x) -> x^2+3*x+5;
```

$$f := x \mapsto x^2 + 3\,x + 5$$

Durch die Eingabe von `f(ausdruck)` ersetzen Sie x durch den Ausdruck:

```
f(sin(y));
```

$$\sin(y)^2 + 3\,\sin(y) + 5$$

Eine andere Möglichkeit zur Definition von Funktionen besteht durch die unmittelbare Zuweisung der Funktionsvorschrift, also `f:=funk` oder `f:='funk'`. Beide Varianten haben den Nachteil, daß die darin vorkommenden Variablen nicht in Form von Funktionsparametern angegeben werden können, sondern nur durch eine unmittelbare Zuweisung oder durch `subs` eingesetzt werden können.

Die naheliegende Formulierung `f(x):=funk` zur Definition einer Funktion führt zwar zu keiner Fehlermeldung, hat aber auch nicht die beabsichtigte Wirkung. Vielmehr wird die Funktion als Ergebnis von f gespeichert, das immer dann gilt, wenn $f(x)$ verwendet wird. Der Zugriff auf diese Funktion gelingt aber nicht durch $f(y)$, $f(1)$, $f(\sin(z))$ etc.

Weitere Informationen zu selbst definierten Funktionen finden Sie in Kapitel 8. Unter anderem ist dort auch beschrieben, wie rekursive Funktionen definiert werden können.

Unterscheiden Sie zwischen Folgen, Listen und Mengen

Im Umgang mit Maple kommen drei Datentypen häufig vor, die einander sehr ähnlich sehen, in Wirklichkeit aber ganz unterschiedliche Eigenschaften haben: Folgen, Listen und Mengen.

Als *Folgen* gelten alle Ausdrücke, die einfach durch Kommas getrennt sind. Das Beispiel rechts zeigt die Verwendung einer Folge sowohl bei der Eingabe als auch bei der Ausgabe (im Ergebnis von `solve`).

```
sin(Pi/3), sin(Pi/2);
```

$$\frac{\sqrt{3}}{2}, 1$$

```
solve( x^2+x=1, x);
```

$$-1/2+\frac{\sqrt{5}}{2}, -1/2-\frac{\sqrt{5}}{2}$$

Mengen sehen aus wie Folgen, um die geschwungene Klammern gesetzt wurden. Tatsächlich sind die Unterschiede tiefergehend: In Mengen werden mehrfach auftretende Elemente automatisch eliminiert, außerdem ändert Maple die Reihenfolge der Elemente scheinbar willkürlich. Mengen sind aus diesem Grund nur dann brauchbar, wenn die Reihenfolge der Elemente unwichtig ist.

Mengen werden in der Praxis zumeist dann benötigt, wenn mehrere Ausdrücke an ein Kommando übergeben werden sollen – beispielsweise mehrere Gleichungen an `solve`, um das resultierende Gleichungssystems zu lösen, oder mehrere Funktionen an `plot`, um deren Graphen zu zeichnen. Auch Maple gibt Resultate fallweise als Mengen zurück.

```
solve( {x^2+y^2=13,x^2-y^2=5},
       {x,y} );
```

$$\{y=2, x=3\},$$

$$\{y=2, x=-3\},$$

$$\{y=-2, x=3\},$$

$$\{y=-2, x=-3\}$$

Listen sehen aus wie Folgen in eckigen Klammern. Der Unterschied gegenüber Mengen besteht darin, daß weder die Reihenfolge der Elemente geändert noch Elemente entfernt werden. Der Unterschied gegenüber Folgen besteht darin, daß Listen verschachtelt werden können (d.h. daß ein Element eine Subliste enthalten kann) und daß zahlreiche Kommandos zwar mit Listen, nicht aber mit Folgen umgehen können.

Im Beispiel rechts wird eine Liste aus vier Elementen definiert. Von den Elementen dieser Liste wird anschließend die Wurzel gezogen und davon der Durchschnitt berechnet.

```
l1:=[1, 2, 3, 4];
```

$$l1 := [1, 2, 3, 4]$$

```
l2:=map( sqrt, l);
```

$$l2 := [1, \sqrt{2}, \sqrt{3}, 2]$$

```
sum( l2[i], i=1..4) / nops(l2);
```

$$3/4 + \frac{\sqrt{2}}{4} + \frac{\sqrt{3}}{4}$$

Der Umgang mit Folgen, Listen und Mengen wird ausführlich in Kapitel 12 behandelt. Alle Maple-Anwender, die auch mit Mathematica arbeiten, seien an dieser Stelle aber nochmals nachdrücklich gewarnt, daß Listen und Mengen nicht verwechselt werden dürfen! (In Mathematica werden Listen mit `{}` formuliert, Mengen im Sinne Maples gibt es nicht). Das Beispiel unten zeigt, wozu Verwechslungen zwischen `[]` und `{}` führen können.

Beabsichtigt war, eine Tabelle aufzustellen, in denen die Zahlen von 1 bis 4 zusammen mit ihren Quadratwurzeln gespeichert sind. Das erste Kommando verwendet dazu Mengen, weswegen $\{1, 1\}$ zu $\{1\}$ und $\{4, 2\}$ zu $\{2, 4\}$ wurde. Erst die Formulierung mit Listen führt zum gewünschten Ergebnis.

```
seq( {i, sqrt(i)}, i=1..4);
```

$$\{1\}, \{2, \sqrt{2}\}, \{3, \sqrt{3}\}, \{2, 4\}$$

```
seq( [i, sqrt(i)], i=1..5);
```

$$[1, 1], [2, \sqrt{2}], [3, \sqrt{3}], [4, 2]$$

Unterscheiden Sie zwischen symbolischen und numerischen Berechnungen

Maple unterscheidet klar zwischen symbolischen und numerischen Berechnungen. Normalerweise versucht Maple symbolisch zu rechnen, weswegen Ausdrücke wie π, $\sqrt{2}$ oder $\tan(1)$ einfach in dieser Form stehenbleiben. Symbolische Berechnungen sind 'unendlich' exakt, Rundungsfehler können nicht auftreten.

Maple rechnet numerisch, sobald es explizit mit `evalf`, `fsolve` etc. zu einer Fließkommaauswertung aufgefordert wird oder in einem Ausdruck eine Fließkommazahl vorkommt $(1.5, 1e - 5)$. Gerade dieser zweite Punkt ist oft kritisch, weil Maple zwischen 1.5 und $3/2$ oder zwischen $1e-5$ und 10^{-5} unterscheidet, obwohl die Terme – mathematisch gesehen – gleichwertig sind. Die Genauigkeit numerischer Berechnungen hängt nicht davon ab, wie viele Stellen Sie eingeben, sondern ausschließlich von der Systemvariablen `Digits`, die die Stellenzahl einstellt.

Natürlich gibt es auch Situationen, in denen eine numerische Berechnung angestrebt wird. Beispielsweise kann die Inversion einer großen Matrix numerisch viel schneller als symbolisch berechnet werden.

Manche Kommandos, etwa `limit` für Grenzwertberechnungen oder `int` zum Integrieren liegen in zwei Varianten vor, einer symbolischen und einer numerischen. Wenn Sie rein numerisch rechnen möchten, lautet die korrekte Schreibweise `evalf(Int(..))`, also mit der Großschreibung von `Int`, `Limit` etc. Durch die Großschreibung verwenden Sie die sogenannten trägen Varianten dieser Kommandos, deren Auswertung ähnlich wie durch Apostrophe verzögert wird. Wenn Sie dagegen `evalf(int(..))` verwenden, berechnet Maple zuerst das Integral soweit wie möglich und wertet dann das Ergebnis numerisch aus.

Zahlreiche Beispiele, die den Unterschied zwischen numerischen und symbolischen Berechnungen demonstrieren, finden Sie in Kapitel 3.

Zweifeln Sie die Ergebnisse von Maple an

Maple wird häufig als Universalprogramm betrachtet, das alle Mathematikprobleme – egal wie kompliziert – rasch und problemlos löst. Das ist aus mehreren Gründen eine Illusion:

- Erstens ist Maple wegen des sehr allgemeinen Ansatzes ein verhältnismäßig langsames Programm. Es eignet sich daher schlecht für Spezialprobleme, für die es eigene, speziell für diese Anwendungen optimierte Programme gibt. Solche Anwendungen reichen von der Berechnung von Apfelmännchengrafiken über die Signalverarbeitung bis hin zur Durchführung von Finite-Elemente-Analysen.

- Zweitens sind die mathematischen Möglichkeiten von Maple begrenzt. Wenn Sie Maple auffordern, mit `solve` ein Gleichungssystem zu lösen, und Maple keine Lösung zurückgibt, bestehen drei Möglichkeiten: Entweder Sie haben das Gleichungssystem falsch (oder gemessen an den Möglichkeiten Maples 'ungünstig') formuliert, oder das Gleichungssystem ist wirklich unlösbar, oder aber Maple ist – aus welchen Gründen auch immer – nicht in der Lage, eine vorhandene Lösung zu finden.

- Drittens ist Maple wie jedes andere Programm fehlerhaft. Fehler in Maple-Ergebnissen können die unterschiedlichsten Ursachen haben: Echte Programmierfehler im Maple-Code, noch nicht berücksichtigte mathematische Spezial- und Sonderfälle, eine unter ungünstigen Bedingungen verbotene Vereinfachung, die fehlende Berücksichtigung von Mehrdeutigkeiten (z.B. beide Vorzeichen einer Wurzel, die Periodizität trigonometrischer Funktionen etc.).

Sie sollten daher die Ergebnisse von Maple immer mit einer gewissen Skepsis betrachten. Je größer Ihr Wissen über die zugrundeliegende Mathematik ist, desto höher sind die Chancen, solche Fehler zu entdecken und womöglich eine andere Formulierung zu finden, in der Maple das korrekte Ergebnis liefert. Plausibilitätskontrollen, der Versuch, ein Ergebnis auf eine andere Weise zu berechnen sowie die numerische Überprüfung symbolischer Ergebnisse sollten bei kritischen Berechnungen zur Selbstverständlichkeit werden!

Die folgenden Beispiele sollen Sie nicht davon abschrecken, mit Maple zu rechnen, noch sollen sie die Fähigkeiten von Maple in den Schatten stellen (die anderen Computeralgebraprogramme machen zum Teil dieselben, zum Teil andere Fehler). Sie sollen aber zur Vorsicht mahnen. Nur weil Maple neunundneunzig richtige Ergebnisse liefert, besteht keine Sicherheit, daß auch das hundertste Ergebnis stimmt!

Im Beispiel rechts soll Maple auf numerischem Weg das Integral über $1/x^2$ für $x = 0$ bis Unendlich berechnen. Es liefert dabei das Ergebnis 2, obwohl dieses Integral ∞ ergibt. Wie das zweite Kommando beweist, kommt Maple hier bei einer symbolischen Berechnung zum richtigen Ergebnis.

```
evalf( Limit(Int( 1/x^2,
  x=n..infinity), n=0) ); #falsch
```

$$2.0$$

```
int( 1/x^2, x=0..infinity); #richtig
```

$$\infty$$

Auch das zweite Beispiel zeigt Schwächen des Kommandos `int`: Das Integral entlang des Einheitskreises über die komplexe Funktion $1/z$ liefert fälschlich den Wert 0. Dabei kann der Integrant ohne weiteres vereinfacht werden; wenn diese Vereinfachung durch `simplify` erzwungen wird, klappt es!

```
z:=cos(t) + I*sin(t): dz:=diff(z,t):
f:=1/z: f*dz;
```

$$\frac{-\sin(t) + \sqrt{-1}\cos(t)}{\cos(t) + \sqrt{-1}\sin(t)}$$

```
int( f * dz, t=0..2*Pi); #falsch
```

$$0$$

```
simplify( f*dz); #richtig
```

$$I$$

```
int( simplify(f * dz), t=0..2*Pi);
```

$$2I\pi$$

Integrationsprobleme bereitet auch die folgende Funktion:

```
f:=1/(1-x+x^4);
```

$$f := \frac{1}{1 - x + x^4}$$

```
plot(f,x=-5..5);
```

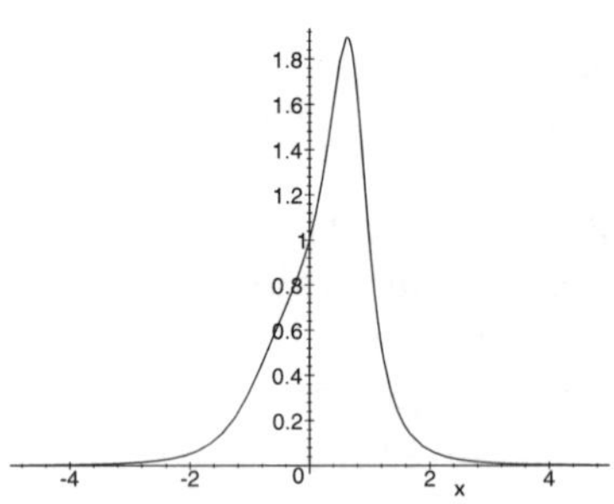

Maple liefert für das symbolische Integral von $-\infty$ bis ∞ ein falsches Ergebnis. Durch eine Veränderung der Integrationsgrenzen kann ein symbolisches Ergebnis errechnet werden (auf dessen Abdruck aber verzichtet wurde). Die numerische Auswertung liefert dann das korrekte Ergebnis, ebenso eine rein numerische Berechnung oder eine Auswertung des Integrals für den Bereich zwischen -100 und 100.

```
int(f,x=-infinity..infinity);
```

$$0$$

```
int(f,x=-infinity..0)+
  int(f,x=0..infinity): evalf(");
```

$$2.683548244$$

```
evalf(Int(f,x=-infinity..infinity));
```

$$2.683548244$$

```
evalf(int(f,x=-100..100));
```

$$2.683547578$$

Das letzte Beispiel zeigt, daß selbst `solve` bei einer ungünstigen Problemstellung falsche Ergebnisse liefern kann: Beabsichtigt war, jene Werte für x zu ermitteln, bei denen f gegen ∞ geht. Eine unmittelbare Berechnung mit `solve` führt zu zwei falschen Ergebnissen. Wird die Gleichung dagegen zuerst für eine temporäre Variable gelöst und für die Lösungen ein Grenzwertübergang durchgeführt, klappt es.

```
f:=x^2/(x^2-4);
```

$$f := \frac{x^2}{x^2-4}$$

```
solve(f=infinity,x); #falsch
```

$$1, -1$$

```
s:=solve(f=inf, x);
```

$$s := \frac{2\sqrt{-\mathrm{inf}+\mathrm{inf}^2}}{1-\mathrm{inf}}, \; -\frac{2\sqrt{-\mathrm{inf}+\mathrm{inf}^2}}{1-\mathrm{inf}}$$

```
limit(s[1],inf=infinity),
limit(s[2],inf=infinity);
```

$$2, -2$$

Teil II

Maple in der Praxis

Dieser Teil des Buchs stellt eine systematische Einführung in das Arbeiten mit Maple dar. Die ersten vier Kapitel (Variablenverwaltung, Übersicht der vordefinierten Maple-Funktionen, Definition eigener Funktionen, Komplexe Zahlen) erfüllen zwar nicht ganz den Anspruch, praktische Maple-Anwendungen zu demonstrieren, das darin vermittelte Grundlagenwissen ist für die weitere Anwendung von Maple aber einfach unverzichtbar. Ähnliches gilt auch für die Kapitel 12 und 13 (Listen, Felder, Tabellen).

Mehr Praxisbezug werden Sie in den restlichen Kapiteln entdecken. Kapitel 10 beschreibt die Bearbeitung und die Vereinfachung mathematischer Ausdrücke. Computeralgebraprogramme wie Maple neigen dazu, endlose mathematische Formeln als Ergebnis zu präsentieren. Aus diesem Grund ist das Vereinfachen solcher Ausdrücke eine der wichtigsten (und wohl schwierigsten) Aufgaben, die das Programm mit der intensiven Unterstützung des Anwenders zu lösen hat.

In Kapitel 11 geht es um das symbolische und numerische Lösen von Gleichungen bzw. Gleichungssystemen. Ab Kapitel 14 wird es dann spezieller: Sie lernen Kommandos zur Vektor- und Matrizenrechnung, zur Berechnung von Summen, Produkten und Grenzwerten, zur Differentiation und Integration sowie zum Lösen von Differentialgleichungen kennen. Die Kapitel 19 und 20 enthalten eine umfassende Einführung in den Umgang mit den Grafikkommandos von Maple.

In allen Kapiteln wurde versucht, möglichst viele und möglichst praxisnahe Beispiele unterzubringen. Neben Detailinformationen zur Syntax des Kommandos finden Sie auch Tips, wie Sie typische Fehler vermeiden können. Die meisten Kapitel enden mit einer Syntaxzusammenfassung, so daß Sie zum Nachlesen von Einzelheiten (Reihenfolge der Parameter, Bezeichnung der Optionen) nicht das ganze Kapitel durchblättern müssen.

Kapitel 6

Variablenverwaltung

Das Kapitel faßt alle Feinheiten im Umgang mit Variablen zusammen: Die Zuweisung (unmittelbar oder verzögert), die Substituierung, das Löschen, die Angabe zusätzlicher Eigenschaften etc. Im Verlauf des Kapitels werden unter anderem folgende Operatoren und Kommandos behandelt:

`:=` `:=´..´`
wird zur Zuweisung von Variablen verwendet. Durch die Einklammerung des zugewiesenen Ausdrucks in Apostrophe kann eine verzögerte Zuweisung erreicht werden.

`assign`
stellt eine gelegentlich benötigte Variante zum Operator `:=` dar.

`subs`
führt eine vorübergehende Variablensubstitution durch. Damit können mathematische Ausdrücke ausgewertet werden, ohne die darin benutzten Variablen bleibend zu verändern.

`assume`
speichert zusätzliche Eigenschaften zu einer Variablen, z.B. `assume(a>0)`. Einige Maple-Kommandos nutzen diese Zusatzinformation aus (beispielsweise beim Integrieren).

`alias` und `macro`
stellen zwei Möglichkeiten dar, Abkürzungen zu definieren.

`restart`
löscht alle definierten Variablen, Funktionen, Packages, Makros, Abkürzungen etc. Maple verhält sich also wie nach einem Neustart.

`.` oder `cat`
verbindet zwei oder mehrere Zeichen(ketten) zu einem Variablennamen.

Verweis: Eine Liste mit den vordefinierten Systemkonstanten sowie Tips zur Definition eigener Konstanten finden Sie im nächsten Kapitel. Der Vorteil von Konstanten gegenüber Variablen besteht darin, daß eine versehentliche Zuweisung eines neuen Werts ausgeschlossen ist.

Der Umgang mit Variablen

Als Variablen im Sinne von mathematischen Platzhaltern für noch unbekannte Ausdrücke gelten alle Symbole, denen noch kein Wert (Ausdruck, Bedeutung) zugewiesen wurde. Üblicherweise wird aber auch dann noch von Variablen (im Sinne einer Programmiersprache) gesprochen, wenn Symbolen ein fixer Ausdruck zugewiesen wurde. Beispielsweise wird x auch nach der Zuweisung `x:=5` weiterhin als Variable bezeichnet. Allerdings können nach einer Zuweisung viele Kommandos nicht mehr ausgeführt werden (siehe Beispiele unten).

Als Inhalt von bisher noch nicht zugewiesenen Variablen (also von 'leeren Symbolen') gilt der Name dieser Variablen. Der Inhalt der Variablen x von oben wäre also 5, während der Inhalt der noch nicht verwendeten Variablen y durch die Zeichenkette 'y' bestimmt ist. In Variablen können nicht nur Zahlenwerte, sondern beliebige mathematische Ausdrücke, Funktionen, ganze Programme, Listen, Matrizen, Gleichungssysteme etc. gespeichert werden.

Als Variablennamen gelten beliebige Zeichenketten, die mit einem Buchstaben beginnen. Prinzipiell ist auch der Unterstrich als erstes Zeichen erlaubt. Da Maple solche Variablen intern als globale Variablen für die verschiedensten Zwecke einsetzt, sollten Sie auf solche Variablen verzichten. In den folgenden Zeichen sind auch Ziffern sowie der Unterstrich _ erlaubt (nicht aber deutsche Sonderzeichen ä, ö, ü und ß, mathematische Operatoren oder der Punkt). Wenn Sie Variablennamen mit Sonderzeichen bilden möchten, müssen Sie den gesamten Namen in rechtsgerichtete Apostrophe setzen – dann sind alle Zeichen erlaubt. Maple unterscheidet zwischen Groß- und Kleinschreibung! Vordefinierte Schlüsselwörter sind ab Release 3 vor einer versehentlichen Zuweisung geschützt.

Nach soviel Theorie folgen nun einige Beispiele. Ausgangspunkt ist eine neu gestartete Maple-Session, d.h., die vorkommenden Symbole x, *lsg* etc. sind noch nicht definiert.

```
lsg:=solve( x^2-5*x+6=0, x );
```

$$lsg := 3, 2$$

Durch das obige Kommando wurde die Lösung der quadratischen Gleichung $x^2 - 5x + 6 = 0$ ermittelt. Die beiden Werte 2 und 3 wurden in der Variablen *lsg* gespeichert. x ist ein noch nicht belegtes Symbol (eine freie Variable) und wurde durch `solve` nicht verändert.

Beachten Sie den Unterschied zwischen `:=` für die Zuweisung des Ergebnisses in *lsg* und `=` zur Formulierung der Gleichung! Durch die folgende Zuweisung wird das erste Ergebnis der Lösung in x gespeichert.

```
x:=lsg[1];
```

$$x := 3$$

x ist jetzt keine freie Variable mehr, kann also nicht mehr als Platzhalter verwendet werden. Der Versuch, dasselbe Gleichungssystem nochmals zu lösen, scheitert. Der Grund: Maple wertet zuerst den Ausdruck $x^2 - 5 * x + 6 = 0$ zu $9 - 15 + 6 = 0$, also zu $0 = 0$ aus. Erst danach kommt `solve` zum Zug. Im ersten Parameter dieses Kommandos steht jetzt allerdings kein Gleichungssystem mehr, daher kommt es zur Fehlermeldung.

```
solve( x^2-5*x+6=0, x );
    Error, (in solve)
    a constant is invalid
    as a variable, 3
```

Abhilfe schafft das Löschen der Variablen x. Dazu wird der Variablen ihr Name (in linksgerichteten Apostrophen) zugewiesen. Durch die Apostrophe wird eine Auswertung von x zu 3 vermieden. Variablen, deren Inhalt ihr eigener Name ist, gelten als leer (unbelegt).

```
x:='x';
```

$$x := x$$

```
solve( x^2-5*x+6=0, x );
```

$$3, 2$$

Wenn Sie ein neues Berechnungsbeispiel starten, ist es am praktischsten, alle bisher belegten Symbole zu löschen. Dazu wird das Kommando `restart` verwendet.

Achtung: Das Worksheet-Menükommando FILE|NEW bewirkt kein Löschen von Variablen!

Interna der Variablenverwaltung

Dieser Abschnitt enthält einige weitergehende Informationen zum Thema Variablenverwaltung und beschreibt zusätzliche Kommandos zu deren Verwaltung. Wenn Sie daran (vorläufig) kein Interesse haben, können Sie den Abschnitt getrost überspringen – die hier vermittelten Fakten sind erst bei einer ziemlich fortgeschrittenen Verwendung von Maple (Programmierung etc.) erforderlich.

Mit der Funktion `assigned` können Sie testen, ob ein Symbol bereits belegt wurde (einen Inhalt aufweist).

```
x:=3:
assigned(x), assigned(a);
```

$$true, false$$

Da das Löschen von bereits belegten Variablen in der Art `x:='x'` mühsam ist, kennt Maple das Kommando `unassign`, dem eine ganz Liste zu löschender Variablen übergeben werden kann. Die Variablen müssen in Apostrophe gesetzt werden, um eine sofortige Auswertung zu vermeiden.

```
a:=1: b:=2: c:=3:
unassign('a,b,c');
a,b,c;
```

$$a, b, c$$

Im vorangegangenen Abschnitt wurde bereits erwähnt, daß in Variablen die verschiedensten Daten gespeichert werden können: Zahlen, Listen, Formeln etc. Das Kommando `whattype` gibt ersten Aufschluß über die gespeicherten Daten.

```
w:=1: x:=a^2+b^2: y:={a+b=5, a-b=1}:
z:=array([[1,2],[3,4]]):
whattype(w), whattype(x),
whattype(y), whattype(z);
```

$integer, +, set, string$

Während `whattype` nur die Basisdatentypen kennt und für z nur die sehr allgemeine Information *string* liefert, ist `type` für eine genauere Analyse der Daten geeignet. Allerdings ermittelt `type` den Datentyp nicht selbständig, sondern testet eine von Ihnen aufgestellte Vermutung. Dazu müssen Sie schon recht genau wissen, welche der zahlreichen Datentypen in Frage kommen.

```
type(y,set)
```

true

```
type(z,array), type(z,matrix);
```

true, *false*

Eine vollständige Aufzählung der Maple-Datentypen finden Sie bei den Hilfethemen `whattype` und um einiges ausführlicher bei `type`.

Aufschluß über bereits verwendete Symbole geben die Kommandos `anames` (assigned names, also belegte Variablen) und `unames` (unassigned names, also verwendete, aber noch unbelegte Symbole). Da in beiden Fällen sämtliche bisher verwendeten Symbole angezeigt werden (auch solche, die durch das Laden von Packages oder Spezialfunktionen definiert wurden), geht die Ausgabe zumeist über mehrere Seiten und ist in dieser Form für praktische Anwendungen weitgehend unbrauchbar.

Etwas interessanter wird es, wenn Sie die Informationen mit `sort` sortieren und/oder mit `select` selektieren. (Die beiden Kommandos werden in Kapitel 10 beschrieben.) Im Beispiel unten wurden alle belegten Variablen angezeigt, deren Zeichenanzahl kleiner als 8 ist. Unter den aufgezählten Variablen befinden sich auch die zuletzt definierten w, x, y, z.

```
sort( select( x->length(x)<8, [anames()]) );
```

$[fed, fred, latex/@, latex/D, w, x, xed, y, z]$

Durch einen optionalen Parameter von `anames` kann die Ausgabe auf Symbole eines bestimmten Datentyps eingeschränkt werden. `anames(string)` liefert beispielsweise nur Symbole, die Zeichenketten enthalten.

Schutz von Variablen

Variablen können durch `protect` gegen weitere Zuweisungen geschützt werden. Der Versuch, einer geschützten Variable einen neuen Inhalt zuzuweisen, führt dann zu einer Fehlermeldung. `unprotect` hebt diesen Schutz wieder auf. Maple-intern sind fast alle Kommandos durch `protect` gegen ein irrtümliches Überschreiben geschützt.

Maple kennt wie die meisten Programmiersprachen lokale Variablen, deren Existenz sich auf eine Prozedur beschränkt. Lokale Variablen werden in Kapitel 29 zum Thema Programmierung behandelt.

Unmittelbare und verzögerte Variablenzuweisung

Bei der Verarbeitung von Kommandos versucht Maple im ersten Schritt, alle Symbole auszuwerten und durch ihren Inhalt zu ersetzen. Bei Zuweisungen durch `:=` ist diese Auswertung auf die rechte Seite eingeschränkt. Außerdem existieren einige Datentypen, bei denen auf eine sofortige Auswertung prinzipiell verzichtet wird (Felder, Tabellen, Funktionen). Bei diesen Datentypen muß die Auswertung explizit durch das Kommando `eval` erzwungen werden.

Bei der Zuweisung `x:=y` ersetzt Maple zuerst y durch dessen Inhalt und speichert diesen in x. Nur wenn y bisher nicht belegt war, speichert Maple in x den Namen des Symbols y.

Manchmal ist es sinnvoll, daß sich eine nachträgliche Änderung der einen Variablen auf den Inhalt der anderen Variablen auswirken soll. In diesem Fall muß mit verzögerten Zuweisungen gearbeitet werden. Dazu wird der zuzuweisende Ausdruck in linksgerichtete Apostrophe ´ gestellt. Maple verzichtet dann darauf, den so eingeschlossenen Ausdruck sofort auszuwerten und speichert ihn in dieser Form in der Variable.

```
x:=2;
```

$$x := 2$$

```
y:=´x´; z:=´y´;
```

$$y := x$$

$$z := y$$

Erst wenn die Variable verwendet wird, kommt es zur Auswertung. Daher wirkt sich bei diesem Beispiel die nachträgliche Veränderung von x auf z aus. Der Grund: Bei der Auswertung von z stößt Maple auf das Symbol y, bei dessen Auswertung auf x, und dessen Auswertung führt zum aktuellen Inhalt von x.

```
z;
```

$$2$$

```
x:=3; z;
```

$$x := 3$$

$$3$$

Hätte im obigen Beispiel das zweite Kommando `y:=x; z:=y;` gelautet, dann wäre in z der ursprüngliche Inhalt von x, nämlich der Wert 2, gespeichert worden. Dieser Wert hätte sich auch nach einer neuerlichen Zuweisung an x nicht mehr geändert.

Die Bedeutung der Apostrophe wurde oben etwas vereinfachend dargestellt. Die Apostrophe verhindern eigentlich nicht die Auswertung, sondern bremsen diese. Die Auswertung von `´x´` führt zu `x` (ohne Apostroph), dieser Ausdruck wird dann aber nicht mehr weiterverarbeitet. Erst in einem weiteren Auswertungsschritt würde `x` in dessen aktuellen Inhalt 3 verwandelt.

Die Apostrophe können auch in mehreren Ebenen verwendet werden. Durch jeden Auswertungsschritt wird eine Apostrophklammerung entfernt. Aus `'''x'''` wird `''x''`, dann `'x'`, `x` und schließlich `3`.

Ein Sonderfall für verzögerte Zuweisungen ist das Löschen von Variablen: Durch `x:='x'` wird in der Variablen x das unausgewertete Symbol x gespeichert – x gilt damit als leer.

Für manche Anwendungen sind die Apostrophe zu wenig flexibel, weil sie eine Auswertung des Ausdrucks vollständig blockieren. Bei indizierten Variablen `f[x]` (das sind Felder, siehe Kapitel 13) oder bei zusammengesetzen Variablennamen `v.i` (siehe einige Abschnitte weiter unten) wäre es sinnvoll, wenn zwar x ausgewertet (und dessen aktueller Inhalt eingesetzt) würde, nicht aber der resultierende Variablenname $f[3]$ bzw. $v3$. In solchen Situationen bietet sich das Kommando `evaln` (evaluate to name) an, das eine Auswertung bis zum Variablennamen durchführt.

Das folgende Beispiel zeigt eine Anwendung von `evaln`: In einer `seq`-Schleife sollen die Elemente $a[0]$ bis $a[5]$ des Vektors a mit 2^n belegt werden. Der erste Versuch klappt auch ohne `evaln` hervorragend. Für die Zuweisung wird das Kommando `assign` verwendet, da innerhalb von `seq` der Operator `:=` nicht eingesetzt werden kann (siehe nächsten Abschnitt). Das zweite `seq`-Kommando gibt lediglich den Inhalt der Elemente $a[0]$ bis $a[5]$ aus.

```
a:=array(0..5);
```

$$a := \text{array}(0..5, [\,])$$

```
seq( assign(a[i],2^i), i=0..5);
seq(a[i], i=0..5);
```

$$1, 2, 4, 8, 16, 32$$

Der Versuch, die Variablen auf dieselbe Weise zu verändern und nun mit 3^n zu belegen, scheitert. Der Grund: In `assign` wird `a[i]` für $i = 0$ zu `a[0]` und damit zu 1 ausgewertet. `assign` kann aber im Wert 1 nicht einen neuen Wert speichern – es benötigt eine Variable. Der Variablenname wird jetzt mit `evaln` ermittelt. Das vorangegangene Beispiel hat nur deswegen funkioniert, weil die Feldelemente $a[i]$ zu diesem Zeitpunkt noch nicht belegt waren.

```
seq( assign(a[i],3^i), i=0..5);
    Error, (in assign) invalid
    arguments
seq( assign( evaln(a[i]),3^i ),
     i=0..5);
seq(a[i], i=0..5);
```

$$1, 3, 9, 27, 81, 243$$

Variablenzuweisungen mit assign

In den bisherigen Beispielen wurde zumeist der Operator := für Variablenzuweisungen verwendet. Alternativ dazu kennt Maple das Kommando `assign(var,ausdruck)`, das den angegebenen Ausdruck in der Variablen speichert. Das Kommando wird nur relativ selten benötigt – beispielsweise wenn in einer `seq`-Schleife mehrere Variablen belegt werden sollen (siehe Beispiel oben).

Die Anwendungsmöglichkeiten von `assign` gehen aber noch weiter. Bei `assign` wird (im Gegensatz zur Variablenzuweisung durch `:=`) auch die linke Seite ausgewertet (Details zur Auswertung von Maple-Ausdrücken folgen im nächsten Abschnitt). Wenn der Inhalt der Variablen x ein Verweis auf die Variable y ist, dann verändert `assign(x,3)` die Variable y! Durch `restart` am Beginn dieses Beispiels wird erreicht, daß alle bisher verwendeten Variablen gelöscht werden.

```
restart;
x:=y;
```

$$x := y$$

```
assign(x, 3); x,y;
```

$$3, 3$$

Das Ergebnis oben wirkt vielleicht auf ersten Blick überraschend. Durch das `assign`-Kommando wurde in der Variablen `y` (!) der Wert 3 gespeichert. Bei der Ausgabe von x und y wird zweimal der Wert 3 ausgegeben – einmal, weil x auf y verweist, und das zweite Mal, weil in y tatsächlich der Wert 3 gespeichert ist.

An `assign` kann auch eine Liste oder Menge mit Gleichungen der Form `var=ausdruck` übergeben werden. `assign` führt dann die durch `=` (nicht `:=`) ausgedrückten Zuweisungen aus. Diese Variante von `assign` eignet sich besonders dazu, die von `solve` ermittelten Lösungen von Gleichungssystemen umzusetzen.

```
restart; solve( {x+y=3, x-y=2} );
```

$$\{y = 1/2, x = 5/2\}$$

```
assign("); x,y;
```

$$5/2, 1/2$$

Substitution von Variablen

Auf den letzten Seiten wurden mehrfach die Probleme angesprochen, die durch die Nennung bereits belegter Variablen in verschiedenen Kommandos auftreten. Aus diesem Grund ist es oft sinnvoll, auf eine direkte Zuweisung von Variablen zu verzichten.

Eine Alternative stellt das Kommando `subs` dar, mit dem in die Variable *vorübergehend* Werte (oder beliebige Ausdrücke) eingesetzt werden. Die Syntax des Kommandos geht aus dem folgenden Kommando eindeutig hervor. Beachten Sie, daß Zuweisungen in `subs` mit `=` und nicht mit `:=` formuliert werden.

```
restart; # alle Variablen löschen
subs( x=2, y=3, x^2 + 2*x*y + y^2 );
```

$$25$$

Wenn mehrere Substitutionen gleichzeitig durchgeführt werden sollen, ist Vorsicht geboten. `subs` führt die Substitutionen normalerweise nacheinander aus. Wenn eine gleichzeitige Bearbeitung erforderlich ist (z.B. wenn – wie in den Beispielen unten – die Substitionsanweisungen zu einer Vertauschung von Variablen führt), müssen die Substitutionsregeln als Menge in geschwungenen Klammern angeschrieben werden.

```
subs( x=y^2, y=x^2, sin(x)+cos(y) );
```

$$\sin(x^4) + \cos(x^2)$$

```
subs( y=x^2, x=y^2, sin(x)+cos(y) );
```

$$\sin(y^2) + \cos(y^4)$$

```
subs( {x=y^2, y=x^2}, sin(x)+cos(y) );
```

$$\sin(y^2) + \cos(x^2)$$

Das letzte Kommando zeigt gleichzeitig eine weitere Anwendung von `subs`: Die von `solve` ermittelten Lösungen können bequem in mathematische Ausdrücke eingesetzt werden:

```
solve( {x^2+y^2=10, x+y=4} );
```

$$\{y = 1, x = 3\}, \{y = 3, x = 1\}$$

```
subs( "[1], x^2 + 2*x*y + y^2);
```

$$16$$

Prinzipiell ist `subs` auch in der Lage, ganze Ausdrücke (und nicht nur einzelne Variablen) durch neue Daten zu ersetzen. Das funktioniert allerdings nur dann, wenn der zu ersetzende Ausdruck eine Einheit darstellt. Im ersten der beiden folgenden Beispiele ist das der Fall, im zweiten dagegen nicht (weil $x+y$ ein Teil der Summe $x+y+z$ ist).

```
subs( x+y=3, sin(x+y));
```

$$\sin(3)$$

```
subs( x+y=3, x+y+z);
```

$$x + y + z$$

Genau für solche Fälle ist das Kommando `algsubs` (neu in Release 4) konzipiert. Es führt die Substitution nicht rein mechanisch durch Mustervergleich durch, sondern führt eine mathematische Umwandlung durch.

```
algsubs( x+y=3, x+y+z);
```

$$3 + z$$

```
algsubs( x^2=a, x^5);
```

$$a^2 x$$

```
algsubs(s/t=v, s/t^2);
```

$$v/t$$

Fallweise muß durch optionale Parameter genau angegeben werden, wie sich `algsubs` verhalten soll. Im ersten Beispiel (default) wird die erste Substitutionsvariable eliminiert, im zweiten Beispiel wird y als primäre Substitutionsvariable angegeben. In Beispiel drei wird `algsubs` angewiesen, die Substitution nur dann durchzuführen, wenn der mathematische Ausdruck exakt in der selben Form auftritt – Maple verzichtet in diesem Fall ganz auf die Substitution.

```
algsubs( x+y=3, 2*x+y+z);
```

$$-y+6+z$$

```
algsubs( x+y=3, 2*x+y+z, [y]);
```

$$x+3+z$$

```
algsubs( x+y=3, 2*x+y+z, exact);
```

$$2x+y+z$$

Bei komplexeren Fällen haben sowohl `subs` als auch `algsubs` Probleme: Im vorliegenden Beispiel sollen die beiden Wurzeln in der Funktion f durch die Abkürzungen A und B ersetzt werden. Der erste Versuch mit `subs` scheitert, Maple gibt f unverändert zurück.

```
f:=x/sqrt(10+2*sqrt(5))+
  y/sqrt(10-2*sqrt(5)):
a:=sqrt(10-2*sqrt(5)):
b:=sqrt(10+2*sqrt(5)):
subs(a=A, b=B, f);
```

$$\frac{x}{\sqrt{10+2\sqrt{5}}}+\frac{y}{\sqrt{10-2\sqrt{5}}}$$

Maple erkennt die Subsitution nicht, weil die Wurzeln im Nenner stehen. Mit einer auf ersten Blick umständlichen Neuformulierung des Kommandos, die der internen Darstellung des Ausdrucks durch Maple näherkommt, gelingt das Vorhaben dann aber doch.

```
f1:=subs(1/a=1/A, 1/b=1/B, f);
```

$$f1 := \frac{x}{a}+\frac{y}{b}$$

`algsubs` versagt bei diesem Beispiel gänzlich. Erstens kann es nur eine Substitution (und nicht zwei auf einmal) durchführen und zweitens kann es nur Variablen substituieren (nicht aber numerische Ausdrücke). Aber selbst bei einem auf `algsubs` maßgeschneiderten Beispiel klappt es nicht:

```
restart; # a und b löschen
f:=x/sqrt(a+b*sqrt(c));
```

$$f := \frac{x}{\sqrt{a+b\sqrt{c}}}$$

```
algsubs(sqrt(a+b*sqrt(c))=A, f);
  Error, (in algsubs) no variables
  in pattern
```

Die Beispiele beweisen, daß die Substitution von Ausdrücken unter Umständen eine recht diffizile Angelegenheit sein kann. In ganz hartnäckigen Fällen kann mit `select`, `remove` (Kapitel 10) und `subsop` (Kapitel 12) gearbeitet werden. Hilfreich bei der Substitution ist auch das Wissen, wie Maple mathematische Ausdrücke intern darstellt. Mehr zu diesem Thema finden Sie in Kapitel 28.

Eigenschaften von Variablen mit assume definieren

Wenn Sie eine noch unbelegte Variable in einer Gleichung verwenden, hat Maple keine Ahnung über die Eigenschaften dieser Variablen. In vielen Fällen wissen Sie aus der Problemstellung der Aufgabe, daß diese Variable größer 0 sein muß oder daß nur reelle (aber keine komplexen) Zahlen möglich sind.

Mit `assume` können Sie Maple solche Eigenschaften mitteilen. Einige Maple-Kommandos nutzen diese Zusatzinformationen aus und sind dann in der Lage, Vereinfachungen im Rechengang durchzuführen bzw. diesen überhaupt zu ermöglichen. Maple kennzeichnet im Ergebnis alle Variablen, zu denen Eigenschaften definiert sind, mit einem nachgestellten ~-Zeichen. Die folgenden Beispiele demonstrieren die Anwendung von `assume`.

Mit den Kommandos rechts soll der Realteil von $(a+Ib)^2$ berechnet werden. Die Angabe legt nahe, daß a und b reelle Zahlen sind, Maple weiß das aber nicht. Aus diesem Grund fällt das Ergebnis komplizierter aus, als notwendig wäre.

```
Re( expand((a+I*b)^2) );
```

$$\Re(a^2 + 2\,I\,a\,b - b^2)$$

```
assume(a,real, b,real);
Re( expand((a+I*b)^2) );
```

$$a^{\sim 2} - b^{\sim 2}$$

Die Vereinfachung $\sqrt{n^2}$ zu n gilt nur unter der Voraussetzung, daß $n >= 0$ ist. Aus diesem Grund führt Maple die Vereinfachung erst aus, wenn die Eigenschaften von n durch `assume` angegeben werden. (Alternativ können Sie auch `simplify(..,symbolic)` verwenden – siehe Kapitel 10.)

```
sqrt(n^2);
```

$$\sqrt{n^2}$$

```
assume(n>0);
sqrt(n^2);
```

$$n^{\sim}$$

Wenn Maple Informationen über die Variablen in trigonometrischen Funktionen hat, gelingen zum Teil sehr weitreichende Vereinfachungen. Im Beispiel rechts werden durch `n:='n'` zuerst alle bisherigen Eigenschaften von n gelöscht.

```
n:='n': cos(n*Pi);
```

$$\cos(n\,\pi)$$

```
assume(n,integer): cos(n*Pi);
```

$$(-1)^{n^{\sim}}$$

```
assume(n,odd): cos(n*Pi);
```

$$-1$$

`assume`-Informationen werden auch von vielen Kommandos zur Durchführung symbolischer und numerischer Berechnungen ausgewertet. Das folgende Beispiel demonstriert ein Integral, das nach der Definition der Eigenschaft $a >= 0$ gelöst werden kann. (Durch $a >= 0$ gilt a gleichzeitig als reelle (nicht komplexe) Zahl.)

```
restart; int(exp(-a*x^2), x=0..infinity);
  Definite integration: Can't determine if the integral is convergent.
  Need to know the sign of --> a
  Will now try indefinite integration and then take limits.
```

$$\lim_{x \to \infty} \frac{1}{2} \frac{\sqrt{\pi}\,\mathrm{erf}(\sqrt{a}\,x)}{\sqrt{a}}$$

```
assume(a>=0): int(exp(-a*x^2), x=0..infinity);
```

$$\frac{1}{2} \frac{\sqrt{\pi}}{\sqrt{a\tilde{}}}$$

Die Anwendungsmöglichkeiten von `assume` sind damit kaum angedeutet. Für den Einsatz mit `assume` sind unzählige Attribute definiert (siehe `?property`), von denen hier die wichtigsten aufgezählt sind.

Ganze Zahlen: `integer, posint, odd, even`
Brüche und reelle Zahlen: `fraction, rational, real, negative, positive, nonneg`
Komplexe Zahlen: `imaginary, complex, NumeralNonZero, GaussianInteger ...`
Funktionseigenschaften: `commutative, continouos, differentiable, monotonic ...`
Matrizeneigenschaften: `antisymmetric, diagonal, tridiagonal, Hermitian ...`

Mehrere Eigenschaften können durch `AndProp` oder durch `OrProp` logisch miteinander verknüpft werden. Außerdem können Zahlenbereiche in der Form `RealRange(a,b)` angegeben werden, wobei für a und b neben Zahlen auch `infinity` sowie `Open(x0)` angegeben werden kann. `Open` wird für $\leq$ oder $\geq$ benötigt. Zahlenbereiche können zumeist auch in der Kurzschreibweise `assume(x>0)` angegeben werden.

`assume`-Annahmen können zusammen mit dem Inhalt der Variablen durch die Zuweisung `var:='var'` wieder gelöscht werden.

Weitere assume-Kommandos

`assume` gehört zu einer ganzen Familie von Kommandos. Im folgenden werden die wichtigsten dazugehörigen Kommandos ganz kurz beschrieben:

`additionally`
funktioniert wie `assume`, allerdings gelten die so definierten Eigenschaften zusätzlich zu den bereits vorhandenen (während `assume` alle bisherigen Eigenschaften wieder löscht). Durch das Löschen der Variablen `var:='var'` werden übrigens auch alle Eigenschaften der Variablen gelöscht.

`is`
testet, ob ein Objekt – aufgrund der bisher definierten Eigenschaften – eine bestimmte Annahme erfüllt (siehe Beispiel unten). Als Ergebnis kommen in Frage: `true` (wenn die Annahme immer erfüllt ist), `false` (wenn die Annahme zumindest für einen Fall nicht erfüllt

ist) oder `FAIL` (wenn Maple zuwenig Informationen vorliegen, um eine Entscheidung zu treffen).

`about`
zeigt alle bekannten Informationen zu einem Symbol an.

`addproperty`
ermöglicht eine Erweiterung der von `assume` unterstützten Eigenschaften. Auf diese Erweiterungsmöglichkeiten wird hier allerdings nicht eingegangen.

Die folgenden Beispiele zeigen die Anwendung dieser Kommandos. Die Hypothese $x0 > -1$ ist eindeutig richtig, weil zuvor $x0 > 0$ definiert wurde. $x0 > 1$ kann zwar fallweise zutreffen, gilt aber nicht für alle erlaubten Werte von $x0$ – daher lautet das Ergebnis $false$. $x0$ gilt für Maple als reelle Zahl (weil die Eigenschaft $x0 > 0$ für komplexe Zahlen unsinnig wäre). Die Hypothese $x0 > x1$ kann `is` nicht auswerten, weil Informationen zu $x1$ fehlen.

```
assume(x0>0);
is(x0>-1), is(x0>1),
is(x0,real), is(x0>x1);
```

$$true, false, true, FAIL$$

```
about(x0);
   Originally x0, renamed x0~:
   is assumed to be:
       RealRange (Open(0),infinity)
```

Wenn Sie mehrstufige Schlußfolgerungen benötigen, müssen Sie die Kommandos des `totorder`-Packages einsetzen. Das darin definierte Kommando `tassume` hat eine ähnliche Bedeutung wie `assume`, `tis` entspricht `is`. (Intern arbeiten diese Kommandos aber anders und sind nicht zueinander kompatibel.)

```
restart: with(totorder):
tassume(a>b, b>c, c>d);
```

$$assumed, b < a, c < b, d < c$$

```
tis(a>d);
```

$$true$$

So faszinierend die obigen Beispiele sind, sollte doch die Reichweite des `assume`-Kommandos nicht überschätzt werden. Viele Maple-Kommandos berücksichtigen `assume`-Eigenschaften nicht. `solve` ignoriert etwa die durch `assume` gespeicherten Informationen und liefert trotz `assume(x>0)` negative Lösungen. Des weiteren fehlt `assume` die Möglichkeit, Abhängigkeiten zu definieren. Vor allem zum Differenzieren von Funktionen mit mehreren Variablen fehlt ein einfach handhabbarer Mechanismus, Maple mitzuteilen, daß x von y abhängig ist. Irritierend ist schließlich die Tatsache, daß es keinen Hilfetext gibt, in dem dokumentiert ist, welche Kommandos `assume` unterstützen und welche nicht. Sie müssen also bei jedem Kommando extra nachlesen, ob und wie weit es `assume`-Eigenschaften berücksichtigt.

Abkürzungen mit macro und alias

Sowohl `macro` als auch `alias` sind dazu geeignet, Abkürzungen zu definieren. Auf den ersten Blick liegt der einzige Unterschied zwischen den beiden Kommandos darin, daß `macro`-Abkürzungen nur für die Eingabe von Maple-Kommandos gelten, `alias`-Abkürzungen dagegen auch die Ausgabe von Ergebnissen beeinflussen. Tatsächlich gehen die Unterschiede zwischen den beiden Kommandos aber tiefer, wie die folgenden Beispiele – zuerst zu `macro`, anschließend zu `alias` – zeigen werden.

Durch `macro(x=ausdruck)` wird dem Symbol x ein Ausdruck zugewiesen. Weder x noch der angegebene Ausdruck werden durch `macro` ausgewertet. Es wird also lediglich der Zeichenkette 'x' die neue Bedeutung 'ausdruck' zugeordnet.

```
macro(s=solve): s(x^2-2);
```

$$\sqrt{2}, -\sqrt{2}$$

```
macro(s=sin): s(x^2-2);
```

$$\sin(x^2 - 2)$$

Als Symbol x sind nicht nur Variablen, sondern auch mathematische Ausdrücke erlaubt, beispielsweise `macro(sin(x)=0)`. Die `macro`-Anweisung hat keinen Einfluß auf die gleichnamige Variable. Die neue Bedeutung von $\sin(x)$ wirkt sich nur bei der Eingabe von Maple-Kommandos aus: Wenn Sie `sin(x)+1` eingeben, macht Maple daraus `0+1`, wertet diesen Ausdruck aus und liefert schließlich das Ergebnis 1. Wenn Sie `diff(cos(x),x)` eingeben, gelangt Maple zum Ergebnis -$\sin(x)$ und gibt dieses aus. Das Makro für $\sin(x)$ hat also weder auf die Ausgabe, noch auf den wahren Wert von $\sin(x)$ einen Einfluß.

`macro` ist insbesondere zur Definition von Konstanten geeignet. Der Versuch, s anschließend durch eine normale Zuweisung zu verändern oder zu löschen, scheitert am Schutz durch `macro`. Wenn s wirklich gelöscht werden soll, muß dazu abermals `macro` eingesetzt werden.

```
macro(s=1.2345);
```

$$1.52399025$$

```
s:=3;
    Error, Illegal use
    of an object as a name
macro(s=s);  # löscht das Makro für s
```

Das Kommando `macro(a=b)` unterscheidet sich von der Zuweisung `a:='b'` in drei Punkten: Erstens gilt die `macro`-Abkürzung nur für die Eingabe (während die Zuweisung generell gilt). Zweitens ist für a auch ein allgemeiner mathematischer Ausdruck (z.B. $x^2 + y^2$) erlaubt. Und drittens kann a nur durch eine weitere `macro`-Anweisung verändert bzw. gelöscht werden, eine irrtümliche Zuweisung ist ausgeschlossen. Beachten Sie aber, daß es prinzipiell möglich, wenngleich unüblich, ist, Abkürzungen unmittelbar durch Variablenzuweisungen in der Art `s:=solve` zu definieren!

Nun zu `alias`: Das Kommando hat die gleiche Syntax wie `macro`, gibt allerdings eine Liste mit allen bisher definierten Abkürzungen aus. Das folgende Beispiel zeigt den wichtigsten Unterschied zu `macro`: `alias`-Abkürzungen gelten auch für die Ausgabe.

```
restart;
alias(s=sin);
```

$$I, s$$

```
sin(x);
```

$$s(x)$$

Die wohl wichtigste Anwendung von `alias` ist die Definition der imaginären Einheit `I`. Diese ist ganz einfach durch die Anweisung `alias(I=sqrt(-1))` entstanden. Jedesmal, wenn in der Eingabe `I` auftritt, ersetzt Maple das Symbol durch $\sqrt{-1}$. Umgekehrt wird bei der Ausgabe $\sqrt{-1}$ durch I ersetzt.

Noch ein Hinweis zu `alias`: Sie können in `alias` keine Abkürzungen definieren, die selbst bereits auf `alias`-Abkürzungen zurückgreifen. Insbesondere müssen Sie innerhalb von `alias` $\sqrt{-1}$ statt `I` schreiben, wenn Sie die imaginäre Einheit verwenden möchten.

Eine weitere sehr praktische Anwendung besteht im Speichern von Abhängigkeiten. Die Ableitung $\frac{df}{dx}$ durch `diff(f,x)` liefert normalerweise 0. Durch das Kommando `alias(f=f(x))` erkennt Maple, daß f eine Funktion von x ist, ohne daß in der weiteren Rechnung zusätzlicher Tippaufwand erforderlich ist:

```
alias(f=f(x)):
diff(f^2,x);
```

$$2\,f\,\frac{d}{dx}f$$

Ein weiteres Beispiel zu dieser `alias`-Anwendung finden Sie in Kapitel 4 im Abschnitt zum rechtwinkligen Schnitt.

`alias` hat gegenüber `macro` folgende Besonderheiten: `alias` wirkt auch auf die Ausgabe, die in `alias` genannten Ausdrücke werden vor dem Speichern der Abkürzung zuerst ausgewertet, und `alias` ist nicht in der Lage, Konstante zu definieren.

Für die Anwendung der beiden Kommandos gelten somit folgende Richtlinien: `macro` ist für (formale) Eingabeerleichterungen geeignet, also für Abkürzungen von langen Funktions- oder Kommandonamen oder zur Definition von Konstanten. `alias` ist dagegen ein mathematisches Werkzeug zur Vereinfachung von Ausdrücken bei der Ein- wie bei der Ausgabe.

Der Verkettungsoperator .

Mit dem Verkettungsoperator `.` können Zeichenketten aus mehreren Ausdrücken zusammengesetzt werden. Die Hauptanwendung besteht in der Verwaltung durchnumerierter Variablen ($x1, x2, x3$).

Bei der Verarbeitung von `a.b.c` bleibt a unausgewertet, für b und c werden deren aktuelle Inhalte eingesetzt. Alle drei Zeichenketten werden anschließend vereint und können dann als Variablenname verwendet werden. Die Beispiele rechts demonstrieren diesen Mechanismus.

```
a.b.c;
```

$$abc$$

```
b:=1: c:=2: a.b.c;
```

$$a12$$

```
a:=x: a.b.c;
```

$$a := a12$$

Mit dem letzten Kommando war eigentlich beabsichtigt, *a12* zu bilden. Das funktioniert allerdings nicht, weil Maple das erste Symbol einer .-Kette unausgewertet läßt. Diese (für die meisten Anwendungen ohnedies sinnvolle) Einschränkung kann umgangen werden, indem als erstes Symbol eine leere Zeichenkette `` angegeben wird, oder indem das Kommando `cat` verwendet wird.

```
``.a.b.c;
```

$$x12$$

```
cat(a,b,c);
```

$$x12$$

Durch das Kommando unten wird die Summe von *x0* bis *x5* gebildet. Dabei muß `x.i` in Apostrophe gestellt werden, damit eine Auswertung vor dem Einsetzen von i verhindert wird.

```
sum( ´x.i´, i=0..5);
```

$$x0 + x1 + x2 + x3 + x4 + x5$$

Ein weiteres Beispiel zum Umgang mit dem Verkettungsoperator, das die Zuweisung mehrere Variablen innerhalb `seq` demonstriert, finden Sie etwas weiter oben im Abschnitt zum Kommando `assign`.

Systemvariablen

Maple kennt einige Systemvariablen, die das Verhalten von Maple in verschiedenen Situationen beeinflussen. Die Systemvariablen lassen sich in zwei Gruppen gliedern: in *environment*- und in *interface*-Variablen.

Zu den *environment*-Variablen zählen unter anderem `Digits` und `Order`. `Digits` gibt die Anzahl der Stellen bei numerischen Berechnungen an, `Order` die Größe der Ordnung, bis zu der Reihen entwickelt werden sollen. `infolevel` und `printlevel` bestimmen, wie viele Informationen während der Abarbeitung von Maple-Kommandos ausgegeben werden sollen (siehe Kapitel 28).

Als *environment*-Variablen gelten auch alle Variablen, die mit _ beginnen. Das besondere Merkmal von *environment*-Variablen besteht darin, daß deren Zuweisung in Prozeduren sich nur innerhalb der Prozedur auswirkt, aber keine nachhaltige Veränderung mit sich bringt.

```
Digits:=20: evalf(1/3);
```

$$Digits := 0.33333333333333333333$$

```
series(sin(x)/(x+1), x);
```

$$(x - x^2 + \frac{5}{6}x^3 - \frac{5}{6}x^4 + \frac{101}{120}x^5 + O\left(x^6\right))$$

```
Order:=10: series(sin(x)/(x+1), x);
```

$$(x - x^2 + \frac{5}{6}x^3 - \frac{5}{6}x^4 + \frac{101}{120}x^5 - \frac{101}{120}x^6 + \frac{4241}{5040}x^7 - \frac{4241}{5040}x^8 + \frac{305353}{362880}x^9 + O\left(x^{10}\right))$$

`interface`-Variablen steuern die Verbindung zwischen Maple und Bedieneroberfläche. Zum besseren Verständnis ist hier ein wenig Hintergrundwissen erforderlich: Maple besteht aus drei Teilen, dem Kernel (Kommandointerpreter, Speicherverwaltung), der Library (Definition aller Funktionen, zum Teil in externen Packages) und der Benutzeroberfläche. Die beiden ersten Komponenten von Maple sind für den mathematischen Bereich zuständig (und bei allen Maple-Versionen weitgehend identisch), während die dritte Komponente für die Kommunikation mit dem Anwender verantwortlich ist und rechnerabhängig ist.

Über das Kommando `interface(var=wert)` können einige vordefinierte `interface`-Variablen eingestellt werden. Die wichtigsten davon betreffen die Ausgabe von Grafiken (`plotdevice`, `plotoutput`). Eine vollständige Beschreibung aller `interface`-Variablen enthält das Online-Hilfethema `?interface`.

Im nebenstehenden Beispiel wird die `interface`-Variable `showassumed` auf 2 gesetzt. Variablen mit `assume`-Eigenschaften werden jetzt nicht durch das Zeichen ~ gekennzeichnet, statt dessen wird am Ende jedes Kommandos eine Liste aller `assume`-Variablen angegeben.

```
interface(showassumed=2);
assume(n,odd); sin(n*x);
```

$\sin(n\tilde{}\ x)$

withassumptionsonn

Syntaxzusammenfassung

`var:=ausdruck;` `var:='ausdruck';` `var:='var';`

führt eine Variablenzuweisung durch. Der Ausdruck auf der rechten Seite wird vor der Zuweisung ausgewertet. Durch das Einklammern in Apostrophe wird die unmittelbare Auswertung verhindert, sie erfolgt dann erst bei der Verwendung der Variablen. Dieser Umstand wird zum Löschen von Variablen genutzt (dritte Syntax-Variante).

`assign(var=ausdruck);` `assign(var, ausdruck);` `assign({v1=a,v2=b,..});`

stellt eine Alternative zur Variablenzuweisung mit `:=` dar. `assign` unterscheidet sich vom Zuweisungsoperator, insofern vor der Zuweisung auch die linke Seite ausgewertet wird. Außerdem ist `assign` an Orten erlaubt, wo `:=` zu einem Syntax-Error führt (z.B. innerhalb von `seq`). Die letzte Syntaxvariante erlaubt die gleichzeitige Zuweisung einer ganzen Liste von Variablen.

`evaln(ausdruck);`

wertet den Ausdruck aus, bis Variablennamen vorliegen, ersetzt diese aber nicht durch ihren Inhalt. Bei `i=3` wird aus `evaln(x[i])` der Variablenname `x[3]`.

`subs(v1=a1, v2=a2,.., ausdruck);`
führt eine vorübergehende Variablensubstitution für *v1*, *v2* ... durch und wertet damit den im letzten Parameter angegebenen Ausdruck aus.

`macro(var=ausdruck);`
definiert eine Abkürzung für *var*. Weder 'var' noch 'ausdruck' werden vor der Zuweisung ausgewertet. Die Abkürzung gilt nur für die Kommandoeingabe. *var* kann durch eine normale Zuweisung mit `:=` nicht verändert werden und muß gegebenenfalls vorher mit `macro(var=var)` gelöscht werden.

`alias(var=ausdruck);`
definiert eine Abkürzung für *var*. Sowohl 'var' als auch 'ausdruck' werden vor der Zuweisung ausgewertet. Eine Zuweisung von Konstanten ist nicht erlaubt. Die Abkürzung gilt sowohl für die Kommandoeingabe als auch für die Ergebnisausgabe.

`x.i.j;   ``.x.i.j;   cat(x.i.j);`
verbindet die angegebenen Symbole zu einer Zeichenkette (zu einem Variablennamen). In der ersten Variante bleibt x unausgewertet, für i und j wird der aktuelle Inhalt eingesetzt (bei $i = 1$ und $j = 2$ ergibt sich *x12*). Bei den beiden anderen Varianten wird auch x durch seinen Inhalt ersetzt.

Interna der Variablenverwaltung

`restart;`
löscht alle Variablen, geladenen Packages etc.

`unassign('var1,v2,..');`
löscht die in Apostrophen angegebene Liste von Variablen.

`assigned(var);`
testet, ob eine Variable bereits belegt ist. Liefert *true* oder *false* als Ergebnis.

`anames();   unames();`
gibt eine unsortierte Folge aller belegten bzw. aller freien Variablen aus.

`whattype(var);`
stellt den Datentyp einer Variablen (`string`, `integer` etc.) fest. Dabei werden allerdings nur etwa 25 Basistypen unterschieden.

`type(var,typ);`
testet, ob die Variable den angegebenen Typ hat. Liefert *true* oder *false* als Ergebnis. `type` kennt über 80 vordefinierte Datentypen.

`protect(name);   unprotect(name);`
`protect` schützt eine Variable vor einer irrtümlichen Zuweisung. `unprotect` hebt diesen Schutz wieder auf.

assume und verwandte Kommandos

`assume(var op ausdr);` `assume(var, eigens);`
: speichert zur angegebenen Variable eine Eigenschaft, z.B. daß sie nur Werte größer 0 enthält (`assume(x>0)`) oder daß es sich um eine reelle (nicht komplexe) Zahl handelt (`assume(x,real)`). Eine Liste aller zur Zeit erlaubten `assume`-Attribute finden Sie mit `?assume`. Die durch `assume` angegebene Eigenschaft ersetzt alle bisher definierten Eigenschaften dieser Variable. `var:='var'` löscht alle Eigenschaften.

`additionally(var ..);`
: wie `assume`, die Eigenschaft wird aber zusätzlich zu den anderen, für die Variable bereits definierten Eigenschaften gespeichert.

`is(ausdruck);` `is(ausdruck, eigens);`
: überprüft aufgrund der bisher gespeicherten Eigenschaften, ob die in `is` formulierte Annahme für alle möglichen Inhalte der angegebenen Variablen gilt. Mögliche Ergebnisse sind *true*, *false* oder *FAIL* (falls unzureichende Informationen für eine Schlußfolgerung vorliegen).

`about(var);`
: zeigt alle vorhandenen Informationen zu *var* an.

Kapitel 7

Konstanten, Operatoren und Funktionen

Dieses Kapitel gibt eine Übersicht über die wichtigsten vordefinierten Konstanten, Operatoren und Funktionen. Im Gegensatz zu den anderen Kapiteln wurde dabei die Syntaxübersicht auf die einzelnen Abschnitte des Kapitels aufgeteilt und dort jeweils an ihren Anfang gestellt.

Zu den wichtigsten in Maple definierten Funktionen gehören Wurzel-, Logarithmus- und Exponentialfunktionen, trigonometrische Funktionen, Besselfunktionen und Kugelflächenfunktionen. Natürlich ist diese Übersicht nicht vollständig: insbesondere fehlen Funktionen zur Bearbeitung komplexer Zahlen (siehe nächstes Kapitel), Funktionen zur Vektor- und Matrizenrechnung (Kapitel 13 und 14), Wahrscheinlichkeitsverteilungen (Kapitel 21) und eine Menge weiterer Spezialfunktionen, die in diesem Buch entweder gar nicht oder in den thematisch dazu passenden Kapiteln behandelt werden.

In diesem Zusammenhang soll auch erwähnt werden, daß die in diesem Buch übliche Unterscheidung zwischen Funktion und Kommando rein sprachlich bedingt ist. Für Maple existiert diese Unterscheidung nicht, `sin` gilt ebenso wie `subs` als Funktion (oder als Kommando, ganz wie Sie möchten). Die Unterscheidung zwischen Funktionen (womit Funktionen im mathematischen Sinn gemeint sind) und Kommandos (zur Bezeichnung von Maple-Funktionen, die Ausdrücke bearbeiten, Berechnungen durchführen etc.) soll lediglich die Verständigung erleichtern.

Verweis: Im folgende Kapitel wird die Definition eigener Funktionen und Operatoren behandelt.

Konstanten

`Pi` die Kreisteilungszahl $\pi = 3.141592654$.

`I` die imaginäre Einheit $\sqrt{-1}$.

`exp(1)` die Eulersche Zahl 2.718281828. *Achtung:* Seit Release 4 darf `E` nicht mehr als Abkürzung für `exp(1)` in Kommandos verwendet werden! Wenn $\exp(1)$ in Ergebnissen auftritt, wird es allerdings weiterhin als e angezeigt.

`Gamma` die Euler-Konstante $\gamma = 0.577216$. *Achtung*: Es existiert auch die Funktion `GAMMA`, die weiter unten behandelt wird.

`catalan` die Catalan-Konstante 0.915966.

`infinity` der Wert Unendlich. `infinity` kann als Ergebnis (z.B. bei einer Division durch 0) auftreten oder als Parameter verwendet werden (z.B. als Integrationsgrenze). `infinity` wird – ebenso wie catalan – klein geschrieben!

`true`
`false` die Wahrheitswerte *true* und *false*. Den beiden Konstanten sind keine Werte zugeordnet.

Eine Liste aller in Maple definierten Konstanten kann mit `constants` ermittelt werden. Dabei fällt auf, daß die imaginäre Einheit `I` fehlt. Der Grund liegt darin, daß `I` lediglich mit `alias` als Abkürzung für `sqrt(-1)` definiert ist.

```
constants;
```

$$false, \gamma, \infty, true, Catalan, FAIL, \pi$$

Die Liste der Konstanten kann von Ihnen erweitert werden. Konstanten haben gegenüber Variablen den Vorteil, daß ihr Wert durch eine einfache Zuweisung nicht versehentlich geändert werden kann – Maple meldet sich mit einer Fehlermeldung. Die Wertzuweisung an eine Konstante erfolgt durch das Kommando `macro`. Im Beispiel unten wird die Konstante c für die Lichtgeschwindigkeit (in m/s) definiert. c darf vorher nicht belegt sein.

```
constants:=constants,E: macro(E=exp(1)): constants;
```

$$false, \gamma, \infty, true, Catalan, FAIL, \pi, E$$

```
E, evalf(E), ln(E);
```

$$e, 2.718281828, 1$$

Elementare Rechenoperatoren

`+ - * /`	Grundrechenarten (Addition, Subtraktion, Multiplikation, Division). Beachten Sie, daß für die Matrizenmultiplikation ein eigener Operator `&*` definiert ist (siehe auch Kapitel 14).
`mod`	Modulo-Operator. `mod` ist ausschließlich für Berechnungen mit ganzen Zahlen geeignet (wobei auch Brüche, Potenzen und sogar Polynome erlaubt sind). `mod` liefert eine Fehlermeldung, wenn einer der beiden Operanden eine Fließkommazahl ist. Der Modulo-Operator ist normalerweise durch die Funktion `modp` definiert, die ausschließlich positive Ergebnisse liefert. Alternativ dazu kann der Operator auch durch die Anweisung `` `mod`:=mods `` umdefiniert werden. Die Funktion `mods` liefert negative Werte, wenn deren Betrag kleiner als das entsprechende positive Modulo-Ergebnis ist. Beispielsweise liefert mods(5,7) das Ergebnis -2.
`^ **`	`^` und `**` stellen zwei gleichwertige Operatoren zum Potenzieren dar.
`!`	Fakultät. 5! ergibt 120.

Zuweisungs-, Vergleichs- und andere Operatoren

`:=`	Operator für Variablenzuweisungen, z.B. `x:=3`. Die rechte Seite der Zuweisung wird sofort ausgewertet. Eine verzögerte Zuweisung (mit einer Auswertung erst bei der Verwendung der Variablen) ist durch linksgerichtete Apostrophe erreichbar, also `x:='y'` (siehe voriges Kapitel).
`=`	Gleichheitsoperator zum Testen auf Gleichheit, zur Formulierung von Gleichungen und zur Durchführung vorübergehender Zuweisungen innerhalb eines Kommandos (z.B. `subs(x=3, sin(x))`) oder bei Optionen (`plot(sin(x), x=1..3, axes=none)`).
`->`	Funktionsoperator zur Definition von Funktionsvorschriften (z.B. `f:=x->sin(x)`, siehe Kapitel 8).
`<>`	Ungleichheitsoperator.
`>` `>=` `<` `<=`	Größer-, Größer-Gleich-, Kleiner- und Kleiner-Gleich-Operator.
`.`	Verbindungsoperator, entspricht dem Kommando `cat`. Der Ausdruck `a.1` ergibt $a1$ (siehe voriges Kapitel).

`..`	Bereichsoperator, wird in zahllosen Maple-Kommandos zur Formulierung von Bereichen in der Form `von..bis` verwendet.
`$`	Aufzählungsoperator (sequence operator). Bei `a$n` wird a n mal wiederholt. `x$3` führt zu x, x, x. `diff(f,x$3)` bildet f'''.
`f @ g` `f @@ n`	Verkettungsoperator (engl. composition operator). `(sin@sqrt)(x)` bildet $\sin(\sqrt{x})$, `(exp@@2)(x)` führt zu $(\exp^{(2)}(x)$.
`not and or`	logische Negation, Und- bzw. Oder-Verknüpfung.

`union`
`intersect`
`minus`
	Vereinigungs-, Schnitt- und Differenzmenge. Die drei Operatoren sind ausschließlich zur Bearbeitung von Mengen vorgesehen (siehe Kapitel 12).

Maple bietet die Möglichkeit, mit dem Kommando `define` eigene Operatoren zu bilden. Solche Operatoren beginnen grundsätzlich mit dem Zeichen `&`. Zahlreiche Packages stellen eigene Operatoren zur Verfügung, z.B. `linalg` den Operator `&*` für die nicht kommutative Matrizen-Multiplikation oder `logic` die Operatoren `&and`, `&nand` etc. zur Formulierung boolescher Ausdrücke.

Numerische Funktionen

`abs(z);`	berechnet den Betrag der Zahl.
`sign(x);`	liefert -1 für negative Zahlen, +1 für positive Zahlen und 0(!). Bei komplexen Zahlen führt die Auswertung von sign zu einem Fehler. `sign` kann auch auf Polynome angewendet werden – dann wird das Vorzeichen des ranghöchsten Koeffizienten berücksichtigt.

`signum(z);`
`signum(1,z);`
`signum(0,z,z0);`
	ist im Gegensatz zu `sign` auch für komplexe Zahlen geeignet und liefert dann $\frac{z}{\|z\|}$, also einen komplexen Zeiger der Länge 1. `signum(1,z)` stellt die erste Ableitung von `signum(z)` dar. Die Ableitung ist 0 für alle reellen z ungleich 0. Für andere Werte ist die Ableitung nicht definiert. `signum(0,z,z0)` meint wieder die normale `signum`-Funktion, gibt aber zusätzlich einen Wert für $z = 0$ an. Alternativ kann dieser 0-Wert auch durch die Systemvariable `_Envsignum0` eingestellt werden. `_Envsignum0` hat Einfluß darauf, ob und wie Ausdrücke mit der `signum`-Funktion vereinfacht werden können.

`csgn(z);`	stellt die dritte Signum-Variante dar. Die Funktion ermittelt, in welcher Halbebene sich z befindet. Die Funktion liefert +1 für $z = 0$, für $\Re(z) > 0$ und für $\Re(z) = 0$, sofern $\Im(z) > 0$. Alle anderen Situationen führen zum Ergebnis -1.

`max(x1,x2,..);`
`min(x1,x2,..);` ermittelt die größte bzw. kleinste der angegebenen Zahlen. Komplexe Zahlen sind nicht zulässig.

`round(x);` rundet zur nächsten ganzen Zahl auf oder ab. Bei 0.5 wird zu 1 aufgerundet, bei -0.5 zu -1 abgerundet. Bei komplexen Zahlen werden Real- und Imaginärteil unabhängig voneinander gerundet.

Achtung: In Maple V Release 4, Version für Windows 95/NT, hat `round` einen gravierenden Fehler: Beispielsweise liefert `evalf(round(10.^11))` das Ergebnis 0.110^{20}! Ob andere Maple-Versionen auch von diesem Fehler betroffen sind, ist nicht bekannt.

`floor(x);` rundet auf die nächst kleinere ganze Zahl ab.

`ceil(x);` rundet auf die nächst größere ganze Zahl auf.

`trunc(x);` rundet Richtung 0 (d.h., bei positiven Zahlen wird ab-, bei negativen Zahlen aufgerundet).

`frac(x);` ermittelt den Nachkommaanteil (mit Vorzeichen, d.h., frac(-5.7) liefert -0.7).

Beachten Sie, daß Maple immer versucht, symbolisch zu rechnen. Ausdrücke wie $\sqrt{2}$ oder $\pi/2$ werden nur dann numerisch ausgewertet, wenn das Kommando `evalf` eingesetzt wird! `evalf` zählt zu einer ganzen Gruppe von `eval`-Kommandos, von denen in diesem Zusammenhang aber nur zwei von Interesse sind:

`evalf(ausdr);`
`evalf(ausdr, stellen);` numerische Auswertung von symbolischen Ausdrücken (evaluate floating point). Die erste Variante rechnet in der durch `Digits` voreingestellten Genauigkeit, bei der zweiten Variante kann die gewünschte Stellenzahl explizit angegeben werden. Beachten Sie aber, daß das Ergebnis nie genauer werden kann als der ungenaueste Wert (z.B. eine physikalische Konstante mit 8 Stellen), der in die Berechnung einfließt. Maple zeigt zwar auf Wunsch beliebig viele Stellen an, die sind dann aber ohne Relevanz.

`evalhf(ausdr);` numerische Auswertung unter Verwendung der Fließkommaarithmetik des Rechners (evaluate hardware floating point). Das Kommando kann für aufwendige Berechnungen eine deutliche Geschwindigkeitssteigerung ergeben, weil auf die im Rechner eventuell vorhandene Fließkommaarithmetik (FPU) zugegriffen wird. Allerdings ist die Genauigkeit durch die Hardware vorgegeben. Außerdem ist `evalhf` nur für ein Teil der Maple-Funktionen und -Kommandos geeignet.

Zufallszahlen

`rand();`	liefert eine zwölfstellige Integerzahl zwischen 0 und 10^{12}.
`rand(x);` `rand(y..z);`	gibt eine Prozedur zurück, deren Auswertung eine Integerzahl zwischen 0 und $x-1$ bzw. zwischen y und z (je inklusive) ergibt. Damit die Prozedur ausgerechnet wird, muß ein Klammerpaar angegeben werden, z.B. x:=rand(3); x(); oder direkt rand(3)();.

Das Kommando `rand` unterstützt prinzipiell nur ganze Zufallszahlen mit maximal zwölf Stellen, größere Zufallszahlen können durch einen mehrfachen Aufruf von `rand` zusammengesetzt werden.

```
rand(), rand()+ 10^12*rand();
```

$$427419669081, 391695941600391695941600$$

Wenn der Zahlenbereich eingeschränkt werden soll, kann `rand(x)` oder `rand(x..y)` verwendet werden. Beachten Sie, daß die beiden Formulierungen keine Zufallszahlen, sondern Funktionen zur Erzeugung derselben liefern. Für die Auswertung muß noch ein Klammerpaar angehängt werden.

```
rand(1..5)();
```

$$2$$

Wenn Sie Fließkommazufallszahlen benötigen, müssen Sie diese selbst (unter Verwendung der `rand`-Funktion) berechnen. `rand()/1e12` liefert Zufallszahlen zwischen 0 (inklusive) und 1 (exklusive). Eine größere Stellenzahl kann nur durch die Veränderung von `Digits` (Anzahl der Stellen für numerische Berechnungen) erreicht werden.

```
rand()/1e12;
```

$$0.088430571674$$

```
Digits:=24: rand()/1e12+rand()/1e24;
```

$$0.960498834085960498834085$$

Neben `rand` existieren verschiedene davon abgeleitete Funktionen: Im `stats`-Package sind einige Kommandos enthalten, die Zufallszahlen gemäß verschiedener Wahrscheinlichkeitsverteilungen berechnen (siehe einige Abschnitte weiter unten). `randpoly` ermittelt Polynome mit zufälligen Koeffizienten, `randmatrix` im Package `linalg` liefert Zufallsmatrizen (siehe Kapitel 14).

Quadratwurzel, allgemeine Potenzen, Logarithmen und Exponentialfunktion

`sqrt(x)`	berechnet die Quadratwurzel.
`x^y`	berechnet x^y. Statt ^ darf auch ** verwendet werden.
`log(z); ln(z);`	berechnet den natürlichen Logarithmus zur Basis E=2.7182818.
`log10(z);`	berechnet den dekatischen Logarithmus.
`log[basis](z);`	berechnet den Logarithmus zur angegebenen Basis.
`exp(z)`	berechnet e^z.

Die folgenden Beispiele zeigen, daß die Quadratwurzel sowohl für reelle als auch für komplexe Zahlen definiert sind. Informationen zum Kommando `evalc` finden Sie im nächsten Kapitel. Eine alternative Schreibweise zu `sqrt(x)` lautet `x^(1/2)`.

```
sqrt(2), evalf(sqrt(2));
```

$$\sqrt{2}\,, 1.414213562$$

```
sqrt( a + I*b );
```

$$\sqrt{a + I\,b}$$

```
evalc( " );
```

$$\sqrt{\frac{\sqrt{a^2+b^2}}{2} + \frac{a}{2}} + I\ csgn(b - I\,a)\sqrt{\frac{\sqrt{a^2+b^2}}{2} - \frac{a}{2}}$$

Die Funktionen `ln` und `log` können synonym zur Berechnung des natürlichen Logarithmus herangezogen werden.

```
log(exp(1)), ln(exp(1)^2);
```

$$1, 2$$

Zur Berechnung des dekadischen Logarithmus besteht eine eigene Funktion, die aber nur numerisch funktioniert. Zum symbolischen Rechnen ist die allgemeine Logarithmusfunktion `log[b](x)` zur Basis b besser geeignet.

```
log10(100), simplify(log10(100)), evalf(log10(100));
```

$$\log_{10}(100), \log_{10}(100), 2.0$$

```
log[10](100), simplify( log[10](100) );
```

$$\frac{\ln(100)}{\ln(10)}, 2$$

Trigonometrische und hyperbolische Funktionen

`Pi`	die Konstante 3.141592654.

`sin(x); sinh(x);`
`cos(x); cosh(x);`
`tan(x); tanh(x);`
	die Winkelfunktionen Sinus, Cosinus und Tangens und die dazugehörigen hyperbolischen Funktionen. Alle trigonometrischen Funktionen erwarten ihre Argumente bzw. liefern ihre Ergebnisse in Bogenmaß (nicht in Grad).

`csc(x); csch(x);`
`sec(x); sech(x);`
`cot(x); coth(x);`
	die Reziprokwerte zu den Winkel- und Hyperbelfunktionen.

`arcsin(z);`
`arc...(z);`
`arctan(x,y);`
	die Umkehrfunktionen zu den 12 oben genannten Funktionen. Die einzige syntaktische Besonderheit weist die Funktion `arctan` auf, an die auch zwei Argumente übergeben werden können: `arctan(x,y)` berechnet den Arcustangens von x/y.

Maple verfügt natürlich über alle trigonometrischen Standardfunktionen und deren Umkehrfunktionen, wobei diese Funktionen (wie die meisten Funktionen von Maple) auch für komplexe Argumente definiert sind. Die Funktionen liefern in der Regel keine numerischen Ergebnisse, so daß Zahlenwerte mit `evalf` ermittelt werden müssen. Die Bearbeitung und Vereinfachung von Ausdrücken mit trigonometrischen Funktionen wird in Kapitel 10 behandelt.

```
sin(Pi/4), evalf(sin(Pi/15));
```

$$\frac{\sqrt{2}}{2}, 0.2079116909$$

```
evalf(sin( 1 + I))
```

$$1.298457581 + 0.6349639148I$$

Für die `arctan`-Funktion bestehen zwei Definitionen: Wenn nur ein Parameter angegeben wird, berechnet Maple den dazugehörigen Funktionswert. Wenn mit `arctan(x,y)` zwei Parameter angegeben werden, berechnet Maple den Arcustangens von x/y. Diese Variante von `arctan` hat den Vorteil, daß die Vorzeichen beider Parameter getrennt berücksichtigt werden können und das Ergebnis somit im Bereich zwischen $-\pi$ und π (statt zwischen $-\pi/2$ bis $\pi/2$) liegt. Außerdem kommt es bei $y = 0$ zu keiner Fehlermeldung.

```
evalf([arctan(1/3), arctan(1,3), arctan(-1,-3)]);
```

$$[0.3217505544, 0.3217505544, -2.819842100]$$

Spezielle Funktionen (Gamma-, Bessel-, Kugelfunktionen)

`binomial(n,m);`

berechnet den Binimialkoeffizienten $\binom{n}{m}$. Wenn für n oder m keine ganzen positiven Zahlen verwendet werden, greift `binomial` auf die `GAMMA`-Funktion zurück: $\frac{\Gamma(n+1)}{\Gamma(m+1)\Gamma(n-m+1)}$.

`GAMMA(z);`

berechnet die Gammafunktion, die folgendermaßen definiert ist: $\Gamma(z) = \int_0^\infty e^{-t}t^{z-1}dt$.

`GAMMA(z,a)`

berechnet die unvollständige Gammafunktion: $\Gamma(z,a) = \int_z^\infty e^{-t}t^{a-1}dt$.

`Psi(z);`

berechnet die Digammafunktion: $\Psi(x) = \frac{\frac{d}{dx}\Gamma(x)}{\Gamma(x)}$.

`Psi(n,z);`

berechnet die n-te Polygammafunktion (das ist die n-te Ableitung der Digammafunktion): $\Psi(n,x) = \frac{d^n}{dx^n}\Psi(x)$.

`Beta(x,y);`

berechnet die Betafunktion: $\beta(x,y) = \frac{\Gamma(x)\Gamma(y)}{\Gamma(x+y)}$.

```
Zeta(x);
Zeta(n, x);
```

berechnet die Riemann-Zeta-Funktion bzw. deren n-te Ableitung: $\zeta(x) = \sum_{i=1}^\infty 1/i^s$, $\zeta(n,x) = \frac{d^n\,\zeta(x)}{dx^n}$.

```
BesselJ(n,z);
BesselI(n,z);
BesselY(n,z);
BesselK(n,z);
```

`BesselJ` berechnet die Besselfunktion erster Gattung n-ter Ordnung (Zylinderfunktion). `BesselI` berechnet die modifizierte Besselfunktion erster Gattung. `BesselY` steht für die Besselfunktion zweiter Gattung (Webersche Funktion), `BesselK` für die modifizierte Besselfunktion zweiter Gattung (Macdonalsche Funktion).

```
LegendreF(x,k);
LegendreE(x,k);
LegendreKc(k);
LegendreEc(k);
```

`LegendreF` und `LegendreE` stellen die elliptischen Integrale erster und zweiter Gattung dar. `LegendreKc` und `LegendreEc` stehen für die vollständigen elliptischen Integrale erster und zweiter Gattung.

```
Si(z);  Ci(z);
Ei(z);  Li(z);
```

berechnen Integralsinus $\int_0^z \frac{\sin(t)}{t}dt$, Integralcosinus $\gamma + \ln(Iz) - \frac{I\pi}{2} + \int_0^z \frac{\cos(t)-1}{t}dt$, Integralexponentialfunktion $\int_{-\infty}^z \frac{e^t}{t}dt$ und Integrallogarithmus $Ei(\ln(z))$.

```
FresnelS(z);
FresnelC(z);
```

berechnen die Fresnel-Sinus-Integralfunktion $\int_0^z \sin(\frac{\pi\,t^2}{2})dt$ und Fresnel-Cosinus-Integralfunktion $\int_0^z \cos(\frac{\pi\,t^2}{2})dt$. *Vorsicht*: Die Funktionen sind in Maple anders als in [Bronstein/Semendjajew] definiert. Siehe Beispiel unten!

```
with(orthopoly);
P(n,x);
```

bildet das Legendresche Polynom (die Kugel(flächen)funktion) n-ter Ordnung für die Variable x.

Die obige Syntaxübersicht von speziellen Funktionen aus verschiedenen Bereichen der Mathematik ist natürlich in keiner Weise vollständig. Eine gute Übersicht der in Maple vordefinierten Funktionen finden Sie über das Hilfekommando `?inifcns`. Sonderfunktionen zu verschiedenen Themen befinden sich (unter anderem) in den Packages `orthopoly` (orthogonale Polynome), `numtheory` (Zahlentheorie), `combinat` (Kombinatorik) und `stats` (Statistik).

Beim Einsatz der Funktionen ist immer darauf zu achten, ob deren Definition mit den von Ihnen verwendeten Konventionen übereinstimmt. Für einige mathematische Funktionen existieren je nach Literatur unterschiedliche Formeln bzw. unterschiedliche Konventionen für Reihenfolge und Bedeutung der Parameter. Beispielsweise ist die Fresnel-Sinus-Integralfunktion in [Bronstein/Semendjajew] folgendermaßen definiert: $\frac{1}{\sqrt{2\pi}} \int_0^z \frac{sin(t)}{t} dt$.

Damit die Ergebnisse von `Fresnel` mit denen in [Bronstein/ Semendjajew] übereinstimmen, muß als Argument $\sqrt{2z\,\pi}$ eingesetzt werden.

```
evalf(FresnelS( sqrt(2/Pi*0.1) ));
```

$$0.008404436193$$

Die Funktion `P` aus dem `orthopoly`-Package paßt eigentlich nicht so recht in die obige Funktionenaufzählung. `P` gibt als Ergebnis normalerweise ein Polynom (und nicht einen Zahlenwert bzw. eine einfache Funktion) zurück.

```
with(orthopoly);  P(7,x);
```

$$\frac{429\,x^7}{16} - \frac{693\,x^5}{16} + \frac{315\,x^3}{16} - \frac{35\,x}{16}$$

```
P(7,0.05);
```

$$-0.1069275767$$

Zum Abschluß folgen noch zwei Abbildungen, nach deren Muster Sie mühelos auch den Verlauf der restlichen hier aufgezählten Funktionen ansehen können.

```
plot(GAMMA(x), x=-5..5, -5..5);
```

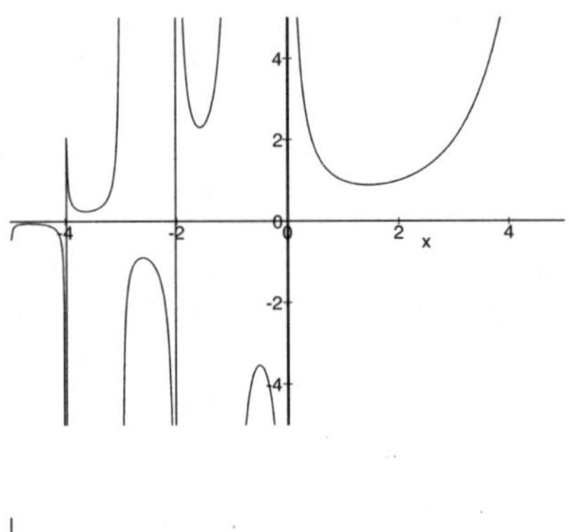

Wenn eine ganze Kurvenschar gezeichnet werden soll, muß die mit `seq` aufgestellte Menge der Funktionen in geschwungene Klammern gestellt werden. Der dritte Parameter schränkt den y-Zeichenbereich ein. Die Abbildung zeigt die modifizierten Besselfunktionen erster Gattung der Ordnung 1 bis 4.

```
plot( {seq(BesselY(n,x), n=1..4)},
      x=0..12, -1..0.5);
```

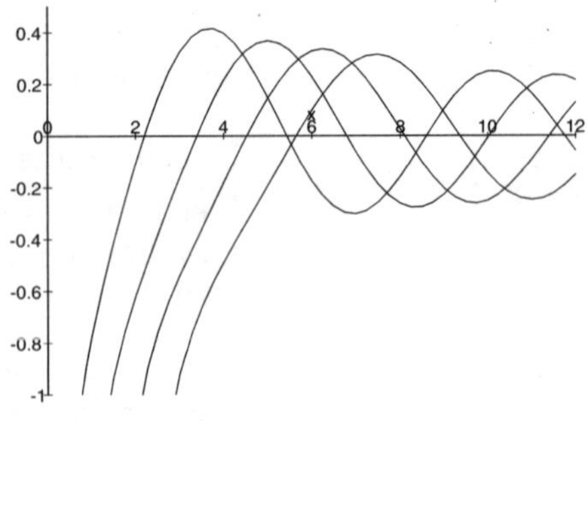

Kapitel 8

Definition eigener Funktionen

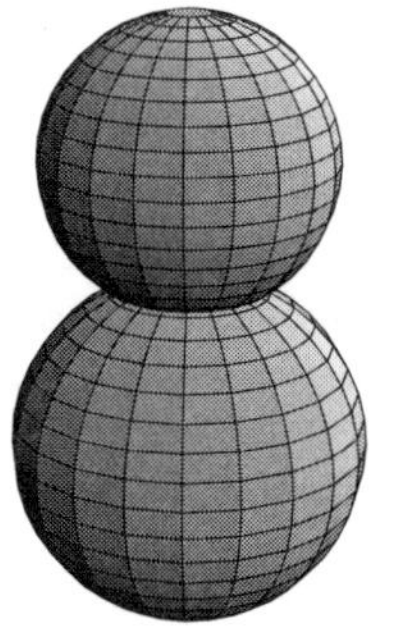

Nachdem im vorangegangenen Kapitel die in Maple bereits vordefinierten Funktionen im Vordergrund standen, geht es jetzt um die Definition eigener Funktionen. Maple stellt dazu verschiedene Mechanismen zur Verfügung, die je nach Anwendungsbereich mehr oder weniger gut geeignet sind. Gleich vorweg eine Warnung: Die naheliegende Formulierung, nämlich `f(x):=..`, führt nicht zum erwünschten Ergebnis.

Ebenfalls sollte schon jetzt die in Maple übliche Sprachregelung geklärt werden: demnach gilt `sin(x)` als Funktion, `sin` ohne Parameter dagegen als Operator! Damit dieser Operator sprachlich von Operatoren wie + oder `mod` unterschieden werden kann, trennt Maple zwischen funktionellen Operatoren (etwa `sin` oder `x->x^2`), einfachen (unary) Operatoren (etwa die Vorzeichen + und - sowie `not`) und binären Operatoren (etwa alle Rechen- und Vergleichsoperatoren). Wirklich exakt wird die Unterscheidung zwischen Operatoren und Funktionen aber nicht einmal in den Originalhandbüchern zu Maple praktiziert.

In diesem Buch ist mit Operator ohne weitere Erklärungen ein herkömmlicher (einfacher oder binärer) Operator gemeint. Funktionale Operatoren werden entweder dezidiert als solche bezeichnet oder noch kürzer als Funktionen oder Funktionsvorschriften. Im Abschnitt über die Definition eigener Funktionen sind eigentlich funktionale Operatoren gemeint.

```
f := (x,y,z) -> ausdruck(x,y,z);
```
demonstriert die Definition einer dreiparametrigen Funktionsvorschrift mit dem Pfeiloperator.

```
unapply(funkt(x,y,z), x,y,z);
```
bildet aus der Funktion $funkt(x, y, z)$ die Funktionsvorschrift in Pfeilschreibweise. Das Kommando ist zur Weiterverarbeitung von Funktionen unentbehrlich.

```
piecewise(bed1, f1, bed2, f2, ... , other);
```
definiert eine stückweise zusammengesetzte Funktion.

Umgang mit Scheinfunktionen

Mit Scheinfunktion ist eine Funktion der Art `f:=x^2-3*x` gemeint. Es handelt sich deshalb um eine Scheinfunktion (und nicht um eine echte Funktion), weil der Parameter x starr vorgegeben ist. Der Vorteil von Scheinfunktionen liegt darin, daß ihre Handhabung (Definition, Durchführen von Berechnungen) sehr einfach ist. Der Nachteil liegt darin, daß zum Einsetzen von Werten (oder mathematischen Ausdrücken) `subs` verwendet werden muß, d.h., `f(y)` oder `f(2)` ist nicht zulässig.

```
f:=x^2-3*x;
```

$$f := x^2 - 3\,x$$

```
f1:=2*diff(f,x);
```

$$f1 := 4\,x - 6$$

```
subs(x=3,f1);
```

$$6$$

Die naheliegende Idee, Funktionen durch `f(x):=..` zu definieren, ist nicht zielführend, da Maple die Anweisung (aus der Sicht des Nutzers) fehlinterpretiert.

Durch `f(x):=sin(x)` speichert Maple in einer Tabelle, daß f für den speziellen Fall, daß das Argument x lautet, zum Ergebnis $sin(x)$ führt. Wenn Sie nun `f(y)` oder `f(2)` eingeben, liegen Maple keine Informationen darüber vor, was es mit diesem Argument anfangen soll – es gibt die Funktion unausgewertet in der Form $f(y)$ bzw. $f(2)$ wieder zurück.

```
restart:
f(x):=sin(x);
```

$$f(x) := \sin(x)$$

```
f(x), f(y), f(2);
```

$$\sin(x), f(y), f(2)$$

Dieses scheinbare Fehlverhalten von Maple ist in Wahrheit ein Mechanismus, über den auf bereits berechnete Funktionswerte sehr rasch wieder zugegriffen werden kann. Rekursive Berechnungen können dadurch enorm beschleunigt werden. Dieser Mechanismus (`remember`-Option) wird in diesem Kapitel im Abschnitt zur Definition rekursiver Funktionen kurz angedeutet und in Kapitel 28 zum Thema Programmieren genauer beschrieben.

Definition eigener Funktionen

Die Formulierung echter Funktionen erfolgt über einen sogenannten funktionalen Operator. Damit wird in Maple die Funktionsvorschrift bezeichnet. Funktionale Operatoren können in zwei syntaktisch unterschiedlichen, inhaltlich aber gleichwertigen Schreibweisen angegeben werden. Die Definition von funktionalen Operatoren sieht prinzipiell so aus:

```
func := (variablenliste) -> funktionsvorschrift;
```

Dieses Schema wird anhand der Beispiele rechts demonstriert. Die Funktionsvorschrift f hat einen Parameter, der beim Aufruf der Funktion beliebig in einem nachgestellten Klammerpaar angegeben werden kann.

```
f:= x->x^2-3*x;
```

$$f := x \mapsto x^2 - 3\,x$$

```
f(x), f(sin(y)), f(25.77);
```

$$x^2 - 3\,x, \sin(y)^2 - 3\,\sin(y), 586.7829$$

```
diff(f(x),x);
```

$$2\,x - 3$$

g hat drei Parameter, weswegen die Parameterliste geklammert werden muß.

```
g:= (x,y,z)->(x^y)^z;
```

$$g := (x, y, z) \mapsto x^{y^z}$$

```
g(a,b,c), g(2,3,4);
```

$$a^{b^c}, 4096$$

Die Beispiele rechts zeigen, daß mit den – erst durch das Einsetzen von Parametern entstehenden – Funktionen ganz normal gerechnet werden kann. Es ist aber auch eine Verknüpfung der Funktionsvorschriften möglich.

```
f:=x->x^2: g:=y->y^3:
(f+2*g)(z), (f*g)(z), (f@g)(z);
```

$$z^2 + 2\,z^3, z^5, z^6$$

Beachten Sie, daß es keine Rolle spielt, ob die Funktion mit x oder mit y definiert wird – diese Zeichen stehen nur als Platzhalter für den Parameter der Funktion. `(f@g)(z)` entspricht $f(g(z))$. Bei der Verschachtelung von Funktionen muß natürlich auf die richtige Anzahl der Parameter geachtet werden – wenn f nur ein skalares Ergebnis liefert, g aber zwei Parameter erwartet, kommt es zu einer Fehlermeldung.

Funktionen können auch so definiert werden, daß sie mehrere Ergebnisse als Folge angeben. Im letzten Beispiel wird f in g eingesetzt. Umgekehrt wäre das nicht möglich, weil f nur einen Parameter erwartet, g aber eine Folge von zwei Parametern liefert.

```
f:=x->(x,1+1/x);
```

$$f := x \mapsto x, 1 + x^{-1}$$

```
g:=(x,y)->(x^2/y, y^2/x);
```

$$g := (x, y) \mapsto \frac{x^2}{y}, \frac{y^2}{x}$$

```
f(3), (g@f)(3);
```

$$3, 4/3, \frac{27}{4}, \frac{16}{27}$$

Wenn hinter dem Pfeiloperator `->` statt der runden Klammern eckige oder geschwungene verwendet werden, liefert die Funktion ihre Ergebnisse als Liste oder Menge. Ein Einsetzen der Ergebnisse in eine andere Funktion ist dann allerdings nicht mehr möglich.

Abschließend noch ein praktisches Beispiel: Das neu definierte Kommando `chop` rundet numerische Werte mit einer Genauigkeit, die 2 Stellen unter der globalen Rechengenauigkeit von Maple liegt. Die Stellenzahl für numerische Berechnungen wird der globalen Variablen `Digits` entnommen.

```
chop:=x->round(x*10^(Digits-2)) / 10^(Digits-2);
```

$$chop := x \mapsto \mathrm{round}(x * 10^{(Digits-2)}) \,/\, 10^{(Digits-2)}$$

Die folgenden Beispiele zeigen die Anwendung von `chop`: Einzelne Zahlen können unmittelbar als Funktionswert angegeben werden. Wenn eine ganze Liste von Werten zu bearbeiten ist (etwa die numerische Lösung einer Gleichung), muß die Funktionsvorschrift mit `map` auf alle Elemente der Liste angewendet werden.

```
chop(0.999999999+1.00000000001 *I);
```

$$1 + I$$

```
f:=expand((x+100)*(x-3)*(x-I)*(x-2+I)^2): lsg:=fsolve(f,x);
```

$$lsg := -100.0 - 8.939053788 \times 10^{-17} I\,, 1.0I\,, 3.0 - 3.233523490 \times 10^{-18} I\,, 2.0 - 1.0I\,,$$
$$2.0 - 1.0I$$

```
map(chop,[lsg]);
```

$$[-100, I\,, 3, 2 - I\,, 2 - I\,]$$

Achtung: In Maple V, Release 4 existiert ein gravierender Fehler in der `round`-Funktion. Bei sehr großen Zahlen liefert `round` Ergebnisse, die um mehrere 10er-Potenzen falsch sind. So liefert `evalf(round(10.^11))` das Ergebnis 0.110^{20}. Von diesem Fehler ist natürlich auch `chop` betroffen; `chop(1000)` liefert 1000 (symbolische Rechnung), `chop(1000.)` liefert dagegen 100000000000 (numerische Rechnung). Der Fehler tritt bei der Windows-Version von Maple auf. Ob andere Versionen auch betroffen sind, ist nicht bekannt.

Klammerschreibweise für funktionale Operatoren

In früheren Versionen von Maple konnten Funktionen auch in Klammerschreibweise definiert werden. Ab Release 4 besteht diese Möglichkeit nicht mehr. Es muß entweder der Pfeiloperator oder eine Funktionsdefinition mit `proc` (siehe etwas weiter unten) verwendet werden.

```
Relase 3                                ab Release 4
f:=<x^2|x>;                             f:=x->x^2;
f:= < (y*z,x*z,x*y) | x,y,z >;          f:=(x,y,z)->(y*z, x*z, x*y);
f:= < seq(x^i,i=1..n) | x,n | i >;      f:=proc(x,n) local i:
                                          seq(x^i, i=1..n);
                                          end:
```

Das Kommando unapply

Es gibt Probleme, wenn Ergebnisse aus einer Berechnung in einer neuen Funktionsvorschrift gespeichert werden sollen. Eine unmittelbare Zuweisung scheitert daran, daß Maple den hinter dem Pfeiloperator angegebenen Ausdruck nicht auswertet, sondern in unveränderter Form speichert.

```
f:=x->1/(1+x^2):
f1:=x->diff(f(x),x);
```

$$f1 := x \mapsto diff(f(x), x)$$

```
f1(1);
    Error, (in f1) wrong number
    (or type) of parameters in
    function diff;
```

Maple setzt in *f1*, also in den Ausdruck `diff(f(x), x)`, zuerst $x = 1$ ein und scheitert anschließend am Differenzieren. Damit *f1* das Ergebnis von $\frac{df}{dx}$ enthält, muß `unapply` eingesetzt werden. Dieses Kommando wandelt eine Funktion der Form $f(x)$ in eine Funktionsvorschrift $x \mapsto f$ um.

```
f1:=unapply( diff(f(x),x) ,x);
```

$$f1 := x \mapsto -\frac{2\,x}{(1+x^2)^2}$$

```
f1(1);
```

$$-1/2$$

`unapply` kann auch für mehrparametrige Funktionen verwendet werden. Die Funktion wird allerdings nur für jene Parameter verallgemeinert, die in `unapply` angegeben werden (also im ersten Beispiel rechts nur für x, y und z, nicht aber für a und b).

```
unapply(a*x^2+b*y^2+c*z^2,x,y,z);
```

$$(x, y, z) \mapsto a x^2 + b y^2 + c z^2$$

```
unapply( [1/x,1/(x+y),1/y], x,y);
```

$$(x, y) \mapsto [x^{-1}, (x+y)^{-1}, y^{-1}]$$

Anonyme Funktionen

In den obigen Beispielen wurden die Funktionsvorschriften grundsätzlich durch Zuweisungen in einer Variable gespeichert, die dann durch Anhängen eines Parameters als Funktion verwendet wurde. In vielen Maple-Kommandos muß als Parameter eine Funktionsvorschrift angegeben werden. In diesem Fall ist eine Verwendung der bloßen Funktionsvorschrift (ohne Parameter) möglich und sinnvoll. Solche Funktionsvorschriften werden dann anonym bezeichnet.

Im Beispiel rechts wird die Liste in $data2$ durch die Anwendung der Funktionsvorschrift Quadrieren, also $x \mapsto x^2$ mit dem Kommando `map` aus den Daten in $data1$ erzeugt.

```
data1:=[1,2,3,4,5]:
data2:=map(x->x^2, data1);
```

$$data2 := [1, 4, 9, 16, 25]$$

Aus den beiden Listen wird nun mit `zip` eine weitere, verschachtelte Liste gebildet, indem die Funktionsvorschrift $(x, y) \mapsto [x, y]$ angewendet wird. (Weitere Informationen zu `map` und `zip` finden Sie in Kapitel 12.)

```
data3:= zip( (x,y)->[x,y],
             data1, data2);
```

$$data3 := [[1, 1], [2, 4], [3, 9], [4, 16], [5, 25]]$$

In den beiden Kommandos rechts wird zuerst eine Liste mit zehn Zufallszahlen erzeugt, anschließend werden daraus alle Werte kleiner 50 herausgefiltert. Als anonyme Funktion wird $x \mapsto (x < 50)$ verwendet. Diese Funktion liefert je nach Inhalt von x die Wahrheitswerte *true* oder *false*, die für `select` als Entscheidungsgrundlage zur Selektion der Listenelemente dient.

```
data:= [seq(rand(100)(),i=1..10)];
```

$$data := [60, 82, 92, 13, 77, 49, 35, 61, 48, 3]$$

```
select( x->(x<50), data);
```

$$[13, 49, 35, 48, 3]$$

Definition von Funktionen durch Prozeduren

Auch wenn diese Tatsache hinter der Oberfläche von Maple normalerweise verborgen bleibt, stellt Maple Funktionsvorschriften in der Syntax der Maple-internen Programmiersprache als Prozeduren dar. Dieselbe Syntax wird zur Realisierung der meisten Maple-Kommandos verwendet.

```
f:=x->x^2;
```

$$f := x \mapsto x^2$$

```
lprint(");
   proc (x) options operator, arrow;
   x^2 end
```

Aus dem obigen Beispiel geht die prinzipielle Syntax von Prozeduren hervor: Die Prozedur beginnt mit dem Schlüsselwort `proc`, dem eine Liste der Parameter folgt. Anschließend können verschiedene Optionen genannt und mit `local` lokale Variablen definiert werden. Der Hauptteil der Prozedur besteht hier einfach nur aus x^2, er kann aber erheblich umfangreicher sein und Abfragen mit `if ... then ... fi` sowie Schleifen mit `for ... od` enthalten. Die Prozedur endet mit dem Schlüsselwort `end`.

Damit steht Ihnen neben der Pfeil- und Klammerschreibweise eine dritte Variante zur Formulierung von Funktionen zur Verfügung. Die Definition von Funktionen mit `proc` ist aber nur dann sinnvoll, wenn Sie die zusätzlichen Möglichkeiten nutzen, die sich dadurch ergeben: etwa die automatische Überprüfung des Datentyps der Parameter oder die Option `remember`, damit sich die Funktion alle bereits berechneten Ergebnisse merkt und diese bei einem späteren nochmaligen Aufruf nur noch einer Tabelle entnehmen muß.

Bei der Eingabe der Funktion müssen Sie die einzelnen Zeilen mit (Shift)+(↵) trennen und erst nach der letzten Zeile die Eingabe mit (↵) abschließen. Die Beispielfunktion `diffn` bildet die ersten n Ableitungen der übergebenen Funktion.

```
diffn:=proc(f,n)
  local i:
  seq(diff(f,x$i), i=1..n);
end:
diffn(arctan(x), 4);
```

$$\frac{1}{(1+x^2)}, -\frac{2\,x}{(1+x^2)^2}, \frac{8\,x^2}{(1+x^2)^3} - \frac{2}{(1+x^2)^2}, -\frac{48\,x^3}{(1+x^2)^4} + \frac{24\,x}{(1+x^2)^3}$$

Definition rekursiver Funktionen

In der Praxis benötigen Sie Prozeduren zur Definition mathematischer Funktionen vor allem dann, wenn Sie mit rekursiven Funktionen arbeiten möchten. Die bekannte Fibonaccifunktion dient hierfür als Beispiel. Diese rekursive Funktion ist folgendermaßen definiert:

$$f(0) = 0, f(1) = 1, f(n) = f(n-1)+f(n-2)$$

```
f:=x->if x=0 then 0
      elif x=1 then 1
      else f(x-1)+f(x-2) fi:
f(5), f(25);
```

$$5, 75025$$

Diese Definition greift also bereits auf die Sprachelemente `if`, `elif` etc. zurück, die auch bei der Verwendung des Pfeiloperators erlaubt sind. Die Definition hat allerdings zwei Nachteile: Erstens ist sie ziemlich langsam. (Die Berechnung von $f(25)$ dauert bereits einige Sekunden, bei noch größeren Fibonaccizahlen steigt die Rechenzeit exponentiell an.) Und zweitens ist sie vollkommen unzureichend gegen Fehler abgesichert.

```
f(-4); f(3.5); f(x);
  Error, too many levels of recursion
  Error, too many levels of recursion
  Error, too many levels of recursion
```

Die folgende Neudefinition als Prozedur stellt eine Verbesserung in zwei Punkten dar: Zum einen wird für den Parameter x eine automatische Typenprüfung durchgeführt (es sind nur ganze, nicht negative Zahlen erlaubt). Zum anderen bewirkt die Option `remember`, daß die Funktion alle irgendwann (auch als Zwischenergebnis) berechneten Fibonaccizahlen intern speichert. Das beschleunigt die rekursive Berechnung in einem fast unglaublichen Ausmaß.

```
f:=proc(x::nonnegint)
  option remember;
  if x=0 then 0
  elif x=1 then 1
  else f(x-1)+f(x-2) fi
end:
```

Selbst $f(50)$ wird jetzt praktisch ohne nennenswerte Verzögerung berechnet.

```
f(50);
```

$$12586269025$$

Wenn der Funktion unzulässige Parameter übergeben werden, meldet sie sich jetzt mit einer verständlichen Fehlermeldung.

```
f(1.5);
    Error, f expects its 1st argument,
    x, to be of type nonnegint, but
    received 1.5
```

Hinweis: Die Möglichkeiten der Funktionsdefinition mit `proc`, aber auch die Hintergründe der `remember`-Option, sind durch diesen Abschnitt gerade angedeutet worden. Vertiefende Informationen, etwa zu den Kommandos `profile` (Zeit- und Speicheranalyse) oder zu `forget` (Bearbeitung der `remember`-Tabelle), finden Sie ab Kapitel 28 zum Thema Programmieren in Maple.

Stückweise zusammengesetzte Funktionen

Mit dem Kommando `piecewise` können Sie Funktionen stückweise zusammensetzen. Die Funktion erwartet ihre Parameter jeweils paarweise, wobei der erste Parameter eine Bedingung und der zweite Parameter eine Funktion ist, die dann gilt, wenn die Bedingung erfüllt ist. Durch einen zusätzlichen optionalen Parameter kann ein Defaultwert angegeben werden, der dann gilt, wenn keine der Bedingungen erfüllt ist.

Achtung: `piecewise` wurde in Release 4 gründlich überarbeitet. Die neue Syntax ist allerdings in einem Detail inkompatibel zu dem von Release 3: Dort wurde im ersten Parameter von `piecewise` angegeben, wie oft die Funktion differenzierbar ist. In der Neufassung von `piecewise` gibt es diesen Parameter nicht mehr.

Am ehesten wird der Umgang mit `piecewise` anhand eines Beispiels deutlich: Die Funktion f ist für x-Werte kleiner 0 mit 0 definiert, für x-Werte zwischen 0 und 1 mit der Funktion x, für x-Werte zwischen 1 und 2 mit dem Wert 1, für x-Werte zwischen 2 und 3 mit der Funktion $3 - x$ und für alle anderen x-Werte mit dem Wert 0.

```
f:=x->piecewise(x<0,0, x<1,x, x<2,1,
                x<3,3-x,0): f(x);
```

$$\begin{cases} 0 & x < 0 \\ x & x < 1 \\ 1 & x < 2 \\ 3 - x & x < 3 \\ 0 & \mathit{otherwise} \end{cases}$$

Das Beispiel zeigt auch die Verwendung der Funktion (numerische Auswertung für einen bestimmten Wert, Integration, Ableitung). Die Ableitung ist an einigen Stellen nicht definiert (Unstetigkeitsstellen).

```
f(2.6);
```

$$.4$$

```
int(f(x), x=0..3);
```

$$2$$

```
fin:=unapply( int(f(x),x), x): fin(x);
```

$$\begin{cases} 0 & x \le 0 \\ \frac{1}{2}x^2 & x \le 1 \\ -\frac{1}{2}+x & x \le 2 \\ -\frac{1}{2}x^2-\frac{5}{2}+3\,x & x \le 3 \\ 2 & 3 < x \end{cases}$$

```
f1:=unapply( diff(f(x),x), x): f1(x);
```

$$\begin{cases} 0 & x < 0 \\ \mathit{undefined} & x = 0 \\ 1 & x < 1 \\ \mathit{undefined} & x = 1 \\ 0 & x < 2 \\ \mathit{undefined} & x = 2 \\ -1 & x < 3 \\ \mathit{undefined} & x = 3 \\ 0 & 3 < x \end{cases}$$

Die Abbildung rechts zeigt die Funktion f (oben) und ihre Ableitung *f1*, der aus optischen Gründen der Wert 2 abgezogen wurde.

```
plot( {f,f1-2}, x=-1..4, axes=boxed);
```

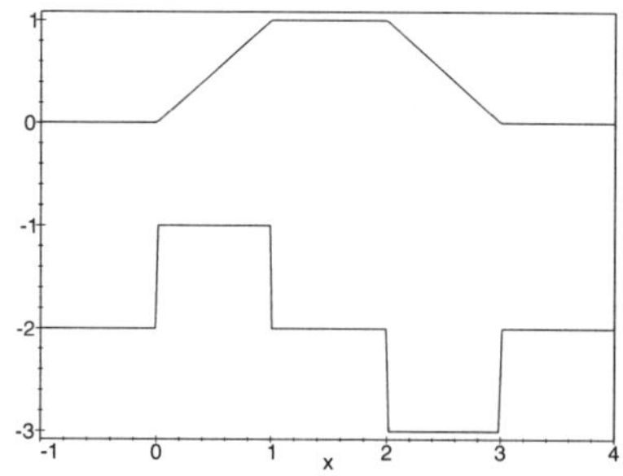

Beim Versuch, auch die zweite Ableitung von f zu bilden, liefert `diff` eine unvollständige Definition: Es sind wohl die Unstetigkeitsstellen angegeben, nicht aber der eigentliche Funktionswert. `convert(.., piecewise)` vervollständigt die Definition:

```
f2a:=unapply(
  convert(f2(x),piecewise), x):
f2a(x);
```

$$\begin{cases} 0 & x < 0 \\ \mathit{undefined} & x = 0 \\ 0 & x < 1 \\ \mathit{undefined} & x = 1 \\ 0 & x < 2 \\ \mathit{undefined} & x = 2 \\ 0 & x < 3 \\ \mathit{undefined} & x = 3 \\ 0 & 3 < x \end{cases}$$

`convert(..,piecewise)` kommt auch mit sehr viel komplizierteren Fällen zurecht: Im Beispiel rechts ergeben sich die Fallunterscheidungen aus den Unstetigkeitsstellen der `abs`- und `signum`-Funktion.

```
convert(-signum(x)*abs(1-abs(x)),
        piecewise);
```

$$\begin{cases} -1-x & x \le -1 \\ 1+x & x < 0 \\ 0 & x = 0 \\ -1+x & x < 1 \\ 1-x & 1 \le x \end{cases}$$

Die folgenden Kommandos geben ein letztes Beispiel für die Vielseitigkeit von `piecewise`: Darin wird eine Funktion definiert, die einen Kreisbogen beschreibt. `convert(,..piecewise)` ersetzt die Bedingung $x^2 \le r^2$ durch Bedingungen, in die x als einfache Variable eingeht. Die `assume`-Eigenschaft für r ist Voraussetzung für diese Konversion.

```
assume(r>0); f:=unapply( piecewise(x^2<=r^2, sqrt(r^2-x^2),0), x): f(x);
```

$$f := \begin{cases} \sqrt{r^{\sim 2} - x^2} & x^2 \leq r^{\sim 2} \\ 0 & otherwise \end{cases}$$

```
convert(f(x),piecewise,x);
```

$$\begin{cases} 0 & x \leq -r^{\sim} \\ \sqrt{r^{\sim 2} - x^2} & x \leq r^{\sim} \\ 0 & r^{\sim} < x \end{cases}$$

Mit `convert(..,Heaviside)` kann eine `piecewise`-Funktion in einen Ausdruck mit der Einheitssprungfunktion `Heaviside` umgeformt werden. Mathematisch ist diese Darstellung gleichwertig. Für die eingangs verwendete Funktion sieht das so aus:

```
f:=x->piecewise(x<0,0, x<1,x, x<2,1, x<3,3-x, 0):
convert(f(x),Heaviside);
```

$$x \operatorname{Heaviside}(x) - x \operatorname{Heaviside}(x-1) + \operatorname{Heaviside}(x-1) + 2 \operatorname{Heaviside}(x-2) -$$

$$3 \operatorname{Heaviside}(x-3) - x \operatorname{Heaviside}(x-2) + x \operatorname{Heaviside}(x-3)$$

Syntaxzusammenfassung

```
f := x -> ausdruck(x);
f := (x,y,..) -> ausdruck(x,y,..);
```

definiert eine ein- bzw. mehrparametrige Funktion mit dem Pfeiloperator.

```
f := proc(x::typ1, y::typ2, ..)
  local l1,l2,..; options ..;
  ausdruck(x,y,..);
end:
```

definiert eine mehrparametrige Funktion durch eine Prozedur. Als Option ist beispielsweise `remember` erlaubt. Bei den Parametern wird eine automatische Typenüberprüfung durchgeführt. Eine detaillierte Beschreibung der Sprachelemente von Maple finden Sie in Kapitel 12.

```
f:=unapply(ausdruck(x,y,..), x,y,..);
```

wandelt den angegebenen Ausdruck der Variablen $x, y, ..$ in einen funktionalen Operator in Pfeilschreibweise um. Aus `unapply(sin(x*y), x, y)` wird $(x, y) \mapsto sin(x, y)$. `unapply` wird zur Definition neuer Funktionen benötigt.

```
f:=piecewise(bed1, f1, bed2, f2, ..., bedn, fn, fdefault);
```

definiert die Funktion f. f ist für alle x-Werte, die die Bedingung *bed1* erfüllen, durch $f1$ definiert, für alle x-Werte, die die Bedingung *bed2* erfüllen, durch $f2$ etc. Für x-Werte, die keine der angegebenen Bedingungen erfüllen, gilt die optionale Defaultfunktion *fdefault*.

`convert(f, piecewise, x);`
: konvertiert f in eine stückweise definierte Funktion. Diese Konversion ist sinnvoll, wenn f nichtstetige Funktionen wie `abs`, `signum` oder `Heaviside` enthält.

`convert(f, Heaviside);`
: konvertiert f in eine Funktion, in der `Heaviside` verwendet wird, um Unstetigkeitsstellen zu überbrücken. Diese Konversion ist vor allem für stückweise definierte Funktionen (`piecewise`) sinnvoll.

Kapitel 9

Komplexe Zahlen

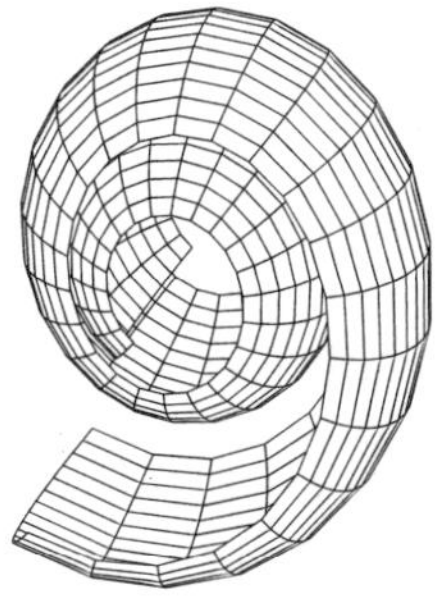

Maple macht im wesentlichen keinen Unterschied zwischen reellen und komplexen Zahlen. Fast alle Funktionen von Maple (z.B. `sin`, `cos`, `sqrt` oder `abs`) können für komplexe Zahlen ebenso angewendet werden wie für reelle Zahlen. Echte Unterschiede zwischen der Behandlung reeller und komplexer Zahlen treten dann auf, wenn Real- und Imaginärteil in unterschiedlichen Variablen gespeichert werden (was häufig sinnvoll ist). In diesem Fall sind mit `evalc` Vereinfachungen von komplexen Ausdrücken möglich. Die wichtigsten in diesem Kapitel behandelten Funktionen und Kommandos sind:

`I`
die imaginäre Einheit $\sqrt{-1}$.

`Re, Im`
ermitteln Real- und Imaginärteil von komplexen Zahlen bzw. Ausdrücken.

`abs, argument`
ermitteln Betrag und Phasenwinkel.

`polar`
berechnet eine komplexe Zahl aus Betrag und Phasenwinkel.

`evalc`
vereinfacht Ausdrücke unter der Annahme, daß die darin verwendeten Variablen reell sind. Das Ergebnis wird (falls möglich) in Real- und Imaginärteil aufgespaltet.

`assume`
definiert einzelne Variablen als reell oder komplex und ermöglicht so Vereinfachungen auch ohne `evalc`.

Elementare Funktionen zur Bearbeitung komplexer Zahlen

Mit den Funktionen `Re` und `Im` wird der Real- bzw. der Imaginärteil eines komplexen Ausdrucks ermittelt. Beachten Sie, daß diese Funktionen im Gegensatz zu den meisten anderen Maple-Funktionen mit großen Anfangsbuchstaben geschrieben werden.

```
z:=1 + 3*I;
```

$$z := 1 + 3\,I$$

```
Re(z), Im(z);
```

$$1, 3$$

`abs` berechnet den Betrag einer komplexen Zahl, `argument` den Phasenwinkel. `conjugate` gibt die konjugiert komplexe Zahl zurück (d.h., das Vorzeichen des Imaginärteils wird verändert).

```
abs(z), argument(z);
```

$$\sqrt{10}, \arctan(3)$$

```
conjugate(z);
```

$$1 - 3\,I$$

Für komplexe Zahlen existieren gleich zwei unterschiedliche Signumfunktionen. `signum(z)` normiert eine komplexe Zahl auf die Länge 1, d.h., es wird $\frac{z}{|z|}$ berechnet. `signum(0)` liefert das Ergebnis 1.

```
signum(2+3*I);
```

$$\left(2/13 + \frac{3\,I}{13}\right)\sqrt{13}$$

Alternativ dazu steht die Funktion `csgn` zur Verfügung. Diese Funktion liefert 1 für komplexe Zahlen der rechten Halbebene (d.h. $\Re(z) > 0$) und -1 für Zahlen in der linken Halbebene ($\Re(z) < 0$). Falls $\Re(z) = 0$ gilt, hängt das Ergebnis vom Vorzeichen des Imaginärteils ab.

```
csgn(1+I), csgn(1-I), csgn(-1+I);
```

$$1, 1, -1$$

```
csgn(2), csgn(2*I), csgn(-I), csgn(0);
```

$$1, 1, -1, 1$$

Maple schreibt komplexe Zahlen in der Regel in der Form $a + Ib$ an. Mit `convert(z, polar)` können Sie eine Schreibweise in der Form `polar(r,phi)` erzwingen. Ebenso können Sie die Funktion `polar` einsetzen, wenn Sie selbst komplexe Zahlen in der polaren Form anschreiben möchten.

```
convert(z,polar);
```

$$\mathit{polar}(\sqrt{10}, \arctan(3))$$

```
z1:=polar( 1,Pi/3);
```

$$z1 := \mathit{polar}(1, \frac{\pi}{3})$$

```
abs(z1);
```

$$1$$

Komplexe Zahlen mit getrenntem Real- und Imaginärteil

Komplexe Zahlen werden normalerweise in einer komplexen Variablen gespeichert. Wenn die Komponenten in zwei reellen Variablen angeschrieben werden und damit gearbeitet werden soll, ist für die meisten Fälle das Kommando `evalc` erforderlich. Durch `evalc` werden Ausdrücke unter der Annahme weiterverarbeitet, daß alle auftretenden Variablen reell sind. Maple kann dann diverse Vereinfachungen durchführen, die sonst nicht möglich wären.

```
evalc( Re( (a + I*b)^3 ));
```

$$a^3 - 3\,a b^2$$

```
evalc( polar(a, b));
```

$$a\cos(b) + I\,a\sin(b)$$

```
evalc(Re(sqrt(a+I*b)));
```

$$\sqrt{\frac{\sqrt{a^2+b^2}}{2} + \frac{a}{2}}$$

Die Ergebnisse oben gelten nur unter der Annahme, daß a und b reelle Zahlen sind! Wenn Sie für a eine beliebige komplexe Zahl mit einem Imaginärteil ungleich 0 einsetzten würden, wären die Ergebnisse falsch! Aus diesem Grund führt Maple Vereinfachungen dieser Art normalerweise nicht aus und muß explizit mit `evalc` dazu aufgefordert werden.

`evalc` ist auch in der Lage, komplexe E-Potenzen in Sinus- und Cosinusterme umzuwandeln.

```
f:=(3-I)* exp( (3-I)*t )
 + (3+I)* exp( (3+I)*t );
```

$$f := (3 - I)\,e^{(3-I)t} + (3 + I)\,e^{(3+I)t}$$

```
evalc(f);
```

$$6\,e^{3\,t}\cos(t) - 2\,e^{3\,t}\sin(t)$$

Neben `evalc` besteht eine zweite, noch elegantere Möglichkeit, komplexe Ausdrücke mit reellen Variablen zu vereinfachen: das bereits in Kapitel 6 vorgestellte Kommando `assume`. Damit können Sie Maple Informationen über den Inhalt einer Variablen mitteilen – beispielsweise, daß diese Variable reell ist. Maple erkennt dann automatisch (ohne `evalc`) Vereinfachungsmöglichkeiten.

```
assume(a1, real);
assume(b1, real); Re(a1);
```

$$a1\tilde{}$$

```
Re( (a1 + I *b1)^3);
```

$$\Re((a1\tilde{} + I\,b1\tilde{})^3)$$

```
Re( expand((a1 + I *b1)^3) );
```

$$a1\tilde{}^{3} - 3\,a1\tilde{}\,b1\tilde{}^{2}$$

Maple markiert alle Variablen, zu denen zusätzliche Informationen via `assume` vorliegen, durch ein nachgestelltes ~-Zeichen. Beim zweiten Beispiel scheint die Vereinfachung nicht zu funktionieren. Das liegt allerdings nur daran, daß Maple den Term `(a1+I*b1)^3` nicht ausrechnet und daher auch nicht vereinfachen kann. Das Kommando `expand` (siehe nächstes Kapitel) hilft hier weiter.

In manchen Fällen ist `assume` gleichzeitig auch die wirksamere Methode, zu Ergebnissen zu kommen. Insbesondere die Kombination von `evalc` und `polar` funktioniert nicht immer zufriedenstellend, obwohl Maple mit `assume` (also mit den Variablen *a1* und *b1*) durchaus in der Lage ist, klarere Ergebnisse zu liefern:

```
convert( evalc( sin(a+I*b)), polar);
```

$$polar(|\sin(a)\cosh(b) + I\ \cos(a)\sinh(b)|\,,\, argument(\sin(a)\cosh(b) + I\ \cos(a)\sinh(b)))$$

```
convert( sin(a1 + I * b1), polar);
```

$$polar(\sqrt{\sin(a1\tilde{})^2\cosh(b1\tilde{})^2 + \cos(a1\tilde{})^2\sinh(b1\tilde{})^2}\,,$$
$$\arctan(\cos(a1\tilde{})\sinh(b1\tilde{}), \sin(a1\tilde{})\cosh(b1\tilde{})))$$

Syntaxzusammenfassung

`I`
imaginäre Einheit I, Abkürzung für $\sqrt{-1}$.

`Re(z);    Im(z);`
ermitteln Real- und Imaginärteil einer komplexen Zahl.

`abs(z); argument(z);`
ermitteln Betrag und Phasenwinkel einer komplexen Zahl.

`conjugate(z);`
berechnet die konjugiert komplexe Zahl zu z, ändert also das Vorzeichen des Imaginärteils.

`signum(z);`
liefert $\frac{z}{|z|}$, also einen komplexen Zeiger der Länge 1.

`csgn(z);`
ermittelt, in welcher Halbebene sich z befindet. Die Funktion liefert +1 für $z = 0$, für $\Re(z) > 0$ sowie für $\Re(z) = 0$, sofern gleichzeitig $\Im(z) > 0$. Alle anderen Situationen führen zum Ergebnis -1.

`polar(betrag, winkel);`
wandelt die komplexe Zahl $betrag * E^{I*winkel}$ in die unter Maple übliche Form $a + Ib$ um.

`convert(z, polar);`
wandelt den komplexen Ausdruck z in die Form `polar(betrag, winkel)` um.

`evalc(ausdruck);`
vereinfacht den komplexen Ausdruck unter der Annahme, daß die darin vorkommenden Variablen reell (und nicht komplex) sind.

`assume(x, real);`
definiert die Variable x als reell (und nicht komplex). Maple erkennt dann verschiedene Vereinfachungen beim Rechnen mit x, beispielsweise $\Re(x) = x$ und $\Im(x) = 0$.

Kapitel 10

Bearbeitung und Vereinfachung mathematischer Ausdrücke

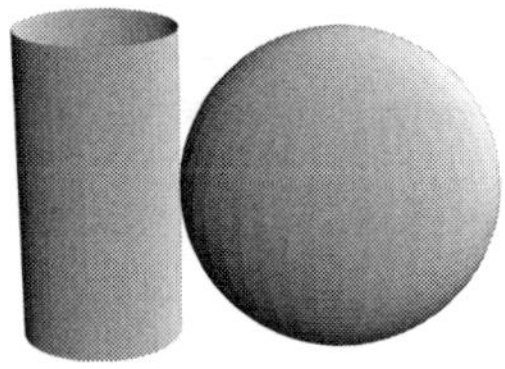

Obwohl der Titel dieses Kapitels eher abstrakt klingt, behandelt das Kapitel eines der wichtigsten Themen dieses an dem Praxis orientierten Buchs: das Vereinfachen mathematischer Ausdrücke. Das ist deswegen so wichtig, weil Computeralgebrasysteme wie Maple dazu tendieren, unglaublich lange (oft über mehrere Seiten reichende) Formeln zu produzieren. Diese Formeln sind zwar mathematisch korrekt, eignen sich in dieser Form aber weder zum Weiterbearbeiten, noch ermöglichen sie dem Anwender, das Ergebnis zu verstehen.

Der Hauptteil dieses Kapitels beschäftigt sich mit einer Reihe von Kommandos, die bei der Vereinfachung mathematischer Ausdrücke helfen (können):

`simplify`
versucht eine Vereinfachung eines mathematischen Ausdrucks.

`expand`, `factor` und `combine`
sind zueinander weitgehend komplementäre Kommandos. `expand` multipliziert alle offenen Produkte aus. `factor` und `combine` versuchen, die Summe der Einzelterme in die zugrundeliegenden Terme wieder zusammenzufassen.

`normal`
verwandelt rationale Funktionen in ihre Normalform.

`sprint`
formatiert sehr komplexe Ausdrücke platzsparend.

Daneben werden Sie in diesem Kapitel einige Kommandos kennenlernen, die zu einer Weiterverarbeitung im mathematischen Sinne geeignet sind: beispielsweise `quo` zur Division von Polynomen oder `convert(..., apart)` zur Durchführung einer Partialbruchzerlegung.

Maples Versuch zu vereinfachen: simplify

Welches die einfachste Form eines mathematischen Ausdrucks ist, läßt sich nicht immer ganz klar sagen. Eine dem menschlichen Denken naheliegende Definition wäre vielleicht, daß ein Ausdruck dann einfach ist, wenn er aus möglichst wenigen Einzeltermen zusammengesetzt ist. Das heißt aber noch lange nicht, daß diese Form auch mathematisch günstig ist (beispielsweise wenn der Ausdruck anschließend integriert werden muß).

Noch viel weniger eindeutig ist der Weg zu einer einfacheren Form eines mathematischen Ausdrucks. $(x-2)(x+2)(x^2-4)$ ist in der ausmultiplizierten Form x^4-16 kürzer, bei $(x-1)^{10}+1$ wäre das Ausmultiplizieren dagegen genau der falsche Weg, er führte zu einer Summe aus 10 Termen.

Das Kommando `simplify` versucht, einen gegebenen mathematischen Ausdruck mit verschiedenen Transformationsregeln zu vereinfachen. Die Betonung liegt auf 'versucht', denn oft ist das Resultat von `simplify` komplizierter als der ursprüngliche Ausdruck. Sie sollten sich von dem Kommando also keine Wunder erwarten! Wenn das Ergebnis einer Berechnung vorliegt, und Sie nicht wissen, welches der in den nächsten Abschnitten aufgezählten Kommandos weiterhilft, dann ist `simplify` zumindest einen Versuch wert – ganz nach dem Motto: Hilft's nichts, so schadet's auch nichts. (Vorsicht ist nur bei sehr komplexen Ausdrücken geboten: Da kann es schon passieren, daß die Rechenzeit ins Uferlose steigt.)

Die folgenden Beispiele zeigen einige Anwendungsmöglichkeiten von `simplify`. Als erstes soll die dritte Ableitung von $\frac{x}{1-x^2}$ vereinfacht werden, was recht gut gelingt. `simplify` wandelt rationale Funktionen in deren Normalform um (siehe auch `normal` einige Abschnitte weiter unten).

```
diff( x/(1-x^2), x$3);
```

$$\frac{48\,x^2}{(1-x^2)^3}+\frac{6}{(1-x^2)^2}+\frac{48\,x^4}{(1-x^2)^4}$$

```
simplify(");
```

$$\frac{36\,x^2+6\,x^4+6}{(-1+x^2)^4}$$

Einfache Ausdrücke mit trigonometrischen Ausdrücken, Potenzen, Logarithmen etc. bereiten ebenfalls keine unüberwindlichen Schwierigkeiten.

```
simplify( sin(x)^2+cos(x)^2 );
```

$$1$$

```
simplify( exp(a*ln(b)) );
```

$$b^a$$

Während die Beispiele oben den Eindruck vermitteln, daß `simplify` eigentlich gut funktioniert, lassen sich ganz leicht Gegenbeispiele finden, die Zweifel an der Funktionsfähigkeit von `simplify` aufkommen lassen (siehe auch zweiten Absatz dieses Abschnitts).

```
simplify( (x-2)*(x+2)*(x^2+4) );
```

$$(x-2)\,(x+2)\,\left(x^2+4\right)$$

```
simplify( (x-1)^10+1 );
```

$$x^{10}-10\,x^9+45\,x^8-120\,x^7+210\,x^6-$$
$$252\,x^5+210\,x^4-120\,x^3+45\,x^2-$$
$$10\,x+2$$

Auch die an sich bekannte Relation $\sin(x)^2 + \cos(x)^2 = 1$ erkennt Maple nicht mehr, wenn das Argument x variiert wird. Wenn der ganze Ausdruck vorher mit `expand` (siehe übernächsten Abschnitt) aufbereitet wird, klappt es dann aber doch.

```
f:=sin(a^2-b^2)^2 + cos( (a-b)*(a+b) )^2; simplify(f);
```

$$f := \sin(-a^2 + b^2)^2 + \cos((a-b)(a+b))^2$$

$$1 - \cos(-a^2 + b^2)^2 + \cos((-a+b)(a+b))^2$$

```
expand(f); simplify(");
```

$$\sin(a^2)^2 \cos(b^2)^2 + \cos(a^2)^2 \sin(b^2)^2 + \cos(a^2)^2 \cos(b^2)^2 + \sin(a^2)^2 \sin(b^2)^2$$

$$1$$

Überfordert ist Maple auch dann, wenn es um das Herausheben gemeinsamer Faktoren (hier: $\frac{1}{(1-\sin(x))^n}$) geht. Weder `simplify` noch irgendein anderes Maple-Kommando schaffen es, die Terme 1 und 4 sowie 2 und 5 zu vereinen. Einige Abschnitte weiter unten wird gezeigt, wie diese Aufgabe (zumindest für dieses Beispiel) mit `select` bewältigt werden kann.

```
diff(x/(1-sin(x)),x$3);
```

$$\frac{6\cos(x)^2}{(1-\sin(x))^3} - \frac{3\sin(x)}{(1-\sin(x))^2} + \frac{6\cos(x)^3 x}{(1-\sin(x))^4} - \frac{6\cos(x)\sin(x)x}{(1-\sin(x))^3} - \frac{\cos(x)x}{(1-\sin(x))^2}$$

```
simplify(");
```

$$\frac{-3\sin(x)\cos(x)^2 - 6\sin(x) + \cos(x)^3 x - 4\cos(x)\sin(x)x + 4\cos(x)x + 6}{8 - 8\sin(x) + 4\sin(x)\cos(x)^2 - 8\cos(x)^2 + \cos(x)^4}$$

Bei Ausdrücken der Form a^b führt `simplify` nur solche Vereinfachungen durch, die mathematisch wirklich für jeden möglichen Wert von a und b zulässig sind. Weitergehende Vereinfachungen, die aber nur unter Voraussetzungen wie $a > 0$ gelten, können durch das optionale Schlüsselwort `symbolic` oder durch die Angabe zusätzlicher Eigenschaften mit `assume` erreicht werden.

```
simplify( sqrt(Pi^2 * n^2) ), simplify( sqrt(Pi^2 * n^2), symbolic);
```

$$\pi \,\mathrm{csgn}(n)\, n, \pi n$$

```
assume(n>=0): simplify(sqrt(Pi ^2 * n^2));
```

$$\pi n\tilde{}$$

```
simplify((a*b)^c), simplify((a*b)^c, symbolic);
```

$$(a\,b)^c, a^c b^c$$

```
simplify(sqrt(1/x)), simplify(sqrt(1/x), symbolic);
```

$$\sqrt{\frac{1}{x}}, \frac{1}{\sqrt{x}}$$

Die Wirkung von simplify einschränken

`simplify` wendet auf den übergebenen Ausdruck der Reihe nach die unterschiedlichsten Vereinfachungsregeln an. Wenn Sie die Wirkung von `simplify` auf ein Teilgebiet einschränken möchten, können Sie eines der unten aufgezählten Schlüsselwörter im zweiten Parameter angeben. Solche Einschränkungen bringen zwei Vorteile mit sich: Zum einen arbeitet `simplify` bei umfangreichen Ausdrücken dann deutlich schneller und zum anderen können Sie so Vereinfachungen vermeiden, die Sie gar nicht wünschen.

`atsign`	Operatoren, inverse Funktionen, z.B. $\arcsin @ \sin \rightarrow 1$
`Ei`	Integralfunktionen
`exp`	Exponentialfunktionen
`GAMMA`	Gammafunktionen
`hypergeom`	hypergeometrische Funktionen
`ln`	logarithmische Funktionen
`polar`	komplexe Ausdrücke in polarer Darstellung, z.B. $\mathrm{polar}(a,b)^c \rightarrow \mathrm{polar}(a^c, b*c)$
`power`	Potenzen
`radical`	allgemeine Ausdrücke mit Wurzeln, z.B. $\frac{(a^2-b^2)^{3/5}}{(a-b)^{2/5}} \rightarrow \sqrt[5]{a-b}\,(a+b)^{3/5}$
`sqrt`	Quadratwurzeln, z.B. $\sqrt{32^3} \rightarrow 128\sqrt{2}$
`trig`	trigonometrische Funktionen

Beachten Sie bitte, daß die Syntax von `simplify` hier von denen vieler anderer Maple-Kommandos abweicht. Wenn bei `simplify` eines der obigen Schlüsselwörter angegeben wird, führt das zu einer Einschränkung der Vereinfachung. Bei den meisten anderen Kommandos (beispielsweise `combine`) werden erst durch die Angabe zusätzlicher Schlüsselwörter zusätzliche Mechanismen aktiviert, die andernfalls nicht berücksichtigt würden!

Die folgenden Beispiele demonstrieren die Einschränkung von `simplify`. Die Funktion f wird zuerst nur im Hinblick auf trigonometrische Funktionen vereinfacht.

```
f:=exp(b*ln(a))-
   (a*sin(x)^2+a*cos(x)^2)^b;
```

$$f := e^{b\ln(a)} - \left(a\sin(x)^2 + a\cos(x)^2\right)^b$$

```
simplify(f,trig);
```

$$e^{b\ln(a)} - a^b$$

Das zweite `simplify`-Kommando vereinfacht ausschließlich in Hinblick auf die Exponentialfunktion.

```
simplify(f,exp);
```

$$a^b - \left(a\sin(x)^2 + a\cos(x)^2\right)^b$$

Erst beim dritten Mal entfaltet `simplify` sein ganzes Wirkungsspektrum.

```
simplify(f);
```

$$0$$

Elimination von Variablen (simplify mit Nebenbedingungen)

Wenn im zweiten Parameter von `simplify` in einer Liste (eckige Klammern) oder Menge (geschwungene Klammern) eine oder mehrere Gleichungen angegeben werden, berücksichtigt Maple diese zusätzlichen Informationen bei der Vereinfachung von Polynomen. Das eindrucksvollste Beispiel dazu stammt aus [Heck] und war Aufgabe der holländischen Mathematik-Olympiade 1991:

Wie groß ist $a^4 + b^4 + c^4$, wenn a, b und c reelle Zahlen sind und folgende Annahmen gelten: $a+b+c=3$, $a^2+b^2+c^2=9$ sowie $a^3+b^3+c^3=24$? Diese nicht triviale Lösung gelingt `simplify` auf Anhieb (und in kurzer Zeit).

```
gl1 := a+b+c = 3:
gl2 := a^2+b^2+c^2 = 9:
gl3 := a^3+b^3+c^3 = 24:
simplify(a^4+b^4+c^4, {gl1,gl2,gl3});
```

$$69$$

Den mathematischen Hintergrund für diese Vereinfachung bildet eine Gröbner-Basis, die Maple aus den drei Gleichungen bildet. Genauere Informationen dazu finden Sie in [Heck] sowie beim Hilfethema `?simplify,siderels`.

Im dritten Parameter von `simplify` können die Variablen angegeben werden, für die die Gröbner-Basis aufgestellt wird. Diese Angabe ist nur dann von Bedeutung, wenn mehr Variablen als Gleichungen vorkommen. Fehlt die Angabe, wählt Maple die Variablen für die Gröbner-Basis selbst aus.

```
simplify( (a-b+c)^2, {a+b=1});
```

$$c^2 - 2c + 1 + (4c - 4)a + 4a^2$$

```
simplify( (a-b+c)^2, {a+b=1},{a});
```

$$4b^2 - 4bc + c^2 - 4b + 2c + 1$$

`simplify` kann somit dazu eingesetzt werden, aus Gleichungssystemen mit mehreren Variablen ganz gezielt einzelne Variablen zu eliminieren. Im Beispiel rechts wird aus dem Gleichungssystem $\{gl1, gl2\}$ zuerst x und anschließend y eliminiert. Das Ergebnis liegt dann in Form einer Gleichung für eine Variable vor.

```
gl1:=x^2+3*x+4*x*y=7;
```

$$gl1 := x^2 + 3x + 4xy = 7$$

```
gl2:=y^2-6*x*y+x=0;
```

$$gl2 := y^2 - 6xy + x = 0$$

```
simplify(gl1,{gl2},{x});
```

$$\frac{\left(14y + 25y^2 - 3\right)y^2}{(6y-1)^2} = 7$$

```
simplify(gl2,{gl1},{y});
```

$$\frac{94x^3 + 25x^4 - 173x^2 - 42x + 49}{16x^2} = 0$$

Im nebenstehenden Beispiel werden die drei Gleichungen für die Variablen a, b und c zu zwei Gleichungen für die Variablen b und c reduziert.

```
gl1 := a+b+c = 7:
gl2 := a-b+3*c = 8:
gl3 := a-2*b+5*c = 9:
simplify( {gl1,gl2}, {gl3}, {a});
```

$$\{b - 2\,c + 9 = 8, 3\,b - 4\,c + 9 = 7\}$$

Expansion von Produkten (expand)

Maple läßt Produkte normalerweise stehen, ohne sie auszumultiplizieren. `expand` führt die Multiplikationen aus.

```
x*(x-a)^2*(x-b)^3;
```

$$x\,(x-a)^2\,(x-b)^3$$

```
expand(");
```

$$x^6 - 3\,x^5 b + 3\,x^4 b^2 - x^3 b^3 - 2\,x^5 a + 6\,x^4 ab - 6\,x^3 ab^2 + 2\,x^2 ab^3 + a^2 x^4 - 3\,a^2 x^3 b + 3\,a^2 x^2 b^2 - x a^2 b^3$$

Eine ähnliche Wirkung hat `expand` auf Potenzen. Beachten Sie die etwas ungewöhnliche Art, in der das erste Beispiel formuliert wurde: Die zu expandierende Formel wird als Maple-Kommando angegeben, anschließend wird darauf zweimal mit `"` verwiesen.

```
a^(b+c^(d+e*f)): " = expand( " );
```

$$a^{b+c^{d+ef}} = a^b a^{c^d c^{ef}}$$

```
expand( log(a*b) ), expand(log(a^b));
```

$$\ln(a) + \ln(b), b\ln(a)$$

Bei trigonometrischen und logarithmischen Funktionen versucht `expand`, die Argumente zu vereinfachen, wodurch einzelne Terme häufig zu Summen werden.

```
expand( sin(4*x) );
```

$$8\,\sin(x)\cos(x)^3 - 4\,\sin(x)\cos(x)$$

```
expand( sin(a+b) );
```

$$\sin(a)\cos(b) + \cos(a)\sin(b)$$

Bei rationalen Funktionen wirkt sich `expand` nur auf den Zähler aus.

```
f:=(x-a)^2/(x+b)^3: expand(f);
```

$$\frac{x^2}{(x+b)^3} - \frac{2\,xa}{(x+b)^3} + \frac{a^2}{(x+b)^3}$$

Wenn auch der Nenner ausmultipliziert werden soll, kann die Funktion mit `numer` und `denom` in Zähler und Nenner getrennt werden und anschließend separat behandelt werden. Zum gleichen Ergebnis kommen Sie auch mit `normal(..., expanded)` – siehe den Abschnitt zur Bearbeitung rationaler Funktionen in diesem Kapitel.

```
expand(numer(f))/expand(denom(f));
```

$$\frac{x^2 - 2\,xa + a^2}{x^3 + 3\,x^2 b + 3\,xb^2 + b^3}$$

Faktorisierung von Summen (factor)

`factor` ist das Gegenstück zu `expand`, soweit es das Ausmultiplizieren von Produkten anbelangt. `factor` versucht, eine Summe von Einzeltermen in die Produktform zurückzuverwandeln.

```
factor(x^4-4*x^3*b+4*x^2*b^2+x^3*a-
        4*x^2*a*b+4*x*a*b^2);
```

$$x\,(x-2\,b)^2\,(x+a)$$

```
factor( x^4-y^4);
```

$$(x-y)\,(x+y)\,\left(y^2+x^2\right)$$

Rationale Funktionen werden zuerst in ihre Normalform umgewandelt (siehe den übernächsten Abschnitt), dann werden Zähler und Nenner faktorisiert.

```
factor( (x^2+x-6)/(x^2-1));
```

$$\frac{(x-2)\,(x+3)}{(x-1)\,(x+1)}$$

Wenn `factor` keine ganzzahligen Wurzeln findet, beläßt es den Ausdruck in seiner ursprünglichen Form. Durch ein zusätzliches Argument kann Maple allerdings eine Hilfestellung beim Faktorisieren gegeben werden.

```
factor(1+x^2);
```

$$1+x^2$$

```
factor(1+x^2,I);
```

$$(x+I\,)\,(x-I\,)$$

`factor` ist seit Release 4 bei der Angabe von Wurzeln sehr penibel: Die Wurzeln müssen in der Form $-x^{n/m}$ angegeben werden. Die in Maple sonst gebräuchliche Schreibweise mit der imaginären Einheit *I* ist dagegen nicht zulässig:

```
factor(x^2+3,I*sqrt(3));
  Error, (in factor) 2nd argument is
  not a valid algebraic extension
factor(x^2+3,sqrt(-3));
  Error, (in factor) 2nd argument ...
factor(x^2+3,(-3)^(1/2));
```

$$(x+I\,\sqrt{3})(x-I\,\sqrt{3})$$

Zusammenziehen von ähnlichen Termen (combine)

Neben `factor` stellt `combine` das zweite Gegenstück zu `expand` dar. `factor` kombiniert die ausmultiplizierten Terme zu Faktoren, `combine` ist dagegen für das Zusammenführen allgemeinerer Funktionen und Kommandos zuständig.

`combine` zieht die Exponenten eines Produktes zu einer Summe zusammen.

```
combine(x^a*x^b,power);
```

$$x^{a+b}$$

`combine` faßt mehrere Wurzeln zu einer gemeinsamen Wurzel zusammen.

```
combine(sqrt(3)*sqrt(5));
```

$$\sqrt{15}$$

```
combine(sqrt(a)*sqrt(b));
```

$$\sqrt{a\,b}$$

Ausdrücke mit Wurzeln lassen sich oft durch `radnormal` weitergehend vereinfachen, als dies durch `combine` der Fall ist.

```
f:=(sqrt(2)-sqrt(3)) /
   (sqrt(2)*sqrt(3));
```

$$f := \frac{1}{6}\,(\sqrt{2}-\sqrt{3})\,\sqrt{2}\,\sqrt{3}$$

```
combine(f);
```

$$\sqrt{6}\left(1/6\,\sqrt{2}-1/6\,\sqrt{3}\right)$$

```
radnormal(f);
```

$$\frac{1}{3}\,\sqrt{3}-\frac{1}{2}\,\sqrt{2}$$

`combine` führt die meisten Vereinfachungen nur dann durch, wenn der gewünschte Vereinfachungstyp im zweiten Parameter angegeben wird. Zur Zeit existieren dazu folgende Schlüsselwörter: `abs`, `atatsign`, `conjugate`, `exp`, `ln`, `plus`, `power`, `product`, `Psi`, `range`, `trig` und `signum`. Die Beispiele rechts zeigen trigonometrische Vereinfachungen.

```
combine( 4*cos(x)^3 ,trig);
```

$$\cos(3\,x)+3\,\cos(x)$$

```
combine(sin(x+y)*sin(x-y), trig);
```

$$\frac{\cos(2\,y)}{2}-\frac{\cos(2\,x)}{2}$$

```
combine(cos(x)^2, trig);
```

$$\frac{\cos(2\,x)}{2}+1/2$$

Bei Logarithmen und e-Potenzen müssen in den meisten Fällen die Schlüsselwörter `ln` bzw. `exp` eingesetzt werden.

```
combine(exp(sin(x)^2)*exp(cos(x)^2));
```

$$e$$

```
combine(-ln(a)+2*ln(b),ln);
```

$$\ln(\frac{b^2}{a})$$

`combine` ist in der Lage, Integrale mit gemeinsamen Integrationsgrenzen, Summen mit gleichlautenden Indizes sowie die Summen zweier Grenzwerte zusammenzuführen.

```
combine( int(f(x), x=a..b) +
         int(g(x), x=a..b) );
```

$$\int_a^b f(x)+g(x)dx$$

Auch wenn `combine` in seiner Wirkung komplementär zu `expand` arbeitet, ist es durchaus nicht immer in der Lage, den ursprünglichen Ausdruck wiederherzustellen. `expand` liefert hier übrigens eine Summe aus 28 Termen, die nicht dargestellt wurde.

```
expand( (sin(5*x)-cos(5*x))^3):
combine(",trig);
```

$$\frac{3\,\sin(5\,x)}{2}-\frac{3\,\cos(5\,x)}{2}+\frac{\sin(15\,x)}{2}+\frac{\cos(15\,x)}{2}$$

Obwohl der Kommandoname es nahelegt, ist `combine` nicht in der Lage, gemeinsame Terme einer Summe (im Beispiel unten: den ersten und dritten Term) zusammenzuziehen. Zur Zeit existiert in Maple überhaupt kein Kommando, das diese auf ersten Blick triviale Aufgabe erfüllt.

```
diff(x/(1-a^x), x$2);
```

$$\frac{2\,a^x \ln(a)}{(1-a^x)^2} + \frac{2\,x a^{x^2} \ln(a)^2}{(1-a^x)^3} + \frac{x a^x \ln(a)^2}{(1-a^x)^2}$$

```
combine(",power);
```

$$\frac{2\,a^x \ln(a)}{(1-a^x)^2} + \frac{2\,x a^{x^2} \ln(a)^2}{(1-a^x)^3} + \frac{x a^x \ln(a)^2}{(1-a^x)^2}$$

Konversion in verschiedene Schreibweisen (convert)

Das Kommando `convert` spielt in Maple in zweierlei Hinsicht eine große Rolle: Zum einen wird es zur Konversion zwischen verschiedenen Datentypen verwendet (z.B. zwischen Matrizen und Listen), zum anderen zur Umformung mathematischer Ausdrücke in verschiedene Schreibweisen. An dieser Stelle ist nur der zweite Aspekt von Interesse.

Die prinzipielle Syntax des Kommandos lautet `convert(ausdruck, typ)`. Für den Konversionstyp können verschiedene Schlüsselwörter angegeben werden, von denen im folgenden einige beschrieben werden.

`exp`	trigonometrische Funktionen als E-Potenzen anschreiben
`expln`	alle elementaren Funktionen als E-Potenzen und Logarithmen anschreiben
`expsincos`	trigonometrische Funktionen in sin- und cos-Funktionen anschreiben, hyperbolische Funktionen in E-Potenzen
`ln`	inverse trigonometrische Funktionen (`arc...`) in logarithmischer Form anschreiben
`sincos`	trigonometrische Funktionen in sin- und cos-Termen, hyperbolische Funktionen in sinh und cosh-Termen anschreiben
`tan`	trigonometrische Funktionen durch tan-Funktion darstellen
`trig`	komplexe E-Potenzen durch trigonometrische Funktionen ersetzen
`radical`	`RootOf`-Terme durch komplexe Wurzeln darstellen
`RootOf`	komplexe Wurzeln als `RootOf`-Term anschreiben
`factorial`	Binomial- und Gammafunktion durch Fakultäten darstellen
`GAMMA`	Fakultäten durch Gammafunktion darstellen

Verweis: Einige weitere `convert`-Varianten werden im Abschnitt zur Bearbeitung von Polynomen und rationalen Funktionen behandelt. Dort wird unter anderem gezeigt, daß `convert(..., parfrac)` für Partialbruchzerlegung und `convert(..., confrac)` oder für Umformungen in Kettenbrüche zuständig ist. `convert(..., piecewise)` und `convert(..., Heaviside)` zum Umgang mit nicht stetigen Funktionen wurden bereits in Kapitel 8 vorgestellt.

Die Beispiele rechts zeigen diverse Anwendungen von `convert`.

```
convert(sin(x), exp);
```

$$-I\left(e^{I\,x}-e^{I\,x^{-1}}\right)1/2$$

```
convert(sin(2*x)^2, tan);
```

$$\frac{4\tan(x)^2}{(1+\tan(x)^2)^2}$$

Etwas Vorsicht ist bei der `convert-trig`-Variante geboten: Die E-Potenzen müssen durch die Funktion `exp` angeschrieben werden, `E^x` wird nicht akzeptiert.

```
convert(exp(I*x), trig);
```

$$\cos(x)+I\,\sin(x)$$

```
convert(arctan(x), ln);
```

$$\frac{I\,(\ln(1-I\,x)-\ln(1+I\,x))}{2}$$

Maple ist nicht in der Lage, mit Kommandos wie `simplify` oder `combine` die Funktion $arctan(\tan(t))$ zu t zu vereinfachen. Das Kunststück gelingt, wenn der `arctan`-Term zuerst mit `convert` e-Potenzen umgeformt wird. Ein anschließendes `simplify` führt zum gewünschten Ergebnis.

```
f:=arctan(tan(t));
```

$$f:=\arctan(\tan(t))$$

```
convert(f, exp);
```

$$-I\,arctanh(\frac{\left(e^{I\,t}\right)^2-1}{\left(e^{I\,t}\right)^2+1})$$

```
simplify(");
```

$$t$$

Eher selten werden Sie vermutlich die Konversionen zwischen der Gammafunktion (siehe auch Kapitel 7) und der Fakultät benötigen.

```
convert((n+m)!, GAMMA);
```

$$\Gamma(n+m+1)$$

```
convert( GAMMA(n+m), factorial);
```

$$\frac{(n+m)!}{n+m}$$

In der `share`-Library ist die `convert`-Variante `arctanh` definiert, mit der Logarithmusfunktionen in `arctanh`-Funktionen umgewandelt werden können.

```
with(share):
readshare(arctanh, convert):
convert(ln(x), arctanh);
```

$$2\,\text{arctanh}\left(\frac{x-1}{x+1}\right)$$

Bearbeitung von Polynomen und rationalen Funktionen

Nachdem auf den vorangegangenen Seiten vor allem das Vereinfachen von allgemeinen mathematischen Ausdrücken im Vordergrund gestanden ist, geht es in diesem Abschnitt um die Weiterverarbeitung (zuvor eventuell vereinfachter) Terme.

Zwei praktische Funktionen im Umgang mit rationalen Funktionen sind `numer` zur Ermittlung des Zählers und `denom` zur Ermittlung des Nenners. Wie das zweite Beispiel zeigt, werden rationale Funktionen zur Ermittlung von Zähler oder Nenner auf gemeinsamen Nenner gebracht.

```
sin(x)/x^2: numer("), denom(");
```

$$\sin(x), x^2$$

```
a*x/(1-x^2)+b/x;
```

$$\frac{ax}{1-x^2}+\frac{b}{x}$$

```
numer(")/denom(");
```

$$\frac{-ax^2-b+bx^2}{(-1+x^2)\,x}$$

Zur Division von Polynomen stehen die Kommandos `quo` und `rem` zur Verfügung. `quo` ermittelt den Quotienten, `rem` (remainder) den Rest. Beachten Sie, daß bei beiden Kommandos im dritten Parameter eine Divisionsvariable angegeben werden muß. Im zweiten Beispiel wird eine Probe durchgeführt: Quotient mal Divisor plus Rest muß den Dividenden ergeben (was auch der Fall ist).

```
quo(x^2-3,x+1,x);
```

$$x-1$$

```
p1:=a*x^2+b*x+c: p2:=d*x+e:
quo(p1,p2, x);
```

$$\frac{ax}{d}-\frac{-db+ea}{d^2}$$

```
rem(p1, p2, x);
```

$$\frac{d^2c-edb+e^2a}{d^2}$$

```
simplify("" * p2 + ");
```

$$ax^2+bx+c$$

Das Kommando `normal` bringt rationale Funktionen in die Normalform. Der gesamte Ausdruck wird auf einen gemeinsamen Nenner gebracht, eventuell zu kürzende Terme werden gekürzt. Das Schlüsselwort `expanded` im zweiten Parameter bewirkt ein Ausmultiplizieren der Faktoren in Zähler und Nenner.

```
diff(x^n/(a+x),x);
```

$$\frac{x^n n}{x\,(a+x)}-\frac{x^n}{(a+x)^2}$$

```
normal(");
```

$$\frac{x^n\,(na+nx-x)}{x\,(a+x)^2}$$

```
normal(",expanded);
```

$$\frac{x^n na+x^n nx-x^n x}{xa^2+2\,ax^2+x^3}$$

Für Partialbruchzerlegungen existiert kein eigenes Kommando, vielmehr wird dazu das schon bekannte Kommando `convert` mit dem Schlüsselwort `parfrac` eingesetzt.

```
convert(x/(x^4-1),parfrac,x);
```

$$\frac{1}{4\,x-4}+\frac{1}{4\,x+4}-\frac{x}{2\,x^2+2}$$

Als dritter Parameter muß die Variable angegeben werden, über die die Zerlegung durchgeführt wird. Das Beispiel rechts demonstriert die Bedeutung dieser Variablen.

```
convert(x*y/(x-y)^2,parfrac,x);
```

$$\frac{y^2}{(x-y)^2}+\frac{y}{x-y}$$

```
convert(x*y/(x-y)^2,parfrac,y);
```

$$\frac{x^2}{(x-y)^2}-\frac{x}{x-y}$$

`parfrac` bearbeitet nur rein rationale Funktionen. Aus diesem Grund weigert sich Maple, die nebenstehende Partialbruchzerlegung durchzuführen.

```
f:=-(-exp(-s)/s+exp(-2*s)/s)/(s+1);
```

$$f:=-\left(-\frac{e^{-s}}{s}+\frac{e^{-2\,s}}{s}\right)(s+1)^{-1}$$

```
convert( f, parfrac, s);
    Error, (in convert/parfrac)
    argument not a rational function
```

Damit die Partialbruchzerlegung dennoch durchgeführt werden kann, werden die nichtrationalen Teile der Funktion durch die neuen Variablen $e1$ und $e2$ substituiert.

```
subs(exp(-s)=e1, exp(-2*s)=e2, f);
```

$$-\left(-\frac{e1}{s}+\frac{e2}{s}\right)(s+1)^{-1}$$

```
convert( ", parfrac, s);
```

$$-\frac{-e1+e2}{s}+\frac{-e1+e2}{s+1}$$

Nach der erfolgten Partialbruchzerlegung kann die Substitution wieder rückgängig gemacht werden.

```
subs( e1=exp(-s), e2=exp(-2*s), ");
```

$$-\frac{-e^{-s}+e^{-2\,s}}{s}+\frac{-e^{-s}+e^{-2\,s}}{s+1}$$

Bei rationalen Funktionen mit komplexen Wurzeln kann eine vollständige Zerlegung durch das Schlüsselwort `fullparfrac` erreicht werden:

```
convert((x^2+1)/(x^2+x+1), parfrac, x);
```

$$1-\frac{x}{x^2+x+1}$$

```
convert(", fullparfrac, x);
```

$$1+\left(\sum_{\_\alpha=\%1}\frac{-\frac{1}{3}\_\alpha-\frac{2}{3}}{x-\_\alpha}\right)$$

$$\%1:=\mathrm{RootOf}(\_Z^2+\_Z+1)$$

Auch Umformungen in Kettenbrüche werden von `convert` durchgeführt, und zwar mit dem Schlüsselwort `confrac`.

```
convert((x^4-2)/x^6,confrac,x);
```

$$\frac{1}{x^2+2\frac{1}{x^2-2\frac{1}{x^2}}}$$

Polynome können auch nach dem Horner-Schema angeordnet werden. Bei multivariablen Ausdrücken kann im dritten Parameter eine einzelne Variable oder auch eine Liste von Variablen angegeben werden, nach denen das Polynom aufgespaltet wird.

```
f:=expand( (x-y)^3*x^2*y^2+y^3+y^2+y);
```

$$f := x^5y^2 - 3\,x^4y^3 + 3\,x^3y^4 - x^2y^5 + y^3 + y^2 + y$$

```
convert(f,horner,x);
```

$$y^3 + y^2 + y + \left(-y^5 + \left(3\,y^4 + \left(-3\,y^3 + xy^2\right)x\right)x\right)x^2$$

```
convert(f,horner,[x,y]);
```

$$(1 + (1 + y)\,y)\,y + \left(-y^5 + \left(3\,y^4 + \left(-3\,y^3 + xy^2\right)x\right)x\right)x^2$$

`compoly` ist eine Art Umkehrkommando zu `subs` für Polynome: `compoly` versucht gemeinsame Terme aus einem Ausdruck herauszufiltern. Am besten geht dies aus einem Beispiel hervor. `compoly` ist wie die meisten anderen Kommandos dieses Abschnitts nicht für trigonometrische, logarithmische und andere spezielle Funktionen geeignet.

```
f:=expand(subs(a=x^2+x, (a^2-a+1)^2));
```

$$f := x^8 + 4\,x^7 - 2\,x^5 - 2\,x^4 + 4\,x^6 + 4\,x^3 + x^2 - 2\,x + 1$$

```
compoly(f);
```

$$x^4 + 1 - 2\,x + 3\,x^2 - 2\,x^3,\ x = x^2 + x$$

```
f:=subs(a=x+y+z, sin(a)^2-cos(a)+a^2);
```

$$f := \sin(x + y + z)^2 - \cos(x + y + z) + (x + y + z)^2$$

```
compoly(f);
  Error, (in compoly) invalid arguments
```

Zusätzliche Hilfe bei trigonometrischen Vereinfachungen

Einige der bisher beschriebenen Kommandos sind in der Lage, trigonometrische Vereinfachungen durchzuführen, insbesondere `simplify`, `expand`, `combine` und `convert`. In Situationen, wo keines dieser Kommandos weiterführt, kann eventuell `trigsubs` eine Hilfestellung geben. Dieses Kommando führt zwar selbst keine Vereinfachungen durch, es kann aber eine ganze Reihe von möglichen Substitutionstermen zur Verfügung stellen.

Das Kommando muß vor seiner Verwendung durch `readlib` aktiviert werden. `trigsubs(x)` liefert in der Folge alle in Maple bekannten trigonometrischen Ausdrücke, die mit x übereinstimmen. Für x sind dabei nur elementare trigonometrische Funktionen erlaubt (etwa $\sin(x)$, $\sin(2x)$, $\sin(x^2)$ oder $\sin(x)^2$), nicht aber zusammengesetzte Ausdrücke (wie $\sin(x)+\cos(x)$). Im Beispiel unten fällt auf, daß in der Liste der äquivalenten Funktionen x selbst mehrfach auftritt.

```
readlib(trigsubs):
trigsubs(sin(x)^2);
```

$$[\sin(x)^2, 1-\cos(x)^2, 1/2-\frac{\cos(2\,x)}{2}, \sin(x)^2, \sin(x)^2, 4\,\sin(\frac{x}{2})^2\cos(\frac{x}{2})^2, \csc(x)^{-2},$$

$$\csc(x)^{-2}, \frac{4\,\tan(\frac{x}{2})^2}{\left(1+\tan(\frac{x}{2})^2\right)^2}, -\frac{\left(e^{I\,x}-e^{-I\,x}\right)^2}{4}]$$

Mit `trigsubs` können ähnlich wie mit `subs` Substitutionen in trigonometrischen Ausdrücken durchgeführt werden. Die Besonderheit von `trigsubs` liegt darin, daß das Kommando nur solche Substitutionen durchführt, deren Richtigkeit es aufgrund der internen Wissensbasis überprüfen kann. Dem Vorteil einer höheren Sicherheit vor Fehlern steht allerdings auch ein Nachteil gegenüber: `trigsubs` weigert sich manchmal, eine Substitution durchzuführen, die eigentlich problemlos möglich sein sollte (wie das folgende Beispiel zeigt).

```
trigsubs( sin(x)=sqrt(1-cos(x)^2), (sin(x)^2-cos(x)^2)^2);
    Error, (in trigsubs) not found in table - use subs to over ride
trigsubs( sin(x)^2=1-cos(x)^2, (sin(x)^2-cos(x)^2)^2);
```

$$\left(1-2\,\cos(x)^2\right)^2$$

`trigsubs` kann auch einfach dazu verwendet werden, die Übereinstimmung zweier trigonometrischer Ausdrücke zu testen (mit den gleichen Einschränkungen wie oben!).

```
trigsubs( sin(x+y)=2*sin((x+y)/2)*cos((x+y)/2) );
    `found`
```

Bearbeitung umfangreicher oder multivariabler Ausdrücke (sort, select, remove, collect)

Die in diesem Abschnitt behandelten Kommandos sind vor allem bei sehr umfangreichen bzw. multivariablen Ausdrücken von Interesse.

`sort` sortiert den Ausdruck nach fallenden Potenzen. Beachten Sie, daß `sort` den Ausdruck bleibend verändert und nicht – wie beinahe alle anderen Maple-Kommandos – ein vom Original unabhängiges und eigenständiges Ergebnis liefert.

```
f:=expand( (a*x^2*y+b*y)^2+(x-2*y+c*y^2)^2+x^3+x^4*y^2);
```

$$f := a^2y^2x^4 + 2\,aby^2x^2 + b^2y^2 + x^2 - 4\,yx + 2\,cy^2x + 4\,y^2 - 4\,cy^3 + c^2y^4 + x^3 + x^4y^2$$

```
sort(f);
```

$$a^2y^2x^4 + 2\,aby^2x^2 + y^4c^2 + y^2x^4 + b^2y^2 - 4\,y^3c + 2\,y^2cx + x^3 + 4\,y^2 - 4\,yx + x^2$$

Das Beispiel oben zeigt, daß `sort` ohne die Angabe weiterer Parameter einfach nach der Summe der Potenzen der einzelnen Variablen sortiert. In der Praxis ist es aber zumeist sinnvoller, nach den Potenzen einer bestimmten Variable zu sortieren:

```
sort(f,x);
```

$$a^2y^2x^4 + y^2x^4 + x^3 + 2\,aby^2x^2 + x^2 - 4\,yx + 2\,y^2cx + b^2y^2 + 4\,y^2 - 4\,y^3c + y^4c^2$$

Das Kommando ist auch in der Lage, nach mehreren Variablen gleichzeitig zu sortieren. Wenn zwei Variablen in einer Liste (eckige Klammern) angegeben werden, so sortiert Maple zuerst nach Potenzen der ersten Variablen, anschließend (in den verbleibenden Ausdrücken) nach den Potenzen der zweiten Variable.

```
sort(f,[x,y]);
```

$$a^2x^4y^2 + x^4y^2 + 2\,abx^2y^2 + c^2y^4 + x^3 + 2\,cxy^2 - 4\,cy^3 + x^2 - 4\,xy + b^2y^2 + 4\,y^2$$

Eine gewisse Verwandschaft zu `sort` hat das Kommando `collect`. Es faßt Terme zusammen, die den im zweiten Paramter des Kommandos angegebenen Faktor gemeinsam haben.

```
collect(f,x);
```

$$\left(a^2y^2 + y^2\right)x^4 + x^3 + \left(1 + 2\,aby^2\right)x^2 + \left(2\,cy^2 - 4\,y\right)x + c^2y^4 + b^2y^2 - 4\,cy^3 + 4\,y^2$$

Auch bei diesem Kommando kann über mehrere Variablen gleichzeitig zusammengefaßt werden. In der Standardeinstellung werden dabei zuerst Gruppen nach den Potenzen der ersten Variablen gebildet, diese Gruppen werden anschließend nach Potenzen der zweiten Variablen aufgelöst. Wenn als dritter Parameter das Schlüsselwort `distributed` angegeben wird, dann ordnet `collect` nach gemeinsamen Potenzen der beiden Variablen (und faßt deswegen die beiden Terme mit dem gemeinsamen Faktor x^4y^2 zusammen).

```
collect(f,[x,y]);
```

$$\left(a^2 + 1\right)y^2x^4 + x^3 + \left(1 + 2\,aby^2\right)x^2 + \left(2\,cy^2 - 4\,y\right)x + c^2y^4 - 4\,cy^3 + \left(b^2 + 4\right)y^2$$

```
collect(f,[x,y],distributed);
```

$$2\,cy^2x + \left(a^2 + 1\right)y^2x^4 + 2\,aby^2x^2 + c^2y^4 + x^3 - 4\,cy^3 + \left(b^2 + 4\right)y^2 + x^2 - 4\,yx$$

Sowohl `sort` als auch `collect` können auch nach Funktionen sortieren / gruppieren, also etwa nach $\sin(x)$. Komplexere Ausdrücke, beispielsweise $1/x$ oder $x + y$, sind dagegen nicht erlaubt.

```
f:=expand((sin(x)-cos(x)^2)^2+(a-cos(x))^2);
```

$$f := \sin(x)^2 - 2\,\sin(x)\cos(x)^2 + \cos(x)^4 + a^2 - 2\,\cos(x)a + \cos(x)^2$$

```
sort(f,cos(x));
```

$$\cos(x)^4 - 2\,\sin(x)\cos(x)^2 + \cos(x)^2 - 2\,a\cos(x) + a^2 + \sin(x)^2$$

```
collect(f,cos(x));
```

$$\cos(x)^4 + (1 - 2\,\sin(x))\cos(x)^2 - 2\,a\cos(x) + a^2 + \sin(x)^2$$

Seit Release 4 kann `collect` auch nach partiellen Ableitungen gruppieren (Schlüsselwörter `diff` bzw. `D`).

```
f:=(y*diff(f1(x),x$2) + x*diff(f1(x),x$2));
```

$$f := y\,(\frac{\partial^2}{\partial x^2}\,\mathrm{f1}(x)) + x\,(\frac{\partial^2}{\partial x^2}\,\mathrm{f1}(x))$$

```
collect(f,diff);
```

$$(y+x)\,(\frac{\partial^2}{\partial x^2}\,\mathrm{f1}(x))$$

Während `sort` und `collect` zwar die Anordnung, nicht aber den (mathematischen) Inhalt des Gesamtausdrucks veränderten, zeigt `select` ein vollkommen anderes Verhalten: Es selektiert einzelne Terme eines Ausdrucks, die ein bestimmtes Selektionskriterium erfüllen. Am einfachsten kann dieses Kriterium in der Form `select(has,f,eigenschaft)` formuliert werden. `has` testet dabei, welche Teile von f die angegebene Eigenschaft erfüllen bzw. die angegebene Funktion enthalten. Die beiden Beispiel beziehen sich noch immer auf die oben definierte Funktion f.

```
select(has,f,a);
```

$$-2\,a\cos(x) + a^2$$

```
select(has,f,cos(x)^2);
```

$$-2\,\sin(x)\cos(x)^2 + \cos(x)^2$$

```
select(has,f,{cos(x)^2,sin(x)^2});
```

$$-2\,\sin(x)\cos(x)^2 + \cos(x)^2 + \sin(x)^2$$

Das Selektionskriterium kann auch durch eine anonyme Funktion in Pfeilschreibweise formuliert werden. Im Beispiel unten wird in der anonymen Funktion `degree` eingesetzt. `degree` bestimmt den Rang (die Ordnung, Potenz) eines Ausdrucks, und zwar wahlweise in Hinblick auf alle darin vorkommenden Unbekannten oder auf einzelne Variablen. `degree(x^2*y)` liefert daher 3, `degree(x^2*y,x)` liefert 2 und `degree(x^2*y,y)` liefert 1.

```
f:=expand((x-y)^8);
```

$$f := x^8 - 8\,x^7y + 28\,x^6y^2 - 56\,x^5y^3 + 70\,x^4y^4 - 56\,x^3y^5 + 28\,x^2y^6 - 8\,xy^7 + y^8$$

```
select(p->degree(p,x)>4,f);
```

$$x^8 - 8\,x^7y + 28\,x^6y^2 - 56\,x^5y^3$$

Als komplementäre Funktion zu `select` steht `remove` zur Verfügung. `remove` hat dieselbe Syntax wie `select`, es entfernt aber die ausgewählten Ausdrücke.

```
remove(p->degree(p,x)>4,f);
```

$$70\,x^4\,y^4 - 56\,x^3\,y^5 + 28\,x^2\,y^6 - 8\,x\,y^7 + y^8$$

```
simplify(""+""-f);
```

$$0$$

`select` und `remove` funktionieren nur dann, wenn die zu bearbeitenden Ausdrücke nicht verschachtelt auftreten.

```
select(has,sin(x)+cos(x),sin);
```

$$\sin(x)$$

```
select(has,sqrt(sin(x)+cos(x)),sin);
  Error, non algebraic terms in power should be of the same type
```

Mit series nach x-Potenzen gruppieren

In seltenen Fällen – nämlich dann, wenn es ausschließlich darum geht, Gruppen gemeinsamer x-Potenzen zu bilden – kann das Kommando `series` zu diesem Zweck mißbraucht werden. Dieses Kommando hat eigentlich die Aufgabe, Reihenentwicklungen durchzuführen. Es wird in Kapitel 24 ausführlich beschrieben.

Im folgenden Beispiel soll $(x^{1/2}+a)^3+(x^{3/2}+b)^3)$ nach x-Potenzen gruppiert werden. Das einzige Kommando, das dazu in der Lage ist, lautet `series`. Im dritten Parameter wird die Ordnung angegeben, bis zu der die Reihenentwicklung (in diesem Fall: das Gruppieren der Koeffizienten von x^n) durchgeführt werden soll. Geben Sie hier einen ausreichend großen Wert an, sonst eliminiert `series` die Terme mit hohen Potenzen und gibt im Ergebnis einen Ordnungsterm $O(x^n)$ an.

```
expand((x^(1/2)+a)^3+(x^(3/2)+b)^3);
```

$$x^{3/2}+3\,xa+3\,\sqrt{x}\,a^2+a^3+x^{9/2}+3\,x^3b+3\,x^{3/2}b^2+b^3$$

```
series(",x, 20);
```

$$a^3+b^3+3\,\sqrt{x}\,a^2+3\,xa+\left(1+3\,b^2\right)x^{3/2}+3\,x^3b+x^{9/2}$$

Falls in dem Polynom ausschließlich ganze Potenzen auftreten (und nicht wie im obigen Beispiel $x^{n/2}$), dann liefert `series` kein echtes Polynom, sondern den (optisch nicht erkennbaren) Datentyp `series`. In diesem Fall muß der gesamte Ausdruck anschließend mit `convert(",polynom)` wieder in ein Polynom verwandelt werden.

Fortgeschrittene Fallbeispiele

Die drei in diesem Abschnitt vorgestellten Fallbeispiele zeigen die Vereinfachung komplizierterer mathematischer Ausdrücke. Die beiden ersten Beispiele betreffen ein in diesem Kapitel schon mehrfach erwähntes Problem: Maple ist nicht in der Lage, bei mehreren zusammengehörigen Termen die gemeinsamen Faktoren herauszuziehen. Die beiden Beispiele zeigen unterschiedliche (wenngleich in jedem Fall recht umständliche) Lösungsmöglichkeiten. Ein drittes Beispiel demonstriert, wie Maple bei der näherungsweisen Vereinfachung von Formeln mithelfen kann. Das Aufstellen von Näherungslösungen ist ja gerade in realen technischen Berechnungen von großer Bedeutung.

Beispiel 1: Vereinfachung einer Ableitung mit select

Das Beispiel demonstriert nochmals die Einsatzbreite von `select`. Die dritte Ableitung von $\frac{x}{1-\sin(x)}$ soll vereinfacht werden:

```
f:=diff(x/(1-sin(x)), x$3);
```

$$f := \frac{6\cos(x)^2}{(1-\sin(x))^3} - \frac{3\sin(x)}{(1-\sin(x))^2} + \frac{6\,x\cos(x)^3}{(1-\sin(x))^4} - \frac{6\cos(x)x\sin(x)}{(1-\sin(x))^3} - \frac{\cos(x)x}{(1-\sin(x))^2}$$

Dazu werden mit `select` drei Gruppen gebildet, die nach dem Rang des Nennerterms zusammengefaßt sind. Das unten stehende Kommando zeigt, daß `has` auch direkt zur Formulierung der anonymen Selektionsfunktion verwendet werden kann.

```
f1:=seq( select( p->has(p,1/(1-sin(x))^n), f), n=2..4);
```

$$f1 := -\frac{3\sin(x)}{(1-\sin(x))^2} - \frac{\cos(x)x}{(1-\sin(x))^2}, \frac{6\cos(x)^2}{(1-\sin(x))^3} - \frac{6\cos(x)x\sin(x)}{(1-\sin(x))^3}, \frac{6\,x\cos(x)^3}{(1-\sin(x))^4}$$

Durch das `seq`-Kommando werden die drei Gruppen mit `normal` jeweils auf gleichen Nenner gebracht. Da die Gruppen bereits nach gleichen Nennern zusammengefaßt sind, ist das nicht weiter schwierig – es geht ja nur noch darum, die beiden Zähler zu addieren. Das Kommando `normal` wurde etwas weiter oben im Abschnitt zur Bearbeitung von Polynomen beschrieben. Es eignet sich hier besser als `simplify`, weil `simplify` weitere 'Vereinfachungen' durchführt, die das Ergebnis in Wirklichkeit nur komplizierter machen.

Die eckigen Klammern vor und nach `seq` verwandeln die resultierende Folge in eine Liste, die wiederum durch `convert` in eine Summe verwandelt wird.

```
convert( [seq(normal(p), p=[f1])], `+`);
```

$$-\frac{3\sin(x)+\cos(x)x}{(-1+\sin(x))^2} + \frac{6\cos(x)\,(-\cos(x)+x\sin(x))}{(-1+\sin(x))^3} + \frac{6\,x\cos(x)^3}{(-1+\sin(x))^4}$$

Eine anschließende Probe testet, ob bei dieser Vereinfachung alles mit rechten Dingen zugegangen ist. Gerade die hier demonstrierte Anwendung von `select` kann relativ leicht dazu führen, daß einzelne Terme des originalen Ausdrucks vergessen werden oder doppelt in das Ergebnis eingehen. Diesmal hat aber alles geklappt.

```
simplify("-f);
```

$$0$$

Beispiel 2: Vereinfachung eines Integrals mit op

Im zweiten Beispiel soll das Integral $\int \left(1 + x^5\right)^{-1} dx$ in eine einfachere Form gebracht werden. Maple liefert das Ergebnis dieses Integrals in einer ziemlich langen Formel, in der ohne allzu große Mühe mehrere Terme zusammengefaßt werden können.

```
f:=int(1/(1+x^5),x);
```

$$f := \frac{\ln(x+1)}{5} - \frac{\ln(2\,x^2 - x - \sqrt{5}\,x + 2)\sqrt{5}}{20} - \frac{\ln(2\,x^2 - x - \sqrt{5}\,x + 2)}{20} +$$
$$\arctan(\frac{4\,x - 1 - \sqrt{5}}{\sqrt{10 - 2\sqrt{5}}})\frac{1}{\sqrt{10 - 2\sqrt{5}}} - \arctan(\frac{4\,x - 1 - \sqrt{5}}{\sqrt{10 - 2\sqrt{5}}})\sqrt{5}\,1/5\frac{1}{\sqrt{10 - 2\sqrt{5}}} +$$
$$\frac{\ln(2\,x^2 - x + \sqrt{5}\,x + 2)\sqrt{5}}{20} - \frac{\ln(2\,x^2 - x + \sqrt{5}\,x + 2)}{20} +$$
$$\arctan(\frac{4\,x - 1 + \sqrt{5}}{\sqrt{10 + 2\sqrt{5}}})\frac{1}{\sqrt{10 + 2\sqrt{5}}} + \arctan(\frac{4\,x - 1 + \sqrt{5}}{\sqrt{10 + 2\sqrt{5}}})\sqrt{5}\,1/5\frac{1}{\sqrt{10 + 2\sqrt{5}}}$$

Im ersten Schritt sollen die Wurzeln $\sqrt{10 + 2\sqrt{5}}$ und $\sqrt{10 - 2\sqrt{5}}$ durch die Abkürzungen A und B ersetzt werden. (Eine vergleichbare Substitution nur für die Bildschirmdarstellung erfolgt auch bei den meisten Maple-Versionen mit den Abkürzungen `%1` und `%2`.)

Zur Substitution werden zuerst a und b definiert. In den Substitutionsregeln wird dann aber $1/a$ bzw. $1/b$ verwendet, weil Maple sonst die im Nenner stehenden Wurzeln nicht erkennt (siehe auch Kapitel 6).

```
a:=sqrt(10-2*sqrt(5)): b:=sqrt(10+2*sqrt(5)):
f1:=subs(1/a=1/A, 1/b=1/B, f);
```

$$f1 := \frac{\ln(x+1)}{5} - \frac{\ln(2\,x^2 - x - \sqrt{5}\,x + 2)\sqrt{5}}{20} - \frac{\ln(2\,x^2 - x - \sqrt{5}\,x + 2)}{20} +$$
$$\arctan(\frac{4\,x - 1 - \sqrt{5}}{A})A^{-1} - \arctan(\frac{4\,x - 1 - \sqrt{5}}{A})\sqrt{5}1/5A^{-1} +$$
$$\frac{\ln(2\,x^2 - x + \sqrt{5}\,x + 2)\sqrt{5}}{20} - \frac{\ln(2\,x^2 - x + \sqrt{5}\,x + 2)}{20} + \arctan(\frac{4\,x - 1 + \sqrt{5}}{B})B^{-1} +$$
$$\arctan(\frac{4\,x - 1 + \sqrt{5}}{B})\sqrt{5}\,1/5B^{-1}$$

Als nächstes sollen die offensichtlich zusammenpassenden Terme auf gleichen Nenner gebracht werden. Die Vorgehensweise mit `select` wie im vorigen Beispiel ist hier zu kompliziert, schneller geht es mit `op`. Über dieses Kommando können Sie auf einzelne Terme der Summe in $lsg1$ zugreifen. Je zwei gleichartige Terme werden mit `collect` oder `normal` zusammengefaßt (je nachdem, welches der beiden Kommandos gerade das günstigere Ergebnis liefert).

```
part1:=op(1,f1);
```

$$part1 := \frac{\ln(x+1)}{5}$$

```
part2:=collect(op(2,f1)+op(3,f1), ln);
```

$$part2 := -\frac{\ln(2\,x^2 - x - \sqrt{5}\,x + 2)\,\left(\sqrt{5}+1\right)}{20}$$

```
part3:=collect(op(6,f1)+op(7,f1), ln);
```

$$part3 := \frac{\ln(2\,x^2 - x + \sqrt{5}\,x + 2)\,\left(-1+\sqrt{5}\,\right)}{20}$$

```
part4:=normal(op(4,f1)+op(5,f1));
```

$$part4 := \arctan(\frac{-4\,x + 1 + \sqrt{5}}{A})\,\left(-5+\sqrt{5}\,\right)1/5A^{-1}$$

```
part5:=normal(op(8,f1)+op(9,f1));
```

$$part5 := \arctan(\frac{4\,x - 1 + \sqrt{5}}{B})\,\left(5+\sqrt{5}\,\right)1/5B^{-1}$$

Jetzt müssen die fünf Teilergebnisse nur noch zum neuen und vereinfachten Gesamtergebnis zusammengefaßt werden.

```
f2:=sum('part.i', i=1..5);
```

$$f2 := \frac{\ln(x+1)}{5} - \frac{\ln(2\,x^2 - x - \sqrt{5}\,x + 2)\,\left(\sqrt{5}+1\right)}{20} + \frac{\ln(2\,x^2 - x + \sqrt{5}\,x + 2)\,\left(-1+\sqrt{5}\,\right)}{20} + \arctan(\frac{-4\,x + 1 + \sqrt{5}}{A})\,\frac{-5+\sqrt{5}}{5A} + \arctan(\frac{4\,x - 1 + \sqrt{5}}{B})\,\frac{5+\sqrt{5}}{5B}$$

Für die abschließende Probe müssen die Substitutionen für A und B wieder rückgängig gemacht werden:

```
simplify(f-subs(A=a, B=b,f2));
```

$$0$$

Die Vorgehensweise in diesem Beispiel hat einen gravierenden Nachteil: Sie hängt von der Reihenfolge der Summanden ab und ist nicht vorhersehbar. Bei einer anderen Version von Maple kann es vorkommen, daß die neun Summanden des obigen Integrals anders angeordnet sind. In diesem Fall müßten die Indizes im Kommando `op` verändert werden. Die Vorgehensweise mit `select` ist im Vergleich dazu allgemeingültiger.

Abschließend noch ein Hinweis: In Kapitel 28 erhalten Sie eine Menge Informationen darüber, wie Maple mathematische Ausdrücke intern speichert und wie Sie Teile dieser Ausdrücke lesen können. Diese Informationen sind vor allem dann sehr wertvoll, wenn Sie eigene Kommandos zur Bearbeitung oder Vereinfachung von Maple-Ausdrücken schreiben möchten.

Beispiel 3: Elimination vernachlässigbarer Terme

Ein beliebter Sport in den Ingenieurswissenschaften besteht darin, mathematisch nicht bedeutsame (weil vernachlässigbar kleine) Terme aus Formeln herauszustreichen und mit dem nun wieder etwas besser handhabbaren Ergebnis weiterzurechnen. Es liegt auf der Hand, daß Maple damit überfordert ist. Die Elimination einzelner Terme setzt eine sehr präzise Vorstellung des (realen) Problems dar und kann daher nur in Handarbeit erfolgen. Ziel dieses Abschnitts ist es, die Anwendung des weiter oben vorgestellten Kommandos `select` nochmals zu demonstrieren. Zwar setzt dieses Kommando voraus, daß Sie Maple ganz präzise mitteilen, was es tun soll, aber immerhin sparen Sie sich das mühsame und fehleranfällige Neuschreiben von Formeln.

Dazu ein Beispiel aus der Elektrotechnik: E_r beschreibt die r-Komponente (Kugelkoordinate) der Feldstärke E einer idealisierten Dipol-Antenne. Da der Großbuchstabe I in der Elektrotechnik zur Darstellung von Strömen gebraucht wird, ist das Symbol j für die imaginäre Einheit üblich. Durch zwei `alias`-Kommandos wird die vorhandene Abkürzung für $\sqrt{-1}$ durch eine neue ersetzt.

```
restart; alias(I=I): alias(j=sqrt(-1));
```

$$j$$

```
Z:=beta/omega/epsilon;
```

$$Z := \frac{\beta}{\omega\,\epsilon}$$

```
Er:=Z*I*dl/(2*Pi*r^2)*(1+1/(j*beta*r))*exp(-j*beta*r)*cos(theta);
```

$$Er := \beta\,I\,dl\,\left(1 - \frac{j}{\beta\,r}\right)e^{-j\,\beta\,r}\cos(\theta)\frac{1}{2\omega\epsilon\pi r^2}$$

Im folgenden sollen Näherungen dieser Feldstärke für das Nah- und Fernfeld der Antenne berechnet werden. Das Nahfeld zeichnet sich durch ein sehr kleines r (also durch einen sehr geringen Abstand zur Antenne) aus. Daher geht der Ausdruck $e^{-j\beta r}$ gegen 1 und kann aus dem Produkt gestrichen werden. Mit `select` werden alle Terme aus E_r selektiert, die den Term $-j\beta r$ nicht enthalten:

```
Er1:=select(x->not has(x,-j*beta*r),Er);
```

$$Er1 := \beta\,I\,dl\,\left(1 - \frac{j}{\beta\,r}\right)\cos(\theta)\frac{1}{2\omega\epsilon\pi r^2}$$

Das Zwischenergebnis $Er1$ wird jetzt durch `expand` in zwei Komponenten zerlegt. Da r sehr klein ist, kann der Term mit $1/r^2$ gegenüber jenem mit $1/r^3$ vernachlässigt werden. Ein zweites `select`-Kommando führt zur Formel für das Nahfeld.

```
Er2:=expand(Er1);
```

$$Er2 := \frac{\beta\, I\, dl\, \cos(\theta)}{2\, \omega\, \epsilon\, \pi\, r^2} - \frac{j\, I\, dl\, \cos(\theta)}{2\, \omega\, \epsilon\, \pi\, r^3}$$

```
E_nah:=select(has, Er2,r^(-3));
```

$$E_{nah} := -\frac{j\, I\, dl\, \cos(\theta)}{2\, \omega\, \epsilon\, \pi\, r^3}$$

Das Fernfeld ist durch die Annahme charakterisiert, daß r sehr groß ist. In diesem Fall wird $1/r^3$ vernachlässigbar klein und kann eliminiert werden. Weitere Vereinfachungen sind nicht möglich.

```
Er3:=expand(Er);
```

$$Er3 := \frac{\beta\, I\, dl\, \cos(\theta)}{2\, \omega\, \epsilon\, \pi\, r^2 e^{j\, \beta\, r}} - \frac{j\, I\, dl\, \cos(\theta)}{2\, \omega\, \epsilon\, \pi\, r^3 e^{j\, \beta\, r}}$$

```
E_fern:=select(has, Er3,r^(-2));
```

$$E_{fern} := \frac{\beta\, I\, dl\, \cos(\theta)}{2\, \omega\, \epsilon\, \pi\, r^2 e^{j\, \beta\, r}}$$

Angesichts der Umständlichkeit, die trotz allem bei solchen Umformungen zutage tritt, stellt sich natürlich (einmal mehr) die Frage, ob es nicht doch vernünftiger wäre, mit Papier und Bleistift zu rechnen ...

Kompakte Ausgabe umfangreicher Ausdrücke (sprint)

Gelegentlich kommt es vor, daß Maple als Ergebnis einer Berechnung eine über mehrere Seiten reichende Formel liefert. In solchen Fällen ist es oft schwierig, auch nur einen Eindruck von den prinzipiellen Komponenten dieses Ergebnisses zu bekommen. Das Kommando `sprint` aus der `share`-Library bietet für solche Fälle eine Hilfestellung. Es versucht, den Ausdruck kompakter darzustellen, in dem es lange Operantenketten in der Form `<<+10>>` (für eine Summe aus 10 Termen) abkürzt.

Die Verwendung von `sprint` ist einfach: im einzigen Parameter wird der zu verkürzende Ausdruck angegeben. Über die Systemvariable `_EnvSprint` kann das Ergebnis beeinflußt werden. Je kleiner dieser Wert (Defaultwert 100) eingestellt wird, desto kompakter wird das Ergebnis.

```
with(share): readshare(sprint, system):
test:=int(1/(a+b*x^5), x): sprint(test);
```

```
<<*4>> + <<*5>> + <<*6>> + <<*6>> + <<*6>> + <<*6>> + <<*7>>+
  <<*7>> + <<*7>> + <<*5>> + <<*5>> + <<*6>> + <<*5>>
```

```
_EnvSprint:=200: sprint(test);
```

$$\frac{\ln(\texttt{<<+2>>})}{5\,a^{4/5}\sqrt[5]{b}}+\frac{\ln(\texttt{<<+14>>})}{4\,a^{4/5}\left(\sqrt{5}-5\right)\sqrt[5]{b}}+\frac{I\arctan(\texttt{<<+37>>})}{2\,a^{4/5}\left(\sqrt{5}-5\right)\sqrt[5]{b}}+\frac{I\arctan(\texttt{<<+51>>})}{2\,a^{4/5}\left(\sqrt{5}-5\right)\sqrt[5]{b}}+$$

$$\frac{I\arctan(\texttt{<<*4>>})}{2\,a^{4/5}\left(\sqrt{5}-5\right)\sqrt[5]{b}}-\frac{3\sqrt{5}\ln(\texttt{<<+14>>})}{20\,a^{4/5}\left(\sqrt{5}-5\right)\sqrt[5]{b}}-\frac{3\,I\sqrt{5}\arctan(\texttt{<<+37>>})}{10\,a^{4/5}\left(\sqrt{5}-5\right)\sqrt[5]{b}}-$$

$$\frac{3\,I\sqrt{5}\arctan(\texttt{<<+51>>})}{10\,a^{4/5}\left(\sqrt{5}-5\right)\sqrt[5]{b}}-\frac{3\,I\sqrt{5}\arctan(\texttt{<<*4>>})}{10\,a^{4/5}\left(\sqrt{5}-5\right)\sqrt[5]{b}}-\frac{4\arctan(\texttt{<<*2>>})}{a^{3/5}\left(\sqrt{5}-5\right)\sqrt{\texttt{<<+2>>}}}-$$

$$\frac{\ln(\texttt{<<+4>>})}{2\,a^{4/5}\left(\sqrt{5}+5\right)\sqrt[5]{b}}-\frac{3\sqrt{5}\ln(\texttt{<<+4>>})}{10\,a^{4/5}\left(\sqrt{5}+5\right)\sqrt[5]{b}}+\frac{4\arctan(\texttt{<<*2>>})}{a^{3/5}\left(\sqrt{5}+5\right)\sqrt{\texttt{<<+2>>}}}$$

```
test:=simplify( diff( 1/(x+sin(x)), x$10)*diff(1/(x^2+cos(x)^2), x$10) ):
sprint(test);
```

$$\frac{512\,\texttt{<<+420>>}}{\texttt{<<+172>>}}$$

Syntaxzusammenfassung

`simplify(ausdruck);` `simplify(ausdruck, typ);`
: `simplify` versucht den angegebenen Ausdruck zu vereinfachen. Durch die Angabe eines Vereinfachungstyps im zweiten Parameter kann die Arbeit von `simplify` auf einen Detailbereich eingeschränkt werden. Erlaubte Schlüsselwörter sind: `atsign`, `Ei`, `exp`, `GAMMA`, `hypergeom`, `ln`, `polar`, `power`, `radical`, `RootOf`, `sqrt` und `trig`.

`simplify(ausdruck, symbolic);`
: Im Gegensatz zu den obigen Schlüsselwörtern schränkt `symbolic` die Wirkung von `simplify` nicht ein, sondern erweitert sie. `simplify` führt jetzt auch solche Vereinfachungen durch, die mathematisch bedenklich sind und nur unter bestimmten Bedingungen gelten (so gilt $\sqrt{x^2} \mapsto x$ nur für $x > 0$).

`simplify(ausdruck, {gleichungen}, {var});`
: Die dritte `simplify`-Variante benutzt die im zweiten Parameter angegebenen Gleichungen zur Vereinfachung des Ausdrucks. Dabei wird eine Gröbner-Basis für die im dritten Parameter (optional) angegebenen Variablen gebildet.

`expand(ausdruck);`
: multipliziert die im Ausdruck enthaltenen Faktoren aus. Bei trigonometrischen und einigen weiteren Funktionen versucht `expand` deren Argumente zu vereinfachen, was in der Regel zu Summen und / oder Produkten mehrerer Funktionen führt. Bei rationalen Funktionen betrifft `expand` nur den Nenner. Wenn Zähler und Nenner ausmultipliziert werden, ist `normal(f,var,expanded)` zielführend.

`factor(ausdruck);   factor(ausdruck, {x0,x1,x2...});`

versucht, das Polynom in die zugrundeliegenden Faktoren aufzuspalten. Wenn das Polynom nicht ganzzahlige Nullstellen aufweist, müssen diese im zweiten Argument als Menge oder Liste angegeben werden.

`combine(ausdruck, typ);`

versucht, die im Ausdruck enthaltenen Funktionen zusammenzuziehen. Ohne die (optionale) Angabe des Vereinfachungstyps führt `combine` nur einige eher grundlegende Vereinfachungen durch. Für den Vereinfachungstyp sind folgende Schlüsselwörter definiert: `abs`, `atatsign`, `conjugate`, `exp`, `ln`, `plus`, `power`, `product`, `Psi`, `range` `trig` und `signum`.

`radnormal(ausdruck);`

versucht, die im Ausdruck enthaltenen (Quadrat-)Wurzeln zu vereinen bzw. in eine einfachere Form umzuwandeln.

`convert(ausdruck, typ);`

wandelt den Ausdruck in eine neue Schreibweise um. Für allgemeine mathematische Umformungen können folgende Typen angegeben werden: `exp`, `expln`, `expsincos`, `factorial`, `GAMMA`, `ln`, `radical`, `RootOf`, `sincos`, `tan` und `trig`. Zur Transformation von Polynomen und rationalen Funktionen sind die Schlüsselwörter `confrac`, `horner`, `parfrac` und `fullparfrac` definiert (siehe unten). Außerdem kennt `convert` zahlreiche weitere Schlüsselwörter, die aber in diesem Zusammenhang nicht von Interesse sind und an anderen Orten in diesem Buch beschrieben sind.

Bearbeitung von Polynomen und rationalen Funktionen

`numer(ratfunc);   denom(ratfunc);`

ermitteln Zähler und Nenner eines Bruchs. Rationale Funktionen werden vorher mit `normal` auf einen gemeinsamen Nenner gebracht.

`normal(ratfunc);   normal(ratfunc, expanded);`

bringt die rationale Funktion auf einen gemeinsamen Nenner und kürzt mehrfach auftretende Faktoren. Durch die zusätzliche Angabe des Schlüsselwortes `expanded` werden Zähler und Nenner anschließend ausmultipliziert.

```
quo(poly1, poly2, var);     quo(poly1, poly2, var, 'rest');
rem(poly1, poly2, var);
```

führt eine Polynomdivision der beiden Polynome über die angegebene Variable durch. `quo` ermittelt das Ergebnis, `rem` den verbleibenden Rest. In der zweiten Syntaxvariante von `quo` wird der Rest in der Variablen *rest* gespeichert. Auf diese Weise können Quotient und Rest in einem Rechengang ermittelt werden.

```
convert(ratfunc, confrac, var);
convert(ratfunc, parfrac, var);
convert(poly, horner, var);
```

führt eine Kettenbruch-, Partialbruch- oder Horner-Zerlegung durch. Statt einer Variablen darf auch eine elementare Funktion (z.B. zur Durchführung einer Partialbruchzerlegung über $\sin(x)$) angegeben werden.

```
compoly(f,x);
```

sucht gemeinsame Terme in f und isoliert diese als Substitutionsausdruck. Das Kommando stellt für einfache Ausdrücke eine Umkehrfunktion zu `subs` dar.

Spezialfunktionen

```
trigsubs(trigfunc);
trigsubs(trigfunc1=trigfunc2);
trigsubs(trig1a=trig1b, trig2a=trig2b,... ausdruck);
```

gibt Hilfestellung bei der Vereinfachung trigonometrischer Ausdrücke. Die erste Syntaxvariante führt zu einer Menge aller Maple bekannten, zu *trigfunc* äquivalenter Funktionen. In der zweiten Variante wird die Identität der beiden Funktionen überprüft. Die dritte Variante führt die angegebenen Substitutionen durch (wie `subs`), sofern die Identität der Substitutionsregeln festgestellt werden kann. *Achtung*: `trigsubs` erkennt zwar viele, aber durchaus nicht alle Identitäten!

```
sort(ausdruck);
sort(ausdruck, varlist);
```

sortiert den Ausdruck nach fallenden Potenzen. Wenn in einer Liste oder Menge Variablen angegeben werden, so werden nur die Potenzen dieser Variablen berücksichtigt.

```
collect(ausdruck, varlist);
```

hebt die in einer Liste oder Menge genannten gemeinsamen Faktoren heraus. Als Faktoren sind allerdings nur Variablen oder elementare Funktionen, nicht aber zusammengesetzte Ausdrücke erlaubt.

```
select(has, ausdruck, eigenschaft);     select(boolfunc, ausdruck);
remove(has, ausdruck, eigenschaft);     remove(boolfunc, ausdruck);
```

selektiert bzw. eliminiert jene Terme des Ausdrucks, die das Selektionskriterium erfüllen. Das Kriterium kann durch die Angabe einer Eigenschaft mit `has` oder durch eine anonymen Funktion mit booleschem Ergebnis formuliert werden.

```
degree(ausdruck, varlist);
has(ausdruck, eigenschaft);
```

sind häufig bei der Formulierung von Selektionskriterien für `select` nützlich. `degree` stellt den Rang eines Ausdrucks fest (`degree(x^2*x,x)` liefert 2). `has` testet, ob der Ausdruck die angegebene 'Eigenschaft' aufweist. Als Eigenschaft kann beispielsweise das Vorhandensein der Sinusfunktion gelten: `has(..., sin(x))`.

`series(polynom, x, 100);`
gruppiert das Polynom nach steigenden x-Potenzen. Falls nur ganze x-Potenzen auftreten, muß das Ergebnis anschließend mit `convert('',polynom)` vom Datentyp `series` wieder in ein Polynom zurückverwandelt werden. `series` führt normalerweise Reihenentwicklungen durch und wird in diesem Zusammenhang in Kapitel 24 beschrieben.

`op(n, ausdruck);`
liest den n-ten Term des Ausdrucks. `op` ist zum Lesen einzelner Summanden bzw. Faktoren einer Summe bzw. eines Produktes geeignet.

`subs(sub1a=sub1b, sub2a=sub2b,..., ausdruck);`
substituiert die a-Terme durch die b-Terme. `subs` erkennt nur einheitlich zusammenhängende Terme, nicht aber $x + y$ innerhalb $x + y + z$.

```
with(share):    readshare(sprint, system):
_EnvSprint:=n:  sprint(ausdruck);
```
stellt den Ausdruck in einer kompakten Schreibweise dar. n beeinflußt die Länge des Ergebnisses (Defaulteinstellung 100).

Kapitel 11

Gleichungen analytisch und numerisch lösen

Dieses Kapitel faßt die wichtigsten Kommandos zum Lösen einzelner Gleichungen oder ganzer Gleichungssysteme zusammen, wobei sowohl analytische als auch numerische Lösungsverfahren behandelt werden.

`solve`
stellt das Standardkommando zur analytischen (symbolischen) Lösung von Gleichungen dar.

`fsolve`
verwendet verschiedene numerische Verfahren, um den Ort einzelner Lösungspunkte zu ermitteln.

`subs` und `assign`
eignen sich dazu, gefundene Lösungen vorübergehend oder auf Dauer in die betroffenen Variablen einzusetzen.

`isolve` und `rsolve`
sind zwei Varianten zu `solve`. `isolve` ermittelt ausschließlich ganzzahlige Lösungen, `rsolve` versucht aus der rekursiven Definition einer Funktion die allgemeine Funktionsvorschrift abzuleiten.

Verweis: Neben den oben erwähnten `solve`-Varianten existieren in Maple zahlreiche weitere Kommandos, die im weiteren Sinne ebenfalls zum Lösen von Gleichungssystemen dienen: `simplify` ist in der Lage, aus einem Gleichungssystem mit mehreren Variablen einzelne Variablen zu eliminieren (Kapitel 10). `linsolve` löst Gleichungssysteme, die als Matrizen angeschrieben sind (Kapitel 14), `dsolve` löst Differentialgleichungen (Kapitel 18), `extrema` löst Extremwertaufgaben unter Berücksichtigung von Nebenbedingungen, und schließlich führen `minimize` und `maximize` aus dem Package `simplex` lineare Optimierungen durch (Kapitel 23). Weitere Informationen zur Anwendung des `solve`-Kommandos finden Sie in der Maple-Datei `Examples\Solve.mws`.

Gleichungen analytisch lösen (solve)

Das Standardkommando zum Lösen von Gleichungen lautet `solve`. Dem Kommando wird im ersten Parameter die zu lösende Gleichung, im zweiten Parameter die Variable angegeben.

```
solve(x^2+3*x+2=0, x);
```

$$-1, -2$$

Wenn statt einer Gleichung nur eine Funktion angegeben wird, setzt Maple diese automatisch 0. Wenn auf die Angabe von Variablen verzichtet wird, löst Maple die Gleichung für eines der darin vorkommenden unbekannten Symbole.

```
solve(x^2+3*x+2);
```

$$-1, -2$$

Die Angabe der Variable, nach der die Gleichung aufgelöst werden soll, ist dann erforderlich, wenn in einer Gleichung mehrere Unbekannte auftreten. Maple kann dann nicht erkennen, welche Symbole Variablen und welche später einzusetzende Parameter der Gleichung sind.

```
solve( a*x^2+b*x+c);
```

$$\{c = -ax^2 - bx, x = x, a = a, b = b\}$$

```
solve( a*x^2+b*x+c,x);
```

$$\frac{-b + \sqrt{b^2 - 4\,ac}}{2\,a}, \frac{-b - \sqrt{b^2 - 4\,ac}}{2\,a}$$

`solve` versucht, sämtliche Lösungen zu ermitteln. Mehrfachlösungen (wie im Beispiel rechts: zweimal 1) kommen in der Lösungsfolge auch mehrfach vor.

```
f:=expand( (x-1)^2*(x+Pi)*(3*x-1/x) );
```

$$f := 3\,x^4 + 2\,x^2 + 3\,x^3\pi + 2\,x\pi - 6\,x^3 +$$
$$2\,x - 6\,x^2\pi + 2\,\pi - 1 - \frac{\pi}{x}$$

```
solve(f);
```

$$\frac{\sqrt{3}}{3}, -\frac{\sqrt{3}}{3}, 1, 1, -\pi$$

Lösungen mit Fließkommazahlen

`solve` versucht die Lösung von Gleichungen symbolisch zu ermitteln. Wenn in der Gleichung numerische Werte auftreten (also 1.5 statt 3/2), dann werden diese Werte zuerst durch Brüche angenähert, um die Berechnung symbolisch durchzuführen. Die Lösung wird anschließend wieder in Fließkommazahlen zurückverwandelt.

```
solve(x^3=8);
```

$$2, -1 + I\,\sqrt{3}, -1 - I\,\sqrt{3}$$

```
solve(x^3=8.0);
```

$$2.0, -1.0 - 1.732050808\,I,$$
$$-1.0 + 1.732050808\,I$$

`solve` in Kombination mit numerischen Werten ist aber nicht gleichwertig mit dem Kommando `fsolve`, das etwas weiter unten behandelt wird. Beispielsweise liefert `fsolve` standardgemäß nur eine einzige Lösung (nicht mehrere).

```
fsolve(x^3=8);
```

$$2$$

```
fsolve(x^3=8, x, complex);
```

$$-1.0 - 1.732050808\,I,$$
$$-1.0 + 1.732050808\,I, 2.0$$

Außerdem ist `fsolve` nicht in der Lage, Gleichungen mit symbolischen Parametern zu lösen, während `solve` hier brauchbare Ergebnisse liefert.

```
solve(x^2=1.5+a,x);
```

$$1/2\sqrt{6+4\,a}, -1/2\sqrt{6+4\,a}$$

```
fsolve(x^2=1.5+a,x);
  Error, (in fsolve) should use
  exactly all the indeterminates
```

Lösungsvielfalten bei trigonometrischen Gleichungen

`solve` kommt auch mit trigonometrischen Gleichungen zurecht.

```
solve(sin(x)=cos(x));
```

$$\frac{\pi}{4}$$

Seit Release 4 kommt Maple sogar mit Lösungsvielfalten (in der Art $x = \pi/4 + n\pi$) zurecht. Dazu muß vor dem `solve`-Kommando die Variable `_EnvAllSolutions` auf `true` gesetzt werden. Maple formuliert die Lösung dann mit den Variablen $\_Z$ für ganze Zahlen, $\_NN$ für nicht-negative ganze Zahlen oder $\_B$ für binäre Werte (0/1).

```
_EnvAllSolutions:=true:
solve(sin(x)=cos(x));
```

$$1/4\,\pi + \pi\,\grave{}\_Z\,\grave{}$$

```
s:=solve(sin(x^2)=1/2);
```

$$s := \frac{1}{6}\sqrt{6\,\pi + 24\,\pi\,\_B1\tilde{} + 72\,\pi\,\_Z1\tilde{}},$$
$$-\frac{1}{6}\sqrt{6\,\pi + 24\,\pi\,\_B1\tilde{} + 72\,\pi\,\_Z1\tilde{}}$$

So faszinierend die obigen Ergebnisse sind, so wenig durchdacht sind die Möglichkeiten zur Weiterverarbeitung dieser Ausdrücke: Der Versuch, die erste der beiden Lösungen in die Ausgangsgleichung einzusetzen und zu 0 zu vereinfachen, scheitert.

```
test:=subs(x=s[1], sin(x^2)):
simplify(test);
```

$$\sin(\frac{1}{6}\,\pi + \frac{2}{3}\,\pi\,\_B1\tilde{} + 2\,\pi\,\_Z1\tilde{})$$

Obwohl $\_Z1$ mit der `assume`-Tilde ˜ gekennzeichnet ist, scheint es intern keine Informationen zu $\_Z1$ zu geben:

```
about(_Z1);
  _Z1:
  nothing known about this object
```

Aber auch nach dem Versuch, die Eigenschaften von $\_Z1$ und $\_B1$ manuell einzustellen, scheitert eine Vereinfachung.

```
assume(_Z1,integer,_B1,boolean);
simplify(test);
```

$$\sin(\frac{1}{6}\,\pi + \frac{2}{3}\,\pi\,\_B1\tilde{} + 2\,\pi\,\_Z1\tilde{})$$

Nicht einmal eine Substitution der Variablen durch andere Werte ist möglich! Allzugroß ist die Freude mit Lösungsvielfalten angesichts so vieler – in Maple recht ungewöhnlicher – Einschränkungen nicht.

```
subs(_Z1=0, test);
```

$$\sin(\frac{1}{6}\pi + \frac{2}{3}\pi\_B1\tilde{} + 2\pi\_Z1\tilde{})$$

Gleichungssysteme

Wenn `solve` ganze Gleichungssysteme lösen soll, müssen sowohl die Gleichungen als auch die darin vorkommenden Variablen als Mengen angeschrieben werden (geschwungene Klammern). Sofern im Gleichungssystem außer den Variablen keine anderen Symbole vorkommen, kann auf die Angabe der Variablenmenge auch verzichtet werden. `solve` gruppiert die Lösungseinheiten in Mengen.

```
solve( {5*x^2 - 5*y^2 - 3*x + 9*y=0, 5*x^3+5*y^3-15*x^2-13*x*y-y^2=0}, {x,y});
```

$$\{y = 0, x = 0\}, \{y = -1, x = 2\}, \{y = 2, x = 1\}, \left\{x = \frac{42}{25}, y = \frac{63}{25}\right\}$$

Bei der Lösung von Gleichungssystemen müssen die Anzahl der Gleichungen und die Anzahl der Variablen übereinstimmen. Es ist nicht möglich, bei drei Gleichungen in drei Variablen nur die Lösung für eine Variable zu ermitteln oder gar eine Umformung in ein Gleichungssystem mit zwei Variablen durchzuführen.

```
eq:= {x+y+z-4, x-3*y+z, 2*x-y+z}:
solve( eq, x);
solve( eq, {x,y,z});
```

$$\{y = 1, z = 5, x = -2\}$$

Maple kommt auch mit vielen nicht-linearen Gleichungssystemen zurecht: Im folgenden Beispiel treten auch auch trigonometrische Funktionen und e-Terme auf. Das Ergebnis wird mit `allvalues` (siehe den folgenden Teilabschnitt) numerisch ausgewertet. Anschließend wird das Ergebnis zur Kontrolle in die Ausgangsgleichungen eingesetzt.

```
eq:={exp(x)+exp(y)+exp(z)=1, sin(x)+sin(y)=1, y+z=1}:
solve(eq, {x,y,z});
```

$$\{y = -\arcsin(-1 + \sin(\%2)), x = \%2, z = \arcsin(-1 + \sin(\%2)) + 1\}$$

$$\%1 := e^{\arcsin(-1+\sin(\_Z))}$$

$$\%2 := \mathrm{RootOf}(\_Z - \ln(-1 - e^{(\arcsin(-1+\sin(\_Z))+1)}\,\%1 + \%1) + \arcsin(-1 + \sin(\_Z)))$$

```
evalf(allvalues("));
```

$$\{x = 1.926433253 - 1.711725280\,I,\ y = -1.000578839 - 1.314917616\,I,$$
$$z = 2.000578839 + 1.314917616\,I\}$$

```
evalf(subs(",eq));
```

$$\{1.000000005 - .21\,10^{-8}\,I = 1.,\ 1.000000000 = 1.,\ 1.000000001 - .2\,10^{-9}\,I = 1.\}$$

Verweis: Der Umgang mit Ungleichungssystemen wird am Ende dieses Kapitels behandelt. Zur Elimination einer Variablen aus mehreren Gleichungen ist `simplify` mit der Angabe von Nebenbedingungen besser geeignet als `solve` (siehe voriges Kapitel). In manchen Fällen können Umformungen auch mit `algsubs` durchgeführt werden (siehe Kapitel 6). Informationen zum Umgang mit Gleichungssystemen finden Sie schließlich noch in Kapitel 14, wobei dort Gleichungssysteme behandelt werden, die sich durch Matrizen formulieren lassen (lineare Algebra).

Die Kommandos RootOf und allvalues

Wenn `solve` nicht in der Lage ist, die Lösungen explizit anzuschreiben, obwohl es erkennt, daß Lösungen existieren, verwendet es das Kommando `RootOf` zur Formulierung der Lösung. In `RootOf` wird die charakteristische Gleichung eines Polynoms zur Darstellung der daraus resultierenden Nullstellen verwendet. Ausdrücke mit `RootOf` können wie andere Ergebnisse weiterverarbeitet werden. `allvalues` ermittelt alle Lösungen des `RootOf`-Terms. Falls dabei eine symbolische Auswertung nicht möglich ist, arbeitet `allvalues` automatisch numerisch.

```
s:=solve(x^6+x+1,x);
```

$$s := \mathit{RootOf}(\_Z^6 + \_Z + 1)$$

```
allvalues(s);
```

$$-0.7906671888 - 0.3005069203I\,, ..., 0.9454023333 + 0.6118366938I$$

Wenn in einem Ergebnis mehrfach der gleiche `RootOf`-Ausdruck vorkommt, ist normalerweise beabsichtigt, daß die Wurzeln dieser Ausdrücke gemeinsam und nicht voneinander unabhängig verwendet werden sollen. Bis Release 3 mußte bei `allvalues` die Option `'d'` verwendet werden, um eine Auswertung in dieser Form zu erreichen. Seit Release 4 ist dieses Verhalten die Standardeinstellung. Eine unabhängige Auflösung der `RootOf`-Ausdrücke kann jetzt durch die Option `independent` erreicht werden.

Das Beispiel unten demonstriert die Bedeutung dieser Option: Mit `allvalues` werden alle Lösungen einmal in der korrekten Defaulteinstellung und einmal mit der (für diesen Fall nicht geeigneten) Option `independent` ermittelt. Die Lösungen werden anschließend zur Kontrolle mit `subs` in die Ausgangsgleichungen eingesetzt und numerisch ausgewertet. Bei der `independent`-Variante ergeben sich zwei ungültige Lösungen.

```
eq:={x+y=5, x*y=7}: s:=solve( eq, {x,y});
```

$$s := \{y = RootOf(\_Z^2 - 5\_Z + 7), x = -RootOf(\_Z^2 - 5\_Z + 7) + 5\}$$

```
dep:=allvalues(s);
```

$$dep := \{x = \frac{5}{2} - \frac{1}{2} I\sqrt{3},\ y = \frac{5}{2} + \frac{1}{2} I\sqrt{3}\},\ \{x = \frac{5}{2} + \frac{1}{2} I\sqrt{3},\ y = \frac{5}{2} - \frac{1}{2} I\sqrt{3}\}$$

```
seq( evalf((subs(i, eq))), i=dep);
```

$$\{7.000000000 = 7.,\ 5. = 5.\},\ \{7.000000000 = 7.,\ 5. = 5.\}$$

```
ind:=allvalues(s,independent);
```

$$ind := \{x = \%1,\ y = \%2\},\ \{x = \%2,\ y = \%2\},\ \{x = \%1,\ y = \%1\},\ \{x = \%2,\ y = \%1\}$$

$$\%1 := \frac{5}{2} - \frac{1}{2} I\sqrt{3}$$

$$\%2 := \frac{5}{2} + \frac{1}{2} I\sqrt{3}$$

```
seq( evalf((subs(i, eq))), i=ind);
```

$$\{7.000000000 = 7.,\ 5. = 5.\},$$

$$\{5.500000000 + 4.330127020\, I = 7.,\ 5. + 1.732050808\, I = 5.\},$$

$$\{5. - 1.732050808\, I = 5.,\ 5.500000000 - 4.330127020\, I = 7.\},$$

$$\{7.000000000 = 7.,\ 5. = 5.\}$$

Gleichungen numerisch lösen (fsolve)

Das Kommando `fsolve` hat dieselbe Syntax wie `solve`, die Lösungssuche erfolgt allerdings numerisch. Der wesentlichste Unterschied gegenüber `solve` besteht darin, daß `fsolve` normalerweise nur eine einzige Lösung ermittelt, selbst dann, wenn `solve` muhelos mehrere erkennt. Aus diesem Grund sollte `fsolve` nur dann eingesetzt werden, wenn eine exakte (symbolische) Lösung nicht existiert oder wenn die zugrundeliegenden Gleichungen von vornherein numerische Koeffizienten enthalten.

Die nebenstehende logarithmische Gleichung bereitet `fsolve` keine Schwierigkeiten.

```
fsolve(ln(1+x)+ln(3+x)+x=5);
```

$$2.192154954$$

Bei anderen Gleichungen gelingt die Lösungssuche dagegen nur dann, wenn der Lösungsbereich ganz eng durch die Angabe von `x=x1..x2` eingegrenzt wird.

```
f:=2*x + cos(x) - 2*sin(2*x):
fsolve(f);
```

$$\text{fsolve}(2x + \cos(x) - 2\sin(2x), x)$$

```
fsolve(f, x=-2..2);
```

$$\text{fsolve}(2x + \cos(x) - 2\sin(2x), x, -2..2)$$

```
fsolve(f, x=-2..-1);
```

$$-1.074907239$$

Bei Polynomen ermittelt `fsolve` normalerweise nur reelle Lösungen. Durch die Option `complex` werden auch komplexe Lösungen berechnet. Beachten Sie, daß `fsolve` nur bei Polynomen mehrere Lösungen ermittelt.

```
fsolve( x^3+2*x-1);
```

$$0.4533976515$$

```
fsolve( x^3+2*x-1, x,complex);
```

$$-0.2266988258 - 1.467711509I,$$
$$-0.2266988258 + 1.467711509I,$$
$$0.4533976515$$

Falls `solve` in der Lage ist, eine Lösung zu finden, sollten numerische Werte nicht durch `fsolve`, sondern durch die numerische Auswertung der symbolischen Lösung mit `evalf` berechnet werden. Der Vorteil besteht darin, daß dann alle (und nicht nur eine einzige Lösung) ermittelt werden.

```
fsolve({x+y=9/2, x*y=5}, {x,y});
```

$$\{x = 2.500000000, y = 2.0\}$$

```
solve({x+y=9/2, x*y=5}, {x,y}):
evalf( " );
```

$$\{x = 2.500000000, y = 2.0\},$$
$$\{y = 2.500000000, x = 2.0\}$$

Es gibt Fälle, wo `fsolve` trotz einer scheinbar trivialen Gleichung keine Lösung liefert. In diesem Fall fehlt oft nur das zusätzliche Schlüsselwort `complex`, das `fsolve` auffordert, auch komplexe Lösungen zu berücksichtigen.

```
fsolve(x^2+5);
fsolve(x^2+5,x, complex);
```

$$-2.236067978I, 2.236067978I$$

Häufig findet `fsolve` gar keine oder nur eine einzige Lösung, obwohl mehrere Lösungen existieren. Im vorliegenden Beispiel sollen die Nullstellen der Funktion $\cos(x^2) - x/3$ ermittelt werden. Ein kurzer Plot der Funktion ist für die Lösungssuche enorm hilfreich.

```
f:=cos(x^2)-x/3:
plot(f,x=0..4);
```

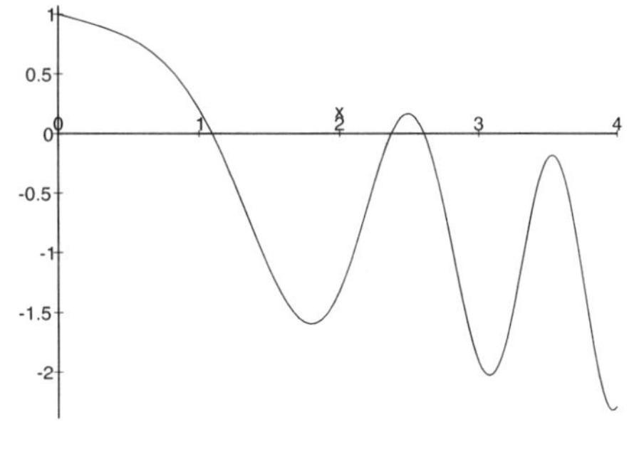

`fsolve` liefert auf Anhieb die mittlere der fünf Nullstellen.

```
fsolve( f );
```

$$2.371500399$$

Für die restlichen Nullstellen ist es erforderlich, Maple einen Tip zu geben, in welchem Bereich ein Lösungswert zu erwarten ist. Diese Tips werden in der Art `x=von..bis` formuliert.

```
fsolve( f,x, x=0..2);
```

$$1.094269232$$

```
fsolve(f, x, x=2.5..3);
```

$$2.607739533$$

```
fsolve(f, x, x=-2.5..-1.5 );
```

$$-1.996097497$$

```
fsolve(f, x, x=-1.9..-1.0 );
```

$$-1.439140143$$

Bei Berechnungen in sehr hoher Genauigkeit ist die Option `fulldigits` erforderlich. Diese Option verhindert, daß Maple die Rechengenauigkeit während der Suche nach einer Lösung vorübergehend reduziert, um so eine höhere Geschwindigkeit zu erreichen. Im folgenden Beispiel ändern sich durch `fulldigits` einige Dezimalstellen des Ergebnisses. Maple ist mit der numerischen Lösung dieses Beispiels aber ohnehin überfordert.

```
Digits:=40:        f:=sinh(x)-cosh(x):
lsg1:=fsolve(f); lsg2:=fsolve(f, x,fulldigits);
```

$$lsg1 := 57.31137182831180864568963072827875470550$$

$$lsg2 := 57.31148716486415372856890701142667105759$$

Bei der Gleichung $\sinh(x) - \cosh(x)$ führt die Erhöhung der Rechengenauigkeit nur zu einem anderen falschen Ergebnis. Die beiden Hyperbelfunktionen nähern sich asymptotisch einander an und sind erst für $x \to \infty$ identisch.

```
plot( {sinh(x), cosh(x)}, x=-2..4);
```

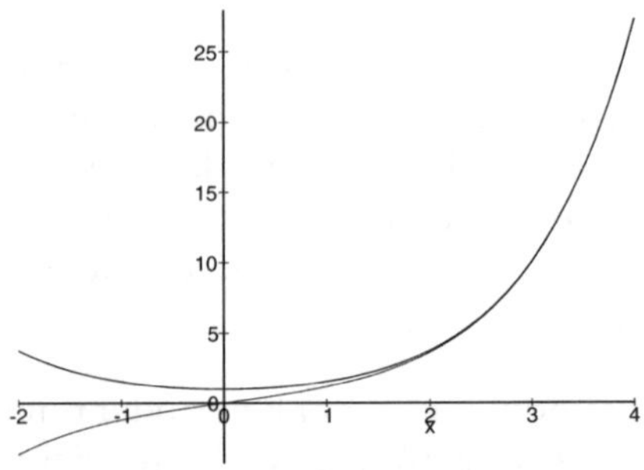

Maple hat deswegen so große Schwierigkeiten mit der Gleichung, weil sowohl $\sinh(x)$ als auch $\cosh(x)$ sehr hohe Werte annehmen. Die Berechnung der Differenz der beiden Werte führt aufgrund der limitierten Rechengenauigkeit ab einem bestimmten x-Wert zwangsläufig zu 0. Die Probe mit `evalf` scheint daher bei der eingestellten Rechengenauigkeit von 70 Stellen aufzugehen. Wenn `evalf` aufgefordert wird, etwas genauer zu rechnen, tritt auch der kleine Unterschied zwischen $\sinh(x)$ und $\cosh(x)$ wieder zutage.

```
Digits:=70:
lsg1:=fsolve(f); lsg2:=fsolve(f, x,fulldigits);
```

$lsg1 := 96.13985348413628296484194453246246062243703986285240659174081209680638$

$lsg2 := 96.13997599857237960796748095199162328890106768607565127372111894709221$

```
evalf( subs(x=lsg2, sinh(x)-cosh(x)) );
```

0

```
evalf( subs(x=lsg2, sinh(x)-cosh(x)), 120 );
```

$-1.765789514167210391252475401069430641 \times 10^{-42}$

Lösungen von Gleichungen weiterverwenden (subs, assign)

Zur Weiterverarbeitung der Ergebnisse, die `solve` bzw. `fsolve` liefern, bestehen prinzipiell zwei Möglichkeiten: Entweder werden die Ergebnisse mit dem schon mehrfach behandelten Kommando `subs` vorübergehend in Variablen eingesetzt, oder `assign` wird zur bleibenden Speicherung der Werte in Variablen verwendet. Im Regelfall ist die erste Variante praktischer und flexibler.

Im vorliegenden Beispiel wird die erste Lösung der quadratischen Gleichung (also $x = 3$) in den Ausdruck $\sin(\frac{1}{1+x^2})$ eingesetzt. Beachten Sie die Verwendung der eckigen Klammern zum Zugriff auf das erste Teilergebnis der Lösungsfolge.

```
s:=solve( x^2-x-6 );
```

$s := 3, -2$

```
subs( x=s[1], sin(1/(1+x^2)) );
```

$\sin(1/10)$

Etwas weniger Tipparbeit ist bei Gleichungssystemen mit mehreren Variablen erforderlich. Dort sind die Variablennamen nämlich bereits in der Lösung enthalten.

```
s:=solve( {x^2+y^2=5, x+y=3} );
```

$s := \{y = 1, x = 2\}, \{x = 1, y = 2\}$

```
subs( s[2], 3*x^2+5*y-x*y);
```

11

Zur Verarbeitung aller Lösungen (und nicht nur einer einzelnen) bietet sich das Schleifenkommando `seq` an. Im Beispiel rechts werden die Lösungen der Reihe nach der Schleifenvariable i zugewiesen und in `subs` weiterverwendet.

```
seq( subs(i,3*x^2+5*y-x*y), i=s);
```

$15, 11$

Mit `assign` kann eine ganze Liste von Gleichungen der Art `var=..` in Zuweisungen umgesetzt werden. Im Beispiel rechts wird nochmals auf das obige Resultat Bezug genommen. x und y enthalten nun die Werte 2 und 3 und können nicht mehr als unbekannte Variablen in Gleichungen verwendet werden.

```
assign( lsg[2] );
x,y;
```

$$1, 2$$

Das folgende Beispiel zeigt, wie mit `map` die `simplify`-Funktion auf mehrere Lösungen angewandt wird. `map` ist in der Anwendung bequemer als `seq` (keine Schleifenvariable), aber dafür nicht ganz so flexibel. Der Versuch, die Lösung s direkt mit `simplify` zu bearbeiten scheitert daran, daß `simplify` immer nur einen Ausdruck (und nicht eine ganze Menge von Ausdrücken auf einmal) vereinfachen kann.

```
_EnvAllSolutions:=true:
s:=solve(sin(x)+cos(x)=1/sqrt(2));
```

$$s := \arctan\left(\frac{\frac{1}{4}\sqrt{2}-\frac{1}{4}\sqrt{6}}{\frac{1}{4}\sqrt{2}+\frac{1}{4}\sqrt{6}}\right) + 2\,\pi\,\_Z\tilde{}, \arctan\left(\frac{\frac{1}{4}\sqrt{2}+\frac{1}{4}\sqrt{6}}{\frac{1}{4}\sqrt{2}-\frac{1}{4}\sqrt{6}}\right) + \pi + 2\,\pi\,\_Z\tilde{}$$

```
simplify(s);
  Error, (in simplify) invalid simplification command
map(simplify,["]);
```

$$[-\arctan(\frac{-1+\sqrt{3}}{1+\sqrt{3}}) + 2\,\pi\,\_Z\tilde{}, -\arctan(\frac{1+\sqrt{3}}{-1+\sqrt{3}}) + \pi + 2\,\pi\,\_Z\tilde{}]$$

Das folgende Beispiel zeigt, wie die Lösungen einer trigonometrischen Gleichung überprüft werden können. Die Lösungen werden dazu der Reihe nach in die Ausgangsgleichungen eingesetzt und mit `simplify` vereinfacht. Falls `simplify` nicht wie in diesem Beispiel auf Anhieb funktioniert, spart eine numerische Auswertung mit `evalf` oft eine Menge Zeit.

```
_EnvAllSolutions:=false:
eq:=sin(x)^2+cos(x)=1/2: s:=solve( eq, x);
```

$$s := \arctan\left(\frac{1}{2}\,\frac{\sqrt{2}\,3^{1/4}}{-\frac{1}{2}\sqrt{3}+\frac{1}{2}}\right) + \pi, -\arctan\left(\frac{1}{2}\,\frac{\sqrt{2}\,3^{1/4}}{-\frac{1}{2}\sqrt{3}+\frac{1}{2}}\right) - \pi,$$

$$\arctan(\frac{1}{2}\sqrt{-2\sqrt{3}}, \frac{1}{2}\sqrt{3}+\frac{1}{2}), \arctan(-\frac{1}{2}\sqrt{-2\sqrt{3}}, \frac{1}{2}\sqrt{3}+\frac{1}{2})$$

```
seq(simplify(subs(x=i, eq)), i=s);
```

$$\frac{1}{2} = \frac{1}{2}, \frac{1}{2} = \frac{1}{2}, \frac{1}{2} = \frac{1}{2}, \frac{1}{2} = \frac{1}{2}$$

```
seq(evalf(subs(x=i, eq)), i=s);
```

$$.4999999992 = .5000000000,\ .4999999992 = .5000000000,\ .5000000000 = .5000000000,\ .5000000000 = .5000000000$$

Manchmal sollen die (komplexen) Lösungspunkte einer Gleichung grafisch angezeigt werden. Dazu muß die Lösung nicht nur numerisch ausgewertet werden, es muß auch eine neue Liste erstellt werden, in der Real- und Imaginärteil voneinander getrennt sind. Dabei hilft wieder das Schleifenkommando `seq` weiter.

```
s:=solve( sin(x)^2+cos(x)+3 );
```

$$s := \arctan\left(\frac{1}{2}\sqrt{-14+2\sqrt{17}},\ \frac{1}{2}-\frac{1}{2}\sqrt{17}\right),\ \arctan\left(-\frac{1}{2}\sqrt{-14+2\sqrt{17}},\ \frac{1}{2}-\frac{1}{2}\sqrt{17}\right),$$
$$\arctan\left(\frac{1}{2}\sqrt{-14-2\sqrt{17}},\ \frac{1}{2}+\frac{1}{2}\sqrt{17}\right),\ \arctan\left(-\frac{1}{2}\sqrt{-14-2\sqrt{17}},\ \frac{1}{2}+\frac{1}{2}\sqrt{17}\right)$$

```
sf:=map(evalf,[s]);
```

$$sf := [3.141592654 - 1.015558753\,I,\ 3.141592654 + 1.015558753\,I,\ 1.593277489\,I,\ -1.593277489\,I]$$

```
pts:=[seq( [Re(i),Im(i)], i=sf)];
```

$$pts := [[3.141592654, -1.015558753], [3.141592654, 1.015558753], [0, 1.593277489], [0, -1.593277489]]$$

```
plot(pts, style=point, symbol=circle );
```

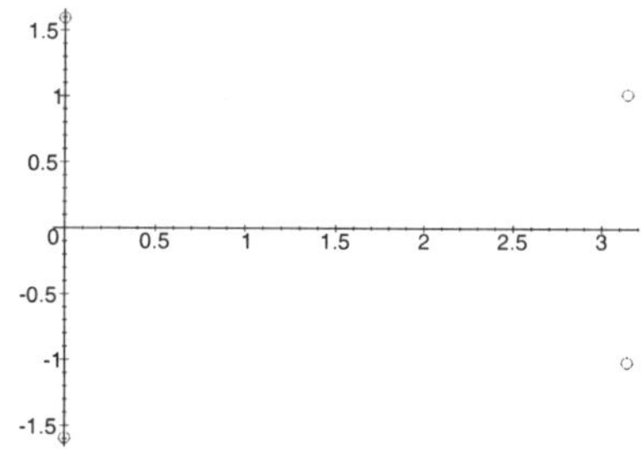

Ab Release 4 steht im `plots`-Package das Kommando `complexplot` zur Verfügung. Dieses Kommando kann komplexe Punkte unmittelbar darstellen, die manuelle Trennung von Real- und Imaginärteil kann entfallen. Die Lösung muß lediglich in eckige Klammern gestellt und mit `evalf` numerisch ausgewertet werden.

```
with(plots);
complexplot([evalf(s)],
            style=point, symbol=circle);
```

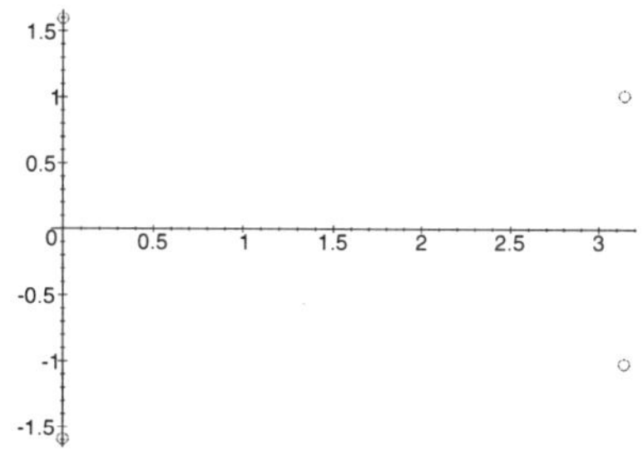

Lösung rekursiver Gleichungen

Das Kommando `rsolve` eignet sich zur Bestimmung allgemeiner Funktionsvorschriften aus Funkionen, die in rekursiver Form gegeben sind. Als Beispiel wird (wieder einmal) die bekannte Fibonnacci-Formel gebraucht:

```
lsg:= rsolve( {f(n)=f(n-1)+f(n-2), f(0)=0, f(1)=1}, f(n) );
```

$$lsg := \sqrt{5}\left(\frac{2}{-1+\sqrt{5}}\right)^n 1/5 - \sqrt{5}\left(-\frac{2}{1+\sqrt{5}}\right)^n 1/5$$

```
fib:=unapply( simplify(lsg), n);
```

$$fib := n \mapsto -\frac{\left(-\left(-1/2+\frac{\sqrt{5}}{2}\right)^{-n}+\left(-1/2-\frac{\sqrt{5}}{2}\right)^{-n}\right)\sqrt{5}}{5}$$

Sonderlich elegant sieht die Formel zwar nicht aus, aber abgesehen von kleinen Rundungsfehlern funktioniert sie einwandfrei (hier im Vergleich mit der Fibonacci-Funktion des `combinat`-Packages):

```
evalf(fib(5)), combinat[fibonacci](5);
```

$$4.999999988, 5$$

```
evalf(fib(50)), combinat[fibonacci](50);
```

$$12586268740.0, 12586269025$$

Koeffizientenvergleich (solve/identity, match)

Das Kommando `match(gl1=gl2, x, ´lsg´)` führt einen Koeffizientenvergleich durch, d.h., es versucht durch Umformen der Gleichungen und durch Bestimmung der darin enthaltenen Unbekannten (außer der Variablen x), eine Übereinstimmung (Identität) der beiden Gleichungen herzustellen. Wenn das gelingt, liefert `match` das Ergebnis *true*, sonst *false*. Die Gleichungen für die Koeffizienten werden in die Variable *lsg* geschrieben, die im dritten Parameter von `match` in Apostrophen angegeben werden muß.

```
match( x^2-1= (x-a)*(x-b), x, ´lsg´);
```

true

```
lsg;
```

$$\{a = 1, b = -1\}$$

Sehr ähnlich zu `match` arbeitet auch die `identity`-Variante von `solve`. Die Syntax lautet hier `solve(identity(gl1=gl2, x), {a,b,..})`.

```
solve( identity( x^2-1=(x-a)*(x-b), x), {a,b} );
```

$$\{a = -1, b = 1\}, \{a = 1, b = -1\}$$

Der Unterschied zwischen den beiden Kommandos (abgesehen von der Syntax) ist leider nirgendwo beschrieben. Manchmal liefert `solve` mehrere Ergebnisse, während `match` nur eines liefert. Dann kommt es wieder vor, daß `solve` überhaupt kein Ergebnis findet, `match` dagegen sehr wohl.

```
match( 2*sin(3*x^4)= a*sin(n*x^k), x, 'lsg'); lsg;
```

true

$$\{a = 2, k = 4, n = 3\}$$

```
solve( identity( 2*sin(3*x^4)= a*sin(n*x^k), x), {a,n,k} );
```

`match` schreckt auch vor komplizierteren Polynomumformungen nicht zurück und liefert das Ergebnis für die Koeffizienten teilweise auch in der oben schon beschriebenen `RootOf`-Form:

```
match( x^2+3*x+5= a*(x+b)^2+c*x, x, 'lsg'); lsg;
```

true

$$\left\{a = 1, b = RootOf(-5 + \_Z^2), c = -2\, RootOf(-5 + \_Z^2) + 3\right\}$$

```
allvalues(");
```

$$\left\{a = 1, c = -2\sqrt{5} + 3, b = \sqrt{5}\right\}, \left\{a = 1, c = 2\sqrt{5} + 3, b = -\sqrt{5}\right\}$$

```
subs("[1], a*(x+b)^2+c*x);
```

$$\left(x + \sqrt{5}\right)^2 + \left(-2\sqrt{5} + 3\right) x$$

Umgekehrt kann es aber auch vorkommen, daß sowohl `solve` als auch `match` an vergleichsweise einfachen Transformationen scheitern. Im Beispiel unten sieht man auf ersten Blick, daß $c = \pi/2$ sein müßte, damit die beiden Gleichungen übereinstimmen.

```
solve(identity(sin(2*x)+sin(x) = cos(x+c)+cos(2*x+c),x), {c});
match( sin(2*x)+sin(x) = cos(x+c)+cos(2*x+c), x, 'lsg');
```

false

Spezialkommandos (solve/functions, solve/ineqs, isolve)

Lösungsfunktionen ermitteln

Normalerweise ermittelt `solve` nur einen oder mehrere isolierte Werte von Lösungen. Wenn die Unbekannte in einer Gleichung dagegen als Funktion in der Form $f(x)$ formuliert wird, versucht `solve` als Lösung den Programmcode für eine entsprechende Funktion zu generieren. Das folgende Beispiel demonstriert diese Anwendung von `solve`:

```
lsg:=solve( f(x)+f(x)^2=1+x^3, f);
    lsg := proc(x) -1/2+1/2*(5+4*x^3)^(1/2) end,
           proc(x) -1/2-1/2*(5+4*x^3)^(1/2) end
```

`solve` liefert als Lösung für die Gleichung $f(x) + f(x)^2 = 1 + x^3$ gleich zwei alternative Funktionen. Die Funktionen werden in der Programmiersprache von Maple mit `proc` und `end` angeschrieben. Trotz dieser ungewöhnlichen Schreibweise kann damit wie mit echten Funktionen gearbeitet werden (siehe auch Kapitel 8 und 29).

In der Folge wird die erste der beiden Lösungsfunktionen in *test* gespeichert. Um zu beweisen, daß die Funktion wirklich ganz normal verwendet werden kann, wird $test(x)$ mit `unapply` (Kapitel 8) in der Pfeilschreibweise dargestellt. Anschließend wird `test(x)^3+test(x)` vereinfacht. Wie erwünscht ergibt sich $1 + x^3$.

```
test:=lsg[1];
    test := proc(x) -1/2+1/2*(5+4*x^3)^(1/2) end
unapply(test(x), x);
```

$$x \mapsto -1/2 + \frac{\sqrt{5+4\,x^3}}{2}$$

```
simplify( test(x)+test(x)^2 );
```

$$1 + x^3$$

Umgang mit Ungleichungen

Wenn in `solve` eine Ungleichung angeschrieben wird, versucht Maple die Bereiche der Variablen x zu finden, für die die Ungleichung gilt. Die Lösung wird mit `RealRange`-Termen formuliert. Nur wenn die Variablen in geschwungene Klammern gestellt werden, verwendet Maple eine übersichtlichere Schreibweise.

```
solve( abs(x)<1);
```

$$\text{RealRange}(\text{Open}(-1),\ \text{Open}(1))$$

```
solve( abs(x)<1, {x});
```

$$\{-1 < x, x < 1\}$$

Die Syntax der Ergebnisse ist gewöhnungsbedürftig: Zwei in getrennten Klammern angegebenen Resulate bedeuten 'oder', d.h. $x^2 + x > 2$ gilt, wenn $x < -2$ oder wenn $x > 1$ gilt. Mehrere Ungleichungen in einer Klammerebene müssen mit 'und' verknüpft werden, d.h. $x^2 + x > 2$ gilt, wenn $x > -2$ und gleichzeitig $x < 1$ gelten.

```
solve( x^2+x>2, {x});
```

$$\{x < -2\}, \{1 < x\}$$

```
solve( x^2+x<2, {x});
```

$$\{-2 < x, x < 1\}$$

Analog gilt dieses Schema auch für die `RealRange`-Ausdrücke. dabei entspricht `Open` den Kleiner-Gleich- bzw. Größer-Gleich-Operatoren. Umwandlungsfunktionen zwischen den beiden Schreibweisen sind nicht dokumentiert. Einige knappe Informationen zu den Schlüsselwörtern `RealRange` und `Open` finden Sie mit `?property`.

```
solve( x^2+x>2);
```

$$\text{RealRange}(-\infty, \text{Open}(-2)),$$

$$\text{RealRange}(\text{Open}(1), \infty)$$

```
solve( x^2+x<2);
```

$$\text{RealRange}(\text{Open}(-2), \text{Open}(1))$$

`solve` kommt auch mit einfachen Ungleichungssystemen mit mehreren Variablen zurecht.

```
eq := {x+y>=5, x-y>=1, y-x/2<=1/2}:
solve( eq, {x, y} );
```

$$\{5 - x - y <= 0, 1 - x + y <= 0,$$

$$y - 1/2x - 1/2 <= 0, 3 <= x\}$$

Bei komplizierteren Fällen verweigert `solve` die Antwort.

```
solve( a*x^2+b*x+c>0,x);
solve( sin(x)>1/2 );
```

Gleichungen ganzzahlig lösen

`isolve` ist nicht einfach eine Variante zu `solve`, die die Ergebnisse auf ganze Zahlen einschränkt. Vielmehr ermittelt `isolve` ganze Lösungsscharen in Abhängigkeit von den im zweiten Parameter angegebenen Variablen.

```
isolve( x+2*y+3*z=10, {k,l} );
```

$$\{y = k, z = l, x = 10 - 2\,k - 3\,l\}$$

Syntaxzusammenfassung

`solve({gln}, {var});`
: löst die in der ersten Menge genannten Gleichungen für die in der zweiten Menge genannten Variablen. Wenn statt Gleichungen Funktionen angegeben werden, setzt `solve` diese automatisch 0. Wenn auf die Angabe der Variablen verzichtet wird, löst `solve` das Gleichungssystem für alle darin vorkommenden unbekannten Symbole.

`fsolve({gln}, {var}, options);`
: funktioniert im Prinzip wie `solve`, führt aber eine numerische Lösungssuche durch. Wenn `fsolve` keine Lösung findet, kann der Bereich für die Lösung durch einen dritten Parameter in der Form `x=start..ende` eingeschränkt werden. `fsolve` kennt unter anderm die folgenden Optionen: `complex` (komplexe Lösungen berücksichtigen) und `fulldigits` (mit maximaler Genauigkeit rechnen (dafür aber etwas langsamer)).

```
match(gl1=gl2, var, ´lsg´);
solve(identity( gl1=gl2, var), {koeffa, b, c...});
```

führen jeweils einen Koeffizientenvergleich durch. Beide Kommandos versuchen, die Gleichungen so umzuformen, daß die darin enthaltenen Koeffizienten bestimmt werden können. Bei `match` wird die Lösung in die in Apostrophen gestellte Variable *lsg* geschrieben. `solve` gibt die Lösung direkt zurück, allerdings müssen die zu bestimmenden Koeffizienten explizit angeführt werden.

```
solve(gleichung(f(x)), f);
```

ermittelt die Lösungsfunktion $f(x)$, die die angegebene Gleichung erfüllt. Die Lösung wird als Programmcode in der Form `proc..end` angegeben.

```
solve(ungleichung, var);
```

versucht die angegebene Ungleichung aufzulösen und jene Bereiche der Variablen x anzugeben, für die die Ungleichung erfüllt ist.

```
isolve({gln}, {k,l,..});
```

löst die Gleichungen und formuliert das Ergebnis als Funktion der ganzzahligen Variablen *k*, *l*,...

Kapitel 12

Folgen, Listen und Mengen

Maple kennt gleich fünf verschiedene Formen, um mehrere Ausdrücke ordnend zusammenzufassen. Obwohl sich die fünf Varianten auf ersten Blick stark ähneln, unterscheiden sie sich intern fundamental und müssen mit vollkommen verschiedenen Methoden bearbeitet werden.

`sq  := a,b,c;`	Folge (sequence)
`lst := [a,b,c];`	Liste (list)
`st  := {a,b,c};`	Menge (set)
`tb[3] := c;`	Tabelle (table)
`fld := array( [a,b,c] );`	Feld (array)

Dieses Kapitel geht auf die ersten drei Datentypen ein und beschreibt die wichtigsten Kommandos zu deren Verwaltung. Das nächste Kapitel beschreibt dann die beiden anderen Datentypen (Tabellen und Felder). Dort werden auch die Konversionsmöglichkeiten zwischen allen fünf Datentypen zusammengefaßt. Im Zusammenhang mit Datenmengen ist der Punktoperator bzw. das gleichwertige Kommando `cat` ebenfalls von Interesse. Damit können Variablenlisten (z.B. $x1, x2, x3, ..$) sehr bequem erzeugt werden. Der Punktoperator ist in Kapitel 6 beschrieben.

Nun aber zu den wichtigsten Kommandos dieses Kapitels:

`seq`
erzeugt eine Folge. Wenn die gesamte Anweisung in eckige oder geschwungene Klammern gestellt wird, erfolgt sofort eine Umwandlung in eine Liste oder Menge.

`op`
gibt die Elemente eines beliebigen Ausdrucks als Folge zurück. `op` kann dazu verwendet werden, Listen und Mengen in Folgen zu verwandeln.

`subsop`
verändert ein Element innerhalb eines Ausdrucks. Nicht für Folgen geeignet.

`map, zip`
wendet die Elemente einer Menge oder Liste der Reihe nach auf eine Funktion (auf einen Ausdruck) an. Nur für Mengen und Listen.

Folgen, Listen und Mengen im täglichen Umgang mit Maple

Folgen, Listen und Mengen sind allgegenwärtige Elemente von Maple, die praktisch mit jedem Kommando (sowohl bei dessen Formulierung als auch im Ergebnis) auftreten.

Die Funktion `min` ermittelt den kleinsten Wert der in einer *Folge* angegebenen Zahlenreihe.

```
min(1, sqrt(2), sqrt(2)/2);
```

$$\frac{\sqrt{2}}{2}$$

Das Kommando `root` ermittelt eine *Liste* aller Nullstellen eines Polynoms. Die Nullstellen werden in der Form $[x0, n]$ angegeben. Damit ist eine Nullstelle der Form $(x - x0)^n$ gemeint.

```
f:=expand((x-2)^3 * (x-3) * (x-1));
```

$$f := x^5 - 10\,x^4 + 39\,x^3 -$$
$$74\,x^2 + 68\,x - 24$$

```
roots(f);
```

$$[[1, 1], [2, 3], [3, 1]]$$

`solve` liefert mehrere Lösungen einer Gleichung als *Folge*.

```
solve(x^4-10*x^3+35*x^2-50*x+24,x);
```

$$1, 2, 3, 4$$

Seinerseits kann diesem Kommando ein ganzes Gleichungssystem und die Liste der darin enthaltenen Variablen als *Menge* (in geschwungenen Klammern) übergeben werden. Die Lösung (die jetzt in mehrere Einzellösungen für jeweils alle betroffenen Variablen gruppiert ist) wird wiederum als *Menge* angeschrieben.

```
solve( {x^2+y^2=13,x^2-y^2=5},
       {x,y} );
```

$$\{y = 2, x = 3\},$$
$$\{y = 2, x = -3\},$$
$$\{y = -2, x = 3\},$$
$$\{y = -2, x = -3\}$$

Wenn mit `plot` mehrere Kurven gleichzeitig gezeichnet werden sollen, dann werden die Funktionsgleichungen ebenfalls als *Menge* übergeben:

```
plot( {sin(x), sin(3*x)/3, sin(5*x)/5},
      x=0..Pi );
```

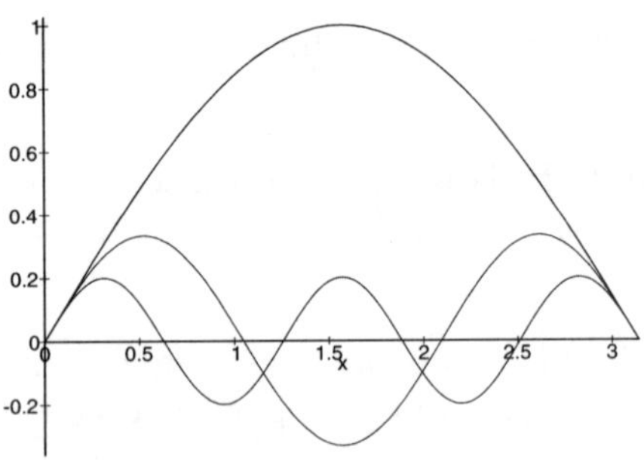

Folgen

Folgen oder Aufzählungen (engl. sequences) stellen den elementarsten Datentyp zur Verwaltung mehrerer Informationseinheiten dar. Beim Aufruf jeder Funktion mit mehr als einem Argument geben Sie die Argumente als Folge (getrennt durch Kommas) ein. Maple seinerseits gibt Ergebnisse bevorzugt als Folgen aus. Folgen können im Gegensatz zu Listen und Mengen nicht verschachtelt werden, ein Element einer Folge kann also nicht selbst eine Folge sein.

Folgen können durch eine einfache Aufzählung erstellt werden.

```
sq :=a,b,c;
```

$$sq := a, b, c$$

Häufiger wird jedoch das Kommando `seq` eingesetzt. Der erste Parameter dieses Kommandos enthält eine Funktionsvorschrift, der zweite Parameter den zulässigen Wertebereich. Maple variiert die angegebene Variable zwischen den beiden Grenzwerten, wobei als Schrittweite grundsätzlich $+1$ verwendet wird.

```
sq := seq(2^n-2*n, n=0..3);
```

$$sq := 1, 0, 0, 2$$

```
seq(i^2,i=1.5..3);
```

$$2.25, 6.25$$

`seq` kann in einer zweiten Variante verwendet werden. Dabei werden die einzusetzenden Zahlenwerte einer Folge, Liste oder Menge entnommen.

```
seq(i^2, i=[1.5, 2, 2.5, 3] );
```

$$2.25, 4, 6.25, 9$$

Diese zweite Folge kann auch durch `seq` erzeugt werden. Auf diese Weise kann einigermaßen übersichtlich auch eine Folge mit einer anderen Schrittweite als $+1$ erzeugt werden. In Kapitel 30 zum Thema Programmieren wird das Kommando `seqn` vorgestellt, das zur Formulierung von Folgen mit beliebigen Schrittweiten geeignet ist.

```
seq(i^2, i=seq(j*0.5, j=3..6));
```

$$2.25, 4.0, 6.25, 9.0$$

Folgen können problemlos erweitert werden, indem am Anfang oder am Ende der Folge Elemente hinzugefügt werden.

```
sq1:=sq,8;
```

$$sq1 := 1, 0, 0, 2, 8$$

Der Zugriff auf die Elemente einer Folge erfolgt durch die Angabe eines Index in eckigen Klammern. Beachten Sie, daß das erste Element den Index 1 (und nicht wie bei manchen Programmiersprachen 0) hat. Statt eines einzelnen Index können Sie auch einen Bereich in der Form `n..m` angeben.

```
sq[4];
```

$$2$$

```
sq[2..4];
```

$$0, 0, 2$$

Negative Indizes erlauben ab Release 4 den Zugriff auf das Ende der Folge.

```
sq[-1];
```

$$8$$

Etwas schwieriger wird es, wenn Elemente einer Folge verändert werden müssen. Am naheliegendsten wäre natürlich eine Zuweisung in der Form `sq[n]:=m`. Genau das dürfen Sie nicht tun – denn damit erzeugen Sie eine Tabelle (siehe nächstes Kapitel) und löschen gleichzeitig alle Elemente der Folge!

Vielmehr müssen Sie das Kommando `subsop` bemühen, dessen eigenwillige Syntax dem Mathematiker die Haare zu Berge stehen läßt.

```
sq1:=op( subsop(4=3,[sq1]) );
```

$$sq1 := 1, 0, 0, 3, 8$$

Das obige Kommando ist nicht ganz leicht zu verstehen: Mit `[sq]` wird die Folge in eine Liste umgewandelt (weil `subsop` nur Listen bearbeiten kann). Durch `subsop` wird anschließend das vierte Element der Liste durch den Wert 3 ersetzt. In `subsop` wird also im ersten Parameter die Substitutionsanweisung (Elementnummer=neuer Wert) angegeben, im zweiten Parameter der zu bearbeitende Ausdruck.

Mit `op` wird die veränderte Liste schließlich wieder in eine Folge zurückverwandelt. Dem Thema Konversion zwischen verschiedenen Listentypen ist übrigens ein eigener Abschnitt des nächsten Kapitels gewidmet.

`subsop` kann auch dazu verwendet werden, einzelne Elemente einer Folge zu löschen. Dazu ersetzen Sie das zu löschende Element durch `NULL`.

```
sq1:=op( subsop(4=NULL,[sq1]) );
```

$$sq1 := 1, 0, 0, 8$$

Listen

Listen unterscheiden sich von Folgen rein optisch durch die eingrenzenden eckigen Klammern. Listen sind zwar schwieriger zu erweitern als Folgen, ansonsten aber leistungsfähiger. Insbesondere ist es möglich, Listen zu verschachteln.

Listen werden prinzipiell wie Folgen erzeugt – es müssen lediglich eckige Klammern angegeben werden.

```
lst := [1,2,3];
```

$$lst := [1, 2, 3]$$

```
lst := [seq(2^n-2*n,n=0..3)];
```

$$lst := [1, 0, 0, 2]$$

Der Zugriff auf Listenelemente erfolgt wie bei Folgen. Für Veränderungen muß das ebenfalls schon bekannte Kommando `subsop` aufgerufen werden.

```
lst[2];
```

$$0$$

```
st:= subsop(2=3,lst);
```

$$st := [1, 3, 0, 2]$$

Wenn Listen erweitert werden sollen, müssen Sie mit `op` auf Folgen zurückgeführt werden.

```
lst:= [a,b,op(lst),c,d,x,x^2,x^3];
```

$$lst := [a, b, 1, 3, 0, 2, c, d, x, x^2, x^3]$$

Zum Sortieren von Listen ist der Befehl `sort` vorgesehen.

```
sort(lst);
```

$$[x^3, a, b, d, 3, 0, 1, 2, c, x, x^2]$$

Dieser Befehl ist allerdings gewöhnungsbedürftig: Zahlenwerte werden erwartungsgemäß nach ihren Werten sortiert (nur dann, wenn die Liste ausschließlich aus Zahlen besteht). Zeichenketten (noch unbelegte Variablen) und mathematische Ausdrücke werden dagegen nach der Adresse sortiert, an der sie im Speicher abgelegt wurden. Diese Sortierordnung mag für einen Computer akzeptabel sein, ist für das praktische Arbeiten aber vollkommen unbrauchbar. Da der Nutzer keinen Einfluß darauf hat, wo und wie Maple seine Objekte speichert, ist die Reihenfolge unvorhersehbar und kann bei zwei an sich gleich verlaufenden Maple-Sitzungen unterschiedlich sein. Diese etwas eigenwillige Anordnung der Elemente gilt übrigens auch für Mengen, die im nächsten Abschnitt behandelt werden.

Im zweiten Argument von `sort` kann als Sortierreihenfolge `lexorder` angegeben werden. Das Kommando sortiert Zeichenketten dann nach deren internen Code (d.h. Großbuchstaben vor Kleinbuchstaben).

```
sort( [e,E,Z,b,a], lexorder);
```

$$[E, Z, a, b, e]$$

Allerdings meldet sich `sort` jetzt mit einer Fehlermeldung, wenn die Liste auch mathematische Ausdrücke wie x^2 enthält.

```
sort( [e,E,Z,b,a,x,x^2,x^3],
      lexorder);

  Error, invalid arguments to sort
```

`sort` ist damit nur für solche Listen sinnvoll einzusetzen, die ausschließlich Zahlenwerte oder Zeichenketten enthalten. Das Kommando kann übrigens auch zum Sortieren von Termen innerhalb mathematischer Ausdrücke verwendet werden (z.B. für die Terme eines Polynoms). Das Kommando funktioniert für diesen Anwendungsbereich erheblich besser.

Mengen

Auf den ersten Blick hat es den Anschein, als wären Listen (eckige Klammern) und Mengen (geschwungene Klammern) dasselbe.

```
st:={0,1,2};
```

$$st := \{0, 1, 2\}$$

Das ist nicht der Fall: Bei Mengen werden mehrfach auftretende Elemente automatisch eliminiert. Außerdem wird die Reihenfolge der Elemente von Maple scheinbar willkürlich festgelegt und ist nicht vorhersehbar (siehe nächstes Beispiele unten!). Mengen sind damit nur für jene Problemstellungen geeignet, bei denen die Reihenfolge der Elemente nicht von Bedeutung ist (etwa bei der Aufzählung mehrerer Gleichungen eines Gleichungssystems).

Der Zugriff auf einzelne Elemente einer Menge erfolgt so wie bei Listen. Beachten Sie aber, daß Sie die Position eines Elements innerhalb der Liste nie vorhersehen können!

Zusätzlich zu den oben vorgestellten Kommandos zum Umgang mit Listen existieren drei Operatoren, die speziell zur Bearbeitung von Mengen vorgesehen sind: `union` vereinigt zwei Mengen, `intersect` bildet die Schnittmenge und `minus` entfernt Teilmengen.

```
{1,2,3} union {3,4,5};
```

$$\{3, 4, 5, 1, 2\}$$

```
{1,2,3,4,5} intersect {4,5,6};
```

$$\{4, 5\}$$

```
{1,2,3,4} minus {1,2};
```

$$\{3, 4\}$$

Verschachtelte Listen und Mengen

Mit der Verschachtelung von Listen und Mengen ist gemeint, daß einzelne Elemente einer Liste / Menge ihrerseits wieder Listen / Mengen darstellen. In der Praxis kommt es zu solchen Verschachtelungen beispielsweise, wenn `solve` für ein Gleichungssystem mit mehreren Variablen mehrere Lösungen findet. Jede dieser Lösungen wird dann als Menge formuliert, die Gesamtheit der Mengen wird als Folge zurückgegeben (siehe das Beispiel in der Einleitung dieses Kapitels).

Prinzipiell könnten auch Matrizen durch verschachtelte Listen dargestellt werden. Das ist in Maple allerdings nicht sinnvoll, weil das Package `linalg` zur Matrizenrechnung nur Felder (arrays) entgegennimmt. Nähere Informationen zu diesem Datentyp finden Sie im nächsten Kapitel.

Das folgende Kommando definiert eine Liste, dessen erstes Element eine Menge, dessen zweites Element eine Liste und dessen drittes Element eine einfache Variable ist:

```
lst:=[{1,2,3},[a,b,c,d,e],x];
```

$$lst := [\{3, 1, 2\}, [a, b, c, d, e], x]$$

Der Zugriff auf Teilelemente erfolgt wiederum durch die Angabe von Indizes in eckigen Klammern. Um Elemente in Sublisten anzusprechen, müssen die Indizes in getrennten Klammerpaaren angeschrieben werden.

```
lst[2];
```

$$[a, b, c, d, e]$$

```
lst[2][3];
```

$$c$$

Das Beispiel rechts zeigt, daß auch ein Bereich innerhalb der letzen Subliste gelesen werden kann.

```
lst[2][2..4];
```

$$b, c, d$$

Dagegen ist es nicht möglich, aus den ersten beiden Sublisten jeweils das erste Element zu lesen, wie dies im Kommando rechts geplant war. Vielmehr führt `lst[1..2]` zu einer Folge der ersten beiden Elemente der Liste. Durch die nachgestellten Zeichen `[1]` wird das erste Element dieser Folge angesprochen.

```
lst[1..2][1];
```

$\{3, 1, 2\}$

Kompliziert wird es, wenn Sie einzelne Elemente in Sublisten verändern möchten: Dann müssen Sie das schon erwähnte Kommando `subsop` verschachtelt einsetzen. In der Regel ist es sinnvoller, in solchen Fällen mit Feldern (Arrays) zu arbeiten, bei denen Veränderungen der Elemente leichter durchzuführen sind.

Im Beispiel rechts wird das dritte Element der Subliste von *lst* durch die Variable x ersetzt.

```
lst:=subsop( 2=subsop(3=x, lst[2]),
             lst );
```

$lst := [\{3, 1, 2\}, [a, b, x, d, e], x]$

Bearbeiten von Listen und Mengen (member und select)

Mit dem Kommando `member` kann überprüft werden, ob ein bestimmtes Element Bestandteil einer Liste oder Menge ist. Wenn als optionaler dritter Parameter der Name einer Variablen angegeben wird, schreibt Maple in diese Variable die Position des gesuchten Elements innerhalb der Liste.

```
member( 2, [1,2,3]);
```

true

```
member( x^3, [x, x^2, x^3], 'pos'):
pos;
```

3

Beachten Sie beim letzten Kommando, daß die Variable *pos* in Hochkommas gestellt wird. Der erste Aufruf von `member` funktioniert auch ohne die Hochkommas, weil *pos* zu diesem Zeitpunkt noch nicht belegt ist. Bei einem nochmaligen Aufruf enthält *pos* bereits einen Wert, den Maple als dritten Parameter einsetzt. Das Ersetzen des Variablennamens durch seinen Wert wird durch `'pos'` vermieden. Siehe auch Überlebensregel 5 in Kapitel 5.

Ein weiteres ausgesprochen praktisches Kommando zur Bearbeitung von Listen und Mengen heißt `select`. Es selektiert einzelne Elemente einer Liste (bzw. Folge oder Menge), die ein bestimmtes Kriterium erfüllen.

Das Kommando kennt drei verschiedene Syntaxvarianten. Im Beispiel rechts wird das Selektionskriterium durch eine boolesche Funktion angegeben, die *true* oder *false* liefert. Das Selektionskriterium ist als anonyme Funktion formuliert (siehe Kapitel 8).

```
data:=seq(rand(1..20)(),i=1..10);
```

$$data := 12, 14, 1, 12, 19, 14, 1, 5, 6, 12$$

```
select(x->x>=10, [data]);
```

$$[12, 14, 12, 19, 14, 12]$$

Bei den beiden anderen Varianten wird das Kriterium entweder in der Form `type, ..., datentyp` oder mit `has, ..., eigenschaft` angeschrieben. Im zweiten Kommando rechts werden gleich mehrere 'Eigenschaften' (nämlich das Auftreten der Zahlen 12, 13 oder 14) in einer Menge formuliert.

```
select(type,[data],odd);
```

$$[1, 19, 1, 5]$$

```
select(has,[data],{12,13,14});
```

$$[12, 14, 12, 14, 12]$$

Verweis: Das Kommando `select` eignet sich auch zur Bearbeitung mathematischer Ausdrücke hervorragend. In Kapitel 10 finden Sie dazu einige weitere Beispiele.

Rechnen mit Listen und Mengen (map und zip)

Seit Release 4 ist Maple in der Lage, Listen ohne spezielle Kommandos zu addieren, zu subtrahieren oder skalar zu multiplizieren.

```
[1,2,3] + [4,5,6];
```

$$[5, 7, 9]$$

```
[1,2,3] - 2*[4,5,6];
```

$$[-7, -8, -9]$$

Jede andere Form der Weiterverarbeitung erfordert allerdings Spezialkommandos wie `map` und `zip`. Die Hauptanwendung von `map` besteht darin, ein Kommando auf mehrere Elemente einer einzelnen Liste anzuwenden.

```
lst:=[1,2,3]: sqrt(lst);
```

$$lst := \sqrt{[1, 2, 3]}$$

```
map(sqrt, lst);
```

$$[1, \sqrt{2}, \sqrt{3}]$$

`map` kann im ersten Argument, das normalerweise nur eine einzelne Funktion enthält, auch eine ganze Liste von Funktionen entgegennehmen.

```
map( [sin,cos],1);
```

$$[\sin(1), \cos(1)]$$

```
map( [sin,cos], [1,2]);
```

$$[[\sin(1), \cos(1)], [\sin(2), \cos(2)]]$$

Bei Funktionen mit mehreren Argumenten können in `map` weitere Parameter angegeben werden.

```
map(arctan, x,y);
```

$$\arctan(x, y)$$

Die beiden folgenden Beispiele zeigen, daß die Flexibilität von `map` auch Grenzen hat. So ist `map` mit verschachtelten Listen überfordert.

```
map(sqrt, [1,2,[3,4]]);
```

$$[1, \sqrt{2}, \sqrt{[3,4]}]$$

Ebensowenig ist es möglich, in `arctan` mehrere Variablenpaare der Form $(x1, y1), (x2, y2), \ldots$ einzusetzen.

```
map( arctan, [x1,x2], [y1,y2]);
```

$$[\arctan(x1, [y1, y2]), \arctan(x2, [y1, y2])]$$

Das Verknüpfen zweier Listen ist genau der Einsatzbereich von `zip`: Die Elemente der beiden Listen werden paarweise in die zweiparametrige Funktion eingesetzt.

```
zip(arctan, [x1,x2], [y1,y2] );
```

$$[\arctan(x1, y1), \arctan(x2, y2)]$$

An `zip` kann nicht einfach ein Operator übergeben werden. Um die Elemente zweier Listen zu addieren, muß eine passende zweiparametrige Funktion geschaffen werden. Für solche als anonym bezeichnete Funktionen ist in Maple die in Kapitel 8 behandelte Pfeilschreibweise üblich.

```
zip( (x,y)->x+y, [1,2,3], [a,b,c]);
```

$$[1 + a, 2 + b, 3 + c]$$

Relativ häufig kommt es vor, daß zwei einfache Listen zu einer paarweise verschachtelten Liste kombiniert werden sollen. Auch dazu eignet sich `zip`.

```
zip( (x,y)->[x,y], [x1,x2,x3],
     [y1,y2,y3] );
```

$$[[x1, y1], [x2, y2], [x3, y3]]$$

Abschließend noch ein Hinweis: `map` kann auch auf Mengen angewendet werden, `zip` ist auf Listen und Vektoren (siehe nächstes Kapitel) beschränkt.

Mit `map` und `zip` sind zwar relativ komplexe Operationen möglich, in vielen Fällen ist es aber sinnvoller, von Listen oder Mengen auf Felder umzusteigen. Dann können Sie nämlich die meisten arithmetischen Operationen mit dem Package `linalg` durchführen. Die Kommandos dieses Packages, die in erster Linie zur Vektor- und Matrizenrechnung vorgesehen sind, werden im übernächsten Kapitel behandelt.

Syntaxzusammenfassung

`a,b,c;  [a,b,c];  {a,b,c};`

Die obige Zeile zeigt nochmals die Syntax einer Folge, einer Liste und einer Menge. Die Reihenfolge der Elemente innerhalb der Menge wird von Maple bestimmt und ist nicht vorhersehbar! Mehrfach auftretende Elemente werden entfernt.

`liste[n];  liste[n..m];  liste[n][m];`

liest einzelne Listenelemente. Das erste Element einer Liste hat den Index 1. Mit `[n..m]` können mehrere Elemente gleichzeitig gelesen werden. `[n][m]` greift auf das m-te Element der n-ten Subliste zu. Die Elemente dürfen nur mit `subsop`, nicht aber durch eine Zuweisung verändert werden – sonst entstünde eine Tabelle.

`op(ausdruck);  op(n, ausdruck);`

wandelt die im ersten Parameter angegebene Liste oder Menge in eine Folge um. Bei verschachtelten Listen / Mengen wird nur die äußerste Klammerebene entfernt. Durch die Angabe eines Index im zweiten Parameter kann ein einzelnes Element einer Liste oder Menge gelesen werden. `op` kann auch auf allgemeine mathematische Terme angewendet werden. `op(x+y+z,2)` liefert als Ergebnis y.

`nops(ausdruck);`

ermittelt die Anzahl der Elemente einer Liste oder Menge. Bei verschachtelten Listen oder Mengen wird nur die Anzahl der Elemente in der äußersten Ebene gezählt. `nops` kann wie `op` auch für allgemeine Ausdrücke verwendet werden.

`subsop(n1=neu1, n2=neu2,.., ausdruck);`

ersetzt das n-te Element einer Liste, Menge oder eines allgemeinen Ausdrucks durch ein neues. Beachten Sie die Parameterreihenfolge: zuerst (beliebig viele) Substitutionsanweisungen mit =, anschließend der zu verändernde Ausdruck.

`seq(fnx, x=start..end);  seq(fnx, x=[a,b,c,..]);`

setzt in *fnx* die durch den zweiten Parameter genannten Werte ein. Bei der ersten Syntaxvariante wird eine Schleife mit der Schrittweite $+1$ gebildet, bei der zweiten Variante werden die genannten Listenelemente einfach der Reihe nach eingesetzt. `seq` liefert als Ergebnis eine Folge, die aber durch die zusätzliche Umklammerung des ganzen Kommandos durch eckige oder geschwungene Klammern sofort in eine Liste oder Menge umgewandelt werden kann.

`sort(liste);`

sortiert die angegebene Liste, wobei als Kriterium für die Sortierreihenfolge die interne Position der Elemente im Speicher herangezogen wird. Durch die zusätzliche Angabe von `lexorder` kann ein alphabetisches Sortieren von Zeichenketten bzw. ein aufsteigendes Sortieren von Zahlen erreicht werden. Allerdings dürfen sich in diesem Fall keine allgemeinen mathematischen Ausdrücke in der Liste befinden. `sort` verändert die Reihenfolge der Elemente nachhaltig, d.h. auch dann, wenn keine Zuweisung durchgeführt wird!

`menge1 union menge2;`   `menge1 intersect menge2;`   `menge1 minus menge2;`

`union` bildet die Vereinigung der beiden Mengen, `intersect` bildet die Schnittmenge und `minus` entfernt die in der zweiten Menge genannten Elemente aus der ersten.

`member(element, liste);`   `member(element, liste, ´position´);`

`member` testet, ob sich das im ersten (!) Parameter angegebene Element in der Liste bzw. Menge befindet und gibt als Ergebnis den Wahrheitswert *true* oder *false* zurück. Wenn im dritten Parameter in Apostrophen der Name einer Variablen angegeben wird, schreibt Maple dorthin die Position des Elements.

```
select(boolfunc, liste);
select(has, liste, eigenschaft);
select(type, liste, datentyp);
```

selektiert einzelne Elemente einer Liste oder Menge und gibt diese Elemente als reduzierte Liste/Menge zurück. Das Selektionskriterium kann als anonyme boolesche Funktion (z.B. `x->x<5`) oder durch die Angabe einer Eigenschaft mit `has` oder eines Datentyps mit `type` erfolgen. `select` kann auch zur Bearbeitung von mathematischen Ausdrücken verwendet werden (siehe Kapitel 10).

`map(fnx, liste);`   `map([fnx1, fnx2,..], liste);`

`map` wendet alle im ersten Parameter genannten einparametrigen Funktionen auf die im zweiten Parameter in einer Liste oder Menge aufgezählten Elemente an. `map` liefert als Ergebnis wiederum eine Liste oder Menge (je nach Typ des zweiten Parameters).

`zip(fnxy, liste1, liste2);`

`zip` funktioniert ähnlich wie `map`, ist aber für zweiparametrige Funktionen vorgesehen. In diese Funktion werden paarweise Elemente aus den beiden Listen eingesetzt. Die Funktion kann in der Form `(x,y)->...` angegeben werden.

Kapitel 13

Tabellen und Felder

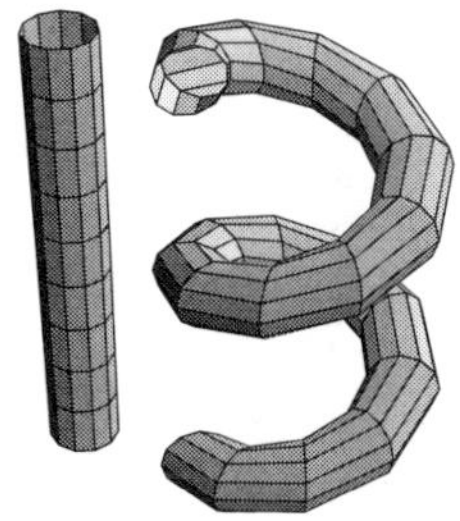

Maple kennt fünf Datentypen, um mehrere Ausdrücke ordnend zusammenzufassen. Drei davon, nämlich Folgen, Listen und Mengen, waren das Thema des vorangegangenen Kapitels. Tabellen und Felder unterscheiden sich von diesen drei Datentypen insofern, als deren Aufzählungscharakter in den Hintergrund gedrängt wird. Das Lesen und Verändern einzelner Elemente ist (auch bei mehrdimensionalen Datenmengen) problemlos möglich.

Die Besonderheit von Tabellen liegt darin, daß als Indizes für den Zugriff auf Einzeldaten nicht nur Zahlen, sondern beliebige Zeichenketten und sogar mathematische Ausdrücke erlaubt sind. Daten können ohne Einschränkungen hinzugefügt und verändert werden.

Felder (Arrays) sind im Vergleich dazu starrer organisiert: Sie müssen im voraus dimensioniert werden. Als Indizes sind nur ganze Zahlen erlaubt. Felder werden in Maple vor allem zum Speichern von Vektoren und Matrizen verwendet (siehe auch nächstes Kapitel zum Thema Matrizenrechnung).

Vorab ein Überblick über die wichtigsten Kommandos zum Umgang mit Tabellen und Feldern sowie zur Konversion von anderen bzw. in andere Datentypen:

`table`
definiert eine Tabelle und belegt sie mit Daten.

`array`
definiert ein Feld und belegt es mit Daten.

`eval`
wertet die Tabellen- bzw. Feldstruktur aus. Mit diesem Kommando können sämtliche Daten einer Tabelle bzw. eines Feldes angezeigt werden.

`convert`
konvertiert von einem Datentyp zu einem anderen. Eine Konversion ist allerdings nicht für alle möglichen Kombinationen der fünf Datentypen dieses und des vorangegangenen Kapitels möglich.

Tabellen

Tabellen stellen einen allgemeingültigen Datentyp dar. Das besondere Merkmal gegenüber Folgen, Listen und Mengen besteht darin, daß der Zugriff auf die Elemente der Tabelle nicht über eine Positionsangabe, sondern über einen eindeutigen Index erfolgt. Dieser Index muß bereits bei der Tabellendefinition angegeben werden. Als Indizes sind beliebige Ausdrücke erlaubt: ganze Zahlen, Fließkommazahlen, Zeichenketten, aber beispielsweise auch Gleichungen, Formeln etc.!

Tabellen können damit zur Verwaltung von Daten verwendet werden, die sich schlecht durch Aufzählungsindizes strukturieren lassen. Die Hauptanwendung besteht allerdings darin, mehrere verwandte Funktionen oder Kommandos zu einer Gruppe zusammenzufassen. Diese Vorgehensweise ist auch bei den in Packages befindlichen Maple-Kommandos üblich (siehe `plots`-Beispiel unten).

Die Definition einer Tabelle erfolgt durch eine einfache Zuweisung, wobei ein Index in eckigen Klammern angegeben werden muß. In den beiden Beispielen rechts werden als Indizes die Zeichenketten 'eins' und 'zwei' verwendet.

```
tab[eins]:=x1+y1;
```

$$tab[eins] := x1 + y1$$

```
tab[zwei]:=x2+y2;
```

$$tab[zwei] := x2 + y2$$

Der Zugriff auf einzelne Elemente erfolgt einfach durch die Angabe des Index. Dabei sind auch Veränderungen problemlos möglich (im Gegensatz zu Listen und Mengen – siehe voriges Kapitel).

```
tab[eins];
```

$$x1 + y1$$

```
tab[eins]:=x1+y1+z1;
```

$$tab[eins] := x1 + y1 + z1$$

Wenn Sie die Tabelle als Ganzes anzeigen möchten, reicht die einfache Angabe des Tabellennamens nicht aus. Im Gegensatz zu den meisten anderen Datentypen führt Maple bei Tabellen und Feldern keine automatische Auswertung durch. Diese muß mit `eval` erzwungen werden.

```
tab;
```

$$tab$$

```
eval(tab);
```

table([
$(zwei) = x2 + y2$
$(eins) = x1 + y1 + z1$
])

Die folgenden Beispiele zeigen, daß als Index beinahe jeder Ausdruck erlaubt ist: eine Fließkommazahl, eine Folge der Zahlen 1 und 2 und eine mathematische Formel.

```
tab[0.3]:=f(x):
tab[1,2]:=nochEinEintrag:
tab[x^2+y^2]:=1:
```

Wenn in [ ]-Klammerpaaren Mehrfachindizes angegeben werden, erzeugt Maple innerhalb der Tabelle eine weitere Subtabelle. Im vorliegenden Beispiel ist der Inhalt des Elements 1 eine Tabelle, die wiederum zwei Elemente mit den Indizes 1 und 2 enthält. Eine Auswertung der gesamten Tabelle verdeutlicht das.

```
tab[1][1]:=y: tab[1][2]:=y:
eval(tab);
```

table(symmetric, [
$(zwei) = x2 + y2$
$(eins) = x1 + y1 + z1$
$(1, 2) = nochEinEintrag$
$(x^2 + y^2) = 1$
$(1) =$ table([
$(1) = y$
$(2) = y$
])
$(.3) = f(x)$
])

Tabellen können auch mit dem Kommando `table` erzeugt werden. Dabei kann im zweiten Argument eine Liste mit den Anfangsdaten übergeben werden. Wenn dabei keine Indexangabe erfolgt, verwendet Maple automatisch 1, 2 ...

```
table( [x,y]);
```

table([
$(1) = x$
$(2) = y$
])

Optional kann im ersten Parameter von `table` eine Indizierungsfunktion angegeben werden. Diese Thematik wird im übernächsten Abschnitt näher behandelt.

```
tab:=table(symmetric,
  [ (1,1)=1, (1,2)=2, (2,2)=3] ):
tab[2,1];
```

2

Tabellen werden in der Praxis häufig verwendet, um mehrere verwandte Funktionen oder Kommandos zusammenzufassen.

```
func:=table( [sin2=sin^2,
              cos2=cos^2] ):
func[sin2](x);
```

$\sin(x)^2$

Diesen Mechanismus setzt Maple zur Verwaltung der Library-Funktionen in Packages ein. Beispielsweise können Sie auf das Kommando `polarplot` des Packages `plots` durch die Anweisung `plots[polarplot]` zugreifen, ohne das Package vorher mit `with` zu laden. Das nachfolgende Kommando zeigt den Grund: `plots` enthält eine Tabelle, deren Indizes die Namen der `plots`-Kommandos und deren Elemente `readlib`-Kommandos sind.

```
eval(plots);
```

table([
$(odeplot) =$ readlib($'plots/odeplot'$)
$(densityplot) =$ readlib($'plots/densityplot'$)
...
$(animate3d) =$ readlib($'plots/animate3d'$)
])

Felder (arrays)

Felder sind ein Spezialfall von Tabellen. Für Felder gelten gegenüber Tabellen folgende zwei Einschränkungen: Zum einen ist die Größe von Feldern nicht veränderlich und muß durch den Aufruf des `array`-Kommandos im voraus bestimmt werden. Und zum anderen sind als Indizes nur ganze Zahlen erlaubt. Diese Einschränkungen führen beinahe zwangsläufig zur Hauptanwendung von Feldern: Das Speichern von Vektoren und Matrizen. Alle Matrizenkommandos des Packages `linalg` setzen voraus, daß die Matrizen als Felder übergeben werden. (Selbstverständlich können Felder auch in drei oder mehr Dimensionen definiert werden.)

Felder werden am Bildschirm – je nach Inhalt – in unterschiedlichen Formen angezeigt: Ein- und zweidimensionale Felder, deren Indizes jeweils mit 1 beginnen, werden nach der Ausführung von `array`, `eval` oder `print` in Matrizenform angezeigt. Mehrdimensionale Felder und Felder, in denen einzelne Indexbereiche nicht mit 1 beginnen, werden dagegen in der aus dem vorigen Abschnitt bekannten `table`-Struktur angezeigt. In diesem Buch werden ein- und zweidimensionale Felder, die diese Voraussetzung nicht erfüllen, dennoch in Matrixform angezeigt, wobei die Indexbereiche am rechten unteren Ende zusätzlich angegeben werden (siehe letztes Beispiel in diesem Abschnitt).

Felder müssen mit `array` erzeugt werden. Dem Kommando können eine (verschachtelte) Liste der Elemente und/oder die Bereichsgrenzen für die Indizes übergeben werden. Wenn wie im Beispiel rechts auf die Bereichsgrenzen verzichtet wird, nimmt Maple an, daß der unterste Indexwert jeweils 1 lautet.

```
ar:=array([[a,b],[c,d]]);
```

$$ar := \begin{bmatrix} a & b \\ c & d \end{bmatrix}$$

Der Zugriff auf Elemente erfolgt durch die Angabe aller Indizes in nur einer eckigen Klammerngruppe (im Gegensatz zu verschachtelten Listen und Mengen, wo jeder Index eigens geklammert werden muß!). Der Inhalt von Feldern wird wie der von Tabellen nur dann angezeigt, wenn `eval` oder `print` explizit angegeben wird.

```
ar[1,1]:=a^2;
```

$$ar[1,1] := a^2$$

```
eval(ar);
```

$$\begin{bmatrix} a^2 & b \\ c & d \end{bmatrix}$$

Vektoren werden in der Regel durch eindimensionale Felder dargestellt. Ein Sonderfall stellen Spaltenvektoren dar, für die ein zweidimensionales Feld erforderlich ist.

```
array(1..3,[1,2,3]);
```

$$[1,2,3]$$

```
array(1..3,1..1,[[1],[2],[3]]);
```

$$\begin{bmatrix} 1 \\ 2 \\ 3 \end{bmatrix}$$

Mit `map` kann eine Funktion auf alle Elemente eines Feldes angewendet werden. Das Rechnen mit Feldern erfolgt ansonsten mit den Kommandos des `linalg`-Packages. Dieses Package enthält auch Kommandos zur bequemen Initialisierung von Vektoren und Matrizen, zum Lesen von Teilmatrizen etc. Siehe nächstes Kapitel!

```
map(sin,ar);
```

$$\begin{bmatrix} \sin(a^2) & \sin(b) \\ \sin(c) & \sin(d) \end{bmatrix}$$

Felder dürfen in beliebigen Dimensionen und mit beliebigen ganzzahligen Bereichsgrenzen definiert werden. Wenn dabei die Indexfunktion `sparse` angegeben wird, gelten alle nicht explizit anders belegten Elemente als 0. Weitere Informationen zu Indexfunktionen finden Sie im folgenden Abschnitt.

```
ar:=array(sparse,-1..1,-1..1);
```

$$ar := \text{array}(sparse,\ -1..1,\ -1..1,\ [])$$

```
eval(ar);
```

$$\text{array}(sparse,\ -1..1,\ -1..1,\ [$$
$$(-1,\ -1) = 0$$
$$(-1,\ 0) = 0$$
$$\ldots$$
$$(1,\ 1) = 0])$$

Indexfunktionen für Tabellen und Felder

Maple kennt insgesamt fünf vordefinierte Indexfunktionen, deren Namen als zusätzliches Argument bei `table` oder `array` angegeben werden können. Damit erhält Maple zusätzliche Informationen über die Organisation der Daten. Die Indexfunktionen ermöglichen vor allem bei großen Matrizen eine sparsamere Speicherverwaltung. Beispielsweise müssen bei symmetrischen Matrizen nur mehr etwa halb so viele Feldelemente gespeichert werden. Außerdem sind verschiedene Vereinfachungen im symbolischen Rechnen möglich. Bevor das anhand einiger Beispiele illustriert wird, kurz eine Beschreibung der fünf Indexfunktionen:

`identity`
Elemente, bei denen alle Indizes identisch sind, haben den Wert 1, alle anderen den Wert 0. Da durch `identity` sämtliche Elemente vordefiniert sind, ist eine Zuweisung einzelner Elemente nicht mehr möglich!

`diagonal`
wie `identity`, allerdings dürfen die Elemente der Hauptdiagonale mit beliebigen Werten belegt werden.

`sparse`
Alle Elemente, die nicht explizit belegt wurden, gelten als 0. Bei Matrizen, von denen die meisten Elemente 0 sind, kann damit eine Menge Speicher und Rechenzeit gespart werden.

`symmetric`
Am bekanntesten (und verständlichsten) ist die Symmetrie bei quadratischen Matrizen: Alle an der Hauptdiagonale gespiegelten Elemente sind identisch. Für mehrdimensionale Felder ist die Symmetrie so definiert, daß jene Elemente als identisch gelten, deren Indizes sich durch beliebiges Verschieben in die gleiche Reihenfolge bringen lassen. Bei einem 3*3*3 Feld stimmen somit folgende Feldelemente überein: $x_{1,2,3}$, $x_{1,3,2}$, $x_{2,1,3}$, $x_{2,3,1}$, $x_{3,1,2}$ und $x_{3,2,1}$. In symmetrischen Feldern muß nur ein beliebiges dieser sechs Elemente initialisiert werden. Anschließend ist ein Zugriff auf alle sechs Elemente möglich.

`antisymmetric`
Etwas komplizierter ist die Definition der Antisymmetrie: Elemente, bei denen mehr als zwei Indizes übereinstimmen, sind als 0 definiert (z.B. $x_{1,1,1}$ oder $x_{1,2,2}$). Elemente, deren Indizes durch eine gerade Anzahl von Vertauschungen zur Übereinstimmung gebracht werden können, sind identisch (z.B. $x_{1,2,3} = x_{2,3,1}$). Elemente, deren Indizes durch eine ungerade Anzahl von Vertauschungen zur Übereinstimmung gebracht werden können, unterscheiden sich durch ihr Vorzeichen (z.B. $x_{1,2,3} = -x_{1,3,2}$).

Im Beispiel rechts wird eine antisymmetrische 3*3-Matrix definiert. Das Beispiel zeigt, daß Maple die Symmetrieregeln ausnutzt und $ar_{2,3,1}$ kennt, obwohl nur $ar_{1,2,3}$ initialisiert wurde.

```
ar:=array(antisymmetric,
          1..3,1..3,1..3):
ar[1,2,3]:=1:
ar[2,3,1];
```

$$1$$

Obwohl nur drei Elemente belegt werden, sind Maple aufgrund der Antisymmetrieregeln alle neun Elemente bekannt.

```
ar:=array(antisymmetric,1..3,1..3):
ar[1,2]:=4: ar[1,3]:=5: ar[2,3]:=6:
eval(ar);
```

$$\begin{bmatrix} 0 & 4 & 5 \\ -4 & 0 & 6 \\ -5 & -6 & 0 \end{bmatrix}$$

Zuweisung und Kopie von Tabellen und Feldern

Normalerweise wird bei einer Zuweisung der Form `x:=y` der Ausdruck in y ausgewertet und anschließend in x gespeichert. x enthält dann also den gleichen Inhalt wie y. x und y sind aber selbstverständlich unabhängig voneinander. Wenn eine der beiden Variablen verändert wird, hat das keinerlei Auswirkungen auf die andere Variable.

Diese Vorgehensweise gilt zwar für die meisten Maple-Datentypen, ausgenommen sind davon allerdings Tabellen und Felder. Wenn y eine Tabelle enthält, dann zeigt x nach der Zuweisung auf dieselbe Tabelle! Eine Änderung in einer der Variablen wirkt sich somit auch auf die zweite Variable aus!

```
a:=array([[1,2],[3,4]]):
b:=a: b[2,2]:=5:
eval(a),eval(b);
```

$$\begin{bmatrix} 1 & 2 \\ 3 & 5 \end{bmatrix}, \begin{bmatrix} 1 & 2 \\ 3 & 5 \end{bmatrix}$$

Wenn diese Abhängigkeit der Variablen vermieden werden soll, muß das Kommando `copy` eingesetzt werden.

```
a:=array([[1,2],[3,4]]):
b:=copy(a): b[2,2]:=5:
eval(a),eval(b);
```

$$\begin{bmatrix} 1 & 2 \\ 3 & 4 \end{bmatrix}, \begin{bmatrix} 1 & 2 \\ 3 & 5 \end{bmatrix}$$

Beachten Sie, daß `copy` nicht mit verschachtelten (rekursiven) Feld- oder Tabellenstrukturen zurechtkommt. Wenn ein Element einer Tabelle wiederum eine Tabelle ist, legt `copy` nur von der äußeren, nicht aber von der inneren Tabelle eine Kopie an.

Konversion zwischen Folgen, Listen, Mengen, Tabellen und Feldern

Die Konversion zwischen den fünf genannten Datentypen erfolgt mit den unterschiedlichsten Kommandos. Bei Folgen, Listen und Mengen reichen das Kommando `op` und die Klammerung durch [ ] oder { } oft schon aus.

Wenn Mengen oder Tabellen ins Spiel kommen, muß häufig das Kommando `convert` eingesetzt werden. Die Syntax dieses Kommandos lautet `convert(ausdruck,typ)`, wobei für den gewünschten Datentyp etwa 50 verschiedene Schlüsselwörter angegeben werden können. In diesem Abschnitt wird davon allerdings nur ein kleiner Bruchteil erwähnt.

Prinzipiell gilt, daß eine Konversion nur für eindimensionale (nicht verschachtelte) Datentypen möglich ist. Die einzige Ausnahme stellt die Konversion zwischen Listen und Feldern dar, die in beliebiger Verschachtelungstiefe durchgeführt werden kann (Konversionstyp `listlist`).

Die Konversion erfolgt zum Teil zweistufig: Im ersten Schritt werden die Daten auf eine Folge oder Liste zurückgeführt, die dann im zweiten Schritt weiterverarbeitet werden.

Konversion in Folgen	Konversion in Listen	Konversion in Mengen
`op(liste);`	`[folge];`	`{folge};`
`op(menge);`	`[op(menge)];`	`{op(liste)};`
`op(convert(tabl, list));`	`convert(menge, list);`	`convert(liste, set);`
`op(convert(feld, list));`	`convert(tabelle, list);`	`convert(tabelle, set);`
	`convert(feld, list);`	`convert(feld, set);`
	`convert(feld, listlist);`	

Konversion in Tabellen	Konversion in Felder
`table([folge]);`	`convert([folge], array);`
`table(liste);`	`convert(liste, array);`
`table(menge);`	`convert(menge, array);`
`table(convert(feld,list));`	`convert(tabelle, array);`

Die obige Tabelle ist selbstverständlich nur eine Richtlinie für typische Konversionsfälle. Sonderfälle können mit etwas Geschick immer behandelt werden werden, wenn die Konversion schrittweise durchgeführt wird. Im Beispiel unten werden die Elemente eines Feldes (3*3-Matrix) in eine Folge umgewandelt. Das kann beispielsweise notwendig werden, wenn mit `max` das größte Element in einer Matrix gesucht ist.

Die Testmatrix liegt als Feld vor und wird durch `convert` in eine verschachtelte Liste umgewandelt.

```
test:=array([[1,2,3],[4,5,6],
             [7,8,9]]):
data:=convert(test,listlist);
```

$$data := [[1, 2, 3], [4, 5, 6], [7, 8, 9]]$$

Anschließend werden die Sublisten in *data* durch `op` in Folgen verwandelt. `op(data[1])` liefert $[1, 2, 3]$. Durch `seq` werden die Folgen der Zeilen der Matrix zu einer langen Folge verbunden.

```
seq( op(data[i]), i=1..3);
```

$$1, 2, 3, 4, 5, 6, 7, 8, 9$$

```
max(");
```

$$9$$

Syntaxzusammenfassung

```
table();
table([element1, element2,,]);
table([(index1)=element1, (index2)=el2,...]);
```

erzeugt eine Tabelle und fügt gegebenenfalls einige Daten ein. Falls keine Indizes genannt werden, verwendet Maple 1,2,3... Die Tabelle kann beliebig durch `tab[index]:=element` erweitert werden.

`array( s1..e1, s2..e2,...);`
`array(daten);`
`array(indexbereich, daten);`

erzeugt ein Feld. Bei der ersten Syntaxvariante wird nur die Größe des Feldes bestimmt, die Elemente bleiben unbelegt. Die Indexgrenzen müssen ganzzahlig sein. In der zweiten Variante wird die Größe des Feldes aus den in einer (verschachtelten) Liste übergebenen Daten ermittelt, also beispielsweise 2*2 für die Daten $[[a, b], [c, d]]$. In diesem Fall lautet der unterste Index grundsätzlich 1.

`sparse` `diagonal` `identity` `symmetric` `antisymmetric`

wählt als zusätzlichen Parameter in `table` und `array` eine der fünf vordefinierten Indexfunktionen aus. Maple nutzt diese Informationen für eine effizientere Verwaltung und Bearbeitung der Daten.
Kurz zur Bedeutung der Schlüsselwörter:
`sparse`: Alle nicht explizit belegten Daten gelten als 0.
`diagonal`: Alle Daten außerhalb der Hauptdiagonale gelten als 0.
`identity`: Einheitsmatrix, Elemente mit gleichlautenden Indizes gelten als 1, alle anderen als 0.
`symmetric`: Elemente, deren Indizes durch Vertauschen zur Übereinstimmung gebracht werden können, gelten als identisch.
`antisymmetric`: Wie `symmetric`, aber bei einer ungeraden Anzahl von Vertauschungen negatives Vorzeichen; Elemente mit mehreren gleichlautenden Indizes gelten als 0.

`map(func, x);`

Das Kommando wendet die im ersten Parameter genannte Funktion auf alle Elemente der Tabelle bzw. des Feldes an.

`eval(x);` `print(x);`

geben den gesamten Inhalt einer Tabelle bzw. eines Feldes am Bildschirm aus. Die einfache Nennung des Variablennamens ist dafür nicht ausreichend, weil Maple bei Feldern und Tabellen auf die sonst automatische Auswertung verzichtet.

`x:=copy(y);`

kopiert die Daten der Tabelle oder des Feldes y nach x. Eine einfache Zuweisung würde dazu führen, daß x und y auf dieselben Daten zeigen. Wenn x und y voneinander unabhängig sein sollen, ist `copy` erforderlich (nur bei Tabellen und Feldern).

`convert(daten, typ);`

konvertiert (falls möglich) die Daten in den gewünschten Datentyp. Im Zusammenhang mit Tabellen, Feldern etc. sind folgende Datentypen sinnvoll: `list` (einfache Listen), `listlist` (verschachtelte Listen), `set` (einfache Mengen), `array` (Felder).

Kapitel 14

Vektor- und Matrizenrechnung

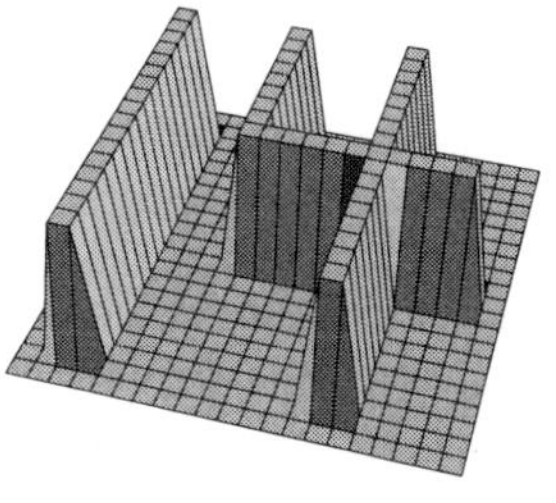

Im Verlauf dieses Kapitels werden gleich fünf Packages behandelt, die Kommandos zur Vektor-, Matrizen- und Tensorrechnung beinhalten. Die Packages sind leider zueinander inkompatibel, d.h., jedes Package stellt eigene Kommandos für einen bestimmten Teilaspekt der Vektor- und Matrizenrechnung zur Verfügung. Die gleichzeitige Verwendung mehrerer Packages kann zu Problemen führen, weil die Packages unterschiedliche Datenstrukturen verwenden.

`geometry`
enthält Kommandos zur Vektorrechnung in einem zweidimensionalen Koordinatensystem. Mit den Kommandos können geometrische Objekte (Punkte, Linien, Dreiecke, Kreise) definiert und weiterverarbeitet werden.

`linalg`
stellt zahlreiche Kommandos zur Definition, Verwaltung und Verarbeitung von Matrizen zur Verfügung (lineare Algebra). Einige Beispiele sind `matrix` zur Definition einer Matrix, `evalm` zur Durchführung von Matrixrechenkommandos, `det` zur Berechnung der Determinante, `inverse` zur Berechnung der inversen Matrix etc. Vektoren und Matrizen werden in Maple durch Felder (Arrays) dargestellt. Die Kenntnis der im vorigen Kapitel beschriebenen Kommandos zur Bearbeitung von Feldern ist deshalb Voraussetzung für das Verständnis dieses Kapitels.

Verweis: Das Thema Vektoranalysis, also die Berechnung von Divergenz, Rotation, Gradient etc. von Vektorfunktionen bzw. Skalarfunktionen, wird in Kapitel 27 behandelt.

Vektorrechnung mit den geometry-Packages

Der Begriff Vektorrechnung wird in diesem Abschnitt im Sinne der Schulmathematik gebraucht und meint die Anwendung der Vektorrechnung für Berechnungen der analytischen Geometrie. Es geht also darum, geometrische Objekte (Punkte, Linien, Kreise) zu definieren und zu verarbeiten.

Maple sieht dazu die Kommandos des `geometry`-Packages für Berechnungen im zweidimensionalen Raum vor. Dieses Package liegt ab Release 4 in einer vollständig überarbeiteten Version vor. Auch wenn die Neugestaltung des Packages viele Vorteile mit sich bringt, stört es doch, daß viele Kommandos inkompatibel zu denen der vorangegangenen Versionen sind. Verwunderlich ist auch, daß die Packages `geom3d` für Berechnungen im dreidimensionalen Raum und `projgeom` für Berechnungen mit homogenen (statt kartesischen) Koordinaten ersatzlos gestrichen wurden.

Auf eine vollständige Beschreibung des `geometry`-Packages wird in diesem Abschnitt aus Platzgründen verzichtet. Die folgenden Absätze demonstrieren nur den prinzipiellen Umgang mit den Kommandos. Ein weiteres Beispiele finden Sie in Kapitel 4 (Abiturbeispiele).

Zweidimensionale Geometrie mit dem geometry-Package

Eine Besonderheit der Kommandos des `geometry`-Packages besteht darin, daß das Ergebnis der Berechnung in einer Variablen gespeichert wird, die als Parameter angegeben wird. Die Definition eines Punkts erfolgt daher nicht durch `p1:=point(...)`, sondern durch `point(p1,...)`.

Nach dem Laden des `geometry`-Packages werden mit `point` drei Koordinatenpunkte und mit `line` eine Linie (Gerade) definiert. Beachten Sie, daß das Symbol D nicht zur Speicherung von Punkten verwendet werden kann, weil `D` durch den Differentiationsoperator von Maple bereits belegt ist.

```
with(geometry):
point(A,1,1), point(B,3,5),
point(C,6,3);
```

$$A, B, C$$

```
line(g, [A,B]);
```

$$g$$

`detail` gibt Aufschluß über die interne Darstellung einer Geraden durch das `geometry`-Package:

```
detail(g);
  name of the object: g
  form of the object: line2d
  assume that the name of the horizonal
    and vertical axis are _x and _y
  equation of the line: 2-4*_x+2*_y=0
```

Nach der Definition einer weiteren Geraden h, die durch den Punkt C und den Punkt (0,0) führt, kann mit `intersection` der Schnittpunkt der beiden Geraden ermittelt werden. Das Kommando liefert als Ergebnis den Punkt IP, dessen Koordinaten mit `coordinates` ermittelt werden.

```
line(h, [C, point(``,0,0)]);
```

$$h$$

```
intersection(IP,g,h);
```

$$IP$$

```
coordinates(IP);
```

$$\left[\frac{2}{3}, \frac{1}{3}\right]$$

Mit `circle` wird der Kreis c definiert. Als Parameter können drei Punkte oder ein Punkt und der Radius angegeben werden. `intersection` berechnet die beiden Schnittpunkte zwischen c und h. Deren Koordinaten können mit `coordinates` angezeigt werden.

```
circle(c, [A,B,C]):
intersection(IP,h,c);
```

$$h\_intersect1\_c, h\_intersect2\_c$$

```
map(coordinates, IP);
```

$$\left[[6,3], \left[\frac{5}{4}, \frac{5}{8}\right]\right]$$

Die Kommandos aus `geometry` können auch zur Überprüfung von Hypothesen verwendet werden. Im Beispiel rechts wird der Punkt P mit den Koordinaten $(7, py)$ definiert. `AreCollinear` testet, ob die drei Punkte A, B und P auf einer Linie liegen. Das Kommando liefert als Ergebnis eine Bedingung für py.

```
point(P, [7,py]):
AreCollinear(A,B,P);
  AreCollinear:   hint: could not
  determine if -26+2*py is zero
```

$$FAIL$$

Zur wesentlichsten Neuerung in Release 4 gehört das Kommando `draw`, mit dem die `geometry`-Objekte gezeichnet werden können.

```
draw([A,B,C,g,h,c],
     scaling=constrained);
```

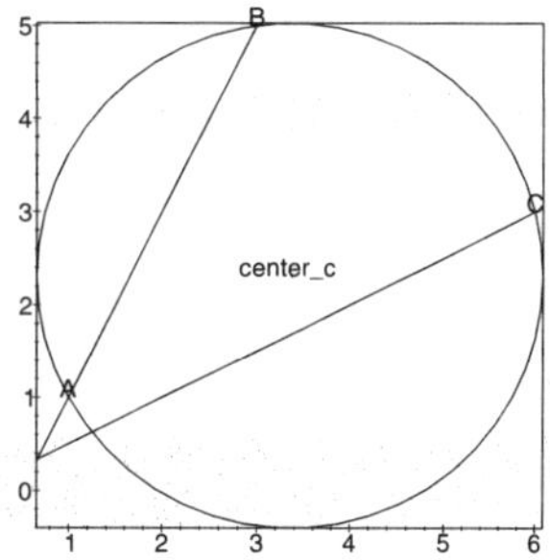

Das Package linalg

Im gesamten weiteren Verlauf des Kapitels wird vorausgesetzt, daß das Package `linalg` aktiviert wurde. Dies erreichen Sie durch die folgende Anweisung:

```
with(linalg);
    Warning: new definition for   norm
    Warning: new definition for   trace
```

[*BlockDiagonal, GramSchmidt, JordanBlock, Wronskian, add, addcol, addrow, adj, adjoint, angle, augment, backsub, band, basis, bezout, blockmatrix, charmat, charpoly, col, coldim, colspace, colspan, companion, concat, cond, copyinto, crossprod, curl, definite, delcols, delrows, det, diag, diverge, dotprod, eigenvals, eigenvects, entermatrix, equal, exponential, extend, ffgausselim, fibonacci, frobenius, gausselim, gaussjord, genmatrix, grad, hadamard, hermite, hessian, hilbrt, htranspose, ihermite, indexfunc, innerprod, intbasis, inverse, ismith, iszero, jacobian, jordan, kernel, laplacian, leastsqrs, linsolve, matrix, minor, minpoly, mulcol, mulrow, multiply, norm, normalize, nullspace, orthog, permanent, pivot, potential, randmatrix, randvector, range, rank, ratform, row, rowdim, rowspace, rowspan, rref, scalarmul, singularvals, smith, stack, submatrix, subvector, sumbasis, swapcol, swaprow, sylvester, toeplitz, trace, transpose, vandermonde, vecpotent, vectdim, vector*]

Die Reaktion auf dieses Kommando besteht aus zwei Teilen: Erstens warnt Maple Sie, daß die bereits vorhandenen Kommandos `norm` und `trace` durch das Package `linalg` neu definiert wurden. `norm` berechnet ursprünglich die Norm eines Polynoms, nach dem `with`-Kommando dagegen die Norm einer Matrix. `trace` dient ursprünglich zur Fehlersuche in eigenen Maple-Prozeduren, nach `with` berechnet es die Spur einer Matrix (also die Summe der Diagonalelemente).

Falls Sie `norm` oder `trace` in ihrer ursprünglichen Bedeutung wieder benötigen, können Sie die beiden Kommandos mit `readlib(norm)` `readlib(trace)`wieder aktivieren. Maple lädt dann den Code dieser Kommandos aus der Standardbibliothek. Die gleichnamigen Kommandos aus `linalg` werden dadurch natürlich wieder gelöscht.

Und zweitens gibt Maple eine lange Liste aller neu definierten Kommandos aus. Die Ausgabe dieser Liste können Sie unterdrücken, wenn Sie `with` mit einem Doppelpunkt (statt des Semikolons) abschließen.

Vektoren erzeugen und bearbeiten

Maple unterscheidet zwar zwischen Zeilen- und Spaltenvektoren, allerdings erwarten fast alle Kommandos Zeilenvektoren als Argumente bzw. liefern selbst Zeilenvektoren als Ergebnisse.

Zeilenvektoren können sehr einfach mit `vector` erzeugt werden. Beachten Sie, wie im zweiten Beispiel eine anonyme Funktion zur Berechnung der einzelnen Elemente des Vektors verwendet wird.

```
v1:= vector([a,b,c]);
```

$$[a, b, c]$$

```
v2:= vector(3, n->x^n);
```

$$[x, x^2, x^3]$$

Elementare Rechenoperatoren mit Vektoren erfolgen (wie bei Matrizen) über das Kommando `evalm`. Die gewünschte Operation wird im ersten Parameter von `evalm` formuliert, wobei die sonst in Maple üblichen Operatoren verwendet werden können.

```
evalm(v1 + 1);
```

$$[a+1, b+1, c+1]$$

```
evalm(v1 * 2);
```

$$[2\,a, 2\,b, 2\,c]$$

```
evalm(v1 + v2);
```

$$[a+x, b+x^2, c+x^3]$$

Die Multiplikation zweier Vektoren mit `evalm` ist nicht vorgesehen – weder mit dem normalen Multiplikationsoperator noch mit dem Operator `&*` zur Matrizenmultiplikation. Dafür existieren zwei Spezialkommandos, `dotprod` zur Durchführung des skalaren Produkts und `crossprod` für das Kreuzprodukt. Beide Kommandos verarbeiten nur Zeilenvektoren (aber keine Spaltenvektoren).

Wenn der zweite Vektor komplexe Werte enthält, bildet `dotprod` vor der Multiplikation automatisch die konjugiert komplexen Werte (Hermitesche Metrik). Diese Vorgehensweise ist günstig, wenn die Länge eines Vektors durch `sqrt( dotprod(v, v))` ermittelt werden soll. Durch die Option `orthogonal` kann die Bildung konjugiert komplexer Werte vermieden werden. Beachten Sie, daß `dotprod` – wie eine Reihe weiterer Kommandos zum Umgang mit Vektoren – auch mit ganz gewöhnlichen Listen zurechtkommt.

```
dotprod(v1,v2);
```

$$ax + bx^2 + cx^3$$

```
dotprod( [1, I], [1,I] );
```

$$2$$

```
dotprod( [1, I], [1,I], orthogonal );
```

$$0$$

`crossprod` bildet das Kreuzprodukt zweier Vektoren mit maximal je drei Elementen.

```
crossprod(v1,v2);
```

$$[bx^3 - cx^2, cx - ax^3, ax^2 - bx]$$

Gerade beim Ergebnis des Kreuzprodukts ist die horizontale Schreibweise eines Zeilenvektors unüblich und unübersichtlich. Wenn Sie einen Zeilenvektor der Übersicht wegen vertikal darstellen möchten, konvertieren Sie ihn einfach in eine 3*1-Matrix:

```
convert(",matrix);
```

$$\left[\begin{array}{c} bx^3 - cx^2 \\ cx - ax^3 \\ ax^2 - bx \end{array}\right]$$

Spaltenvektoren werden eigentlich nur aus optischen Gründen (siehe oben) benötigt. Das obige Beispiel legt bereits nahe, wie Maple Spaltenvektoren darstellt: nämlich als Sonderfall einer Matrix mit n Zeilen und einer Spalte. Die Definition eines Spaltenvektors erfolgt üblicherweise mit `matrix`.

```
v3:=matrix(3,1,[d,e,f]);
```

$$v3 := \left[\begin{array}{c} d \\ e \\ f \end{array}\right]$$

Eine alternative Schreibweise zur Definition desselben Vektors sieht folgendermaßen aus:

```
v3:=matrix( [[d], [e], [f]] );
```

$$v3 := \begin{bmatrix} d \\ e \\ f \end{bmatrix}$$

Da Kommandos wie `dotprod` und `crossprod` Zeilenvektoren voraussetzen, besteht gelegentlich der Wunsch, Spalten- in Zeilenvektoren zu überführen. Hierfür kommt abermals das Kommando `convert` zum Zug, diesmal mit dem Schlüsselwort `vector`.

```
convert(v3, vector);
```

$$[d, e, f]$$

Norm eines Vektors, Winkel zwischen zwei Vektoren

`norm` berechnet die Norm eines Vektors. Im zweiten Parameter kann die Berechnungsmethode angegeben werden. Die Defaulteinstellung lautet `infinity`, d.h., die Norm ist durch den größten Betrag eines Vektorelements bestimmt. Wenn eine ganze Zahl n angegeben wird, werden die Beträge der Elemente zur n-ten Potenz erhoben und summiert, anschließend wird daraus die n-te Wurzel gezogen.

```
norm( [a,b,c] );
```

$$\max(|a|, |b|, |c|)$$

```
norm( [a,b,c], 1);
```

$$|a| + |b| + |c|$$

```
norm( [a,b,c], 2);
```

$$\sqrt{|a|^2 + |b|^2 + |c|^2}$$

Eine Variante zu `norm` ist das Kommando `normalize`, das den Vektor auf die Länge 1 (gemessen an der 2-Norm von oben) normiert.

```
normalize( [1,2,3] );
```

$$[\frac{\sqrt{14}}{14}, \frac{\sqrt{14}}{7}, \frac{3\sqrt{14}}{14}]$$

`angle` berechnet den Winkel zwischen zwei Vektoren nach der Formel $\cos(\theta) = \frac{u.v}{|u||v|}$.

```
angle( [1,0,0],[1,1,1] );
```

$$\arccos(\frac{\sqrt{3}}{3})$$

```
evalf("*180/Pi);
```

$$54.73561030$$

Matrizen erzeugen

Das Standardkommando zur Definition von Matrizen lautet `matrix`. Dem Kommando können neben den gewünschten Dimensionen der Matrix eine ein- oder zweidimensionale Liste mit den Matrixelementen übergeben werden.

```
with(linalg): matrix(2,2,[a,b,c,d]);
```

$$\begin{bmatrix} a & b \\ c & d \end{bmatrix}$$

Wenn die Matrixelemente in einer verschachtelten Liste übergeben werden, ermittelt Maple die Dimension der Matrix selbständig.

```
matrix( [[a,b,c], [d,e,f], [g,h,i]]);
```

$$\begin{bmatrix} a & b & c \\ d & e & f \\ g & h & i \end{bmatrix}$$

Die Initialisierung der Matrixelemente kann auch über eine zweiparametrige anonyme Funktion erfolgen. Der erste Parameter dieser Funktion enthält den Zeilenindex (beginnend mit 1), der zweite Parameter den Spaltenindex.

```
matrix( 3,3, (n,m)->n*x^m);
```

$$\begin{bmatrix} x & x^2 & x^3 \\ 2\,x & 2\,x^2 & 2\,x^3 \\ 3\,x & 3\,x^2 & 3\,x^3 \end{bmatrix}$$

Für Spezialmatrizen ist das im vorigen Kapitel vorgestellte Kommandos `array` zusammen mit einer Indexfunktion oft praktischer als `matrix`. Im Beispiel rechts wird eine 0-Matrix erzeugt. Noch weniger Schreibaufwand bedeutete `matrix(n,m,0)`. Der Vorteil einer `sparse`-Matrix besteht darin, daß sie intern effizienter verwaltet werden kann (nur sinnvoll bei großen Matrizen mit vielen 0-Elementen).

```
array(sparse, 1..3, 1..3);
```

$$\begin{bmatrix} 0 & 0 & 0 \\ 0 & 0 & 0 \\ 0 & 0 & 0 \end{bmatrix}$$

Das Kommando rechts erzeugt eine 3*3-Einheitsmatrix. Innerhalb von `evalm` kann als Abkürzung für die Einheitsmatrix auch `&*()` verwendet werden.

```
array(identity, 1..3,1..3);
```

$$\begin{bmatrix} 1 & 0 & 0 \\ 0 & 1 & 0 \\ 0 & 0 & 1 \end{bmatrix}$$

Das Package `linalg` sieht darüber hinaus zahlreiche Kommandos zur Erzeugung mathematisch (oder physikalisch) bedeutsamer Matrizen vor. `diag` erzeugt eine Diagonamatrix. Statt a, b, c... könnten auch quadratische Matrizen angegeben werden.

```
diag( a,b,c);
```

$$\begin{bmatrix} a & 0 & 0 \\ 0 & b & 0 \\ 0 & 0 & c \end{bmatrix}$$

`band` erzeugt eine Bandmatrix, in der nur die Elemente der Hauptdiagonale und deren Nachbarn belegt werden.

```
band( [1,x,-1], 4);
```

$$\begin{bmatrix} x & -1 & 0 & 0 \\ 1 & x & -1 & 0 \\ 0 & 1 & x & -1 \\ 0 & 0 & 1 & x \end{bmatrix}$$

Bei den Toeplitzschen Matrizen werden die Elemente einer Zeile durchzirkuliert.

```
toeplitz( [a,b,c,d] );
```

$$\begin{bmatrix} a & b & c & d \\ b & a & b & c \\ c & b & a & b \\ d & c & b & a \end{bmatrix}$$

`jacobian` bildet die Jakobimatrix. Aus dem Beispiel rechts geht klar hervor, wie die einzelnen Elemente berechnet werden. `alias` wurde hier eingesetzt, um die Abhängigkeit der drei allgemeinen Funktionen f, g und h von den Variablen x, y und z auszudrücken.

```
alias( f=f(x,y,z), g=g(x,y,z),
       h=h(x,y,z) );
```

$$I, f, g, h$$

```
jacobian( [f,g,h], [x,y,z] );
```

$$\begin{bmatrix} \frac{\partial}{\partial x} f & \frac{\partial}{\partial y} f & \frac{\partial}{\partial z} f \\ \frac{\partial}{\partial x} g & \frac{\partial}{\partial y} g & \frac{\partial}{\partial z} g \\ \frac{\partial}{\partial x} h & \frac{\partial}{\partial y} h & \frac{\partial}{\partial z} h \end{bmatrix}$$

Für Testzwecke sind Matrizen mit Zufallszahlen oft sehr praktisch. Durch einen optionalen dritten Parameter von `randmatrix` kann der Inhalt der Matrix beeinflußt werden: `sparse` für weitgehend leere Matrizen, `symmetric` für symmetrische Matrizen und `unimodular` für Matrizen, bei denen die Hauptdiagonalelemente 1 und alle Elemente unter der Diagonale 0 sind.

```
randmatrix(3,3);
```

$$\begin{bmatrix} 22 & -8 & 53 \\ 84 & -98 & -5 \\ 20 & -72 & 10 \end{bmatrix}$$

Durch `entries=rand(a..b)` kann eine andere Zufallsfunktion eingesetzt werden (statt der Defaulteinstellung `rand(-99..99)`).

```
randmatrix(2,2,entries=rand(0..10));
```

$$\begin{bmatrix} 10 & 8 \\ 8 & 10 \end{bmatrix}$$

Einige weitere Kommandos zur Erzeugung von Matrizen sind in der Syntaxübersicht am Ende dieses Kapitels kurz beschrieben, unter anderem `blockmatrix`, `vandermonde`, `sylvester`, `hilbert` etc.

Zugriff auf einzelne Matrizenbestandteile

Der Zugriff auf ein einzelnes Matrizenelement erfolgt einfach durch die Angabe der Indizes (zuerst Zeile, dann Spalte, jeweils beginnend mit 1). Indexbereiche in der Form `a..b` sind nicht möglich, der Zugriff auf Teilmatrizen erfolgt über `submatrix` (siehe nächstes Beispiel).

```
m1:=matrix([[1,2,3,4],[a,b,c,d],
            [e,f,g,h],[w,x,y,z]]);
```

$$m1 := \begin{bmatrix} 1 & 2 & 3 & 4 \\ a & b & c & d \\ e & f & g & h \\ w & x & y & z \end{bmatrix}$$

```
m1[2,3];
```

$$c$$

`submatrix` liest eine Teilmatrix und gibt das Ergebnis wiederum als Matrix zurück (auch dann, wenn diese Teilmatrix nur aus einem einzigen Element, einer Zeile oder einer Spalte besteht). Die Angabe des zu lesenden Bereichs erfolgt entweder durch `a..b` oder in Listenform. Im zweiten Beispiel werden die vier Elemente in den Schnittpunkten von erster und dritter Zeile mit zweiter und vierter Spalte in einer neuen Matrix zusammengefaßt.

```
submatrix(m1,1..2,3..4);
```

$$\begin{bmatrix} 3 & 4 \\ c & d \end{bmatrix}$$

```
submatrix(m1,[1,3],[2,4]);
```

$$\begin{bmatrix} 2 & 4 \\ f & h \end{bmatrix}$$

Ähnlich wie `submatrix` funktioniert das Kommando `subvector`: Es liest den Teil einer Zeile oder Spalte einer Matrix und gibt die Elemente als (Zeilen-)Vektor zurück. Entweder die Zeilen- oder die Spaltenangabe muß eindeutig erfolgen, im jeweils anderen Parameter ist wahlweise die Angabe eines Bereichs oder einer Liste möglich. Im ersten Beispiel wird die gesamte erste Zeile gelesen, im zweiten Beispiel (in dieser Reihenfolge) das vierte, dritte und erste Element der dritten Spalte.

```
subvector(m1, 2, 1..4);
```

$$[a, b, c, d]$$

```
subvector(m1, [4,3,1], 3);
```

$$[y, g, 3]$$

Für das Lesen ganzer Zeilen oder Spalten sind die Kommandos `row` und `col` besser geeignet. Beachten Sie, daß auch `col` zwar eine Spalte der Matrix liest, die Elemente aber als Zeilenvektor zurückgibt.

```
row(m1,4);
```

$$[w, x, y, z]$$

```
col(m1,2);
```

$$[2, b, f, x]$$

Zum Lesen von Matrizenelementen bestehen also zahlreiche Möglichkeiten. Zum Verändern von Matrizenelementen gibt es dagegen nur zwei Möglichkeiten: Die Zuweisung `mat[z,s]:=..` verändert ein einzelnes Matrizenelement, und das Kommando `copyinto` kopiert eine Teilmatrix von der einen in eine zweite Matrix. Oft ist es aber am einfachsten, eine kleine Schleife zu programmieren. Selbst wenn Sie noch keine Programmiererfahrung in Maple haben, werden Sie das folgende Beispiel auf Anhieb verstehen.

Im Beispiel rechts sollen die Elemente von *v1* in die dritte Zeile von *m1* eingetragen werden. In der `for`-Schleife durchläuft die Variable i die Werte 1 bis 4. Das Innere der Schleife steht zwischen den Schlüsselwörtern `do` und `od`. Die Zeilenumbrüche an diesen Stellen sind nicht notwendig, ein einfacher Leerraum genügt. Das Kommando `eval` bewirkt die Anzeige der veränderten Matrix.

```
v1:=vector(4,n->x^n);
```

$$v1 := [x, x^2, x^3, x^4]$$

```
for i from 1 to 4 do
  m1[i,3]:=v1[i]
od:
eval(m1);
```

$$\begin{bmatrix} 1 & 2 & x & 4 \\ a & b & x^2 & d \\ e & f & x^3 & h \\ w & x & x^4 & z \end{bmatrix}$$

Das Kommando `copyinto(m1,m2,z,s)` kopiert von der ersten angegebenen Matrix in die zweite, wobei $m1[1,1]$ nach $m2[z,s]$ kopiert wird – s und z geben also den Zieloffset an. Als Ergebnis gibt `copyinto` die Matrix *m2* aus (siehe rechts).

```
m2:=matrix(4,4,0):
copyinto(m1,m2,2,2);
```

$$\begin{bmatrix} 0 & 0 & 0 & 0 \\ 0 & 1 & 2 & x \\ 0 & a & b & x^2 \\ 0 & e & f & x^3 \end{bmatrix}$$

Elementare Rechenoperationen mit Matrizen

Rechenoperationen mit Matrizen setzen zumeist das Kommando `evalm` voraus. Darin dürfen Rechenoperationen mit Skalaren, Vektoren und Matrizen mit den sonst üblichen Operatoren formuliert werden. In manchen Sonderfällen muß allerdings mit `map` oder mit Spezialkommandos wie `innerprod` gearbeitet werden. Die folgenden Beispiele gehen von den beiden Matrizen *m1* und *m2* aus.

```
m1:=matrix([[a,b],[c,d],[e,f]]);
```

$$m1 := \begin{bmatrix} a & b \\ c & d \\ e & f \end{bmatrix}$$

```
m2:=matrix([[r,s,t],[u,v,w]]);
```

$$m2 := \begin{bmatrix} r & s & t \\ u & v & w \end{bmatrix}$$

`transpose` transponiert die Matrix, d.h., die Elemente werden entlang der Hauptdiagonale vertauscht, rechteckige Matrizen ändern ihre Form von n*m in m*n. Eine Variante dazu ist `htranspose`, wobei beim Vertauschen gleichzeitig die konjugiert komplexen Werte gebildet werden (Hermitesche Metrik).

```
transpose(m2);
```

$$\begin{bmatrix} r & u \\ s & v \\ t & w \end{bmatrix}$$

Bei der skalaren Multiplikation wird jedes Element mit dem Skalar multipliziert. Die Addition eines Skalars führt zur Addition der Einheitsmatrix multipliziert mit dem Skalar.

```
evalm(m2 * 3);
```

$$\begin{bmatrix} 3\,r & 3\,s & 3\,t \\ 3\,u & 3\,v & 3\,w \end{bmatrix}$$

```
evalm(m2 + 3);
```

$$\begin{bmatrix} r+3 & s & t \\ u & v+3 & w \end{bmatrix}$$

Wenn eine Funktion auf alle Elemente einer Matrix angewendet werden soll, wird am besten `map` eingesetzt:

```
map(sqrt, m2);
```

$$\begin{bmatrix} \sqrt{r} & \sqrt{s} & \sqrt{t} \\ \sqrt{u} & \sqrt{v} & \sqrt{w} \end{bmatrix}$$

Die Addition zweier Matrizen setzt voraus, daß die beiden Matrizen gleich dimensioniert sind. Im Beispiel rechts wird dazu die 3*2-Matrix $m2$ in eine 2*3-Matrix transponiert.

```
evalm(m1 + transpose(m2));
```

$$\begin{bmatrix} a+r & b+u \\ c+s & d+v \\ e+t & f+w \end{bmatrix}$$

Für die nicht kommutative Matrizenmultiplikation muß der Operator `&*` verwendet werden. Das Beispiel weist nochmals nachdrücklich darauf hin, daß die Reihenfolge der Elemente bei der Matrizenmultiplikation nicht gleichgültig ist. Wenn Sie versehentlich den Operator `*` statt `&*` verwenden, kann es passieren, daß Maple die Reihenfolge der Multiplikation verändert oder einzelne Operationen ganz wegkürzt (z.B. $v^*M^*v \rightarrow v^2 * M$).

```
evalm(m1 &* m2);
```

$$\begin{bmatrix} ar+bu & as+bv & at+bw \\ cr+du & cs+dv & ct+dw \\ er+fu & es+fv & et+fw \end{bmatrix}$$

```
evalm(m2 &* m1);
```

$$\begin{bmatrix} ar+cs+et & rb+sd+tf \\ ua+vc+we & bu+dv+fw \end{bmatrix}$$

Die Division durch eine Matriz wird auf die Multiplikation mit der inversen Matrix zurückgeführt. Zum gleichen Ergebnis wie `evalm(1/m3)` führt auch `inverse(m3)`.

```
m3:=matrix([[1,2],[3,4]]):
evalm(1/m3);
```

$$\begin{bmatrix} -2 & 1 \\ 3/2 & -1/2 \end{bmatrix}$$

Das Potenzieren von Matrizen entspricht der wiederholten Matrizenmultiplikation.

```
evalm(m3^3), evalm(m3 &* m3 &* m3);
```

$$\begin{bmatrix} 37 & 54 \\ 81 & 118 \end{bmatrix}, \begin{bmatrix} 37 & 54 \\ 81 & 118 \end{bmatrix}$$

Multiplikation von Matrizen mit Vektoren

Bei der Multiplikation von Matrizen und Vektoren gibt es verhältnismäßig viele Möglichkeiten, die alle je nach Anwendung mathematisch sinnvoll sein können. Daher ist bei der Formulierung der Multiplikation etwas Vorsicht geboten.

Für die folgenden Beispiele wird eine 3*3-Matrix sowie ein Zeilen- und ein Spaltenvektor mit denselben Elementen u, v und w verwendet.

```
m1:=matrix([[a,b,c],[d,e,f],[g,h,i]]):
v1:=vector( [u,v,w] );
```

$$v1 := [u, v, w]$$

```
v2:=matrix( [[u],[v],[w]] );
```

$$v2 := \begin{bmatrix} u \\ v \\ w \end{bmatrix}$$

Die Multiplikation der Matrix mit einem der beiden Vektoren liefert eine 1*3 oder eine 3*1-Matrix, je nachdem ob mit dem Zeilen- oder mit dem Spaltenvektor gearbeitet wird.

```
evalm(m1 &* v1);
```

$$[au + bv + cw, du + ev + fw, gu + hv + iw]$$

```
evalm(m1 &* v2);
```

$$\begin{bmatrix} au + bv + cw \\ du + ev + fw \\ gu + hv + iw \end{bmatrix}$$

Die Multiplikation eines Vektors mit einer Matrix innerhalb `evalm` ist (aus welchen Gründen auch immer) nicht möglich. `innerprod` kann wiederum nur mit Zeilenvektoren umgehen. Immerhin ist mit `innerprod` auch eine fortgesetzte Multiplikation der Art v^*M^*v möglich.

```
innerprod(v1,m1);
```

$$[au + vd + wg, ub + ev + wh, uc + vf + iw]$$

```
innerprod(v1,m1,v1);
```

$$au^2 + uvd + uwg + vub + ev^2 + vwh + wuc + wvf + iw^2$$

Determinante, Umkehrmatrix, Spur, Norm und Rang einer Matrix

Die Determinante einer Matrix wird mit `det` berechnet.

```
m1:=matrix([[1, 2, 3],
            [4,-5, 6],
            [9, 8, 7]]);
det(m1);
```

$$200$$

Die inverse Matrix wird mit `inverse` oder mit `evalm(1/m)` gebildet.

```
m2:=inverse(m1);
```

$$m2 := \begin{bmatrix} -\frac{83}{200} & 1/20 & \frac{27}{200} \\ \frac{13}{100} & -1/10 & \frac{3}{100} \\ \frac{77}{200} & 1/20 & -\frac{13}{200} \end{bmatrix}$$

Die inverse Matrix kann zur Lösung des Gleichungssystems $m1x = b$ verwendet werden. Siehe auch den nächsten Abschnitt zum Lösen linearer Gleichungssysteme.

```
b:=vector([14,12,46]);
```

$$b := [14, 12, 46]$$

```
evalm(m2 &* b);
```

$$[1, 2, 3]$$

Zur Probe wird der Ergebnisvektor mit $m1$ multipliziert – es ergibt sich erwartungsgemäß wieder b.

```
evalm(m1 &* ");
```

$$[14, 12, 46]$$

Die Spur einer Matrix ist als die Summe der Diagonalenelemente definiert und wird mit `trace` berechnet.

```
trace(m1);
```

$$3$$

Für die Norm einer Matrix existieren verschiedene Berechnungsmöglichkeiten, die durch den zweiten Parameter von `norm` spezifiziert werden. Die Defaulteinstellung lautet `infinity`. Dabei ist die Norm durch das Maximum der Summe über die Beträge der Elemente einer Zeile bestimmt. Mit dem Schlüsselwort `frobenius` wird einfach die Wurzel aus der Summe über die quadrierten Beträge *aller* Elemente berechnet. Die erste Norm (1 im zweiten Parameter von `norm`) wird wie bei `infinity` berechnet, allerdings mit Spaltensummen. Extrem rechenaufwendig ist die zweite Norm: Hier gilt die Wurzel des größten Eigenwerts der Matrix $A * A^T$ als Norm. Bei einer 3*3-Matrix mit neun Symbolen mußte der Versuch einer symbolischen Berechnung mit einem Systemneustart abgebrochen werden. Anschaulicher als die obigen Erklärungen demonstrieren die folgenden Beispiele die Berechnungsvorschriften:

```
norm( [[a,b,c],[d,e,f],[g,h,i]] );
```

$$\max(|a| + |b| + |c|, |g| + |h| + |i|, |d| + |e| + |f|)$$

```
norm( [[a,b,c],[d,e,f],[g,h,i]], frobenius );
```

$$\sqrt{|a|^2+|b|^2+|c|^2+|d|^2+|e|^2+|f|^2+|g|^2+|h|^2+|i|^2}$$

```
norm( [[a,b,c],[d,e,f],[g,h,i]], 1 );
```

$$\max(|a|+|d|+|g|,|b|+|e|+|h|,|c|+|f|+|i|)$$

```
norm([[1,2],[3,x]],2);
```

$$\sqrt{\max\left(\left|7+\frac{x^2}{2}-\frac{\sqrt{52+24\,x^2+x^4+48\,x}}{2}\right|,\left|7+\frac{x^2}{2}+\frac{\sqrt{52+24\,x^2+x^4+48\,x}}{2}\right|\right)}$$

Weit einfacher ist die Berechnung des Rangs einer Matrix (d.h. die Berechnung der Anzahl der unabhängigen Zeilen/Spalten).

```
rank( [[1,2],[3,4]] );
```

$$2$$

```
rank( [[1,2],[3,6]] );
```

$$1$$

Matrizengleichungssystem lösen

`linsolve` löst das Gleichungssystem $A*x=b$ und liefert den Ergebnisvektor x.

```
A:=matrix([[1, 2, 3],
           [4,-5, 6],
           [9, 8, 7]]):
b:=vector([14,12,46]):
linsolve(A,b);
```

$$[1,2,3]$$

Wenn das Gleichungssystem nicht lösbar ist (beispielsweise weil A abhängige Zeilen enthält), liefert `linsolve` ein 0-Ergebnis. In diesem Fall kann mit `kernel` oder dem synonymen Kommando `?nullspace` die Lösung des Gleichungssystems $A*x=0$ ermittelt werden. Das Ergebnis kann anschließend mit einem beliebigen Skalar multipliziert werden. Im Beispiel rechts wird auch gleich die Probe durchgeführt.

```
A:=matrix([[1, 2, 3],
           [4, 8,12],
           [1,-1, 0]]):
linsolve(A,b);
kernel(A);
```

$$\{[-1,-1,1]\}$$

```
evalm( A &* "[1]);
```

$$[0,0,0]$$

Umgekehrt kann auch der Fall eintreten, daß eine ganze Lösungsvielfalt existiert. Diese wird dann mit den unabhängigen Variablen v_i angeschrieben. Wenn auf die Angabe eines Variablennamens im vierten Parameter von `linsolve` verzichtet wird, verwendet Maple automatisch den Variablennamen $\_t$. In die im dritten Parameter genannten Variable schreibt Maple den Rang der Matrix.

```
A:=matrix([[1,2,3],[4,5,6],[0,0,0]]):
b:=vector([1,2,0]):
lsg:=linsolve( A,b,'rang','v');
```

$$lsg := [v_1 - 1/3, -2\,v_1 + 2/3, v_1]$$

```
evalm( A &* lsg );
```

$$[1, 2, 0]$$

Eine Variante zu `linsolve` ist das Kommando `leastsqrs`, das den Lösungsvektor gleichzeitig so wählt, daß die zweite Norm von $A * x - b$ minimal wird.

Wenn Ihr Gleichungssystem noch nicht in Matrixschreibweise vorliegt, können Sie A und b über das Kommando `genmatrix` relativ einfach aufstellen.

```
glsys:={x+2*y+3*z=14,
        4*x-5*y+6*z=12,
        9*x+8*y+7*z=46}:
```

An `genmatrix` wird die Menge (oder Liste) der Gleichungen übergeben. Im zweiten Parameter müssen die Variablen in einer Liste (eckige Klammern!) genannt werden. Wenn Sie hier die geschwungenen Mengenklammern verwenden, kann es passieren, daß `genmatrix` die Reihenfolge der Variablen willkürlich ändert!

```
glmat:=genmatrix(glsys, [x,y,z]);
```

$$glmat := \begin{bmatrix} 1 & 2 & 3 \\ 4 & -5 & 6 \\ 9 & 8 & 7 \end{bmatrix}$$

Ohne die Angabe eines beliebigen dritten Parameters erstellt `genmatrix` nur die Koeffizientenmatrix (siehe oben). Wird dagegen irgendein Ausdruck im dritten Parameter angeschrieben, fügt `genmatrix` eine weitere Spalte mit den negativen (!) Werten der rechten Seite der Gleichungen hinzu.

```
glmat:=genmatrix(glsys, [x,y,z], flag);
```

$$glmat := \begin{bmatrix} 1 & 2 & 3 & -14 \\ 4 & -5 & 6 & -12 \\ 9 & 8 & 7 & -46 \end{bmatrix}$$

Mit `submatrix` und `col` können Sie aus der soeben erzeugten Matrix A und b entnehmen.

```
A:=submatrix(glmat,1..3,1..3);
```

$$A := \begin{bmatrix} 1 & 2 & 3 \\ 4 & -5 & 6 \\ 9 & 8 & 7 \end{bmatrix}$$

```
b:=col(glmat,4);
```

$$[-14, -12, -46]$$

Beim Aufruf von `linsolve` müssen Sie darauf achten, daß Sie vor b ein negatives Vorzeichen angeben!

```
linsolve(A,-b);
```

$$[1, 2, 3]$$

Matrizentransformationen

Maple kennt zahlreiche Kommandos zur Durchführung diverser Matrizentransformationen. Die beiden wichtigsten Kommandos sind `gausselim` und `ffgauselim`. Die Kommandos führen das Gaussche Eliminationsverfahren durch und verwandeln eine gegebene Matrix in eine Dreiecksmatrix, mit der das Gleichungssystem $A * x = b$ unmittelbar gelöst werden kann. Dabei liefert `ffgausselim` ein Ergebnis ohne Brüche.

Eine Übersicht der wichtigsten Transformationskommandos des `linalg`-Package und der `share`-Library finden Sie in der Syntaxzusammenfassung am Ende des Kapitels. Genauere Informationen zu den Kommandos finden Sie in der Online-Hilfe und in den Maple-Handbüchern.

`ffgausselim` transformiert die 4*4-Zufallsmatrix m in eine ganzzahlige Diagonalmatrix.

```
restart: with(linalg):
m:=randmatrix(4,4):
ffgausselim(m);
```

$$\begin{bmatrix} -85 & -55 & -37 & -35 \\ 0 & 1085 & -3126 & -1365 \\ 0 & 0 & 136528 & -43190 \\ 0 & 0 & 0 & -5825992 \end{bmatrix}$$

Das Kommando `RowEchelon` aus der `share`-Library führt eine Echelon-Zerlegung für die gegebene Matrix zurück. Für die vier Ergebnismatrizen P, L, U und R gilt die Beziehung $P * L * U * R = m$.

```
with(share): readshare(Echelon, linalg):
R := RowEchelon(m,'dt','rank','P','L','U'): print(P,L,U,R);
```

$$\begin{bmatrix} 1 & 0 & 0 & 0 \\ 0 & 1 & 0 & 0 \\ 0 & 0 & 1 & 0 \\ 0 & 0 & 0 & 1 \end{bmatrix}, \begin{bmatrix} 1 & 0 & 0 & 0 \\ \frac{-97}{85} & 1 & 0 & 0 \\ \frac{-49}{85} & \frac{-76}{31} & 1 & 0 \\ \frac{-9}{17} & \frac{631}{217} & \frac{-2589}{1484} & 1 \end{bmatrix}, \begin{bmatrix} -85 & -55 & -37 & -35 \\ 0 & \frac{-217}{17} & \frac{3126}{85} & \frac{273}{17} \\ 0 & 0 & \frac{19504}{155} & \frac{-1234}{31} \\ 0 & 0 & 0 & \frac{-31663}{742} \end{bmatrix},$$

$$\begin{bmatrix} 1 & 0 & 0 & 0 \\ 0 & 1 & 0 & 0 \\ 0 & 0 & 1 & 0 \\ 0 & 0 & 0 & 1 \end{bmatrix}$$

Mit evalm kann getestet werden, ob das Produkt der vier Matrizen P, L, U und R tatsächlich m ergibt.

```
evalm(P &* L &* U &* R - m);
```

$$\begin{bmatrix} 0 & 0 & 0 & 0 \\ 0 & 0 & 0 & 0 \\ 0 & 0 & 0 & 0 \\ 0 & 0 & 0 & 0 \end{bmatrix}$$

Eigenwerte und Eigenvektoren

Als Eigenwerte einer Matrix M sind jene Werte λ definiert, für die das Gleichungssystem $M * x = \lambda x$ gelöst werden kann. Die Eigenvektoren sind die dazugehörigen Lösungsvektoren x.

Da die symbolische Berechnung der Eigenvektoren zu ziemlich umfangreichen Ausdrükken führt, werden in der Beispielmatrix $m1$ mit `evalf(map,..)` die ganzen und damit symbolisch exakten Werte durch Fließkommazahlen ersetzt. Die Berechnung der Eigenwerte erfolgt durch `eigenvals`:

```
m1:=matrix([[1, 2, 3], [4, 5, 6], [1,-1, 0]]): m1:=map(evalf, m1);
```

$$m1 := \begin{bmatrix} 1.0 & 2.0 & 3.0 \\ 4.0 & 5.0 & 6.0 \\ 1.0 & -1.0 & 0 \end{bmatrix}$$

```
ew:=eigenvals(m1);
```

$$ew := 5.725448748, -1.123983181, 1.398534444$$

Eine umfangreichere Lösung liefert `eigenvects`: Das Kommando formuliert das Ergebnis als Folge, wobei jedes Element dieser Folge durch eine Liste bestehend aus Eigenwert, Vielfachheit und Eigenvektor formuliert wird.

```
ev:=eigenvects(m1);
```

$$ev := [1.398534444, 1, \{[-0.1409415877, -1.696481953, 1.112264614]\}],$$
$$[5.725448739, 1, \{[-0.3135448945, -0.8924994103, 0.1011195011]\}],$$
$$[-1.123983181, 1, \{[0.9080616118, 0.1060124826, -0.7135775189]\}]$$

Der Zugriff auf einzelne Elemente dieser Lösung ist nicht ganz trivial: `ev[i][1]` meint das erste Listenelement des i-ten Ausdrucks der Lösungsfolge und entspricht `op(1, op(i, [ev]))`. Noch eine Ebene verschachtelter ist der Zugriff auf den Eigenvektor durch `ev[i][3][1]`.

In den beiden ersten `seq`-Schleifen werden die Eigenwerte in den Variablen $ew1$, $ew2$ und $ew3$ gespeichert, die Eigenvektoren in $ev1$ bis $ev3$. Innerhalb von `seq` muß für Variablenzuweisungen `assign` verwendet werden. Damit die Zuweisung auch dann funktioniert, wenn *ewi* bereits belegt war, muß mit `evaln` die Auswertung auf die Formulierung des Variablennamens beschränkt werden. Beide Kommandos sind in Kapitel 6 beschrieben.

Die dritte `seq`-Schleife zeigt die Ergebnisse an. Da die Eigenvektoren intern als Felder (arrays) und nicht als Listen dargestellt werden, können sie nur mit `eval` angezeigt werden. (Tabellen und Felder werden in Maple bekanntlich nicht automatisch ausgewertet – siehe auch das vorangegangene Kapitel.)

```
seq( assign(evaln(ew.i), ev[i][1]), i=1..3);
seq( assign(evaln(ev.i), ev[i][3][1]), i=1..3);
seq( [ew.i, eval(ev.i)], i=1..3);
```

$$[1.398534444, [-0.1409415877, -1.696481953, 1.112264614]],$$

$$[5.725448739, [-0.3135448945, -0.8924994103, 0.1011195011]],$$

$$[-1.123983181, [0.9080616118, 0.1060124826, -0.7135775189]]$$

Mit den nun in handlichen Variablen gespeicherten Eigenwerten und Eigenvektoren wird eine Probe nach der obigen Definition für Eigenwerte durchgeführt. Von verhältnismäßig großen Rundungsfehlern abgesehen liefert der Ausdruck erwartungsgemäß einen 0-Vektor.

```
evalm( m1 &* ev1 - ew1 * ev1);
```

$$[0.0000000130, 0.000000013, -0.000000009]$$

Mit `charpoly` kann die charakteristische Gleichung zur Berechnung der Eigenwerte ermittelt werden. Zum selben Ergebnis kommen Sie auch, wenn Sie von der Matrix die Einheitsmatrix multipliziert mit x subtrahieren und anschließend die Determinante bilden. `fsolve` liefert erwartungsgemäß nochmals die drei Eigenwerte.

```
charpoly(m1, 'x');
```

$$x^3 - 6.0x^2 + 9.0$$

```
det(evalm(m1 - x));
```

$$6.0x^2 - 9.0 - x^3$$

```
fsolve(");
```

$$-1.123983180, 1.398534444, 5.725448735$$

Orthonormalbasis berechnen

Das Kommando `GramSchmidt` erstellt die Orthonormalbasis zu einer gegebenen Liste von Vektoren. Das besondere Kennzeichen einer Normalbasis besteht darin, daß die Basisvektoren aufeinander normal stehen. `GramSchmidt` führt keine automatische Normierung der Vektoren auf die Länge 1 durch. Im Beispiel unten wird diese Normierung durch das erste seq-Kommando durchgeführt. Da das Resultat eine Menge unaufgelöster Produkte mit Wurzeln enthält, wird dieses in einem zweiten Schritt mit combine vereinfacht. Die beiden dotprod-Kommandos testen das Ergebnis.

```
v1:=vector([-1,2,3,0]): v2:=vector([0,1,2,1]): v3:=vector([2,-1,-1,1]):
GramSchmidt([v1,v2,v3]);
```

$$[[\frac{7}{10}, 1/5, 1/10, -2/5], [4/7, -1/7, 2/7, 1], [-1, 2, 3, 0]]$$

```
seq(normalize(i), i="):
on:=seq( map(combine, i,power), i=");
```

$$on := [\frac{\sqrt{70}}{10}, \frac{\sqrt{70}}{35}, \frac{\sqrt{70}}{70}, -\frac{2\sqrt{70}}{35}], [\frac{2\sqrt{70}}{35}, -\frac{\sqrt{70}}{70}, \frac{\sqrt{70}}{35}, \frac{\sqrt{70}}{10}], [-\frac{\sqrt{14}}{14}, \frac{\sqrt{14}}{7}, \frac{3\sqrt{14}}{14}, 0]$$

```
dotprod(on[1], on[2]), dotprod(on[1], on[1]);
```

$$0, 1$$

Tensorrechnung

Maple kennt einige Kommandos zur Tensorrechnung, die vor ihrer Verwendung mit with(tensor) aktiviert werden müssen. Das Package wurde in Release 4 vollständig überarbeitet. Dabei hat sich auch die interne Speicherung von Tensoren verändert. Das Package enthält jetzt auch Kommandos, die bisher in den Packages debever, cartan und petrov definiert waren.

Syntaxzusammenfassung

Zweidimensionale Vektorrechnung mit dem geometry-Package

`with(geometry);`
: aktiviert die Kommandos des geometry-Packages. Im folgenden werden nur einige besonders wichtige Kommandos aufgezählt.

`point(p, [x,y]);`
: definiert den Punkt p mit den Koordinaten x und y.

`line(l, [p1,p2]);`   `line(l, [gl]);`
: definiert die Gerade l, die durch die Punkte $p1$ und $p2$ führt bzw. die durch die Geradengleichung $a * x + b * y + c = 0$ definiert ist.

`circle(c1, [p1,p2,p3]);` `circle(c2, [m,r]);`
definiert den Kreis $c1$, der durch die Punkte $p1$ bis $p3$ führt, bzw. den Kreis $c2$ mit dem Mittelpunkt m und dem Radius r.

`triangle(t, [p1,p2,p3]);` `triangle(t, [l1,l2,l3]);`
`triangle(t, [s1,s2,s3]);` `triangle(t, [s1,angle=a,s2]);`
definiert das Dreieck t durch drei Eckpunkte, drei Geraden, drei Seitenlängen oder zwei Seitenlängen und einem Winkel. Bei den beiden letzten Varianten ist nur die Größe, nicht aber die Position des Dreiecks bestimmt.

`intersection(l1,l2);` `intersection(c1,c2);` `intersection(l,c);`
berechnet den Schnittpunkt bzw. die Schnittpunkte zweier Geraden, zweier Kreise oder eines Kreises und einer Geraden.

`reflect(r, objekt, l);` `reflect(r, objekt, p);`
spiegelt *objekt* an der Geraden l oder am Punkt p und speichert das Spiegelbild in r.

`rotation(r, objekt, winkel, clockwise, p);`
`rotation(r, objekt, winkel, counterclockwise, p);`
dreht *objekt* um den Drehpunkt p und speichert das Ergebnis in r. Der dritte und vierte Parameter geben den Drehwinkel und die Drehrichtung an.

Lineare Algebra mit dem linalg-Package

`with(linalg);`
aktiviert das `linalg`-Package. Das Kommando muß am Beginn jeder Berechnung stehen, die auf eines der im folgenden beschriebenen Kommandos zurückgreift.

Vektoren erzeugen und weiterverarbeiten

`vector(n);` `vector(n,i->f(i));` `vector([a,b,c...]);`
definiert einen Vektor. Die erste Variante bildet einen leeren Vektor für n Elemente, in der zweiten Variante werden die Elemente entsprechend der Funktionsvorschrift belegt, die dritte Variante entnimmt die Vektorelemente einer Liste.

`matrix(n,1);` `matrix(n,1,i->f(i));` `matrix([[a],[b],...]);`
bildet einen Spaltenvektor, sonst wie oben.

`convert(vec, matrix);` `convert(mat, vector);`
konvertiert einen Zeilen- in einen Spaltenvektor und umgekehrt. `convert` kann auch statt `vector` oder `matrix` zur Konversion von (verschachtelten) Listen in Vektoren bzw. Matrizen eingesetzt werden.

`dotprod(v1, v2);`
bildet das Inprodukt (Skalarprodukt) zweier Vektoren oder Listen. In der Standardvariante werden die Elemente aus $v2$ in konjungiert komplexer Form verwendet. Durch das Schlüsselwort `orthogonal` im optionalen dritten Parameter wird dieses Verhalten verhindert.

`crossprod(v1, v2);`
bildet das Kreuzprodukt zweier Vektoren mit je 2 oder 3 Elementen.

`norm(v, modus);`
berechnet die Norm zu v. Als Modus sind erlaubt: `infinity` (Defaulteinstellung, maximaler Betrag), `fronebius` (Wurzel der Summe der Quadrate) oder eine beliebige ganze Zahl ($\sqrt[n]{a^n + b^n + c^n ...}$).

`normalize(v);`
ermittelt den normalisierten Vektor zu v. Dadurch wird der Vektor auf die Länge 1 (gemessen an der 2-Norm von oben) normiert.

`angle(v1, v2);`
berechnet den Winkel zwischen den beiden Vektoren.

Matrizen erzeugen

`matrix(z,s); matrix(z,s,(n,m)->f); matrix([[...],...]);`
definiert eine Matrix mit z Zeilen und s Spalten. Der Inhalt der Matrix kann durch eine zweiparametrige anonyme Funktionsvorschrift oder durch eine verschachtelte Liste vorgegeben werden.

`array(sparse, 1..z, 1..s);`
erzeugt eine Matrix, bei der alle nicht belegten Elemente als 0 gelten.

`array(identity, 1..z, 1..s);`
erzeugt eine Einheitsmatrix der angegebenen Größe.

`band([a,b,c...]);`
erzeugt eine Bandmatrix, in der die angegebenen Elemente um das Diagonalelement angeordnet werden.

`diag([a,b,c...]);`
erzeugt eine Diagonalmatrix mit den angegebenen Diagonalelementen.

`hessian(f, [x,y...]);`
bildet die Hessesche Matrix. Das Element z-ter Zeile und s-ter Spalte ist bestimmt durch die partielle Ableitung von f nach der t-ten und s-ten Variable der Variablenliste.

`hilbert(n,x);`
bildet die Hilbertsche Matrix n-ter Ordnung. Das Element z-ter Zeile und s-ter Spalte ist bestimmt durch $\frac{1}{s+z-x}$.

`jacobian([f,g,...], [x,y,...] );`
erzeugt eine Jakobi-Matrix, deren Elemente durch die partiellen Ableitungen der Funktionen nach den Variablen gebildet werden.

`randmatrix(z, s); randmatrix(z, s, opt);`
bildet eine Matrix, die mit ganzen Zufallszahlen gefüllt ist. Als Optionen sind die Schlüsselwörter `sparse`, `symmetric` und `unimodular` erlaubt. Außerdem kann mit `entries=...` eine eigene Zufallsfunktion zur Berechnung der Matrixelemente definiert werden.

`sylverster(p1, p2, x);`
bildet die Sylvestersche Matrix zu zwei Polynomen.

`toeplitz([a,b,...]);`
erzeugt eine Toeplitzsche Matrix. Die für die erste Zeile angegebenen Elemente werden in den folgenden Zeilen durchzirkuliert.

`vandermonde(a,b,...);`
bildet eine Vandermondesche Matrix, deren erste Spalte $1, 1, ...$ lautet, die zweite $a, b...$, die dritte $a^2, b^2...$ etc.

Bearbeitung von Matrizen

`mat[z,s];`
liest (bzw. verändert) das Element der z-ten Zeile und s-ten Spalte.

`submatrix(mat, z, s);`
liest die Submatrix der angegebenen Zeilen und Spalten. Die Angabe kann sowohl als Bereich in der Form `a..b` als auch als Liste erfolgen.

`subvector(mat, z, s);`
liest mehrere Elemente einer vorgegebenen Zeile oder Spalte und gibt das Resulat als Zeilenvektor zurück. Sonst wie oben.

`row(mat,z); col(mat,s);`
liest die angegebene Zeile oder Spalte und gibt das Resulat als Zeilenvektor zurück.

`copyinto(quell, ziel, zoff, soff);`
kopiert Daten aus der Quellmatrix in die Zielmatrix. *zoff* und *soff* geben den Offset innerhalb der Zielmatrix an, d.h., $quellm[1, 1]$ wird nach $zielm[zoff, soff]$ kopiert.

`blockmatrix(n, m, A, B, ...);`
setzt eine neue Matrix aus $n * m$ Matrizen A, B etc. zusammen.

Berechnungen mit Vektoren und Matrizen

`evalm(ausdruck);`
führt die im Ausdruck genannte Matrizenberechnung aus. Für die Matrizenmultiplikation muß der Operator `&*` verwendet werden, als Abkürzung für die Einheitsmatrix kann `&*()` verwendet werden.

`map(func, mat);`
wendet die Funktion auf alle Elemente der Matrix an.

`transpose(mat);` `htranspose(mat);`
transponiert die Matrix. Bei `htranspose` werden gleichzeitig konjugiert komplexe Werte gebildet.

`innerprod(v1,m);` `innerprod(v1,m,v2);`
multipliziert die angegebenen Vektoren und Matrizen miteinander.

`inverse(mat);`
bildet die inverse Matrix.

`det(mat);`
berechnet die Determinante der Matrix.

`trace(mat);`
berechnet die Spur einer Matrix (Summe der Diagonalenelemente).

`norm(mat, modus);`
berechnet die Norm einer Matrix. Als Modus kommen in Frage: `infinity` (Defaulteinstellung, maximale Wurzel der Quadrate einer Zeile), `fronebius` (Wurzel der Summe der Quadrate aller Elemente), 1 (maximale Wurzel der Quadrate einer Spalte) und 2 (Wurzel der größten Eigenwerte von $mat * mat^T$).

`rank(mat);`
berechnet den Rang einer Matrix (die Anzahl der voneinander unabhängigen Spalten/Zeilen).

`linsolve(A, b);`
löst das Gleichungssystem $A * x = b$.

`leastsqrs(A, b);`
wie oben, aber gleichzeitig Minimierung der zweiten Norm von $A * x - b$.

`genmatrix({g1, g2,...}, [x,y,...]);`
bildet die Koeffizientenmatrix zum angegebenen Gleichungssystem. Durch die zusätzliche Angabe eines dritten Parameters wird die rechte Seite der Gleichungen in eine zusätzliche Spalte der Koeffizientenmatrix aufgenommen.

`eigenvals(mat);`
berechnet die Eigenwerte der Matrix.

`eigenvects(mat);`
berechnet Eigenwerte, Vielfachheiten und Eigenvektoren der Matrix.

`charpoly(mat);`
stellt das charakteristische Polynom einer Matrix zur Berechnung der Eigenwerte auf.

`GramSchmidt([v1,v2,...]);`
bildet die Orthonormalbasis zu den angegebenen Vektoren.

Matrizentransformationen

```
with(share):
readshare(pffge, linalg);      readshare(sffge, linalg);
readshare(transform, linalg);  readshare(class, linalg);
readshare(Echelon, linalg);
```
aktiviert die diversen Packages aus der `share`-Library. Beachten Sie bei `Echelon` den großen Anfangsbuchstaben!

```
gausselim(m);    ffgausselim(m);    pffge(m);    sffge(m);
```
führen jeweils eine Gauss-Elimination durch. Bei `ffgausselim` treten im Ergebnis keine Brüche auf (`ff` steht für fraction free). `pffge` und `sffge` sind für manche Matrizen effizienter als `ffgauselim`.

```
smith(m,x);        ismith(m);       hermite(m,x);
smithex(m,x);      ismithex(m);     frobenius(m);
ratjordan(m);      jordan(m);       jordansymbolic(m);
classical(m,'P');
```
berechnen diverse Matrix-Normalformen.

`RowEchelon(m,'dt','rank','P','L','U'):`
ermittelt die Zeilen-Echelon-Matrix R zur gegebenen Matrix m. Für die weiteren Matrizen gilt: $P * L * U * R = m$.

Kapitel 15

Grenzwerte, Summen und Produkte

Dieses Kapitel behandelt zwei Themen, die nur mittelbar verwandt sind: die Berechnung von Grenzwerten bzw. von asymptotischen Näherungen durch die Kommandos `limit` und `asympt` sowie die Bildung von Summen und Produkten durch die Kommandos `sum` und `product`. Gerade zur Berechnung unendlicher Summen oder Produkte ist häufig eine kombinierte Verwendung von `limit` mit `sum` oder `product` erforderlich. `sum` und `product` können auch zur Bildung aufwendiger Formeln bzw. zum Aufstellen von Folgen und Reihen verwendet werden.

`limit`
führt einen Grenzwertübergang durch.

`sum`
bildet die endliche oder unendliche Summe eines Ausdrucks.

`eulermac`
führt eine Reihenentwicklung für eine allgemeine Summenformel durch.

`product`
bildet das endliche oder unendliche Produkt eines Ausdrucks.

`evalf`
führt in Zusammenarbeit mit den drei obigen Kommandos eine rein numerische Berechnung durch.

Verweise: Das Package `sumtools` enthält einige Spezialkommandos zur Berechnung von Summen, die in diesem Buch nicht beschrieben werden. Kapitel 24 behandelt die Bildung und Weiterverarbeitung von Reihen (Taylorreihen, Laurentreihen etc.).

Grenzwertberechnungen (Limes)

Das Kommando `limit(f(x),x=x0)` berechnet den Grenzwertübergang für $x \rightarrow x0$. Damit ist die Berechnung von Ausdrücken möglich, die beim direkten Einsetzen eines kritischen Werts ein undefiniertes Ergebnis (z.B. $\frac{\infty}{\infty}$) liefern würden.

```
limit( (sqrt(1+x)-1)/x, x=0);
```

$$1/2$$

```
limit( tan(Pi/4+x)^cot(2*x), x=0);
```

$$e$$

```
limit(x!/x^x, x=infinity);
```

$$0$$

`limit` versucht das Ergebnis auch dann symbolisch zu berechnen, wenn im Ausdruck unbekannte Variablen enthalten sind.

```
f:=(-x^(-a)+x^a) / (x-1/x);
```

$$f := \left(-x^{-a}+x^{a}\right)\left(x-x^{-1}\right)^{-1}$$

```
limit(f, x=1);
```

$$a$$

Im Beispiel links erkennt Maple, daß a keinen Einfluß auf das Ergebnis hat und löst das Beispiel. Das Ergebnis stimmt allerdings nur unter der Voraussetzung, daß a nicht selbst gegen unendlich geht!

```
limit( cos(a/x)^x, x=infinity);
```

$$1$$

Wenn Sie das Ergebnis eines Grenzwertübergangs kontrollieren möchten, können Sie einen Wert nahe dem kritischen Punkt $x0$ mit `subs` einsetzen und den Ausdruck numerisch auswerten.

```
limit( sin(3*x)/tan(5*x),x=Pi);
```

$$-3/5$$

```
evalf( subs(  x=Pi+1e-10,
              sin(3*x)/tan(5*x)) );
```

$$-0.6000000001$$

In komplizierten Fällen ist Maple nicht in der Lage, eine symbolische Lösung zu finden (für die nebenstehende Summe würde diese 1/9 betragen).

```
limit(
  sum( (1+k^2/n^3)^(1/3)-1, k=1..n),
  n=infinity);
```

$$\lim_{n\rightarrow\infty}\sum_{k=1}^{n}\sqrt[3]{1+\frac{k^2}{n^3}}-n$$

In manchen Fällen hilft dann eine numerische Auswertung des gesamten Ausdrucks durch `evalf`. Im vorliegenden Fall ist aber auch `evalf` erfolglos.

```
evalf(");
```

$$\lim_{n\rightarrow\infty}\sum_{k=1}^{n}\sqrt[3]{1+\frac{k^2}{n^3}}-n$$

Durch das folgende Kommando wird die Summe für die ersten 10, 100 bzw. 1000 Summanden explizit ausgerechnet. Dabei wird offensichtlich, warum Maple sich bei einer numerischen Näherungslösung so schwer tut: Die Konvergenz der Summe ist sehr schlecht, selbst nach 1000 Termen liegt das Ergebnis erst in drei Stellen exakt vor.

```
seq( evalf( subs(n=i, sum(  (1+k^2/n^3)^(1/3) - 1, k=1..i))), i=[10,100,1000]);
```

$0.125634199, 0.112556350, 0.111255322$

In manchen Fällen liefert `limit` statt eines expliziten Grenzwerts ein Ergebnis in der Form $a \dots b$. Das deutet darauf hin, daß zwar kein Grenzwert existiert, daß der Ausdruck für $x \to x0$ aber innerhalb des angegebenen Bereichs bleibt.

```
limit( sin(1/x), x=0);
```

$-1 \dots 1$

`limit` kann auch zum symbolischen Differenzieren mißbraucht werden.

```
limit( (sin(x+dx) -sin(x)) / dx, dx=0);
```

$\cos(x)$

Multivariable Grenzwerte

`limit` ist auch in der Lage, Grenzwerte von multivariablen Funktionen zu berechnen. $x0$ muß dann in der Form `{x=x0, y=y0,..}` angegeben werden.

```
limit( (x+y)/x + (x+y)/y,
       {x=0, y=1});
```

∞

Wenn die multivariable Variante von `limit` scheitert, kann eine Umformung in eine eindimensionale Funktionen versucht werden (siehe zweites Kommando). Das Schlüsselwort `complex` wird weiter unten beschrieben.

```
limit( (x+3*y)/sqrt(x^2+y^2),
       {x=0, y=0}, complex);
```

$$\lim_{\{x=0,y=0\}} \frac{x+3\,y}{\sqrt{x^2+y^2}}$$

```
limit( (x+3*x)/sqrt(x^2+x^2), x=0,
       right);
```

$2\sqrt{2}$

Grenzwerte von Unstetigkeitsstellen

`limit` berechnet den Grenzwert von $1/x^2$ für $x \to 0$ anstandslos mit ∞, liefert dann aber scheinbar überraschend für denselben Grenzwert für $1/x$ das Ergebnis *undefined*. Der Grund besteht darin, daß Maple erkennt, daß der Grenzwert $\lim_{x\to 0} 1/x$ von der Richtung der Annäherung abhängt.

```
limit(1/x^2, x=0);
```

∞

```
limit(1/x, x=0);
```

undefined

Durch die Optionen `left` oder `right` kann der links- bzw. der rechtsseitige Grenzwert berechnet werden.

```
limit( 1/x, x=0, left);
```

$$-\infty$$

```
limit( 1/x, x=0, right);
```

$$\infty$$

Die Optionen `left` und `right` sollten auch bei Funktionen mit Unstetigkeitsstellen (Sprüngen) verwendet werden, die nicht unendlich sind. (`limit` liefert in diesem Fall manchmal auch ohne die Angabe einer Option ein Ergebnis, es läßt sich aber nicht vorhersehen, ob es sich dabei um den links- oder rechtsseitigen Grenzwert handelt).

```
f:=cos(x)/sqrt(1-sin(x));
```

$$f := \frac{\cos(x)}{\sqrt{1 - \sin(x)}}$$

```
limit( f, x=Pi/2, left);
```

$$\sqrt{2}$$

```
limit( f, x=Pi/2, right);
```

$$-\sqrt{2}$$

Die Abbildung rechts zeigt den Verlauf der oben definierten Funktion f mit einem Sprung an der Stelle $x = \pi/2$.

```
plot(f, x=0..2*Pi);
```

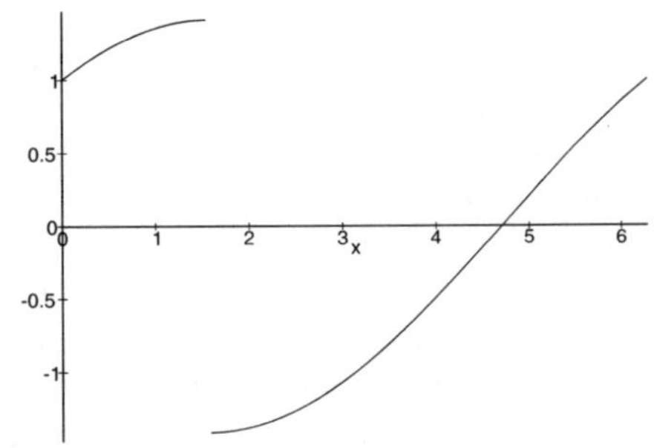

Komplexe Grenzwerte

Ein ähnliches Problem wie bei (realen) Unstetigkeitsstellen ergibt sich auch bei komplexen Grenzwerten. Ohne die Angabe einer zusätzlichen Option liefert `limit` das Ergebnis *undefined*.

```
f:=z->z^2/(z-2-I);
```

$$f := z \mapsto \frac{z^2}{z - 2 - I}$$

```
limit(f(z), z=2+I);
```

undefined

Wenn die Option `complex` verwendet wird, berechnet Maple den multidirektionalen Grenzwert, also ohne Berücksichtigung der komplexen Richtung.

```
limit(f(z), z=2+I, complex);
```

$$\infty$$

Bis Release 3 lieferte `limit` bei komplexen Grenzwerten im Unendlichen nicht einfach ∞, sondern je nach Annäherung an die Unstetigkeitsstelle auch die Richtung auf der komplexen Zahlenebene, in die der Grenzwert konvergiert (etwa $(3/5 + \frac{4I}{5})\infty$). Seit Release 4 müssen Sie auf diese Zusatzinformation verzichten bzw. eine numerische Auswertung durchführen.

```
limit(f(z), z=2+I, right);
```

$$\infty$$

```
evalf(subs(z=2+I+1e-9, f(z)));
```

$$3000000004.0 + 4000000002.0\, I$$

```
signum(");
```

$$0.6000000002 + 0.7999999996\, I$$

Summen

Die Verwendung des Kommandos `sum` ist denkbar einfach: Im ersten Parameter wird die zu summierende Funktion angegeben, im zweiten Bereich die Summationsvariable und -grenzen in der Form `var=a..b`. Falls *var* schon belegt ist, muß diese Variable sowie der gesamte erste Parameter in Apostrophe gestellt werden.

```
sum(1/x^n, n=1..5);
```

$$x^{-1} + x^{-2} + x^{-3} + x^{-4} + x^{-5}$$

```
sum(1/x^3, x=1..5);
```

$$\frac{256103}{216000}$$

Maple versucht die Summen symbolisch auszuwerten und zu vereinfachen. Dabei kann es passieren, daß Funktionen wie Ψ oder ζ im Ergebnis auftreten. Die Digamma- und Zetafunktionen sind in Kapitel 7 kurz erwähnt. Mit `evalf` kann eine numerische Auswertung erzwungen werden.

```
sum(1/x^3, x=1..1000);
```

$$\frac{\Psi(2, 1001)}{2} + \zeta(3)$$

```
evalf(");
```

$$1.202056403$$

Seit Release 4 steht neben `sum` auch das Kommando `add` zur Verfügung. `add` ermöglicht die effiziente numerische Berechnung einer endlichen Anzahl von Summanden. Im Gegensatz zu `sum` werden weder eine symbolische Auswertung noch ein Grenzwertübergang versucht.

Das nebenstehende Kommando liefert einen Bruch mit jeweils etwa 1300 Stellen im Zählen und im Nenner!

```
add(1/x^3, x=1..1000);
```

$$\frac{17350...9343}{14434...0000}$$

```
evalf(");
```

$$1.202056403$$

Wenn Sie unendliche Summen berechnen möchten, geben Sie in `sum` als Summationsgrenze einfach `infinity` an.

```
sum( 1/2^n, n=1..infinity);
```

$$1$$

```
sum( (1+2*I)^n / n!, n=0..infinity);
```

$$e^{1+2\,I}$$

Bei komplizierteren Funktionen gelingt es Maple häufig nicht, eine symbolische Lösung zu finden. In vielen Fällen gelingt dann die Auswertung des gesamten Ausdrucks durch `evalf`.

```
sum( 1/(x^4+1), x=1..infinity);
```

$$\sum_{x=1}^{\infty} \left(x^4+1\right)^{-1}$$

```
evalf(sum( 1/(x^4+1), x=1..infinity));
```

$$0.5784775797$$

Alternativ dazu können Sie auch versuchen, die Summe über den Umweg eines Grenzwertübergangs zu berechnen, was in manchen Fällen zu einer symbolischen (und damit exakten) Lösung führt. Häufig geraten dabei allerdings Terme der Art $O(..)$ in das Ergebnis. Diese Terme geben die Ordnung des Restterms an und deuten darauf hin, daß der Grenzwertübergang mit einer Reihenentwicklung berechnet wurde. Die Ordnung des Restterms können Sie durch die Veränderung der globalen Variablen `Order` einstellen (Defaultwert 6). Im Beispiel unten wird nochmals die Summe über $\frac{1}{1+x^4}$ berechnet. Die Glaubwürdigkeit des Ergebnisses wird anhand einer Näherungslösung (Summe der ersten hundert Terme) überprüft.

```
limit( sum( 1/(x^4+1), x=1..n), n=infinity);
```

$$-\left(\sum_{\_\alpha=\%1} \left(-\frac{1}{4}\,\_\alpha\,\Psi(1-\_\alpha)\right)\right)$$

$$\%1 := \mathrm{RootOf}(\_Z^4+1)$$

```
evalf(");
```

$$0.5784775797$$

```
evalf( sum( 1/(x^4+1), x=1..100) );
```

$$0.5784772513$$

Bei Summen über Terme mit alternierenden Vorzeichen scheitert Maple häufig auch dann, wenn eine symbolische Lösung möglich wäre. In diesem Fall können Sie versuchen, die Summe selbst in zwei Teilsummen aufzuspalten und diese getrennt zu berechnen. Im Beispiel unten ist diese Vorgehensweise zielführend. Zur Sicherheit wird das Ergebnis anhand einer Näherungslösung für die ersten hundert Terme überprüft.

```
sum(1/(x^2+1)*(-1)^x, x=1..infinity);
```

$$\sum_{x=1}^{\infty} \frac{(-1)^x}{x^2+1}$$

```
sum( 1/((2*x)^2+1), x=1..infinity);
```

$$-\frac{I\,\Psi(1+\frac{I}{2})}{4}+\frac{I\,\Psi(1-\frac{I}{2})}{4}$$

```
sum( 1/((2*x-1)^2+1), x=1..infinity);
```

$$-\frac{I\,\Psi(1/2+\frac{I}{2})}{4}+\frac{I\,\Psi(1/2-\frac{I}{2})}{4}$$

```
s:=simplify(""-");
```

$$s := -\frac{I\,\left(\Psi(1+\frac{I}{2})-\Psi(1-\frac{I}{2})-\Psi(1/2+\frac{I}{2})+\Psi(1/2-\frac{I}{2})\right)}{4}$$

```
evalf(s), evalf( sum(1/(x^2+1)*(-1)^x, x=1..100));
```

$$-0.3639854725, -0.3639359774$$

Falls Sie Summen über mehrere Variablen bilden möchten, müssen Sie mehrere sum-Kommandos ineinander verschachteln. Falls der zu summierende Ausdruck bereits belegte Variablen enthält, muß er mehrfach in Apostrophe gesetzt werden (so oft, wie Summationsebenen vorhanden sind). Das Beispiel unten demonstriert, wie mit sum eine Formel gebildet wird, die als Koeffizienten Elemente eines Feldes (einer Matrix) verwendet.

```
k:=array(1..3, 1..3):
sum( sum(k[i,j]*x^(i+j), i=1..3), j=1..3);
```

$$k_{1,1}x^2+k_{2,1}x^3+k_{3,1}x^4+k_{1,2}x^3+k_{2,2}x^4+k_{3,2}x^5+k_{1,3}x^4+k_{2,3}x^5+k_{3,3}x^6$$

Reihenentwicklungen mit sum

Sie können sum auch dazu einsetzen, um Reihenentwicklungen zu erzeugen. Im folgenden Beispiel wird die Reihenentwicklung für die Sinusfunktion um den Punkt $x = 0$ aufgestellt:

```
f:=unapply( sum((-1)^n * x^(2*n+1) / (2*n+1)!, n=0..6), x);
```

$$f := x \mapsto x-\frac{x^3}{6}+\frac{x^5}{120}-\frac{x^7}{5040}+\frac{x^9}{362880}-\frac{x^{11}}{39916800}+\frac{x^{13}}{6227020800}$$

Die nebenstehende Abbildung zeigt, daß die Reihenentwicklung bis $x = 3\pi/2$ weitgehend mit der Sinusfunktion übereinstimmt.

```
plot( {sin(x), f(x)},
      x=0..3*Pi, -1..4);
```

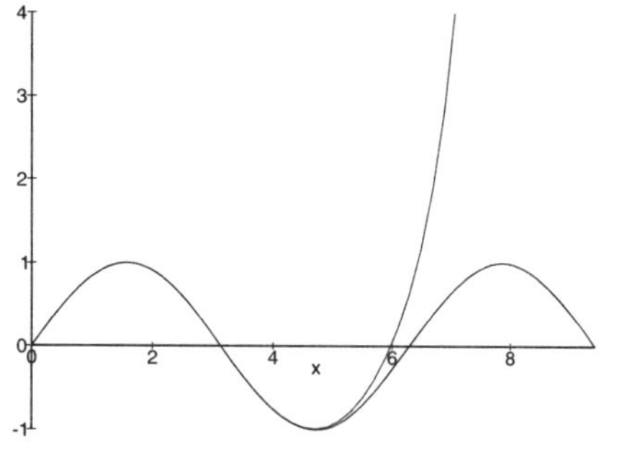

Im zweiten Beispiel wird $\sin(x)^2 + \frac{1}{x-1}$ um den Punkt $x0 = \pi/2$ zu einer Taylor-Reihe entwickelt. Die Ableitungen nach x^i werden mit `diff` gebildet. Da dieses Kommando mit dem Sonderfall $i = 0$ nicht zurechtkommt, muß das erste Element der Summe explizit angeschrieben werden.

```
f:=x->sin(x)^2+1/(x-1);
```

$$f := x \mapsto \sin(x)^2 + (x-1)^{-1}$$

```
g:= (x-x0)^0 * f(x0) /0! + sum( (x-x0)^i * diff(f(x0),x0$i) / i!, i=1..9):
g:= unapply(evalf(subs( x0=-Pi/2, g)),x);
```

$$g := x \mapsto 0.3733399057 - 0.1513089639x - 1.058856847\,(x + 1.570796327)^2 -$$
$$0.02289440294\,(x + 1.570796327)^3 + \ldots - 0.00007930914916\,(x + 1.570796327)^9$$

Mit `plot` wird wiederum die Übereinstimmung der Näherung mit der Originalfunktion überprüft.

```
plot( {f(x), g(x)},
      x=-2*Pi..Pi, -2..2);
```

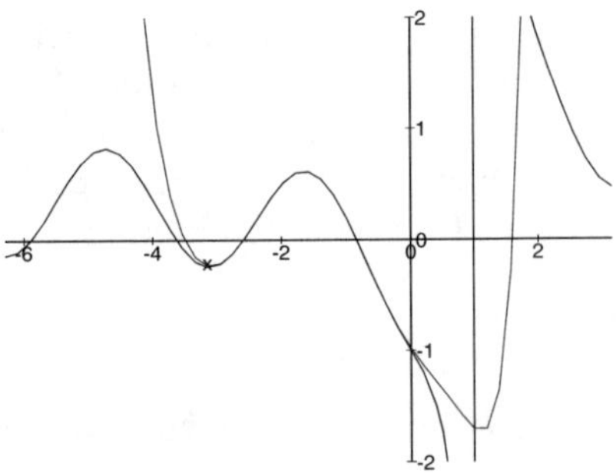

Hinweis: In den meisten Fällen kann mit dem Kommando `series` eine Taylor- und Laurentreihe zu einer gegebenen Funktion sofort – also ohne den Umweg über `sum` – gebildet werden (siehe Kapitel 24).

Allgemeine Summenformel für die ersten n Terme

Wenn `sum` in der Form `sum(f,x)` verwendet wird, d.h. ohne die Angabe von Summationsgrenzen, dann entwickelt es aus der Funktion f eine neue Funktion g, für die gilt: $g(n+1) - g(n) = f(n)$.

```
f:=x->x/(1-x^2);
```

$$f := x \mapsto \frac{x}{1-x^2}$$

```
g:=sum(f(x), x);
```

$$g := x^{-1} + \frac{1}{2\,x\,(x-1)} - \Psi(x+1)$$

```
g:=unapply(g,x);
```

$$g := x \mapsto x^{-1} + \frac{1}{2\,x\,(x-1)} - \Psi(x+1)$$

Über die Funktion g kann dann die Summe über f für einen beliebigen Bereich ausgerechnet werden, wie die nebenstehenden Beispiele zeigen.

```
g(3)-g(2), f(2);
```

$$-2/3, -2/3$$

```
g(4)-g(2), f(2)+f(3);
```

$$-\frac{25}{24}, -\frac{25}{24}$$

```
sum( f(x), x=2..8), g(9)-g(2);
```

$$-\frac{9883}{5040}, -\frac{9883}{5040}$$

Euler-Maclaurinsche-Reihenentwicklung für die allgemeine Summenformel

Das Kommando `eulermac` führt eine Euler-Maclaurinsche-Reihenentwicklung für die allgemeine Summenformel durch. Das Kommando muß vor seiner Verwendung mit `readlib` gelesen werden. Im ersten Parameter wird die zu summierende Funktion, im zweiten Parameter die Variable und im dritten Parameter die gewünschte Ordnung der Reihenentwicklung angegeben. Wenn auf den dritten Parameter verzichtet wird, ist die Anzahl der Reihenelemente durch die globale Variable `Order` vorgegeben.

Das Kommando wird üblicherweise nur dann eingesetzt, wenn eine symbolische Berechnung der Summe aufgrund der Komplexität der zu summierenden Funktion nicht möglich ist. Das Beispiel unten beweist, daß die Genauigkeit der Reihenentwicklung (insbesondere für kleine x) nicht allzu groß ist.

Im folgenden Beispiel wird eine Euler-Maclaurin-Reihe vierter Ordnung für die Funktion $x/(1+x^2)$ aufgestellt. Anschließend werden mehrere mögliche Varianten gezeigt, um die Summe dieser Funktion für $x = 1$ bis $x = 100$ zu berechnen.

```
readlib(eulermac):
fa:=eulermac(x/(1+x^2), x, 4);
```

$$fa := \frac{\ln(1+x^2)}{2} - \frac{x}{2+2\,x^2} + \frac{1}{12+12\,x^2} - \frac{x^2}{6\,(1+x^2)^2} - \frac{x^2}{15\,(1+x^2)^3} + \frac{1}{120\,(1+x^2)^2} + \frac{x^4}{15\,(1+x^2)^4} + O(\frac{5760\,x^4}{(1+x^2)^5} - \frac{2160\,x^2}{(1+x^2)^4} + \frac{120}{(1+x^2)^3} - \frac{3840\,x^6}{(1+x^2)^6})$$

Die Reihe wurde nur bis zur vierten Ordnung entwickelt, damit die Formel nicht zu umfangreich wird. Das Kommando `eulermac` liefert das Ergebnis zusammen mit dem Ordnungsterm *O*, der angibt, an welcher Stelle die Reihenentwicklung abgebrochen wurde. Damit das Ergebnis in Berechnungen verwendet werden kann, muß der Ordnungsterm entfernt werden. Am einfachsten geht das mit `eval(subs(O=0, fa))`:

```
fa:=eval(subs(0=0, fa));
```

$$fa := \frac{\ln(1+x^2)}{2} - \frac{x}{2+2\,x^2} + \frac{1}{12+12\,x^2} - \frac{x^2}{6\,(1+x^2)^2} - \frac{x^2}{15\,(1+x^2)^3} + \frac{1}{120\,(1+x^2)^2} + \frac{x^4}{15\,(1+x^2)^4}$$

Nun zu den verschiedenen Varianten, um die Summe von $x/(1+x^2)$ für $x = 1$ bis 100 zu berechnen: Den Referenzwert bildet die symbolische Berechnung der Summe aller 100 Terme. Dazu wurde mit `seq` eine Menge mit den 100 Einzeltermen gebildet. Diese Menge wurde anschließend mit `convert` in eine Summe umgeformt und mit `evalf` numerisch auf zwanzig Stellen ausgewertet. Diese Berechnungsvariante ist zwar aufwendig, dafür aber vollkommen exakt. Da durch `seq` der Variablen x der Wert 101 zugewiesen wird, muß x anschließend wieder gelöscht werden.

```
evalf( convert({seq( x/(1+x^2), x=1..100)}, `+`), 20);
```

$$4.5155610321652721734$$

```
x:='x':
```

Die normale symbolische und numerische Berechnung mit `evalf( sum(..))` bzw. `evalf(Sum(..))` liefert für die vorliegende Funktion exakte Ergebnisse:

```
evalf(sum(x/(1+x^2), x=1..100), 20);
```

$$4.5155610321652721734$$

```
evalf(Sum(x/(1+x^2), x=1..100), 20);
```

$$4.5155610321652721734$$

Nun zur Anwendung der Euler-Maclaurin-Reihe. Um die Summe von $x = 1$ bis 100 zu berechnen, muß die Differenz dieser Reihe für $x = 101$ (!) und $x = 1$ berechnet werden. Das Ergebnis ist allerdings nur bis zur dritten Nachkommastelle exakt. Eine Erhöhung der Ordnung der Reihenentwicklung verbessert das Ergebnis nur geringfügig. Wenn eine höhere Ordnung als 10 angegeben wird, verschlechtert sich die Konvergenz sogar wieder.

```
evalf(subs(x=101,fa)-subs(x=1,fa), 20);
```

$$4.5157210958411135595$$

```
fa:=eulermac( x/(1+x^2), x, 10): fa:=fa-select(has, fa, O):
evalf(subs(x=101,fa)-subs(x=1,fa), 20);
```

$$4.5154606791744431626$$

Zum Abschluß wurde noch die allgemeine Summenformel direkt mit `sum` erstellt. Das Ergebnis stimmt (erwartungsgemäß) mit jenem überein, das durch `evalf(sum(..))` berechnet wurde.

```
fb:=sum( x/(1+x^2), x);
```

$$fb := \frac{\Psi(x+I)}{2} + \frac{\Psi(x-I)}{2}$$

```
evalf( subs(x=101, fb)-subs(x=1, fb), 20);
```

$$4.515561032165272173 6 + 2.6 \times 10^{-21} I$$

Produkte

Die gleiche Syntax wie `sum` weist auch das Kommando `product` auf. Es berechnet das Produkt des im ersten Parameter angegebenen Ausdrucks.

```
product(x,x=1..5);
```

$$120$$

```
evalf( product( 1+1/x^2, x=1..100) );
```

$$3.639682295$$

`product` kann auch unendliche Produkte berechnen.

```
product( 1+1/x^2, x=1..infinity);
```

$$\frac{\sinh(\pi)}{\pi}$$

```
evalf( " );
```

$$3.676077910$$

Zum selben Ergebnis kommen Sie auch, wenn Sie das Produkt mit einem Grenzwertübergang berechnen.

```
limit( product( 1+1/x^2, x=1..n),
       n=infinity );
```

$$\frac{1}{\Gamma(1-I)\Gamma(1+I)}$$

```
evalf(");
```

$$3.676077912$$

Analog zu `add` steht für die effiziente Multipliktion einer endlichen Anzahl von Faktoren das Kommando `mul` zur Verfügung.

```
mul( 1+1/x^2, x=1..20);
```

$$\frac{10607593947079914172 79425}{3029735356252906208 62464}$$

```
evalf(");
```

$$3.501161884$$

Numerische Berechnungen

Auf den vorangegangenen Seiten wurde mehrfach `evalf` eingesetzt, um symbolisch nicht berechenbare Grenzwerte, Summen oder Produkte numerisch zu ermitteln. Manchmal ist es (beispielsweise zur Kontrolle) sinnvoll, auch dann numerisch zu arbeiten, wenn `limit`, `sum` oder `product` ein symbolisches Ergebnis liefern. Wenn Sie in diesem Fall einfach `evalf(sum(..))` schreiben, berechnet Maple zuerst die symbolische Lösung und wertet diese anschließend numerisch aus. Damit von vornherein numerisch gearbeitet wird, müssen Sie die trägen Varianten der drei Kommandos verwenden, also `Limit`, `Sum` bzw. `Product`.

Das folgende Beispiel beweist den Unterschied zwischen einer gemischt symbolisch-numerischen und einer rein numerischen Berechnung. Die Summe der ersten 2000 Terme $\frac{(-1)^x}{x^2}$ wird zuerst normal, d.h. mit `sum` berechnet und anschließend numerisch ausgewertet. Im zweiten `evalf`-Kommando wird dann durch `Sum` eine rein numerische Berechnung erzwungen, die viel schneller und mit viel geringerem Speicheraufwand durchgeführt werden kann. (Grund: Bei der ersten Variante muß das symbolische Ergebnis – eine Summe aus 2000 Termen – vor der Auswertung durch `evalf` zwischengespeichert werden!)

Die Zeit- und Speicherverbrauchsmessung wurde über das Kommando `showtime` durchgeführt. Das Kommando gibt nach seiner Aktivierung am Ende jeder Berechnung automatisch die verbrauchte Rechenzeit (in Sekunden) und den Speicherverbrauch an. `off` deaktiviert die automatische Zeitmessung wieder. Die Messung der Rechenzeit ist vom Betriebssystem abhängig.

```
readlib( showtime ):
showtime();
evalf( sum( (-1)^x/x^2, x=1..2000), 40);
```

$$-0.8224669084866132026112193020564110699511$$

```
time = 8.87, bytes = 6 918 902
evalf( Sum( (-1)^x/x^2, x=1..2000), 40);
```

$$-0.8224669084866132026112193020564110699511$$

```
time = 1.11, bytes = 1 030 858
off;
```

Das zweite Beispiel zeigt die Berechnung eines Grenzwerts, wiederum einmal symbolisch, das andere Mal rein numerisch. Hierbei versagt die numerische Auswertung und liefert das Ergebnis mit einem falschen Vorzeichen.

```
f:=sinh(x)^2-sinh(x^2);
```

$$f := \sinh(x)^2 - \sinh(x^2)$$

```
limit( f, x=infinity);
```

$$-\infty$$

```
evalf( Limit( f, x=infinity));
```

$$\infty$$

```
evalf(subs(x=10^2, f));
```

$$-4.403409113 \times 10^{4342}$$

Syntaxzusammenfassung

```
limit(f, x=x0);
limit(f, x=x0, option);
limit(f, {x=x0, y=y0,..}, option);
```

berechnet den Grenzwert von f für $x \to x0$. Als Optionen können angegeben werden: `left` (Annäherung von links), `right` (Annäherung von rechts), `real` (Annäherung von beiden Seiten) oder `complex` (multidirektionale Annäherung, Ergebnis ohne komplexe Richtung). Bei der dritten Syntaxvariante wird der Grenzwert einer multivariablen Funktion berechnet.

```
sum(f, x=start..end);
sum(sum(f, x=sx..ex), y=sy..ey);
```

berechnet die Summe über f, wobei x den ganzzahligen Bereich von *start* nach *end* durchläuft. Als Bereichsgrenze ist auch `infinity` (∞) erlaubt. Die zweite Syntaxvariante zeigt die Berechnung einer multivariablen Summe.

```
sum(f, x);
```

berechnet eine allgemeine Summenformel g für die ersten n Terme von f, so daß gilt: $g(n+1) - g(n) = f(n)$.

```
add(f, x=start..end);
```

summiert die Funktionswerte f numerisch, wobei x den ganzzahligen Bereich von *start* nach *end* durchläuft.

```
product(f, x=start..end);
product(product( f, x=sx..ex), y=sy..ey);
product(f, x);
```

berechnet Produkte, sonst wie oben.

```
mul(f, x=start..end);
```

multipliziert die Funktionswerte f numerisch, wobei x den ganzzahligen Bereich von *start* nach *end* durchläuft.

```
limit(sum( f, x=start..n), n=end);
limit(product( f, x=start..n), n=end);
```

führt die Berechnung einer Summe oder eines Produkts auf eine Grenzwertberechnung zurück.

```
evalf(Limit( f, x=xd));
evalf(Sum( f, x=start..end));
evalf(Product( f, x=start..end));
```

führt eine rein numerische Berechnung des Grenzwerts, der Summe bzw. des Produkts durch.

`convert({x1,x2,x3..}, `+`);`   `convert({x1,x2,x3..}, `*`);`
verwandelt die Menge oder Liste im ersten Parameter in die Summe $x1 + x2 + x3 + ..$ bzw. in das Produkt $x1 * x2 * x3 * ..$

`readlib(eulermac);`   `eulermac(f, x, n);`
führt eine Euler-Maclaurinsche Reihenentwicklung n-ter Ordnung für die allgemeine Summenformel durch (also für `sum(f,x)`).

Kapitel 16

Differentiation

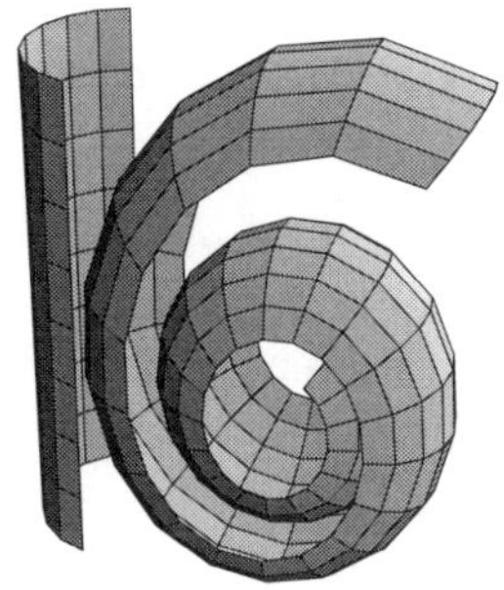

Dieses Kapitel beschäftigt sich mit der Bildung von Ableitungen. Das dazu vorgesehene Standardkommando lautet `diff`. Funktionen, die durch Gleichungen definiert sind (etwa $x^2 + y^2 = 1$) können seit Release 4 sehr bequem durch `implicitdiff` abgeleitet werden. Funktionale Operatoren (also Funktionsvorschriften der Form `(x)->f(x)`) können mit `D` abgeleitet werden. Entscheidend bei der Bildung von Ableitungen ist, daß Sie Maple mitteilen, welche Symbole wovon abhängig sind.

`diff`
bildet die Ableitung einer Funktion.

`implicitdiff`
bildet die implizite Ableitung einer Funktion, die durch eine Gleichung definiert ist.

`D`
bildet die Ableitung einer Funktionsvorschrift oder einer Prozedur.

Verweis: Kapitel 18 behandelt die Lösung von Differentialgleichungen. Dabei wird häufig auf `D` zur Formulierung von Differentialgleichungen zurückgegriffen. In Kapitel 27 werden Kommandos zur Vektoranalysis beschrieben, mit denen Sie unter anderem Divergenz, Gradient und Rotor von vektoriellen bzw. skalaren Funktionen berechnen können. Diese Kommandos stellen eine Erweiterung zu den gewöhnlichen Differentiationskommandos für skalare Funktionen dar.

Ableitungen von Funktionen

`diff` bildet die Ableitung der im ersten Parameter angegebenen Funktion nach den in den weiteren Parametern aufgezählten Variablen.

```
diff(x^3+x^2+x,x);
```

$$3x^2 + 2x + 1$$

```
diff(x^3+x^2+x,x,x);
```

$$6x + 2$$

Für Mehrfachableitungen bietet sich die Kurzschreibweise `x$n` an, die von Maple zu $x, x, ..., x$ umgewandelt wird. Beachten Sie, daß für n nur ganze Zahlen größer 0 erlaubt sind. `diff(f,x$0)` führt zu einer Fehlermeldung (was in Schleifen zur Bildung von Reihen bisweilen lästig ist).

```
diff(x^3+x^2+x,x$3);
```

$$6$$

Selbstverständlich kennt Maple alle Ableitungsregeln wie Produktregel, innere Ableitung etc.

```
diff( sin(cos(x)), x);
```

$$-\cos(\cos(x))\sin(x)$$

Bei ineinander verschachtelten Funktionen verwendet Maple den Differentiationsoperator `D` zur Formulierung des Ergebnisses (siehe unten).

```
diff( f(g(x)), x);
```

$$\mathrm{D}(f)(g(x))\frac{d}{dx}g(x)$$

Prinzipiell geht Maple bei der Ableitung davon aus, daß nicht näher definierte Symbole konstant (und unabhängig von der Ableitungsvariablen) sind. Wenn a und b Funktionen von x darstellen sollen, müssen Sie (x) nachstellen.

```
diff( a*x+b, x);
```

$$a$$

```
diff( a(x)*x+b(x), x);
```

$$\left(\frac{d}{dx}a(x)\right)x + a(x) + \frac{d}{dx}b(x)$$

Die Ableitung multivariabler Funktionen

In den Parametern von `diff` können mehrere Variablen angegeben werden. Das Kommando bildet dann zuerst die Ableitung nach der einen, anschließend die Ableitung nach der anderen Variablen.

```
diff( (x^2+y^3)^4, x, y);
```

$$72\left(x^2 + y^3\right)^2 xy^2$$

Bei der Ableitung von Funktionen mit mehreren Variablen geht `diff` prinzipiell davon aus, daß zwischen den Variablen keine Abhängigkeiten existieren. $\frac{d}{dx}y$ wird daher zu 0 vereinfacht. Wenn y von x abhängig ist, müssen Sie das Maple mitteilen – am einfachsten durch das Nachstellen von (x). Damit gilt y als allgemeine (aber noch unbekannte) Funktion von x.

```
diff( (x^2+y^3)^4, x);
```

$$8\left(x^2+y^3\right)^3 x$$

```
diff( (x^2+y(x)^3)^4, x);
```

$$4\left(x^2+y(x)^3\right)^3\left(2\,x+3\,y(x)^2\frac{d}{dx}y(x)\right)$$

Übersichtlicher sowohl bei der Ein- als auch bei der Ausgabe wird es, wenn Sie y mit `alias` als Abkürzung für $y(x)$ definieren.

```
alias(y=y(x)):
diff( (x^2+y^3)^4, x);
```

$$4\left(x^2+y^3\right)^3\left(2\,x+3\,y^2\frac{d}{dx}y\right)$$

Wenn eine Funktion von mehreren Variablen abhängig ist, müssen Sie die ganze Liste der Variablen angeben. Im Beispiel rechts wird vorher die `alias`-Abkürzung für y wieder gelöscht.

```
alias(y=y):
diff( f(x,y,z), x$2,y,z$2);
```

$$\frac{\partial^5}{\partial z^2\partial y\partial x^2}f(x,y,z)$$

Differentiationsregeln für eigene Funktionen selbst bestimmen

Mit `alias` können Sie auch eine Abkürzung für das Ergebnis einer Ableitung definieren. Diese Abkürzung hat zwar keinen Einfluß auf das Ergebnis, kann aber zu einer übersichtlicheren Schreibweise führen.

```
alias( fd(x)=diff(f(x),x) ):
diff( f(x), x), diff( f(x), x$2);
```

$$fd(x),\ \frac{d}{dx}fd(x)$$

Eine weitergehende Wirkung erzielen Sie, wenn Sie zu einer allgemeinen Funktion f eine eigene Differentiationsvorschrift `` `diff/f` `` definieren. Maple testet beim Differenzieren automatisch, ob zu verschiedenen Funktionen eigene Ableitungsregeln unter dem Namen `` `diff/fnname` `` existieren und verwendet diese gegebenenfalls statt der 'normalen' Ableitungsregeln.

Das folgende Beispiel beginnt aus zwei Gründen mit `restart`: Einerseits sollen eventuell noch vorhandene `alias`-Abkürzungen (beispielsweise jene aus dem vorigen Beispiel) gelöscht werden. Andererseits wird Maple damit gezwungen, die Ableitung $\frac{d}{dx}f(x)$ neu zu berechnen. Maple speichert normalerweise bereits berechnete Ergebnisse und greift nach Bedarf wieder darauf zurück. Diese an sich praktische Eigenschaft kann allerdings unter ungünstigen Bedingungen (wie beim folgenden Beispiel) dazu führen, daß Maple eine Berechnung auch dann nicht neu durchführt, wenn sich die Voraussetzungen zur Berechnung des Ergebnisses geändert haben.

Im Beispiel rechts soll $f(x)$ zu $-f(2x)x$ abgeleitet werden. Dazu wird unter dem Namen `` `diff/f` `` (rechtsgerichtete Apostrophe!) die entsprechende Ableitungsregel gespeichert.

```
restart;
`diff/f` := proc(x,dx)
  -f(2*x) * dx;
end:
```

Die Kommandos rechts beweisen, daß die neue Ableitungsregel sowohl bei einfachen als auch bei mehrfachen Ableitungen angewendet wird. Maple erkennt weiterhin (siehe zweites Kommando), daß die Ableitung nach einer in der Funktion gar nicht vorkommenden Variablen 0 ist. Der Name der Variablen (x oder n) hat dagegen, wie beabsichtigt, keinen Einfluß auf das Ergebnis.

```
diff( f(x), x);
```

$$-f(2\,x)x$$

```
diff(f(x), y);
```

$$0$$

```
diff( f(n), n$3);
```

$$-f(8\,n)n^3+3\,f(4\,n)n$$

Weitere Informationen zur Programmierung in Maple, zu den Schlüsselwörtern `proc` und `end` etc. finden Sie ab Kapitel 28.

Implizite Differentiation von Funktionsgleichungen

Zur Ableitung von Funktionen, die durch eine Gleichung definiert sind, eignet sich `implicitdiff` besser als `diff`. `implicitdiff` berücksichtigt in den meisten Fällen automatisch die Abhängigkeit zwischen den Funktionen. Die Syntax des Kommandos ist am leichtesten anhand einiger Beispiele zu verstehen.

Im Beispiel rechts wird die Funktion $y(x)$ durch die Kreisgleichung $x^2+y^2=1$ definiert. `implicitdiff(f,y,x)` ermittelt daraus $\frac{\partial}{\partial x}y$.

```
implicitdiff(x^2+y^2=1,y,x);
```

$$-\frac{x}{y}$$

Im obigen Beispiel erkennt `implicitdiff` selbständig, daß y eine Funktion von x ist. In komplizierteren Fällen müssen die Abhängigkeiten exakt angegeben werden. Dazu erwartet `implicitdiff` im ersten Parameter eine Menge mit Funktionsgleichungen, im zweiten Parameter die Definition der Abhängigkeiten in der Form $y(x)$, im dritten Parameter die Funktionen, deren Ableitungen gebildet werden sollen, und im vierten Parameter die Variablen, nach denen abgeleitet werden soll.

```
implicitdiff({f},{y(x)},{y},x);
```

$$\{\frac{\partial}{\partial x}y=-\frac{x}{y}\}$$

Die Option `notation=Diff` liefert das Ergebnis in einer übersichtlicheren Schreibweise.

```
implicitdiff({f},{y(x)},{y},x,
             notation=Diff);
```

$$2\,x + 2\,\mathrm{y}(x)\,(\frac{\partial}{\partial x}\,\mathrm{y}(x)) = 0$$

Das nebenstehende Beispiel bildet abermals $\frac{\partial}{\partial x}y$ für eine Kreisgleichung. Das Beispiel ist bereits aus Kapitel 4 (Abiturbeispiele, siehe Seite 86) bekannt.

```
implicitdiff(x^2+y^2+6*y-91=0,y,x);
```

$$-\frac{x}{y+3}$$

Im nebenstehenden Beispiel ist z durch die Gleichung $x^2\,y^2\,z^2 = 1$ definiert. `implicitdiff` bildet zweimal die Ableitung $\frac{\partial^2}{\partial x \partial y}z$, einmal in der Kurzschreibweise und einmal in der vollständigen Notation. Zur Bildung mehrfacher Ableitung müssen wie bei `diff` mehrere Differentiationsvariablen angegeben werden.

```
f:= x^2*y^2*z^2=1:
implicitdiff(f,z,x,y);
```

$$\frac{z}{x\,y}$$

```
implicitdiff({f}, {z(x,y)}, {z},
             x,y, notation=Diff);
```

$$\frac{\partial^2}{\partial x \partial y}z = \frac{z}{x\,y}$$

Der Differentiationsoperator D für funktionale Operatoren

Das Kommando `diff` leitet gewöhnliche Funktionen ab, also etwa $x^2 + 3x$ oder $\sin(x)$. `D` ist dagegen zur Ableitung funktionaler Operatoren geeignet, also beispielsweise $x \mapsto x^2 + 3x$ bzw. sin. (Der Unterschied zwischen Funktionen und funktionalen Operatoren (Funktionsvorschriften) wurde in Kapitel 8 eingehend behandelt.)

Ohne zusätzliche Parameter eignet sich `D` nur zur Ableitung von Funktionsvorschriften mit nur einem Parameter. Die Funktionsvorschrift des zweiten Beispiels entspricht der Funktion $\sin(\cos(x))$.

```
D( sin );
```

$$\cos$$

```
D( sin@cos );
```

$$-\cos^{(2)}\sin$$

Bei Funktionen mit mehreren Parametern muß in eckigen Klammern angegeben werden, nach welchem der Parameter abgeleitet werden soll. Für die folgenden Beispiele wird dazu eine Funktionsvorschrift für zwei Parameter definiert. `D[1](f)` leitet die Funktion nach dem ersten dieser Parameter (also nach x) ab.

```
f:=(x,y)->sin(x)+cos(y)+sin(x*y);
```

$$f := (x, y) \mapsto \sin(x) + \cos(y) + \sin(xy)$$

```
D[1](f);
```

$$(x, y) \mapsto \cos(x) + \cos(xy)y$$

Wenn an den Term `D[n](f)` noch ein Klammerpaar mit Parametern angehängt wird, werden diese Parameter nach der Ableitung in die Funktionsvorschrift eingesetzt.

```
D[2](f);
```

$$(x,y) \mapsto -\sin(y) + \cos(xy)x$$

```
D[2](f)(alpha,beta);
```

$$-\sin(\beta) + \cos(\alpha\,\beta)\alpha$$

Mehrfache Ableitungen werden am elegantesten in der Form `D[n1$m1, n2$m2,...](f)` formuliert. Damit wird *f* *m1* mal nach dem Parameter *n1*, *m2* mal nach dem Parameter *n2* abgeleitet etc.

```
D[2$2](f);
```

$$(x,y) \mapsto -\cos(y) - \sin(xy)x^2$$

Alternative Schreibweisen zum Bilden der zweifachen Ableitung nach dem zweiten Parameter wären `D[2]( D[2](f) )` oder die dazugehörige, beinahe schon unlesbare Kurzform `(D[2]@@2)(f)`.

Die beiden folgenden Beispiele zeigen zwei alternative Schreibweisen zur Formulierung derselben Aufgabe: *f* soll dreimal nach x (dem ersten Parameter) und viermal nach y abgeleitet werden. Das Ergebnis des zweiten Kommandos könnte gegebenenfalls mit `unapply` in die Operatorschreibweise umgeformt werden.

```
D[1$3,2$4](f);
```

$$(x,y) \mapsto -\cos(xy)y^3x^4 - 12\,\sin(xy)y^2x^3 + 36\,\cos(xy)yx^2 + 24\,\sin(xy)x$$

```
diff( f(x,y), x$3, y$4);
```

$$-\cos(xy)x^4y^3 - 12\,\sin(xy)x^3y^2 + 36\,\cos(xy)x^2y + 24\,\sin(xy)x$$

Umformung zwischen diff- und D-Schreibweise

Ausdrücke, in denen `D` oder `diff` zur Darstellung der Ableitung allgemeiner Funktionen vorkommen, können mit `convert` in die jeweils andere Schreibweise konvertiert werden.

```
restart:
diff( f(x,y,z), x,y,z$2);
```

$$\frac{\partial^4}{\partial y\,\partial z^2\,\partial x} f(x,y,z)$$

```
convert(", D);
```

$$(D_{1,2,3,3})(f)(x,y,z)$$

Durch `lprint` wird die interne Struktur des Ausdrucks angezeigt.

```
lprint(");
        ((D[1,2,3,3])(f))(x,y,z)
```

Die ansonsten automatische Darstellung als mathematische Formel kann so verhindert werden.

```
convert(", diff);
```

$$\frac{\partial^4}{\partial y \partial z^2 \partial x} f(x, y, z)$$

```
lprint(");
    diff(diff(diff(diff(f(x,y,z),
      z),z),y),x)
```

Differentiation von Prozeduren

Der Differentiationsoperator `D` kann auch dazu verwendet werden, Prozeduren abzuleiten. Das Ergebnis der Ableitung ist eine neue Prozedur. Wenn die Prozedur auf lokale Variablen zurückgreift, kann die Ableitung einer Prozedur deutlich kompakter ausfallen als die direkte Ableitung einer gleichwertigen Funktion. Auch eine anschließende numerische Auswertung geht effizienter vor sich, weil mehrfach auftretende Terme nur einmal berechnet werden müssen. Die Differentiation von Ableitungen hat zudem den Vorteil, daß auch Prozeduren abgeleitet werden können, die Abfragen oder Schleifen enthalten.

```
f := proc(x) local t0,t1,t2;
  t0 := sin(x): t1 := cos(x):
  t2 := (t0^2+t1+3)/(t1^3-t0);
  sin(t2^2+1)*cos(t2^2-1);
end:
f(x);
```

$$\sin\left(\frac{\left(\sin(x)^2+\cos(x)+3\right)^2}{\left(\cos(x)^3-\sin(x)\right)^2}+1\right)\cos\left(\frac{\left(\sin(x)^2+\cos(x)+3\right)^2}{\left(\cos(x)^3-\sin(x)\right)^2}-1\right)$$

```
fd1:=diff(f(x), x);  #direkte Ableitung der Funktion
```

$$\begin{aligned}
fd1 := {} & \cos(\%2+1) \\
& \left(2\,\frac{\%1\,(2\sin(x)\cos(x)-\sin(x))}{(\cos(x)^3-\sin(x))^2} - 2\,\frac{\%1^2\,\left(-3\cos(x)^2\sin(x)-\cos(x)\right)}{(\cos(x)^3-\sin(x))^3}\right) \\
& \cos(\%2-1) - \sin(\%2+1)\sin(\%2-1) \\
& \left(2\,\frac{\%1\,(2\sin(x)\cos(x)-\sin(x))}{(\cos(x)^3-\sin(x))^2} - 2\,\frac{\%1^2\,\left(-3\cos(x)^2\sin(x)-\cos(x)\right)}{(\cos(x)^3-\sin(x))^3}\right) \\
& \%1 := \sin(x)^2+\cos(x)+3 \\
& \%2 := \frac{\%1^2}{(\cos(x)^3-\sin(x))^2}
\end{aligned}$$

```
fd2:=D(f);  #Ableitung der gleichwertigen Prozedur

fd2 := proc(x)
       local t1x,t2x,t0x,t2,t1,t0;
           t0x := cos(x);
           t0 := sin(x);
           t1x := -sin(x);
           t1 := cos(x);
           t2x := (2*t0*t0x+t1x) / (t1^3-t0) -
                  (t0^2+t1+3) / (t1^3-t0)^2 * (3*t1^2*t1x-t0x);
           t2 := (t0^2+t1+3)/(t1^3-t0);
           2*cos(t2^2+1)*t2*t2x*cos(t2^2-1)-2*sin(t2^2+1)*sin(t2^2-1)*t2*t2x
       end

simplify(fd1-fd2(x));  # Kontrolle
```

0

Verweis: Das obige Beispiel zeigt den Unterschied zwischen der Differentiation einer Prozedur und einer gleichwertigen Funktion. Falls Sie mit den Begriffen 'Prozedur' und 'lokale Variable' noch nichts anfangen können, sollten Sie einen Blick in Kapitel 29 werfen.

Syntaxzusammenfassung

`diff(f,x);`   `diff(f, x$n, y$m,...);`

bildet die Ableitung der Funktion f nach x. In der zweiten Syntaxvariante wird f n mal nach x und m mal nach y abgeleitet.

`implicitdiff(eq,y,x);`
`implicitdiff({eq}, {y(x1,x2)}, {y}, x1,x2,...);`
`implicitdiff({eq}, {y(x1,x2)}, {y}, x1,x2,..., notation=Diff);`

bildet die Ableitung $\frac{\partial}{\partial x}y$ bzw. $\frac{\partial^n}{\partial x1 \partial x2 \cdots}y$. Dabei ist y implizit durch die Gleichung eq definiert. Durch die Option `notation=Diff` wird eine übersichtlichere Darstellung des Ergebnisses erreicht. Eine Menge weiterer Syntaxvarianten (insbesondere zur gleichzeitigen Bildung mehrerer Ableitungen zu y_n, die durch mehrere Gleichungen eq_n definiert sind) erhalten Sie mit `?implicitdiff`.

`D(f);`   `D[n1$m1, n2$m2](f);`

bildet die Ableitung des funktionalen Operators (der Funktionsvorschrift) f. In der zweiten Syntaxvariante wird *m1* mal nach dem Paramter *n1*, *m2* mal nach dem Operator *n2* etc. abgeleitet.

`convert(x, diff);`   `convert(x, D);`

formt den Ausdruck x (sofern möglich) in eine Schreibweise mit `diff` bzw. mit `D` um.

Kapitel 17

Integration

Während das Bilden von Ableitungen (mathematisch gesehen) verhältnismäßig einfach ist, stellt der umgekehrte Prozeß häufig ein nicht lösbares Problem dar. Es gibt keine einheitliche Vorgehensweise, die für alle Integrale zum Ziel führt. Zum manuellen Integrieren (ohne Maple) werden normalerweise ganze Bücher mit Tabellen bekannter Integrale verwendet. Wenn das Integral nicht auf schon bekannte Einzelteile zurückgeführt werden kann, werden verschiedene Integrationsregeln angewendet, die in ganz speziellen Fällen zum Ziel führen. Und gar nicht selten kommt es vor, daß ein Integral mathematisch überhaupt nicht lösbar ist.

Wie sieht nun die Integration in Maple aus? Das Programm kennt eine ganze Menge Integrale, aber durchaus nicht alle, die in der Mathematik als gelöst bekannt sind. In manchen Spezialfällen kommt es auch vor, daß Maple ganz einfach falsche Resultate liefert.

Das vorliegende Kapitel beschreibt im wesentlichen nur ein einziges Kommando, nämlich `int`. Im Verlauf des Kapitels werden verschiedene Anwendungsformen dieses Kommandos vorgestellt, beispielsweise zur numerischen Integration, zur Durchführung von Doppel- und Mehrfachintegralen, zur Integration komplexer Funktionen etc.

`int`
integriert die angegebene Funktion und setzt gegebenenfalls die Integrationsgrenzen ein.

`evalf(Int(..))`
verwendet ein rein numerisches Integrationsverfahren.

`residue`
berechnet Residuen (zur Integration komplexer Funktionen).

Symbolische Integration

Die Beispiele rechts zeigen die prinzipiellen Anwendungsmöglichkeiten von `int`: Mit dem Kommando können sowohl allgemeine Integrale (erstes Beispiel) als auch bestimmte Integrale mit vorgegebenen Integrationsgrenzen (zweites und drittes Beispiel) berechnet werden.

```
int(x^2+x^3,x);
```

$$\frac{x^3}{3}+\frac{x^4}{4}$$

```
int(x^2+x^3,x=2..3);
```

$$\frac{271}{12}$$

```
int(x^2+x^3,x=a..b);
```

$$\frac{b^4}{4}+\frac{b^3}{3}-\frac{a^4}{4}-\frac{a^3}{3}$$

Durch `evalf` können Sie das Ergebnis einer Integration numerisch auswerten.

```
evalf(int(x^2+x^3,x=2..3));
```

$$22.58333333$$

Maple kommt mit vielen uneigentlichen Integralen zurecht. Weitere Beispiele für solche Integrale finden Sie in einem der folgenden Abschnitte.

```
int(1/x^2, x=1..infinity);
```

$$1$$

Auch über die Unstetigkeitsstellen in f bei $x = \pi/2$ integriert Maple korrekt.

```
f:=cos(x)/sqrt(1-sin(x));
```

$$f := \frac{\cos(x)}{\sqrt{1-\sin(x)}}$$

```
int(f, x=0..2*Pi);
```

$$0$$

Die Abbildung rechts zeigt den Verlauf von f im Integrationsbereich.

```
plot(f, x=0..Pi);
```

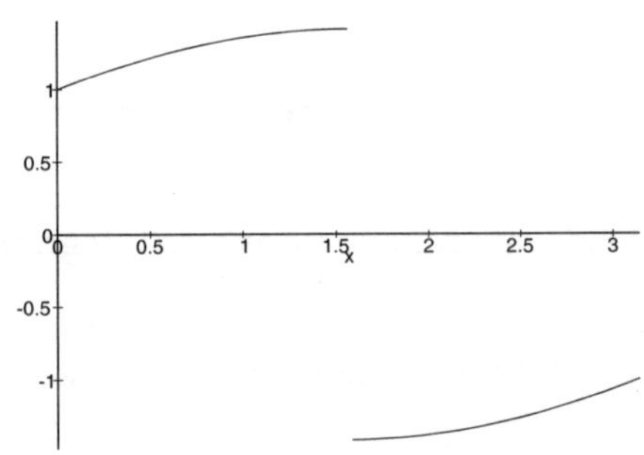

Maple kommt auch mit dem Diracimpuls und der Einheitssprungfunktion zurecht. Der Einheitssprung ist in Maple unter dem Namen `Heaviside` definiert.

```
int( f(x)*Heaviside(x-2), x=0..5);
```

$$\int_2^5 f(x)dx$$

Der Einheitssprung liefert 0 für $x < 0$ und 1 für $x < 0$. Durch die Multiplikation einer Funktion mit dem Einheitssprung kann der Integrationsbereich beschnitten werden.

```
int( sin(x)*Heaviside(x-Pi/2),
     x=0..Pi);
```

$$1$$

Das Ergebnis des letzten Kommandos entspricht dem Integral $\int_{x=\pi/2}^{x=\pi} sin(x)\,dx$. Die Abbildung rechts demonstriert den Einfluß der Sprungfunktion auf die Funktion $\sin(x)$.

```
plot(sin(x)*Heaviside(x-Pi/2), x=0..Pi);
```

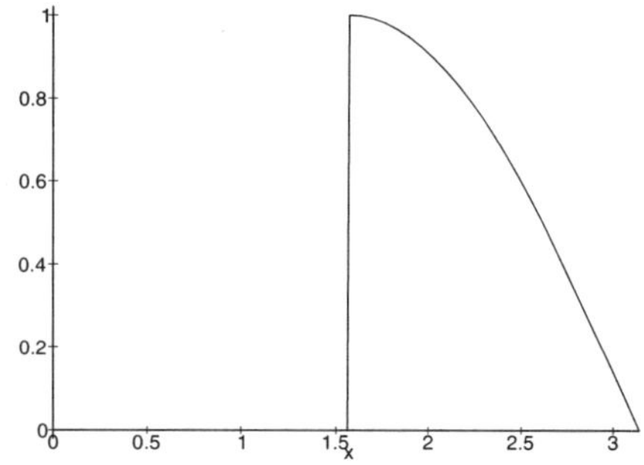

Der Diracimpuls stellt die Ableitung des Einheitssprungs dar und liefert für alle $x \neq 0$ den Wert 0. An der Stelle $x = 0$ ist die Größe des Diracimpulses so definiert, daß das Integral darüber 1 ergibt. Die Integration über die Funktion $f(x)$ Dirac$(x - x0)$ liefert daher $f(x0)$ (im Beispiel unten also $\sin(\pi/4)$).

```
diff(Heaviside(x), x);
```

$$Dirac(x)$$

```
int( sin(x) * Dirac(x-Pi/4),
     x=-infinity..infinity);
```

$$\frac{\sqrt{2}}{2}$$

Mehrfachintegrale

Mehrfachintegrale werden in Maple durch die Verschachtelung mehrerer `int`-Kommandos gebildet. Die Beispiele links zeigen zwei triviale Flächenintegrale, einmal über ein Rechteck, und einmal über einen Viertelkreis. Beachten Sie, daß Maple die Integrationskommandos von innen her auswertet!

```
int(int( 1, x=0..2), y=0..3);
```

$$6$$

```
int( int(1, y=0..sqrt(1-x^2)), x=0..1);
```

$$\frac{\pi}{4}$$

Bei Mehrfachintegralen müssen Sie unbedingt auf die richtige Reihenfolge der Integrationsbereiche achten. Das erste Kommando rechts berechnet:

$$\int_{x=1}^{2}\int_{y=1}^{x^2} x^2 + y^2\,dy\,dx$$

```
int( int( x^2+y^2, y=1..x^2), x=1..2);
```

$$\frac{1006}{105}$$

Das zweite Kommando berechnet dagegen folgendes Integral:

$$\int_{y=1}^{x^2} \int_{x=1}^{2} x^2 + y^2 \, dx \, dy$$

```
int( int( x^2+y^2, x=1..2), y=1..x^2);
```

$$\frac{7\,x^2}{3} + \frac{x^6}{3} - 8/3$$

Mit dem ersten Integrationskommando des Beispiels oben wird die Funktion $x^2 + y^2$ über den rechts dargestellten Bereich integriert. Die Integrationsfläche wird durch die Kurven $x = 2$, $y = 1$ und $y = x^2$ begrenzt.

Zur grafischen Darstellung wird die erste Kurve durch eine vertikale Linie zwischen (2,0) und (2,5) dargestellt, die beiden anderen Kurven werden ganz normal mit dem `plot`-Kommando gezeichnet. `plots` aus dem `display`-Package vereint die beiden Abbildungen in einer einzigen.

```
p1:=plot( [[2,0],[2,5]] ):
p2:=plot( {x^2, 1}, x=0..2.2):
with(plots): display({p1,p2});
```

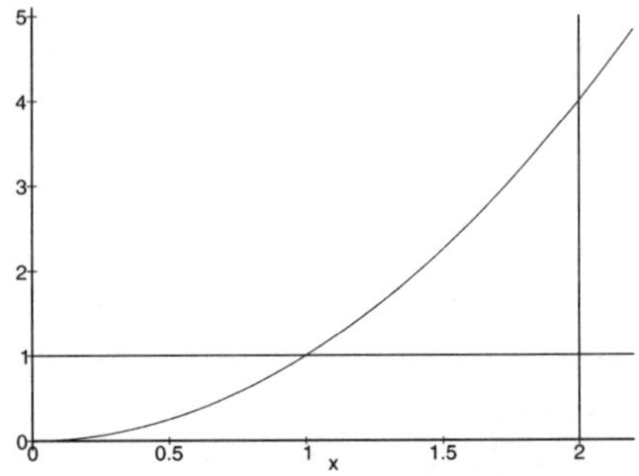

Das letzte Beispiel ist der Datei `science\quantopt.ms` aus der `share`-Library entnommen. Es zeigt die Lösung eines Dreifachintegrals aus der Quantenphysik. Beachten Sie bitte, daß das Zeichen ~ von Maple zur Kennzeichnung der `assume`-Variablen eingesetzt wird. Wegen der kleinen Schriftgröße kann es leicht mit einem negativen Vorzeichen für Potenzen verwechselt werden.

```
assume(P>0): assume(S>0): inf:=infinity:
p1 := (x^2+y^2+z^2)/P^2:
p2 := subs(x=x-a,y=y-b,z=z-c,P=S,p1):
f := (2*x^2-P^2)*exp(-p1-p2);
```

$$f := (2\,x^2 - P^{\sim 2})\,\mathrm{e}^{\left(-\frac{x^2+y^2+z^2}{P^{\sim 2}} - \frac{(x-a)^2+(y-b)^2+(z-c)^2}{S^{\sim 2}}\right)}$$

```
int( int( int(f, x=-inf..inf), y=-inf..inf), z=-inf..inf):
factor(");
```

$$\frac{\mathrm{e}^{\left(-\frac{c^2+a^2+b^2}{S^{\sim 2}+P^{\sim 2}}\right)}\, S^{\sim 3}\, P^{\sim 7}\, \pi^{3/2}\,(-S^{\sim 2} + 2\,a^2 - P^{\sim 2})}{(S^{\sim 2} + P^{\sim 2})^{7/2}}$$

Numerische Integration

Durch das Kommando `evalf` kann eine numerische Auswertung des Integrals erreicht werden. Dabei ist zwischen zwei Varianten zu unterscheiden: Bei `evalf(int(..))` wird das Integral zuerst (soweit möglich) symbolisch berechnet, erst das Ergebnis wird numerisch ausgewertet. Zusammen mit der trägen Variante des Integrationskommandos, also in der Form `evalf(Int(..))`, verwendet Maple ein rein numerisches Verfahren zur Integration. In den meisten Fällen kommen beide Varianten zum gleichen Ergebnis (eventuell mit kleinen Rundungsfehlern), es kann aber auch der Fall eintreten, daß die eine oder andere Variante zum falschen Ergebnis führt. Insofern stellen die beiden Berechnungsarten – sofern beide durchführbar sind – eine recht brauchbare Kontrolle des Ergebnisses dar.

In diesem Zusammenhang ist noch eine Anmerkung zum Unterschied zwischen `int` und `Int` erforderlich: Die Kommandos `Int`, `Diff`, `Sum` und `Product` heißen träge Kommandos, weil sie eine Auswertung des mathematischen Kommandos blockieren. Sie entfalten Ihre Wirkung erst in Zusammenarbeit mit anderen Kommandos, etwa mit `evalf` zur numerischen Auswertung des ganzen Ausdrucks. Siehe auch Kapitel 28, Abschnitt 'Der Aufbau von Maple'.

Häufig stellt die numerische Integration die einzige Möglichkeit dar, zu einem Ergebnis zu gelangen.

```
int( sin(1/x^3), x=1..2);
```

$$\int_1^2 \sin(x^{-3})dx$$

```
evalf(");
```

$$0.3548334332$$

Maple verwendet zur numerischen Integration je nach dem Aussehen der mathematischen Funktion eines von drei Integrationsverfahren, das durch die Angabe einer Option im vierten Parameter bestimmt werden kann: Zur Auswahl stehen `_CCquad` (Clenshaw-Curtis Quadraturverfahren, Defaulteinstellung), `_Dexp` (doppelt-exponentielles Verfahren) oder `_NCrule` (Newton-Cote-Verfahren). Normalerweise ist ein Abweichen von dem Verfahren, das Maple auswählt, nicht sinnvoll – in der Regel ergeben sich dadurch nur (zum Teil deutlich) höhere Rechenzeiten.

```
evalf(Int(sin(x)/x, x=1..100, 15, _NCrule));
```

$$0.616142396521873$$

Das folgende Beispiel zeigt beide Integrationsvarianten: Die Funktion $\frac{1}{1+x^7}$ soll für den Bereich zwischen 1 und 2 integriert werden. Der erste (symbolische) Versuch scheitert (aus logisch nicht ganz nachvollziehbaren Gründen). Daraufhin wird die Integration zuerst für zwei noch unbekannte Integrationsgrenzen a und b durchgeführt. In die sich ergebende Formel werden anschließend durch `subs` die Werte 1 und 2 eingesetzt.

```
f:=1/(1+x^7);
```

$$f := \left(1 + x^7\right)^{-1}$$

```
int( f, x=1..2);
```

$$\int_1^2 \frac{1}{1+x^7}\,dx$$

```
int( f, x=a..b);
```

$$\frac{\ln(b+1)}{7} + \sum_{\_R=\%1} \_R \ln(b + 7\_R) - \frac{\ln(a+1)}{7} - \sum_{\_R=\%1} \_R \ln(a + 7\_R)$$

$$\%1 := RootOf(117649\_Z^6 + 16807\_Z^5 + 2401\_Z^4 + 343\_Z^3 + 49\_Z^2 + 7\_Z + 1)$$

```
evalf(subs(a=1, b=2, "), 20);
```

0.11630170437709733349

Mit weniger Tippaufwand ist hier die rein numerische Berechnung verbunden. Im Gegensatz zum obigen Resultat gerät kein imaginärer Rundungsfehler in das Ergebnis (der aus der Auflösung des `RootOf`-Terms stammt).

```
evalf( Int(f, x=1..2), 20);
```

0.11630170437709733349

Das folgende Beispiel beweist, daß auch die numerische Berechnung ihre Tücken hat. Die symbolische Berechnung von $\int_0^\infty 1/x^2\,dx$ funktioniert hier auf Anhieb. Der Versuch, dasselbe Integral numerisch zu lösen, endet mit einer Fehlermeldung. Daraufhin wird das Integral in eine Grenzwertberechnung (ebenfalls rein numerisch) umgewandelt und liefert jetzt das falsche (!) Ergebnis 2.

```
int( 1/x^2, x=0..infinity);
```

∞

```
evalf( Int( 1/x^2, x=0..infinity) );
   Error, (in evalf/int) integrand has a pole in the interval
evalf( Limit(Int( 1/x^2, x=n..infinity), n=0) );
```

2.0

Uneigentliche Integrale

Es existieren zwei Typen uneigentlicher Integrale: solche, bei denen die Integrationsgrenzen unendlich sind, und solche, bei denen im Integrationsbereich der Funktionswert Unendlich auftritt. Integrale des ersten Typs werden häufig anstandslos mit `int` berechnet – einige Beispiele dafür waren auf den vorgangenen Seiten ja schon zu finden.

Das Ergebnis von uneigentlichen Integralen des zweiten Typs ist dagegen mathematisch nicht definiert, statt dessen existiert der sogenannte Cauchysche Hauptwert. Damit dieser Hauptwert berechnet wird, muß im dritten Parameter von `int` die Option `CauchyPrincipalValue` angegeben werden.

Im vorliegenden Beispiel soll $1/x^3$ im Bereich zwischen -3 und 2 integriert werden. `int` gibt das Integral unausgewertet zurück. Wenn `CauchyPrincipalValue` als Option angegeben wird, liefert Maple das Ergebnis $-5/72$, das entspricht $\int_{-3}^{-2} 1/x^3\,dx$. Der Rest des Integrals hat sich quasi weggekürzt – Maple hat also die Punktsymmetrie der Funktion $1/x^3$ links und rechts der Unstetigkeitsstelle $x = 0$ ausgenutzt.

```
int(1/x^3, x=-3..2);
```

$$\int_{-3}^{2} x^{-3} dx$$

```
int(1/x^3, x=-3..2,
    CauchyPrincipalValue);
```

$$-\frac{5}{72}$$

Maple kommt auch mit dem Fall zurecht, daß im Integrationsbereich für den Cauchyschen Hauptwert mehrere Unstetigkeitsstellen liegen (im Beispiel rechts an den Punkten $x = -1$ und $x = 0$).

```
int(1/(x^2+x), x=-2..1,
    CauchyPrincipalValue);
```

$$-2\ln(2)$$

```
evalf(");
```

$$-1.386294361$$

Die Abbildung rechts zeigt den Verlauf der Funktion aus dem vorigen Beispiel.

```
plot( 1/(x^2+x), x=-2..1, -20..20);
```

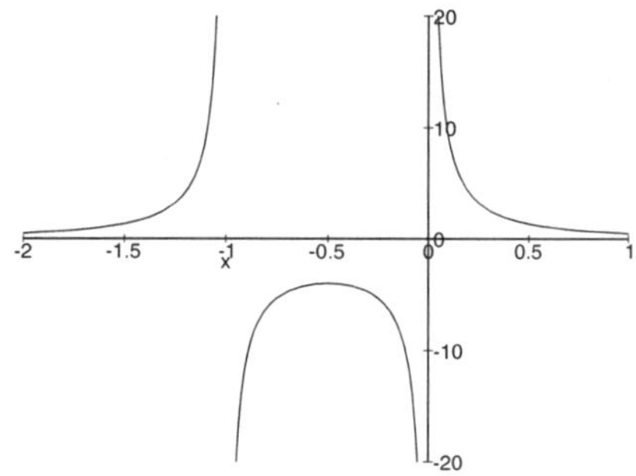

Integration in Polarkoordinaten

Im folgenden Beispiel soll das Volumen des Körpers berechnet werden, der durch die Zylinderfläche $x^2 + y^2 = 1$, die Grundfläche $z = 0$ und den 'Deckel' $z = e^{-(x^2+y^2)}$ begrenzt ist.

Der erste Versuch, das Integral symbolisch zu lösen, scheitert. Immerhin gelingt Maple eine numerische Lösung.

```
macro(E=exp(1)):
4*int( int(E^(-x^2-y^2),
          y=0..sqrt(1-x^2)), x=0..1);
```

$$4\int_{0}^{1} \frac{\sqrt{\pi}\, erf(\sqrt{1-x^2}\,)}{2\,e^{x^2}} dx$$

```
evalf(");
```

$$1.985865304$$

Viel weniger Probleme bereitet das Integral, wenn es in Polykoordinaten transformiert wird: $x = rcos(\phi), y = r\sin(\phi), x^2 + y^2 = r^2, dx\, dy = r\, dr\, d\phi$. Maple ist (zumindest in der gegenwärtigen Version) nicht in der Lage, solche Transformationen selbständig zu erkennen.

```
4*int( int(E^(-r^2) * r, r=0..1),
       phi=0..Pi/2);
```

$$-\pi e^{-1} + \pi$$

```
evalf(");
```

$$1.985865304$$

Zur grafischen Darstellung dieses Körpers wird r als Funktion von z benötigt. Anschließend können der 'Deckel' und die zylindrische Umrahmung mit `cylinderplot` gezeichnet und mit `display` zu einer Abbildung vereint werden.

```
solve(z=E^(-r^2), r);
```

$$\sqrt{-\ln(z)}, -\sqrt{-\ln(z)}$$

```
with(plots):
p1:=cylinderplot( "[1], phi=0..2*Pi,
                  z=1/E..1):
p2:=cylinderplot( 1, phi=0..2*Pi,
                  z=0..1/E):
display( [p1,p2] );
```

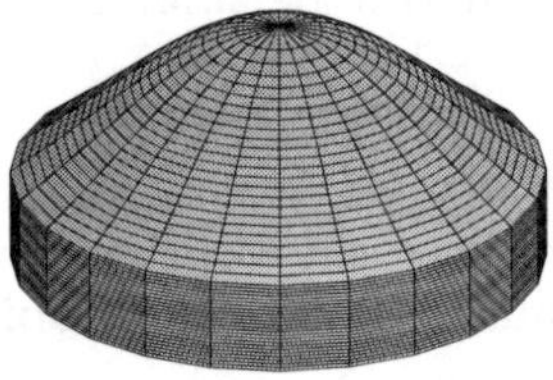

Integration komplexer Funktionen, Residuen

Wegintegrale zwischen zwei Punkten der komplexen Zahlenebene ohne Singularitäten bereiten keine Schwierigkeiten.

```
int( z^2, z=0..1+I);
```

$$-2/3 + \frac{2I}{3}$$

```
int( z*cos(z^2), z=0..Pi*I);
```

$$-\frac{\sin(\pi^2)}{2}$$

Relativ häufig werden geschlossene Wegintegrale rund um singuläre Punkte benötigt (beispielsweise rund um den Punkt $z = 0$ für die komplexe Funktion $1/z$). Die übliche Integrationsmethode besteht darin, z durch $z0 + r * (\sin(t) + I\cos(t))$ zu substituieren und anschließend über die reelle Variable t entlang des Kreises (also von 0 bis 2π) zu integrieren. Dabei darf die Ableitung von z nach t nicht vergessen werden. Das Vorzeichen des Ergebnisses hängt von der Integrationsrichtung ab, in den folgenden Beispielen wird jeweils im Gegenuhrzeigersinn integriert.

$$\oint_C f(z)\, dz = \int_0^{2\pi} f(z(t))\, \frac{d\, z(t)}{dt}\, dt \qquad \text{mit} \qquad z(t) = z0 + r\,(\cos(t) + I\, sin(t))$$

Beispiel 1: Wegintegral um 1/z

In Maple wird die obige Formel für die Beispielfunktion $1/z$ folgendermaßen umgesetzt:

```
z:=cos(t) + I*sin(t); dz:=diff(z,t);
f:=1/z;
```

$$z := \cos(t) + I\,\sin(t)$$

$$dz := -\sin(t) + I\,\cos(t)$$

$$f := \frac{1}{\cos(t) + I\,\sin(t)}$$

Der Versuch, $f\,dz$ über t zu integrieren, führt zu einem falschen Ergebnis.

```
int( f * dz, t=0..2*Pi);
```

$$0$$

Daraufhin wird $f\,dz$ mit `simplify` vereinfacht, das Ergebnis (die imaginäre Einheit I) wird nochmals integriert. Maple liefert jetzt das korrekte Ergebnis.

```
simplify( f*dz);
```

$$I$$

```
int( ", t=0..2*Pi);
```

$$2\,I\,\pi$$

Zum korrekten Ergebnis gelangen Sie auch dann, wenn Sie statt von 0 bis $2\,\pi$ von π bis π integrieren.

```
int( f * dz, t=-Pi..Pi);
```

$$2\,I\,\pi$$

Auch die rein numerische Integration führt in diesem und in den weiteren Beispielen zum gewünschten Ergebnis.

```
evalf( Int( f * dz, t=0..2*Pi) );
```

$$-1.897322754 \times 10^{-14} + 6.283185307I$$

Eine Analyse, weswegen der symbolische Integrationsversuch gescheitert ist, führt zu folgendem Ergebnis: Maple hat $f\,dz$ zu $\ln(\cos(t) + I\sin(t))$ integriert. Wegen der Periodizität der trigonometrischen Funktionen ergibt das Ergebnis für $t = 0$ und $t = 2\pi$ denselben Wert.

```
i1:=int( f * dz, t);
```

$$i1 := \ln(\cos(t) + I\,\sin(t))$$

Durch eine Umformung der trigonometrischen Terme in E-Potenzen kann das Ergebnis so vereinfacht werden, daß die Periodizität herausfällt. Werden die Integrationsgrenzen jetzt eingesetzt, dann ergibt sich die korrekte Lösung.

```
convert( i1, exp);
```

$$\ln(e^{I\,t})$$

```
i2:=simplify(");
```

$$i2 := I\,t$$

```
subs(t=2*Pi, i2) - subs(t=0, i2);
```

$$2\,I\,\pi$$

Die nebenstehende Abbildung zeigt die Imaginärteile der zu integrierenden Funktion ($f\,dz = I$), das Ergebnis der symbolischen Integration ($i1$ mit einem Sprung bei π) sowie die vereinfachte Lösung ($i2 = I\,t$).

```
plot( {Im(f*dz), Im(i1), Im(i2)},
      t=0..2*Pi);
```

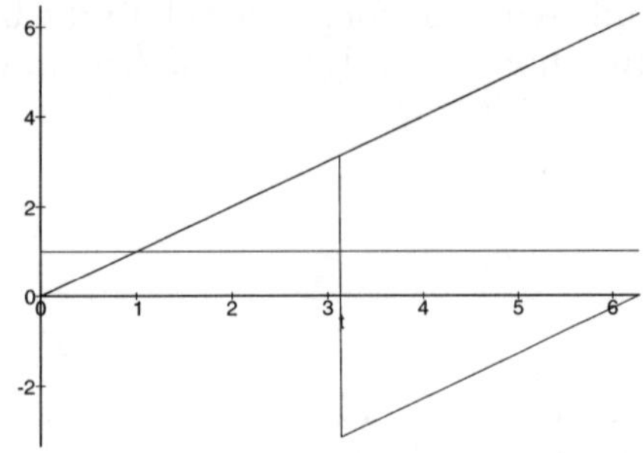

Beispiel 2: Wegintegral um $\frac{\sin(z)}{z^4}$, Residuensatz

Ein zweites Beispiel, diesmal für die Funktion $\frac{\sin(z)}{z^4}$ bestätigt den ersten Eindruck, daß bei komplexen Wegintegralen größte Vorsicht geboten ist. Maple liefert abermals das falsche Resultat 0.

```
f:=sin(z)/z^4;
```

$$f := \frac{\sin(\cos(t) + I\,\sin(t))}{(\cos(t) + I\,\sin(t))^4}$$

```
int(f *dz, t=0..2*Pi);
```

$$0$$

Das korrekte Ergebnis kann wiederum durch die Veränderung der Integrationsgrenzen erzielt werden.

```
int(f *dz, t=-Pi..Pi);
```

$$-\frac{I\,\pi}{3}$$

Auch die numerische Variante des Integrationskommandos liefert – abgesehen von kleinen Rundungsfehlern – das korrekte Ergebnis.

```
evalf( Int( f * dz, t=0..2*Pi) );
```

$$-5.0 \times 10^{-13} - 1.047197551 I$$

Um der Ursache für den Fehler bei der symbolischen Integration auf die Spur zu kommen, wird $f\,dz$ allgemein integriert (also ohne die Integrationsgrenzen einzusetzen).

```
i1:=int( (f*dz), t);
```

$$i1 := -\frac{\sin(\%1)}{3\,(\%1)^3} - \frac{\cos(\%1)}{6\,(\%1)^2} + \frac{\sin(\%1)}{6\,\%1} - \frac{Ci(\%1)}{6}$$

$$\%1 := \cos(t) + I\,\sin(t)$$

Die Abbildung rechts zeigt den Imaginärteil von $f\,dz$ und den Imaginärteil des Integrals über diese Funktion, jeweils im Bereich zwischen $-\pi$ und 2π. An der Stelle π tritt ein Sprung auf, der aus der Cosinusintegralfunktion resultiert.

```
p1:=plot( Im(f * dz), t=-Pi..2*Pi):
p2:=plot( Im(i1), t=-Pi..2*Pi):
with(plots): display([p1,p2]);
```

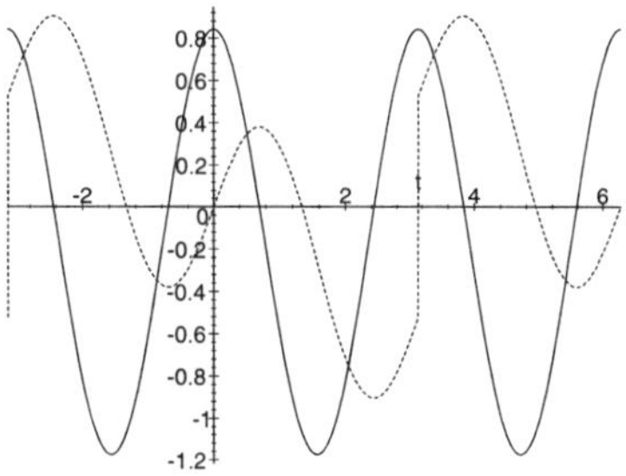

Eine Vereinfachung des Ergebnisses zur Elimination dieses Sprungs wie im vorigen Beispiel gelingt hier leider nicht. Das grundsätzliche Problem liegt darin, daß ein geschlossenes Wegintegral vorliegt, also ein Wegintegral, das an einem Punkt P beginnt und am selben Punkt wieder endet. Im Normalfall liefert so ein Integral natürlich den Wert 0. Die Besonderheit der Integrale dieses Abschnitts liegt aber gerade darin, daß sich innerhalb des Integrationswegs ein singulärer Punkt befindet. Maple ist in der gegenwärtigen Version damit überfordert, diese Tatsache selbständig zu erkennen. Bei einer ungünstigen Wahl der Integrationsgrenzen kann es daher dazu kommen, daß Maple ohne Warnung einfach falsche Ergebnisse liefert.

Der sicherste Ausweg aus diesem Problem besteht darin, zur Ermittlung des Wegintegrals ein anderes Verfahren zu verwenden. Nach dem Residuen-Satz

$$\oint_C f(z)\,dz = 2\pi I \sum_{j=1}^{k} \operatorname*{Res}_{z=z_j} f(z)$$

können geschlossene Wegintegrale um singuläre Punkte auch aus der Summe der Residuen der eingeschlossenen singulären Punkte berechnet werden. Der Residuensatz gilt mit diesen Vorzeichen für Wegintegrale im Gegenuhrzeigersinn. Er wird auch beim manuellen Rechnen oft der direkten Ermittlung von Wegintegralen vorgezogen, weil die dabei entstehenden Formeln leichter zu handhaben sind.

Das Residuum einer Funktion ist durch den Koeffizienten vor $1/z$ bzw. $1/(z - z0)$ einer Laurent-Reihe um den singulären Punkt definiert. Zur Berechnung von Residuen steht das Kommando `residue` zur Verfügung.

Vor der Berechnung des Wegintegrals um $\frac{\sin(z)}{z^4}$ nach dem Residuensatz muß die obige Definition von z gelöscht und f neu definiert werden. Die Verwendung von `residue` ist einfach – im ersten Parameter wird die komplexe Funktion angegeben, im zweiten Parameter der Ort des singulären Punkts. Maple liefert jetzt auf Anhieb die korrekte Lösung.

```
readlib(residue):
z:='z': f:=sin(z)/z^4:
2*Pi*I*residue(f, z=0);
```

$$-\frac{I\,\pi}{3}$$

Beispiel 3: Wegintegral um $\frac{8-22z-z^2}{4z-5z^2+z^3}$

Abschließend noch ein Beispiel für die Anwendung des Residuensatzes: Für die nebenstehende Funktion soll ein komplexes Wegintegral auf dem Kreis um den Mittelpunkt 0 und mit dem Radius 3/2 berechnet werden.

```
z:='z':
f:=(-z^2-22*z+8)/(z^3-5*z^2+4*z);
```

$$f := \frac{8 - 22z - z^2}{4z - 5z^2 + z^3}$$

Der erste Lösungsschritt besteht in der Ermittlung jener singulären Punkte, die innerhalb des Integrationsbereiches liegen. Dazu werden mit `solve` die Nullstellen des Nenners berechnet.

```
solve( denom(f) );
```

$$0, 4, 1$$

Das Integral kann dann problemlos über die beiden Residuen an den Orten $z = 0$ und $z = 1$ berechnet werden.

```
2*Pi*I*( residue( f, z=0) +
         residue( f, z=1) );
```

$$14\, I\, \pi$$

```
evalf(");
```

$$43.98229716 I$$

Das Ergebnis wird durch die numerische Integration bestätigt. Selbst die symbolische Integration liefert in diesem Fall überraschenderweise auf Anhieb das korrekte Ergebnis!

```
z:=1.5*( cos(t)+ I*sin(t)):
dz:=diff(z,t):
evalf( Int( f*dz, t=0..2*Pi));
```

$$2.0 \times 10^{-12} + 43.98229715 I$$

```
int(f*dz, t=0..2*Pi);
```

$$14\, I\, \pi$$

Kontrolle der Integration

Die Beispiele der letzten Seiten haben bewiesen, daß Maple beim Integrieren unter ungünstigen Umständen falsche Ergebnisse liefert. Mögliche Gründe können sowohl Fehler oder noch nicht vorhandene Fallunterscheidungen bei Maple sein als auch eine falsche (oder wie in den obigen Beispielen mathematisch zumindest gefährliche) Formulierung des Integrals. Es würde Maple schon einiges abverlangen, wenn es selbständig und nur aus den übergebenen Parametern erkennt, daß es sich bei einem vorgegebenen Integral um ein geschlossenes Wegintegral um einen singulären Punkt handelt und daß daher besondere Integrationsverfahren angewendet werden müssen. Entsprechend gilt diese Überlegung natürlich auch für andere mathematische Sonderfälle.

Der wirkungsvollste Kontrollmechanismus besteht darin, das Integral auf verschiedene Weisen zu berechnen. Bei komplexen Integralen bietet sich etwa eine alternative Berechnung über den Residuensatz an. Bei bestimmten Integralen ist häufig eine rein numerische Integration möglich, die intern nach einem vollkommen eigenständigen Algorithmus durchgeführt wird (achten Sie auf die Großschreibung von `Int`!).

Des weiteren kann es bei bestimmten Integralen zweckmäßig sein, das dazugehörige allgemeine Integral zu berechnen und (getrennt für Real- und Imaginärteil) mit `plot` zu zeichnen. Wenn dabei ein Sprung auftritt, ist das bestimmte Integral mit allergrößter Wahrscheinlichkeit falsch. Jetzt kann eventuell versucht werden, die Unstetigkeitsstelle durch links- und rechtsseitige Grenzwerte zu eliminieren, was aber auch nicht immer gelingt. Alle hier aufgezählten Varianten wurden im Verlauf des letzten Abschnitts anhand praktischer Beispiele vorgestellt.

Die einfachste Kontrolle allgemeiner Integrale besteht darin, diese wieder zu differenzieren und mit der Ausgangsfunktion zu vergleichen. Das Bilden der Ableitung ist ein mathematisch verhältnismäßig einfacher Vorgang, so daß zumindest dabei vorausgesetzt werden kann, daß Maple fehlerfrei arbeitet. Aber auch diese scheinbar elegante Lösung kann ihre Tücken haben. Erstens können sich Unstetigkeitsstellen im Integral durch das Differenzieren wieder herauskürzen. Zweitens kann die Rechenzeit bei komplizierten Integralen zu einem Hindernis werden. Und drittens kann es passieren, daß die Ausgangsfunktion und die Ableitung des Integrals vollkommen unterschiedlich aussehen, mathematisch aber übereinstimmen.

Das folgende Beispiel demonstriert dieses Problem: `simplify` ist nicht in der Lage, die Differenz aus f und dem abgeleiteten Integral zu 0 zu vereinfachen. (Im vorliegenden Beispiel wäre übrigens eine Vereinfachung mit `expand` möglich. Es geht hier aber weniger darum, das optimale Kommando für eine Vereinfachung zu finden, als um das grundsätzliche Problem, daß Maple unter Umständen einen Ausdruck nicht vereinfachen kann, obwohl er mathematisch 0 ist.)

```
f:=sin(a+1/x);
```

$$f := \sin(a + x^{-1})$$

```
int(f,x);
```

$$\sin(a + x^{-1})x + Si(x^{-1})\sin(a) - Ci(x^{-1})\cos(a)$$

```
diff(",x);
```

$$-\frac{\cos(a + x^{-1})}{x} + \sin(a + x^{-1}) - \frac{\sin(x^{-1})\sin(a)}{x} + \frac{\cos(x^{-1})\cos(a)}{x}$$

```
testexpr := simplify("-f);
```

$$testexpr := -\left(\cos(\frac{ax+1}{x}) + \sin(x^{-1})\sin(a) - \cos(x^{-1})\cos(a)\right) x^{-1}$$

Wenn eine Vereinfachung nicht gelingt, können Sie die Identität zweier Ausdrücke durch das Einsetzen von Zufallszahlen testen. Dieses Verfahren ist natürlich nicht ganz zuverlässig. Die Wahrscheinlichkeit, daß zwei Ausdrücke mathematisch gleichwertig sind, wenn sie für eine Abfolge von 10 Zufallszahlen übereinstimmen, ist aber immerhin sehr hoch. Wichtig ist natürlich, daß die Zufallszahlen ihrem Problem entsprechen, d.h. im allgemeinsten Fall komplexe Fließkommazahlen aus allen vier Quadranten der komplexen Zahlenebene. Manchmal kann es auch sinnvoll sein, ganze Zahlen oder Brüche einzusetzen und dann eine symbolische Vereinfachung durchzuführen.

Das Beispiel unten stellt eine Fortsetzung des obigen Beispiels dar. In *textexpr* werden für x und a mehrere Fließkomma-Zufallszahlen im Bereich ± 5000 eingesetzt. Die beiden abschließenden Kommandos berechnen die größte absolute Abweichung von 0. Diese Vorgehensweise wäre vor allem bei umfangreicheren Testreihen sinnvoll.

```
test:=´5000-rand()/1e8´;
```

$$5000 - 0.00000001 rand()$$

```
seq( evalf(subs(x=test, a=test, textexpr)), i=1..5);
```

$$-2.97 \times 10^{-11}, -0.0000000001010, -2.4 \times 10^{-11}, 2.82 \times 10^{-11}, 1.82 \times 10^{-11}$$

```
map(abs, ["] );
```

$$[2.97 \times 10^{-11}, 0.0000000001010, 2.4 \times 10^{-11}, 2.82 \times 10^{-11}, 1.82 \times 10^{-11}]$$

```
max( op(") );
```

$$0.0000000001010$$

Maple beim Integrieren zusehen

Wenn Sie wissen möchten, wie Maple zu seinen Ergebnissen kommt, können Sie beim Integrieren zusehen. Dazu müssen Sie die Systemvariable `infolevel` für `int` auf einen Wert zwischen 2 oder 5 stellen (je höher der Wert, desto ausführlicher werden die Informationen). Das erste Beispiel zeigt Maple beim (ergebnislosen) Versuch, $\frac{1}{1+\ln(x)}$ zu integrieren.

```
infolevel[int]:=3:
int( 1/(1+ln(x)), x);
```

```
int/indef:   first-stage indefinite integration
int/indef2:   second-stage indefinite integration
int/ln:   case of integrand containing ln
int/rischnorm:   enter Risch-Norman integrator
int/risch:   enter Risch integration
int/risch/algebraic1:   RootOfs should be algebraic numbers and functions
int/risch:   the field extensions are
```

$$[\_X, \ln(\_X)]$$

```
int/risch:   Introduce the namings:
```

$$\{\_th_1 = \ln(\_X)\}$$

```
unknown:   integrand is
```

$$(1 + \_th_1)^{-1}$$

```
int/risch/ratpart:   integrating
```

$(1 + \_th_1)^{-1}$

```
int/risch/ratpart:   Hermite reduction yields
```

$$\int (1 + \_th_1)^{-1} \, d\_X$$

```
int/risch/ratpart:   Rothstein's method - resultant is
```

$\_X - z$

```
        nonconstant coefficients; integral is not elementary
int/risch:   exit Risch integration
```

$$\int (1 + \ln(x))^{-1} \, dx$$

Im zweiten Beispiel wird die Funktion $\frac{sin(x)}{x}$ im Bereich zwischen 1 und 2 numerisch integriert. In diesem Fall muß `infolevel` für das Kommando `` `evalf/int` `` erhöht werden.

```
infolevel[`evalf/int`]:=2:
evalf(Int(sin(x)/x, x=1..2));
```

```
evalf/int:   entering
evalf/int/control:   integrating on   1   ..   2   the integrand
```

$$\frac{\sin(x)}{x}$$

```
evalf/int/control:   procedure for evaluation is
proc (x) evalf(sin(x)/x) end
evalf/int/control:  from ccquad, error =   9168221737354543.0E-28
                    error tolerance =   3296649532178.0E-22
                    integrand evals =   19
                             result =   .6593299064355
evalf/int:   exiting
```

.6593299064

Syntaxzusammenfassung

`int(f,x);` `int(f,x=a..b);` `int(f,x=a..b,opt);`
berechnet das allgemeine oder bestimmte Integral der Funktion f. Wenn über Unendlichkeitsstellen integriert werden soll, muß die Option `CauchyPrincipalValue` verwendet werden – `int` liefert dann den Cauchyschen Stammwert.

`evalf(Int(f,x=a..b));`
führt eine rein numerische Integration durch.

`readlib(residue);` `residue(f,x=x0);`
berechnet das Residuum von f an der Stelle $x0$.

```
with(share):  readshare(hint, calculus):
hint(h,x);    hyperint(p,q,f,x);
```

`hint` löst das durch h angegebene unbestimmte, hyperelliptische Integral. `hyperint` löst das Integral $\int p(x)/(q(x)\,y)dx$, wobei die hyperelliptische Kurve durch $y^2 = f$ bestimmt ist. Siehe `?hint` und `?hyperint`.

Kapitel 18

Differentialgleichungen

Das Problem beim Lösen von Differentialgleichungen ähnelt dem bei der Integration von Funktionen: Es existieren zahlreiche mathematische Verfahren, die aber jeweils nur bei ganz bestimmten Fällen zielführend sind. Zu den meisten möglichen (also mathematisch formulierbaren) Differentialgleichungen existieren überhaupt keine symbolischen Lösungen.

Diese einleitende Anmerkung soll vor allzu hohen Erwartungen gegenüber dem Kommando `dsolve` warnen. Das Kommando zur symbolischen Lösung von Differentialgleichungen bzw. von Systemen von Differentialgleichungen kommt nur mit einer sehr eingeschränkten Auswahl von Differentialgleichungstypen zurecht. Etwas flexibler ist die numerische Variante von `dsolve` (Option `numerical`).

`dsolve`
versucht eine Differentialgleichung zu lösen. Je nach Option wird dazu eine Laplace-Transformation oder eine Reihenentwicklung durchgeführt bzw. ein numerisches Verfahren angewendet.

`pdesolve`
versucht eine partielle Differentialgleichung symbolisch zu lösen. Das klappt allerdings nur bei wenigen Differentialgleichungstypen erster Ordnung.

`odeplot`
aus dem Package `plots` stellt numerische Lösungen von Differentialgleichungen grafisch dar.

`DEtools`
bezeichnet ein Package, das verschiedene Kommandos zur grafischen Darstellung von (noch ungelösten) Differentialgleichungen enthält.

Verweis: Andere Wege zur Lösung von Differentialgleichungen sind in den Kapiteln 24 bis 26 (Reihenentwicklungen, Fourier- und Laplace-Transformation) beschrieben.

Symbolische Lösung von Differentialgleichungen

Differentialgleichungen können wahlweise mit `diff` oder mit dem Differentialoperator `D` formuliert werden (siehe auch Kapitel 16) – unübersichtlich ist die Schreibweise in jedem Fall. Die beiden gleichwertigen Kommandos unten meinen jeweils die Differentialgleichung $y' + y = 1$. Der zweite Parameter von `dsolve` enthält die Zielfunktion. Im Ergebnis kommen eventuell mehrere frei wählbare Integrationskonstanten $\_Cn$ vor, die durch Randbedingungen bestimmt werden können.

```
dsolve(D(y)(x) + y(x) = 1, y(x));
```

$$y(x) = 1 + e^{-x}\_C1$$

```
dsolve( diff(y(x), x) + y(x) = 1, y(x));
```

$$y(x) = 1 + e^{-x}\_C1$$

Im nächsten Beispiel wird die Anfangsbedingung $y(0) = 0$ angegeben.

```
de := diff(y(x),x) * y(x) * (1+x^2) = x;
```

$$de := \left(\frac{d}{dx}y(x)\right) y(x) \left(1 + x^2\right) = x$$

```
dsolve( { de, y(0)=0 }, y(x));
```

$$y(x) = -\sqrt{\ln(1 + x^2)}\,, y(x) = \sqrt{\ln(1 + x^2)}$$

Zur Kontrolle wird die erste der beiden möglichen Lösungen durch `subs` in die Ausgangsgleichung eingesetzt.

```
subs("[1], de);
```

$$-\left(\frac{d}{dx}\left(-\sqrt{\ln(1 + x^2)}\right)\right) \sqrt{\ln(1 + x^2)} \left(1 + x^2\right) = x$$

```
simplify(");
```

$$x = x$$

Wenn Anfangs- oder Randbedingungen für Ableitungen angegeben werden sollen, muß die Schreibweise `D(y)(x0)=y0` verwendet werden. Höhere Ableitungen werden in der Form `D(D(D(y)))(x0)=y0` oder in der noch unübersichtlicheren Kurzschreibweise `(D@@3)(y)(x0)=y0` notiert. Die Randbedingungen werden zusammen mit der Differentialgleichung in geschwungene Klammern gesetzt.

```
dsolve( { de, D(y)(1)=1 }, y(x));
```

$$y(x) = -\sqrt{\ln(1 + x^2) - \ln(2) + 1/4}\,, y(x) = \sqrt{\ln(1 + x^2) - \ln(2) + 1/4}$$

Bei einigen Differentialgleichungen formuliert Maple die Lösung in impliziter Form. Falls das nicht erwünscht ist, kann im dritten Parameter die Option `explicit` angegeben werden.

```
dsolve( (y(x)^2 - x)*D(y)(x) + x^2-y(x) = 0, y(x) );
```

$$\frac{x^3}{3} - y(x)x + \frac{y(x)^3}{3} = \_C1$$

```
dsolve( (y(x)^2 - x)*D(y)(x) + x^2-y(x)=0, y(x), explicit );
```

$$y(x) = -\frac{\sqrt[3]{\%1}}{2} - \frac{x}{2\sqrt[3]{\%1}} - I\sqrt{3}\left(\sqrt[3]{\%1} - \frac{x}{\sqrt[3]{\%1}}\right)1/2,$$

$$y(x) = -\frac{\sqrt[3]{\%1}}{2} - \frac{x}{2\sqrt[3]{\%1}} + I\sqrt{3}\left(\sqrt[3]{\%1} - \frac{x}{\sqrt[3]{\%1}}\right)1/2,$$

$$y(x) = \sqrt[3]{\%1} + \frac{x}{\sqrt[3]{\%1}}$$

$$\%1 = -\frac{x^3}{2} + \frac{3\_C1}{2} + \frac{\sqrt{-4x^3 + x^6 - 6x^3\_C1 + 9\_C1^2}}{2}$$

Mit der Option `output=basis` liefert `dsolve` eine Liste der allgemeinen und der speziellen Lösungen der Differentialgleichung.

```
de:=diff(y(x), x$4) + 5*diff(y(x),x$2) - 36*y(x)=sin(x);
```

$$de := \left(\frac{\partial^4}{\partial x^4}\mathrm{y}(x)\right) + 5\left(\frac{\partial^2}{\partial x^2}\mathrm{y}(x)\right) - 36\,\mathrm{y}(x) = \sin(x)$$

```
dsolve( de, y(x));
```

$$\mathrm{y}(x) = -\frac{1}{65}\sin(x) + \frac{1}{156}\cos(3x)\sin(2x) - \frac{1}{312}\cos(3x)\sin(4x) + \frac{1}{312}\sin(3x)\cos(4x) - \frac{1}{156}\sin(3x)\cos(2x) + \_C1\,\mathrm{e}^{(2x)} + \_C2\,\mathrm{e}^{(-2x)} + \_C3\cos(3x) + \_C4\sin(3x)$$

```
dsolve( de, y(x), output=basis);
```

$$\left[[\cos(3x), \sin(3x), \mathrm{e}^{(2x)}, \mathrm{e}^{(-2x)}], -\frac{1}{65}\sin(x) + \frac{1}{156}\cos(3x)\sin(2x) - \frac{1}{312}\cos(3x)\sin(4x) + \frac{1}{312}\sin(3x)\cos(4x) - \frac{1}{156}\sin(3x)\cos(2x)\right]$$

Lösungen von Differentialgleichungen weiterverwenden

Normalerweise werden Differentialgleichungen nicht nur aus Neugier darüber gelöst, ob Maple mit diesem Differentialgleichungstyp zurechtkommt. Vielmehr sollen die resultierenden Lösungen weiterverwendet und häufig auch grafisch dargestellt werden. Maple liefert die Lösungen als Gleichungen, die in dieser Form gut zur Substitution in die Differentialgleichung geeignet sind. Auf diese Weise kann relativ einfach getestet werden, ob die Lösung korrekt ist – siehe das Beispiel am Beginn des vorigen Abschnittes. Um aus den Lösungsgleichungen allgemein verwendbare Funktionen zu gewinnen, sind Umwege über `rhs` und `unapply` notwendig, die in den folgenden Beispielen vorgeführt werden. Beispiele zur Weiterverarbeitung der Lösung von Systemen von Differentialgleichungen sowie von numerischen Lösungen finden Sie in den folgenden Abschnitten.

Im Beispiel rechts wird die beinahe schon triviale Differentialgleichung für den freien Falls ohne Luftwiderstand gelöst. Ein Körper beginnt in einer Höhe von 10 Metern mit der Startgeschwindigkeit 0 zu fallen.

```
dsolve({ m*D(D(z))(t) = -m*g,
         z(0)=10, D(z)(0)=0 }, z(t));
```

$$z(t) = -\frac{gt^2}{2} + 10$$

Maple liefert das Ergebnis in Form einer Gleichung $z(t) = ...$ Um daraus eine echte Funktion zu bilden, wird mit `rhs` (right side) die rechte Seite der Gleichung isoliert, mit `unapply` in eine Funktionsvorschrift umgeformt und in *funcz* gespeichert.

```
funcz:=unapply(rhs("), t);
```

$$funcz := t \mapsto -\frac{gt^2}{2} + 10$$

Um zu ermitteln, wann der Körper den Boden erreicht, wird die Gravitationskonstante g mit 9.81 belegt. Beachten Sie, daß dieser Schritt erst nach der Lösung der Differentialgleichung erlaubt ist. Wenn `dsolve` ein symbolisches Ergebnis liefern soll, sind keine Fließkommazahlen in der Differentialgleichung erlaubt.

```
g:=9.81;
```

$$g := 9.81$$

```
solve( funcz(t)=0, t);
```

$$-1.427843124, 1.427843124$$

```
t0:=max(");
```

$$t0 := 1.427843124$$

Jetzt können die Höhe des Körpers und seine Geschwindigkeit gezeichnet werden. Die Geschwindigkeit (Ableitung der Höhe) ist negativ, weil die z-Achse nach oben zeigt, der Körper aber nach unten fällt.

```
plot( {funcz(t), diff(funcz(t),t) },
      t=0..t0);
```

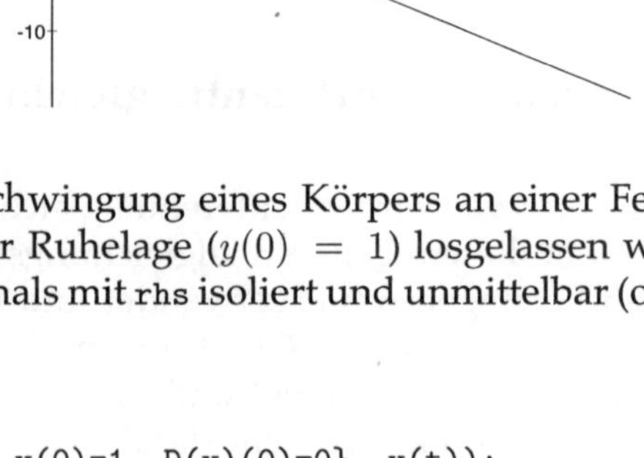

Das zweite Beispiel berechnet die gedämpfte Schwingung eines Körpers an einer Feder, wobei der Körper zur Zeit $t = 0$ außerhalb der Ruhelage ($y(0) = 1$) losgelassen wird. Die Lösung der Differentialgleichung wird abermals mit `rhs` isoliert und unmittelbar (ohne `unapply`) in *funcy* gespeichert.

```
restart: m:=1: c:=1: k:=1:
dsolve( {m*D(D(y))(t) + c*D(y)(t) + k*y(t)=0, y(0)=1, D(y)(0)=0}, y(t));
```

$$y(t) = \frac{\sqrt{3}\, e^{-\frac{t}{2}} \sin(\frac{\sqrt{3}\, t}{2})}{3} + e^{-\frac{t}{2}} \cos(\frac{\sqrt{3}\, t}{2})$$

Mit rhs wird die rechte Seite der Gleichung extrahiert.

```
funcy:=rhs("): funcy;
```

$$\frac{e^{-\frac{t}{2}}\left(\sqrt{3}\,\sin(\frac{\sqrt{3}\,t}{2})+3\,\cos(\frac{\sqrt{3}\,t}{2})\right)}{3}$$

Die Abbildung zeigt den Einschwingvorgang innerhalb der ersten 10 Sekunden.

```
plot(funcy, t=0..10, -0.2..0.35);
```

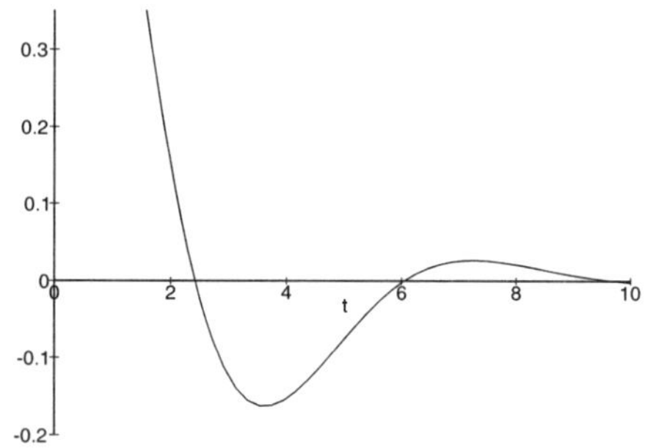

Differentialgleichung in DESol

Ab Release 3 liefert Maple manchmal Teillösungen von unlösbaren Differentialgleichungen in Form von DESol-Termen. Die Funktion DESol ist mit RootOf vergleichbar und repräsentiert die nicht berechenbare Lösung einer Differentialgleichung. Der praktische Gewinn ist allerdings gering, weil es so gut wie unmöglich ist, den DESol-Teil aus der Gesamtlösung zu isolieren und weiterzuverarbeiten.

Die Reihenfolge der Parameter in DESol weicht von der in DSolve ab: Der erste Parameter enthält eine Folge der Differentialgleichungen, der zweite Parameter eine Folge der darin vorkommenden Variablen und der dritte Parameter eine Folge der Randbedingungen. (In dsolve werden Differentialgleichungen und Randbedingungen in einer gemeinsamen Folge angeschrieben.) Auch bezüglich des Inhalts der Parameter existieren Unterschiede: Während in dsolve die Schreibweise D(y)(x) zulässig ist, muß es in DESol entweder diff(y(x),x) oder kurz D(y) lauten. Diese zweite Variante ist neu und in dsolve nicht zulässig.

Einfache DESol-Ausdrücke können mit diff abgeleitet, mit int integriert und mit series in eine Potenzreihe umgewandelt werden.

```
desol:=DESol( diff(y(x), x) + y(x) = 1, y(x), y(0)=0);
```

$$desol := \mathrm{DESol}\left(\left\{\left(\frac{\partial}{\partial x}\,\mathrm{y}(x)\right)+\mathrm{y}(x)-1\right\},\{\mathrm{y}(x)\},\{\mathrm{y}(0)=0\}\right)$$

```
int(desol, x);
```

$$-\mathrm{DESol}\left(\left\{\left(\frac{\partial}{\partial x}\,\mathrm{y}(x)\right)+\mathrm{y}(x)-1\right\},\{\mathrm{y}(x)\},\{\mathrm{y}(0)=0\}\right)$$
$$-\ln\left(\mathrm{DESol}\left(\left\{\left(\frac{\partial}{\partial x}\,\mathrm{y}(x)\right)+\mathrm{y}(x)-1\right\},\{\mathrm{y}(x)\},\{\mathrm{y}(0)=0\}\right)-1\right)$$

```
simplify(diff(", x));
```

$$\mathrm{DESol}\left(\left\{\left(\frac{\partial}{\partial x}\mathrm{y}(x)\right)+\mathrm{y}(x)-1\right\},\{\mathrm{y}(x)\},\{\mathrm{y}(0)=0\}\right)$$

```
series( desol, x);
```

$$x-\frac{1}{2}x^2+\frac{1}{6}x^3-\frac{1}{24}x^4+\frac{1}{120}x^5+\mathrm{O}(x^6)$$

Systeme von Differentialgleichungen

`dsolve` ist auch in der Lage, (relativ einfach) Systeme von Differentialgleichungen zu lösen. Sämtliche Differentialgleichungen müssen dazu in einer Menge (geschwungene Klammern) im ersten Parameter von `dsolve` angegeben werden. Im ersten Beispiel wurde versucht, eine allgemeine Lösung eines linearen Systems zweiter Ordnung mit konstanten Koeffizienten zu ermitteln.

```
dsolve( {D(x)(t)=a11*x(t)+a12*y(t),D(y)(t)=a21*x(t)+a22*y(t)},
        {x(t), y(t)} );
```

$$\{y(t)=\_C1\,e^{\frac{(a22+a11+\%1)t}{2}}+\_C2\,e^{-\frac{(-a22-a11+\%1)t}{2}},$$

$$x(t)=\frac{\_C1\,(-a22+a11+\%1)\,e^{\frac{(a22+a11+\%1)t}{2}}}{2\,a21}-$$

$$\frac{\_C2\,(a22-a11+\%1)\,e^{-\frac{(-a22-a11+\%1)t}{2}}}{2\,a21}\}$$

$$\%1=\sqrt{a22^2-2\,a11\,a22+a11^2+4\,a12\,a21}$$

Das zweite Beispiel stellt einen Sonderfall des obigen Systems von Differentialgleichungen dar ($a11=0, a12=1, a21=-1, a22=0$), außerdem wurden zwei Randbedingungen formuliert.

```
sol:=dsolve( {D(x)(t)=y(t), D(y)(t)=-x(t), x(0)=1, D(y)(1)=2},
             {x(t), y(t)} );
```

$$sol:=\left\{y(t)=-\sin(t)-\frac{(\cos(1)+2)\cos(t)}{\sin(1)},x(t)=-\frac{(\cos(1)+2)\sin(t)}{\sin(1)}+\cos(t)\right\}$$

Um die beiden Lösungsfunktionen x und y verwenden zu können, wird die gesamte Lösung mittels `subs` in $x(t)$ bzw. $y(t)$ eingesetzt und in *funcx* bzw. *funcy* gespeichert.

```
funcx:=subs(sol, x(t));
```

$$funcx:=-\frac{(\cos(1)+2)\sin(t)}{\sin(1)}+\cos(t)$$

```
funcy:=subs(sol, y(t));
```

$$funcy:=-\frac{(\cos(1)+2)\cos(t)}{\sin(1)}-\sin(t)$$

Die Lösungskurve (ein Kreis) kann jetzt als parametrische Funktion von t gezeichnet werden.

```
plot( [funcx, funcy, t=0..2*Pi],
      scaling=constrained );
```

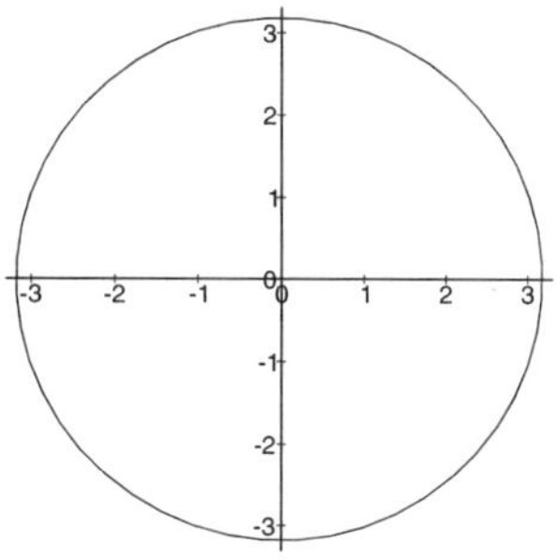

Lösung durch Laplace-Transformation

Zur Lösung einer Differentialgleichung durch eine Laplace-Transformation müssen Sie im dritten Paramter die Option `laplace` angeben. `laplace` muß insbesondere dann verwendet werden, wenn die Differentialgleichung die Einheitssprungfunktion `Heaviside` oder den Diracimpuls `Dirac` enthält.

Oft erkennt Maple die Laplace-Transformation selbständig als geeignetes Lösungsverfahren und benutzt es auch ohne diese Option. In anderen Föllen Situationen kann die Angabe von `laplace` allerdings eine enorme Zeitersparnis bedeuten, beispielsweise bei der in Kapitel 25 im Abschnitt 'Lösung von Differentialgleichungen mit Fourierreihen' auftretende Differentialgleichung für einen RLC-Schwingkreis.

Um den Schreibaufwand zu begrenzen und die Ergebnisse etwas übersichtlicher darstellen zu können, wird die Einheitssprungfunktion `Heaviside` durch σ abgekürzt. Anschließend wird die Funktion u definiert, die für $1 \leq t \leq 5$ den Wert 1, ansonsten den Wert 0 aufweist. Die zu lösende Differentialgleichung lautet $y' + y = u$. Der Lösungsversuch ohne `laplace` führt erwartungsgemäß zu keiner brauchbaren Lösung. Mit der `laplace`-Option liefert `dsolve` dann das korrekte Ergebnis.

```
alias(sigma=Heaviside):
u:=sigma(t-1)- sigma(t-5):
de:=diff(y(t), t) + y(t) = u:
dsolve( {de, y(0)=0}, y(t));
```

$$\mathrm{y}(t) = \mathrm{e}^{(-t)} \int_0^t \mathrm{e}^u\, \sigma(u-1)\, du - \mathrm{e}^{(-t)} \int_0^t \mathrm{e}^u\, \sigma(u-5)\, du + \mathrm{e}^{(-t)} (\mathrm{e} - \mathrm{e}^5)$$

```
dsolve( {de, y(0)=0}, y(t), laplace);
```

$$\mathrm{y}(t) = \sigma(t-1)(1 - \mathrm{e}^{(-t+1)}) - \sigma(t-5)(1 - \mathrm{e}^{(-t+5)})$$

Das Einsetzen der Lösung in die Differentialgleichung beweist die Richtigkeit dieser Lösung. (Daß diese Gleichung $0 = 0$ entspricht, erkennt `simplify` nicht. `lhs(")-rhs(")` würde das gewünschte Ergebnis liefern.)

```
sol1 := rhs("):
simplify( subs(y(t)=sol1, de) );
```

$$\sigma(t-1) - \sigma(t-5) = \sigma(t-1) - \sigma(t-5)$$

Die Abbildung rechts zeigt die Eingangsfunktion u und die Lösungsfunktion *sol1*, die der Eingangsfunktion (exponentiell verzögert) folgt.

```
plot( {u, sol1}, t=0..10);
```

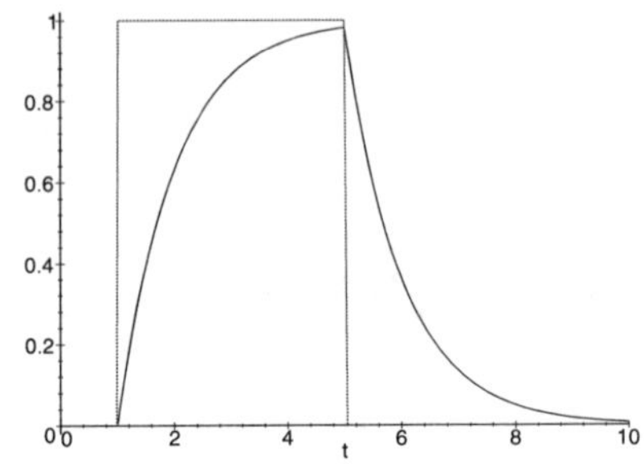

Näherungslösung durch Reihenentwicklung

Eine weitere mögliche Option von `dsolve` lautet `series`. Maple führt dann für alle betroffenen Funktionen eine Reihenentwicklung durch und liefert auch die Lösung der Differentialgleichung als Reihe. Diese Vorgehensweise hat den Vorteil, daß unter Umständen auch dann eine symbolische Lösung gefunden werden kann, wenn die normale `dsolve`-Variante aufgrund der Komplexität der auftretenden Eingangsfunktionen überfordert wäre. Der Nachteil der `series`-Option besteht darin, daß die resultierende Lösung nur eine Näherungslösung ist, die in einem (zumeist eher kleinen) Zahlenbereich gültig ist. Ab Release 3 dürfen Nebenbedingungen auch für $t0 \neq 0$) angegeben werden.

Die Anzahl der Terme der Reihenentwicklung wird durch die globale Variable `Order` bestimmt, die normalerweise mit dem Wert 6 voreingestellt ist. Damit die resultierende Reihe, deren Term $O(x^{10})$ den Rang des Restterms angibt, als normale Funktion verwendet werden kann, muß sie mit `convert/polynom` in ein Polynom ohne $O(x^{10})$ umgewandelt werden.

```
Order:=10:
de:=diff(y(x), x$2) + diff(y(x),x) + y(x) = x+sin(x);
```

$$de := \frac{d^2}{dx^2}y(x) + \frac{d}{dx}y(x) + y(x) = x + \sin(x)$$

```
sol1:=dsolve( {de, y(0)=0, D(y)(0)=0}, y(x), series);
```

$$sol1 := y(x) = (\frac{1}{3}x^3 - \frac{1}{12}x^4 - \ldots + \frac{1}{181440}x^9 + O\left(x^{10}\right))$$

```
f1:=convert( rhs(sol1), polynom);
```

$$f1 := \frac{x^3}{3} - \frac{x^4}{12} - \frac{x^5}{120} + \frac{x^6}{240} - \frac{x^7}{5040} - \frac{x^8}{20160} + \frac{x^9}{181440}$$

Maple ist in der Lage, diese Differentialgleichung auch symbolisch zu lösen. Das Ergebnis ist ziemlich umfangreich und wird hier nicht dargestellt.

```
sol2:=dsolve( {de, y(0)=0, D(y)(0)=0}, y(x)):
f2:=rhs(sol2):
```

Die Abbildung rechts zeigt die tatsächliche Lösung (*sol*2, das ist die flachere der beiden Kurven) und die durch eine Reihenentwicklung ermittelte Näherungslösung *sol*1. Im Bereich $0 \leq t \leq \pi$ stimmen die beiden Kurven gut überein.

```
plot( {f1,f2}, x=0..2*Pi, 0..8);
```

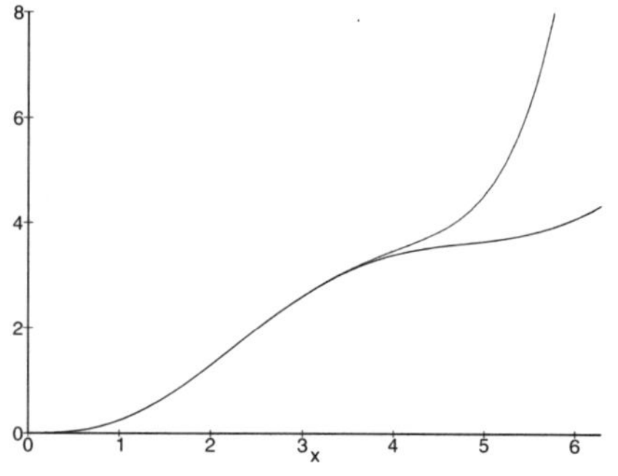

Zusatzinformationen zur Lösungssuche

Wenn Sie wissen möchten, wie Maple zu seinen Ergebnissen kommt, können Sie bei der Lösung der Differentialgleichung zusehen. Dazu müssen Sie die Systemvariable `infolevel` für `dsolve` auf einen Wert zwischen 2 und 5 stellen (je höher der Wert, desto ausführlicher werden die Informationen). An der folgenden Differentialgleichung scheitert Maple.

```
infolevel[dsolve]:=3:
dsolve( 3*D(y)(x) + y(x)* (1 + (2*x-1)*y(x)^3) = 0, y(x));

    dsolve/diffeq/dsol1:    -> first order, first degree methods :
    dsolve/diffeq/dsol1:    trying linear bernoulli
    dsolve/diffeq/dsol1:    trying separable
    dsolve/diffeq/dsol1:    trying exact
    dsolve/diffeq/dsol1:    trying general homogeneous
    dsolve/diffeq/dsol1:    trying Riccati
    dsolve/diffeq/linsubs:    trying linear substitution
    dsolve:   Warning: no solutions found
```

Mit `alias` können Sie sich häufig Schreibarbeit sparen und y als $y(x)$ definieren. Die Formulierung der Differentialgleichung wird dadurch etwas übersichtlicher. Allerdings ist es jetzt nicht mehr möglich, eine Randbedingung der Form `y(x0)=y0` anzuschreiben, da Maple y sofort durch $y(x)$ ersetzt und dann den daraus resultierenden Ausdruck $y(x)(x0) = ...$ beanstandet. Das folgende Beispiel beweist, daß Maple fallweise auch mit Differentialgleichungen höherer Ordnung umgehen kann.

```
alias(y=y(x)):
dsolve( diff(y, x$4) + 5*diff(y,x$2) - 36*y=0, y);

    dsolve/diffeq/polylinearODE:   trying linear constant coefficient
    dsolve/diffeq/polylinearODE:   linear constant coefficient successful
```

$$y(x) = \_C1\, e^{2\,x} + \_C2\, e^{-2\,x} + \_C3\, \sin(3\,x) + \_C4\, \cos(3\,x)$$

Abschließend noch eine Übersicht der Differentialgleichungstypen, mit denen `dsolve` in der Regel zurechtkommt.

- DGL 1. Ordnung: lineare DGL, exakte DGL, homogene DGL, DGL mit getrennten Variablen, Bernoullische DGL, Riccatische DGL, Clairautsche DGL
- DGL 2. Ordnung: lineare DGL, Eulersche DGL, Besselsche DGL, Bernoullische DGL
- DLG höherer Ordnung: lineare DGL mit konstanten Koeffizienten
- lineare DGL-Systeme

Fallweise gelingt es `dsolve`, Differentialgleichungen durch eine Substitution in eine der oben genannten Formen zu überführen. Mit partiellen Differentialgleichungen ist `dsolve` prinzipiell überfordert. In den Packages `liessymm` und `defform` befinden sich allerdings Kommandos, mit denen einige sehr spezielle Formen partieller Differentialgleichungen bearbeitet (wenn auch nicht gelöst) werden können – mehr dazu in einem der folgenden Abschnitte dieses Kapitels.

Numerische Lösung von Differentialgleichungen

Wenn `dsolve` nicht in der Lage ist, Ihre Differentialgleichung symbolisch zu lösen, besteht noch die Hoffnung, daß die numerische Variante von `dsolve` mit der Gleichung zurechtkommt. Voraussetzung für den Einsatz der Option `numeric` ist allerdings, daß Sie ausreichend Neben- und Randbedingungen formulieren können, so daß eine eindeutige Lösung möglich ist. Des weiteren darf die Differentialgleichung keine symbolischen Konstanten aufweisen.

Das Ergebnis der numerischen Variante von `dsolve` ist eine Interpolationsfunktion, die sich wie eine Black Box verhält. Nach außen hin ist diese Funktion als Prozedur definiert. Sie können zwar einzelne Werte berechnen und die Kurve grafisch darstellen, erhalten aber keine Informationen über die interne Zusammensetzung der Funktion oder über deren Gültigkeitsbereich. Gerade diese zweite Information wäre für die praktische Anwendung von großer Bedeutung. Es existiert keine Möglichkeit, die Lösungsfunktion abzuleiten. Daher ist es so gut wie unmöglich, die Korrektheit der Lösung durch ihr Einsetzen in die Differentialgleichung und deren Auswertung für verschiedene t-Werte zu überprüfen. Obwohl `dsolve` häufig durchaus brauchbare numerische Lösungen ermittelt, macht das Fehlen jeglicher Kontrollmechanismen die ganze Angelegenheit zu einem Lotteriespiel.

Zur grafischen Darstellung numerischer Lösung ist das Kommando `odeplot` aus dem Package `plots` vorgesehen. Das Kommando wird im folgenden Abschnitt beschrieben.

Das erste Beispiel (eine gedämpfte Schwingung) ist bereits von oben bekannt. Es wurde hier absichtlich ein Beispiel gewählt, das Maple auch symbolisch lösen kann. Auf diese Weise ist ein Vergleich zwischen der symbolischen und der numerischen Lösung möglich. In den Kommandos unten wird die Differentialgleichung $m\,y'' + c\,y' + k\,y = 0$ definiert, wobei m die Masse, k die Federkonstante und c die Dämpfung ist. Die symbolische Lösung der Differentialgleichung wird in *funcy1* als Funktionsvorschrift gespeichert (`unapply`). Anschließend wird der Ort des schwingenden Körpers für $t = 3$ berechnet.

```
restart:
de:=m*diff( y(t), t$2) +c*diff(y(t),t)+k*y(t)=0;
```

$$de := \frac{d^2}{dt^2}y(t) + \frac{d}{dt}y(t) + y(t) = 0$$

```
sol1:=dsolve( {de, y(0)=1, D(y)(0)=0}, y(t) ):
funcy1:=unapply(rhs(sol1),t):
m:=1: c:=1: k:=1:
evalf(funcy1(3));
```

$$-0.1243547675$$

Die numerische Lösung derselben Differentialgleichung wird von Maple als Prozedur geliefert, die anschließend in *funcy2* gespeichert wird.

```
sol2:=dsolve( {de, y(0)=1, D(y)(0)=0}, y(t), numeric );
    sol2 := proc(rkf45_x) ... end
funcy2:=":
```

Die Auswertung dieser Funktion liefert nicht einfach einen Lösungswert, sondern eine Folge von Gleichungen für t und $y(t)$. Um daraus $y(t)$ zu isolieren, muß `subs` eingesetzt werden.

```
funcy2(3);
```

$$[y(t) = -0.1243547644, t = 3.0]$$

```
subs( funcy2(3), y(t));
```

$$-0.1243547644$$

Mit dem kompliziert wirkenden `seq`-Kommando wird eine Tabelle erstellt, welche die t-Werte $0, 0.2...2$ und die dazu gehörenden y-Werte enthält. Durch die Formulierung als Liste wird sichergestellt, daß die Reihenfolge von t und y nicht von Maple beliebig durcheinandergebracht wird, wie dies der Fall wäre, wenn das Ergebnis von *funcy2* (eine Folge!) unmittelbar verwendet würde.

```
seq( [ t=n*0.2,
  y=subs( funcy2(n*0.2), y(t)) ],
  n=0..10 ):
```

Durch das array-Kommando wird das Ergebnis von seq in eine Matrix verwandelt und übersichtlich angezeigt.

```
array( ["] );
```

$$\begin{bmatrix} t=0 & y=1.0 \\ t=0.2 & y=0.9813307545 \\ t=0.4 & y=0.9305870049 \\ t=0.6 & y=0.8554164086 \\ t=0.8 & y=0.7629629594 \\ t=1.0 & y=0.6597001501 \\ t=1.2 & y=0.5513186057 \\ t=1.4 & y=0.4426623722 \\ t=1.6 & y=0.3377073448 \\ t=1.8 & y=0.2395749741 \\ t=2.0 & y=0.1505743634 \end{bmatrix}$$

Die einfachste Möglichkeit, die Lösung grafisch darzustellen, bietet das Kommando odeplot. Das Kommando wird im nächsten Abschnitt näher vorgestellt.

```
with(plots):
odeplot( funcy2, [t,y(t)], 0..10);
```

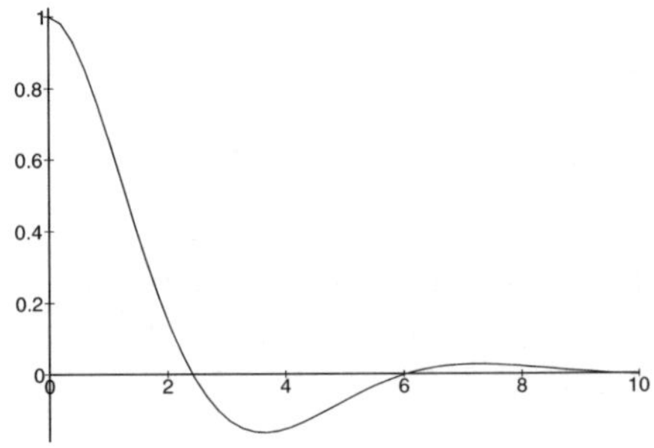

Schwieriger wird es, wenn – wie in der folgenden Abbildung – die Abweichung zwischen der numerischen und der symbolischen Lösung gezeichnet werden soll. Den subs-Term zur Isolierung des y-Lösungswerts kennen Sie ja bereits aus dem vorletzten Kommando zur Aufstellung der Tabelle. Durch die Apostrophe wird vermieden, daß Maple diese Substitution schon vor dem Einsetzen der verschiedenen t-Werte ausführt, was zu einer Fehlermeldung führen würde.

Die Abbildung rechts zeigt die minimale Abweichung zwischen der symbolischen und der numerischen Lösung. (Lassen Sie sich von der Form der Kurve nicht abschrecken. Beachten Sie den Maßstab der y-Achse!)

```
plot( funcy1(x)-
      'subs(funcy2(x),y(t))',
      x=0..10);
```

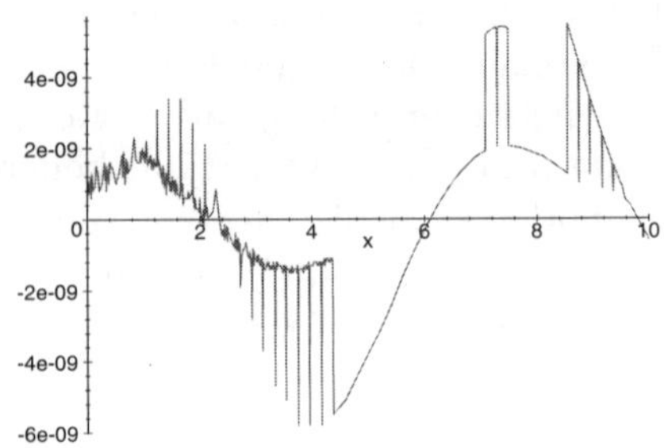

Das zweite Beispiel ist etwas komplexer. Das Gleichungssystem beschreibt ein bewegtes Proton in einem Magnetfeld (z.B. in einem Teilchenbeschleuniger). Das System der Differentialgleichungen wurde in Vektorschreibweise formuliert, um Tipparbeit zu sparen. Maple ist in der Lage, dieses Gleichungssystem sowohl symbolisch als auch numerisch zu lösen, in diesem Beispiel geht es aber nur um das numerische Ergebnis.

```
with(linalg):

m:= 1.6e-27:                         # masse of a proton [kg]
q:= 1.6e-19:                         # charge [Coulomb]
bz:= 1:                              # magnetic field in z-direction [Tesla]
r:= vector( [x(t), y(t), z(t)] ):    # position of the proton
v:= map(diff, r, t):                 # speed
a:= map(diff, v, t):                 # acceleration
b:= vector( [0,0,bz] ):              # magnetic field

sys := evalm( m*a - q*crossprod(v,b)):
de:=seq( sys[i]=0, i=1..3);
```

$$de := 1.6 \times 10^{-27} \frac{d^2}{dt^2} x(t) - 1.6 \times 10^{-19} \frac{d}{dt} y(t) = 0,$$

$$1.6 \times 10^{-27} \frac{d^2}{dt^2} y(t) + 1.6 \times 10^{-19} \frac{d}{dt} x(t) = 0,$$

$$1.6 \times 10^{-27} \frac{d^2}{dt^2} z(t) = 0$$

```
conditions:= x(0)=0, y(0)=0, z(0)=0, D(x)(0)=1e8, D(y)(0)=0, D(z)(0)=1e6:
sol:=dsolve( {de, conditions}, convert(r,set), numeric);
    sol := proc(rkf45_x) end
```

Als Lösung für einen speziellen t-Wert liefert Maple jetzt eine Menge mit vier Gleichungen. Überraschend viel Probleme bereitet allerdings die grafische Darstellung dieser Lösung. Das Kommando `odeplot`, das extra zum Zeichnen numerischer Lösungen von Differentialgleichungen vorgesehen ist, wird durch die Lösung überfordert. Es kann zwar dreidimensionale Kurven der Form $[x(t), y(t), t]$, aber nicht Kurven der Form $[x(t), y(t), z(t)]$ zeichnen. Auch der Versuch, diese Gleichungen via `spacecurve` räumlich darzustellen, scheitert. `spacecurve` ist offensichtlich nicht in der Lage, die Werte von x, y und z korrekt zu berechnen.

```
sol(1e-8);
```

$$\Big[t = .1\,10^{-7}, \mathrm{x}(t) = .8414709861286803, \frac{\partial}{\partial t}\mathrm{x}(t) = .5403023068318053\,10^{8},$$

$$\mathrm{y}(t) = -.4596976931681948, \frac{\partial}{\partial t}\mathrm{y}(t) = -.8414709861286806\,10^{8},$$

$$\mathrm{z}(t) = .01000000000000000, \frac{\partial}{\partial t}\mathrm{z}(t) = .1000000\,10^{7}\Big]$$

```
with(plots):
spacecurve( [ ´subs(sol(t), x(t))´, ´subs(sol(t), y(t))´, ´subs(sol(t), z(t))´ ],
          t=0..1e-7);
```

Um dennoch zu einer Grafik zu gelangen, wurde mit `seq` eine verschachtelte Liste mit 100 Koordinatenpunkten der Kurve im Bereich $t = 0$ bis $t = 10^{-7}$ aufgestellt. Durch die direkte Verwendung der internen Maple-Grafikstrukturen gelingt es dann, diese Datenpunkte als dreidimensionalen Linienzug darzustellen. (Siehe auch Kapitel 32, wo die interne Darstellung von Grafiken behandelt wird.)

```
data:=[ seq(
       [ subs(sol(n*1e-9), x(t)),
         subs(sol(n*1e-9), y(t)),
         subs(sol(n*1e-9), z(t)) ],
       n=0..100) ]:
PLOT3D(CURVES(data), AXESSTYLE(BOX),
       COLOR(RGB,0,0,0));
```

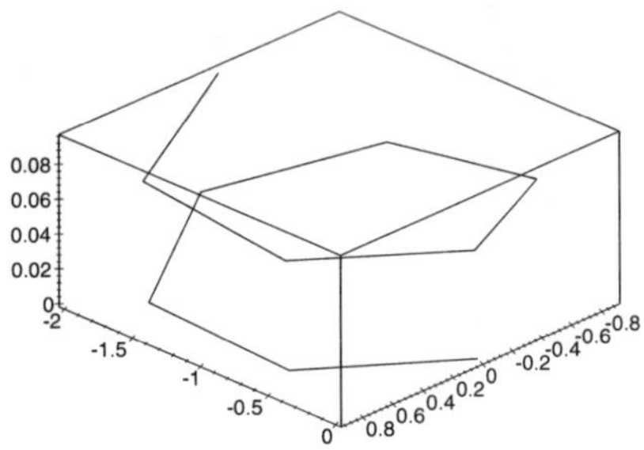

Die Grafik sieht unerwartet eckig aus. Obwohl Maple die Ergebnisse mit sechzehn Stellen anzeigt (`Digits` wurde unverändert auf 10 belassen), liefert es für $t = 25 * 10^{-9}$ und für $t = 26 * 10^{-9}$ (zwei beliebige Testwerte) dieselben Ergebnisse.

```
subs(sol(25e-9), x(t)), subs(sol(26e-9), x(t));
```

$$0.5984721468178301, 0.5984721468178301$$

Die Erhöhung der Rechengenauigkeit von 10 auf 16 Stellen verändert zwar die Anzahl der Stellen im Ergebnis nicht, wohl aber die tatsächliche Genauigkeit. Gleichzeitig steigt die Rechenzeit auf ein Vielfaches an.

```
Digits:=16: sol:=dsolve( {de, conditions}, convert(r,set), numeric):
subs(sol(25e-9), x(t)), subs(sol(26e-9), x(t));
```

$$0.5984721441039560, 0.5155013718214638$$

Wenn die oben abgedruckten Kommandos `data=...` und `PLOT3D(...)` wiederholt werden, liefert Maple (nach mehreren Minuten) die nebenstehende Grafik.

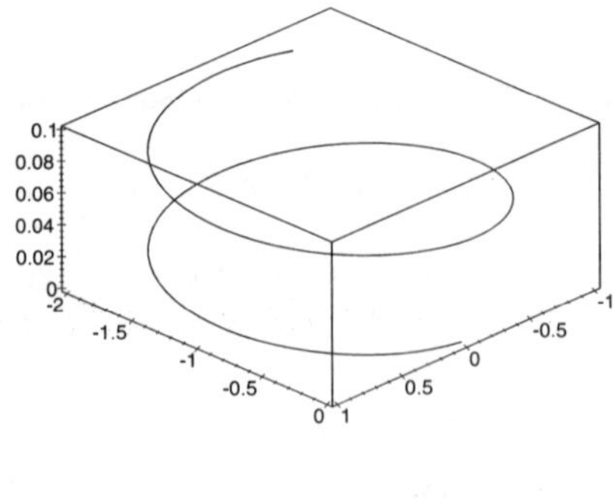

Grafische Darstellung von Differentialgleichungen

Maple kennt prinzipiell zwei unterschiedliche Typen von Grafikkommandos zur Darstellung von Differentialgleichungen. `odeplot` aus dem Package `plots` versucht, die numerische Lösung einer Differentialgleichung grafisch darzustellen. Im Gegensatz dazu stehen die Kommandos des Packages `DEtools`, mit denen die Phasenebene und einzelne Phasenkurven von Differentialgleichungen gezeichnet werden, *ohne* die Differentialgleichung vorher zu lösen. Alle hier vorgestellten Grafikkommandos haben eine ziemlich unangehme Eigenschaft gemeinsam: Die Rechenzeiten sind sehr hoch. Wundern Sie sich also nicht, wenn Sie auch mit leistungsfähigen Rechnern eine Minute und mehr auf oft ganz einfach aussehende Grafiken warten.

Numerische Lösungen von Differentialgleichung grafisch darstellen

Die beiden Beispiele des letzten Abschnitts haben bereits gezeigt, daß die grafische Darstellung von numerischen Lösungen schwieriger ist, als es auf ersten Blick den Anschein hat. In vielen Fällen kann das Kommando `odeplot` diese Aufgabe erleichtern. Im ersten Parameter dieses Kommandos wird die ermittelte Lösungsfunktion angegeben. Der zweite Parameter enthält eine Liste der zu zeichnenden Variablen, beispielsweise $[t, y(t)]$. Im dritten Parameter wird der Zeichenbereich für die Laufvariable (hier t) angegeben, wobei nur die Form `a..b`, nicht aber `t=a..b` erlaubt ist.

Im ersten Beispiel wird die Differentialgleichung $y' + 3y = \sin(t^2)$ numerisch gelöst. Die grafische Darstellung der Lösung bereitet keine Probleme.

```
sol:=dsolve(
  { diff(y(t),t)+3*y(t)=sin(t)^2,
    y(0)=0 }, y(t), numeric):
```

```
with(plots):
odeplot( sol, [t, y(t)],  0..3);
```

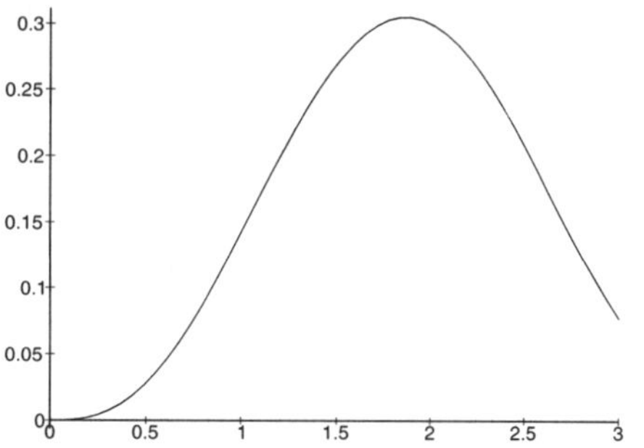

Interessanter ist das zweite Beispiel, in dem es um das Differentialgleichungssystem $x' = -y, y' = x + sin(t)$ geht:

```
sol:=dsolve(
  { diff(y(t),t)=x(t)+sin(t), diff(x(t),t)=-y(t),  x(0)=0, y(0)=0 },
  { x(t), y(t) }, numeric);
  sol := proc (rkf45_x) ... end
```

In der ersten Abbildung wird x über t grafisch dargestellt.

```
odeplot( sol, [t, x(t)], 0..20);
```

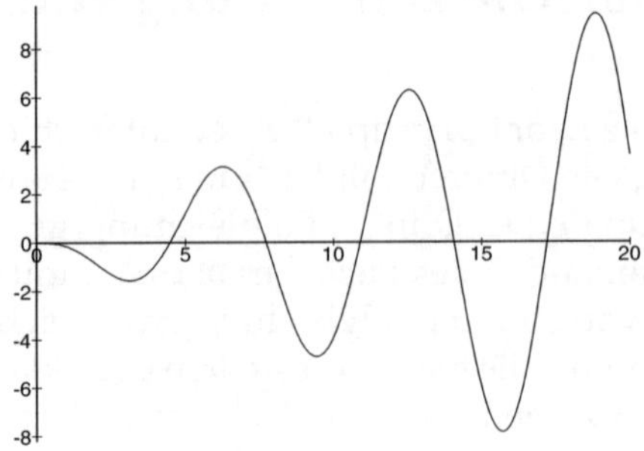

Die zweite Abbildung zeigt dieselbe Lösung, allerdings in der Ansicht y über x, wobei t die Werte von 0 bis 20 durchläuft. Damit die Abbildung vernünftig aussieht, muß mit einigen Optionen (siehe Kapitel 19) nachgeholfen werden. Insbesondere bewirkt `view`, daß auch der linke Teil der Grafik ($x < 0$) angezeigt wird.

```
odeplot( sol, [x(t), y(t)], 0..20,
   view=[-10..10, -10..10],
   numpoints=500,
   scaling=constrained);
```

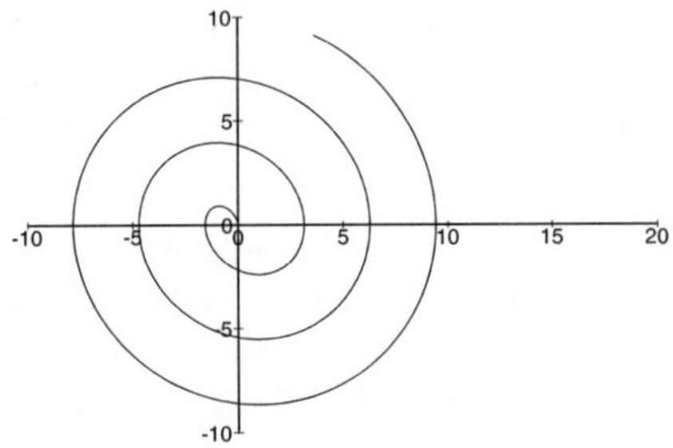

In der dritten Abbildung wird das Ergebnis schließlich dreidimensional dargestellt.

```
odeplot( sol, [t, x(t), y(t)],
  0..20, shading=none, axes=boxed);
```

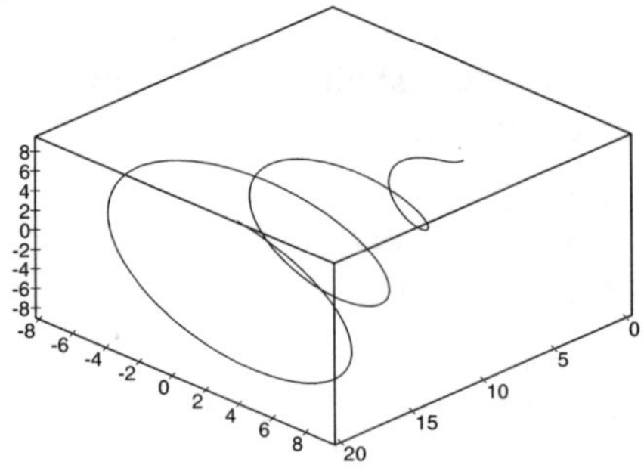

Phasenebene und Phasenkurven von Differentialgleichungen zeichnen

Im Package `DEtools` befinden sich einige Kommandos, mit denen Differentialgleichungen (ohne deren Lösung zu ermitteln) grafisch dargestellt werden. Diese Kommandos funktionieren zumeist auch für Differentialgleichungen, die für `dsolve` nicht lösbar sind. Folgende Kommandos können verwendet werden:

`dfieldplot`	zeichnet eine Phasenebene in Pfeildarstellung.
`phaseportrait`	zeichnet die Phasenebene plus einzelne Phasenkurven.
`DEplot`	stellt eine gewöhnliche DGL grafisch dar.
`DEplot3d`	stellt die DGL dreidimensional dar.
`PDEplot`	zeichnet eine quasi-lineare partielle DGL erster Ordnung.

Anmerkung: Die Kommandos wurden in Release 4 vollständig überarbeitet. Warum dabei gleich die Namen vieler Kommandos und der meisten Optionen geändert werden mußten, ist allerdings nicht einsichtig. Praktisch alle in Release 3 noch funktionierenden Kommandos werden von der neuen Version des `DEtools`-Packages mit diversen Fehlermeldungen quittiert. Insbesondere werden die in Release 3 üblichen Kurzschreibweisen nicht mehr als korrekte Eingabe akzeptiert.

An alle Kommandos wird im ersten Parameter die Differentialgleichung (oder das System von Differentialgleichungen) übergeben, im zweiten Parameter die Variablenliste und im dritten Parameter die unabhängige Variable (zumeist t). Die weiteren Parameter hängen vom Kommando ab.

Die Kommandos können mit einzelnen Differentialgleichungen der Form $y' = f(y,t)$ (mit $y = y(t)$) sowie mit Differentialgleichungssystemen der Form $x' = f1(x,y,t), y' = f2(x,y,t)$ (mit $x = x(t)$ und $y = y(t)$) umgehen. `DEplot` und `PDEplot` unterstützen darüber hinaus auch kompliziertere Differentialgleichungen – siehe die Beispiele unten.

Bei den meisten Kommandos können bzw. müssen Startbedingungen angegeben werden. Hier sind zwei Schreibweisen möglich: Die ausführliche Variante lautet $\{y(t0) = y0, y(t1) = y1, ...\}$ bzw. $\{[x(t0) = x0, y(t0) = y0], [...], ...\}$ für ein System zweier Differentialgleichungen. Die Kurzschreibweise lautet $\{[t0, y0], [t1, y1], ...\}$ bzw. $\{[t0, x0, y0], [...], ...\}$.

Wichtige Optionen für die Kommandos sind `color` zur Einstellung der Farbe von Pfeilen (z.B. `color= sin(y)`), `linecolor` zur Einstellung der Farbe von Phasenkurven, `arrow` zur Einstellung der Pfeilform (`SMALL`, `MEDIUM`, `LARGE`, `LINE` oder `NONE`), `dirgrid` zur Einstellung der Anzahl der Pfeile (die Defaulteinstellung lautet `dirgrid=[20,20]`) sowie `stepsize` zur Veränderung der Schrittweite für die numerischen Berechnungsverfahren. Darüber hinaus können sämtliche Optionen verwendet werden, die in den beiden folgenden Kapiteln zur Feineinstellung von 2D- und 3D-Grafiken beschrieben werden.

Hinweis 1: Die Kommandos `fieldplot` und `gradientplot` aus dem Package `plots` stellen Vektor- und Gradientenfelder in einer ähnlichen Form dar wie die hier besprochenen Kommandos (ebenfalls mit Pfeilen). Die Kommandos werden in Kapitel 27 zum Thema Vektoranalysis behandelt.

Hinweis 2: Zahlreiche Beispiele zur Anwendung der Kommandos und insbesondere zur Bedeutung der zahlreichen Optionen finden Sie in den Dateien `Deplot.mws`, `Deplot3d.mws` und `Pdeplot.mws` im `Examples`-Verzeichnis von Maple.

Die Abbildung rechts zeigt die Phasenebene zur Differentialgleichung $y' = \sin(y)$.

```
restart: with(DEtools):
dfieldplot( diff(y(t),t)=sin(y(t)),
  [y(t)], t=-1..5, y=-1..4);
```

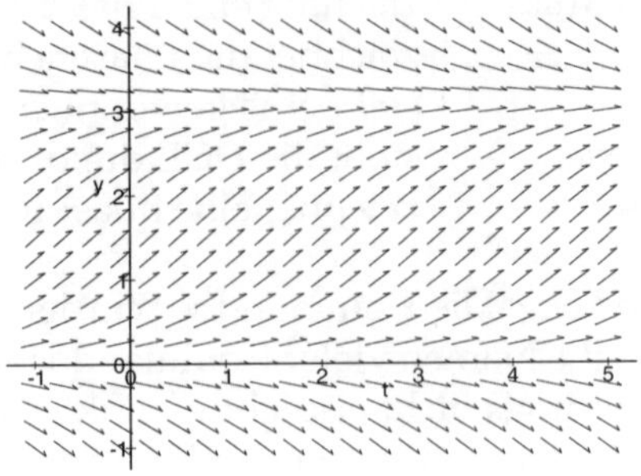

Im zweiten Beispiel zu `dfieldplot` wird das Differentialgleichungssystem $x' = \sin(x) + y, y' = \sin(y) - x$ dargestellt. Wenn für x und y kein Zeichenbereich angegeben wird, stellt Maple die Phasenebene automatisch für den Bereich zwischen $(-1, -1)$ und $(1, 1)$ dar.

```
dfieldplot(
  [ diff(x(t),t)=sin(x(t))+y(t),
    diff(y(t),t)=sin(y(t))-x(t) ],
  [ x(t),y(t) ],
  t=0..1, x=-1..1, y=-1..1);
```

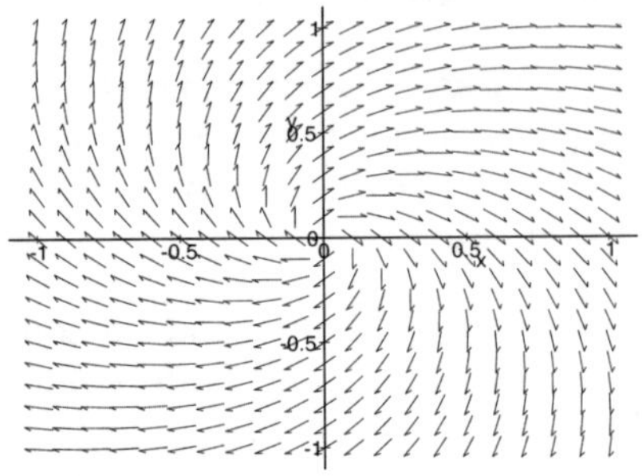

`phaseportrait` zeichnet einzelne Kurven der Phasenebene. Die Differentialgleichung wird wie bei `dfieldplot` angegeben. Zusätzlich muß in einer Menge mindestens eine Anfangsbedingung für den Startpunkt einer Phasenkurve angegeben werden.

```
phaseportrait( diff(y(t),t)=sin(y(t)),
  [y(t)], t=-1..10, [ [y(4)=1],
  [y(4)=2], [y(4)=-1], [y(4)=-2] ]);
```

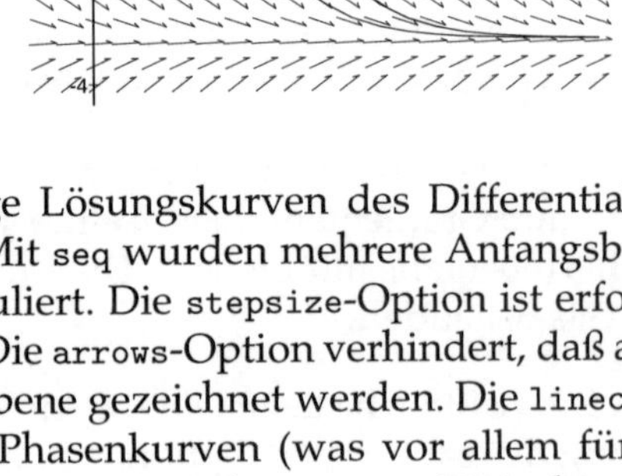

Das zweite Beispiel zu `phaseportrait` zeigt einige Lösungskurven des Differentialgleichungssystems $x' = \sin(x) + y, y' = \sin(y) - x$. Mit `seq` wurden mehrere Anfangsbedingungen in der Kurzschreibweise $[t0, x0, y0]$ formuliert. Die `stepsize`-Option ist erforderlich, damit die Phasenkurven nicht eckig werden. Die `arrows`-Option verhindert, daß außer den Phasenkurven auch die Pfeile für die Phasenebene gezeichnet werden. Die `linecolor`-Option erzwingt eine schwarze Darstellung der Phasenkurven (was vor allem für den Ausdruck der Grafik sinnvoll ist). Die Phasenkurven werden übrigens am Bildschirm viel dicker dargestellt, als dies beim Ausdruck der Fall ist.

```
start:=seq( [0,0,n*0.1], n=0..10);
```

$$start := [0, 0, 0], [0, 0, 0.1], \ldots, [0, 0, 1.0]$$

```
phaseportrait(
  [ diff(x(t),t)=sin(x(t))+y(t),
    diff(y(t),t)=sin(y(t))-x(t) ],
  [x(t),y(t)], t=0..10, {start},
  stepsize=0.1, arrows=NONE,
  linecolor=black);
```

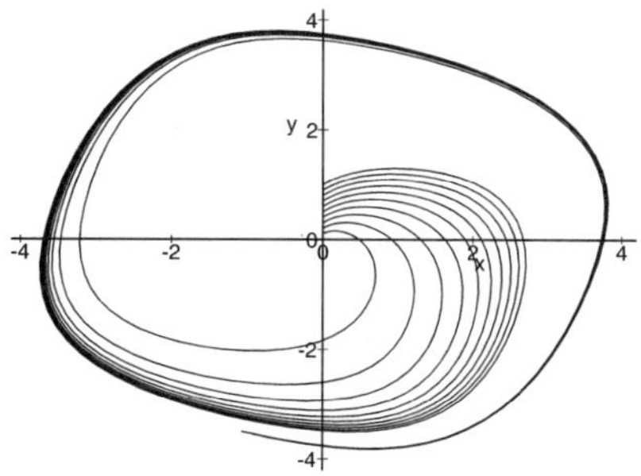

DEplot stellt Differentialgleichungen dar und greift dabei auf phaseportrait und dfieldplot zurück. Die Abbildung rechts zeigt die Phasenebene sowie einige Kurven für die Differentialgleichung $x' = 1 + x - x^2$ für $x = x(t)$. Die Option limitrange verhindert, daß die Phasenkurven über den zu zeichnenden Bereich hinaus berechnet werden. Durch die alias-Abkürzungen für x und y wird der Tippaufwand zur Formulierung der Differentialgleichungen verringert.

```
alias(x=x(t), y=y(t)):
DEplot( diff(x,t)=1+x-x^2, [x],
  t=0..3, {seq([0,n/2], n=-3..5)},
  x=-1..3, dirgrid=[10,10],
  arrows=THICK);
```

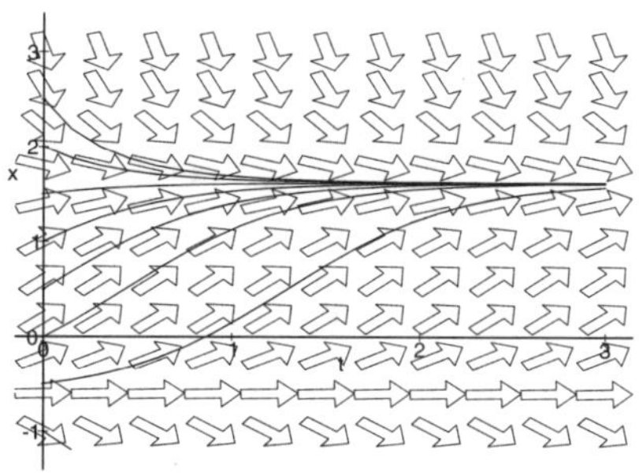

DEplot eignet sich auch für Systeme zweier Differentialgleichungen erster Ordnung. Im Beispiel wird das Differentialgleichungssystem $x' = -y, y' = x - y$ durch ein Feld angegeben. Die Abbildung rechts zeigt die Phasenebene und eine Phasenkurve für $x(0) = 0, y(0) = 1$.

```
DEplot( [diff(x,t)=-y, diff(y,t)=x-y],
        [x,y], -1..1, { [0,0,1] } );
```

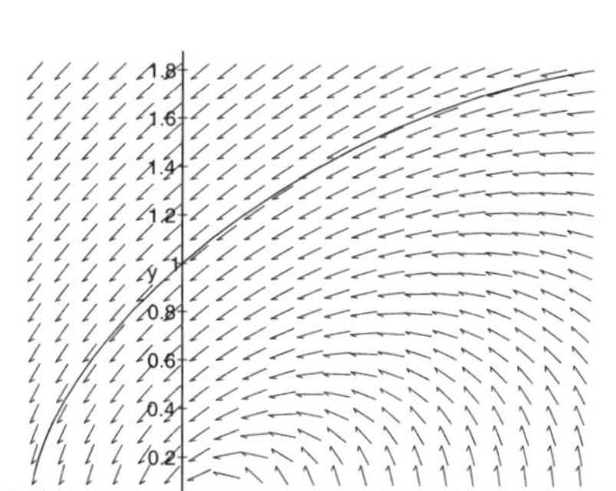

`DEplot3d` stellt Differentialgleichungssysteme dreidimensional dar. Die folgende Abbildung zeigt das Differentialgleichungssystem $x' = \sin(y) - x/10, y' = x$. Für x und y gelten noch immer die `alias`-Abkürzungen von oben.

```
DEplot3d(
  [diff(x,t)=sin(y)-x/10, diff(y,t)=x],
  [x,y], 0..40, {[0,1,1]},
  stepsize=0.1, linecolor=black );
```

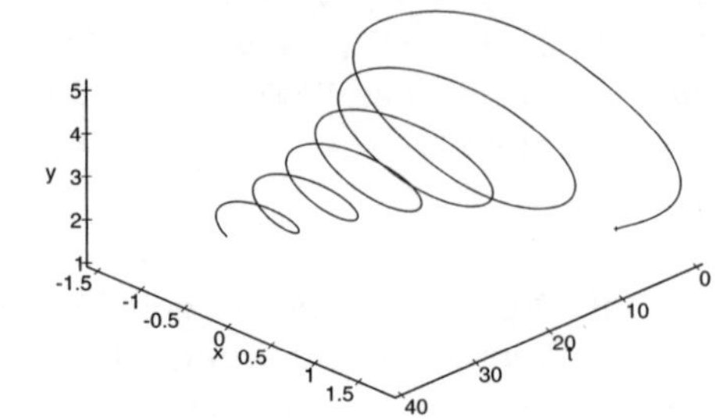

Die Abbildung rechts zeigt eine Kurvenschar für die Differentialgleichung $y'''' + y' = sin(x)$ für $y = y(x)$. Mit `seq` wird eine verschachtelte Liste gebildet, die die Startparameter $y(1) = 1, y'(1) = 1, y''(1) = -1 undy'''(1) = n$ für n zwischen -5 und 5 enthält.

```
alias(x=x,y=y):
de := diff(y(x), x$4) +
      diff(y(x), x) = sin(x):
DEplot(de, [y(x)], x=0..2,
  [seq( [ y(1)=1,
          D(y)(1)=-1,
          (D@@2)(y)(1)=1,
          (D@@3)(y)(1)=n ],
   n=-5..5)] );
```

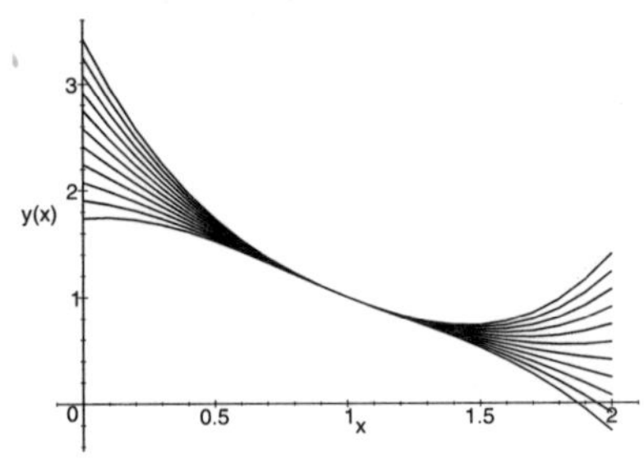

Partielle Differentialgleichungen

Seit Release 4 können mit dem Kommando `pdesolve` partielle Differentialgleichungen gelöst werden. Allzu hohe Erwartungen sollten Sie in das Kommando aber (noch) nicht setzen: Das Kommando kommt nur mit sehr wenigen Gleichungstypen zurecht. Differentialgleichungen ab der zweiten Ordnung überfordern `pdesolve` fast ausnahmslos; selbst häufig auftretende und in ihrer Lösung bekannte Gleichungstypen wie die Wellengleichung oder die Laplace-Gleichung bleiben ungelöst. Hier sind in den kommenden Versionen sicher noch Verbesserungen zu erwarten. `pdesolve` kennt im Gegensatz zu `dsolve` auch keine numerische Variante, die Lösungssuche kann also nur symbolisch erfolgen.

Um das Anschreiben von partiellen Differentialgleichungen zu erleichern, wird für die Funktion $f(x, y)$ die Abkürzung f eingeführt. *pde* enthält die Gleichung $x f_x + y f_y = f$.

```
restart: alias(f=f(x,y)):
pde:= x*diff(f,x) + y*diff(f,y)=f;
```

$$pde := x\,(\frac{\partial}{\partial x}\,f) + y\,(\frac{\partial}{\partial y}\,f) = f$$

```
sol:= pdesolve( pde, f);
```

$$sol := f = \_F1(\frac{y}{x})\,x$$

Die Lösung der Differentialgleichung gelingt auf Anhieb. Auch die anschließende Kontrolle durch das Einsetzen in die Ausgangsgleichung und die Vereinfachung führt zum gewünschten Ergebnis 0.

```
subs(sol, pde);
```

$$x\,(\frac{\partial}{\partial x}\,\_F1(\frac{y}{x})\,x) + y\,(\frac{\partial}{\partial y}\,\_F1(\frac{y}{x})\,x) =$$
$$\_F1(\frac{y}{x})\,x$$

```
simplify(lhs(")-rhs("));
```

$$0$$

Ähnlich problemlos klappt das auch bei der eindimensionalen Wellengleichung $u_{tt} = a^2\,u_{xx}$, wobei zusätzlich die Störfunktion $\sin(t)$ eingefügt wird. Die zweidimensionale Wellengleichung ($u_{tt} = a^2\,(u_{xx} + u_{yy})$ mit $u = u(x, y, t)$ kann dagegen nicht mehr gelöst werden.

```
alias(u=u(t,x)):
pde:=diff(u,t$2) =
a^2*diff(u,x$2)+sin(t):
sol:=pdesolve(pde,u);
```

$$sol := u = t - \sin(t) + \_F1(x + a\,t) +$$
$$\_F2(x - a\,t)$$

```
subs(sol,pde):
simplify(lhs(")-rhs("));
```

$$0$$

Verweis: Weitere Beispiele für die Anwendung von `pdesolve` enthalten die Dateien `part2\chap18.mws` (auf der beiliegenden CD-ROM) bzw. die zu Maple gehörende Datei `examples\pdesolve.mws`.

Partielle Differentialgleichungen grafisch darstellen

Das Kommando `PDEplot` aus dem `DEtools`-Package ist in der Lage, quasi-lineare partielle Differentialgleichungen der Form $P z_x + Q z_y = R$ grafisch darzustellen. Dabei ist z eine Funktion von x und y; P, Q und R sind Funktionen von x, y und z.

An das Kommando wird im ersten Parameter eine Liste der drei Funktionen P, Q und R übergeben, im zweiten Parameter eine Liste der drei Variablen (z.B. $[x, y, z]$). Der dritte Parameter enthält abermals in einer Liste drei Funktionen, die eine parametrische Kurve durch den Raum angeben. Im letzten Parameter wird schließlich der gewünschte Bereich der Laufvariablen der Raumkurve angegeben. Maple zeichnet daraufhin für diese Kurve eine Lösungsfläche.

Im Beispiel unten wird eine Lösungsfläche zur Differentialgleichung $2 * z_x - z * z_y = 1/10$ dargestellt. Die Lösungsfläche ist durch die Raumkurve $[1 + s, s^2, s]$ bestimmt, wobei s von -2 bis 2 durchlaufen wird. Die Option `numsteps` bestimmt die Anzahl der zu berechnenden Punkte der Fläche (wie `grid` bei anderen `plot`-Kommandos). Durch die Optionen `style` und `shading` wird erreicht, daß die Fläche einfarbig und mit Sichtbarkeitsuntersuchung gezeichnet wird (siehe auch Kapitel 20).

```
PDEplot( [2,-z,1/10], [x,y,z],
         [1+s,s^2,s], s=-2..2,
    numsteps=[20,20], style=HIDDEN,
    shading=NONE, axes=BOXED);
```

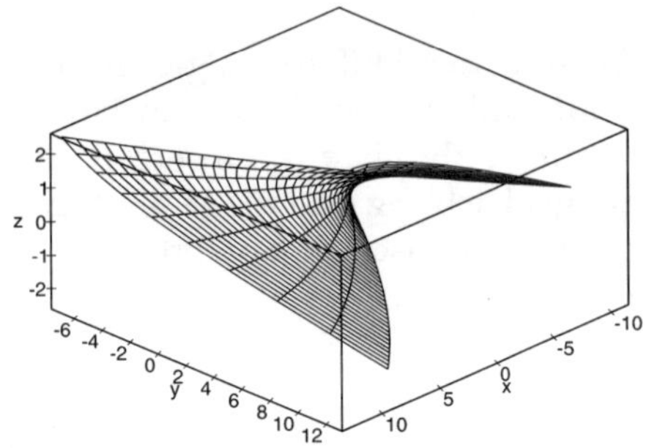

Die Packages liesymm und difforms

Wenn `pdesolve` mit der Lösung einer Differentialgleichung überfordert ist, können Sie Maple zumindest bei der manuellen Weiterverarbeitung der Gleichung zu Hilfe nehmen. Die beiden Packages `difforms` und `liesymm` stellen dazu einige unterstützende Kommandos zur Verfügung.

`difforms` hilft bei der Berechnung von Differentialformen. Mit dem Kommando `defform` können einzelne Variablen als Konstante, Skalare etc. definiert werden. Anschließend bildet `d` die allgemeine äußere Ableitung von multivariablen Funktionen, die diese Variablen enthalten. Mit dem `&^`-Operator wird das alternierende Hakenprodukt angeschrieben. Ausdrücke mit diesem Operator können anschließend durch `difforms` vereinfacht werden.

Einen größeren Anwendungsbereich findet das Package `liesymm`, dessen Funktionsumfang `defform` in vielen Punkten einschließt. Auch dieses Package ermöglicht die Bearbeitung von Differentialformen und kennt denselben Operator für das Hakenprodukt wie `difforms`. Die Bildung von Differentialformen zu einer gegebenen partiellen Differentialgleichung wird durch `makeforms` weitgehend automatisiert. `determine` berechnet das charakteristische System zu einer partiellen Differentialgleichung. Dieses System kann anschließend mit `autosimp` vereinfacht werden. Im günstigsten Fall (der leider nur sehr selten eintritt) liefert `autosimp` bereits die Lösung der Differentialgleichung. Andernfalls muß das resultierende Gleichungssystem manuell weiterbearbeitet werden.

Verweis: Weitere Informationen zu den beiden Packages enthält die Online-Hilfe. Ein echtes Beispiel, nämlich die Lösung der Differentialgleichung $u_t + u * u_x + u_{xxx} = 0$ für $u = u(x, t)$ mit den Kommandos des `liesymm`-Packages, finden Sie im Maple-Buch von André Heck (siehe Literaturverzeichnis am Ende des Buchs).

Syntaxzusammenfassung

`dsolve( {de}, {var}, options );`

versucht die angegebene Differentialgleichung zu lösen. Wird ein ganzes System von Differentialgleichungen oder zusätzliche Anfangsbedingungen angegeben, muß *de* als Menge angeschrieben werden. Die Variablen (Funktionen) der Differentialgleichung müssen als Funktionen erkennbar sein, also in der Form `x(t)` angeschrieben werden. Ableitungen können wahlweise mit `diff` oder `D` gebildet werden. Anfangsbedingungen werden in der Form `x(t0)=x0`, `D(x)(t0)=dx0`, `D(D(x))(t0)=ddx0` etc. formuliert.

Das Kommando unterstützt unter anderem die folgenden Optionen:
`explicit`: Ergebnis explizit anschreiben
`output=basis`: Ergebnis als Liste der allgemeinen und speziellen Lösungen anschreiben
`serial`: Lösung durch eine Reihenentwicklung formulieren
`laplace`: Lösung über Laplacatransformation ermitteln
`numeric`: numerische Lösungssuche

Wenn die Option `numeric` angegeben wird, sind zahlreiche weitere Optionen zur Einstellung des Näherungsverfahren zulässig: `method=rkf45` oder `=dverk78` zur Auswahl des Näherungsverfahrens, `aerr`, `rerr` und `minr` zur Steuerung des minimalen absoluten und relativen Fehlers etc. Siehe Online-Hilfe `?dsolve,numeric`.

`DESol({de}, {var}, {randbed});`

repräsentiert die (nicht berechenbare) Lösung einer Differentialgleichung. `DESol`-Terme können differenziert, integriert und in Serien umgewandelt werden.

`pdesolve(de, var);`

versucht die angegebene partielle Differentialgleichung zu lösen. Für die Lösungsfunktion müssen deren abhängige Variablen angegeben werden, beispielsweise $u(x,t)$. `pdesolve` kennt keine Optionen zur numerischen Lösungssuche, Rand- oder Anfangsbedingungen können nicht formuliert werden.

Grafische Darstellung von Differentialgleichungen

```
with(plots):
odeplot(sol, {vars}, t=start..end);
```

stellt die numerische Lösung einer Differentialgleichung zweidimensional (`vars=t, x(t)` oder `x(t),y(t)`) bzw. dreidimensional (`vars=t,x(t),y(t)`) dar. `sol` muß das Ergebnis eines `dsolve`-Kommandos mit der Option `numeric` sein.

```
with(DEtools):
DEplot(de, [var(t)], trange, init);
```

stellt eine Differentialgleichung erster Ordnung grafisch dar. Die Differentialgleichung muß wie bei `dsolve` angegeben werden. *trange* gibt den Zeichenbereich für die abhängige Variable (zumeist t) an. `init` gibt Startbedingungen für einzelne Phasenkurven in der Form $\{[t0, y0], [t1, x1], ...\}$ an.

```
DEplot([de1,de2], [var1(t), var2(t)], trange, init);
```

zeichnet ein System zweier Differentialgleichung erster Ordnung.

```
DEplot3d([des], [var1(t), var2(t)], trange, init);
DEplot3d([des], [var1(t), var2(t), var3(t)], trange, init);
```

stellt ein System von Differentialgleichungen dreidimensional dar. (Bei der ersten Syntaxvariante bildet t die dritte Koordinate.)

```
PDEplot(pde, vars, param, prange);
```

stellt die quasi-lineare partielle Differentialgleichung $Pz_x + Qz_y = R$ grafisch dar. Die Differentialgleichung wird in der Form $[P, Q, R]$ angegeben, d. h., die Syntax des Kommandos unterscheidet sich grundlegend von allen anderen `DEtools`-Kommandos. *param* enthält die Liste dreier Funktionen, die eine parametrische Kurve durch den Raum beschreiben. In *prange* wird der Bereich der Laufvariablen dieser Kurve angegeben. `PDEplot` zeichnet die Lösungsfläche zu dieser Kurve.

```
dfieldplot(de, [var], trange);
```

zeichnet die Phasenebene der Differentialgleichung in Pfeildarstellung.

```
phaseportrait(de, [var], trange, init);
```

zeichnet eine oder mehrere Phasenkurven der Differentialgleichung, die durch die Anfangsbedingungen in *init* bestimmt sind.

Kapitel 19

Grafik I: 2D-Grafik

Das Thema Grafik ist so weitläufig, daß die Beschreibung der Kommandos und Optionen auf mehrere Kapitel verteilt wurde. Dieses und das nächste Kapitel behandeln die grundlegenden Kommandos zur Darstellung von Funktionsverläufen und Punktmengen. Dabei werden in diesem Kapitel Kommandos für zweidimensionale Grafiken behandelt, im nächsten Kapitel Kommandos für dreidimensionale Grafiken.

Kapitel 31 beschreibt dann verschiedene Spezialkommandos (Darstellung komplexer Funktionen, Grafiken in verschiedenen Koordinatensystemen) und geht auf das Thema Animation ein. Kapitel 32 behandelt schließlich den internen Aufbau von Grafiken ein und behandelt Möglichkeiten, selbst Grafikkommandos zu programmieren.

Außerdem werden einige Sonderformen von Grafiken in den entsprechenden Kapiteln behandelt – etwa die Darstellung von Differentialgleichungen im vorigen Kapitel, die Darstellung statistischer Daten in Kapitel 21, die Darstellung von Vektorfeldern in Kapitel 27 etc. Informationen zum Ausdruck von Grafiken finden Sie in Kapitel 2.

Einstellung von Optionen

Der erste Schritt zu einer ansprechenden Grafik besteht üblicherweise in der Eingabe eines zumeist recht einfachen `plot`-Kommandos. Das Ergebnis dieses Kommandos ist allerdings häufig nicht befriedigend. Aus diesem Grund stellt Maple zahllose Optionen zur Verfügung, mit denen Details der Grafik eingestellt werden können.

Zur Einstellung der Optionen gibt es zwei Möglichkeiten: Die erste und bequemere Variante besteht darin, die Optionen im Grafikfenster über verschiedene Menüpunkte auszuwählen. Diese Vorgehensweise ist zwar sehr benutzerfreundlich, hat aber auch zwei Nachteile: Zum einen können auf diese Weise nicht alle von Maple zur Verfügung gestellten Optionen eingestellt werden, zum anderen ist das Ergebnis nicht reproduzierbar. Wenn das Grafikkommando zu einem späteren Zeitpunkt nochmals ausgeführt werden soll, müssen im Grafikfenster erneut alle Optionen eingestellt werden.

Aus diesem Grund können die Optionen auch direkt bei der Eingabe des Kommandos angegeben werden. Das setzt allerdings voraus, daß Sie die wichtigsten Optionen und Einstellmöglichkeiten kennen. In den Syntaxzusammenfassungen am Ende dieses und des nächsten Kapitels finden Sie eine sehr kompakte und übersichtliche Zusammenstellung aller wichtigen Optionen und Einstellmöglichkeiten.

Abschließend noch eine Anmerkung: Wenn Sie keine Optionen angeben, hängt es von Ihrer Maple-Version ab, wie die Grafik am Bildschirm bzw. Drucker dargestellt wird. Der Grund dafür liegt in der Tatsache, daß die Defaulteinstellung mancher Optionen je nach Maple-Version (und den Grafikfähigkeiten des Rechners, auf dem diese Version läuft) unterschiedlich voreingestellt sind.

Überblick über dieses Kapitel

Im Mittelpunkt dieses Kapitels steht das Universalkommando `plot`, das durch zahlreiche Optionen gesteuert wird. Viele dieser Optionen können auch in anderen Grafikkommandos verwendet werden. Während `plot` sofort nach dem Start von Maple zur Verfügung steht, befinden sich einige andere Kommandos (etwa `implicitplot` oder `display`) im `plots`-Package, das durch das Kommando `with(plots)` aktiviert werden muß.

`plot( func, x=x0..x1);`
zeichnet einen Funktionsverlauf.

`plot( [fx, fy, t=t0..t1] );`
zeichnet eine parametrische Funktion.

`implicitplot(...);`
stellt eine implizit (durch eine Gleichung) definierte Funktion dar.

`plot( ..., style=point);`
zeichnet eine Punktmenge.

``textplot([x,y,`text`]);``
gibt eine Zeile Text an einer beliebigen Position aus.

`display(...);`
vereint mehrere Grafiken in einer Abbildung.

Funktionsverläufe mit plot zeichnen

Das Kommando `plot` wurde in diesem Buch schon viele Male ohne weitläufige Erklärungen verwendet. Es stellt ein einfach zu bedienendes Universalkommando dar, dessen Hauptanwendung darin besteht, einfache Kurvenverläufe darzustellen.

Die folgenden Kommandos sind gleichwertig und zeigen den Syntaxspielraum von `plot`. Das Kommando kommt sowohl mit Funktionsvorschriften als auch mit gewöhnlichen Funktionen zurecht. Wenn auf die Angabe des Zeichenbereichs im zweiten Parameter verzichtet wird, zeichnet Maple automatisch den Bereich zwischen -10 und 10.

```
plot(sin);
plot(sin, -10..10);
plot(sin(x), x=-10..10);
```

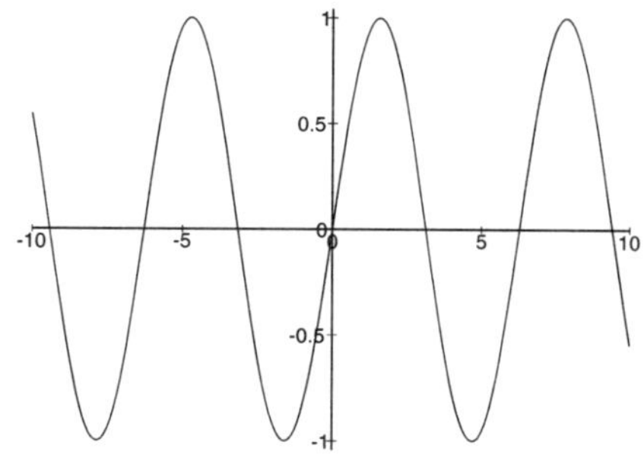

Wenn Sie mehrere Kurven gleichzeitig darstellen möchten, müssen Sie diese als Menge (geschwungene Klammern) oder als Liste (eckige Klammern) anschreiben .

```
plot( {sin(x), x^2/20}, x=0..2*Pi);
```

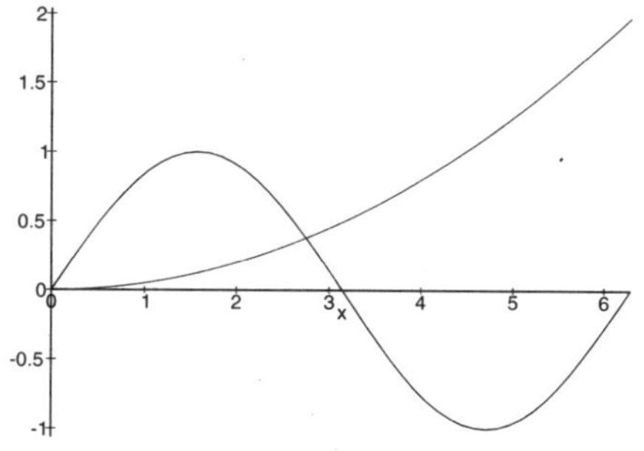

Die Abbildung rechts zeigt die Kurven $\sin(n * x)/n$ für n zwischen 1 und 5. Um Schreibarbeit zu sparen, wurden die Funktionen mit `seq` erstellt.

```
plot( {seq(sin(n*x)/n, n=1..5)},
      x=0..Pi);
```

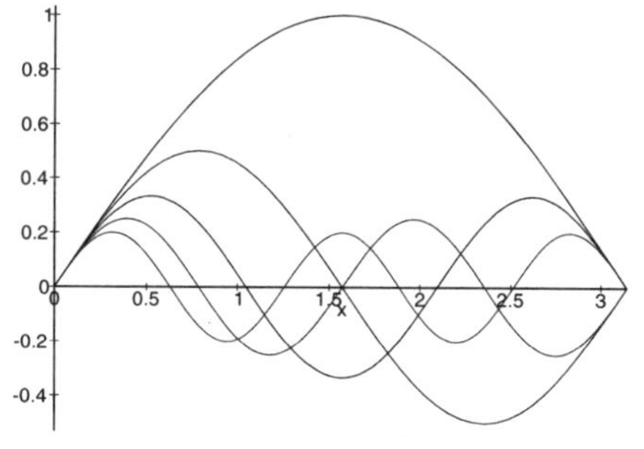

Wenn die zu zeichnende Kurve Unstetigkeitsstellen enthält, hat Maple oft Schwierigkeiten, einen sinnvollen Zeichenbereich für die y-Achse zu finden.

```
plot( x/(x^2-1), x=-2..3);
```

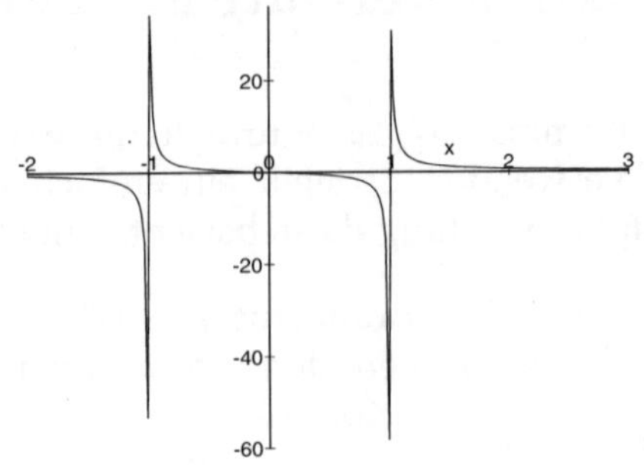

Durch den dritten Parameter können Sie den Zeichenbereich einschränken. Falls Sie die vertikalen Linien an den Unstetigkeitsstellen ($x = -1, x = 1$) stören, müssen Sie die Option `discont=true` angeben.

```
plot( x/(x^2-1), x=-2..3, -10..10);
```

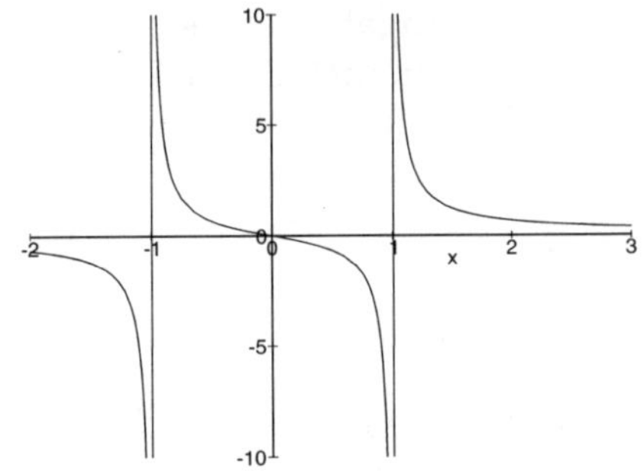

`plot` ist sogar in der Lage, Funktionen in einem unendlichen (!) x-Achsenbereich zu zeichnen. Intern wird das durch eine Transformation ähnlich der arctan-Funktion erreicht. Naturgemäß treten dabei Verzerrungen auf, eine grobe Abschätzung des Funktionsverlaufs ist aber möglich.

```
plot( {x,1+x^2,2+x^x},
      x=0..infinity, 0..infinity);
```

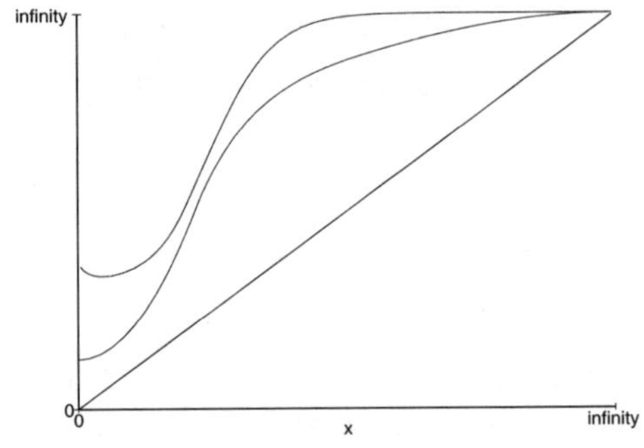

Bei sehr komplizierten Kurvenverläufen muß unter Umständen durch die Option `numpoints` oder durch `resolution=n` die Anzahl der berechneten Datenpunkte vergrößert werden – sonst sieht die Grafik zu eckig aus.

```
plot( sin(x^3), x=1..5,
      numpoints=1500);
```

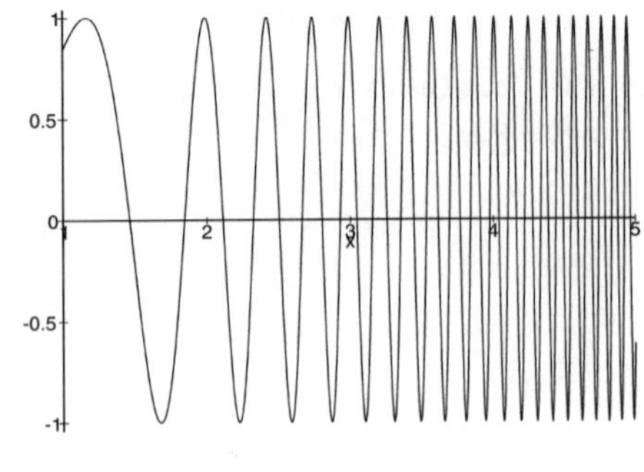

`plot` kann nur dann verwendet werden, wenn eine numerische Berechnung der Funktionswerte möglich ist. Im Beispiel unten wurden die Koeffizienten a, b und c durch `subs` vorübergehend eingestellt.

```
plot( subs(a=1, b=-2, c=2,
           a*x^2+b*x+c),
      x=0..3);
```

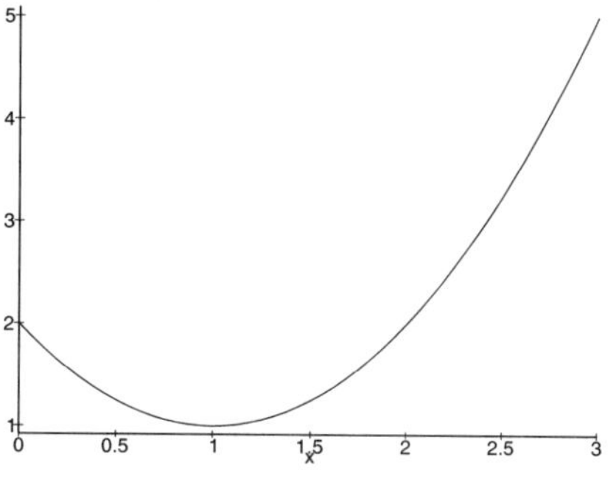

`plot` wertet die im ersten Parameter angegebene Funktion zuerst aus und setzt anschließend Zahlenwerte ein. In manchen Fällen führt diese Vorgehensweise zu Fehlern, weil eine Auswertung erst nach dem Einsetzen von Werten sinnvoll ist. In solchen Situationen muß die zu zeichnende Funktion in Apostrophe gesetzt oder durch `evaln` eingeklammert werden.

f wird für positive x durch $\sin(x)$ und für negative x durch x definiert. Welche der beiden Funktionsvorschriften gilt, wird erst beim Einsetzen der Zahlenwerte klar.

```
f:=proc(x)
     if x>0 then sin(x) else x fi
end:
plot( f(x), x=-2..5);
    Error, (in f) cannot evaluate
    boolean
plot( ´f(x)´, x=-2..5);
```

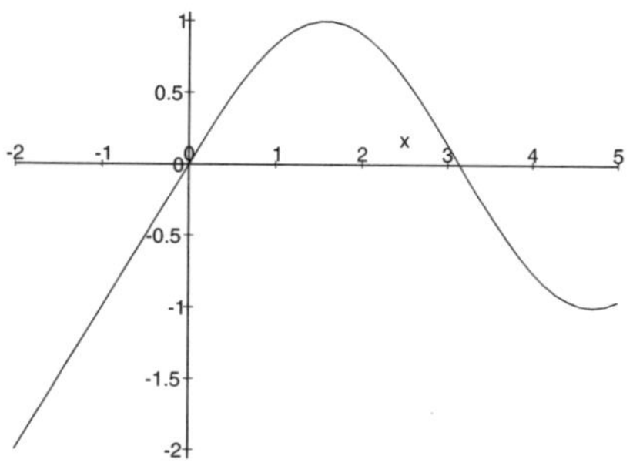

`plot` ist nicht in der Lage, komplexe Funktionen zu zeichnen. Sie müssen explizit angeben, ob Sie den Real- oder Imaginärteil, den Betrag der Funktion etc. sehen wollen.

```
plot( sin(I*x), x=-1..1);
    Warning in iris-plot: empty plot
plot( { Re(sin(1+I*x)),
        Im(sin(1+I*x)) }, x=-2..2);
```

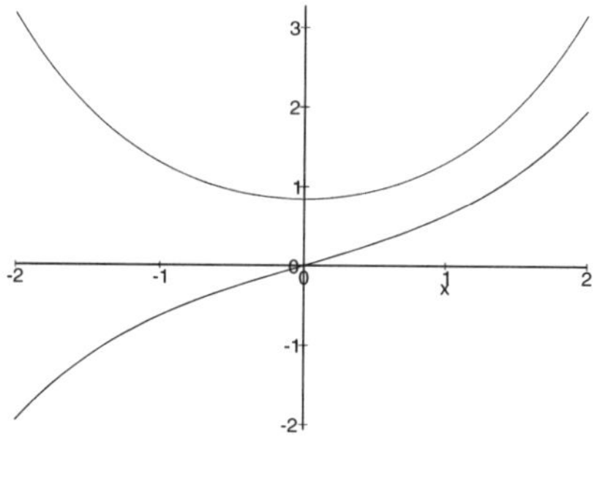

Parametrische Funktionen

Zur Darstellung parametrischer Funktionen, bei denen die x- und y-Koordinaten durch zwei eigene Funktionen einer dritten Variablen definiert sind, muß eine eigene Variante von `plot` verwendet werden: Im ersten Parameter wird eine Liste (eckige Klammern!) der beiden Funktionen und des Zeichenbereichs übergeben. Wenn mehrere parametrische Funktionen gleichzeitig gezeichnet werden sollen, lautet der erste Parameter $\{[fx1, fy1, t = \ldots], [fx2, fy2, t = \ldots], \ldots\}$.

Die Abbildung rechts zeigt die parametrische Kurve $(x, y) = (t\cos(t), t\sin(t))$ für $0 \leq t \leq 6\pi$. Die `scaling`-Option im Kommando unten verhindert ein Verzerren der Grafik.

```
plot( [ t*cos(t), t*sin(t),
        t=0..6*Pi],
      scaling=constrained );
```

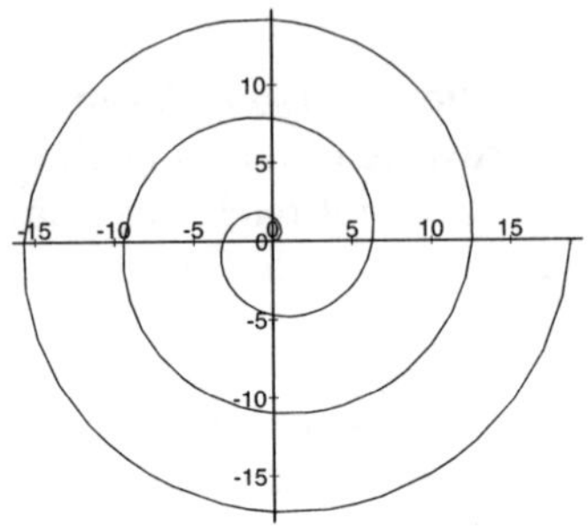

Durch die Option `coords=polar` werden parametrische Funktionen in Polarkoordinaten gezeichnet. Der erste Parameter von `plot` lautet dann $[fr, fphi, phi = \ldots]$. (Mehr Informationen zur Verwendung verschiedener Koordinatensysteme erhalten Sie in Kapitel 31.)

```
plot( [ sin(phi)*sin(3*phi), phi,
        phi=0..2*Pi],
      coords=polar );
```

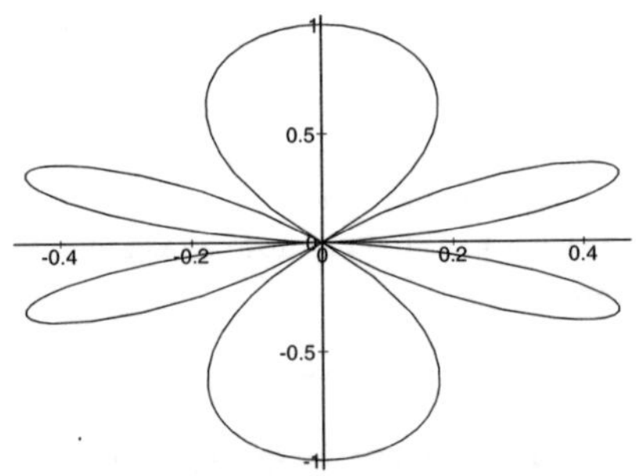

Implizit definierte Funktionen

In den bisherigen Beispielen waren die zu zeichnenden Funktionen explizit in der Form $y = y(x)$ oder $x = x(t), y = y(t)$ bekannt. Implizite Funktionen sind dagegen durch eine Gleichung definiert, beispielsweise $x^2 + y^2 = 1$ für einen Kreis. Um solche Gleichungen grafisch darzustellen, stellt das Package `plots` das Kommando `implicitplot` zur Verfügung. Im ersten Parameter von `implicitplot` wird die darzustellende Gleichung angegeben. Es ist auch die Angabe einer Funktion oder Funktionsvorschrift erlaubt, die dann 0 gesetzt wird. In den beiden folgenden Parametern muß der Zeichenbereich für die x- und y-Koordinate angegeben werden.

Die beiden Kommandos unten sind gleichwertig. Im ersten Fall wird die implizite Gleichung direkt angegeben, im zweiten Fall durch eine Funktionsvorschrift, die von Maple 0 gesetzt wird.

```
with(plots):
implicitplot( x^2-x=y^3-3*y,
              x=-3..3, y=-2..3);
implicitplot( (x,y)-> x^2-x-y^3+3*y,
              -3..3, -2..3);
```

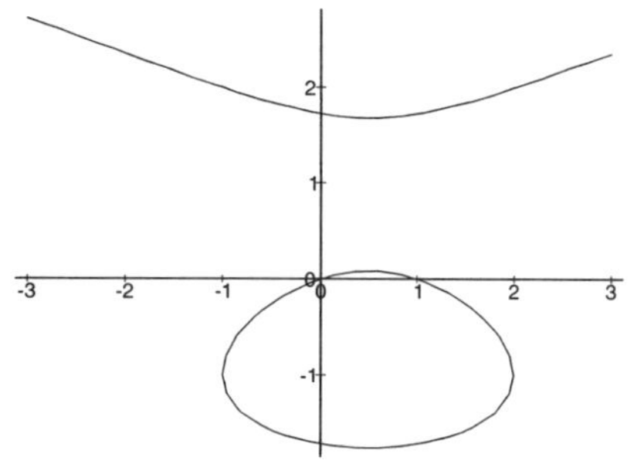

Bei komplizierten Funktionen besteht die Gefahr, daß die Grafik sehr eckig wird. In diesem Fall kann die Anzahl der zu berechnenden Punkte wahlweise mit der Option `numpoints=n` oder `grid=[nx,ny]` erhöht werden.

```
implicitplot( sin(x*y),
    x=-3..5, y=0..10, grid=[80,80]);
```

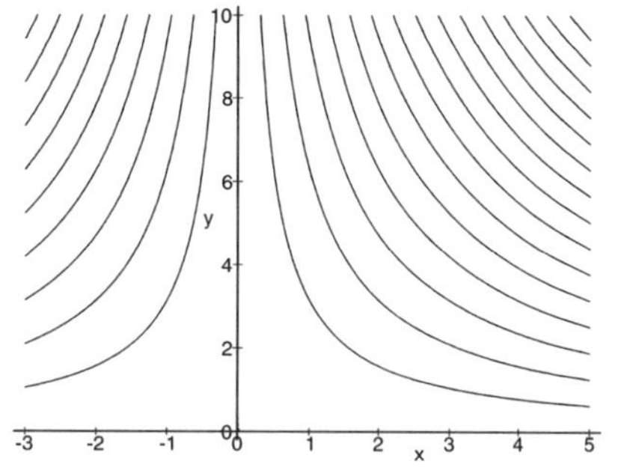

Darstellung von Punktmengen und Linienzügen

An `plot` kann statt einer Funktion auch eine Punktmenge in der Form $[[x1, y1], [x2, y2]...]$ übergeben werden. `plot` verbindet diese Punkte dann durch einen Linienzug. Diese `plot`-Variante eignet sich besonders dazu, in vorhandene Grafiken einzelne Linien (Asymptoten, Tangenten etc.) einzufügen. Im Abschnitt 'Überlagerung ...' einige Seiten weiter finden Sie dazu ein Beispiel.

Die Abbildung rechts zeigt einen Linienzug zwischen den Punkten $(1,1), (2,2), (3,2)$ und $(4,1)$. Wenn geschlossene Linienzüge gezeichnet werden sollen, müssen der erste und der letzte Punkt übereinstimmen.

```
plot( [[1,1], [2,2],
       [3,2], [4,1]] );
```

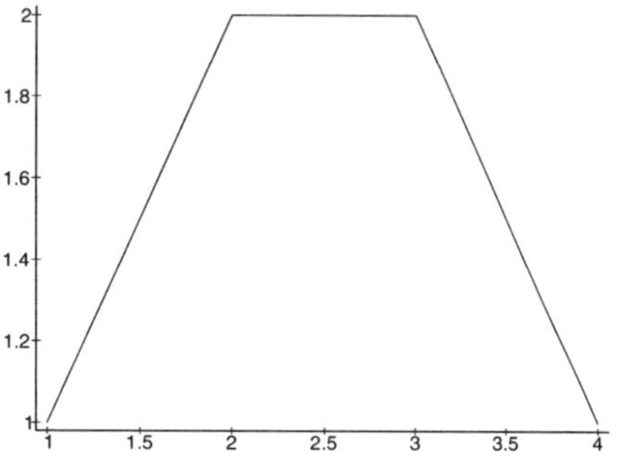

Anmerkung: Bis Release 3 konnten Punktlisten auch in der Form $[x1, y1, x2, y2...]$ angegeben werden. Ab Release 4 ist das nicht mehr möglich, weil eine einfache Liste jetzt als Liste von Funktionen interpretiert wird, die einzeln gezeichnet werden.

Wenn `plot` mit der Option `style=point` verwendet wird, werden Punkte statt Linienzüge gezeichnet. Diese Option gilt sowohl für das Zeichnen normaler Funktionen als auch für die Darstellung von explizit aufgezählten Punktmengen. Ein wesentlicher Nachteil bei der Darstellung von Punktmengen mit `plot` besteht darin, daß kein Einfluß auf die Größe der Punkte genommen werden kann. Wenn nur wenige Datenpunkte angezeigt werden sollen, sind diese viel zu klein und kaum wahrnehmbar. In Kapitel 32 wird daher gezeigt, wie ein verbessertes Kommando zur Darstellung von Punkten programmiert werden kann.

Mit der Option `style=point` wird die Kurve $\sin(x)$ durch zahlreiche kleine Punkte dargestellt.

```
plot(sin(x),x=0..2*Pi, style=point);
```

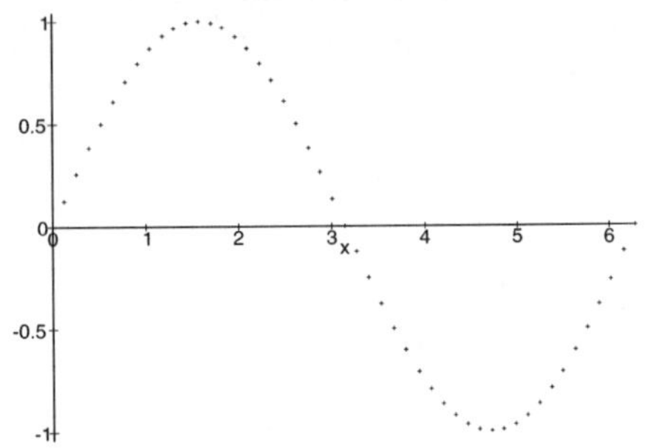

Für das folgende Beispiel wurde durch `seq` eine Liste von hundert zufällig bestimmten Datenpunkten bestimmt.

```
data:=seq( [rand(100)(),
            rand(100)()], n=1..100):
```

$$data := [93, 44], [42, 8], \ldots, [28, 44]$$

```
plot( [data], style=point );
```

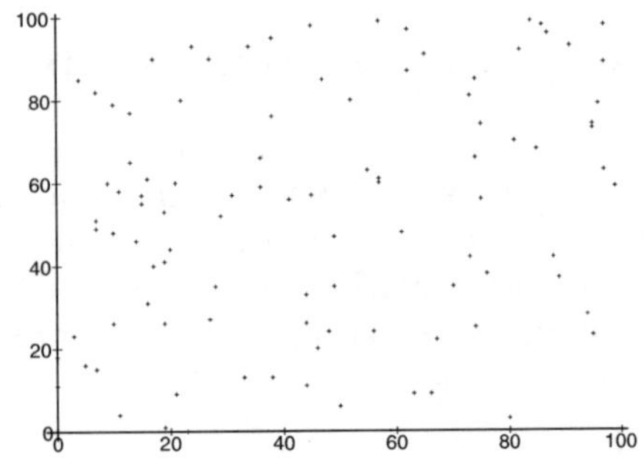

Neben `plot` können auch die Kommandos `listplot` und `pointplot` aus dem `plots`-Package zum Zeichnen von Punktlisten verwendet werden. Die beiden Kommandos bieten allerdings keinerlei Vorteile gegenüber `plot`, wenn man einmal davon absieht, daß die Koordinatenlisten auch in der Form $[x1, y1, x2, y2...]$ angegeben werden dürfen. `listplot` unterscheidet sich von `pointplot` nur dadurch, daß die Punkte standardgemäß durch einen Linienzug miteinander verbunden werden; die Option `style=point` behebt auch diesen Unterschied.

Überlagerung mehrerer Grafiken

Häufig besteht der Wunsch, mehrere Grafiken miteinander zu kombinieren, in dem man sie übereinanderlegt. Dazu stellt Maple das Kommmando `display` aus dem Package `plots` zur Verfügung. Zur Verwendung des Kommandos werden die einzelnen Grafiken zuerst in Variablen gespeichert. Anschließend werden diese Variablen an `display` in einer Liste übergeben. Obwohl die Anwendung von `display` sehr einfach aussieht, ergeben sich in der Praxis oft Schwierigkeiten daraus, daß `display` auf undurchschaubare Weise einzelne Optionen oder andere formale Details der darzustellenden Einzelgrafiken verändert (siehe drittes Beispiel).

In der folgenden Abbildung sollte an die Funktion $x + \sin(x)$ eine Tangente mit der Steigung 1 gelegt werden. Mit den ersten Kommandos wird die Funktion definiert und der Berührungspunkt der Tangente berechnet. Anschließend wird die Funktion im fraglichen Bereich gezeichnet und in $p1$ gespeichert. Die Tangente wird mit einem weiteren `plot`-Kommando gezeichnet und in $p2$ abgelegt. `display` zeigt die beiden Abbildungen schließlich gemeinsam an, wobei durch die Option `constrained` erreicht wird, daß die Tangente tatsächlich mit einer Steigung von 45 Grad dargestellt wird.

```
with(plots);
f:=x+sin(x): df:=diff(f,x):
x0:=evalf(solve(df=1));
```

$$x0 := 1.570796327$$

```
y0:=evalf(subs( x=x0, f));
```

$$y0 := 2.570796327$$

```
p1:=plot(x+sin(x), x=0..4):
p2:=plot( [[x0-0.5, y0-0.5],
          [x0+0.5, y0+0.5]] ):
display( [p1, p2],
        scaling=constrained);
```

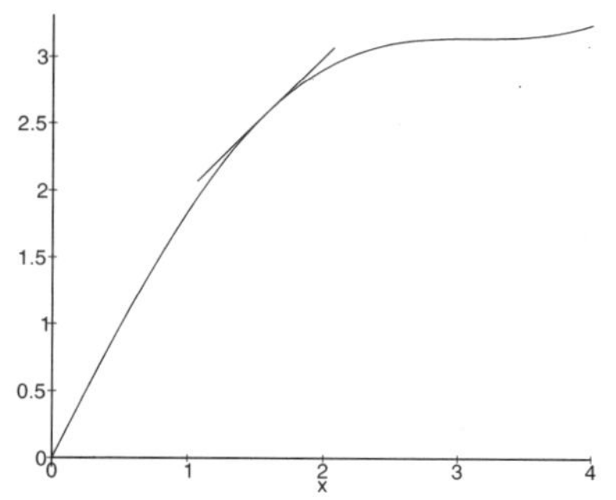

Das zweite Beispiel ist etwas umfangreicher. Es zeigt eine Punktmenge, die eine Sinuskurve darstellt, sowie ein Näherungpolynom dritter Ordnung, das mit dem Kommando `fit` erstellt wurde. Dieses Kommando ist Bestandteil der `share`-Library und wird in Kapitel 22 vorgestellt. Das `zip`-Kommando bildet aus den getrennten Listen für x- und y-Koordinate eine gemeinsame Liste der Form $[[x1, y1], [x2, y2], ...]$, wie sie für das `plot`-Kommando benötigt wird.

```
datax:=[seq(i*0.3,i=1..20)]:
datay:=map(sin, datax):
data:=zip( (x,y)->[x,y], datax,
                         datay):
with(share): readshare(fit,numerics):
f:=fit( datax, datay,
        [1,x,x^2, x^3], x);
```

$$f := -0.317 + 2.07x - 0.938^2 + 0.0995x^3$$

```
p1:=plot( data, style=point):
p2:=plot( f, x=0..6):
display( [p1,p2] );
```

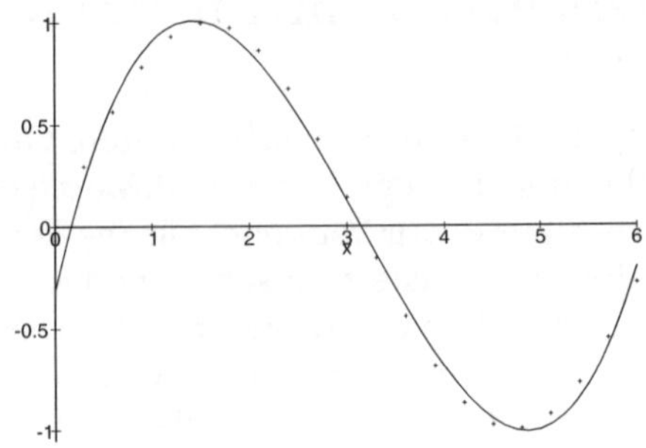

Seit Release 4 kann `display` nicht nur mehrere Grafiken übereinanderlegen, sondern auch Grafiken in einem Raster neben- und übereinander plazieren. Die einzelnen Grafiken müssen dazu in einer `array`-Struktur an `display` übergeben werden. Die seltsame Beschriftung der y-Achse der ersten Grafik der folgengen Abbildung ist übrigens auf einen Fehler von `display` zurückzuführen. Wenn *p1* ohne `display` angezeigt wird, wird die Achse ordnungsgemäß beschriftet.

```
p1:=plot(sin(x),x=-Pi..Pi):
p2:=plot(cos(x),x=-Pi..Pi):
p3:=plot(sinh(x),x=-Pi..Pi):
p4:=plot(cosh(x),x=-Pi..Pi):
display(array(1..2,1..2,
       [[p1,p2],[p3,p4]]));
```

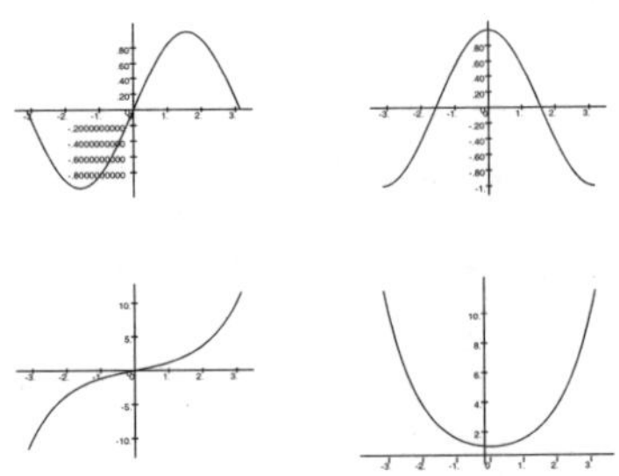

Beschriftung der Grafik

Die einfachste Form der Beschriftung stellt die Option `title` dar. Die damit angegebene Zeichenkette wird oberhalb der Grafik angezeigt. Analog wird die Option `labels` zur Beschriftung der beiden Koordinatenachsen eingesetzt.

```
plot( sin(x), x=0..2*Pi,
      title=`Sinus function`,
      labels=[`x Axis`, `y Axis`);
```

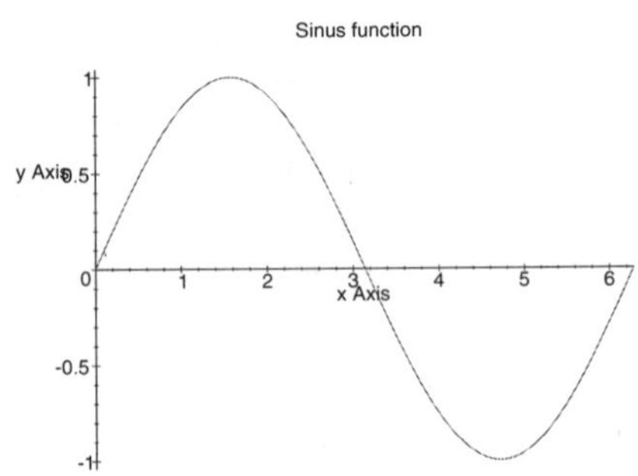

Wesentlich mehr Gestaltungsmöglichkeiten bietet das Kommando `textplot` aus dem `plots`-Package. Damit kann ein Text an einer beliebigen Position ausgegeben werden. Die Textangabe erfolgt in der Form `[x,y,`text`]`. Der Text wird sowohl vertikal als auch horizontal über dem Punkt zentriert. Durch die Option `align=...` kann eine andere Ausrichtung erreicht werden. Mögliche Einstellungen sind `ABOVE`, `BELOW`, `LEFT` und `RIGHT`. Wenn horizontale und vertikale Ausrichtungen kombiniert werden sollen, müssen die Einstellungen in einer Folge angegeben werden (nicht in einer Liste wie in der Online-Hilfe dargestellt): `align = {LEFT, BELOW}`.

Die mit `textplot` erzeugte Beschriftung muß via `display` mit der eigentlichen Grafik kombiniert werden.

```
p1:=plot(sin(x), x=0..2*Pi):
p2:=textplot([3*Pi/2, 0.5,`sin(x)`] ):
display( [p1, p2] );
```

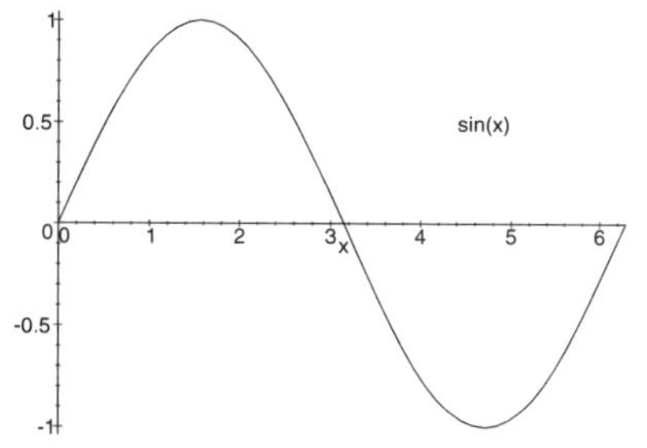

Über die vier Optionen `font`, `titlefont`, `axesfont` und `labelfont` können die Schriftarten der in einer Grafik vorkommenden Texte eingestellt werden. `font` gilt nur für die mit `textplot` erzeugten Texte, `titlefont` für den Titel, `axesfont` für die Ziffern an den Koordinatenachsen und `labelfont` für die Beschriftung der Koordinatenachsen.

Die Angabe der Schriftarten erfolgt in einer Syntax, deren Inkonsistenz kaum noch zu übertreffen ist. Generell lauten die drei prinzipiellen Syntaxvarianten `[schriftart]` oder `[schriftart, größe]` oder `[schriftart,stil,größe]`. Es stehen vier Schriftarten, nämlich `COURIER`, `HELVETICA`, `TIMES` und `SYMBOL` zur Verfügung.

Bei `SYMBOL` kann kein Stil angegeben werden. Bei `COURIER` und `HELVETICA` kommen die Stile `BOLD` (fett), `OBLIQUE` (kursiv) oder `BOLDOBLIQUE` (fett und kursiv) zur Anwendung. Für `TIMES` existieren im Prinzip dieselben Stile, nur heißen sie dort `BOLD`, `ITALIC` und `BOLDITALIC`. Als besondere Spezialität muß jetzt `ROMAN` angegeben werden, wenn der Schriftstil unverändert bleiben, die Schriftgröße aber verändert werden soll. Insgesamt ergeben sich folgende Möglichkeiten:

```
font=[COURIER oder HELVETICA oder TIMES oder SYMBOL]
font=[COURIER oder HELVETICA oder SYMBOL, größe]
font=[TIMES, ROMAN oder BOLD oder ITALIC oder BOLDITALIC, größe]
font=[COURIER oder HELVETICA, BOLD oder OBLIQUE oder BOLDOBLIQUE, größe]
```

Die Schriftgröße wird in Punkt angegeben. Die Größenangabe bezieht sich allerdings auf einen Ausdruck im A4-Format. Wenn der Ausdruck in eine PostScript-Datei erfolgt und die Grafik anschließend beim Einbetten in einen Text verkleinert wird (wie in diesem Buch), dann verkleinert sich auch die Beschriftung! Daher müssen Sie entsprechend hohe Werte für die Schriftgröße angeben, um den gewünschten Effekt zu erzielen.

Die nebenstehende Abbildung greift nochmals auf die beiden Plots *p1* und *p2* aus dem vorigen Beispiel zurück, verändert aber die Größe der Beschriftung.

```
display( [p1, p2],
         font=[TIMES, ITALIC, 50],
         axesfont=[TIMES,ROMAN,30]);
```

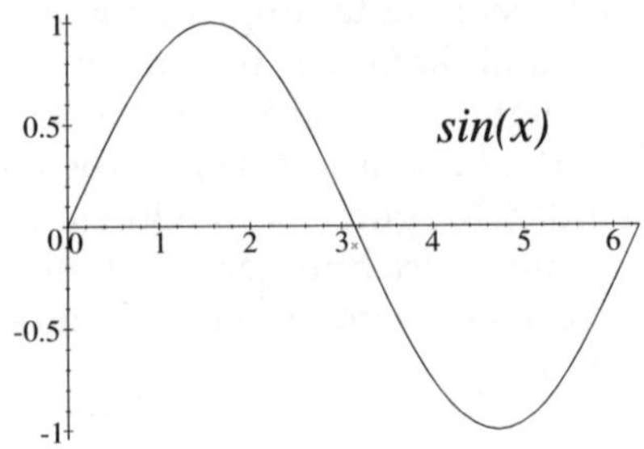

Darstellungsoptionen

Einige Optionen haben Sie in den vorangegangenen Abschnitten bereits kennengelernt: Mit `numpoints=n`, `resolution=n` und `grid=[nx,ny]` kann die Zeichengenauigkeit für komplexe Grafiken erhöht werden. `numpoints` bestimmt die Anzahl der Datenpunkte, die mindestens berechnet werden sollen. `resolution` gibt die Auflösung des Ausgabemediums an (normalerweise der Bildschirm). Die Defaulteinstellung lautet 200, höhere Werte verbessern die Qualität. `grid` ist für zweidimensionale Datenmengen (wie sie etwa beim Kommando `implicitplot` auftreten) geeignet und gibt die Anzahl der Datenpunkte in zwei Richtungen an, also etwa $[80, 80]$ für 1600 Punkte. `style` gibt an, wie die Punkte einer Grafik miteinander verbunden werden sollen. Die Standardeinstellung lautet `line`, mit `style=point` können Punktgrafiken gezeichnet werden.

Neu in Release 4 ist die Möglichkeit, mehrere Grafiken mit `plot` gleichzeitig zu zeichnen und durch unterschiedliche Linienmarkierungen zu kennzeichnen. Dazu müssen sowohl die zu zeichnenden Funktionen als auch die Einstellungen für `thickness`, `linestyle`, `symbolstyle` oder `color` als Liste angegeben werden. (Bis Release 3 funktionierte das nur, indem mehrere Einzelgrafiken mit `display` kombiniert wurden.)

Über die Option `thickness` kann die Linienstärke innerhalb einer Grafik zwischen 1 und 3 eingestellt werden. *Achtung*: Die Defaulteinstellung lautet 1 für die Bildschirmanzeige, aber 2 für den Ausdruck.

```
plot( [seq(sin(x+n*Pi/8),n=1..3)],
      x=0..2*Pi, thickness=[1,2,3]);
```

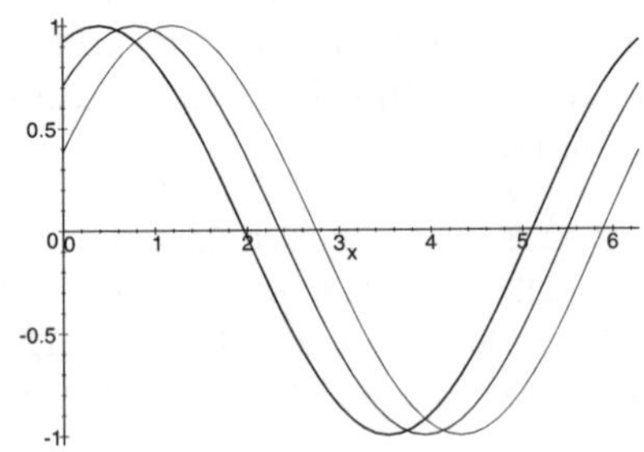

Die Option linestyle steuert das Linienmuster. Die Abbildung rechts zeigt die vier möglichen Muster beim Ausdruck. Für die Bildschirmdarstellung existieren sogar fünf verschiedene Muster.

```
plot( [seq(sin(x+n*Pi/8),n=1..4)],
      x=0..2*Pi, linestyle=[1,2,3,4]);
```

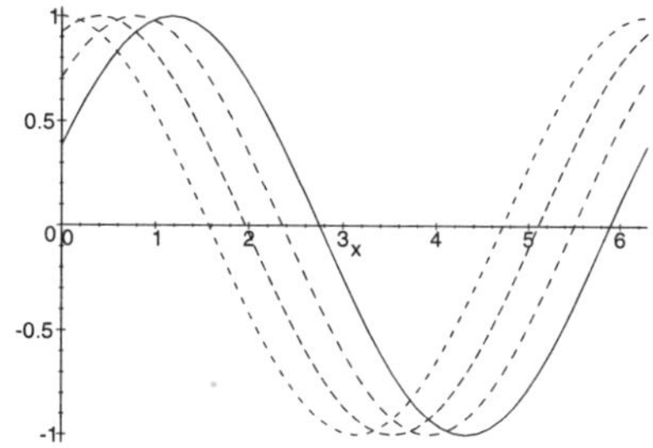

Die Option symbolstyle bestimmt das Aussehen von Punkten. Neben dem Standardsymbol (einem kleinen Kreuz) sind für die Bildschirmausgabe fünf weitere Symbole definiert: ein Quadrat, ein größeres Kreuz, ein Kreis, eine Raute und ein winziger Punkt. Leider besteht auch in Release 4 keine Möglichkeit, die Größe der Punkte zu steuern. Standardgemäß werden die Symbole ziemlich klein gezeichnet, weswegen sie kaum voneinander unterscheidbar sind (siehe die folgenden Abbildung). Kapitel 32 zum Thema Grafikprogrammierung wird zeigen, wie ein neues Kommando dotplot programmiert werden kann, das diesen Mangel behebt.

```
plot( [seq(sin(x+n*Pi/4),n=1..5)],
      x=0..2*Pi, style=point,
      symbol=[BOX, CROSS, CIRCLE,
              DIAMOND, POINT],\\
      numpoints=100);
```

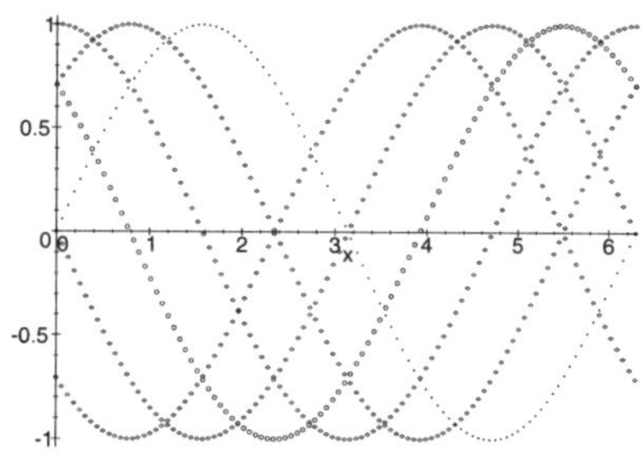

Mit der Option color kann die Farbe der Grafik eingestellt werden. Vordefinierte Farben sind black, red, green, blue etc. (siehe Online-Hilfe zum Thema ?plot,color). Außerdem kann mit COLOR(RGB,r,g,b) bzw. mit COLOR(HUE,h) eine beliebige Farbe eingestellt werden. Für r, g, b und h müssen Fließkommazahlen zwischen 0 und 1 angegeben werden.

Wenn mit plot mehrere Kurven gleichzeitig gezeichnet werden, gilt die color-Einstellung für alle Kurven. Sollen mehrere Kurven mit unterschiedlichen, von Ihnen definierten Farben gezeichnet werden, müssen die Farben wie in den obigen Beispielen in einer Liste angegeben werden. Weitergehende Einstellmöglichkeiten bietet die color-Option für dreidimensionale Grafiken – dieses Thema wird im nächsten Kapitel nochmals aufgegriffen.

Für die Option scaling bestehen zwei Einstellmöglichkeiten. Die Defaulteinstellung unconstrained führt dazu, daß der gesamte zur Verfügung stehende Raum zur Darstellung der Grafik genützt wird. Wenn statt dessen constrained verwendet wird, verwendet Maple für die x- und y-Achse dieselbe Skalierung. Dadurch werden Verzerrungen vermieden, Kreise sehen wirklich wie Kreise und nicht wie Ellipsen aus.

```
implicitplot( x^2+y^2=1, x=-1..1,
   y=-1..1);
```

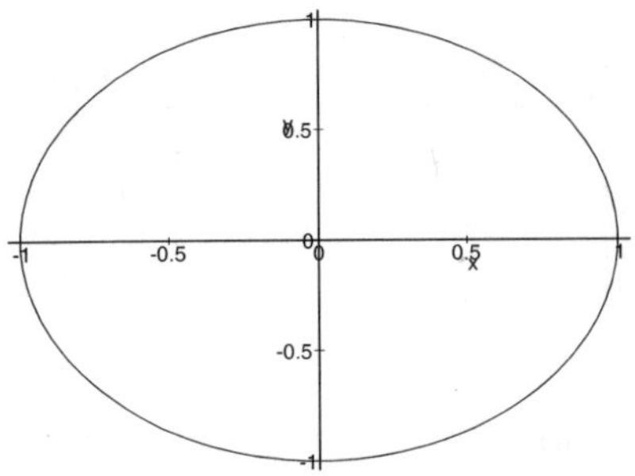

```
implicitplot( x^2+y^2=1, x=-1..1,
   y=-1..1, scaling=constrained);
```

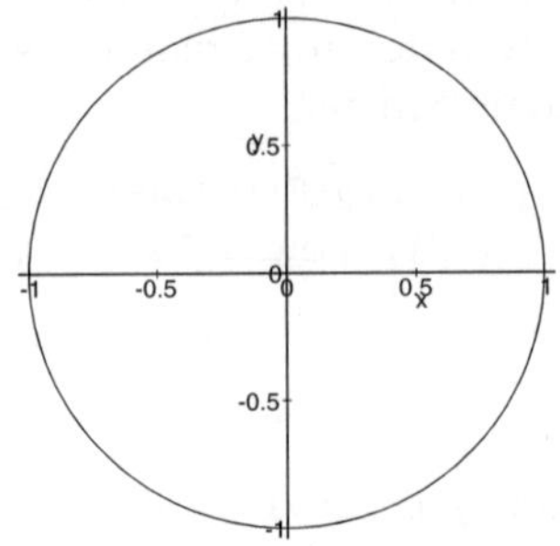

Die Option `axes` bestimmt das Aussehen der Koordinatenachsen. Normalerweise werden diese durch den Nullpunkt des Koordinatenfelds gezeichnet. Die Einstellung `frame` verschiebt die Koordinatenachsen in das linke untere Eck. `boxed` führt dazu, daß die Grafik an allen vier Seiten umrahmt wird. Mit `none` wird überhaupt auf das Zeichnen der Koordinatenachsen verzichtet.

```
plot( [ sin(3*t), cos(5*t),
      t=0..2*Pi ], axes=boxed);
```

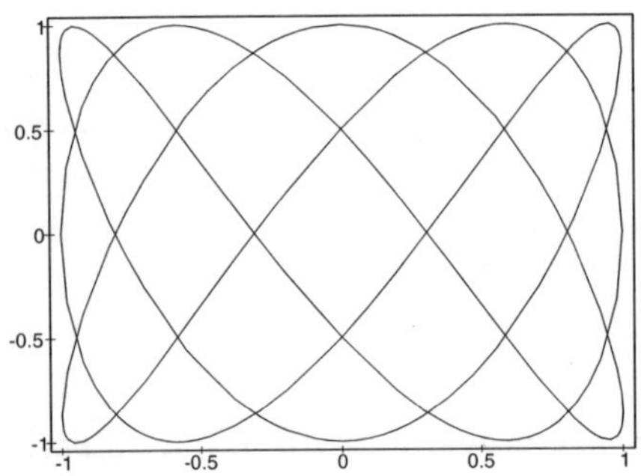

```
plot( [ sin(3*t), cos(5*t),
      t=0..2*Pi ], axes=frame);
```

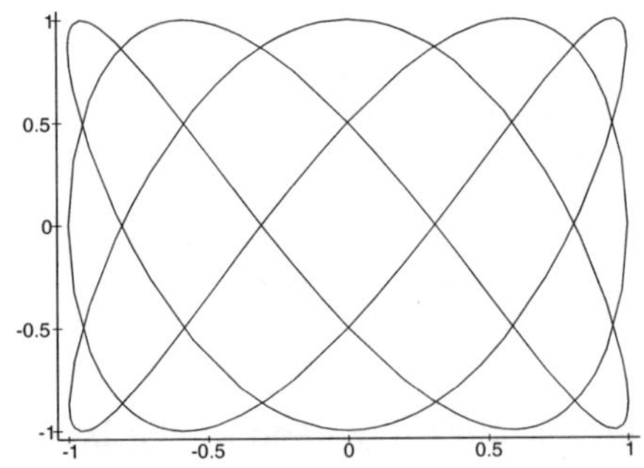

Die Optionen `xtickmarks` und `ytickmarks` geben die gewünschte Anzahl der Beschriftungspunkte der Koordinatenachsen an. Maple richtet sich nur ungefähr nach Ihren Wünschen, weil es versucht, die Achsen immer an Vielfachen von 1, 2 oder 5 zu beschriften.

Wenn Sie bestimmte Optionen immer wieder benötigen, können Sie diese Optionen mit `setoptions` aus dem `plots`-Package fix einstellen. Nach der Ausführung des folgenden Kommandos werden alle weiteren 2D-Diagramme mit einer Koordinatenbox umrahmt.

```
with(plots): setoptions(boxes=boxed):
```

Syntaxzusammenfassung

```
plot(f, x=a..b);
plot({f1, f2...}, x=a..b, c..d, optionen);
plot([f1, f2...], x=a..b, c..d, optionen);
```

zeichnet die Funktion *f* bzw. die in einer Menge oder Liste angegebenen Funktionen *f1*, *f2*... Durch $c..d$ kann der Zeichenbereich der y-Achse eingeschränkt werden. Ab dem vierten Parameter können zahlreiche Optionen angegeben werden, die etwas weiter unten beschrieben werden.

```
plot( [fx, fy, t=a..b], optionen);
```

zeichnet die parametrische Funktion $(fx(t), fy(t))$ für den angegebenen t-Bereich.

```
plot( [x0,y0,x1,y1...], optionen);
plot( [[x0,y0],[x1,y1]...], optionen);
```

verbindet die angegebenen Koordinatenpunkte durch einen Linienzug. Wenn die Option `style=points` angegeben wird, zeichnet `plots` Punkte.

```
with(plots):
```

aktiviert die Kommandos des `plots`-Packages. Das Kommando muß vor der Verwendung von `textplot`, `implicitplot`, `setoptions` und `display` ausgeführt werden.

```
textplot([x,y,`text`]);      textplot([x,y,`text`], align=...);
```

gibt den angegebenen Text zentriert über der Position (x, y) aus. Durch die Option `align` kann die Ausrichtung des Textes verändert werden. Mögliche Einstellungen sind `ABOVE`, `BELOW`, `LEFT` und `RIGHT`. Wenn die Ausrichtung horizontal und vertikal verändert werden soll, muß eine Folge angegeben werden.

```
implicitplot(gl, x=a..b, y=a..b, optionen);
```

stellt die durch die Gleichung definierte implizite Funktion von x und y dar.

```
display([p1, p2, p3 ...], optionen);
```

überlagert die Grafiken pn zu einer neuen Grafik und verändert dabei die angegebenen Optionen.

```
display(array(1..n, 1..m, [[p11, p12, ...], [p21, p22, ...]], optionen);
```

stellt die Grafiken pn in einem Raster dar.

Optionen (alphabetisch)

`coords=polar`
führt dazu, daß die Grafik in Polarkoordinaten dargestellt wird. Die Option ist nur für die `plot`-Variante zum Zeichnen parametrischer Funktionen geeignet. Die Funktion wird dann in der Form $[r, \phi, t = ...]$ angeschrieben. Weitere Koordinatensysteme werden in Kapitel 31 beschrieben.

`discont=true`
verhindert vertikale Linien an Unstetigkeitsstellen der zu zeichnenden Funktion.

`grid=[nx,ny]`
gibt die Anzahl der zu berechnenden Datenpunkte einer zweidimensionalen Datenmenge in x- und y-Richtung an. Ist bei den in diesem Kapitel behandelten Kommandos nur für `implicitplot` anwendbar.

`labels=[zx,zy]`
gibt die Beschriftung der Koordinatenachsen durch zwei Zeichenketten an.

`numpoints=n`
gibt die Anzahl der Datenpunkte an, die zum Zeichnen einer Funktion *mindestens* berechnet werden sollen.

`resolution=n`
gibt die Auflösung des Zeichenmediums an (Defaulteinstellung 200). Maple ist mit dieser Angabe zumeist in der Lage, die Anzahl der erforderlichen Datenpunkte selbständig zu ermitteln.

`title=z`
gibt den Titel der Grafik (als Zeichenkette) an.

Darstellungsoptionen (alphabetisch)

`axes=...`
bestimmt das Aussehen der Koordinatenachsen:
`normal`: die Achsen gehen durch den 0-Punkt.
`frame`: die Achsen befinden sich im linken unteren Eck des Diagramms.
`boxed`: das Diagramm wird vollständig umrahmt.
`none`: es werden überhaupt keine Koordinatenachsen angezeigt.

`axesfont=...`
verändert die Schrifart der Ziffern entlang der Koordinatenachsen. Siehe `font`.

`scaling=...`
gibt an, wie das Diagramm skaliert werden soll:
`unconstrained`: nützt den gesamten zur Verfügung stehenden Raum aus, führt aber zu Verzerrungen (Defaulteinstellung).
`constrained`: x- und y-Achse werden im gleichen Maßstab dargestellt.

`font=...`
verändert die Schriftart von Texten, die mit `textplot` erzeugt wurden. Die Großbuchstaben bei der Einstellung von `font` sind zwingend! Mögliche Einstellungen sind:
`font=[COURIER oder HELVETICA oder TIMES oder SYMBOL]`
`font=[COURIER oder HELVETICA oder SYMBOL, größe]`
`font=[TIMES, ROMAN oder BOLD oder ITALIC oder BOLDITALIC, größe]`
`font=[COURIER oder HELVETICA, BOLD oder OBLIQUE oder BOLDOBLIQUE, größe]`

`labelfont=...`
verändert die Schriftart der Beschriftung der Koordinatenachsen. Siehe `font`.

`linestyle=n`
steuert das Linienmuster. Für n muß ein Wert zwischen 1 und 5 angegeben werden.

`style=...`
gibt an, wie die Daten dargestellt werden sollen. Mögliche Einstellungen:
`line`: Darstellung als Linienzug, Defaulteinstellung.
`point`: punktförmige Darstellung.

`symbolstyle=...`
bestimmt das Aussehen der Symbole in Punktdiagrammen. Mögliche Einstellungen sind `BOX`, `CROSS`, `CIRCLE`, `DIAMOND` und `POINT`.

`thickness=n`
steuert die Linienstärke. Für n muß ein Wert zwischen 1 (dünn) und 3 (dick) angegeben werden.

`titlefont=...`
verändert die Schriftart des Titels der Grafik. Siehe `font`.

`xtickmarks=n`
`ytickmarks=n`
gibt an, wie viele Punkte der x- bzw. der y-Achse Maple mindestens beschriften soll.

Anmerkung: Die Namen der Optionen (etwa `scaling`) müssen klein geschrieben werden. Die meisten Schlüsselwörter zur Einstellung der Optionen, also etwa `CONSTRAINED`, dürfen sowohl klein als auch groß geschrieben werden. Ausnahme: Die Parameter zur Einstellung von `font` müssen groß geschrieben werden.

Kapitel 20

Grafik II: 3D-Grafik

Dieses Kapitel ist eine Fortsetzung des vorangegangenen, wo zweidimensionale Grafikkommandos behandelt wurden. Hier geht es um Kommandos zur dreidimensionalen Darstellung von Daten. Die Befehle gleichen denen der 2D-Varianten, zahlreiche Optionen haben dieselbe oder zumindest eine ähnliche Bedeutung.

Einen allgemeinen Überblick zum Thema Grafik und eine Übersicht, wo in diesem Buch Teilaspekte dieses Themas behandelt werden, finden Sie in der Einleitung des vorigen Kapitels. Nun aber zu den wichtigsten Kommandos dieses Kapitels.

`plot3d`
stellt Funktionen der Art $f(x, y)$ durch dreidimensionale Flächen dar.

`coords=spherical` und `coords=cylindrical`
sind zwei Optionen, die die Darstellung von Grafiken in Kugel- oder Zylinderkoordinaten ermöglichen.

`spacecurve` und `tubeplot`
zeichnen parametrische Raumkurven im dreidimensionalen Raum. Bei `tubeplot` kann der Radius dieser Kurve variiert werden, während er bei `spacecurve` 0 ist (es wird nur eine Linie gezeichnet).

`surfdata`
zeichnet eine beliebige dreidimensionale Fläche, deren Koordinatenpunkte in einer Liste angegeben werden.

`pointplot`
stellt eine Koordinatenliste als dreidimensionale Kurve von Punkten dar.

Ansonsten stehen die zahlreichen Optionen zur Steuerung der oben aufgezählten Kommandos im Mittelpunkt dieses Kapitels. Über solche Optionen können Sie insbesondere die Oberflächengestaltung der dreidimensionalen Flächen (also Schattierungen, Farben, Sichtbarkeitsuntersuchung etc.) beeinflussen.

Dreidimensionale Darstellung von Flächen

`plot3d` ist eine Erweiterung des `plot`-Kommandos, das im Mittelpunkt des vorangegangenen Kapitels stand. Statt einer zweidimensionalen Kurve $y = f(x)$ wird nun eine dreidimensionale Fläche $z = f(x, y)$ gezeichnet.

Die Bedienung des Kommandos sieht erwarungsgemäß so ähnlich aus wie bei `plot`: Im ersten Parameter wird die (nun von zwei Variablen) abhängige Funktion angegeben, in den beiden folgenden Parametern die Zahlenbereiche dieser Variablen. Weitere Parameter können Optionen aufnehmen. Die beiden folgenden Abbildungen zeigen zwei typische `plot3d`-Beispiele.

```
with(plots): setoptions3d(style=patch):
plot3d( x^2-y^2, x=-1..1, y=-1..1);
```

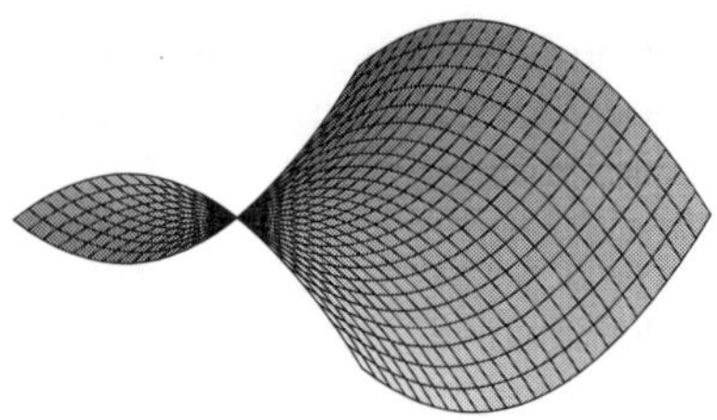

```
plot3d( Im(sin(x+I*y)), x=0..2*Pi,
        y=-Pi/2..Pi/2, axes=boxed );
```

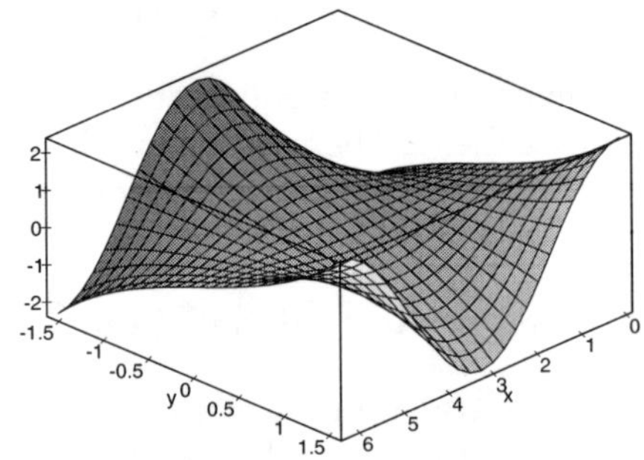

Anmerkung: In Release 3 galt `style=patch` als Defaulteinstellung, d. h., Grafiken wurden standardgemäß durch gefüllte Polygone dargestellt. Ab Release 4 gilt dagegen `style=hidden` als Defaulteinstellung, die Grafik wird also durch ein (recht kontrastarmes) Linienmuster dargestellt. Um Abbildungen wie in diesem Kapitel zu erhalten, müssen Sie entweder bei jedem Kommando `style=patch` angeben oder mit `setoptions3d` eine neue Defaulteinstellung für `style` definieren.

Die beiden folgenden Grafiken demonstrieren die Option `grid`, mit der die Anzahl der zu berechnenden Punkte (Default: $[15, 15]$) für die beiden Laufvariablen eingestellt werden kann. Eine Erhöhung der Anzahl der Punkte ist bei Grafiken mit rasch variierenden z-Werten erforderlich.

Gleichzeitig lernen Sie eine weitere Option kennen: `orientation` bestimmt die Blickrichtung, aus der die Grafik betrachtet wird. Die Richtung wird durch zwei Raumwinkel in der Einheit Grad (nicht in Bogenmaß!) angegeben. Die Einstellung erfolgt am einfachsten im Grafikfenster, wo die die Grafik umhüllende Box sehr bequem mit den Cursortasten oder mit der Maus verdreht werden kann. Der erste Winkel gibt den horizontalen Blickwinkel an (0, 90, 180, 270 Grad für die Ansicht von vorne, rechts, hinten, links). Der zweite Winkel gibt den vertikalen Blickwinkel an (0, 90, 180, 270 Grad für die Ansicht von oben, vorne, unten, hinten).

Bei der Defaulteinstellung von $[45, 45]$ sehen Sie die Grafik von schräg oben, die x-Achse zeigt (für ansteigende x-Werte) nach links vorne, die y-Achse nach rechs vorne. Eine gebräuchlichere Ansicht lautet $[-45, 60]$: die Ansicht ist dann nicht mehr so steil von oben, die x-Achse zeigt nach links vorne, die y-Achse nach links hinten. Damit liegt eine näherungsweise Übereinstimmung mit der üblichen Betrachtung zweidimensionaler Grafiken vor, wo die x-Achse nach links und die y-Achse nach oben zeigt.

```
plot3d( sin(x*y), x=0..7, y=0..7,
  axes=framed, scaling=constrained);
```

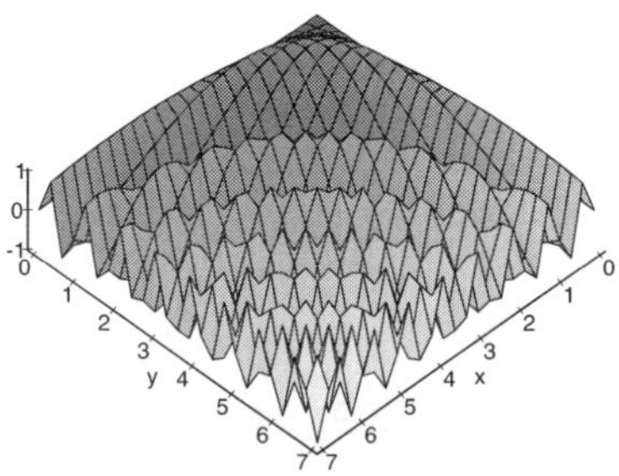


```
plot3d( sin(x*y), x=0..7, y=0..7,
  axes=framed, grid=[50,50],
  scaling=constrained,
  orientation=[-45,60]);
```

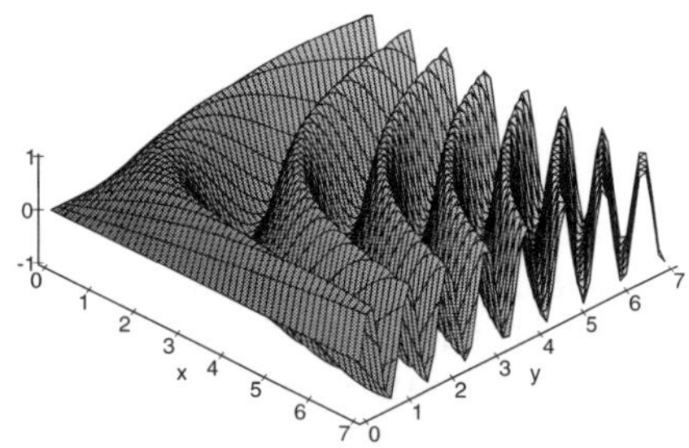

In Kombination mit `orientation` ist auch die Option `projection` von Interesse. Diese Option bestimmt die perspektivische Verzerrung. Der Wertebereich geht von 0 (starke Verzerrung) bis 1 (keine Verzerrung). In Release 4 wird diese Option vom Kommando `plot3d` leider ignoriert. Die perspektivische Verzerrung kann dort nur über das Grafikmenü PROJECTION eingestellt werden.

```
plot3d( sin(6*sqrt(x^2+y^2)),
  y=-2..2, x=-2..2,
  grid=[40,40], scaling=constrained,
  orientation=[7,45],
  projection=1);
```

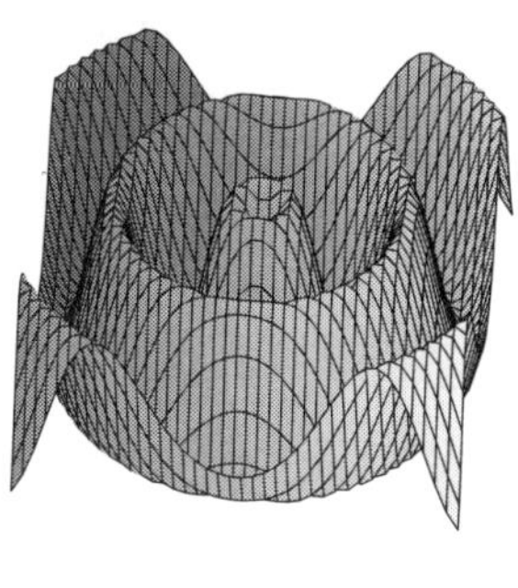

```
plot3d( sin(6*sqrt(x^2+y^2)),
  y=-2..2, x=-2..2, grid=[40,40],
  scaling=constrained,
  orientation=[7,45],
  projection=0.02);
```

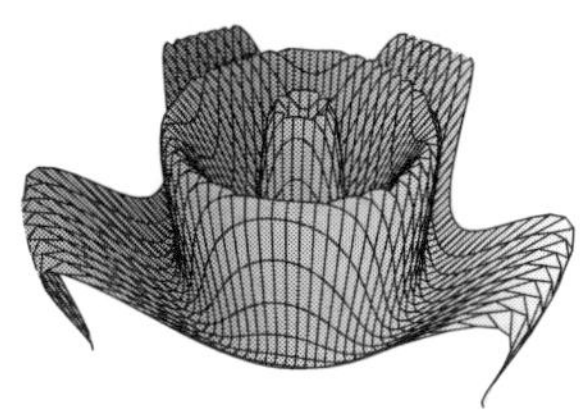

So wie bei 2D-Grafiken der Zeichenbereich der y-Achse oft durch einen zusätzlichen Parameter $y1..y2$ eingeschränkt werden muß, ist bei manchen 3D-Grafiken eine Einschränkung des z-Bereichs erforderlich. Dazu wird die Option `view=z1..z2` verwendet. Die beiden folgenden Abbildungen beweisen die Wirksamkeit dieser Option.

```
plot3d( Re(tan(x+I*y)),
   x=0.05-Pi/2..0.05+Pi,
   y=-Pi/2..Pi/2,
   orientation=[-126,55],
   scaling=unconstrained,
   axes=boxed,
   grid=[40,40]);
```

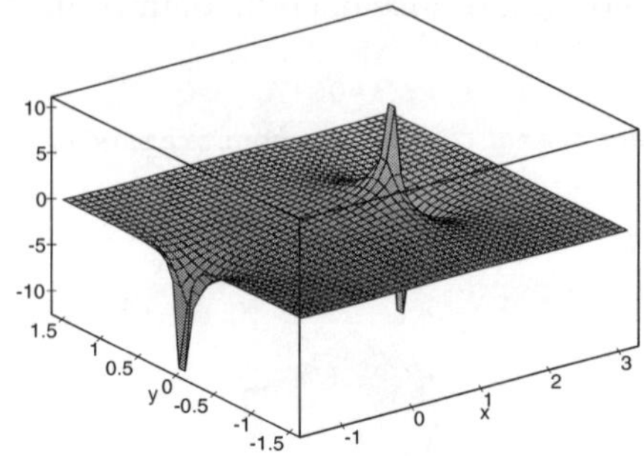


```
plot3d( Re(tan(x+I*y)),
   x=0.05-Pi/2..0.05+Pi,
   y=-Pi/2..Pi/2,
   orientation=[-126,55],
   scaling=unconstrained,
   axes=boxed,
   grid=[40,40], view=-5..4.5 );
```

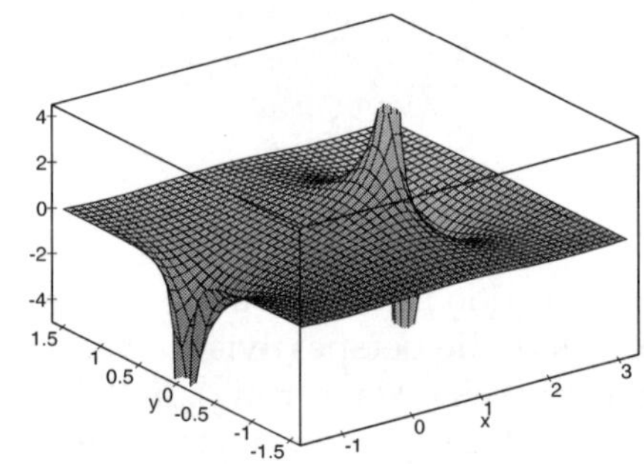

Parametrische 3D-Grafiken

Zum Zeichnen dreidimensionaler parametrischer Grafiken bestehen mehrere Möglichkeiten: Die Darstellung parametrischer Flächen erfolgt mit `plot3d`, wobei der erste Parameter dann als Liste $[x(s,t), y(s,t), z(s,t)]$ formuliert werden muß. Das Kommando `spacecurve` aus dem Package `plots` zeichnet eine dünne (Radius 0) Kurve $[x(t), y(t), z(t)]$ durch den dreidimensionalen Raum. Variantenreicher ist das Kommando `tubeplot` aus demselben Package. Dort kann auch der Radius dieser Kurve in Abhängigkeit von der Laufvariablen t variiert werden.

Mit der parametrischen Variante von `plot3d` wird eine durch drei Funktionen definierte Kugelfläche gezeichnet.

```
plot3d( [sin(s)*cos(t),
         cos(s)*cos(t),
         sin(t)],
        s=0..Pi, t=0..2*Pi,
        scaling=constrained );
```

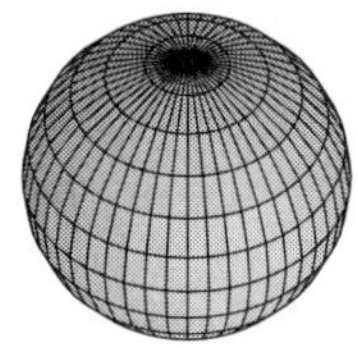

Das Kommando `spacecurve` zeichnet dreidimensionale parametrische Kurven, die nur von einem Parameter abhängig sind.

```
with(plots):
spacecurve(
  [ t/10,
    (1+t/10)*sin(t),
    (1+t/10)*cos(t) ], t=0..30*Pi,
  numpoints=500, axes=framed,
  shading=none,
  orientation=[25,62] );
```

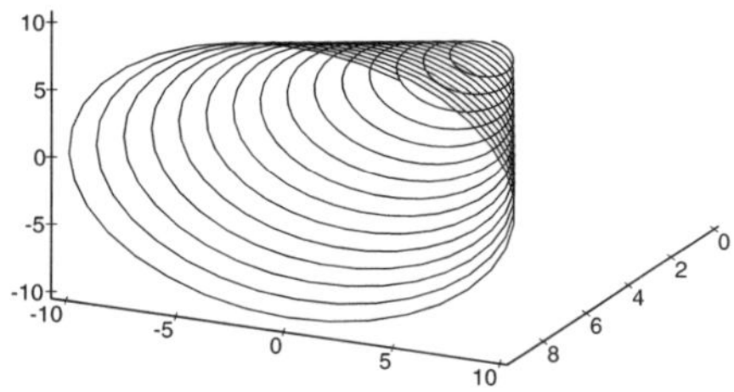

In der einfachsten Variante wirkt das Kommando `tubeplot` sehr ähnlich wie `spacecurve`: Statt einer Linie im Raum zeichnet das Kommando eine Röhre mit dem Radius 1.

```
tubeplot( [2*sin(t), 2*cos(t), t/3],
          t=-1.5*Pi..2*Pi,
          orientation=[45,68]);
```

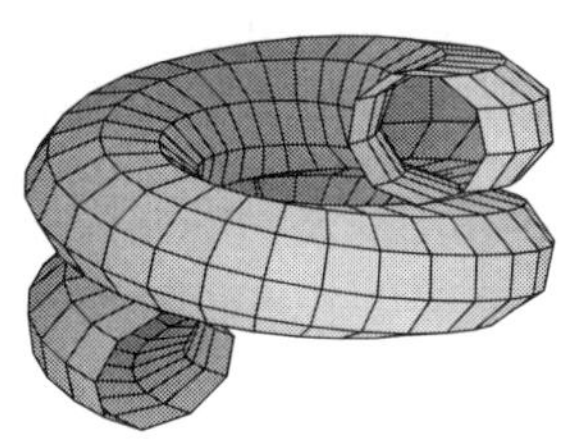

Interessantere Grafiken lassen sich erstellen, wenn auch der Radius variiert wird.

```
tubeplot(
  [ -t^1.5/5, 3*cos(t), 3*sin(t) ],
  t=0..8*Pi, radius=t/8,
  scaling=constrained,
  orientation=[107,56],
  grid=[60,15] );
```

Dreidimensionale Flächen, die durch Listen definiert sind

In den bisher behandelten Kommandos wurden die darzustellenden Flächen durch eine oder mehrere Funktionen beschrieben. Die eigentliche Berechnung der Koordinatenpunkte erfolgte anschließend durch das jeweilige Kommando, wobei unter Umständen sogar noch eine Umrechnung von einem beliebigen Koordinatensystem in kartesische Koordinaten erfolgen kann (siehe Kapitel 31).

Wenn Sie die z-Koordinaten der Punkte selbst ausrechnen möchten und Maple nur noch die dazugehörige Oberfläche zeichnen soll, können Sie statt `plot3d` das Kommando `listplot3d` aus dem `plots`-Package verwenden. Es erwartet als ersten Parameter eine Liste mit den z-Koordinaten, die den folgenden Aufbau hat: $[[z11, z12, z13, ...], [z21, z22, z23, ...], [...], ...]$.

```
restart: with(plots):
listplot3d( [[0,0,0,0,0],
             [0,0,1,2,2],
             [0,1,2,1,0],
             [0,2,3,2,0]],
  axes=frame, style=hidden,
  color=black, orientation=[45,11]);
```

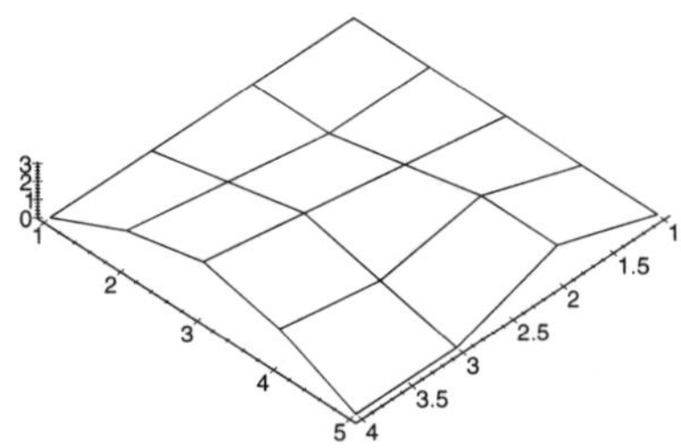

Erheblich mehr Flexibilität (zum Preis einer etwas aufwendigeren Bedienung) bietet das Kommando `surfdata`. An das Kommando wird eine verschachtelte Liste von Koordinatenpunkten übergeben. Jeder Punkt besteht aus den Angaben $[x, y, z]$. Die Summe aller Punkte bildet ein Netz, das die Fläche aufspannt. Die Koordinatenpunkte werden dazu zeilenweise zu Sublisten zusammengefaßt. Die gesamte Grafik wird somit durch eine Liste mit folgendem Aufbau beschrieben:

$$[[p_{11}, p_{12}, p_{13}, ...], [p_{21}, p_{22}, p_{23}, ...], [p_{31}, p_{32}, p_{33}, ...], [...], ...]$$

In dieser Liste stellt p_{nm} eine Abkürzung für $[x_{nm}, y_{nm}, z_{nm}]$ dar.

Das eigentliche Problem bei `surfdata` ist die Bildung dieser dreifach verschachtelten Liste, die zu ziemlich unübersichtlichen `seq`-Konstruktionen führt.

```
setoptions3d(style=hidden,color=black):
data := [ seq( [ seq( [ i,j,
  evalf(cos(sqrt(i^2+j^2)/2)) ],
  i=-5..5) ], j=-5..5) ]:
surfdata( data, axes=frame,
          labels=[x,y,z] );
```

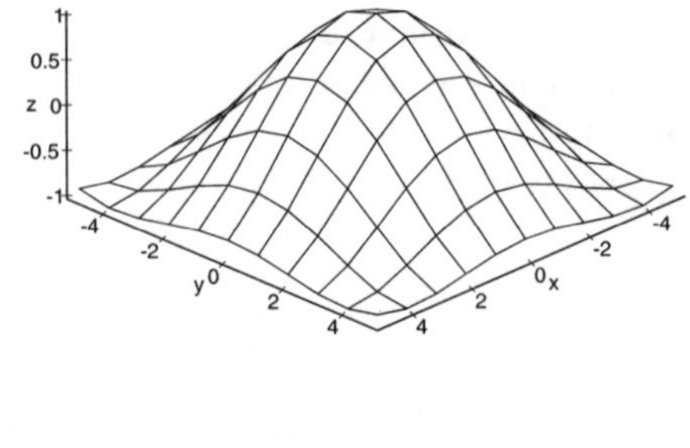

Wie das obige Beispiel zeigt, eignet sich `seq` nur bedingt zur Bildung der Koordinatenlisten. Da `seq` als Schrittweite immer 1 verwendet, ist die Struktur der Formel oft kaum mehr erkennbar. In Kapitel 30 wird ein neues Kommando `seqn` vorgestellt, das beliebig verschachtelte Listen bildet, wobei für die Laufvariablen jede Schrittweite verwendet werden darf. In einem Vorgriff auf dieses Kapitel wird hier der Programmcode für das Kommando `seq2` für zweifach verschachtelte Listen ohne weitere Erklärungen abgedruckt.

```
seq2:= proc( f, l1::list, l2::list )
  local i,j, data1, data2, range1, range2;
  range1:=evalf(l1): range2:=evalf(l2):
  data1:=[];
  for i from op(1,op(2,range1[1])) to op(2,op(2,range1[1])) by range1[2] do
    data2:=[];
    for j from op(1,op(2,range2[1])) to op(2,op(2,range2[1])) by range2[2] do
      data2 := [ op(data2), eval(subs( op(1,range2[1])=j, op(1,range1[1])=i, f)) ];
    od;
    data1:= [ op(data1), data2 ];
  od;
  RETURN(data1);
end:
```

Die Bedienung des Kommandos ist einfach: Im ersten Parameter wird die zu berechnende Funktion (oder eine Liste von Funktionen) in Abhängigkeit von zwei Laufvariabeln angegeben. Die Wertebereiche für die Laufvariablen werden als Listen in der Form $[x = start..end, step]$ angeschrieben.

```
seq2( [x,y,x+y], [x=1..3,1], [y=0.1..0.3, 0.1]);
```

$$[[[1.0, 0.1, 1.1], [1.0, 0.2, 1.2], [1.0, 0.3, 1.3]], [[2.0, 0.1, 2.1], [2.0, 0.2, 2.2], [2.0, 0.3, 2.3]],$$
$$[[3.0, 0.1, 3.1], [3.0, 0.2, 3.2], [3.0, 0.3, 3.3]]]$$

Mit dem neuen Kommando wird die Berechnung der Daten für eine dreidimensionale Rutschbahn zum Vergnügen:

```
data:= seq2( [ r*sin(phi),
               r*cos(phi),
               1.5*phi+3*sin(r) ],
         [ r=Pi..2*Pi, Pi/9 ],
         [ phi=0..4*Pi, Pi/10 ] ):
surfdata( data );
```

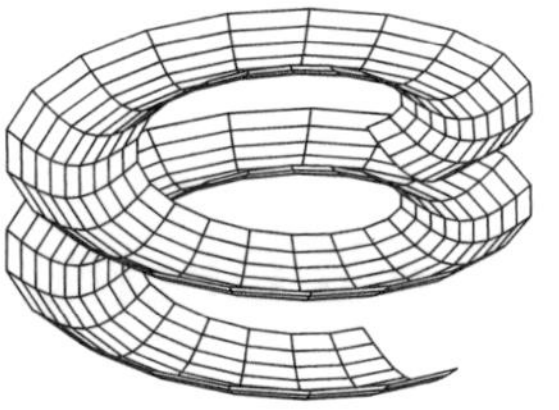

Dreidimensionale Punktgrafiken

Bei allen bisher behandelten Kommandos wird durch die Option `style=point` erreicht, daß die Daten in Punktform angezeigt werden. Damit die resultierenden Grafiken erkennbar bleiben, ist allerdings häufig eine asymetrische Einstellung der `grid`-Option erforderlich, so daß die Punkte in der einen Richtung relativ eng aneinanderrücken, in der zweiten Richtung dagegen deutliche Abstände aufweisen.

`plot3d` wird hier in seiner parametrischen Variante verwendet. Durch `shading=none` wird eine Einfärbung der Punkte vermieden. Beachten Sie die `grid`-Einstellung mit $[80, 20]$!

```
plot3d(
  [sin(s)*cos(t), cos(s)*cos(t), t],
  s=0..2*Pi, t=0..Pi, grid=[80,20],
  shading=none, scaling=constrained,
  style=point);
```

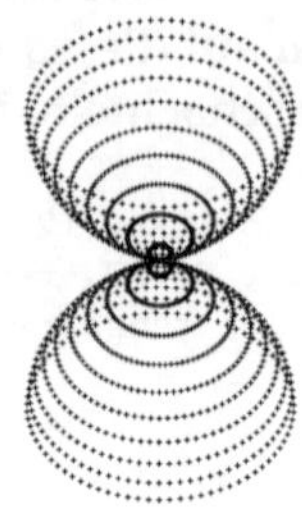

Wenn Sie die Punktmenge nicht durch eine Funktion, sondern durch eine Liste von Koordinatenpunkten angeben möchten, müssen Sie zum Zeichnen das Kommandos `pointplot3d` verwenden. An das Kommando wird – ähnlich wie bei `surfplot` – eine Liste von Koordinatenpunkten übergeben. Die Form dieser Liste lautet $[[x1, y1, z1], [x2, y2, z2], ...]$. Wenn Sie zusätzlich die Option `style=line` angeben, zeichnet das Kommando nicht einzelne Punkte sondern einen Linienzug.

Mit dem `seq`-Kommando wird eine Liste von 1000 Koordinatenpunkten einer Spirale im Raum berechnet. `pointplot` stellt diese Kurve räumlich dar.

```
with(plots):
data:= [ seq( evalf(
   [t/100, sin(t/30), cos(t/30)] ),
   t=0..1000) ]:
pointplot3d(data, axes=boxed);
```

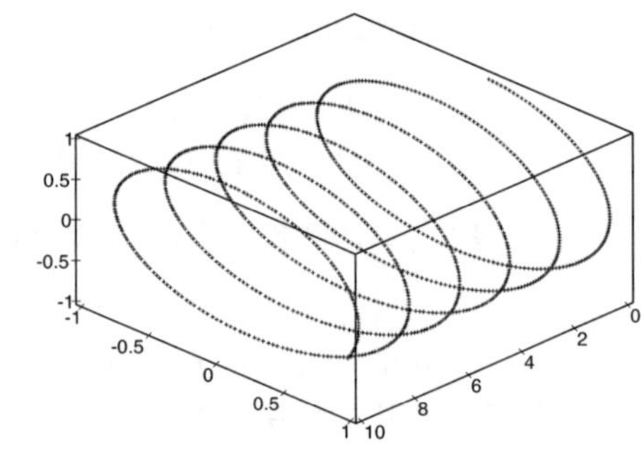

Optionen zur Oberflächengestaltung

Normalerweise (die Defaulteinstellung kann je nach Maple-Version wechseln) werden dreidimensionale Flächen am Bildschirm durch farbige Flächenstücke (Rechtecke) zusammengesetzt, die jeweils von einem dünnen schwarzen Rahmen umgeben sind. Durch die `style`-Option sind aber auch andere Darstellungsvarianten möglich. Die Standardvariante `style=patch` kennen Sie bereits aus einer Vielzahl von Abbildungen in diesem Kapitel, eine Abbildung zu `style=point` finden Sie im vorangegangenen Abschnitt. Die folgenden vier Abbildungen zeigen die verbleibenden vier Einstellungen `hidden`, `wireframe`, `patchnogrid` und `patchcontour`.

Damit die Grafik nicht jedesmal neu berechnet werden muß, wird sie zuerst einmal in p gespeichert und in der Folge mehrmals mit `display` (aus dem `plots`-Package) unter der zusätzlichen Angabe weiterer Optionen angezeigt.

```
with(plots):
```

```
p:=plot3d( -5*cos(sqrt(x^2+y^2))*exp(-0.1 *sqrt(x^2+y^2)),
           x=-2*Pi..7*Pi, y=-2*Pi..4*Pi,grid=[45,35], axes=framed,
           scaling=constrained, orientation=[-157,62]):
```

In den beiden folgenden Abbildungen wird die Grafik ausschließlich durch Linien dargestellt – links mit Sichtbarkeitskontrolle, rechts ohne. Die Option `shading=none` führt dazu, daß alle Linien schwarz gezeichnet werden.

```
display(p, shading=none,
       style=hidden);
```

```
display(p, shading=none,
       style=wireframe);
```

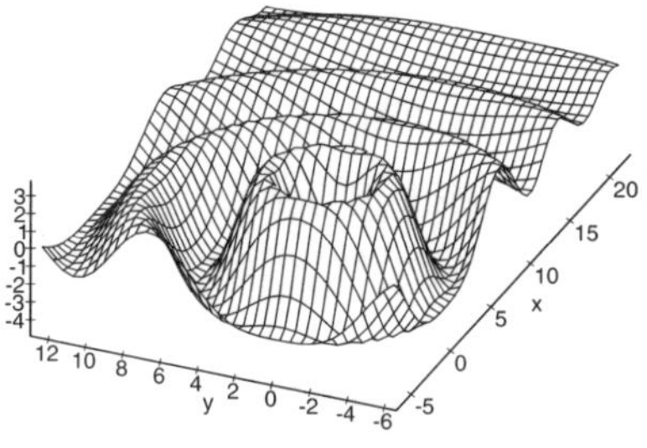

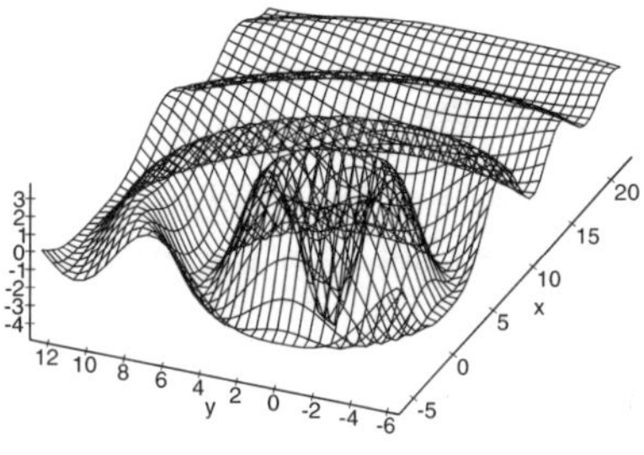

Die Einstellung `patchnogrid` führt dazu, daß die Grafik zwar mit Schattierungen angezeigt wird, aber ohne den sonst üblichen Linienraster. Durch `patchcontour` wird der Linienraster durch Höhenlinien (wie auf einer Landkarte) ersetzt. Außerdem steht noch die Einstellung `contour` zur Verfügung, durch welche die Grafik ausschließlich durch Höhenlinien (aber ohne Schattierungen und vor allem auch ohne Sichtbarkeitskontrolle) dargestellt wird.

```
display(p, style=patchnogrid);
```

```
display(p, style=patchcontour);
```

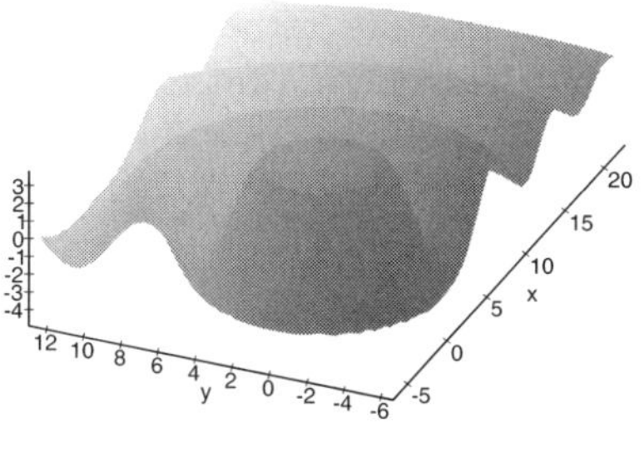

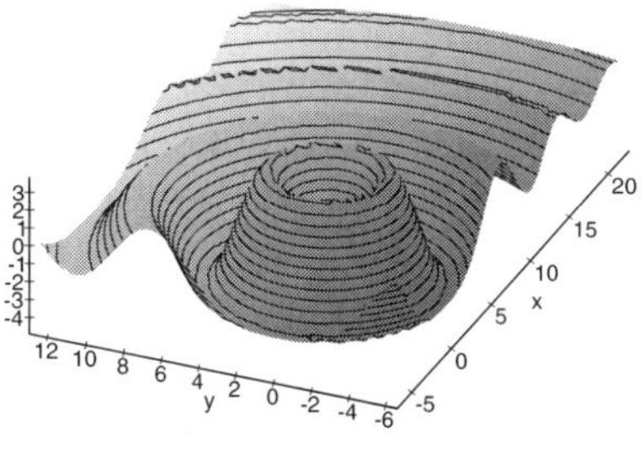

In Kombination zu `style=patchcontour` kann die Option `contours` verwendet werden. Diese Option gibt an, wieviele Höhenlinien gezeichnet werden (`contours = n`) oder an welchen Höhen die Höhenlinien gezeichnet werden sollen (`contours = [z1, z2, z3 ...]`).

```
display(p, style=patchcontour,
        contours=[-2,-1,0,1,2]);
```

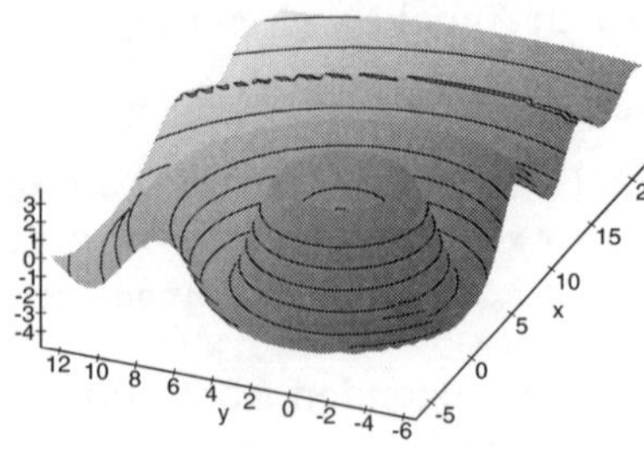

Farbe, Licht und Schatten

Die Färbung von dreidimensionalen Grafiken wird durch vier Optionen gesteuert: `shading`, `color`, `ambientlight` und `light`.

- `shading` wählt einen von mehreren Defaultalgorithmen zum Einfärben der Grafik aus.
- `color` definiert eine Funktion, welche die Farbe in Abhängigkeit der x- und y-Koordinaten berechnet. `shading` und `color` können nicht in Kombination, sondern nur wahlweise eingesetzt werden.
- `light` und `ambientlight` geben eine oder mehrere gerichtete Lichtquellen sowie das Umgebungslicht an. Die Lichtquellen beleuchten die durch `shading` oder `color` eingefärbten Flächen.

Standardfarbverteilung mit der Option shading

Die Option `shading` steuert den Algorithmus, der die Schattierung (die Farbverteilung) über die Fläche steuert. Die Defaulteinstellung ist versionsabhängig, lautet jedoch zumeist `xyz`. In diesem Fall ist die Farbe von allen drei Koordinantenkomponenten abhängig. Nach welcher Formel die Farbe dann konkret berechnet wird, geht aus der Maple-Dokumentation nicht hervor. Die Einstellung `xy` führt dazu, daß die Farbe nur von den x- und y-Koordinaten (nicht aber von z) abhängig ist. Die Einstellungen `z` und `zhue` führen zu einer reinen Höhenabhängigkeit der Farbe. `zhue` erzeugt dabei buntere Bilder. Ganz ähnlich wirkt `zgreyscale`, allerdings werden die z-Werte nur in verschiedene Graustufen umgesetzt (was für den Ausdruck günstiger ist).

Die Abbildung rechts bezieht sich noch immer auf die im vorangegangenen Abschnitt in p gespeicherte Grafik.

```
display(p, style=patchnogrid,
        shading=zhue);
```

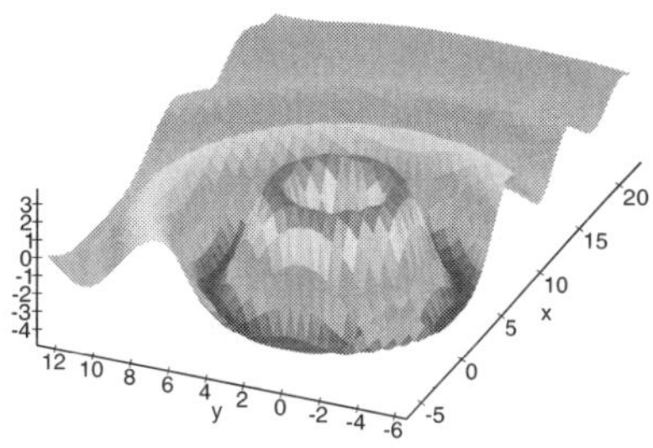

Als letzte Einstellmöglichkeit kommt `none` in Frage: Dabei wird auf eine Einfärbung der Grafik überhaupt verzichtet, Linien und Punkte erscheinen schwarz, Flächen weiß. Diese Einstellung wird vor allem in Kombination mit `style=point` oder `=hidden` verwendet, wenn die Grafik ohnedies nur durch Punkte oder Linien dargestellt wird (siehe die Beispiele im vorigen Abschnitt).

Wenn zur Einfärbung der Grafik explizit eine Farbfunktion (Option `color`) oder Lichtquellen (Option `light`) verwendet wird, hat `shading` keinen Einfluß mehr auf die Farbverteilung!

Farbverteilung durch eine eigene Funktion steuern

Wenn Sie mit den von Maple standardgemäß verwendeten Farben nicht zufrieden sind, können Sie über die Option `color` eigene Farben einstellen. Normalerweise wird mit `color` eine zweiparametrige Funktion angegeben, die den Farbverlauf über die Fläche steuert. In Sonderfällen (wie in der folgenden Abbildung) kann es aber auch sinnvoll sein, die gesamte Grafik in einer Farbe zu halten.

Am Bildschirm wird die obere der beiden sich durchdringenden Grafiken blau, die untere rot dargestellt.

```
p1:=plot3d( 1.5*cos(x^2+y^2),
            x=-2..2, y=-2..2,
     style=hidden, color=red):
p2:=plot3d( 2*sin(sqrt(x^2+y^2)),
            x=-2..2, y=-2..2,
     style=hidden, color=blue):
display( [p1, p2] );
```

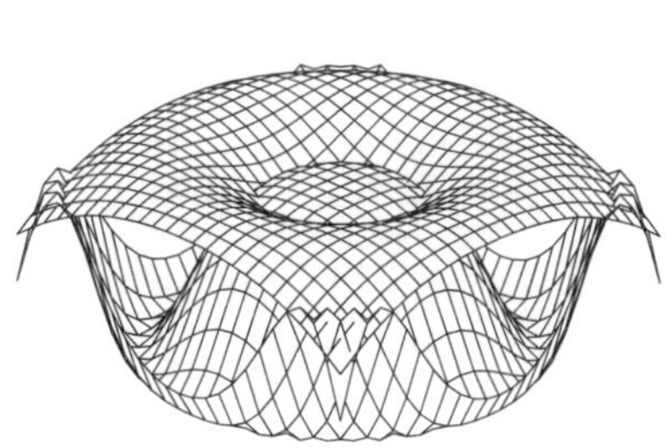

Nun aber zur Angabe einer Farbfunktion, die von den x- und y-Koordinaten der Grafik abhängig ist. Dazu existieren zwei Syntaxvarianten:

`color=f(x,y)`
bestimmt den Farbton (Übergang von Rot über Blau, Grün, Gelb wieder zu Rot).

`color=COLOR(RGB, r(x,y), g(x,y), b(x,y))`
bestimmt die Farbe durch die additive Mischung der Rot-, Grün- und Blauanteile.

Für beide Varianten gilt eine weitere Besonderheit von Maple: Die Farbkomponenten können in einem beliebigen Wertebereich angegeben werden (die allgemein übliche Einschränkung zwischen 0 und 1 gilt nicht). Bevor Maple die Grafik anzeigt, ermittelt es den kleinsten und größten Wert (jeweils getrennt für jede Komponente) und skaliert die Werte anschließend in den Wertebereich zwischen 0 und 1. Auf der einen Seite ist dieses Verhalten recht praktisch, weil Sie sich wenig Gedanken bei der Formulierung der Farbfunktion machen müssen. Andererseits verlieren Sie damit einen wichtigen Steuerungsmechanismus zur exakten Einstellung der Farbe: So ist es beispielsweise nicht möglich, zwei Flächen, bei denen die eine z-Werte zwischen 0 und 3 und die andere z-Werte zwischen 0 und 4 aufweist, so einzufärben, daß bei beiden Flächen Punkte mit $z = 2$ dieselbe Farbe aufweisen! (Wie es dennoch geht, zeigt Kapitel 32 zum Thema Grafikprogrammierung.)

Zur Verdeutlichung ein Beispiel: Die Grafik `plot(sin(x*y),x=0..2, y=0..2)` wird durch die drei folgenden `color`-Optionen identisch (!) eingefärbt!

```
color = COLOR(RGB, x, y, 0)
color = COLOR(RGB, x/2, y, 0)
color = COLOR(RGB, x/2, 0.5+y/4, 0)
```

```
greyscale:=x->COLOR(RGB,x,x,x):
plot3d( Re(sin(x+I*y)),
  x=0..2*Pi, y=-1..1, axes=framed,
  orientation=[-103,26],
  style=patch,
  color=greyscale(Im(sin(x+I*y))) );
```

```
greyscale:=x->COLOR(RGB,x,x,x):
plot3d( abs(sin(x+I*y)),
  x=0..2*Pi, y=-1..1, axes=framed,
  orientation=[-103,26],
  style=patch,
  color=greyscale(
    Pi+argument(sin(x+I*y)) ) );
```

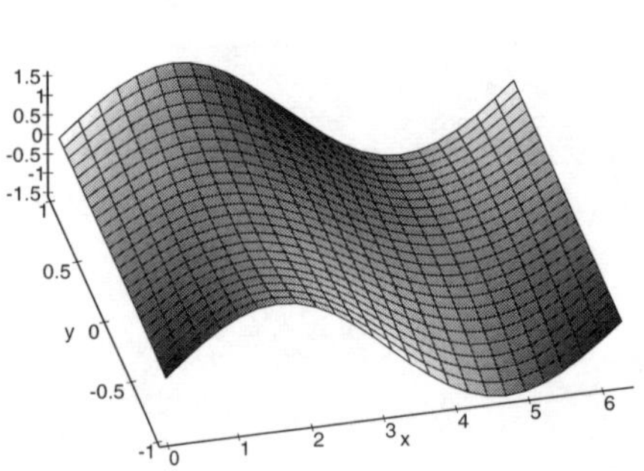

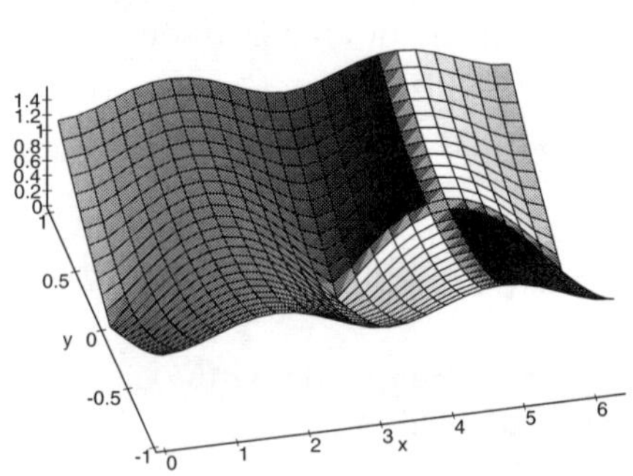

Die wichtigste Anwendung der `color`-Option (abgesehen von der Herstellung 'schöner' Grafiken) besteht darin, vierdimensionale Daten in einem dreidimensionalen Diagramm unterzubringen. Am häufigsten tritt dies bei komplexen Funktionen auf, wo vier Parameter (x- und y-Parameter, Betrag und Phase bzw. Real- und Imaginärteil) auftreten. (Siehe auch das Kommando `complexplot3d`, das in Kapitel 31 beschrieben wird.)

In den beiden obigen Abbildungen wird jeweils die komplexe Funktion $\sin(x + I * y)$ dargestellt. In der Abbildung links ist die z-Koordinate durch den Real-, die Farbe durch den Imaginärteil bestimmt. Rechts ist die Höhe (z-Koordinate) der Grafik durch den Betrag der Funkion, die Farbe durch den Phasenwinkel bestimmt. Um eine optimale Darstellung beim Schwarzweißdruck zu erreichen, wurde zur Einstellung der Farben die Funktion $greyscale$ definiert, mit der sehr bequem Graustufen erzeugt werden können.

Abschließend noch eine Anmerkung: Die Option `color` kann nicht in `display` verwendet werden, um die Farbverteilung einer bereits berechneten Grafik zu verändern. Wenn Sie eine Grafik mit veränderten Farben darstellen möchten, müssen Sie die Grafik dazu neu berechnen.

Beleuchtung der Grafik

Zusätzlich zur Einfärbung der Grafik durch `shading` oder `color` kann die Grafik durch einige Lichtquellen beleuchtet werden. Während die Farben ohne Beleuchtung ausschließlich durch `shading` oder `color` bestimmt werden, wird durch die Angabe von Lichtquellen auch der Winkel berücksichtigt, unter dem die Lichtstrahlen den Körper treffen. Maple kennt zwei Lichtquellen:

`ambientlight=[r,g,b]`
beschreibt das Umgebungslicht in seinen Komponenten Rot, Grün und Blau (je zwischen 0 und 1), das richtungsunabhängig alle Teilflächen gleich beleuchtet.

`light=[phi, theta, r, g, b]`
beschreibt eine Lichtquelle, das unter den Winkeln ϕ und θ auf den Körper strahlt. Der Winkel ϕ beschreibt den vertikalen Ort der Lichtquelle (0, 90, 180, 270 Grad für eine Beleuchtung von oben, vorne, unten, hinten). θ bestimmt den horizontalen Ort der Lichtquelle (0, 90, 180, 270 Grad für eine Beleuchtung von vorne, rechts, hinten, links). Die Option darf mehrmals hintereinander verwendet werden, um so mehrere gerichtete Lichtquellen zu definieren.

Entscheidend bei der Definition der gerichteten Lichtquellen ist die Tatsache, daß die dabei angegebenen Winkel absolut nichts (!) mit den Winkeln für die Blickrichtung (Option `orientation`) zu tun haben. `orientation` gibt an, aus welcher Richtung die Grafik betrachtet wird. Ausgangspunkt hierfür ist das Koordinatensystem der Grafik. Die Winkel in `light` beziehen sich dagegen auf den bereits gedrehten Körper (sozusagen auf das Bildschirmkoordinatensystem). Wenn Sie die Blickrichtung ändern, bewegen sich die Lichtquellen *nicht* mit.

Beachten Sie auch, daß die Reihenfolge der Winkel für `orientation` und `light` voneinander abweichen! Bei `orientation` wird zuerst der vertikale, anschließend der horizontale Blickwinkel angegeben, bei `light` erfolgt die Angabe des Beleuchtungswinkel gerade in umgekehrter Reihenfolge.

Durch die Angabe mehrerer verschiedenfarbiger Lichtquellen aus unterschiedlichen Richtungen können Sie farbenprächtige Beleuchtungsmodelle bilden. Im Grafikeditor von Maple können Sie zwischen vier vordefinierten Beleuchtungsmodellen auswählen.

Die folgenden Beispiele sind dagegen eher einfach gehalten. Sie beziehen sich auf eine Kugel, deren Flächen explizit mit Weiß eingefarbt wurden. Die Schattierungseffekte in den folgenden Abbildungen entstehen somit ausschließlich aus den unterschiedlichen Beleuchtungsmodellen.

Die Abbildung links zeigt die weiße Kugel noch ohne die Verwendung eines Beleuchtungsmodells.

```
p:=plot3d( [sin(s)*cos(t),
            cos(s)*cos(t),
            sin(t)],
  s=0..Pi, t=0..2*Pi,
  scaling=constrained, color=white,
  orientation=[38,75], style=patch):
```

```
with(plots):
display(p);
```

In der Abbildung rechts ist die Kugel von einer weißen Lichtquelle rechts oben beleuchtet. Sobald eine Lichtquelle definiert ist, erscheinen alle nicht beleuchteten Teilflächen der Kugel schwarz.

```
display( p,
  light=[60,45,1,1,1]);
```

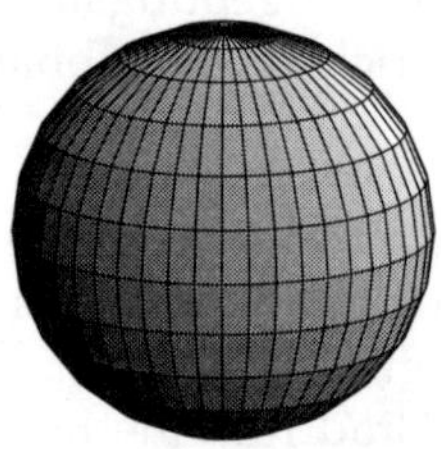

In der Abbildung rechts wurde zusätzlich zur gerichteten Lichtquelle der letzten Abbildung ein nicht allzustarkes Umgebunglicht eingesetzt.

```
display( p,
  light=[60,45,1,1,1],
  ambientlight=[0.3,0.3,0.3]);
```

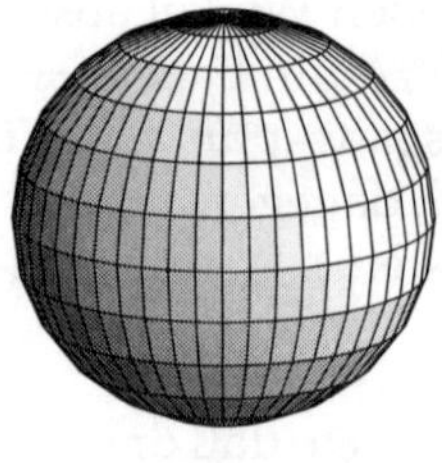

In der letzten Abbildung dieser Serie wurde die Kugel von rechts oben mit rotem Licht, von links oben mit grünem Licht und von unten mit blauem Licht bestrahlt. Auf einem Farbmonitor leuchtet die Kugel in allen Farben, die sich durch die additive Farbmischung ergeben.

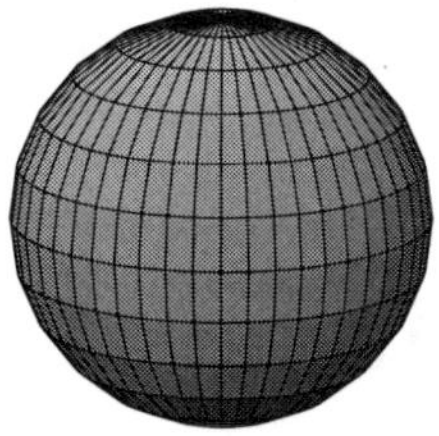

```
display( p,
  light=[60,45,1,0,0],
  light=[60,-45,0,1,0],
  light=[135,0,0,0,1]);
```

Syntaxzusammenfassung

`plot3d(f, x=x0..x1, y=y0..y1, optionen);`
stellt die Fläche $z = f(x, y)$ dreidimensional dar. Statt f kann auch eine Menge mehrerer Funktionen angegeben werden. Mögliche Optionen werden etwas weiter unten beschrieben.

`plot3d([fx,fy,fz], s=s0..s1, t=t0..t1, optionen);`
zeichnet die durch die Funktionen $[fx, fy, fz]$ definierte parametrische Fläche. fx, fy und fz sind von s und t abhängig.

`with(plots);`
aktiviert die Kommandos des `plots`-Packages. Das Kommando muß vor der Verwendung von `spacecurve`, `tubeplot`, `surfdata`, `pointplot`, `textplot3d`, `setoptions3d` und `display` ausgeführt werden.

`spacecurve([fx, fy, fz], t=t0..t1, optionen);`
zeichnet die durch den Parameter t bestimmte Kurve im Raum.

`tubeplot([fx, fy, fz], t=t0..t1, optionen);`
`tubeplot([fx, fy, fz], t=t0..t1, radius=fr, optionen);`
wie `spacecurve`, allerdings wird die Raumkurve durch eine Röhre mit Radius 1 dargestellt. In der zweiten Syntaxvariante ist der Radius der Röhre durch die Funktion $fr(t)$ bestimmt.

`listplot3d( [[z11,z12,...], [z21,z22,...], [...], ...] );`
zeichnet die durch die z-Koordinaten gegebene Fläche. x- und y-Koordinaten werden von `listplot3d` selbständig gewählt.

`surfdata(data, optionen);`
stellt die durch *data* definierte Fläche dreidimensional dar. *data* setzt sich aus einer zweifach verschachtelten Liste der Form $[[p11, p12, p13...], [p21, p22, p23...], ...]$ zusammen, wobei jeder Koordinatenpunkt in der Form $p = [x, y, z]$ angegeben wird.

`pointplot3d(data, optionen);`
zeichnet die durch ihre Koordinaten definierten Punkte im Raum. *data* wird durch eine einfache Liste von Koordinatenpunkten gebildet, also $[[x0, y0, z0], [x1, y1, z1], ...]$.

`` textplot3d([x,y,z,`text`], color=black); ``
gibt den Text an der angegebenen Koordinatenposition aus. Die Beschriftung kann anschließend durch `display` mit einer anderen 3D-Grafik vereint werden.

`setoptions3d(option=einstellung);`
stellt die angegebene Option für alle weiteren `plot3d`-Kommandos ein.

`display(p, optionen);`
`display([p1, p2,...], optionen);`
stellt eine oder mehrere 3D-Grafiken unter der Verwendung neuer Optionen dar. Zusammen mit `display` darf die Option `color` nicht verwendet werden. `orientation` muß auf jeden Fall neu eingestellt werden, auch dann, wenn in *p* bereits `orientation` verwendet wurde.

Optionen zur Oberflächengestaltung

`style=...`
gibt die Darstellungsform der Daten an:
`point`: punktförmige Darstellung.
`wireframe`: Darstellung durch Linien ohne Sichtbarkeitskontrolle.
`hidden`: Darstellung durch Linien mit Sichtbarkeitskontrolle.
`patch`: Darstellung mit Schattierungen und Linienraster.
`patchnogrid`: Darstellung mit Schattierungen ohne Linienraster.
`patchcontour`: Darstellung mit Schattierung und Höhenschichtlinien.

`contours=n`
`contours=[z0,z1...]`
bestimmt die Anzahl bzw. die Orte der Höhenschichtlinien. Die Option ist nur in Verbindung mit `style= patchcontour` sinnvoll.

`shading=...`
wählt einen der Standardalgorithmen zum Einfärben der Grafik aus. Mögliche Einstellungen sind:
`xyz`: die Farbe ist von allen drei Koordinatenkomponenten abhängig.
`xy`: die Farbe ist nur von den x- und y-Koordinaten abhängig.
`z`: die z-Koordinate bestimmt die Farbe.
`zhue`: die z-Koordinate bestimmt den Farbton.
`zgreyscale`: die z-Koordinate bestimmt die Grauschattierung.
`none`: keine Farben (Linien und Punkte sind schwarz, Flächen weiß).

`color=...`
gibt eine Farbfunktion an, die in Abhängigkeit der beiden Laufvariablen x und y die Farbe bestimmt. Die Farbfunktion kann entweder unmittelbar formuliert werden und bestimmt dann den Farbton, oder sie wird unter Zuhilfenahme von `COLOR(RGB,r,g,b)` angegeben und bestimmt die Farbe dann durch additive oder subtraktive Farbmischung.

`light=...`
definiert eine gerichtete Lichtquelle in der Form $[\phi, \theta, r, g, b]$. Der erste Winkel bestimmt die vertikale Beleuchtungsrichtung, der zweite Winkel die horizontale Richtung. Durch die mehrmalige Verwendung der Option können mehrere Lichtquellen angegeben werden.

`ambientlight=...`
definiert ein ungerichtetes Umgebungslicht in der Form $[r, g, b]$.

Allgemeine Optionen

`axes=...`
bestimmt das Aussehen der Koordinatenachsen:
`normal`: die Achsen gehen durch den 0-Punkt.
`frame`: die Achsen kreuzen sich im linken unteren Eck des Diagramms.
`boxed`: das Diagramm wird von einem Quader umrahmt.
`none`: es werden überhaupt keine Koordinatenachsen angezeigt (Defaulteinstellung).

`tickmarks=[nx,ny,nz]`
gibt an, wie viele Punkte der x-, y- und z-Achse Maple mindestens beschriften soll.

`grid=[nx,ny]`
gibt die Anzahl der zu berechnenden Punkte in x- und y-Richtung an. Defaulteinstellung $[15, 15]$.

`orientation=[theta,phi]`
gibt die Blickrichtung an, aus der die Grafik betrachtet wird. θ bestimmt den horizontalen, ϕ den vertikalen Blickwinkel.

`projection=n`
gibt das Ausmaß der perspektivischen Verzerrung an. Der Wertebereich geht von 0 (starke Verzerrung) bis 1 (keine Verzerrung, Defaulteinstellung).

`view=...`
gibt den sichtbaren Bereich der Grafik an. Normalerweise wird der Bereich nur für die z-Achse eingeschränkt ($z0..z1$), es ist aber auch eine Einschränkung aller drei Koordinaten in der Form $[x0..x1, y0..y1, z0..z1]$ möglich.

Anmerkung: Zahlreiche Optionen, die in der Syntaxzusammenfassung der vorherigen Kapitels zum Thema 2D-Grafik aufgezählt wurden, können in gleicher Weise auch für 3D-Grafiken verwendet werden: `axesfont`, `font`, `labels`, `labelfont`, `linestyle`, `scaling`, `symbol`, `thickness`, `title` und `titlefont`.

Teil III

Maple für Fortgeschrittene

Der dritte und letzte Teil dieses Buchs beschäftigt sich mit Problemen, die im täglichen Gebrauch von Maple selten vorkommen. Für viele Leser wird vielleicht nur eines dieser Themen interessant oder wichtig sein, die anderen dagegen nicht. Aus diesem Grund sind die Kapitel weitgehend unabhängig voneinander und bauen nicht aufeinander auf. Allerdings wird ein Grundlagenwissen aus Teil II dieses Buchs (beispielsweise der Umgang mit Listen) vorausgesetzt.

Die folgenden Kapitel können in vier Gruppen unterteilt werden:

- Kapitel 21 bis 27 behandeln fortgeschrittene mathematische Themen: Statistik und Wahrscheinlichkeitsrechnung, die Bildung von Regressions- und Interpolationsfunktionen, die Lösung von Optimierungsproblemen, das Aufstellen und Rechnen mit Reihen, den Umgang mit den Kommandos zur Laplace- und Fourier-Transformation und schließlich das Rechnen mit vektoriellen Funktionen (Vektoranalysis).
- Kapitel 28 bis 30 geben eine Einführung in die Programmierung in Maple. Im Vordergrund steht dabei die Vermittlung von Grundlagenkenntnissen über die internen Datenstrukturen von Maple (also beispielsweise den Aufbau eines mathematischen Ausdrucks), über die prozeduralen Sprachelemente von Maple (Abfragen, Schleifen etc.) und schließlich über die Programmierung eigener Packages. Einige praktische Beispiele runden diese Einführung ab.
- Kapitel 31 und 32 greifen nochmals das Thema Grafik auf, das ja bereits in den beiden vorangegangenen Kapitel ausführlich behandelt wurde. Kapitel 31 stellt diverse Spezialkommandos vor, Kapitel 32 bietet eine Einführung in die Grafikprogrammierung. Zusammen mit dem Wissen aus den drei Kapiteln zum Thema Programmieren werden Sie in die Lage versetzt, eigene Grafikkommandos zu programmieren.

Kapitel 21

Kombinatorik, Statistik, Wahrscheinlichkeitsrechnung

Dieses Kapitel beginnt mit einem Abschnitt zum Thema Kombinatorik, in dem einige Funktionen des Package `combinat` vorgestellt werden. Der Rest des Kapitels widmet sich den Funktionen des Statistik-Packages. Dieses Package ist in mehrere Subpackages gegliedert:

`transform`
enthält Kommandos zur Durchführung elementarer Bearbeitungsschritte (etwa `statsort` zum Sortieren statistischer Daten oder `split` und `tallyinto` zur Einteilung der Daten in Gruppen).

`statevalf`
definiert das Kommando `statevalf` zur numerischen Auswertung zahlreicher stetiger und diskreter Wahrscheinlichkeitsverteilungen. Zu allen Verteilungen können Werte der Dichtefunktion, der kumulierten Dichtefunktion (Verteilungsfunktion) und der dazugehörigen inversen Funktion berechnet werden.

`random`
enthält Kommandos zur Erzeugung von Zufallszahlen, die nach verschiedenen Wahrscheinlichkeitsfunktionen verteilt sind.

`statsplot`
definiert einige Kommandos zur Erstellung von statistischen Diagrammen (`scatter1d`, `scatter2d`, `boxplot`, `histogram` etc.).

Verweis: Während dieses Kapitel die Statistikfunktionen eher kurz streift, widmet [Hörhager] der Statistik und Qualitätssicherung mehr als 50 Seiten und zeigt in konkreten Beispielen die Anwendung der zahlreichen Kommandos. Die Bildung von Regressionsfunktionen durch vorgegebene Datenpunkte wird im nächsten Kapitel zum Thema Regressions- und Interpolationsfunktionen behandelt.

Kombinatorik

Der Operator ! zur Berechnung der Fakultät und das Kommando `binomial` zur Ermittlung des Binomialkoeffizienten gehören zu den Grundfunktionen von Maple. `binomial` kann auch für symbolische Berechnungen verwendet werden, allerdings muß das Ergebnis mit `expand` weiterbearbeitet werden.

```
5!;
```

$$120$$

```
binomial(12,10);
```

$$66$$

```
binomial(a+3,a);
```

$$\mathrm{binomial}(a+3,a)$$

```
expand(");
```

$$\frac{1}{6}(a+1)(a+2)(a+3)$$

Weitergehende Kommandos zum Thema Kombinatorik sind im Package `combinat` definiert. Die Kommandos können nicht nur dazu eingesetzt werden, die mögliche Anzahl von Kombinationen, Permutationen etc. zu berechnen, sondern auch dazu, Permutationen mit vorgegebenen Listenelementen tatsächlich auszuführen. Die folgenden Beispiele stellen die wichtigsten Kommandos vor.

`multinomial` ist eine Erweiterung zu `binomial`. Das Kommando dividiert die Fakultät des ersten Parameters durch das Produkt der Fakultäten aller weiteren Parameter. Dabei müssen der erste Parameter und die Summe aller weiteren Parameter identisch sein.

```
with(combinat):
multinomial(12,5,5,2);
```

$$16632$$

```
12! / (5! * 5! *2!);
```

$$16632$$

`choose` bildet alle möglichen Kombinationen mit den Elementen einer Liste. Statt einer Liste kann auch eine ganze Zahl n übergeben werden. Maple interpretiert n dann als Liste $[1, 2, ..., n]$. Die Reihenfolge der Elemente spielt bei Kombinationen keine Rolle. Durch einen optionalen zweiten Parameter kann bestimmt werden, daß nur Kombinationen mit einer bestimmten Elementanzahl erstellt werden.

`numbcomb` ermittelt die Anzahl der Kombinationen, ohne diese tatsächlich alle zu generieren und ist daher deutlich schneller als das inhaltlich gleichwertige Kommando `nops(choose(m,n))`. `randcomb` ermittelt eine Zufallskombination mit einer vorgegebenen Anzahl von Elementen. Der zweite Parameter ist bei diesem Kommando also nicht optional.

```
choose( [a,b,b,c]), numbcomb( [a,b,b,c]);
```

$$[[\,],[b],[c],[b,c],[b,b],[b,b,c],[a],[a,b],[a,c],[a,b,c],[a,b,b],[a,b,b,c]],12$$

```
choose( [a,b,b,c],2), numbcomb( [a,b,b,c], 2);
```

$$[[a,b],[a,c],[b,b],[b,c]],4$$

```
randcomb( [a,b,b,c],2);
```

$[b, b]$

Ganz ähnlich wie `choose` arbeitet das Kommando `permutation`, das alle möglichen Permutationen der Listenelemente ermittelt. `numbperm` berechnet die Anzahl der möglichen Permutationen, `randperm` ermittelt eine zufällige Permutation (wobei keine Elementanzahl vorgegeben werden kann).

```
permute([a,b,b,c]), numbperm([a,b,b,c]);
```

$$[[a, b, b, c], [a, b, c, b], [a, c, b, b], [b, a, b, c], [b, a, c, b], [b, b, a, c], [b, b, c, a], [b, c, a, b], [b, c, b, a], [c, a, b, b], [c, b, a, b], [c, b, b, a]], 12$$

```
permute([a,b,b,c],2), numbperm([a,b,b,c],2);
```

$$[[a, b], [a, c], [b, a], [b, b], [b, c], [c, a], [c, b]], 7$$

```
randperm([a,b,b,c]);
```

$[b, a, b, c]$

`cartprod` dient dazu, alle möglichen Elementkombinationen aus mehreren Listen zu bilden. Wenn an das Kommando drei Listen übergeben werden, erzeugt es Listen, in denen das erste Element aus der ersten Liste, das zweite Element aus der zweiten Liste und das dritte Element aus der dritten Liste stammt.

Die Bedienung des Kommandos ist allerdings umständlicher als die von `choose` und `permute`. `cartprod` erzeugt nämlich nicht direkt eine Liste, sondern eine Prozedur, die anschließend aufgerufen werden muß, um die einzelnen Listen zu ermitteln. Dabei muß vor jedem Aufruf mit `proz[finished]` getestet werden, ob es überhaupt noch Listenelemente gibt. Wenn das der Fall ist, kann das nächste Element mit `proz[nextvalue]` gelesen werden.

Im Beispiel unten wurde eine kleine Schleife gebildet, die als Ergebnis die gewünschte Liste in der Variablen l liefert. Informationen zu den Schleifenkommandos finden Sie in Kapitel 29.

```
cproc:=cartprod( [[a,b,c],[x,y],[1,2]]):
l:=[]: while not cproc[finished] do l:=[op(l),cproc[nextvalue]()]: od: l;
```

$$[[a, x, 1], [a, x, 2], [a, y, 1], [a, y, 2], [b, x, 1], [b, x, 2], [b, y, 1], [b, y, 2], [c, x, 1], [c, x, 2], [c, y, 1], [c, y, 2]]$$

`partition` liefert eine Liste aller möglichen Werte, die eine vorgegebene ganzzahlige Summe ergeben. `numbpart` berechnet die Anzahl der Möglichkeiten, diese Summe zu berechnen. Eine Variante dazu stellen `composition` und `numbcomp` dar: Dort muß die Anzahl der Summanden vorgegeben werden; die Reihenfolge der Summanden wird im Gegensatz zu `partition` berücksichtigt.

```
partition(6), numbpart(6);
```

$[[1,1,1,1,1,1],[1,1,1,1,2],[1,1,2,2],[2,2,2],[1,1,1,3],[1,2,3],[3,3],[1,1,4],[2,4],$
$[1,5],[6]],11$

```
composition(6,2), numbcomp(6,2);
```

$\{[3,3],[2,4],[1,5],[5,1],[4,2]\},5$

Bearbeitung statistischer Daten

Das Statistik-Package beinhaltet Kommandos zur Durchführung statistischer Untersuchungen, zur Darstellung statistischer Diagramme und zur Berechnung von Wahrscheinlichkeitsverteilungen. Das `stats`-Package ist in Subpackages organisiert. Bevor irgendein Statistikkommando ausgeführt werden kann, muß zuerst `with(stats)` und anschließend `with(subname)` ausgeführt werden. Die meisten Subpackages werden im Verlauf dieses Kapitels beschrieben. Eine Ausnahme bildet lediglich das Subpackage `fit`, das im folgenden Kapitel (Regressions- und Interpolationsfunktionen) behandelt wird.

Eine gemeinsame Besonderheit aller Statistikkommandos besteht darin, daß einzelne Parameter häufig in eckigen Klammern angegeben werden müssen (etwa `split[2](liste)` statt `split(2,liste)`).

Verweis: Beispiele zur Anwendung des `stats`-Packages finden Sie auch in den Unterverzeichnissen zu `\share\stats`.

Darstellung statistischer Daten

Voraussetzung für das Verständnis der Statistikkommandos ist die Kenntnis der Darstellungsmöglichkeiten statistischer Daten. Statistische Daten werden generell in Listen gespeichert. Innerhalb von Listen sind im `stats`-Package folgende Datentypen vorgesehen:

`x`	Datenpunkt x.
`x1..x2`	Datenbereich $x1..x2$. Ein Datenbereich meint einen beliebigen Punkt, der zwischen $x1$ (inklusive) und $x2$ (exklusive) liegt.
`missing`	fehlender Datenpunkt. Die meisten Statistikkommandos kommen auch mit Datenmengen zurecht, die unvollständig sind. In der Realität kommt das sehr häufig vor, beispielsweise bei der Auswertung von Fragebögen, wenn manche Fragen einfach nicht beantwortet wurden. Nicht vorhandene Datenpunkte müssen mit dem Schlüsselwort `missing` gekennzeichnet werden.

`Weight(x,w)`	gewichteter Datenpunkt. Für x kann eine der drei obigen Datentypen eingesetzt werden. w gibt die Gewichtung an. `Weight(2, 3)` ist gleichbedeutend mit drei Datenpunkten der Größe 2. `Weight(1..5, 4)` gibt an, daß vier Datenpunkte zwischen 1 und 5 liegen. `Weight` erfüllt selbst keine Funktion und kann daher auch nicht ausgewertet werden. `Weight` wird nur zur internen Darstellung gewichteter Daten verwendet.

Das folgende Beispiel soll den Umgang mit diesen Datentypen verdeutlichen. *data* zeigt eine typische statistische Liste, bestehend aus den drei normalen Datenpunkten 2, 3 und 4, dem vierfach auftretenden Datenpunkt 5, einem fehlenden Datenpunkt und dem Datenbereich 1..4, in dem drei weitere Datenpunkte liegen. `mean` berechnet aus dieser Liste den Mittelwert. Die Anweisung zeigt gleichzeitig, wie `mean` zu seinem Ergebnis kommt.

```
with(stats): with(describe):
data:=[ 2,3,4,Weight(5,4),missing,Weight(1..4,3) ];
```

$$data := [2, 3, 4, \mathrm{Weight}(5, 4), missing, \mathrm{Weight}(1..4, 3)]$$

```
mean(data), (2+3+4+5*4+(1+4)/2*3)/10;
```

$$\frac{73}{20}, \frac{73}{20}$$

Statistische Daten aus einer Datei lesen

Um statistische Daten bequem aus einer Textdatei in Maple-Listen einzulesen, existiert das Kommando `importdata`. Dieses Kommando ist unmittelbar im `stats`-Package enthalten, es muß also kein Subpackage geladen werden. Die Textdatei darf nur Zahlen und das Zeichen * für fehlende Datenpunkte enthalten. Die Datenpunkte müssen durch Leer- oder Tabulatorzeichen oder durch Zeilenumbrüche voneinander getrennt sein.

Das folgende Beispiel geht davon aus, daß sich in der Datei `statdata.dat` die vier nebenstehenden Textzeilen befinden.

```
1 2 3.5
1 * 4
2 7 3
9 8 7
```

Wenn `importdata` ohne weitere Parameter aufgerufen wird, liefert es die Daten in einer einzigen Zahlenfolge. Durch den optionalen zweiten Parameter können die Daten spaltenweise in Teillisten angeordnet werden.

```
importdata(`statdata.dat`);
```

$$1., 2., 3.5, 1., missing, 4., 2., 7., 3., 9., 8., 7.$$

```
importdata(`statdata.dat`,3);
```

$$[1., 1., 2., 9.], [2., missing, 7., 8.],$$
$$[3.5, 4., 3., 7.]$$

Anmerkung: `importdata` findet die gesuchte Datei nur im aktuellen Verzeichnis. Als aktuelles Verzeichnis gilt allerdings nicht das Verzeichnis, in dem sich auch die Worksheet-Datei befindet, sondern normalerweise `maple\example`! Es gibt in Maple leider keine Möglichkeit, auf Dateien zuzugreifen, die sich im selben Verzeichnis befinden wie die aktuelle Arbeitsmappe (es sei denn, Sie geben den vollständigen Pfad an – aber das ist natürlich auch nicht portabel, wenn Sie das Worksheet später auf einem anderen Rechner verwenden möchten). Beachten Sie bei der Angabe von Dateinamen, daß der Name in rechts gerichtete Apostrophe gesetzt werden muß. Bei der DOS- und Windows-Funktion muß der Backslash jeweils doppelt angegeben werden, also etwa `c:\\mapleV4\\datei.dat`.

Für Daten, die nicht in dem durch `importdata` vorgeschriebenen Format vorliegen, muß eine eigene Prozedur zum Einlesen der Daten programmiert werden (siehe `readdata`, `readline` und `sscanf` in Kapitel 29).

Statistische Daten transformieren

Listen mit statistischen Daten können prinzipiell mit allen Kommandos bearbeitet werden, die zur Manipulation von Listen vorgesehen sind (`map`, `zip`, `op` etc., siehe Kapitel 12). Die im Subpackage `transform` definierten Spezialkommandos haben aber den Vorteil, daß sie auf die Besonderheiten statistischer Daten Rücksicht nehmen und insbesondere auch mit Datenbereichen, fehlenden Datenpunkten und gewichteten Daten zurechtkommen. Als Ausgangspunkt für die folgenden Beispiele dienen die Beispieldaten in der Variablen *tst*.

```
with(stats): with(transform):
tst:=[Weight(1..3,4), 3..4, Weight(4..7,4), 8];
```

$$tst := [\,\mathrm{Weight}(1..3,4), 3..4, \mathrm{Weight}(4..7,4), 8\,]$$

`statvalue` ermittelt die Werte bzw. Wertbereiche einer statistischen Liste und entfernt dabei Gewichtungen durch `Weight`. Durch `classmark` können vorher alle Bereiche durch deren Mittelwerte ersetzt werden. `frequency` liefert eine Liste aller Gewichtungsfaktoren. `cumulativefrequency` hat eine ähnliche Funktion, summiert die Faktoren aber sukzessive.

```
statvalue(tst);
```

$$[\,1..3, 3..4, 4..7, 8\,]$$

```
classmark(tst), statvalue(classmark(tst));
```

$$\left[\mathrm{Weight}(2,4), \frac{7}{2}, \mathrm{Weight}\left(\frac{11}{2},4\right), 8\right], \left[2, \frac{7}{2}, \frac{11}{2}, 8\right]$$

```
frequency(tst), cumulativefrequency(tst);
```

$$[\,4,1,4,1\,], [\,4,5,9,10\,]$$

`apply` entspricht in seiner Funktion `map` und wendet die im ersten Parameter angegebene Funktion auf alle Listenelemente an. Bei Bereichen werden beide Bereichsgrenzen verändert. Gewichtungsfaktoren bleiben unverändert. `multiapply` ist mit `zip` vergleichbar und bildet eine neue Liste, wobei in die mehrparametrige Funktion je ein Element aus jeder übergebenen Liste eingesetzt wird. Beachten Sie, daß bei beiden Kommandos die Bearbeitungsfunktionen in eckigen Klammern angegeben werden.

```
apply[sin](tst);
```

$$[\mathrm{Weight}(\sin(1)..\sin(3), 4), \sin(3)..\sin(4), \mathrm{Weight}(\sin(4)..\sin(7), 4), \sin(8)]$$

```
multiapply[(x,y)->x*y]([[1,2,3], [4,5,6]]);
```

$$[4, 10, 18]$$

`scaleweight` multipliziert alle Gewichtungsfaktoren mit dem in eckigen Klammern angegebenen Faktor. Im Beispiel unten wird die Funktion `count` aus dem `describe`-Subpackage verwendet, um die Gewichte durch die Anzahl der Datenpunkte zu dividieren. Die Summe aller Gewichte beträgt anschließend 1.

```
with(describe):
scaleweight[1/count(tst)](tst);
```

$$\left[\mathrm{Weight}\left(1..3, \frac{2}{5}\right), \mathrm{Weight}\left(3..4, \frac{1}{10}\right), \mathrm{Weight}\left(4..7, \frac{2}{5}\right), \mathrm{Weight}\left(8, \frac{1}{10}\right)\right]$$

`statsort` sortiert die angegebenen Datenpunkte. Wenn sich Datenbereiche überlappen oder wenn einzelne Datenpunkte in Datenbereichen liegen, liefert `statsort` eine Fehlermeldung. Abhilfe bietet `classmark` zur Umwandlung von Bereichen in Mittelwerte.

```
statsort( [6,missing,3,Weight(4..5,2)] );
```

$$[3, \mathrm{Weight}(4..5, 2), 6, \mathit{missing}]$$

`split` zerlegt eine Liste in n gleich lange Teillisten. Die Reihenfolge der Elemente wird dabei nicht verändert, d. h., die Liste muß gegebenenfalls *vorher* sortiert werden. Wenn die Anzahl der Datenpunkte nicht ein Vielfaches von n beträgt, dann werden auch einzelne Datenpunkte zerlegt und anteilsmäßig (mit Gewichtungsfaktoren) in die beiden Teillisten eingefügt.

```
split[3]([1,2,3,4,5,6]);
```

$$[[1, 2], [3, 4], [5, 6]]$$

```
split[4]([1,2,3,4,5,6]);
```

$$\left[\left[1, \mathrm{Weight}\left(2, \frac{1}{2}\right)\right], \left[\mathrm{Weight}\left(2, \frac{1}{2}\right), 3\right], \left[4, \mathrm{Weight}\left(5, \frac{1}{2}\right)\right], \left[\mathrm{Weight}\left(5, \frac{1}{2}\right), 6\right]\right]$$

`tallyinto` ist zur Durchführung von Klasseneinteilungen geeignet. Das Kommando bildet eine Liste mit gewichteten Bereichen, wobei vorgegebene Bereiche (Untergrenze inklusive, Obergrenze exklusive) beachtet werden. Die Daten müssen vorher nicht sortiert werden.

```
tallyinto( [1,2,2,2,3,4,5,6,6], [1..3,3..4,4..7]);
```

$$\mathrm{Weight}(1..3, 4), 3..4, \mathrm{Weight}(4..7, 4)]$$

Das folgende Beispiel zeigt eine weitere Anwendung von `tallyinto`, diesmal zur Durchführung einer Klasseneinteilung von hundert Zufallszahlen. Beachten Sie insbesondere, wie mit `seq` die Bereichsgrenzen mit minimalem Tippaufwand generiert und in der Variablen *bins* gespeichert werden.

```
tst:=[seq(rand(100)(), n=1..100)];
```

$tst := [33, 83, 16, 98, 8, 38, 16, 21, 54, 53, 22, 92, 57, 95, 30, 16, 53, 67, 31, 8, 1, 29, 79, ...,$
$34, 0, 88, 73, 37, 54, 58, 85, 86, 97, 47, 14, 39, 75, 27, 81, 75, 35, 81, 81, 36, 73, 8, 2, 34]$

```
bins:=[seq(10*n..10*n+10   ,n=0..9)];
```

$bins := [0..10, 10..20, 20..30, 30..40, 40..50, 50..60, 60..70, 70..80, 80..90, 90..100]$

```
tallyinto(tst,bins);
```

[Weight(10..20, 8), Weight(20..30, 11), Weight(30..40, 15), Weight(40..50, 6), ...,
Weight(90..100, 7), Weight(0..10, 11)]

```
frequency(");
```

$[8, 11, 15, 6, 16, 3, 8, 15, 7, 11]$

Statistische Kennzahlen (beschreibende Statistik)

Das `stats`-Subpackage `describe` enthält eine Menge Kommandos zur Berechnung elementarer statistischer Kennzahlen (Mittelwert, Standardabweichung etc.). Die Anwendung dieser Kommandos ist in den meisten Fällen so einfach, daß hier nur zu den wichtigsten Funktionen ein Beispiel angegeben wird.

```
with(stats): with(describe):
```

[*coefficientofvariation*, *count*, *countmissing*, *covariance*, *decile*, *geometricmean*, *harmonicmean*, *kurtosis*, *linearcorrelation*, *mean*, *meandeviation*, *median*, *mode*, *moment*, *percentile*, *quadraticmean*, *quantile*, *quartile*, *range*, *skewness*, *standarddeviation*, *variance*]

Als Testdaten für die folgenden Beispiele dient die Zahlenreihe in *tst*: drei Datenpunkte, ein doppelt gewichteter Zahlenbereich zwischen 4 und 6 sowie zwei fehlende Datenpunkte. `count` ermittelt die Anzahl der gültigen Daten, `countmissing` die Anzahl der fehlenden Datenpunkte. `range` liefert den Bereich, den die Testdaten umfassen.

```
tst:= [1,2,3,Weight(4..6,2),
       Weight(missing,2)]:
count(tst), countmissing(tst);
```

5, 2

```
range(tst);
```

1..6

`mean` berechnet den Mittelwert der Daten. Neben `mean` existieren einige weitere Mittelwertkommandos, etwa `quadraticmean`, `harmonicmean` oder `geometricmean`.

```
mean(tst);
```

$$\frac{16}{5}$$

```
quadraticmean(tst);
```

$$\frac{3}{10}$$

Standardabweichung und Varianz werden mit `standarddeviation` und `variance` berechnet. Auch hier existieren einige Varianten, etwa `coefficientofvariation` oder `meandeviation`.

```
standarddeviation(tst),
  variance(tst);
```

$$\frac{8}{5}, \frac{64}{25}$$

`median`, `quartile`, `decil`, `percentil` und `quantile` ermitteln jenen (zumeist interpolierten) Datenpunkt, an dem die Daten in zwei Teile geteilt werden können. Das Beispiel rechts zeigt drei gleichwertige Möglichkeiten, den Teilungspunkt zwischen den unteren drei Vierteln und dem oberen Viertel zu bestimmen.

```
quantile[3/4](tst), quartile[3](tst),
  percentile[75](tst);
```

$$\frac{39}{8}, \frac{39}{8}, \frac{39}{8}$$

Maple fehlen zur Zeit Kommandos, um aussagekräftige Untersuchungen mehrerer Datenreihen durchzuführen. Die beiden einzigen Kommandos sind `linearcorrelation` und `covariance`, die den Korrelationskoeffizienten und die Kovarianz von zwei Datenreihen ermitteln.

```
tst:=[1,2,3,4],[2,4,5,6]:
linearcorrelation(tst ); evalf(");
```

$$\frac{13}{35}\sqrt{7}, .9827076297$$

```
covariance(tst); evalf(");
```

$$\frac{13}{8}, 1.625000000$$

Statistische Diagramme

Das Subpackage `statplots` stellt einige Kommandos zur grafischen Darstellung statistischer Daten zur Verfügung. Die Kommandos sind zwar nützlich, aber in ihrer Bedienung unausgegoren und umständlich. Insbesondere stört, daß an die Kommandos nicht die sonst üblichen Optionen für 2D-Diagramme übergeben werden können. Diese Einschränkungen können teilweise direkt durch `display` und teilweise durch die Definition neuer Kommandos umgangen werden.

Histogramme

Histogramme (Balkendiagramme) stellen die bekannteste und einfachste Form statistischer Diagramme dar. Das Kommando `histogram` erwartet als Parameter eine Liste von `Weight`-Funktionen, die am einfachsten durch `tallyinto` erzeugt werden kann. Im Beispiel unten werden normalverteilte Zufallszahlen mit `tallyinto` in Klassen eingeteilt. Die resultierende Liste mit `Weight`-Funktionen wird durch `scaleweight` auf die Summe 1 skaliert.

```
with(stats): with(statplots): with(transform):
with(random): with(describe): with(plots):
f:=normald[5,1]:     data:=[f(100)]:
tallyinto(data, [seq(n*0.5..(n+1)*0.5,n=1..20)]):
histdata:=scaleweight[1./count(")](");
```

$$histdata := [\text{Weight}(0.5..1, 0), ..., \text{Weight}(4..4.5, 0.18), ..., \text{Weight}(10..10.5, 0)]$$

Durch die folgenden Kommandos wird das Histogramm der obigen Klassenverteilung und die dazugehörige Verteilungskurve in einem Diagramm überlagert:

```
p1:=histogram(histdata):
fpdf:=statevalf[pdf,f]:
p2:=plot(fpdf(x), x=0.5..10):
display( [p1,p2] );
```

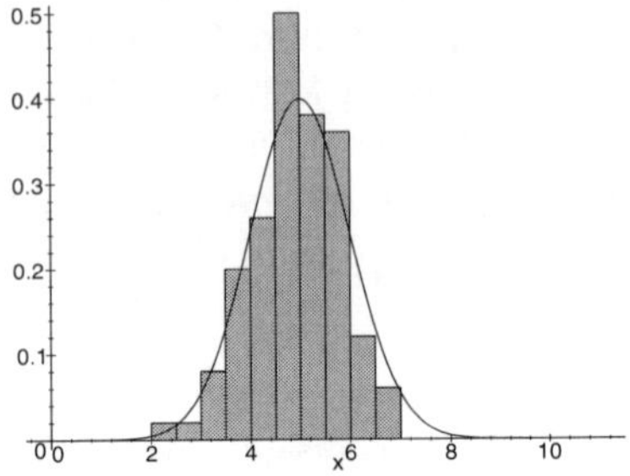

Maple sieht auch ein Kommando zur Darstellung dreidimensionaler Säulendiagramme vor: Das Kommando `matrixplot` ist im `plots`-Package versteckt. Die Optionen des folgenden Beispiels wurden so gewählt, daß eine möglichst neutrale Schattierung der Säulen erreicht wird. (Die Defaulteinstellung liefert ein buntes Farbenwirrwarr.)

```
matrixplot( [[1,2,3], [3,4,5]],
  heights=histogram, axes=framed,
  gap=0.2, ambientlight=[0.5,0.5,0.5],
  shading=none, style=patch,
  light=[45,45,0.5,0.5,0.5]);
```

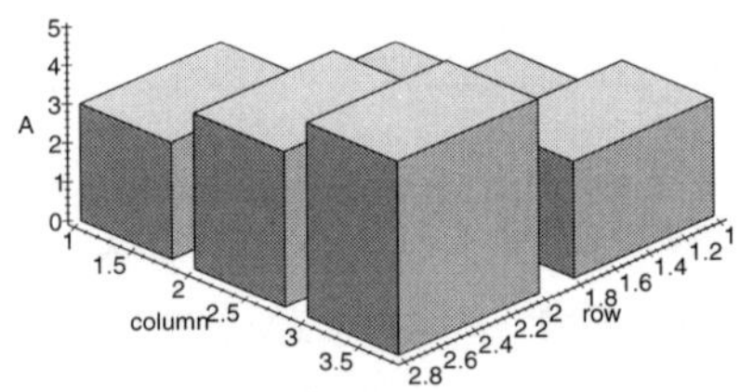

Zweidimensionale Scatter-Plots

`scatter2d` zeichnet ein Punktdiagramm. Die Koordinaten der Punkte werden aus den Elementen von zwei Listen übernommen. Die Reihenfolge der Listenelemente wird dabei nicht verändert.

```
datax:=[normald[5,1](100)]:
datay:=[normald[7,3](100)]:
scatter2d(datax,datay);
```

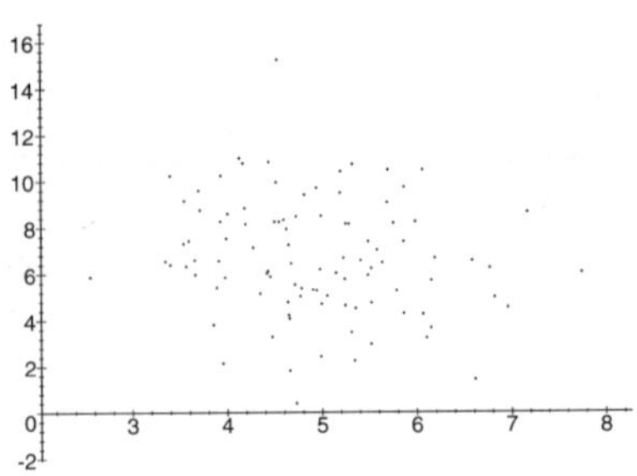

Sehr ähnlich wie `scatter2d` funktioniert das Kommando `quantile2`. Der Unterschied besteht darin, daß die beiden Listen vorher sortiert werden. Der jeweils kleinste Wert beider Listen ergibt dann die Koordinaten des ersten Punkts etc.

```
quantile2(datax,datay);
```

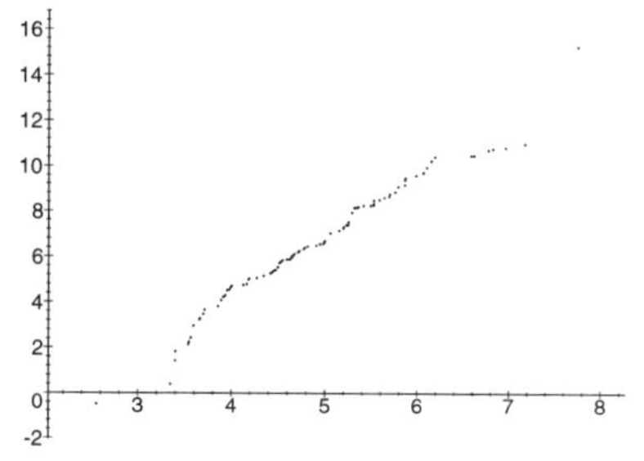

Ergänzungen zu zweidimensionalen Scatter-Plots

Mit den Kommandos `scatter1d`, `boxplot` und `notchedbox` kann die Verteilung eindimensionaler Daten grafisch dargestellt werden. Die resultierenden Grafiken werden allerdings selten für sich angezeigt, sondern meistens als Ergänzung zu einem Scatter-Plot verwendet. Das Problem beim Kombinieren der Grafiken besteht darin, daß die Teilgrafiken richtig positioniert und zum Teil verdreht werden müssen. Dazu stellt das `statplots`-Package die Kommandos `xscale`, `xshift` und `xyexchange` zur Verfügung.

`scatterplot` zeichnet für jeden Datenpunkt einen Punkt auf der Achse $y = 1$. Die Dichte der Punkte gibt ein gutes visuelles Maß für die Verteilung der Daten an. Die Daten in *datax* stammen noch vom vorigen Beispiel.

```
scatter1d(datax);
```

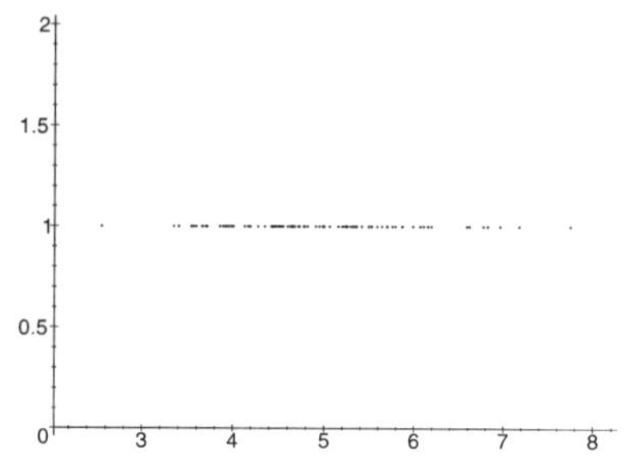

Wenn die (in eckigen Klammern angegebene) Option `jittered` verwendet wird, variiert `scatter1d` die y-Koordinate der Punkte zufällig zwischen 1 und 0.

```
scatter1d[jittered](datax);
```

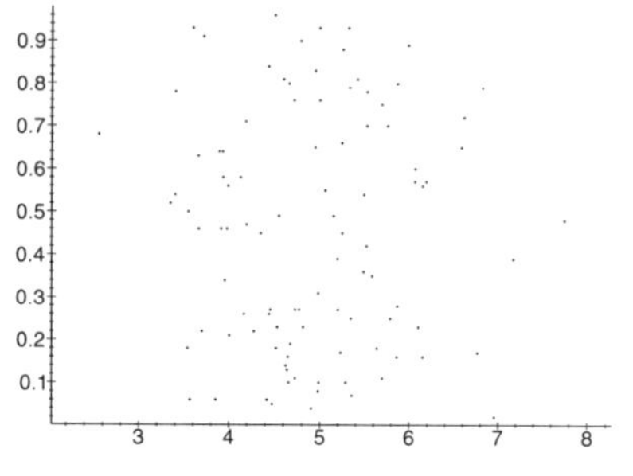

Die Option stacked bewirkt, daß mehrere Punkte mit demselben Wert übereinander dargestellt werden. Die Option ist in der Regel nur bei ganzzahligen Werten sinnvoll. Die Kurzschreibweise 2$5 mit dem Aufzählungsoperator $ meint 2, 2, 2, 2, 2.

```
scatter1d[stacked]([1, 2$5, 3$3,
                    4$10, 5, 6$4]);
```

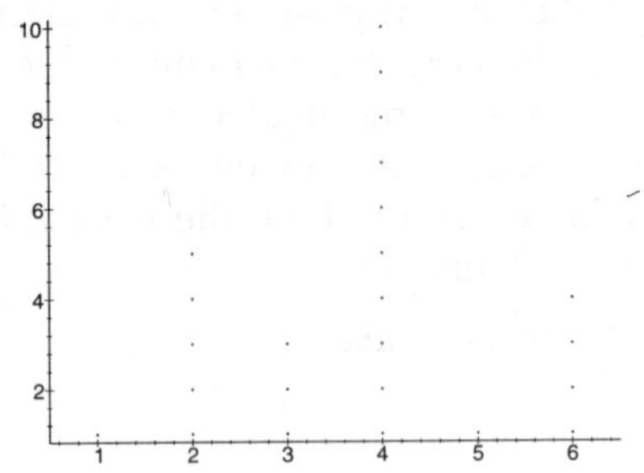

boxplot zeichnet einen vertikalen Balken, der Auskunft über den Wertebereich der Daten, den Ort des ersten und des dritten Quartils und den Ort des Medians gibt.

```
boxplot(datax);
```

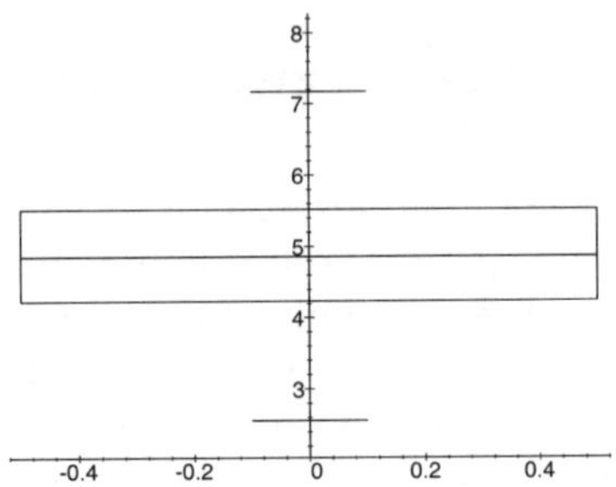

notchedbox stellt eine Variante zu boxplot dar. Der Balken zwischen erstem und drittem Quartil wird dabei eingekerbt und gibt damit zusätzliche Informationen darüber, wie die Daten verteilt sind. In eckigen Klammern kann (wie auch bei boxplot) der Ort und die Breite des Balkens angegeben werden.

```
notchedbox[5,2](datax);
```

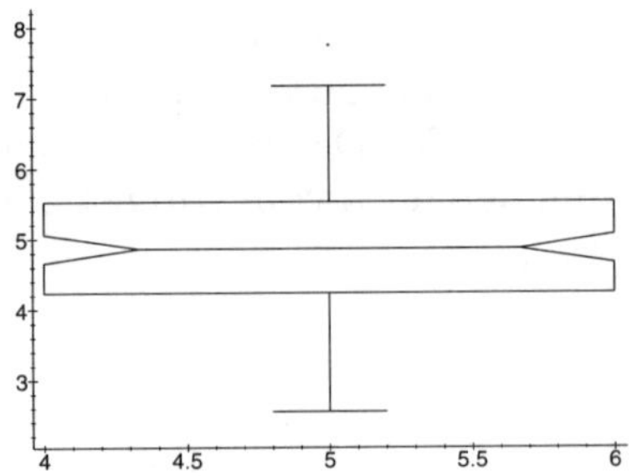

Das Diagramm rechts zeigt eine Kombination eines Scatter-Plots mit einem Box-Plot (oben) und einem Notch-Plot (rechts). Beachten Sie die Positionierung von *p2* und *p3* und die Verdrehung von *p2* durch xyexchange.

```
p1:=scatter2d(datax, datay):
p2:=xyexchange(boxplot[18,1](datax)):
p3:=notchedbox[8,0.5](datay):
display( [p1,p2,p3], view=[0..9,0..19]);
```

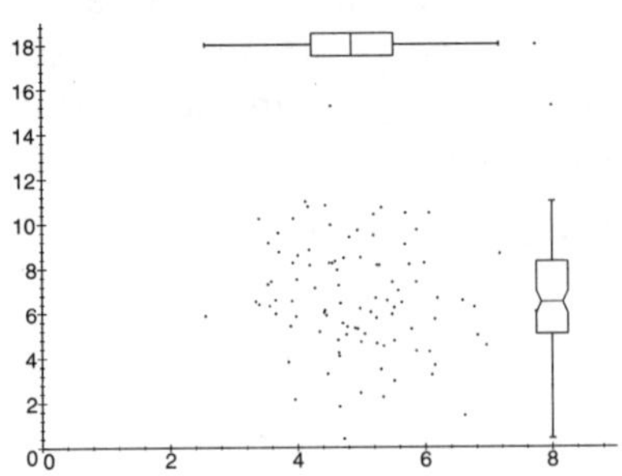

Das statplots-Package sieht zwar die Kommandos xshift und xscale zur horizontalen Verschiebung und Skalierung von 2D-Diagrammen vor, es fehlen aber äquivalente Kommandos in y-Richtung. Wenn Sie ein `scatter1d`-Diagramm nach oben verschieben möchten, müssen Sie es zuerst mit `xyexchange` um 90 Grad verdrehen, dann mit `xshift` verschieben und schließlich wieder mit `xyexchange` zurückdrehen. Erheblich einfacher wird dieser Prozeß, wenn Sie zwei neue Prozeduren `yshift` und `yscale` definieren, die diese Aufgabe übernehmen. (Das Kommando `proc` wird in Kapitel 29 noch genauer vorgestellt).

```
yshift := proc(x) xyexchange(xshift[op(procname)](xyexchange(x))); end:
yscale := proc(x) xyexchange(xscale[op(procname)](xyexchange(x))); end:
```

Damit können Sie die letzte Abbildung dieses Abschnitts erstellen: ein Histogramm mit der Klasseneinteilung der Daten in *datay* und ein darüber dargestellter eindimensionaler Scatter-Plot. Dieser Scatter-Plot wird mit `yscale` und `yshift` vom y-Bereich zwischen 0 und 1 in den Bereich zwischen 0.2 und 0.23 transformiert.

```
tallyinto(datay,
          [seq(n..n+1, n=-2..18)]):
histdata:=scaleweight[1./count(")]("):
p1:=greyhist(histdata):
p2:=scatter1d[jittered](datay):
p2:=yshift[0.2]( yscale[0.03](p2) ):
display([p1,p2], axes=boxed);
```

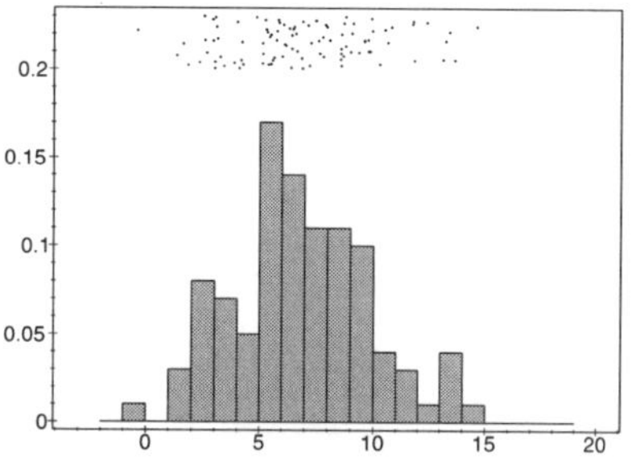

Stetige und diskrete Wahrscheinlichkeitsverteilungen

Im `stats`-Package sind zahlreiche stetige und diskrete Wahrscheinlichkeitsverteilungen definiert. Damit diese Verteilungsfunktionen numerisch ausgewertet werden können, muß das Subpackage `statevalf` aktiviert werden. Anschließend können für alle definierten Wahrscheinlichkeitsverteilungen die Dichtefunktion, die kumulierte Dichtefunktion (Verteilungsfunktion) und die dazugehörige inverse Funktion berechnet werden. Die folgenden Beispiele zeigen exemplarisch für einige Verteilungsfunktionen die Anwendung von `statevalf`. Das einzige Problem besteht in der ebenso unüblichen wie unübersichtlichen Syntax dieses Kommandos mit zweifach verschachtelten eckigen Klammern.

Verweis: Die Syntaxzusammenfassung am Ende des Kapitels zählt alle zur Verfügung stehenden Verteilungsfunktionen (immerhin 13 stetige und 6 diskrete) samt ihren Parametern auf. Eine ausführliche Beschreibung der Funktionen erhalten Sie mit `?stats, distributions`.

Stetige Wahrscheinlichkeitsverteilungen

Im Beispiel rechts werden die Funktionen $f1$ bis $f3$ mit den drei Verteilungsfunktionen einer Normalverteilung mit dem Mittelwert 0 und der Standardabweichung 1 definiert. Dabei steht `pdf` für probability density function, `cdf` für cumulative density function und `icdf` für inverse cumulative density function. $f2$ und $f3$ sind also zueinander invers (siehe zweites Beispiel). Die beiden Abbildungen unten zeigen den Verlauf der drei Funktionen.

```
with(stats): with(statevalf):
f1:=statevalf[pdf,normald[0,1]]:
f2:=statevalf[cdf,normald[0,1]]:
f3:=statevalf[icdf,normald[0,1]]:
f1(1), f2(1), f3(0.841);
```

.39894228, .841344746, .998576271

```
f3(f2(3));
```

3.000000007

```
plot({f1(x), f2(x)}, x=-4..4);
```

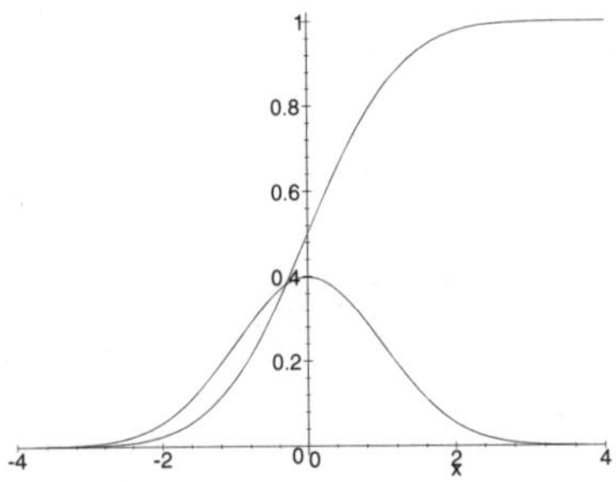


```
plot(f3(x),x=0..1, -3..3);
```

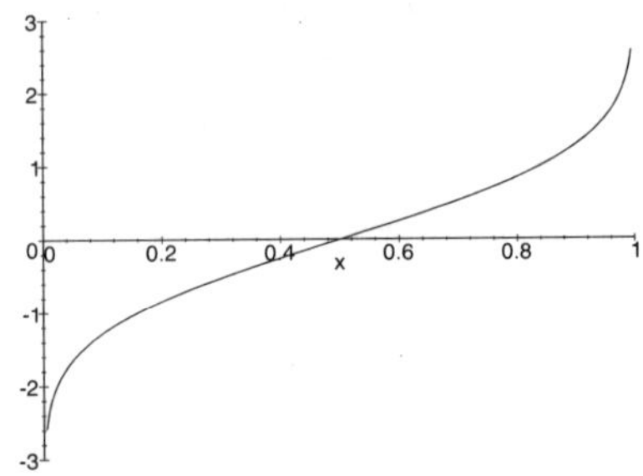

Mit `fsolve` können Sie auch Gleichungen mit Wahrscheinlichkeitsverteilungen numerisch lösen. Mit dem folgenden `fsolve`-Kommando beantworten Sie die Frage: Wie groß muß die mittlere Lebensdauer eines Motors sein, wenn die Standardabweichung 20000 km beträgt und zumindest 80 Prozent aller Motoren 90000 km laufen sollen?

```
f:=1-statevalf[cdf,normald[x,20000]](90000): fsolve(f(x)=0.8, x);
```

106832.4247

Die Abbildung rechts zeigt die Dichtefunktion einer Exponentialverteilung mit $\lambda = 1$.

```
f1:=statevalf[pdf,exponential[1]]:
plot(f1(x), x=0..4);
```

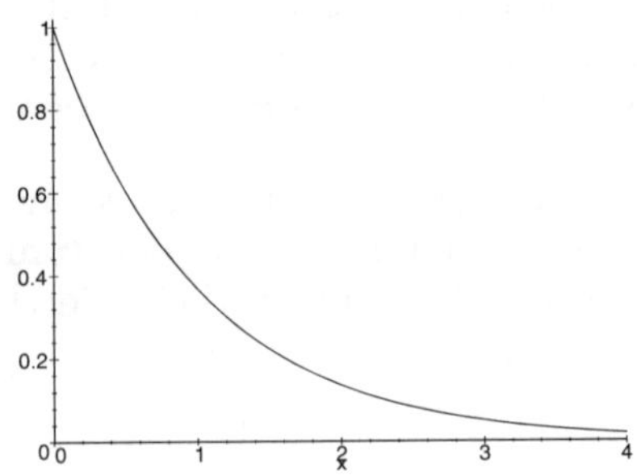

Die Abbildung rechts zeigt eine logarithmische Normalverteilung. Auf die Angabe der beiden Parameter μ und σ wurde verzichtet, Maple verwendet dann automatisch 0 und 1.

```
f1:=statevalf[pdf,lognormal]:
plot(f1(x), x=0..4);
```

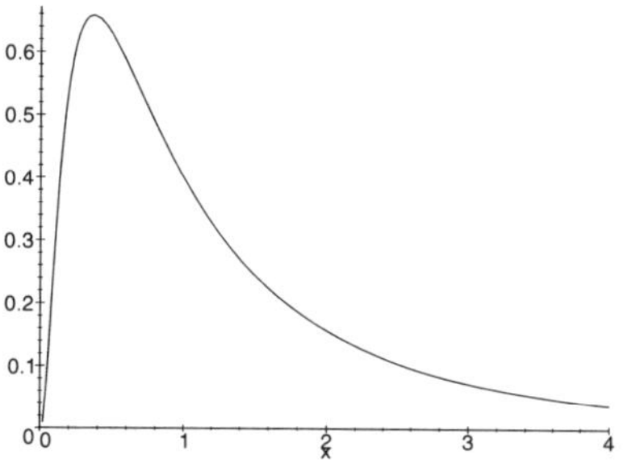

Diskrete Wahrscheinlichkeitsverteilungen

Bei diskreten Wahrscheinlichkeitsverteilungen verlangt `statevalf` die Schlüsselwörter `pf` für probability function, `dcdf` für discrete cumulative density function und `idcdf` für inverse discrete cumulative density function. Das Beispiel unten zeigt den Verlauf einer Poisson-Verteilung mit $\mu = 5$.

```
f1:=statevalf[pf,poisson[5]]:
seq(f1(n), n=1..10);
```

$$.03368973500, .08422433749, .1403738958,$$
$$.1754673698, .1754673698, .1462228081,$$
$$.1044448629, .06527803935, .03626557742,$$
$$.01813278870$$

```
plot(f1(floor(x)), x=1..10,
     numpoints=1000);
```

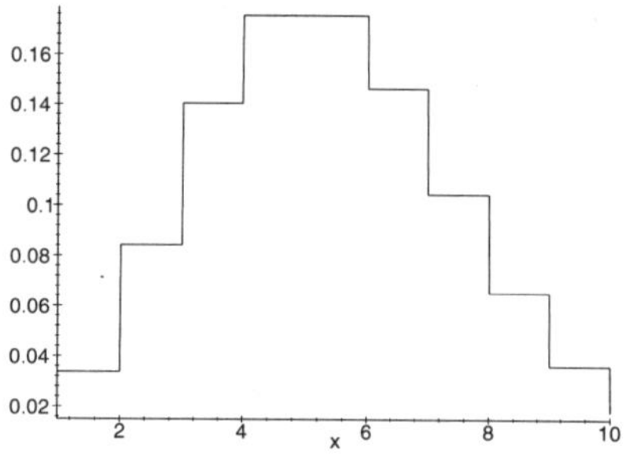

Wahrscheinlichkeitsverteilte Zufallszahlen

Nach dem Aktivieren des Subpackages `random` können zu allen Wahrscheinlichkeitsverteilungen Zufallszahlen berechnet werden. Die Syntax sieht im einfachsten Fall so aus, daß der Name der Verteilung und als Parameter die Anzahl der gewünschten Zufallszahlen angegeben werden. Statt der Anzahl kann auch das Schlüsselwort `generator` angegeben werden – dann gibt Maple eine Prozedur zurück, die in der Folge zur Berechnung von Zufallszahlen verwendet werden kann. Optional kann dabei in eckigen Klammern bestimmt werden, wie viele Stellen die Zufallszahlen haben sollen.

```
with(stats): with(random):
normald[10,1](3);
```

11.17583957, 9.436635869, 10.23539400

```
f:=normald[10,1](generator[20]):
f(), f(), f();
```

9.5091101253731983605, 9.3614149769836458270, 10.764824589892271837

```
with(statplots): with(plots):
yshift:=proc(x) xyexchange(xshift[op(procname)](xyexchange(x))); end:
yscale:=proc(x) xyexchange(xscale[op(procname)](xyexchange(x))); end:
f:=normald[5,2]:
p1:=plot( statevalf[pdf,f](x), x=-2..12):
p2:=yshift[0.2](yscale[0.03](scatter1d[jittered]( [f(300)] ))):
display([p1,p2]);
```

Die Abbildung rechts zeigt die Normalverteilung f für $\mu = 5$ und $\sigma = 2$ und die dazugehörige Verteilung der Zufallszahlen. Informationen zu den ziemlich unübersichtlichen `plot`-Kommandos finden Sie einige Seiten weiter oben.

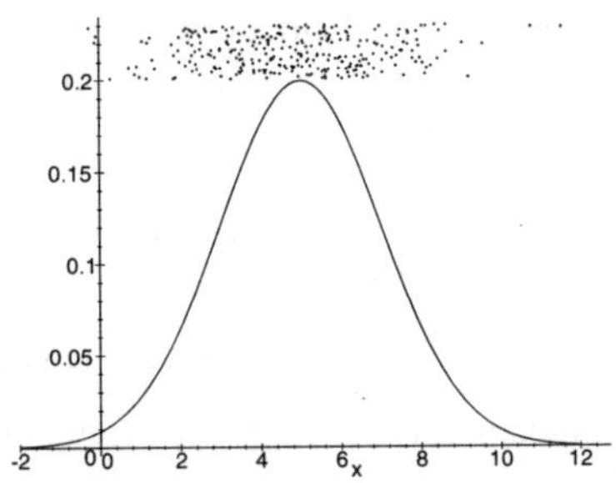

Die Routinen zur Erzeugung von Zufallszahlen machen einen recht unausgegorenen Eindruck. Der in `?random` beschriebene optionale Parameter `inverse` wird bei einigen Funktionen nicht berücksichtigt. Bei manchen Funktionen stimmt die Verteilung der Zufallszahlen nicht mit der Dichtefunktion überein.

Die Abbildung rechts zeigt die Diskrepanz zwischen angeblich Beta-verteilten Zufallszahlen und dem tatsächlichen Verlauf der Beta-Verteilung.

```
f:=beta[5,2]:
p1:=plot( statevalf[pdf,f](x), x=0..1):
p2:=yshift[2.6](yscale[0.2](
   scatter1d[jittered]( [f(300)] ))):
display([p1,p2]);
```

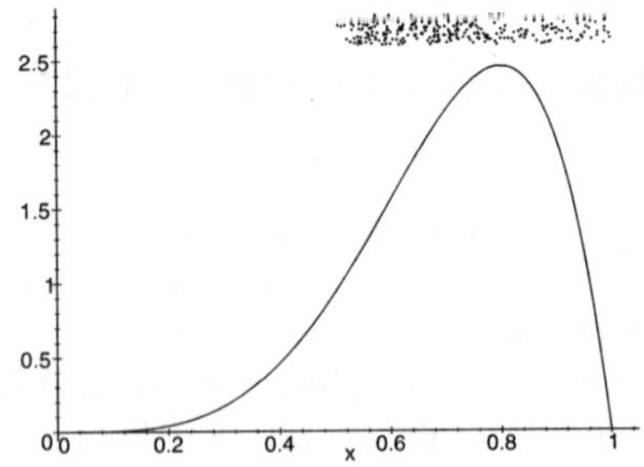

Syntaxzusammenfassung

Kombinatorik

`!n;` `binomial(n,m);`
berechnen die Fakultät von n bzw. den Binomialkoeffizienten von n über m.

`with(combinat);`
aktiviert die Kommandos des `combinat`-Packages.

`multinomial(n,m1,m2,m3,...,mk);`
berechnet den Multinomialkoeffizienten $n!/(m1! * m2! * ... * mk!)$.

`choose([a,b,c]);` `choose([a,b,c], n);` `randcomb([a,b,c]);`
`numbcomb([a,b,c]);` `numbcomb([a,b,c], n);`
`choose` ermittelt eine Liste aller Kombinationen (mit n Elementen) der angegebenen Listenelemente, `randcomb` eine Zufallskombination. `numbcomb` berechnet die Anzahl der möglichen Kombinationen.

`permute([a,b,c]);` `permute([a,b,c],n);` `randperm([a,b,c]);`
`numbperm([a,b,c]);` `numbperm([a,b,c], n);`
wie oben, allerdings für Permutationen statt für Kombinationen.

`proz:=cartprod([liste1,liste2,liste3,...]);`
definiert eine neue Prozedur, mit der alle Elementkombinationen aus den angegebenen Listen ermittelt werden können. `proz[finished]` testet, ob es noch Kombinationen gibt. `proz[nextvalue]` liefert die nächste Kombination.

`partition(n);` `numbpart(n);`
`composition(n,m);` `numbcomp(n,m);`
ermitteln Listen, deren Elemente die Summe n ergeben. Bei `composition` wird die Anzahl der Elemente auf m eingeschränkt.

Bearbeitung statistischer Daten

`with(stats): with(transform):`
aktiviert die Kommandos des `transform`-Subpackages des `stats`-Packages.

``importdata(`dateiname`);`` ``importdata(`dateiname`,n);``
liest statistische Daten aus der angegebenen Datei und liefert das Ergebnis als einfache Zahlenfolge bzw. als Folge von n nach Spalten geordneten Listen.

`statvalue(lst);` `classmark(lst);`
ermittelt die Werte bzw. Mittelwerte einer statistischen Liste.

`frequency(lst);` `cumulativefrequency(lst);`
ermittelt die Gewichtungsfaktoren bzw. die summierten Gewichtungsfaktoren einer statistischen Liste.

`apply[fn](lst);` `multiapply[fn]([lst1,lst2,...]);`
wendet die Funktion *fn* auf die Listenelemente an.

`scaleweight[f](lst);`
skaliert die Gewichtungsfaktoren mit dem Faktor f.

`statsort(lst);`
sortiert die Liste nach den Datenwerten. Gewichte werden nicht beachtet. Bereiche dürfen sich nicht überlappen.

`split[n](lst);`
zerlegt die Liste in n gleich große Teillisten. Wenn die Elementanzahl der Liste kein Vielfaches von n beträgt, werden auch einzelne Datenpunkte (mit Gewichtungsfaktoren < 1) geteilt.

`tallyinto(lst, [b1..b2,b2..b3,b3..b4,...]);`
ordnet die Listenelemente den angegebenen Bereichen zu. Das Ergebnis ist eine Liste von `Weight`-Funktionen.

Statistische Kennzahlen (Beschreibende Statistik)

`with(stats): with(describe):`
aktiviert die Kommandos des `describe`-Subpackage.

`count(lst);` `countmissing(lst);`
ermittelt die Anzahl der gültigen bzw. der fehlenden Datenpunkte.

`range(lst);`
ermittelt den Bereich, in dem die Elemente der Liste liegen.

`mean(lst);` `quadraticmean(lst);` `geometricmean(lst);` `harmonicmean(lst);`
berechnet diverse Mittelwerte der Liste.

`variance(lst);` `standarddeviation(lst);` `meandeviation(lst);`
berechnet Varianz und Standardabweichung.

`median(lst);` `quartile[n](lst);` `decil[n](lst);`
`percentil[n](lst);` `quantile[n1/n1](lst);`
ermittelt den Teilungspunkt einer Liste. Bei `quartil` gibt n das Viertel an, bei dem geteilt werden soll (1 bis 3), bei `decil` das Zehntel (1 bis 9), bei `percentil` das Hundertstel (1 bis 99). Bei `quantil` darf ein beliebiger Bruch (z.B. 1/3) angegeben werden.

`linearcorrelation(lst1,lst2);` `covariance(lst1,lst2);`
berechnet den Korrelationskoeffizienten und die Kovarianz zweier Datenreihen.

Statistische Diagramme

`with(stats): with(statplots): with(plots):`
aktiviert die Kommandos des `statplots`-Subpackages und des `plot`-Packages.

`histogram(data);`
zeichnet ein Histogramm. In *data* muß eine Liste mit `Weight`-Funktionen übergeben werden.

`matrixplot(data, height=histogram, gap=0.2);`
zeichnet ein dreidimensionales Säulendiagramm.

`scatter2d(datax, datay);` `quantile2(datax,datay);`
zeichnen jeweils ein zweidimensionales Scatter-Diagramm, wobei bei `quantile2` die Daten zuerst (unabhängig voneinander) sortiert werden.

`scatter1d(data);` `scatter1d[jittered](data);` `scatter1d[stacked](data);`
zeichnet ein eindimensionales horizontales Scatterdiagramm. Die Option `jittered` bewirkt eine zufällige vertikale Verteilung der Punkte zwischen 0 und 1. `stacked` führt dazu, daß gleiche Punkte übereinander angeordnet werden.

```
boxplot(data);       boxplot[x,width](data);
notchedbox(data);    notchedbox[x,width](data);
```
zeichnen jeweils einen vertikalen Balken, der die Verteilung der Daten angibt. Durch die beiden optionalen Parameter x und *width* wird die x-Position und die Breite des Balkens bestimmt.

```
yshift := proc(x) xyexchange(xshift[op(procname)](xyexchange(x))); end:
yscale := proc(x) xyexchange(xscale[op(procname)](xyexchange(x))); end:
xscale[f](diag);     xshift[dx](diag);     xyexchange(diag);
yscale[f](diag);     yshift[dy](diag);
```
skalieren, verschieben bzw. drehen ein 2D-Diagramm. `xscale`, `xshift` und `xyexchange` sind vordefiniert, `yshift` und `yscale` müssen bei Bedarf selbst definiert werden.

Stetige und diskrete Wahrscheinlichkeitsverteilungen

`with(stats): with(statevalf):`
aktiviert die Kommandos des `statevalf`-Subpackages.

`statevalf[pdf, stetigeverteil](x):`
`statevalf[cdf, stetigeverteil](x):`
`statevalf[icdf, stetigeverteil](x):`
berechnet die Dichtefunktion, die kumulierte Dichtefunktion bzw. die dazugehörige inverse Funktion einer stetigen Wahrscheinlichkeitsverteilung. Beispiel: `statevalf[pdf, beta[3,2]](0.3):`

```
beta[nu1, nu2]          cauchy[a, b]          chisquare[nu]    exponential[alpha, a]
fratio[nu1, nu2]        gamma[a, b]           laplaced[a, b]   logistic[a, b]
lognormal[mu, sigma]    normald[mu, sigma]    students[nu]     uniform[a, b]
weibull[a, b]
```
die zur Verfügung stehenden stetigen Verteilungsfunktionen. Genauere Informationen zur Bedeutung der Parameter erhalten Sie mit `?stats, distribution`.

`statevalf[pf, diskreteverteil](x):`
`statevalf[dcdf, diskreteverteil](x):`
`statevalf[idcdf, diskreteverteil](x):`
berechnet die Dichtefunktion, die kumulierte Dichtefunktion bzw. die dazugehörige inverse Funktion einer diskreten Wahrscheinlichkeitsverteilung.

```
binomiald[n,p]            discreteuniform[a,b]
empirical[listprob]       hypergeometric[N1, N2, n]
negativebinomial[n,p]     poisson[mu]
```
die zur Verfügung stehenden diskreten Verteilungsfunktionen.

Wahrscheinlichkeitsverteilte Zufallszahlen

`with(stats):     with(random):`
aktiviert die Kommandos des `random`-Subpackages.

`verteil(n);`
liefert eine Folge von n Zufallszahlen der angegebenen Verteilung. Als Verteilung kann jede der oben aufgezählten stetigen und diskreten Verteilungen verwendet werden. `normald[5, 2](3)` erzeugt somit drei normalverteilte Zufallszahlen.

`f:=verteil(generator);     f();`
gibt eine Prozedur f zur Berechnung von Zufallszahlen zurück. Beim Aufruf der Prozedur muß ein Klammerpaar angegeben werden.

Kapitel 22

Regressions- und Interpolationsfunktionen

In diesem Kapitel geht es darum, durch einige vorgegebene Datenpunkte eine Kurve zu legen. Die Funktion dieser Kurve kann beliebig für weitere Berechnungen verwendet werden, beispielsweise um Näherungswerte für nicht bekannte Orte der Kurve zu berechnen. Die drei wichtigsten Kommandos lauten:

`interp`
berechnet ein Interpolationspolynom, das exakt durch die angegebenen Datenpunkte führt.

`spline`
erstellt eine stückweise durch Polynome zusammengesetzte Interpolationsfunktion, die exakt durch die angegebenen Datenpunkte führt.

`leastsqr`
aus dem Subpackage `fit` des `stats`-Packages berechnet eine Linearkombination der angegebenen Funktionen, so daß die Kurve möglichst nahe an den Datenpunkten vorbeiführt.

`fit`
aus der `share`-Library erfüllt im wesentlichen dieselbe Aufgabe wie `leastsqr`, hat aber eine etwas abweichende Syntax. `fit` eignet sich insbesondere für mehrdimensionale Näherungsfunktionen.

Verweis: Kommandos zur Berechnung einer Näherungsfunktion an eine gegebene, mathematisch kompliziertere Funktion werden in den Kapiteln 23 (Reihenentwicklungen) und 24 (Fourier-Transformation) behandelt.

Exakte Interpolation durch gegebene Punkte

Das Kommando `interp` berechnet ein Polynom der Ordnung $n-1$, das durch n Datenpunkte führt. Die Daten werden an das Kommando in der Form $[x0, x1, x2, ...], [y0, y1, y2, ...]$ übergeben. Im folgenden Beispiel wird eine Kurve durch 10 zufällige y-Werte an den x-Positionen zwischen 1 und 10 gelegt.

```
datax:=[seq(i,i=1..10)];
```

$$datax := [1, 2, 3, 4, 5, 6, 7, 8, 9, 10]$$

```
datay:=[seq(rand(10)(), i=1..10)];
```

$$datay := [1, 0, 7, 3, 6, 8, 5, 8, 1, 9]$$

```
dataxy:=zip( (x,y)->[x,y], datax, datay):
```

$$dataxy := [[1, 1], [2, 0], [3, 7], [4, 3], [5, 6], [6, 8], [7, 5], [8, 8], [9, 1], [10, 9]]$$

```
f:=interp( datax, datay, x);
```

$$f := \frac{17\,x^9}{51840} - \frac{517\,x^8}{40320} + \frac{11699\,x^7}{60480} - \frac{3719\,x^6}{2880} + \frac{27323\,x^5}{17280} + \frac{176741\,x^4}{5760} - \frac{652577\,x^3}{3240} + \frac{1816483\,x^2}{3360} - \frac{1669153\,x}{2520} + 293$$

Der größte Nachteil von `interp` besteht darin, daß die Kurve wegen der hohen Ordnung des Polynoms stark zum Überschwingen neigt. Eine Interpolation über den Datenbereich der vorgegebenen Punkte ist so gut wie unmöglich. Die oben berechnete Funktion f erreicht für $x = 0$ bereits den Wert 293, für $x = 11$ gar 755!

Zur grafischen Darstellung der 10 Datenpunkte wurde das eigens dazu programmierte Kommando `dotplot` verwendet, dessen Code in Kapitel 32 (Grafikprogrammierung) zu finden ist. Wenn Sie keine Lust haben, die erforderlichen 15 Zeilen Programmcode einzugeben, können Sie statt dessen einfach das Kommando `plot(dataxy, style=list)` verwenden. Die 10 Punkte werden dann allerdings so klein ausgegeben, daß sie unter dem Linienzug kaum erkennbar sind.

Die Abbildung rechts zeigt zehn Datenpunkte und die Kurve der dazugehörigen Interpolationsfunktion.

```
p1:=plot(f, x=0.9..10.1):
p2:=dotplot(dataxy, 0.1, 50/10):
with(plots):
display( [p1,p2] );
```

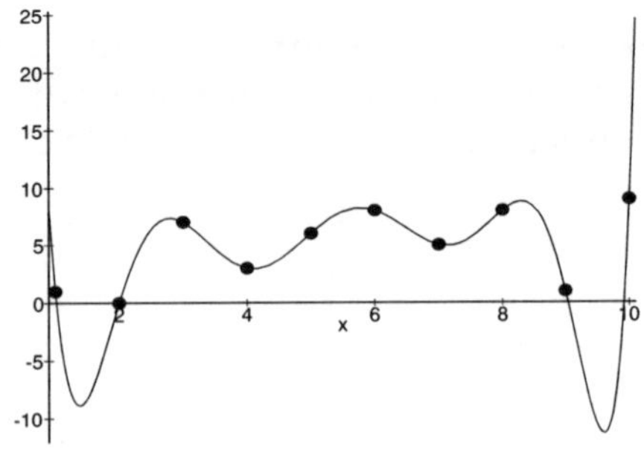

Stückweise Interpolation mit spline

Der größte Nachteil von `interp` besteht wie gesagt darin, daß die Kurve sehr stark zum Überschwingen neigt. Diesen Nachteil umgeht das Kommando `spline`, das die Kurve stückweise durch mehrere Polynome niedrigeren Grades (üblicherweise durch Polynome dritten Grades) zusammensetzt. Die Kurve ist auch an den Schnittpunkten glatt. Wie das Beispiel zeigen wird, ist auch die erste Ableitung noch glatt, d.h. ohne plötzliche Änderung der Steigung.

Natürlich ist auch dieses Verfahren mit einem Nachteil verbunden – durch das stückweise Zusammensetzen liegt keine herkömmliche Funktion mehr vor. Damit die Kurve grafisch dargestellt oder sonst irgendwie weiterverwendet werden kann, muß sie in eine Prozedur umgewandelt werden.

Das folgende Beispiel geht von denselben zehn Datenpunkten wie im Beispiel des vorangegangenen Abschnitts aus.

```
datax:=[seq(i,i=1..10)];
```

$$datax := [1, 2, 3, 4, 5, 6, 7, 8, 9, 10]$$

```
datay:=[seq( rand(10)(), i=1..10)];
```

$$datay := [1, 0, 7, 3, 6, 8, 5, 8, 1, 9]$$

```
dataxy:=zip( (x,y)->[x,y], datax, datay):
```

An `spline` werden in den beiden ersten Parametern die Datenlisten für die x- und y-Koordinaten angegeben. Der dritte Parameter enthält den gewünschten Variablennamen der Funktion, der vierte Parameter die Ordnung der Kurve. Sinnvolle Werte sind 2 oder 3.

```
readlib(spline):
f:=unapply(spline( datax, datay, x, 3),x): f(x);
```

$$\begin{cases} 7 - \frac{14392}{4505}x + \frac{21588}{4505}x^2 - \frac{7196}{4505}x^3 & x < 2 \\ -\frac{205753}{4505} + \frac{68308}{901}x - \frac{156378}{4505}x^2 + \frac{4493}{901}x^3 & x < 3 \\ \dots & \\ -\frac{4742291}{4505} + \frac{1549106}{4505}x - \frac{166308}{4505}x^2 + \frac{1178}{901}x^3 & x < 9 \\ -\frac{443407}{901} + \frac{707354}{4505}x - \frac{14556}{901}x^2 + \frac{2426}{4505}x^3 & otherwise \end{cases}$$

`spline` liefert seit Release 4 eine `piecewise`-Funktion als Ergebnis (siehe auch Kapitel 8). Die Weiterverarbeitung des Ergebnisses ist dadurch erheblich einfacher geworden.

```
f(2.5);
```

$$3.9455328$$

Die Abbildung rechts zeigt nochmals die zehn Datenpunkte und die Interpolationskurve durch diese Punkte. Beachten Sie, daß die Kurve sich viel weniger weit von den Punkten entfernt als bei `interp` im vorigen Abschnitt.

```
p1:=plot(f(x), x=1..10):
p2:=dotplot(dataxy, 0.1, 10/8):
with(plots): display( [p1,p2] );
```

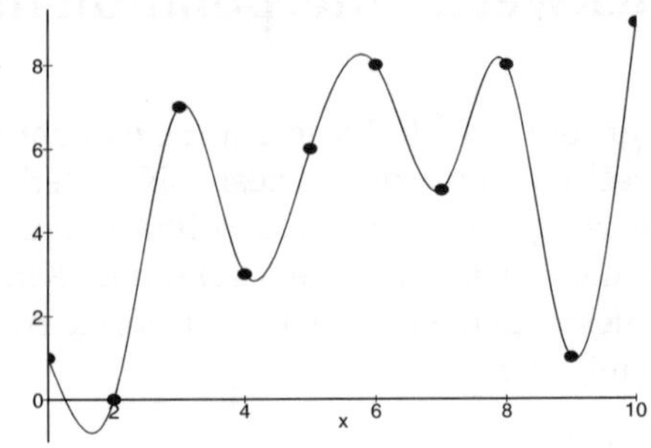

Die Funktion kann mit `diff` differenziert werden. Die erste Ableitung ist glatt, die zweite immerhin noch stetig.

```
fd:=unapply(diff(f(x), x),x):
fd2:=unapply(diff(f(x),x,x),x):
plot( {fd(x), fd2(x)}, x=1..10);
```

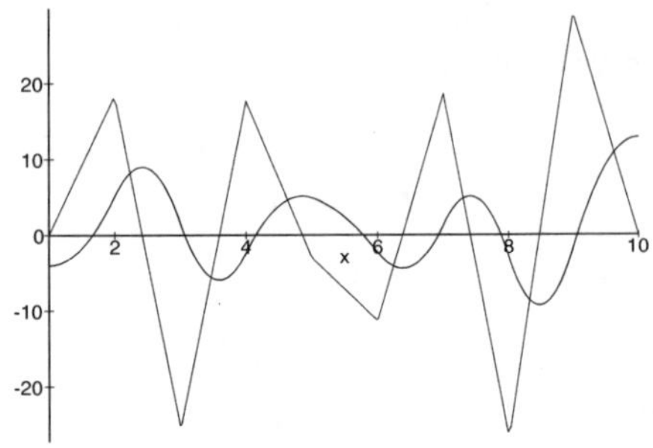

Näherungskurven an gegebene Datenpunkte (Regression)

Das `stats`-Package enthält im `fit`-Subpackage das Kommando `leastsqr`. Damit können die Koeffizienten einer Linearkombination von Funktionen ermittelt werden, die den Zusammenhang zwischen zwei oder mehreren Datenlisten beschreibt.

Für das folgende Beispiel wurde eine Datenmenge von 50 Punkten erstellt. Die x-Koordinaten sind zufällig zwischen 0 und 100 verteilt, die y-Koordinaten wurden über die Sinusfunktion aus den x-Daten berechnet, wobei sie mit zufälligen Abweichungen behaftet sind. Es könnte sich dabei um Meßdaten mit zufällig verteilten Meßfehlern handeln. $p1$ enthält eine Punktgrafik der Datenmenge, die in den folgenden Abbildungen zusammen mit verschiedenen Näherungskurven dargestellt wird.

```
with(stats): with(fit): with(statplots): with(plots):
datax:=[seq( rand(100)(), i=1..50)]:
datay:=map( x->evalf(sin(x/100*Pi)+rand(30)()/100,4), datax):
p1:=scatter2d(datax, datay):
```

Durch die Datenpunkte soll nun eine quadratische Funktion der Form $y = a0 + a1 * x + a2 * x^2$ gelegt werden. Dazu muß dem Kommando `leastsqr` in eckigen Klammern eine Beschreibung der gewünschten Funktion und in runden Klammern eine Liste mit den beiden Datenmengen übergeben werden. Die Beschreibung der Regressionsfunktion besteht aus einer Liste mit allen Variablen, einer Funktion mit der Funktionsvorschrift und einer Folge mit den gesuchten Koeffizienten.

```
leastsquare[ [x,y], y=a0 + a1*x +a2*x^2, {a0,a1,a2}]( [datax,datay] );
```

$$y = .08457467725 + .04016847076\,x - .0003995494686\,x^2$$

```
f:=rhs(");
```

$$f := .08457467725 + .04016847076\,x - .0003995494686\,x^2$$

Das Kommando `display` aus dem `plots`-Package vereint die Kurve mit der zuvor in *p1* gespeicherten Punktgrafik.

```
p2:=plot( f, x=0..100):
display([p1,p2]);
```

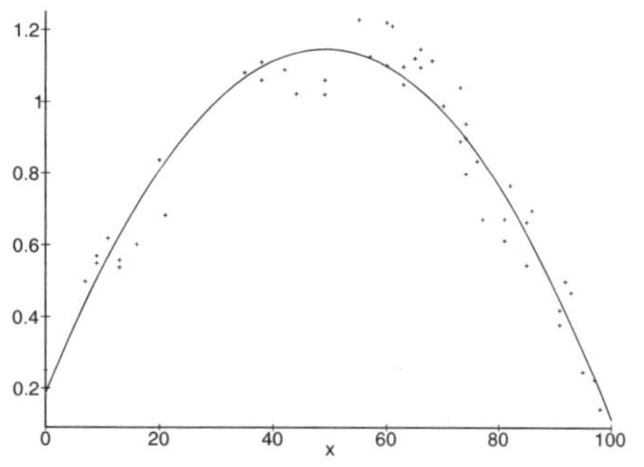

Der Versuch, die Daten durch eine Exponentialfunktion anzunähern, ist wegen der Verteilung der Daten zum Scheitern verurteilt.

```
fy:=a0 + a1*exp(x):
f:=rhs(leastsquare[ [x,y], y=fy,
    {a0,a1}]( [datax,datay] )):
p2:=plot( f, x=0..100):
display( [p1,p2] );
```

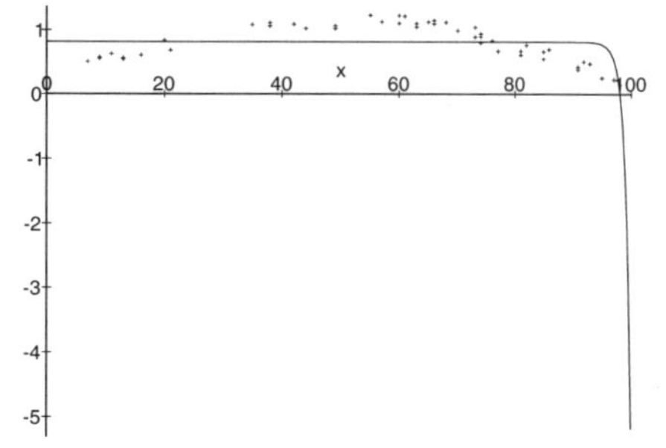

Die beiden Abbildungen oben zeigen deutlich, daß die Qualität des Ergebnisses sehr stark von den Funktionen abhängt, die `leastsqr` zur Kombination angeboten werden. Das Kommando ist nicht in der Lage, andere Parameter als die Koeffizienten der Funktionen zu bestimmen. Die Bestimmung von *a0*, *a1* und *a2* für $f = a0 + a1 * \sin(a2 * x)$ ist daher nicht möglich. Seit Release 4 scheitert `leastsquare` aber auch an einfacheren Aufgaben: So war es nicht möglich, die Koeffizienten $a0$ bis $a3$ zur Funktion $a0 + a1\sin(x/10) + a2\sin(x/20) + a3\sin(x/40)$ zu ermitteln. In Release 3 klappte das noch problemlos, auch das `fit`-Kommando aus der `share`-Bibliothek (siehe nächste Seite) liefert prompt das korrekte Ergebnis.

`leastsqr` kann auch einfache mehrdimensionale Ausgleichsfunktionen der Art $y = a1 * x1 + a2 * x2 + \ldots$ ermitteln. Das `seq`-Kommando ermittelt die Abweichung zwischen den Sollwerten in *datay* und den Ergebnissen der Regressionsfunktion f.

```
datax1:=[1,2,3]: datax2:=[2,3,4]: datay:=[3,7,8]:
f:=rhs(leastsquare[ [x1,x2,y], y=a1*x1+a2*x2, {a1,a2} ]([datax1, datax2, datay]));
```

$$f := \frac{3}{2}\,x1 + x2$$

```
seq( subs(x1=datax1[i], x2=datax2[i],f-datay[i]), i=1..3);
```

$$\frac{1}{2}, -1, \frac{1}{2}$$

Mehrdimensionale Näherungsfunktionen mit fit

In der `share`-Library befindet sich das Kommando `fit`, das im wesentlichen dieselbe Aufgabe wie `leastsqr` erfüllt, aber eine etwas abweichende Syntax hat. Der Vorteil von `fit` besteht darin, daß der Code dieses Kommandos offensichtlich besser optimiert ist. Das Kommando liefert auch dann noch Ergebnisse, wenn `leastsquare` nach endlosen Rechenzeiten aufgibt.

Das folgende Beispiel berechnet – ausgehend von den im letzten Abschnitt definierten Listen *datax* und *datay* – nochmals eine quadratische Ausgleichskurve. Das Ergebnis stimmt bis auf die drei letzten Dezimalstellen mit jenem von `leastsqr` überein. Abweichungen gibt es hingegen in der Syntax: `fit` erwartet in den beiden ersten Parametern die Daten, im dritten Parameter eine Liste mit allen Funktionen, deren Linearkombination ermittelt werden soll, und im vierten Parameter die Variable.

```
with(share): readshare(fit,numerics):
f1:=fit(datax, datay, [1,x,x^2], x);
```

$$f1 := 0.08457467970 + 0.04016847061\,x - 0.0003995494671\,x^2$$

Auf die grafische Darstellung der Kurve wurde verzichtet. Rein optisch ist kein Unterschied zur ersten Abbildung des vorigen Abschnitts zu bemerken.

`fit` kommt auch mit nichtlinearen Funktionen zurecht. Eine Annäherung der Kurve durch drei Sinusschwingungen gelingt leicht.

```
f:=fit(datax,datay, a0 + a1*sin(x/10) +
a2*sin(x/20)+a3*sin(x/40), x);
p2:=plot( f, x=0..100):
display( [p1,p2] );
```

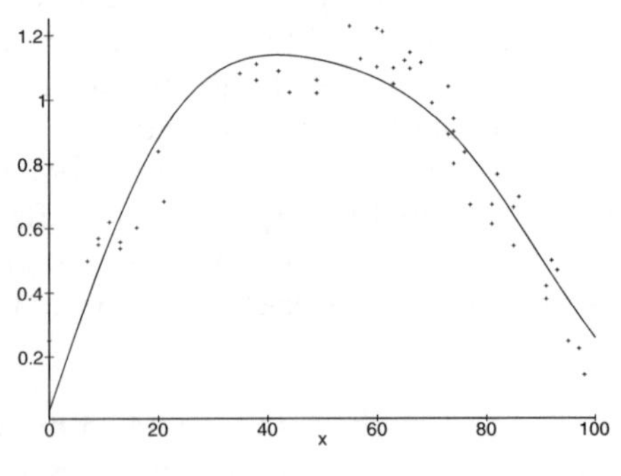

Im folgenden Beispiel wurde für 50 zufällige Zahlenpaare $(x1, x2)$ im Bereich zwischen $(0,0)$ und $(1,1)$ die Funktion $x1 + 2 * x2 + \cos(x1 * x2)$ berechnet und mit Zufallszahlen zwischen 0 und 0.1 verfälscht. Anschließend wurde versucht, mit `fit` die Ausgangsfunktion wiederherzustellen. `fit` wurden dazu die drei Ausgangsterme $x1, x2$ und $\cos(x1 * x2)$ sowie ein zusätzlicher, ursprünglich nicht vorhandener Term $x1 * x2$ zur Kombination angeboten. `fit` gelang die Berechnung der korrekten Koeffizienten mit nur minimalen Abweichungen.

Die Syntax von `fit` geht aus dem Beispiel hervor: Im ersten Parameter wird eine Liste von Zahlenpaaren ($[[x1, x2], [x1, x2], [x1, x2], ...]$ angegeben (*Achtung*: Fehler im Online-Hilfetext), im zweiten Parameter die Liste der Zielwerte, im dritten Parameter die Zielfunktion und im vierten Parameter die Liste der Variablennamen $[x1, x2]$.

```
datax1:=[seq(rand(100)()/100,i=1..50)]:
datax2:=[seq(rand(100)()/100, i=1..50)]:
datax12:=zip( (x1,x2)->[x1,x2], datax1, datax2):
datay:=zip( (x1,x2)->x1+2*x2+cos(x1*x2)+rand(100)()/1000, datax1, datax2):
f:=fit( datax12, datay, a1*x1+a2*x2+a3*cos(x1*x2)+a4*x1*x2, [x1,x2]);
```

$$f := 0.9886802218\, x1 + 1.994352600\, x2 + 1.043019133\, \cos(x1\; x2) + 0.05936779281\, x1\; x2$$

Die Abbildung beweist die geringe prozentuale Abweichung zwischen der (nicht durch Zufallszahlen verfälschten) Ausgangsfunktion und der von `fit` berechneten Näherungsfunktion.

```
plot3d( 1-(x1+2*x2+cos(x1*x2))/f,
    x1=0..1, x2=0..1,  axes=boxed,
    orientation=[-45,25]);
```

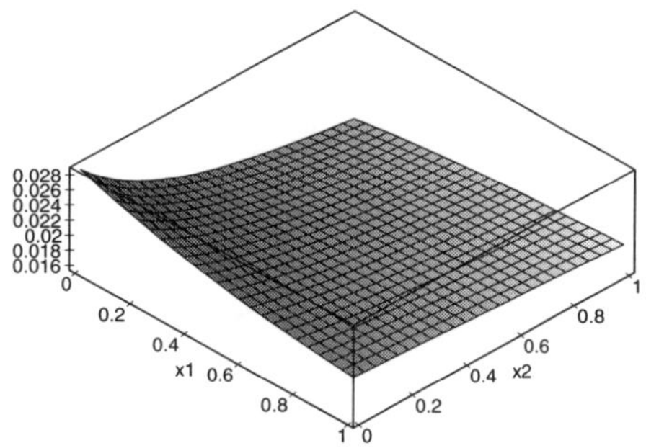

Syntaxzusammenfassung

`interp([x0,x1 ... xn], [y0,y1 ... yn], x);`
berechnet ein Interpolationspolynom der Ordnung $n - 1$, das durch die angegebenen Datenpunkte führt.

`readlib(spline);`
`spline( [x0,x1 ... xn], [y0,y1 ... yn], x, n);`
liefert stückweise Polynome n-ter Ordnung ($n = 2$ oder 3) für die Variable x durch die angegebenen Datenpunkte.

`piecewise(n, op("));`
wandelt das Ergebnis von `spline` – eine `If`-Sequenz – in eine n-fach differenzierbare `piecewise`-Funktion um.

```
with(stats): with(fit):
leastsqr[[x1,x2..., y], y=a1*f1 + a2*f2 +..., {a1,a2...}]([datx1,datx2 ... daty]);
```

ermittelt die Koeffizienten a_i der Regressionsfunktion y, wobei f_i beliebige Funktionen von x_i sind.

```
with(share):    readshare(fit, numerics):
fit( [x0,x1,x2 ...], [y0,y1,y2 ...], [f1,f2,f3 ...], x);
```

berechnet die Regressionsfunktion $y = a1 * f1 + a2 * f2 + a3 * f3 + ...$ Als f_i dürfen beliebige Funktionen der Variablen x genannt werden.

```
fit( [[x11,x21...],[x12,x22...],[...]...], [y1,y2...], [f1,f2...], [x1,x2...]);
```

berechnet die mehrdimensionale Regressionsfunktion $y = a1 * f1 + a2 * f2 + a3 * f3 + ...$ Die Funktionen f_i dürfen dabei von allen im vierten Parameter genannten Variablen x_i abhängig sein.

Kapitel 23

Minima und Maxima, lineare Optimierung

Dieses Kapitel beschreibt mehrere Kommandos, die zur Suche von Extremwerten geeignet sind. `minimize`, `maximize` und `extrema` berechnen Extremwerte von ein- und mehrdimensionalen Funktionen. Da diese Kommandos rein symbolisch arbeiten, ist ihr Einsatzgebiet auf eher triviale Anwendungen eingeschränkt. Interessanter sind die Kommandos des Packages `simplex`. Sie eignen sich zur Optimierung einer Zielfunktion, die durch ein System von Ungleichungen eingeschränkt ist.

`minimize` und `maximize`
berechnen die absoluten Minima bzw. Maxima einer Funktion.

`extrema`
berechnet Extremwerte einer Funktion unter Berücksichtigung von einer oder mehreren Nebenbedingungen. `extrema` gibt auch den Ort der Lösungspunkte an.

`simplex`
bezeichnet ein Package, das mehrere Kommandos zur Durchführung linearer Optimierungen enthält. Die beiden wichtigsten lauten wiederum `minimize` und `maximize`.

Minima und Maxima

Die Kommandos `minimize` und `maximize` versuchen, das Minimum oder Maximum einer Funktion zu ermitteln. Dabei wird von der Annahme ausgegangen, daß für die Variablen nur reelle Zahlen eingesetzt werden. Wie die folgenden Beispiele zeigen, ist allzuviel Vertrauen in die Fähigkeiten der beiden Kommandos nicht angebracht. `minimize` und `maximize` müssen vor ihrer Verwendung durch `readlib(minimize)` geladen werden.

`minimize` ergibt, daß die Funktion $(x+1)/(x^2+1)$ nie kleiner als $-\sqrt{2}/(4+2\sqrt{2})$ wird.

```
readlib(minimize):
minimize( (x+1)/(x^2+1) );
```

$$-\frac{\sqrt{2}}{4+2\sqrt{2}}$$

`minimize` und `maximize` kommen auch mit einfachen mehrdimensionalen Funktionen zurecht.

```
minimize( sin(x*y) );
```

$$-1$$

```
maximize( sin(x*y) );
```

$$1$$

Vorsicht ist mit der Betragsfunktion geboten. `minimize` liefert hier ein falsches Resultat (richtig wäre 0).

```
minimize( abs( sin(x) ));
```

$$-1$$

Funktionen, deren Ableitungen nicht problemlos 0 gesetzt werden können, überfordern `minimize` (das Kommando gibt einfach kein Ergebnis zurück).

```
f:=x^2+sin(x)+cos(2*x);
minimize(f);
```

Die optionale Angabe des Zahlenbereichs, innerhalb dessen die Funktion minimiert werden soll, macht das Ganze noch schlimmer. Maple liefert jetzt ein falsches Ergebnis.

```
minimize(f, x,-2..2);
```

$$4+\cos(4)-\sin(2)$$

```
evalf(");
```

$$2.437058952$$

Die Abbildung rechts zeigt den Verlauf von f im kritischen Bereich.

```
plot(f, x=-2..2);
```

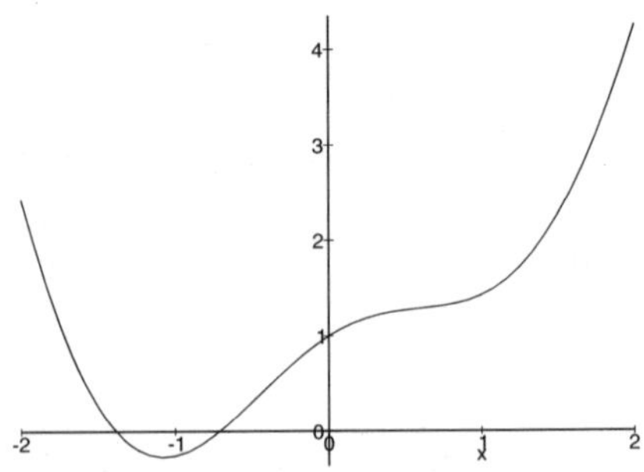

Um das Minimum manuell zu ermitteln, wird die Funktion abgeleitet. Anschließend wird mit `fsolve` die Nullstelle im Bereich zwischen -1.5 und -0.5 ermittelt. Damit ist nicht nur die Größe des Minimas (-0.2313), sondern auch dessen Ort $(x = -1.075)$ bekannt.

```
diff( f, x);
```

$$2\,x + \cos(x) - 2\,\sin(2\,x)$$

```
fsolve( ", x=-1.5..-0.5);
```

$$-1.074907239$$

```
evalf(subs(x=", f));
```

$$-0.2713228382$$

Extremwerte mit Nebenbedingungen

Mehr Anwendungsmöglichkeiten bietet das Kommando `extrema`. Es berechnet Extremwerte einer Funktion (also sowohl Minima als auch Maxima), wobei Nebenbedingungen berücksichtigt werden können. Durch die Angabe eines Variablennamens im vierten Parameter schreibt Maple eine Liste der Lösungsorte in diese Variable. Mit komplizierteren Funktionen, bei denen eine numerische Ermittlung des Extremwerts erforderlich wäre, ist `extrema` ebenso wie die beiden Kommandos des vorigen Abschnittes überfordert.

Das Kommando muß vor seiner Verwendung mit `readlib` gelesen werden.

```
readlib(extrema):
extrema( x^2-x, {}, x);
```

$$\{-1/4\}$$

Das Kommando rechts sucht Extrema in der Funktion $x * y$, wobei die Nebenbedingung $x + y = 1$ berücksichtigt wird. Die Funktion liefert den Wert des gefundenen Minimas. Die Variable *lsg* enthält nach dem Aufruf von `extrema` eine Menge mit den Gleichungen des Lösungspunkts.

```
extrema(x*y, x+y=1, {x,y}, ´lsg´);
```

$$\{1/4\}$$

```
lsg;
```

$$\{\{x = 1/2, y = 1/2\}\}$$

Lineare Optimierung

Das Package `simplex` enthält mehrere Kommandos zur Durchführung linearer Optimierungen. Die beiden wichtigsten Kommandos lauten `minimize` und `maximize`, mit denen eine Zielfunktion unter Berücksichtung mehrerer Einschränkungen optimiert wird. An beide Kommandos wird im ersten Parameter die Zielfunktion und im zweiten Parameter die Menge der Einschränkungen angegeben. Die Einschränkungen müssen mit $\leq$ oder $\geq$ formuliert werden, die Operatoren $<$ oder $>$ sind nicht erlaubt. Sowohl die Zielfunktion als auch die Einschränkungen müssen linear sein.

Anmerkung: Wie Ihnen vermutlich aufgefallen ist, sind die Schlüsselwörter `minimize` und `maximize` in zweierlei Bedeutung in Verwendung – zur Berechnung der Extrema von Funktionen und zur linearen Optimierung. Wenn Sie beide Bedeutungen dieses Kommandos gleichzeitig benötigen, dürfen Sie das `simplex`-Package nicht mit `with` aktivieren. Vielmehr müssen Sie die `simplex`-Varianten von `minimize` und `maximize` unter den – jetzt umständlich langen – Namen `simplex[minimize]` bzw. `simplex[maximize]` ansprechen. Maple lädt den Programmcode dann gegebenfalls selbst, `with` ist nicht notwendig. Durch die jetzt unterschiedlichen Namen (einmal die kurze und einmal die lange Variante) ist eine klare Unterscheidung zwischen den beiden gleichnamigen Kommandos gegeben.

Im folgenden Beispiel soll berechnet werden, wie die Produkte P1 und P2 auf den Maschinen M1, M2 und M3 produziert werden, so daß der Gewinn (P1: 300 DM, P2: 500 DM) in Summe optimal ist. Um P1 herzustellen, muß je 2 Stunden auf den Maschinen M1 und M2 gearbeitet werden. Um P2 herzustellen, werden die Maschinen M1, M2 und M3 für 4, 2 bzw. 6 Stunden beansprucht. Pro Monat können maximal 170 Stunden auf M1, 150 Stunden auf M2 und 180 Stunden auf M3 gearbeitet werden.

```
with(simplex):
maximize(300*x1+500*x2, {2*x1+4*x2<=170, 2*x1+2*x2<=150, 6*x2<=180} );
```

$$\{x1 = 65, x2 = 10\}$$

Der maximale Gewinn wird also dann erzielt, wenn 65 Stück von P1 und 10 Stück von P2 erzeugt werden.

Im zweiten Beispiel findet `maximize` die optimale Kombination von vier Variablen. Dazu muß im vierten Parameter das Schlüsselwort `NONNEGATIVE` angegeben werden. Damit weiß Maple, daß alle vier Variablen größer oder gleich 0 sein müssen. Durch die Angabe des Variablennamens *glsys* im fünften Parameter schreibt `maximize` dorthin das noch ungelöste Gleichungssystem des Optimierungsproblems.

Das Beispiel zeigt gleichzeitig auch einen Schwachpunkt von `maximize`: Das Kommando ermittelt nur eine der beiden möglichen Lösungen, auch $x1 = 0, x2 = 0, x3 = 0, x4 = 15$ wäre eine korrekte Lösung.

```
maximize( 6*x1+10*x2+8*x3+12*x4,
  {3*x1 + 2*x2 +        2*x4<=60,
     x1 +   x2 + 2*x3 +   x4<=45,
   2*x1 +               4*x4<=90,
   4*x1 +        4*x3 + 3*x4<=120,
     x1 + 2*x2 + 2*x3 + 2*x4<=30}, NONNEGATIVE, ´glsys´ );
```

$$\{x2 = 0, x3 = 0, x1 = 15, x4 = 15/2\}$$

```
glsys;
```

$$\{x1 = -\frac{\_SL5}{2} + 15 + \frac{\_SL3}{2} + x3, \_SL1 = \frac{45}{2} + \frac{\_SL5}{4} + \frac{\_SL3}{4} - \frac{3\,x3}{2},$$
$$\_SL2 = 30 + 2\,\_SL3 + 4\,x2 + 4\,x3, x4 = -x2 - \frac{3\,\_SL3}{4} + 15/2 + \frac{\_SL5}{4} - \frac{3\,x3}{2},$$
$$\_SL4 = \frac{75}{2} + \frac{5\,\_SL5}{4} + \frac{\_SL3}{4} + 3\,x2 - \frac{7\,x3}{2}\}$$

Transportprobleme

Transportprobleme stellen neben den linearen Optimierungsaufgaben die zweite wichtige Problemgruppe der Operation Research dar. (Operation Research ist jener Wissenschaftszweig, der sich mit Optimierungsaufgaben beschäftigt.) Maple bietet zwar kein Kommando an, mit dem sich Transportprobleme unmittelbar lösen lassen, mit einigen Listenkommandos kann ein gegebenes Problem allerdings so formuliert werden, daß es für `minimize` geeignet ist. Am leichtesten kann das anhand eines Beispiels nachvollzogen werden: Drei Baustellen benötigen pro Woche 160, 330 bzw. 340 m^3 Schotter, der von drei Kiesgruben mit einer Kapazität von 220, 290 und 320 m^3 angeliefert wird. Die Kosten für den Transport zwischen den Kiesgruben und Baustellen sehen (pro m^3 in DM) folgendermaßen aus:

	B1	B2	B3
K1	10	15	18
K2	10	17	19
K3	16	19	20

Das Problem kann mit einer 3*3-Matrix $x[1,1]$ bis $x[3,3]$ formuliert werden. Das Matrizenelement $x[i,j]$ gibt an, wieviel Schotter von einer bestimmten Kiesgrube zu einer bestimmten Baustelle transportiert wird. Die zu minimierende Zielfunktion lautet $x[1,1] * 21 + x[1,2] * 15 + ...$

Für das Problem existieren sechs Restriktionen: Für jede Baustelle muß die Summe aller x der jeweiligen Spalte die erforderliche Gesamtmenge ergeben. Für jede Kiesgrube darf die Summe aller x der jeweiligen Zeile die vorhandenen Kapazität nicht überschreiten. Der Aufwand für das relativ einfache Beispiel wirkt vielleicht etwas hoch. Die prinzipielle Vorgehensweise wäre aber auch für ein Beispiel mit 20 Quellen und 14 Zielorten nicht größer (abgesehen von der Eingabe der Koeffizienten).

```
with(simplex):
kies := [220, 290, 320]:
baustelle := [160, 330, 340]:
kosten:=array([[10,15,18],[10,17,19],[16,19,20]]);
```

$$kosten := \begin{bmatrix} 10 & 15 & 18 \\ 10 & 17 & 19 \\ 16 & 19 & 20 \end{bmatrix}$$

```
x := array(1..3,1..3):
restr := {seq( sum(x[i,'j'],'j'=1..3)=kies[i], i=1..3)} union
         {seq( sum(x['i',j],'i'=1..3)=baustelle[j], j=1..3)};
```

$$restr := \{x_{1,1} + x_{1,2} + x_{1,3} = 220, x_{2,1} + x_{2,2} + x_{2,3} = 290, x_{1,1} + x_{2,1} + x_{3,1} = 160,$$
$$x_{1,2} + x_{2,2} + x_{3,2} = 330, x_{1,3} + x_{2,3} + x_{3,3} = 340, x_{3,1} + x_{3,2} + x_{3,3} = 320\}$$

```
vars:= {seq( seq(x[i,j], i=1..3), j=1..3)}:
```

Da die Formulierung der Zielfunktion durch zwei verschachtelte `sum`-Kommandos nicht gelang, wurde in zwei Schleifen zuerst die Menge der Summanden erstellt. Diese Menge wurde anschließend mit `convert/'+'` in eine Summe umgewandelt. Eine ausführliche Beschreibung des Schleifenkommandos `for` finden Sie in Kapitel 29.

```
ziel:={}:
for i from 1 to 3 do
  for j from 1 to 3 do
    ziel:=ziel union{x[i,j]*kosten[i,j]}:
  od;
od;
ziel:=convert(ziel, `+`);
```

$$ziel := 10\,x_{1,1} + 10\,x_{2,1} + 19\,x_{2,3} + 16\,x_{3,1} + 19\,x_{3,2} + 20\,x_{3,3} + 17\,x_{2,2} + 15\,x_{1,2} + 18\,x_{1,3}$$

Die Berechnung der Lösung geht dann überraschend schnell vor sich. Durch `assign` werden die Bestimmungsgleichungen der Lösung als Zuweisungen ausgeführt.

```
minimize(ziel, restr, NONNEGATIVE);
```

$$\{x_{3,3} = 320, x_{3,2} = 0, x_{2,2} = 110, x_{2,3} = 20, x_{2,1} = 160, x_{1,2} = 220, x_{1,3} = 0, x_{3,1} = 0,$$
$$x_{1,1} = 0\}$$

```
assign("); eval(x);
```

$$\begin{bmatrix} 0 & 220 & 0 \\ 160 & 110 & 20 \\ 0 & 0 & 320 \end{bmatrix}$$

```
ziel;
```

$$13550$$

Das Gesamtergebnis kann anschließend der Matrix x entnommen werden: Baustelle 1 erhält 160 m^3 von Kiesgrube 2, Baustelle 2 220 m^3 von Kiesgrube 1 und weitere 110 m^3 von Kiesgrube 2, Baustelle 3 20 m^3 von Kiesgrube 2 und 320 m^3 von Kiesgrube 3. Die Gesamtkosten betragen 13550 DM.

Syntaxzusammenfassung

```
readlib(minimize);
```
lädt den Programmcode für die Kommandos `minimize` und `maximize`.

```
minimize(f);      minimize(f,x,x1..x2);
maximize(f);      maximize(f,x,x1..x2);
```
versucht die Minima bzw. Maxima der Funktion im gesamten Zahlenbereich bzw. im angegebenen Zahlenbereich zu ermitteln. Die Kommandos geben nur den Wert der Extrema, nicht aber deren Ort an. Die Kommandos arbeiten nur symbolisch.

```
readlib(extrema);
```
lädt den Programmcode für das Kommando `extrema`.

```
extrema(f, {nebenbed}, {var}, 'ort');
```
ermittelt Extrema (Minima und Maxima) der Funktion f. Dabei werden eventuell im zweiten Parameter angegebene Nebenbedingungen berücksichtigt. Der dritte Parameter enthält die Variable bzw. eine Menge der Variablen. In die im vierten Parameter angegebene Variable wird der Ort der gefundenen Extrema in Form von Gleichungen geschrieben. Das Kommando arbeitet nur symbolisch.

```
with(simplex);
```
aktiviert die Kommandos des `simplex`-Packages.

```
minimize(zielfunc, {restrik}, option);
maximize(zielfunc, {restrik}, option);
```
führt eine lineare Optimierung für die Zielfunktion durch. Dabei werden die durch $\leq$ oder $\geq$ angeschriebenen Restriktionen berücksichtigt. Im dritten Parameter kann die Optionen `NONNEGATIV` angegeben werden – dann gilt für alle Variablen automatisch die zusätzliche Bedingung $x_i \geq 0$.

Kapitel 24

Reihenentwicklungen

Bei vielen Berechnungen treten Funktionen auf, die mathematisch nur mit sehr hohem Aufwand (oder überhaupt nicht) weiterbearbeitet werden können. Vor allem in technischen Anwendungen können solche Funktionen oft durch besser handhabbare Reihenentwicklungen ersetzt werden.

Das größte Problem bei den zahlreichen in diesem Kapitel behandelten Kommandos liegt in der Inhomogenität der Kommandos: Manche Kommandos liefern Ergebnisse im Datentyp `series`, andere Kommandos liefern normale Polynome mit einem zusätzlichen O-Term, der die Ordnung der Reihenentwicklung angibt; die Kommandos des Packages `powseries` beanspruchen für sich eine dritte Form.

`series`
führt eine Taylor-, Laurent- oder eine verallgemeinerte Potenzreihenentwicklung durch. Eine mögliche Anwendung von `series` besteht in der Lösung von Differentialgleichungen.

`mtaylor` und `poisson`
führen multivariable Taylor-Reihenentwicklungen durch.

`FPS`
aus der `share`-Library enthält das Kommando `FormalPowerSeries`, das allgemeine Summenformeln von Potenzreihen ermittelt.

`powseries`
bezeichnet ein Package, das verschiedene Kommandos zur Bearbeitung von formalen Potenzreihen enthält. Durch das `share`-Package `PS` kann die Funktionalität der `powseries`-Kommandos verändert werden.

`numapprox`
stellt ein Package dar, das Kommandos zur numerischen Berechnung von (zumeist rationalen) Näherungsfunktionen enthält.

Verweis: Bereits in Kapitel 15 wurde das Kommando `eulermac` behandelt, das eine Euler-Maclaurin-Reihe für eine allgemeine Summenformel erstellt. Informationen zur Fourier-Reihenentwicklung für periodische Funktionen finden Sie im nächsten Kapitel.

Taylor-, Laurent- und allgemeine Potenzreihenentwicklung

Das Standardkommando zum Aufstellen von Reihenentwicklungen lautet `series`. Es produziert je nach der Form der zu entwickelnden Funktion eine Taylor-, eine Laurent- oder eine allgemeine Potenzreihe. An das Kommando wird im ersten Parameter die zu entwickelnde Funktion und im zweiten Parameter der Entwicklungspunkt angegeben. Im dritten Parameter kann die maximale Ordnung der Entwicklung angegeben werden. Wird darauf verzichtet, greift Maple dafür auf die globale Variable `Order` zurück (Voreinstellung 6).

```
series(sin(x), x=0,10);
```

$$x - \frac{1}{6}x^3 + \frac{1}{120}x^5 - \frac{1}{5040}x^7 + \frac{1}{362880}x^9 + O\left(x^{10}\right)$$

```
series(log(x), x=1);
```

$$x - 1 - \frac{1}{2}(x-1)^2 + \frac{1}{3}(x-1)^3 - \frac{1}{4}(x-1)^4 + \frac{1}{5}(x-1)^5 + O\left((x-1)^6\right)$$

`series` kann auch zur Entwicklung komplexer Funktionen (um einen komplexen Entwicklungspunkt) verwendet werden. Das Beispiel unten zeigt eine Entwicklung um den Punkt $z0 = I$.

```
series(1/(z^2+1), z=I);
```

$$-\frac{I}{2}(z-I)^{-1} + \frac{1}{4} + \frac{I}{8}(z-I) - \frac{1}{16}(z-I)^2 - \frac{I}{32}(z-I)^3 + \frac{1}{64}(z-I)^4 + O\left((z-I)^5\right)$$

`series` läßt auch den Entwicklungspunkt ∞ zu. In diesem speziellen Anwendungsfall ruft `series` das Kommando `asympt` auf, um die Reihenentwicklung durchzuführen. Die beiden Kommandos `series(f,x=infinity)` und `asympt(f,x)` sind aus diesem Grund gleichwertig.

```
series(arctan(x), x=infinity);
```

$$\frac{1}{2}\pi - \frac{1}{x} + \frac{1}{3}\frac{1}{x^3} - \frac{1}{5}\frac{1}{x^5} + \mathrm{O}\left(\frac{1}{x^6}\right)$$

Weiterverarbeitung von Reihen

`series` liefert seine Ergebnisse normalerweise im Datentyp `series`. Dabei wird eine besonders effiziente Speicherung der Reihe (in Form des Entwicklungsorts und der Größe der Koeffizienten) verwendet. Aus diesem Grund kann mit den Ergebnissen von `series` nicht unmittelbar weitergearbeitet werden.

```
f:=series(sin(x), x=Pi);
```

$$f := -x + \pi + \frac{1}{6}(x-\pi)^3 - \frac{1}{120}(x-\pi)^5 + O\left((x-\pi)^6\right)$$

```
evalf(subs(x=2, f));
```

$$0.9097898165 + O((2-\pi)^6)$$

```
whattype(f);
```

series

Mit dem Kommando `convert/polynom` kann eine Umwandlung in ein normales Polynom durchgeführt werden. Dieses Polynom kann in der Folge zum Rechnen, Vereinfachen, Differenzieren, Zeichnen etc. verwendet werden.

```
p:=convert(f, polynom);
```

$$p := -x + \pi + \frac{(x-\pi)^3}{6} - \frac{(x-\pi)^5}{120}$$

Die Abbildung zeigt die Abweichung der Reihenentwicklung von $\sin(x)$ um den Punkt $x = \pi$ und der Orginalfunktion.

```
plot({p, sin(x)}, x=0..2*Pi);
```

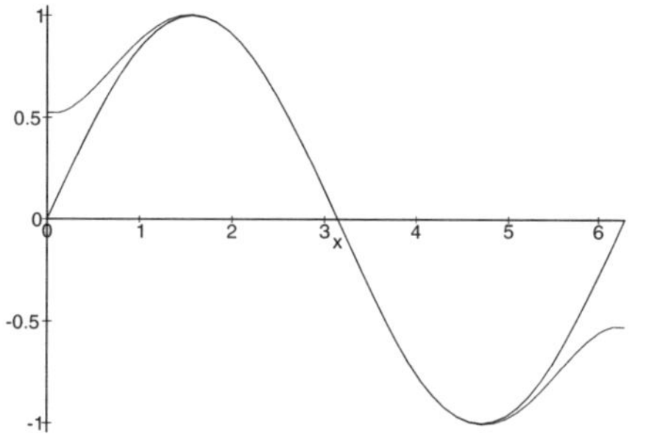

Die Vermutung, daß jeder Ausdruck, der mit $O(...)$ endet, eine Reihe des Datentyps `series` darstellt, ist allerdings irreführend. Die folgende Reihe kann nicht durch den `series`-Datentyp repräsentiert werden, weil x immer in der dritten Wurzel auftritt. Maple verwendet in diesem Fall ein normales Polynom, zu dem es den Ausdruck $O(...)$ addiert. Aus diesem Grund bleibt das `convert/polynom`-Kommando hier wirkungslos!

```
f:=series(tan(x)^(1/3), x=0);
```

$$f := \sqrt[3]{x} + \frac{x^{7/3}}{9} + \frac{13\,x^{13/3}}{405} + O(x^{16/3})$$

```
convert(f, polynom);
```

$$\sqrt[3]{x} + \frac{x^{7/3}}{9} + \frac{13\,x^{13/3}}{405} + O(x^{16/3})$$

```
whattype(f);
```

$+$

Aber auch bei der Darstellung von Reihen durch normale Summen stört der Ordnungsterm. Am einfachsten kann er mit `select` entfernt werden (egal, wie das Innere von $O(...)$ aussieht). Da die meisten der im weiteren Verlauf des Kapitels vorgestellten Kommandos keine echten Reihen, sondern Summen mit einem zusätzlichen Ordnungsterm liefern, ist diese Vorgehensweise von großer Wichtigkeit.

```
p:= f - select(has,f,0);
```

$$p := \sqrt[3]{x} + \frac{x^{7/3}}{9} + \frac{13\,x^{13/3}}{405}$$

Ein weiterer Sonderfall tritt ein, wenn `series` bei einer Reihenentwicklung zu einem exakten Ergebnis kommt. Dieser Fall tritt bei der Entwicklung der elementaren Funktion x^2 um den Punkt $x = 3$ auf.

```
f:=series(x^2, x=3);
```

$$f := (9 + 6\,(x-3) + (x-3)^2)$$

```
simplify(f);
```

$$(9 + 6\,(x-3) + (x-3)^2)$$

Da das Ergebnis exakt ist, entfällt der Ordnungsterm. Das Ergebnis sieht deswegen aus wie ein normales Polynom. Dennoch wird es intern durch den `series`-Datentyp dargestellt und muß mit `convert` in ein Polynom verwandelt werden, bevor die Vereinfachung zur Ausgangsfunktion x^2 gelingt.

```
whattype(f);
```

$$series$$

```
convert(f,polynom);
```

$$-9 + 6\,x + (x-3)^2$$

```
simplify(");
```

$$x^2$$

Innerhalb von `series` können Sie mit Reihen ähnlich wie mit anderen mathematischen Formeln arbeiten: Erlaubt sind nicht nur Operationen mit skalaren Größen (z.B. die Multiplikation der Reihe mit einem Faktor), sondern auch die Verknüpfung von mehreren Reihen (Addition, Multiplikation ...). Im folgenden Beispiele werden unter anderem die Reihen zu $\sin(x)$ und $\cos(x)$ miteinander multipliziert. Zum selben Ergebnis käme auch das Kommando `series(sin(x)*cos(x), x=Pi/2)`.

```
s1:=series(sin(x),x=Pi/2);
```

$$s1 := 1 - \frac{1}{2}\left(x - \frac{1}{2}\pi\right)^2 + \frac{1}{24}\left(x - \frac{1}{2}\pi\right)^4 + \mathrm{O}\left(\left(x - \frac{1}{2}\pi\right)^6\right)$$

```
s2:=series(cos(x), x=Pi/2);
```

$$s2 := -\left(x - \frac{1}{2}\pi\right) + \frac{1}{6}\left(x - \frac{1}{2}\pi\right)^3 - \frac{1}{120}\left(x - \frac{1}{2}\pi\right)^5 + \mathrm{O}\left(\left(x - \frac{1}{2}\pi\right)^6\right)$$

```
series(1/s1, x=Pi/2);  #Reihe zu 1/sin(x)
```

$$1 + \frac{1}{2}\left(x - \frac{1}{2}\pi\right)^2 + \frac{5}{24}\left(x - \frac{1}{2}\pi\right)^4 + \mathrm{O}\left(\left(x - \frac{1}{2}\pi\right)^6\right)$$

```
series(s1+x^2, x=Pi/2);  #Reihe zu sin(x)+x^2
```

$$\left(1+\frac{1}{4}\pi^2\right)+\pi\left(x-\frac{1}{2}\pi\right)+\frac{1}{2}\left(x-\frac{1}{2}\pi\right)^2+\frac{1}{24}\left(x-\frac{1}{2}\pi\right)^4+\mathrm{O}\left(\left(x-\frac{1}{2}\pi\right)^6\right)$$

```
series(s1*s2, x=Pi/2);  #Reihe zu sin(x)*cos(x)
```

$$-\left(x-\frac{1}{2}\pi\right)+\frac{2}{3}\left(x-\frac{1}{2}\pi\right)^3-\frac{2}{15}\left(x-\frac{1}{2}\pi\right)^5+\mathrm{O}\left(\left(x-\frac{1}{2}\pi\right)^6\right)$$

Die Anwendung von Funktionen in `series` funktioniert nicht immer problemlos. Im Beispiel unten wird versucht, den Arcussinus der Sinusreihe zu ermitteln. Das Ergebnis müßte x lauten, Maple liefert allerdings ein anderes Resultat.

```
series(arcsin(s1), x=Pi/2);
```

$$\frac{1}{2}\pi-\left(x-\frac{1}{2}\pi\right)+\mathrm{O}\left(\left(x-\frac{1}{2}\pi\right)^5\right)$$

```
simplify(convert(", polynom));
```

$$\pi - x$$

Differentialgleichungen mit Reihenentwicklungen lösen

Eine praktische Anwendung von `series` besteht in der manuellen Lösung von Differentialgleichungen. Das kann dann sinnvoll sein, wenn `dsolve` mit der Option `series` versagt (siehe Kapitel 18). Im Mittelpunkt des folgenden Beispiels steht die Differentialgleichung $y - y' = \sin(\sqrt{x})$. Mit dieser Differentialgleichung kommt weder das normale `dsolve`-Kommando noch dessen `series`-Variante zurecht.

```
restart: dsolve( y(x)-diff(y(x),x)=sin(sqrt(x)), y(x));
```

$$y(x) = e^x \int -e^{-x}\sin(\sqrt{x}\,)dx + e^x\_C1$$

```
dsolve( {y(x)-diff(y(x),x)=sin(sqrt(x)), y(0)=0}, y(x), series);
```

Um die Differentialgleichung manuell zu lösen, wird als erstes eine Reihenentwicklung für $\sin(\sqrt{x})$ durchgeführt. Aus dem Ergebnis wird offensichtlich, warum `dsolve/series` mit der Differentialgleichung nicht zurechtkommt – die Brüche in den Potenzen stören.

```
siq:=series( sin(sqrt(x)), x, 8):
siq:=siq-select(has, siq, O);
```

$$siq := \sqrt{x} - \frac{x^{3/2}}{6} + \frac{x^{5/2}}{120} - \frac{x^{7/2}}{5040} + \frac{x^{9/2}}{362880} - \frac{x^{11/2}}{39916800} + \frac{x^{13/2}}{6227020800} - \frac{x^{15/2}}{1307674368000}$$

Ausgehend von der etwas ungewöhnlichen Reihe oben wird statt des normalerweise üblichen Ansatzes $y = a_0 + a_1 x + a_2 x^2 + a_3 x^3 + ...$ ein alternativer Ansatz gewählt: $y = a_1 x^{3/2} + a_2 x^{5/2} + a_3 x^{7/2} + ...$ Dieser Ansatz enthält übrigens bereits implizit die Randbedingung $y(0) = 0$. Die Koeffizienten a_i werden durch ein Feld repräsentiert.

```
a:=array(1..7):
fy:=sum( a[i]*x^(i+1/2), i=1..7);
```

$$fy := a_1 x^{3/2} + a_2 x^{5/2} + a_3 x^{7/2} + a_4 x^{9/2} + a_5 x^{11/2} + a_6 x^{13/2} + a_7 x^{15/2}$$

```
fyd:=diff(fy, x);
```

$$fyd := \frac{3\,a_1\sqrt{x}}{2} + \frac{5\,a_2 x^{3/2}}{2} + \frac{7\,a_3 x^{5/2}}{2} + \frac{9\,a_4 x^{7/2}}{2} + \frac{11\,a_5 x^{9/2}}{2} + \frac{13\,a_6 x^{11/2}}{2} + \frac{15\,a_7 x^{13/2}}{2}$$

Damit kann die Differentialgleichung in der Form $y - y' - \sin(\sqrt{x}) = 0$ angeschrieben werden. Das Ergebnis ist ein ziemlich unübersichtliches Gebilde:

```
dgl:=fy-fyd-siq;
```

$$dgl := a_1 x^{3/2} + a_2 x^{5/2} + a_3 x^{7/2} + a_4 x^{9/2} + a_5 x^{11/2} + a_6 x^{13/2} + a_7 x^{15/2} - \frac{3\,a_1\sqrt{x}}{2} - \frac{5\,a_2 x^{3/2}}{2} - \frac{7\,a_3 x^{5/2}}{2} - \frac{9\,a_4 x^{7/2}}{2} - \frac{11\,a_5 x^{9/2}}{2} - \frac{13\,a_6 x^{11/2}}{2} - \frac{15\,a_7 x^{13/2}}{2} - \sqrt{x} + \frac{x^{3/2}}{6} - \frac{x^{5/2}}{120} + \frac{x^{7/2}}{5040} - \frac{x^{9/2}}{362880} + \frac{x^{11/2}}{39916800} - \frac{x^{13/2}}{6227020800} + \frac{x^{15/2}}{1307674368000}$$

Der nächste Schritt zur Lösung der Differentialgleichung besteht nun darin, die Gleichung nach x-Potenzen zu ordnen und die resultierenden Koeffizienten 0 zu setzen. Die sich daraus ergebenden Gleichungen können dann zur Bestimmung von a_i verwendet werden. Zur Gruppierung des obigen Ausdrucks nach x-Potenzen wird das Kommando `series` zweckentfremdet – es erfüllt diese Ausgabe ausgezeichnet und bereitet in diesem Fall weit weniger Probleme als `collect` oder `sort`.

```
coef:=series( dgl, x, 10);
```

$$coef := \left(-1 - \frac{3\,a_1}{2}\right)\sqrt{x} + \left(a_1 + 1/6 - \frac{5\,a_2}{2}\right) x^{3/2} + \left(-\frac{7\,a_3}{2} + a_2 - \frac{1}{120}\right) x^{5/2} + \left(\frac{1}{5040} - \frac{9\,a_4}{2} + a_3\right) x^{7/2} + \left(-\frac{1}{362880} + a_4 - \frac{11\,a_5}{2}\right) x^{9/2} + \left(a_5 + \frac{1}{39916800} - \frac{13\,a_6}{2}\right) x^{11/2} + \left(-\frac{15\,a_7}{2} + a_6 - \frac{1}{6227020800}\right) x^{13/2} + \left(a_7 + \frac{1}{1307674368000}\right) x^{15/2}$$

Da in dem Ausdruck 'krumme' Potenzen vorkommen, liefert `series` das Ergebnis als ganz normale Summe. Die drei folgenden Kommandos demonstrieren, wie mit `op` auf einzelne Elemente der Summe und in weiterer Folge auf den Faktor vor x^i zugegriffen werden kann.

```
whattype(coef);
```

$$+$$

```
op(1,coef);
```

$$\left(-1-\frac{3\,a_1}{2}\right)\sqrt{x}$$

```
op(1,op(1,coef));
```

$$-1-\frac{3\,a_1}{2}$$

Mit diesem Wissen können aus dem obigen Polynom leicht die Bestimmungsgleichungen für a_i ermittelt werden. Da sich dabei sieben Gleichungen für sechs Variable ergeben würden, wird auf den letzten Term verzichtet (`nops(coef)-1`). Mit `solve` können anschließend problemlos die sechs Unbekannten a_1 bis a_6 ermittelt werden.

```
eq:= seq( op(1,op(i,coef)), i=1..nops(coef)-1 );
```

$$eq := -1-\frac{3\,a_1}{2},\, a_1+1/6-\frac{5\,a_2}{2},\, -\frac{7\,a_3}{2}+a_2-\frac{1}{120},\, \frac{1}{5040}-\frac{9\,a_4}{2}+a_3,$$
$$-\frac{1}{362880}+a_4-\frac{11\,a_5}{2},\, a_5+\frac{1}{39916800}-\frac{13\,a_6}{2},\, -\frac{15\,a_7}{2}+a_6-\frac{1}{6227020800}$$

```
solve( {eq} );
```

$$\{a_6=-\frac{95699}{259459200},\, a_5=-\frac{29}{12096},\, a_4=-\frac{299}{22680},\, a_3=-\frac{5}{84},\, a_2=-1/5,\, a_1=-2/3,$$
$$a_7=-\frac{328111}{6671808000}\}$$

Durch `assign` werden a_i ihre Werte bleibend zugewiesen. Damit ist die Reihe für die gesuchte Lösungsfunktion y vollständig bestimmt:

```
assign(");
fy;
```

$$-\frac{2\,x^{3/2}}{3}-\frac{x^{5/2}}{5}-\frac{5\,x^{7/2}}{84}-\frac{299\,x^{9/2}}{22680}-\frac{29\,x^{11/2}}{12096}-\frac{95699\,x^{13/2}}{259459200}-\frac{328111\,x^{15/2}}{6671808000}$$

Zur Sicherheit wird noch eine Probe durchgeführt. Erwartungsgemäß kürzen sich alle Terme bis auf jenen mit der höchsten Potenz weg. Der verbleibende Term entspricht dem Ordnungsterm $O(x^{15/2})$ der Reihenentwicklung.

```
simplify(fy-fyd-siq);
```

$$-\frac{4287317\,x^{15/2}}{87178291200}$$

Die Konvergenz des Ergebnisses kann am leichtesten grafisch festgestellt werden. Wie die Abbildung rechts zeigt, ist das Ergebnis etwa für den Wertebereich bis $x = 2$ brauchbar.

```
plot( {fy-fyd, siq}, x=0..10,
      -1..1);
```

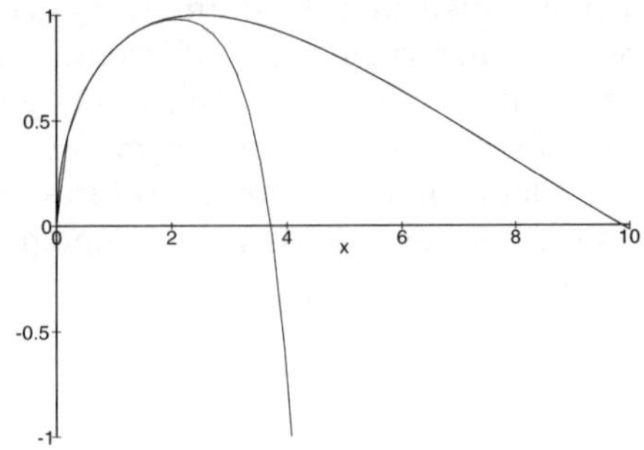

Multivariable Taylor-Reihenentwicklung

Das Kommando `mtaylor` führt Taylorentwicklungen für multivariable Funktionen durch (während `series` nur mit Funktionen einer Variablen zurechtkommt). Der Aufruf des Kommandos erfolgt prinzipiell wie bei `series`, im zweiten Parameter muß allerdings eine Liste der Entwicklungspunkte der betroffenen Variablen angegeben werden. Im optionalen dritten Parameter wird wiederum die Ordnung der Reihenentwicklung angegeben. Beachten Sie, daß bei der Defaulteinstellung 6 bereits sehr umfangreiche Terme mit bis zu 21 Termen entstehen. Das Kommando liefert das Ergebnis als normales Polynom ohne Ordnungsterme. Das Kommando muß vor seiner Verwendung mit `readlib` gelesen werden.

```
readlib(mtaylor):
mtaylor(log(x+y), [x=1, y=Pi], 3);
```

$$\ln(1+\pi) + \frac{x-1}{1+\pi} + \frac{y-\pi}{1+\pi} - \frac{(x-1)^2}{2\,(1+\pi)^2} - \frac{(y-\pi)\,(x-1)}{(1+\pi)^2} - \frac{(y-\pi)^2}{2\,(1+\pi)^2}$$

Das Kommando `poisson` stellt eine Variante zu `mtaylor` dar. Der wesentliche Unterschied besteht darin, daß bei trigonometrischen Funktionen die Koeffizienten nach der kanonischen Fourier-Form angeordnet werden. `poisson` ist im Gegensatz zu `mtaylor` nicht in der Lage, Reihenentwicklungen um einen beliebigen Punkt durchzuführen. Außerdem ist die Auswahl der Funktionen, für die überhaupt eine Entwicklung durchgeführt werden kann, gegenüber `mtaylor` stark eingeschränkt.

Das folgende Beispiel führt eine Reihenentwicklung für die Funktion $\sin(a+x)*\cos(b+y)$ sowohl mit `poisson` als auch mit `mtaylor` durch. Durch `combine/trig` kann bewiesen werden, daß die beiden Ergebnisse identisch sind.

```
readlib(poisson):
f := sin(a+x)*cos(b+y);
f1:=poisson(f, [x,y], 3 );
```

$$f1 := \frac{\sin(a+b)}{2} + \frac{\sin(a-b)}{2} + \left(-\frac{\cos(a-b)}{2} + \frac{\cos(a+b)}{2}\right) y$$
$$+ \left(-\frac{\sin(a+b)}{2} + \frac{\sin(a-b)}{2}\right) yx + \left(\frac{\cos(a-b)}{2} + \frac{\cos(a+b)}{2}\right) x$$
$$+ \left(-\frac{\sin(a+b)}{4} - \frac{\sin(a-b)}{4}\right) x^2 + \left(-\frac{\sin(a+b)}{4} - \frac{\sin(a-b)}{4}\right) y^2$$

```
f2:=mtaylor(f, [x,y], 3);
```

$$f2 := \sin(a)\cos(b) - \sin(a)\sin(b)y + \cos(a)x\cos(b) - \frac{\sin(a)\cos(b)y^2}{2} - \cos(a)x\sin(b)y -$$
$$\frac{\sin(a)x^2\cos(b)}{2}$$

```
combine(f1-f2,trig);
```

$$0$$

Allgemeine Summenformel einer Reihe

Die bisher beschriebenen Kommandos `series`, `mtaylor` und `poisson` liefern Reihen bis zu einer von Anfang an vorgegebenen Ordnung. Im Gegensatz dazu ist das Kommando `FormalPowerSeries` aus der `share`-Library in der Lage, die allgemeine Darstellung der Reihe in Form einer Summenformel zu ermitteln.

```
with(share): readshare(FPS, analysis):
FormalPowerSeries(cos(x), x);
```

$$\sum_{k=0}^{\infty} \frac{(-1)^k x^{(2k)}}{(2k)!}$$

```
fps:=FormalPowerSeries(arcsinh(x), x=infinity);
```

$$fps := \ln(2) - \ln\left(\frac{1}{x}\right) + \frac{1}{2}\left(\sum_{k=0}^{\infty} \frac{(-1)^{(-k)}(1+2k)!\,4^{(-k)}\left(\frac{1}{x}\right)^{(2k+2)}}{(k!)^2(k+1)(2k+2)}\right)$$

Zur Auswertung dieser Summe müssen Sie mit `subs` die träge Funktion `Sum` durch das Kommando `sum` ersetzen. Die resultierende Formel ist für $x > 1$ mit `arcsinh` identisch.

```
f:=eval(subs(Sum=sum, fps));
```

$$f := \ln(2) - \ln\left(\frac{1}{x}\right) + \frac{1}{4}\,\frac{\operatorname{hypergeom}\left(\left[1, 1, \frac{3}{2}\right], [2, 2], -\frac{1}{x^2}\right)}{x^2}$$

Sie können aus der allgemeinen Summenformel auch eine Potenzreihe bilden, wenn Sie nicht nur `Sum` durch `sum`, sondern gleichzeitig auch `infinity` durch eine ganze Zahl n substituieren. Zum selben Ergebnis gelangen Sie natürlich auch mit `series`.

```
eval(subs(Sum=sum, infinity=5, fps));
```

$$\ln(2) - \ln\left(\frac{1}{x}\right) + \frac{1}{4}\frac{1}{x^2} - \frac{3}{32}\frac{1}{x^4} + \frac{5}{96}\frac{1}{x^6} - \frac{35}{1024}\frac{1}{x^8} + \frac{63}{2560}\frac{1}{x^{10}} - \frac{77}{4096}\frac{1}{x^{12}}$$

```
series(arcsinh(x), x=infinity, 14);
```

$$\ln(2) + \ln(x) + \frac{1}{4}\frac{1}{x^2} - \frac{3}{32}\frac{1}{x^4} + \frac{5}{96}\frac{1}{x^6} - \frac{35}{1024}\frac{1}{x^8} + \frac{63}{2560}\frac{1}{x^{10}} - \frac{77}{4096}\frac{1}{x^{12}} + \mathrm{O}\left(\frac{1}{x^{14}}\right)$$

Formale Reihen

Das Package `powseries` enthält Kommandos zur Bearbeitung formaler Reihen. Damit sind Reihen gemeint, die durch eine allgemeine Entwicklungsformel definiert werden. Das Package `powseries` ermöglicht es, mit solchen Reihen zu rechnen. Erlaubte Rechenschritte sind unter anderem Addition, Subtraktion, Multiplikation und Division zweier Reihen, das Logarithmieren von Reihen, das Bilden von Ableitung und Integral, das Bilden der inversen Reihe. Der Vorteil von formalen Reihen besteht darin, daß sie nach Ende der Berechnung in beliebiger (!) Ordnung ausgewertet werden können.

Das Package hat allerdings einige wesentliche Einschränkungen:

- Es eignet sich nicht für Berechnungen mit normalen Reihen, wie sie das Kommando `series` liefert.
- Bei selbst aufgestellten Reihen ist nur der Entwicklungspunkt 0 erlaubt, allgemeine Reihen um einen beliebigen Punkt $x0$ werden nicht unterstützt.
- Die Angabe von Koeffizienten für negative Variablenpotenzen (also die Formulierung von Laurent-Reihen) ist nicht zulässig.

Die beiden elementarsten Kommandos des Packages lauten `powcreate` und `tpsform`. Mit `powcreate` wird eine Formel für die Koeffizienten der Potenzreihe definiert. `tpsform` setzt in die Potenzreihe eine Variable ein und schreibt die Reihe bis zur Ordnung n als Reihe an (Datentyp `series`). Im zweiten Parameter von `tpsform` darf nur eine einzelne Variable, nicht aber $x - 1$ oder ein ähnlicher Ausdruck angegeben werden.

```
with(powseries):
powcreate( p(n)=1/n!); tpsform(p, x, 5);
```

$$(1 + x + \frac{1}{2}x^2 + \frac{1}{6}x^3 + \frac{1}{24}x^4 + O\left(x^5\right))$$

Das Kommando erlaubt auch die Bildung rekursiver Formeln für die Koeffizienten. Die Variable p muß vorher allerdings gelöscht werden, sonst kommt Maple durcheinander.

```
p:='p':
powcreate( p(n)=p(n-1)*p(n-2), p(0)=1, p(1)=1/2); tpsform(p, x, 5);
```

$$(1 + \frac{1}{2}x + \frac{1}{2}x^2 + \frac{1}{4}x^3 + \frac{1}{8}x^4 + O\left(x^5\right))$$

Sobald eine sinnvolle Reihe aufgestellt werden soll, wird die Bedienung von `powcreate` ziemlich mühsam. Es fehlt eine einfache Möglichkeit, zwischen Termen mit geraden und ungeraden Potenzen zu unterscheiden. Im nächsten Kommando wird die Sinusreihe p definiert. Der Term $(1 + (-1)^{n+1})/2$ liefert für gerade n den Wert 1 und für ungerade n den Wert 0 und scheidet so alle Koeffizienten mit geraden Potenzen aus. $(-1)^{(n-1)/2}$ liefert für ungerade n abwechselnd positive und negative Vorzeichen. Die Reihe q für die Cosinus-Funktion wird anschließend analog definiert.

```
powcreate( p(n)=(1+(-1)^(n+1))/2 * (-1)^((n-1)/2)/n!); tpsform(p,x,9);
```

$$(x - \frac{1}{6}x^3 + \frac{1}{120}x^5 - \frac{1}{5040}x^7 + O\left(x^9\right))$$

```
powcreate( q(n)=(1+(-1)^(n))/2 * (-1)^(n/2)/n!); tpsform(q,x,9);
```

$$(1 - \frac{1}{2}x^2 + \frac{1}{24}x^4 - \frac{1}{720}x^6 + \frac{1}{40320}x^8 + O\left(x^9\right))$$

Mit dem Kommando `evalpow` können jetzt verschiedene Rechenoperationen mit Reihen durchgeführt werden. Im Beispiel unten werden die beiden Reihen p und q miteinander multipliziert. (Alternativ hätte auch die Schreibweise `multiply(p,q)` verwendet werden können.) Das Ergebnis wird mit der Reihenentwicklung zu $\sin(x)\cos(x)$ verglichen.

```
r:=evalpow(p*q);
    r := proc(powparm) ... end
tpsform(r,x,9);
```

$$(x - \frac{2}{3}x^3 + \frac{2}{15}x^5 - \frac{4}{315}x^7 + O\left(x^9\right))$$

```
series( sin(x)*cos(x), x, 9);
```

$$(x - \frac{2}{3}x^3 + \frac{2}{15}x^5 - \frac{4}{315}x^7 + O\left(x^9\right))$$

`reversion` bildet die Umkehrung einer Reihe. Aus der Reihe für $\sin(x)$ wird damit die Reihe zu $\arcsin(x)$.

```
r:=reversion( p);
    r := proc(powparm) ... end
tpsform(r, x, 9);
```

$$(x + \frac{1}{6}x^3 + \frac{3}{40}x^5 + \frac{5}{112}x^7 + O\left(x^9\right))$$

```
series( arcsin(x), x, 9);
```

$$(x + \frac{1}{6}x^3 + \frac{3}{40}x^5 + \frac{5}{112}x^7 + O\left(x^9\right))$$

`powdiff` bildet die Ableitung einer Reihe. Das Ergebnis – die Ableitung der Reihe zu $\sin(x)$ – stimmt erwartungsgemäß mit der Reihe zu $\cos(x)$ überein.

```
r:=powdiff(p);
    r := proc(powparm) ... end
tpsform(r,x,9);
```

$$(1 - \frac{1}{2}x^2 + \frac{1}{24}x^4 - \frac{1}{720}x^6 + \frac{1}{40320}x^8 + O\left(x^9\right))$$

Eine Aufzählung weiterer Rechenkommandos für Reihen finden Sie in der Syntaxzusammenfassung am Ende des Kapitels. Zwei andere Spezialkommandos sind hier noch erwähnenswert: `powpoly` bildet aus Polynomen formale Reihen, und `powsolve` stellt ein sehr eingeschränktes Kommando zur Lösung von Differentialgleichungen über den Potenzreihenansatz dar.

Mit `powpoly` besteht die Möglichkeit, die Ergebnisse der Reihenkommandos der vorangegangenen Abschnitte mit den `powseries`-Kommandos weiterzuverarbeiten. Der Haken an der Sache ist, daß dabei nur endlich viele Koeffizienten vorliegen und keine allgemeine Formel für die Koeffizienten. Zum einen wird dadurch die Genauigkeit aller weiterer Rechenschritte eingeschränkt, zum anderen sind manche Operationen – etwa das Differenzieren – überhaupt nicht möglich.

Im folgenden Beispiel wird mit `series` eine Reihenentwicklung für die Tangensfunktion bis zur Ordnung 10 durchgeführt. Die Terme werden durch `convert/polynom` in ein Polynom umgewandelt und in der Reihe r gespeichert. Anschließend wird die Reihe $p + r$ (also Sinus- plus Tangensfunktion) berechnet und bis zur Ordnung 15 ausgegeben. Trotz des Terms $O(x^{15})$ sind die Koeffizienten nur bis zur Ordnung 9 korrekt, weil die Tangensreihe nur bis zu dieser Ordnung zur Verfügung steht.

```
s:=series( tan(x), x=0, 10);
```

$$s := (x + \frac{1}{3}x^3 + \frac{2}{15}x^5 + \frac{17}{315}x^7 + \frac{62}{2835}x^9 + O\left(x^{10}\right))$$

```
r:=powpoly( convert(s,polynom), x );
    r := proc(powparm) ... end
```

```
t:=evalpow(p+r);
     t := proc(powparm) ... end

tpsform(t,x,15);
```

$$(2\,x+\frac{1}{6}x^3+\frac{17}{120}x^5+\frac{271}{5040}x^7+\frac{7937}{362880}x^9-\frac{1}{39916800}x^{11}+\frac{1}{6227020800}x^{13}+O\left(x^{15}\right))$$

Das Kommando `powsolve` ermöglicht es, triviale Differentialgleichungen (etwa $y''+y=1$) über den Potenzreihenansatz zu lösen. Das Ergebnis wird wiederum als formale Reihe zurückgegeben. Was an dem Kommando besonders stört, ist die Tatsache, daß in der Differentialgleichung weder eine spezielle Funktion (etwa $\sin(x)$) noch eine formale Reihe angegeben werden darf. Damit ist das Kommando für den praktischen Einsatz vollkommen unbrauchbar.

Die powseries-Erweiterung PS

Das Package `PS` aus der `share`-Library verändert die Kommandos des `powseries`-Packages. Die Kommandos bekommen dadurch eine neue Funktionalität, die auf den ersten Blick eine einfachere Bedienung ermöglicht. In Wirklichkeit führt `PS` die formalen Potenzreihen aber wie bei `series` auf endliche Näherungen zurück. Der allgemeine Ansatz der `powseries`-Kommandos geht damit verloren. Insbesondere ist es nicht mehr möglich, am Ende einer Rechenoperation die resultierende Reihe bis zu einer beliebigen Ordnung zu ermitteln.

```
restart:
with(powseries): with(share): readshare(PS, calculus): with(PS):
p1:=powcreate(sin(x), x);
```

$$p1 := x-\frac{1}{6}\,x^3+\frac{1}{120}\,x^5+\mathrm{O}(\,x^6\,)$$

```
p2:=powcreate(cos(x),x);
```

$$p2 := 1-\frac{1}{2}\,x^2+\frac{1}{24}\,x^4+\mathrm{O}(\,x^6\,)$$

```
multiply(p1,p2);
```

$$x-\frac{2}{3}\,x^3+\frac{2}{15}\,x^5+\mathrm{O}(\,x^6\,)$$

```
tpsform(p, x, 10);
  Error, (in tpsform) wrong number (or type) of parameters
  in function series
```

Numerische Berechnung von Näherungsfunktionen

Das Package `numapprox` faßt verschiedene Funktionen zur Berechnung von Näherungsfunktionen zusammen:

- `minimax` erstellt eine rationale Näherungsfunktion, die die gegebene Funktion in einem Bereich $(x0..x1)$ annähert.
- `chebpade` berechnet ebenfalls eine rationale Näherungsfunktion für den Bereich $(x0..x1)$. Die Näherungsfunktion ist aus Chebyshev-Polynomen zusammengesetzt.
- `pade` stellt die dritte Variante zur Berechnung einer rationalen Näherungsfunktion dar. Die Annäherung zur vorgegebenen Funktion gilt aber – wie auch bei `series` – nur rund um einen bestimmten Punkt $x0$.
- `chebyshev` berechnet eine Chebyshevsche Reihe für die angegebene Funktion im Bereich $x0..x1$.

Daneben enthält das Package einige weitere Kommandos, die aber keinen echten Neuigkeitswert bieten: `taylor` und `laurent` stellen eingeschränkte Varianten des `series`-Kommandos dar. `hornerform` und `confracform` führen Polynome bzw. rationale Funktionen in die Hornerform bzw. in einen Kettenbruch über – siehe `convert/horner` bzw. `/confrac` in Kapitel 10. `remez` wird von `minimax` zur Optimierung der rationalen Funktion verwendet und wird nur in Sonderfällen direkt vom Anwender aufgerufen.

In den folgenden Beispielen wurde versucht, für die zugegebenermaßen recht unangenehme Funktion $\tan(x^2)$ im Bereich zwischen 0 und 2 eine Näherungsfunktion zu finden. Die Ergebnisse sind dabei recht unterschiedlich ausgefallen. `series` wäre wegen der Unstetigkeit im Punkt $x^2 = \pi/2$ in jedem Fall überfordert, eine Reihe zu entwickeln, die auf beiden Seiten der Unstetigkeitsstelle brauchbare Ergebnisse liefert. Durch die Verwendung rationaler Näherungsfunktionen stellen solche Unstetigkeitsstellen aber kein unüberwindbares Hindernis mehr da, da die Unstetigkeitsstelle durch eine Nullstelle im Nennerpolynom der Näherungsfunktion nachgebildet werden kann.

Anmerkungen: Die Rechenzeit der Kommandos ist fallweise ziemlich hoch ist. Eine Reduzierung von `Digits` kann erhebliche Verbesserungen bringen. Außerdem arbeiten die Berechnungsalgorithmen nicht ganz stabil. Wenn die Kommandos statt eines Ergebnisses eine Fehlermeldung liefern, können Sie versuchen, eine kleine Veränderung der Ausgangsparameter (inklusive der Rechengenauigkeit) vorzunehmen. In der `share`-Datei `numerics\approx.ms` finden Sie weitere Beispiel zur Anwendung der in diesem Kapitel vorgestellten Kommandos.

Das Kommando minimax

Als erstes wird das Kommando `minimax` zur Berechnung einer Näherungsfunktion für $\tan(x^2)$ eingesetzt. Im ersten Parameter des Kommandos wird die anzunähernde Funktion, im zweiten Parameter der gewünschte x-Wertebereich für die Näherungsfunktion und im dritten Parameter eine Liste mit den gewünschten Ordnungen der Zähler- und Nennerpolynome angegeben. Der erste Versuch verläuft wenig vielversprechend und liefert nach etwa fünfminütiger Rechenzeit lediglich eine Fehlermeldung. Die Bedeutung der Fehlermeldung wird klar, wenn Sie sich die übernächste Abbildung ansehen – die Näherungsfunktion schwingt tatsächlich ziemlich unkontrolliert um die Ausgangsfunktion.

Auch alle weiteren Versuche, `minimax` durch andere Polynomordnungen, kleinere und größere Rechengenauigkeit etc. zur Kooperation zu überreden, sind gescheitert. Schließlich wurde der Wertebereich auf 0 bis 1 eingeschränkt, woraufhin `minimax` dann ein überraschend gutes Ergebnis liefert (siehe die folgende Abbildung).

`minimax` weist übrigens eine bemerkenswerte Eigenheit auf: Die Ergebnisse sind nicht exakt reproduzierbar. Wenn das Kommando mit denselben Angaben ein zweites Mal ausgeführt wird, ergeben sich (leicht) abweichende Ergebnisse!

```
with(numapprox):
minimax( tan(x^2), x=0..2, [3,3] );
    Error, (in numapprox/remez) error curve fails to oscillate
    sufficiently; try different degrees
f1:=minimax( tan(x^2), x=0..1, [3,3]);
```

$$f1 := \frac{0.000010515300 + (-0.0004847052 + (1.002569588 - 0.4734972099x)\,x)\,x}{1 + (-0.4837870767 + (0.1033571051 - 0.2801586752x)\,x)\,x}$$

Obwohl $f1$ nur für den Bereich zwischen 0 und 1 berechnet wurde, liefert es auch in dem bis 2 ausgeweiteten Wertebereich eine gute Übereinstimmung mit $\tan(x^2)$.

```
plot( {tan(x^2), f1}, x=0..2,
      -10..10);
```

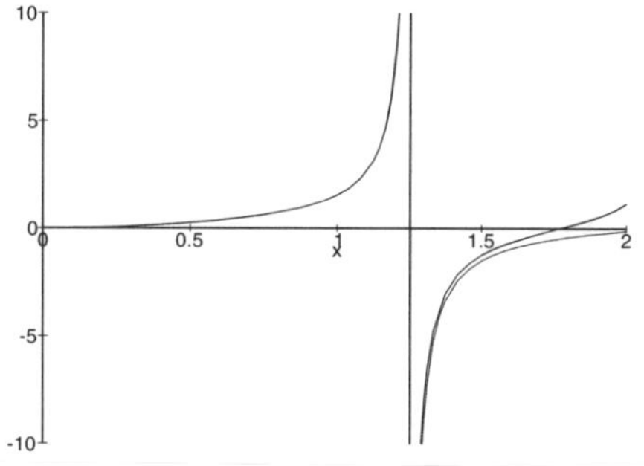

Die Abbildung rechts zeigt die absolute Abweichung zwischen $\tan(x^2)$ und der Näherungsfunktion. Dabei ist aber zu beachten, daß die relativen Abweichungen zur Ausgangsfunktion (wegen der sehr hohen Zahlenwerte der tan-Funktion) nicht so hoch sind, wie es hier aussieht.

```
plot( tan(x^2-f1), x=0..2,
      -10..10);
```

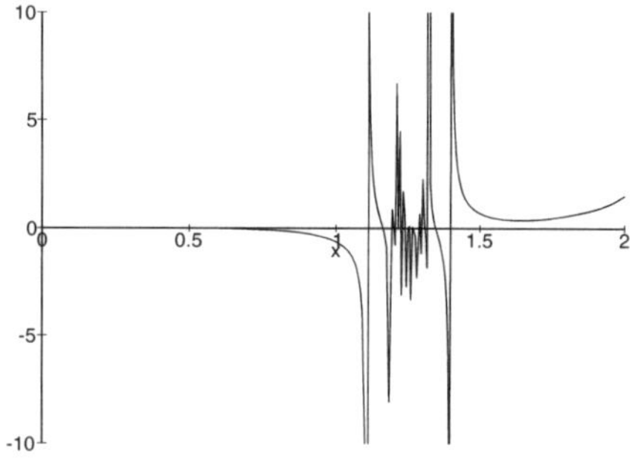

Das Kommando chebpade

Als nächstes wurde versucht, auch mit `chebpade` eine rationale Näherungsfunktion zu berechnen. Die Rechengenauigkeit wurde dazu deutlich reduziert, um die Rechenzeiten zu verkürzen. Die Bedienung des Kommandos erfolgt analog zu `minimax`.

```
with(numapprox):
Digits:=5:
f2:=chebpade( tan(x^2), x=0..2, [4,4]);
```

$$f2 := \frac{0.293T(0,\%1) + 0.2321T(1,\%1) + 0.1603T(2,\%1) + 0.5141T(3,\%1) + 0.3003T(4,\%1)}{T(0,\%1) - 0.2488T(1,\%1) + 0.3306T(2,\%1) + 0.6395T(3,\%1) - 0.3925T(4,\%1)}$$

$$\%1 = 1.0x - 1.0$$

`chebpade` drückt das Ergebnis in Chebyshev-Polyonomen $T(n, x-x0)$ aus. Damit das Ergebnis weiter vereinfacht bzw. ausgewertet werden kann, muß das Package `orthopoly` geladen werden, in dem das Chebyshev-Polynom T definiert ist. Das Kommando `with(orthopoly)` muß übrigens nach jedem Aufruf von `chebpade` oder `chebychev` wiederholt werden, weil beide Kommandos das Symbol T vor Beginn der Berechnung wieder löschen.

```
with(orthopoly):
normal(f2);
```

$$-\frac{0.0075000 - 0.58780x + 6.1648x^2 - 7.5540x^3 + 2.4026x^4}{-0.54740 - 10.465x + 22.715x^2 - 15.119x^3 + 3.1403x^4}$$

Mit Ausnahme des Bereichs unmittelbar links neben der Unstetigkeitsstelle ist die Übereinstimmung mit $\tan(x^2)$ relativ hoch.

```
plot( {f2, tan(x^2)}, x=0..2,
      -10..10);
```

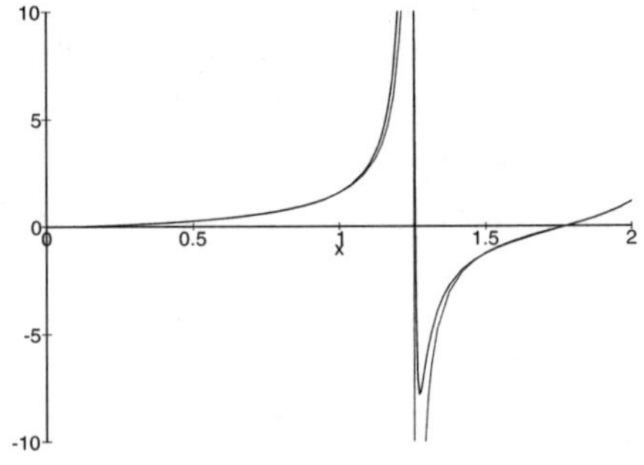

Die Abbildung rechts zeigt eine Detailaufnahme des kritischen Bereichs rund um die Unstetigkeitsstelle $x0$.

```
x0:=solve(x^2=Pi/2)[1];
```

$$x0 := \frac{\sqrt{2}\,\sqrt{\pi}}{2}$$

```
plot( {f2, tan(x^2)},
  x=x0-0.05..x0+0.05, -150..150);
```

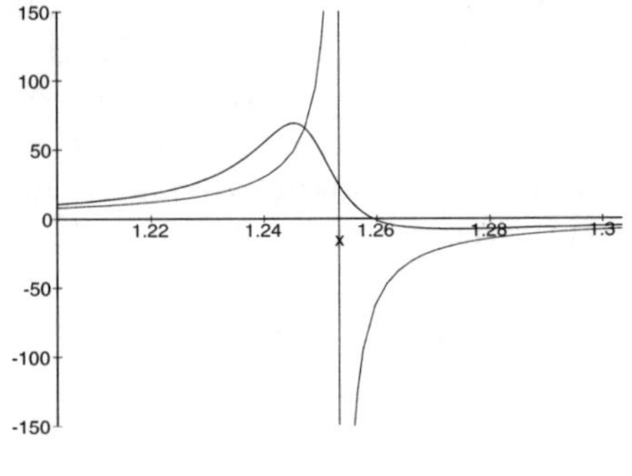

Die beiden folgenden Abbildungen zeigen den Unterschied zwischen absoluter (rechts) und relativer Abweichung (links). Während die absolute Abweichung nur um die Unstetigkeitsstelle *x0* nennenswerte Ausmaße annimmt, ist die relative Abweichung auch dort groß, wo $\tan(x^2)$ gegen 0 geht.

```
plot(f2-tan(x^2), x=0..2, -10..10);
```

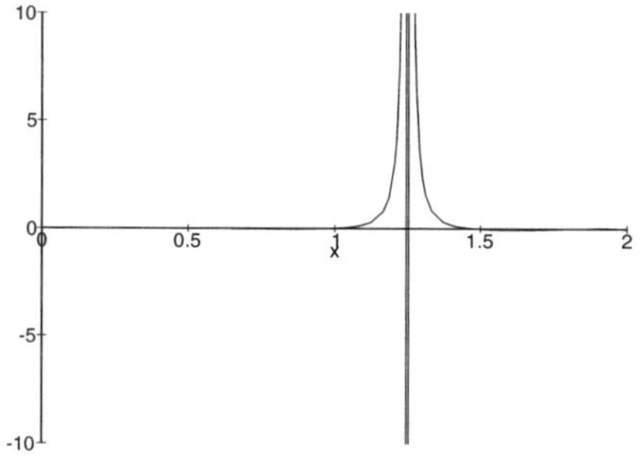

```
plot(1-f2/tan(x^2), x=0..2, -1..1);
```

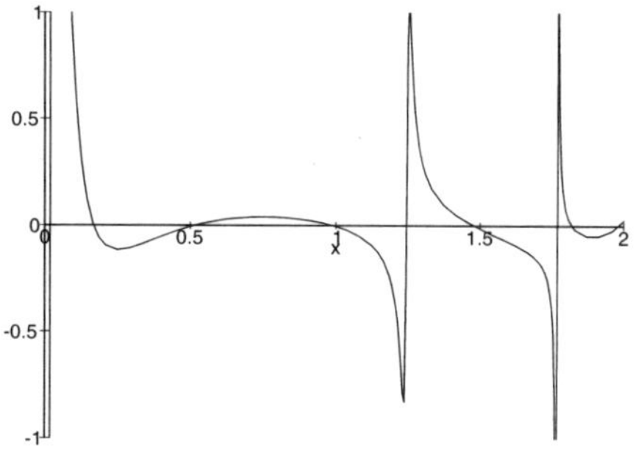

Das Kommando pade

Für die Berechnungen mit pade wurde die Rechengenauigkeit wieder auf den Standardwert 10 gesetzt. Das Kommando unterscheidet sich von den drei anderen Kommandos dieses Abschnitts, insofern die Berechnung der Näherungsfunktion nicht für einen Wertebereich, sondern für einen klar definierten Punkt erfolgt. Im Beispiel unten wurde dazu der oben gerade berechnete Ort der Unstetigkeitsstelle $x0$ verwendet. pade liefert eine ziemlich lange Formel, die symbolisch exakt ist (also keine Fließkommazahlen enthält). Durch die numerische Auswertung mit evalf kann die Formel dann auf einen ziemlich kurzen Bruch verkürzt werden.

```
with(numapprox): Digits:=10:
x0:=solve(x^2=Pi/2)[1]:
f3:=pade( tan(x^2), x=x0, [3,3]): evalf(normal(f3));
```

$$\frac{-2719774873.0x^2 + 632510616.6x^3 - 675187878.0 + 3212301282.0x}{(2.0x - 2.506628274)\,(-109716870.0x^2 + 895824869.0x - 1356288866.0)}$$

Eine echte Überraschung stellt die Übereinstimmung der Pade-Funktion mit $\tan(x^2)$ im kritischen Bereich dar. Die beiden Funktionen sind in der Abbildung rechts nur an den Randbereichen voneinander unterscheidbar.

```
plot( {tan(x^2), f3}, x=0..2,
      -10..10);
```

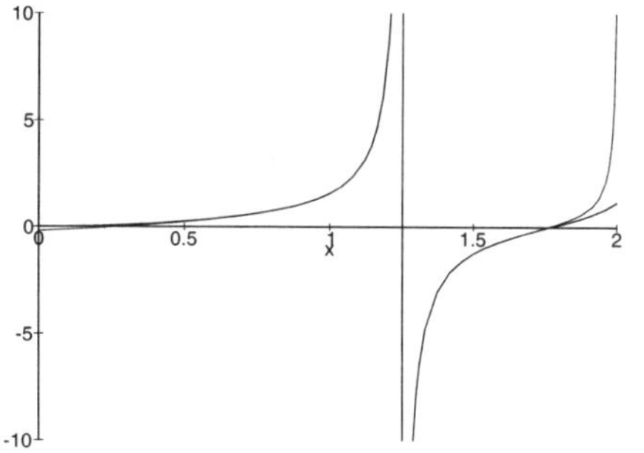

Sowohl die absolute (rechts) als auch die relative Abweichung der Funktionen ist rund um $x0$ praktisch vernachlässigbar klein.

```
plot(tan(x^2)-f3, x=0..2, -10..10);
```

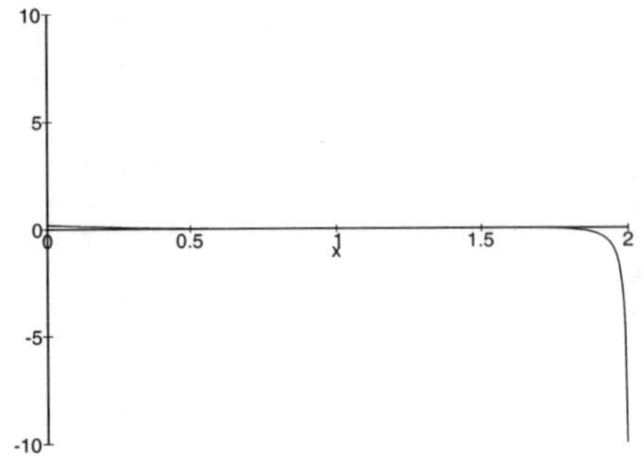


```
plot(1-f3/tan(x^2), x=0..2, -1..1);
```

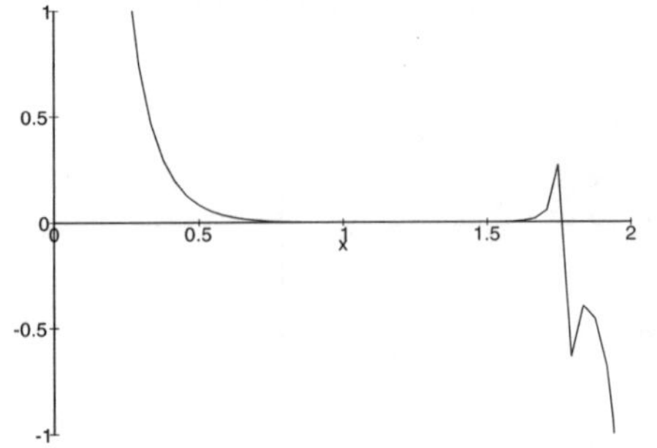

Das Kommando chebyshev

Das Kommando `chebyshev` bildet keine rationale Funktion, sondern eine Reihe mit Chebychev-Polynomen. In den beiden ersten Parametern wird die zu entwickelnde Funktion und der gewünschte Wertebereich angegeben. Im dritten Parameter kann (optional) die gewünschte maximale Abweichung angegeben werden. Der Versuch, die Sinusfunktion zwischen 0 und 2 durch Chebyshev-Polynome zusammenzusetzen, gelingt mühelos:

```
with(numapprox):
f:=chebyshev( sin(x), x=0..2, 0.001);
```

$$f := 0.3011446971 + 0.5402908908x - 0.4200961117\,(x-1)^2 - 0.08995878926\,(x-1)^3 + 0.03334431725\,(x-1)^4 + 0.004318229682\,(x-1)^5$$

```
with(orthopoly):
simplify(f);
```

$$0.00003346222800 + 0.9988206258x + 0.006663862760x^2 - 0.1801537614x^3 + 0.01175316884x^4 + 0.004318229682x^5$$

Die Näherungsfunktion schwingt zwar relativ stark um die Vorgabefunktion, die Abweichungen sind aber nie größer als die geforderten 0.001.

```
plot(f-sin(x), x=0..2);
```

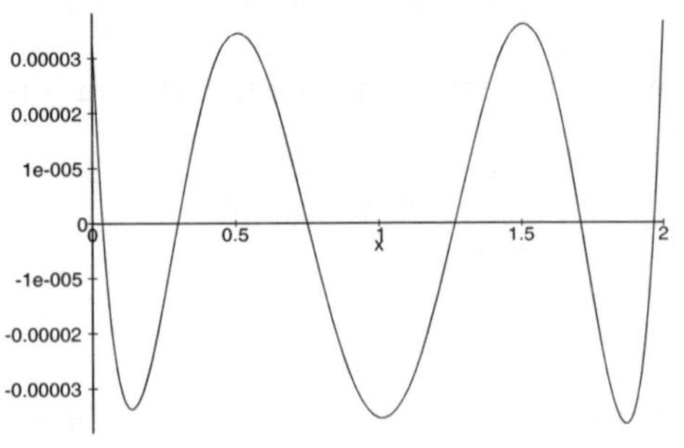

Zu einem vollkommenen Fehlschlag kommt es beim Versuch, $\tan(x^2)$ mit `chebychev` nachzubilden. Das Kommando liefert eine endlose Aneinanderreihung von Chebychev-Polynomen bis zur Ordnung 162!

```
f:=chebyshev( tan(x^2), x=0..2, 0.001):
```

$$f := 0.7838211490T(0, 1.0x - 1.0) + 0.3079994504T(1, 1.0x - 1.0)-$$
$$1.027470638T(2, 1.0x - 1.0) - ... + 1.366025105T(162, 1.0x - 1.0)$$

Beinahe erwartungsgemäß hat diese Funktion nichts mehr mit $\tan(x^2)$ zu tun:

```
with(orthopoly):
plot(f, x=0..2, -100..100);
```

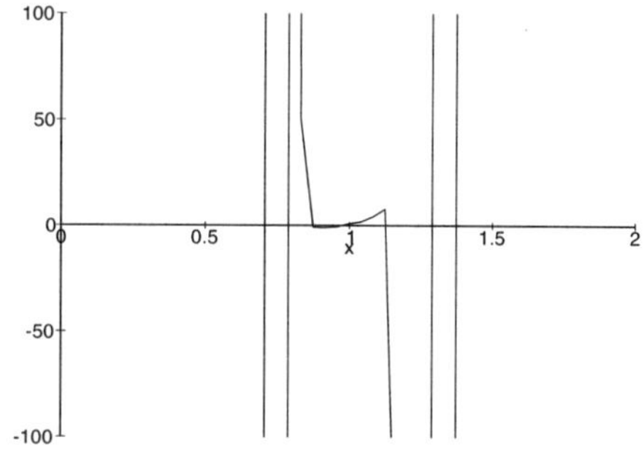

Syntaxzusammenfassung

`series(f,x);`   `series(f,x=x0,n);`
führt eine Laurent-, Taylor- oder allgemeine Potenzreihenentwicklung für f um $x = 0$ oder um $x = x0$ bis zur Ordnung `Order` oder bis zur im dritten Parameter angegebenen Ordnung n durch.

`asympt(f,x);`   `asympt(f,x,n);`
führt eine Reihenentwicklung für $x \to \infty$ bis zur Ordnung n durch.

`whattype(");`
stellt den Datentyp des letzten Ergebnisses fest. Nach den Kommandos `series` und `asympt` kommen '+' oder `series` in Frage.

`convert(reihe, polynom);`
konvertiert eine Reihe im Datentyp `series` in ein allgemein verwendbares Polynom.

`reihe:=reihe-select(has, reihe, O);`
entfernt den Ordnungsterm $O(x^n)$ aus der Reihe, wenn diese als allgemeine Summe repräsentiert ist.

`Order:=n;`
bestimmt die Defaulteinstellung für die Ordnung, bis zu der Reihen entwickelt werden sollen.

`readlib(mtaylor);` `mtaylor(f,[x=x0,y=y0,...],n);`
führt eine multivariable Taylor-Reihenentwicklung für $f = f(x, y, ...)$ durch.

`readlib(poisson);` `poisson(f,[x=x0,y=y0,...],n);`
wie oben, allerdings werden die Koeffizienten in der kanonischen Fourier-Form angeordnet.

```
with(share): readshare(FPS, analysis):
FormalPowerSeries(f, x=x0);
```
ermittelt die allgemeine Darstellung der Potenzreihe in Form einer Summenformel.

Formale Reihen

`readlib(powseries);`
aktiviert die im folgenden beschriebenen Kommandos.

`powcreate(f(n)=...);`
definiert die formale Reihe f durch eine Funktion für die Koeffizienten zu x^0, x, x^2, x^3....

`powpoly(polynom, x);`
verwandelt die als Polynom angegebene Reihe in eine formale Reihe.

`tpsform(f, x, n);`
gibt die formale Reihe f als Reihe (Datentyp `series`) der Variable x bis zur Ordnung n zurück.

`evalpow(f +-*/ g);` `evalpow(f */^ s);` `evalpow(f(g));`
führt elementare Berechnungen mit den Reihen f und g und dem Skalar s durch (Addition, Subtraktion, Multiplikation, Division etc.).

`powdiff(f);` `powint(f);`
differenziert bzw. integriert die Reihe.

`powlog(f);` `powexp(f);`
bildet den Logarithmus und die Exponentialfunktion der Reihe.

`reversion(f);`
bildet die Reihe zur Umkehrfunktion.

`with(share): readshare(PS, calculus): with(PS):`
modifiziert die Kommandos von `powseries`. Die Kommandos sind jetzt zwar einfacher zu bedienen, verlieren gleichzeitig aber ihren allgemeinen Ansatz.

Numerische Berechnung von Näherungsfunktionen

`readlib(numapprox);`

aktiviert die folgenden vier Kommandos.

`minimax(f, x=a..b, [z,n]);`

stellt eine rationale Funktion mit dem Zählergrad z und dem Nennergrad n auf, die die Funktion f im Bereich zwischen a und b annähert.

`chebpade(f, x=a..b, [z,n]);`

wie oben, allerdings wird die Funktion durch Chebychev-Polynome $T(n, x - x0)$ zusammengesetzt.

`pade(f, x=x0, [z,n]);`

stellt eine rationale Näherungsfunktion auf, die f im Bereich um $x = x0$ annähert.

`chebyshev( f, x=a..b, eps);`

berechnet eine Reihenentwicklung aus Chebychev-Polynomen, die f im Bereich zwischen a und b mit einer maximalen Abweichung von esp annähert.

`readlib(orthopoly):        T(n,x);`

gibt das Chebyshev-Polynom n-ter Ordnung zurück. *Achtung*: Sowohl `chebpade` als auch `chebyshev` löschen T bei ihrer Ausführung wieder, d.h., `readlib` muß abermals ausgeführt werden!

Kapitel 25

Fourier-Transformation

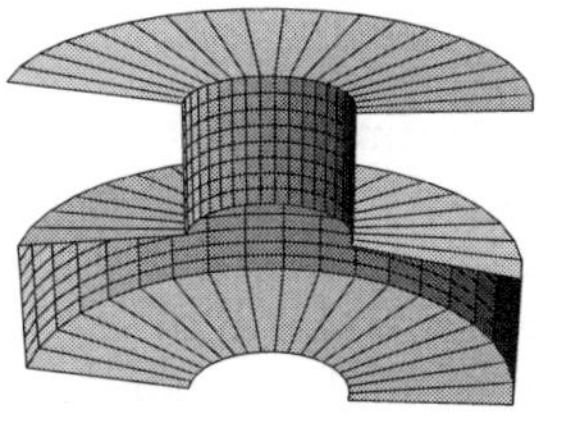

Das Kapitel behandelt die in Maple vorgesehenen Kommandos zur analytischen und numerischen Fourier-Transformation nichtperiodischer Daten. Außerdem wird gezeigt, wie mit einem erst zu programmierenden Kommando Fourier-Reihenentwicklungen für periodische Signale durchgeführt werden können. Die Anwendungsbereiche von Fourier-Transformationen und -Reihenentwicklungen sind vielseitig:

- Die Fourier-Transformation für diskrete Daten ermöglicht die Auswertung (Spektralanalyse) und Weiterverarbeitung (Glättung) von Meßdaten, die mit hohen Übertragungs- und Meßfehlern behaftet sind.
- Die Fourier-Transformation für nichtperiodische Funktionen kann u.a. zur Lösung partieller Differentialgleichungen eingesetzt werden.
- Mit der Fourier-Reihenentwicklung können beliebige periodische Signale aus Sinus- (oder Cosinus-)funktionen unterschiedlicher Frequenz zusammengesetzt werden. Damit läßt sich das Verhalten technischer Systeme, die durch Differentialgleichungen beschrieben werden, unter dem Einfluß periodischer Eingangsgrößen analysieren.

Die folgenden Kommandos stehen im Mittelpunkt dieses Kapitels:

`FFT, iFFT`
führen eine Fourier-Transformation für diskrete Daten bzw. die Rücktransformation durch.

`fourier, invfourier`
führen eine Fourier-Transformation für nichtperiodische Funktionen bzw. die Rücktransformation durch.

`fseries`
stellt eine Fourier-Reihe für periodische Funktionen auf. `fseries` ist kein Maple-Kommando, der erforderliche Programmcode (10 Zeilen) wird im Verlauf dieses Kapitels beschrieben.

Fourier-Transformation diskreter Daten

Das Kommando FFT führt eine Fourier-Transformation für diskrete Daten durch, die einen nichtperiodischen Funktionsverlauf widerspiegeln. Die Transformation entspricht einem Übergang vom Zeit- in den Frequenzbereich. Die Daten müssen an das Kommando in zwei getrennten Feldern für Real- und Imaginärteil übergeben werden. Die Anzahl der Datenpunkte muß eine ganze Zweierpotenz betragen.

Während die Ausgangsdaten den zeitlichen Verlauf einer Funktion (aufgetragen über die Zeit) widerspiegeln, gibt die resultierende Ergebnisliste das zugehörige Frequenzspektrum an. Die Fourier-Transformation von Zufallszahlen, die im wesentlichen einem weißem Rauschen entsprechen, ergibt eine Liste mit annähernd gleich großen Frequenzwerten, weil im weißen Rauschen alle Frequenzen gleichermaßen vertreten sind. Die Fourier-Transformation einer Sinusschwingung ergibt dagegen ein Frequenzspektrum mit einer ausgeprägten Spitze für die Frequenz der Schwingung, alle anderen Werte der Fourier-Transformation sollten 0 sein. Etwas komplizierter sieht das Frequenzspektrum eines einzelnen Rechteckimpulses aus (siehe die beiden folgenden Abbildungen).

Das Kommando muß vor seiner Verwendung mit `readlib` gelesen werden. Im folgenden Beispiel wird ein Rechteckimpuls Fourier-Transformiert. Die Ausgangsdaten bestehen im Realteil aus 462 Nullen, 100 Einsen und abermals 462 Nullen (ergibt 1024 Punkte). Der Imaginärteil ist durchgehend null. Zur grafischen Darstellung der Ausgangsdaten in *datar* und *datai* werden diese in eine verschachtelte Liste in *dataxy* zusammengefaßt.

```
readlib(FFT):
datar := array( [0$462, 1$100, 0$462]):
datai := array( [0$1024] ):
dataxy := [seq( [i, abs(datar[i]+I*datai[i])], i=1..1000)]:
```

Die Abbildung zeigt den zeitlichen Verlauf eines Rechteckimpulses, der aus diskreten Datenpunkten zusammengesetzt ist. Mit `plot` werden die Punkte durch einen Linienzug verbunden.

```
plot(dataxy);
```

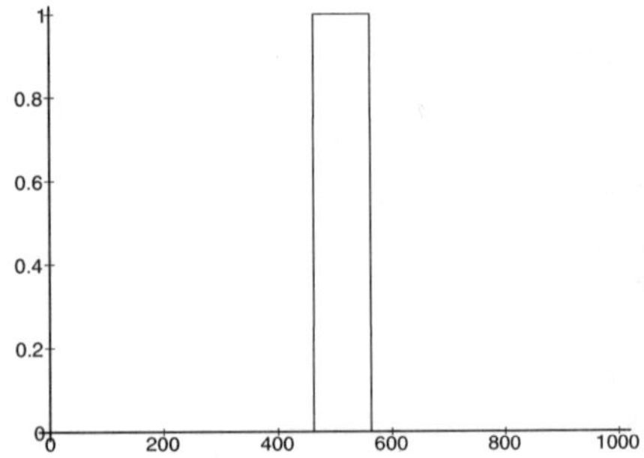

Im ersten Parameter von FFT wird die Zweierpotenz angegeben ($2^{10} = 1024$). FFT schreibt das Ergebnis in *datar* und *datai* zurück, die Ausgangsdaten werden also zerstört.

```
FFT(10, datar, datai);
```

1024

Die folgende Schleife zeigt die ersten fünf Punkte der Fourier-Transformierten Datenmenge an. Die Schleife wird mit dem Kommando `for` formuliert. Falls Sie dabei Verständnisprobleme haben, sollten Sie kurz in Kapitel 29 die Beschreibung des Kommandos nachlesen – Schleifen kommen in diesem Kapitel noch öfters vor.

```
for i from 1 to 5 do:
  evalf(datar[i]+I*datai[i],5), evalf(abs(datar[i]+I*datai[i]), 5);
od;
```

$$100., 100.$$

$$-98.438 - .30201\, I, 98.438$$

$$93.841 + .57581\, I, 93.843$$

$$-86.465 - .79584\, I, 86.469$$

$$76.720 + .94154\, I, 76.726$$

Zur grafischen Darstellung müssen die Daten wiederum in eine Liste der Form $[[x, y], [x, y], ...]$ zusammengefaßt werden. Die Abbildung rechts zeigt den Betrag (!) der komplexen Datenpunkte.

```
dataxy := [ seq( [i, abs(datar[i]+
                         I*datai[i]) ],
            i=1..1000) ]:
plot(dataxy, 1..50);
```

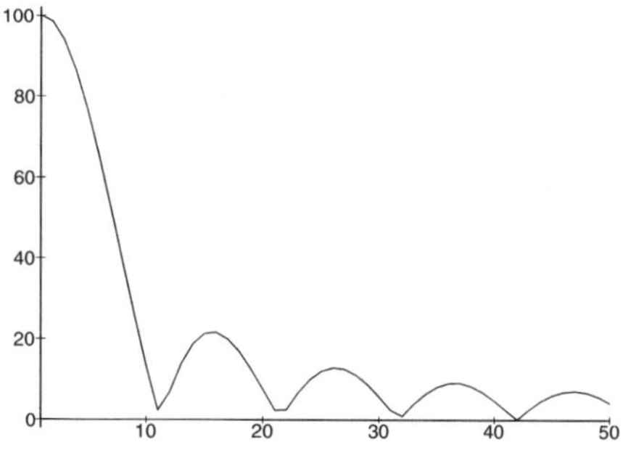

Die Kommandos `FFT` und `iFFT` für die Rücktransformation können in `evalhf` eingeklammert werden. Die Berechnung erfolgt dann unter Ausnützung der Fließkommaarithmetik des Rechners und geht rascher vor sich. Damit die Ergebnisse in die beiden Felder zurückgeschrieben werden, müssen deren Namen durch das Schlüsselwort `var` eingeklammert werden.

```
evalhf(FFT(10, var(datar),
               var(datai) ) );
```

$$1024.$$

Analyse und Verarbeitung von Meßdaten

Die Fourier-Transformation wird häufig dazu verwendet, Datenwerte mit Meß- oder Übertragungsfehlern zu analysieren. Um diese Situation zu simulieren, wird im folgenden Beispiel eine Sinusschwingung mit Zufallszahlen überlagert, deren Betrag fünfmal größer als der Zahlenbereich der Sinusschwingung ist. Während des Beispiels wird die Rechengenauigkeit auf sieben Stellen reduziert, um die Rechenzeiten etwas zu verkürzen.

```
Digits:=7: datar:= [ seq( evalf(sin(50*2*Pi*t/1024)), t=1..1024 ) ]:
```

Die Abbildung rechts zeigt die ersten hundert Punkte (1..100) der noch unverfälschten Sinusschwingung.

```
dataxy:= [ seq( [i,datar[i]],
                i=1..1024) ]:
plot(dataxy, 1..100);
```

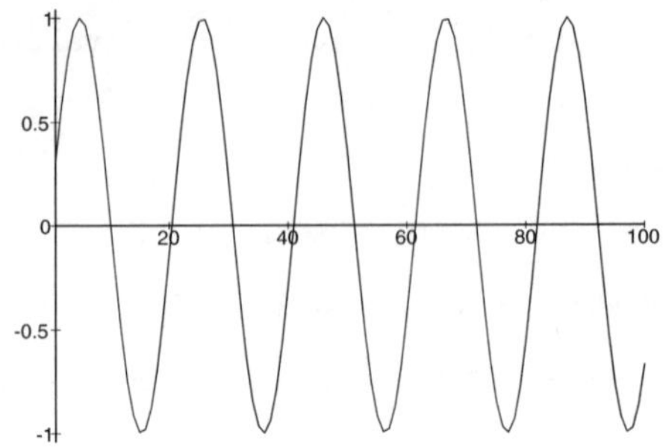


```
datar:= [ seq( evalf(datar[i]+rand(1000)()/100), i=1..1024) ]:
```

Durch das Kommando oben wurden die Daten mit Zufallszahlen zwischen 0 und 10 überlagert. In der Abbildung rechts ist die Sinusschwingung nicht mehr zu erkennen.

```
dataxy:=[seq( [i,datar[i]],
               i=1..1024)]:
plot(dataxy, 1..100);
```

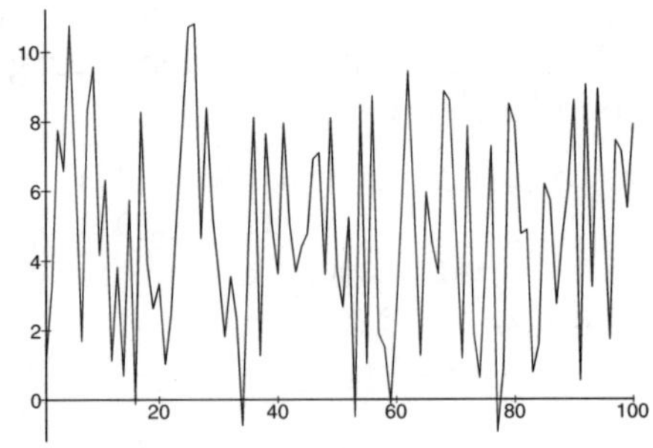

Zur Fourier-Transformation werden die als Liste vorliegenden Daten in ein Feld verwandelt. Das Ergebnis der Transformation wird in den Variablen *fdatar* und *fdatai* gespeichert. Dazu muß (bei Feldern) das Kommando `copy` verwendet werden!

```
datar:=array(datar):
datai:=array( [0$1024] ):
FFT(10, datar, datai):
fdatar:=copy(datar):
fdatai:=copy(datai):
```

Die Abbildung rechts zeigt den kritischen Bereich des Frequenzspektrums der Ausgangsdaten. Die Frequenzspitze bei der Frequenz 50 ist deutlich zu erkennen.

```
dataxy:=[seq(
  [ i, abs(datar[i]+I*datai[i]) ],
  i=1..1024)]:
plot(dataxy, 30..70, 0..500);
```

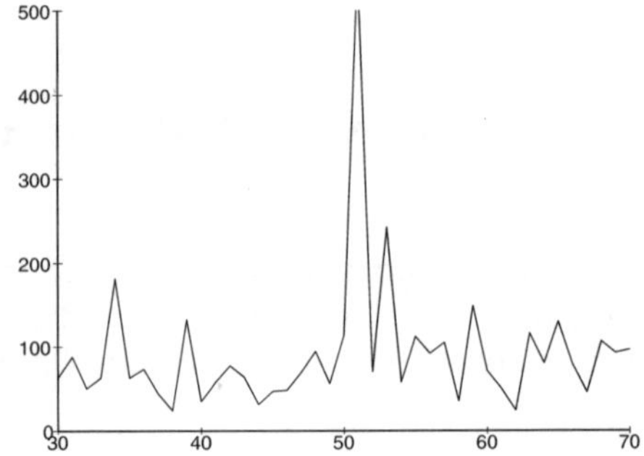

Die Kommandos rechts filtern aus den Fourier-Transformierten Daten die Frequenzen zwischen 0 und 100 heraus. Dazu wird ein Filterfeld definiert, das hundert Einsen und dann lauter Nullen enthält. Das so beschnittene Frequenzspektrum wird anschließend mit `iFFT` zurück in den Zeitbereich transformiert.

```
filter:=array([1$100, 0$924]):
for i from 1 to 1024 do:
  datar[i] := datar[i]*filter[i]:
  datai[i] := datai[i]*filter[i]:
od:
iFFT(10, datar, datai):
```

Die Abbildung zeigt die rücktransformierten Ausgangsdaten, nachdem die oberen Frequenzen eliminiert wurden. Die Kurve ist zwar schon viel glatter, hat aber noch immer keine allzu große Ähnlichkeit mit der originalen Sinusschwingung.

```
dataxy:=[seq( [i,datar[i]],
              i=1..1024)]:
plot(dataxy, 1..100);
```

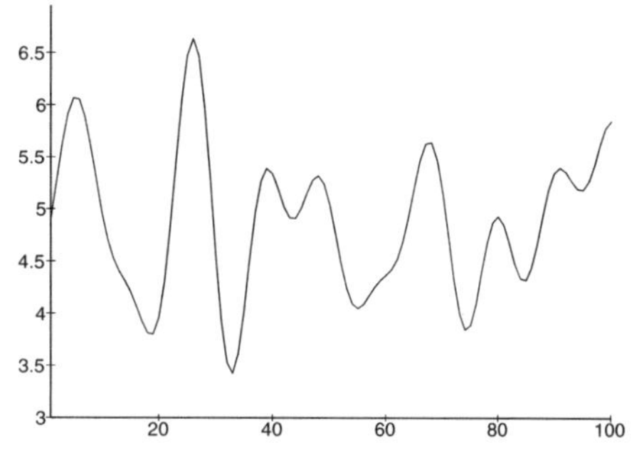

Eine weitergehende Wiederherstellung der Ausgangsdaten gelingt, wenn die Filterfunktion verbessert wird. Zunächst wird das Spektrum auf die Frequenzanteile zwischen 40 und 60 eingeschränkt. Beachten Sie, daß Sie in *datar* und *datai* wieder die nicht zurücktransformierten Ausgangsdaten einsetzen, die oben in *fdatar* und *fdatai* zwischengespeichert wurden.

```
filter:=array([0$40, 1$20, 0$964]):
datar:=copy(fdatar):
datai:=copy(fdatai):
for i from 1 to 1024 do:
  datar[i] := datar[i]*filter[i]:
  datai[i] := datai[i]*filter[i]:
od:
iFFT(10, datar, datai):
```

Die Abbildung zeigt die rücktransformierten Daten, wobei diesmal alle Frequenzanteile kleiner 40 und größer 60 entfernt wurden.

```
dataxy:=[seq( [i,datar[i]],
              i=1..1024)]:
plot(dataxy, 1..100);
```

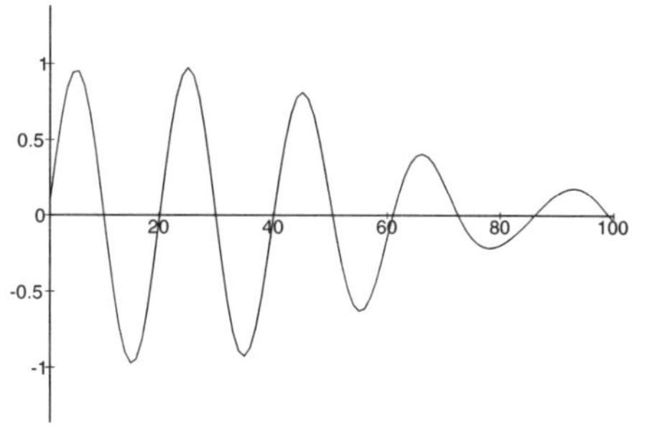

Durch eine noch schärfere Filterfunktion kann das Ergebnis weiter verbessert werden. Durch das Kommando rechts wird eine exponentielle Filterkurve rund um die Frequenz 50 definiert.

```
filter:=array( [0$40,
  seq( evalf(exp(-(i-10)^2/19)),
       i=1..19),
  0$965] ):
```

Die Abbildung rechts zeigt den Verlauf des oben definierten Filters, der die Frequenz 50 optimal und die Frequenzen zwischen 40 und 60 teilweise durchläßt.

```
dataxy:=[seq( [i,filter[i]],
              i=1..1024)]:
plot(dataxy, 30..70);
```

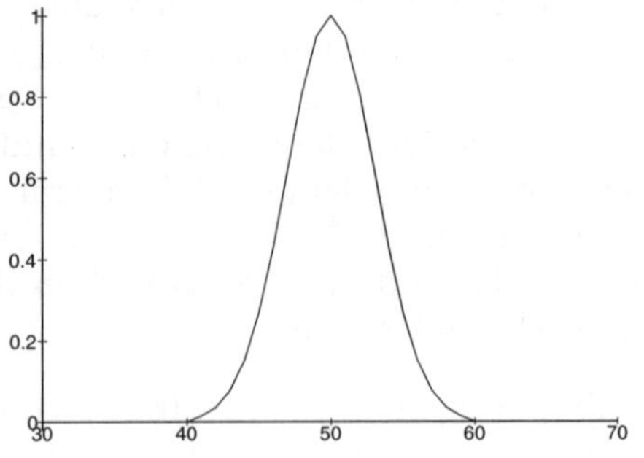

Nach der abermaligen Ausführung der oben bereits zweifach abgedruckten Kommandos (*datar* und *datai* wiederherstellen, filtern und mit `iFFT` rücktransformieren) ergibt sich folgende Abbildung der rekonstruierten Sinusschwingung:

```
dataxy:=[seq( [i,datar[i]],
              i=1..1024)]:
plot(dataxy, 1..100);
```

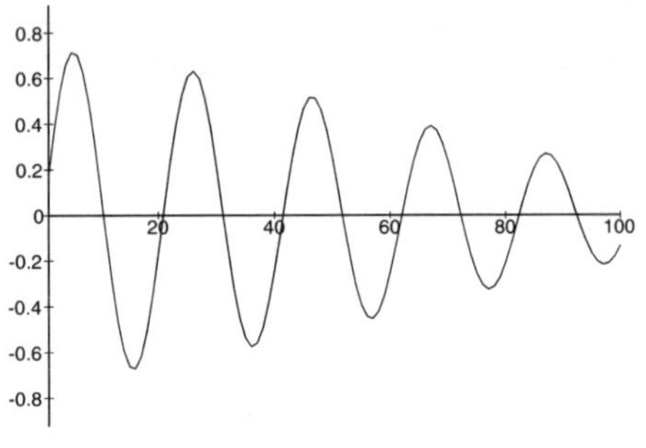

Fourier-Transformation analytischer Funktionen

Die Kommandos `fourier` und `invfourier` führen die Fourier-Transformation bzw. deren Rücktransformation für analytische Funktionen durch. Die Transformation von der Zeitfunktion $f(t)$ in die Frequenzfunktion $F(w)$ erfolgt nach folgender Formel:

$$F(w) = \int_{-\infty}^{\infty} f(t)e^{-Iwt}dt$$

Vor der Verwendung von `fourier` und `invfourier` muß deren Code mit `with(inttrans)` geladen werden. An `fourier` wird im ersten Parameter die zu transformierende Funktion, im zweiten Parameter die Zeitvariable (t) und im dritten Parameter die Frequenzvariable (w) angegeben.

Im folgenden Beispiel wird die Einheitssprungfunktion `Heaviside` zur Definition eines Rechteckimpulses verwendet. Die Funktion wird durch den gebräuchlicheren und kürzeren Namen `sigma` abgekürzt.

```
with(inttrans):
alias(sigma=Heaviside):
f:=sigma(t+1)-sigma(t-1);
```

$$f := \sigma(t+1) - \sigma(t-1)$$

Die Abbildung rechts zeigt den Verlauf des Rechteckimpulses im Zeitbereich. Damit die Flanken des Sprungs einigermaßen steil gezeichnet werden, wurde die Option `numpoints` auf 500 eingestellt.

```
plot( f, t=-2..2, numpoints=500);
```

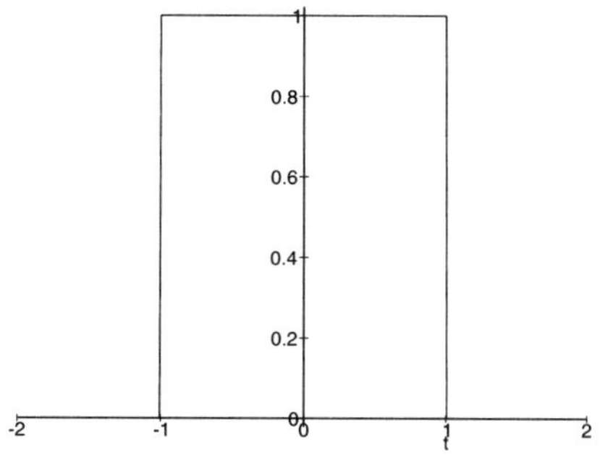

Die Fourier-Transformation liefert komplexe E-Potenzen. Während in Release 3 eine Vereinfachung zur gewünschten Sinusfunktion auf Anhieb gelang, gibt es damit in Release 4 Probleme.

```
g:=fourier( f, t, w);
```

$$g := e^{(I\,w)}\,(\pi\,\mathrm{Dirac}(w) - \frac{I}{w}) - e^{(-I\,w)}\,(\pi\,\mathrm{Dirac}(w) - \frac{I}{w})$$

```
g:=simplify(g);
```

$$g := 2\,\frac{I\,(\pi\,\mathrm{Dirac}(w)\,w - I)\sin(w)}{w}$$

`simplify` erkennt zwar, daß $\mathrm{Dirac}(x)\,x$ zu 0 vereinfacht werden kann. Dieselbe Vereinfachung im Rahmen eines (nur wenig) komplizierteren Ausdrucks gelingt aber nicht. `Dirac` muß durch `subs` 0 gesetzt werden, um zum gewünschten (mathematisch korrekten) Ergebnis zu gelangen.

```
simplify(Dirac(x)*x);
```

$$0$$

```
g:=simplify(subs(Dirac=0, g));
```

$$g := \frac{2\sin(w)}{w}$$

Die Abbildung zeigt das Frequenzspektrum des Rechteckimpulses, wobei nur die physikalisch interessanten Frequenzen größer 0 gezeichnet wurden.

```
plot(g, w=0..4*Pi);
```

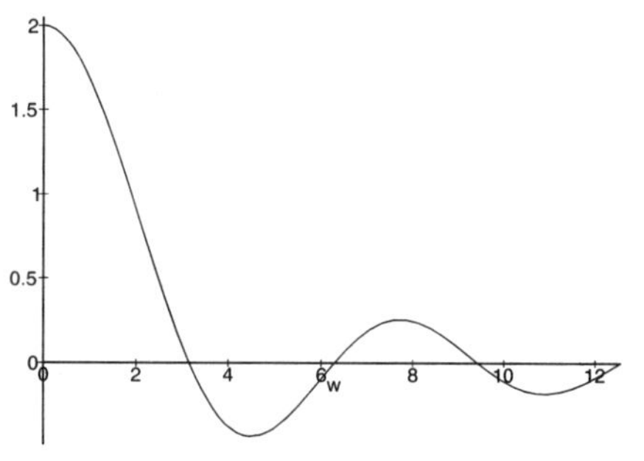

Die Rücktransformation in den Zeitbereich gelingt mit `invfourier`:

```
invfourier(g, w, t);
```

$$\frac{-2\,\pi\,\sigma(-t-1) + 2\,\pi\,\sigma(-t+1)}{2\,\pi}$$

```
simplify(");
```

$$-\sigma(-t-1) + \sigma(-t+1)$$

Das letzte Beispiel zeigt die Transformation der drei Diracimpulse an den Orten $t=-1$, $t=0$ und $t=1$ in den Frequenzbereich:

```
f:=Dirac(t)+ Dirac(t-1)+Dirac(t+1):
g:=fourier(f, t, w);
```

$$\frac{-2\,\pi\,\sigma(-t-1)+2\,\pi\,\sigma(-t+1)}{2\,\pi}$$

```
simplify(");
```

$$2\,\cos(w)+1$$

Fourier-Reihenentwicklung für periodische Funktionen

Mit Fourier-Reihen können vorgegebene periodische Funktionen (Rechteckfunktionen, Sägezahnfunktionen etc.) durch die Überlagerung mehrerer Sinus- und Cosinusschwingungen unterschiedlicher Frequenz dargestellt werden. Für die Praxis ist das insofern von großer Bedeutung, als viele Differentialgleichungen für eine allgemeine Sinus- oder Cosinusschwingung gelöst werden können (siehe nächsten Abschnitt).

Vorerst geht es darum, ein Kommando zur Fourier-Reihenentwicklung zu schreiben, das in der Maple-Library zur Zeit noch fehlt. Fourier-Reihen für eine periodische Funktion $f(t)$ mit der Periodenlänge $T0$ sind folgendermaßen definiert:

$$f(t)=\frac{a_0}{2}+\sum_{k=1}^{\infty}\left[a_k*\cos\left(\frac{2\pi kt}{T0}\right)+b_k*\sin\left(\frac{2\pi kt}{T0}\right)\right]$$

$$\text{mit}\qquad a_k=\frac{2}{T0}\int_0^{T0} f(t)*\cos\left(\frac{2\pi kt}{T0}\right)dt$$

$$\text{und}\qquad b_k=\frac{2}{T0}\int_0^{T0} f(t)*\sin\left(\frac{2\pi kt}{T0}\right)dt$$

Entscheidend ist also die Berechnung der Koeffizienten a_k und b_k aus der gegebenen Funktion f. Sind diese bekannt, kann die Fourier-Reihe als einfache Summe zusammengesetzt werden. In Maple sieht die Definition für a_k und b_k folgendermaßen aus:

```
ak := 2/T0_ * Int( f_ * cos(2*Pi*t_*k_/T0_), t_=0..T0_):
bk := 2/T0_ * Int( f_ * sin(2*Pi*t_*k_/T0_), t_=0..T0_):
```

Die Auswertung der Integrale ist in den meisten Fällen nur rein numerisch möglich, weswegen das Integralkommando gleich in seiner trägen Form (großer Anfangsbuchstabe) angeschrieben wird (siehe Kapitel 17). Alle in den Definitionen vorkommenden Variablen sind mit Unterstrich angeschrieben, um mögliche Verwechslungen mit anderen Variablen zu vermeiden.

Bei der Berechnung der Koeffizienten treten häufig kleine Rundungsfehler auf. Um Koeffizienten wie 1.23410^{-16} zu vermeiden, wird die Funktion `chop` definiert. Diese Funktion wertet den Parameter x numerisch aus, multipliziert ihn mit 10^5, entfernt die Nachkommastellen, dividiert wieder durch 10^5 und liefert schließlich ein Ergebnis mit maximal fünf Nachkommastellen.

```
chop:=x->evalf(round( evalf(x)* 10^5 )/10^5, 5):
chop(1/3), chop(1e-5), chop(1e-12);
```

$$0.33333, 0.000010000, 0$$

Aufbauend auf `chop` kann nun das neue Kommando `fseries` als Funktion definiert werden:

```
fseries:=(f, t, T0, nmax) ->
       chop(subs(k_=0, f_=f, t_=t, T0_=T0, ak/2))  +
 sum( ´chop(subs(k_=n, f_=f, t_=t, T0_=T0, ak))´ * cos(2*Pi*n*t/T0), n=1..nmax)+
 sum( ´chop(subs(k_=n, f_=f, t_=t, T0_=T0, bk))´ * sin(2*Pi*n*t/T0), n=1..nmax):
```

Das Kommando verwendet zweimal das Kommando `sum`, um die Koeffizienten a_k und b_k mit den dazugehörigen Sinus- und Cosinusfunktionen zu multiplizieren. Zur Berechnung von a_k und b_k werden mit `subs` alle relevanten Parameter eingesetzt. Die Apostrophe rund um `chop` sind erforderlich, damit Maple den Ausdruck nicht auswertet, bevor `sum` Werte für n einsetzt.

Die Verwendung des Kommandos ist denkbar einfach: Im ersten Parameter wird die zu entwickelnde Funktion angegeben, im zweiten Parameter die darin enthaltene Variable, im dritten Parameter die Periode $T0$ und im vierten Parameter die Anzahl der Terme, die berechnet werden sollen. Beachten Sie, daß die im ersten Parameter angegebene Funktion für sich nicht periodisch sein muß. Das Kommando (siehe die Definition der Integrale für a_k und b_k) wertet die Funktion nur im Bereich zwischen 0 und $T0$ aus und nimmt an, daß sich der Funktionsverlauf davor und danach wiederholt. Das Kommando ist – zumindest in dieser Form – ausschließlich zur numerischen Berechnung von Fourier-Reihen geeignet.

Im ersten Beispiel wird eine Fourier-Reihe für eine Rechteckfunktion mit der Periode 2 entwickelt. Die Funktion ist zwischen $t = 0$ und $t = 0.5$ mit 1, sonst mit 0 definiert. Die Fourier-Reihe wird bis zur siebten Ordnung berechnet.

```
alias(sigma=Heaviside):
ff:=fseries( sigma(t) - sigma(t-1/2), t, 2, 7);
```

$$ff := 0.25000+$$

$$0.31831\cos(\pi t) - 0.10610\cos(3\pi t) + 0.063660\cos(5\pi t) - 0.045470\cos(7\pi t)+$$

$$0.31831\sin(\pi t) + 0.31831\sin(2\pi t) + 0.10610\sin(3\pi t) + 0.063660\sin(5\pi t)+$$

$$0.10610\sin(6\pi t) + 0.045470\sin(7\pi t)$$

Die Rechteckfunktion wird durch eine Fourier-Reihe siebter Ordnung zwar nicht besonders schön, aber immerhin bereits erkennbar angenähert.

```
plot(ff, t=0..3);
```

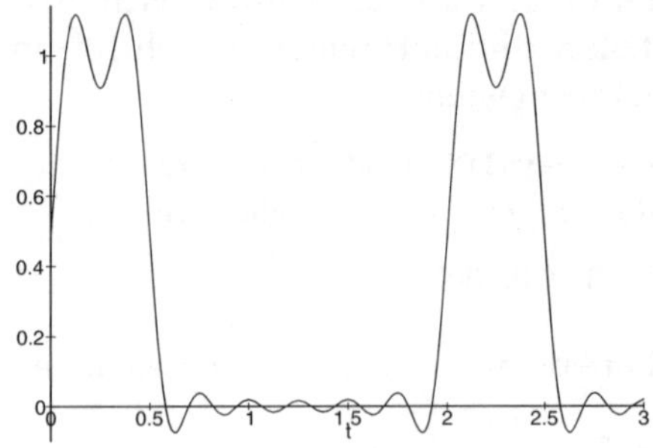

Im zweiten Beispiel wird eine Sägezahnfunktion mit der Periode 1 durch eine Fourier-Reihe 15. Ordnung angenähert.

```
ff:=fseries(t, t, 1, 15):
plot(ff, t=0..3);
```

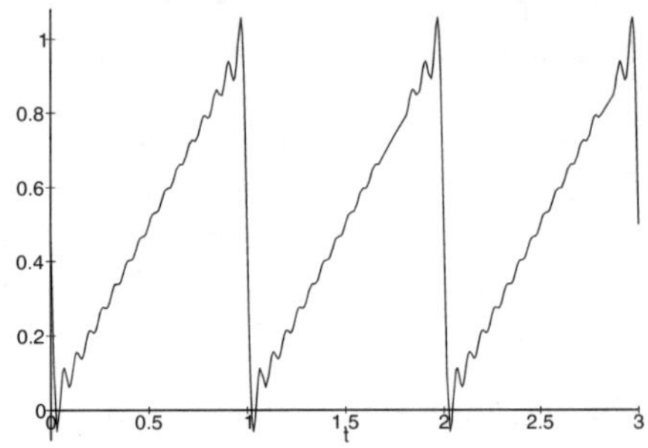

Abschließend noch eine Anmerkung zur Berechnung von Fourier-Reihen mit sehr vielen Termen: Die Funktion `chop` führt zwar zu übersichtlichen Ergebnissen, ist aber auch mit einem Genauigkeitsverlust verbunden. Für sehr exakte Berechnungen muß `chop` daher durch `evalf(x)` neu definiert werden. Außerdem muß zumeist die Stellenzahl `Digits` vergrößert werden, damit die numerische Berechnung der Integrale gelingt. Durch die zunehmend hochfrequenten Sinus- bzw. Cosinusterme in der Definition von a_k bzw. b_k wird die Integration dann allerdings extrem langsam.

Lösung von Differentialgleichungen mit Fourier-Reihen

Den Abschluß dieses Kapitels bildet ein praxisnahes Beispiel: Das Verhalten eines elektrischen Serienschwingkreises bestehend aus einem ohmschen Widerstand R, einer Spule L und einem Kondensator C soll analysiert werden. An den Schwingkreis werden nacheinander zwei sägezahnförmige Eingangsspannungen unterschiedlicher Frequenz gelegt. Gesucht ist der Spannungsverlauf am Widerstand.

Die beiden Eingangsspannungen haben eine Frequenz von 10 bzw. 2.5 Hertz. Die Spannung steigt im Verlauf der Periode von -0.5 auf $+0.5$ Volt an und fällt dann plötzlich wieder auf -0.5 Volt ab. Die Daten der elektrischen Bauteile: L=2 Henry, C=100 μF, R=100Ω.

Die Idee für den Rechenweg ist einfach: Es ist zwar nicht möglich, die Systemgleichung (eine Differentialgleichung zweiter Ordnung) für eine Sägezahnfunktion zu lösen, dafür kann aber ohne allzu große Probleme die Lösung für eine Sinusfunktion ermittelt werden. Die Sägezahnfunktion wird über die Fourier-Reihenentwicklung in Sinusterme zerlegt. Diese Terme werden der Reihe nach in die Lösung der Differentialgleichung eingesetzt. Die resultierenden Einzellösungen werden zur Gesamtlösung summiert.

Als erstes wird die Eingangsspannung u mit `fseries` in eine Fourier-Reihe zerlegt. Dabei zeigt sich, daß die Reihe ausschließlich Sinusterme (und keine Cosinusterme) enthält, was die weitere Rechnung ein wenig vereinfacht.

```
i:='i': u:=(t-1/20)*10:
u1:=fseries(u, t, 1/10, 6);
```

$$u1 := -0.31830\sin(20\,\pi\,t) - 0.15915\sin(40\,\pi\,t) - 0.10610\sin(60\,\pi\,t) -$$
$$0.079580\sin(80\,\pi\,t) - 0.063660\sin(100\,\pi\,t) - 0.053050\sin(120\,\pi\,t)$$

Durch das Kommando unten wird die Gleichung für die Spannung $u(t)$ im Stromkreis angeschrieben. $u(t)$ wird dabei durch den allgemeinen Term $b\sin(nt)$ ausgedrückt. In b und n werden später die Koeffizienten bzw. Frequenzen der Fourierzerlegung eingesetzt. Wenn die Fourierzerlegung auch Cosinusterme enthält, müßte als Ansatz für $u(t)$ die Funktion $a\cos(nt) + b\sin(nt)$ verwendet werden.

```
eq := b*sin(n*t)=R*i(t)+L*diff(i(t),t)+1/C*int(i(t),t);
```

$$eq := b\sin(nt) = Ri(t) + L\frac{d}{dt}i(t) + \frac{\int i(t)dt}{C}$$

Da Maple die Gleichung in dieser Form sicher nicht lösen kann, wird die ganze Gleichung abgeleitet. Dabei ensteht eine Differentialgleichung zweiter Ordnung.

```
de:= diff(eq, t);
```

$$de := b\cos(nt)n = R\frac{d}{dt}i(t) + L\frac{d^2}{dt^2}i(t) + \frac{i(t)}{C}$$

Nach kurzer Rechenzeit findet Maple für diese Differentialgleichung eine Lösung, die sich über etwa fünf Seiten erstreckt. Die Vereinfachung durch `simplify` wirkt hier Wunder, liefert aber immer noch ein etwa halbseitiges Ergebnis, auf dessen Wiedergabe hier verzichtet wurde. Beachten Sie das Schlüsselwort `laplace` in `dsolve`, das eine Menge Zeit spart. `dsolve` findet die Lösung zwar auch ohne diese Option, allerdings erst nach intensivem Rechnen.

```
dsolve( {de, i(0)=0, D(i)(0)=0}, i(t), laplace ):
sol:=simplify("):
```

Bei der manuellen Berechnung dieses Beispiels hätte man die exponentiellen Komponenten sicherlich vernachlässigt. In diesem Beispiel ist ja nur die Lösung im eingeschwungenen Zustand von Interesse. Das Ergebnis ist aber mathematisch exakt, wie ein Einsetzen der Lösung in die Differentialgleichung beweist.

```
subs(sol, de): simplify(");
```

$$b\cos(nt)n = b\cos(nt)n$$

Erst das Einsetzen der Bauteilspezifikationen für R, L und C führt zu einer einigermaßen übersichtlichen Funktion für den Strom $i(t)$.

```
isol:=evalf(subs( sol, C=100*10^(-6), L=2, R=100, i(t)),5);
```

$$isol := (-1.0bne^{-25.0t}(-0.000007n\sin(nt)e^{25.0t} + 0.00000014n^2\cos(nt)e^{25.0t}+ 0.0007\cos(66.145t) - 0.0007\cos(nt)e^{25.0t} - 0.00000014n^2\cos(66.145t)+ 0.00026458\sin(66.145t) + 0.000000052916n^2\sin(66.145t))) \;/\; (7.0 + 0.00000028n^4 - 0.0021n^2)$$

Der letzte Schritt der Rechnung besteht nun darin, die Terme n und b einzusetzen, die sich aus der Fourierzerlegung des Sägezahnsignals ergeben, und die resultierenden Ströme $isol$ zu summieren. Die Koeffizienten b_i können leicht aus dem im vorigen Abschnitt definierten bk berechnet werden. Sie stimmen erwartungsgemäß mit den Kooeffizienten von $u1$ überein. Die Terme n gehen aus der Fourier-Reihe für $u(t)$ klar hervor ($20\pi i$).

```
bi:=seq( chop(subs(k_=i, f_=u, t_=t, T0_=1/10, bk)), i=1..15);
```

$$bi := -0.31830, -0.15915, -0.10610, -0.079580, ..., -0.021210$$

```
u1;
```

$$u1 := -0.31830\sin(20\,\pi\,t) - 0.15915\sin(40\,\pi\,t) - ... - 0.021210\sin(300\,\pi\,t)$$

```
sum( subs( b=bi[i], n=20*Pi*i, isol), i=1..15):
i1:=evalf(simplify("), 5);
```

$$i1 := -0.00040293\sin(125.66t) - 0.00059953e^{-25.0t}\cos(66.145t)+ 0.00029903\cos(188.50t) - 0.000092312\sin(188.50t) + ...+ 0.000025489\cos(628.32t) + 0.00069203\cos(125.66t)$$

Die Abbildung rechts zeigt die Eingangsspannung $u1$ mit einer Frequenz von 10 Hertz, dargestellt durch eine Fourier-Reihe 15. Ordnung.

```
plot(u1, t=0..0.4);
```

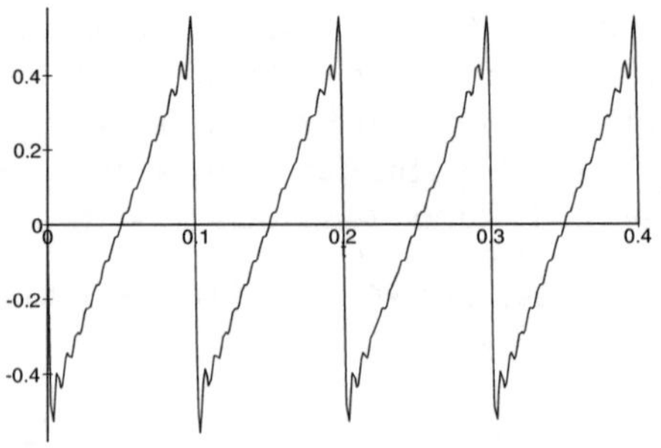

Die resultierende Spannung am Widerstand R ergibt sich aus dem Strom multipliziert mit R=100Ω.

```
plot(i1*100, t=0..0.4);
```

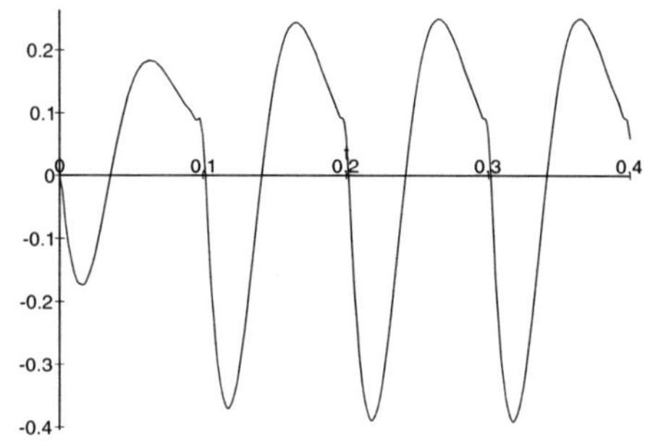

Die folgenden Kommandos wiederholen die Berechnung für die zweite Eingangsspannung (mit 2.5 Hertz, also Periode $T0 = 0.4$). Die Fourier-Reihe wurde bis zur 25. Ordnung berechnet. Dazu wurde die `chop`-Funktion neu definiert und `Digits` auf 15 erhöht. Mit dem geänderten $T0$ ändern sich auch die Formel für die Spannung u und der Term n (`subs`-Kommando) gegenüber dem vorigen Beispiel!

```
Digits:=15:
chop:=x->evalf(x):
u:=(t-1/5)*5/2:
bi:=seq(
   chop( subs(k_=i, f_=u, t_=t,
              T0_=4/10, bk) ),
   i=1..25):
i:='i':
sum( subs(b=bi[i], n=5*Pi*i, isol),
   i=1..25):
i2:=simplify("):
```

Die Abbildung rechts zeigt die Spannung an R bei einer sägezahnförmigen Eingangsspannung mit 2.5 Hertz.

```
plot(i2*100, t=0..0.4);
```

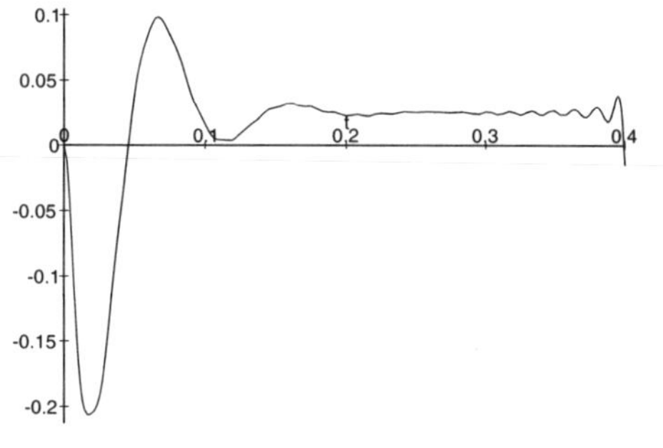

Syntaxzusammenfassung

`readlib(FFT);`   `FFT(n, real, imag);`   `iFFT(n, real, imag);`
führt eine Fast-Fourier-Transformation bzw. die Umkehrtransformation durch. *real* und *imag* sind Felder (arrays), die die Real- und Imaginärteile von 2^n Datenpunkten enthalten. Das Ergebnis wird wiederum in diese Felder geschrieben.

```
evalhf(FFT(n, var(real), var(imag)));
evalhf(iFFT(n, var(real), var(imag)));
```

wie oben, aber unter Ausnutzung der Fließkommaarithmetik des Rechners.

```
with(inttrans);     fourier(f, t, w);     invfourier(f,w,t);
```

transformiert die Funktion $f = f(t)$ in den Frequenzbereich w bzw. führt die Rücktransformation in den Zeitbereich durch.

```
fseries(f,t,T0,n);
```

ist kein Maple-Kommando, sondern wurde in diesem Kapitel definiert (Abschnitt Fourier-Reihenentwicklung). Es stellt die Fourier-Reihe der periodischen Funktion $f = f(t)$ mit der Periode *T0* bis zur Ordnung n auf.

Kapitel 26

Laplace-, Mellin- und Z-Transformation

Laplace-, Mellin- und Z-Transformationen werden in der Regel zur Vereinfachung von Differential- oder Differenzengleichungen eingesetzt. Der Lösungsweg ist dabei bei allen Transformationen ähnlich: Im ersten Schritt wird die Ausgangsgleichung transformiert – dadurch tritt in der Regel eine Vereinfachung ein. Beispielsweise verwandelt die Laplace-Transformation eine Differentialgleichung in eine einfache rationale Gleichung. Die transformierte Gleichung wird nun gelöst, was normalerweise bereits mit dem vergleichsweise unkritischen Kommando `solve` gelingt. Schließlich wird versucht, das Ergebnis wieder in das ursprüngliche System zurückzutransformieren. Dieser letzte Schritt verursacht die meisten Probleme, weil die Rücktransformation nur unter günstigen Bedingungen gelingt.

`laplace, invlaplace`
führen die Laplace-Transformation einer rellen oder komplexen Funktion $f(t)$ nach $F(s)$ bzw. die Rücktransformation durch. Die Laplace-Transformation wird vor allem zur Lösung von Differentialgleichungen verwendet.

`mellin`
stellt eine weniger gebräuchliche Variante zur Laplace-Transformation dar. Es existiert keine Möglichkeit zur Rücktransformation.

`ztrans, invztrans`
führen eine Z-Transformation für diskrete Funktionen $f(n)$ nach $F(z)$ bzw. die Rücktransformation durch. Die Z-Transformation wird häufig zur Lösung von Differenzengleichungen eingesetzt.

Verweis: Der thematisch auch in dieses Kapitel passende Fourier-Transformation wurde das vorangegangene Kapitel gewidmet, um die Größe der Kapitel auf ein übersichtliches Maß zu beschränken.

Laplace-Transformation

Durch die Laplace-Transformation wird die Funktion $f(t)$, die für $t < 0$ als 0 betrachtet wird, zu $F(s)$ transformiert. Die Laplace-Transformation ist folgendermaßen definiert:

$$F(s) = \int_0^\infty e^{-st} f(t)\, dt$$

Die Anwendung des `laplace`-Kommandos ist denkbar einfach: Im ersten Parameter wird die zu transformierende Funktion, im zweiten Parameter deren Variable und im dritten Parameter die Variable der transformierten Funktion angegeben.

```
laplace(cos(t), t, s);
```

$$\frac{s}{s^2+1}$$

`invlaplace` führt die Rücktransformation durch. Fallweise muß das Ergebnis durch `simplify`, `combine` oder andere Kommandos umgeformt werden, damit die ursprüngliche Form wieder erreicht wird.

```
with(inttrans): laplace(cos(t-a), t, s);
```

$$\frac{s\cos(a)+\sin(a)}{s^2+1}$$

```
invlaplace(", s, t);
```

$$\cos(a)\cos(t)+\sin(a)\sin(t)$$

```
combine(",trig);
```

$$\cos(-t+a)$$

Die Kommandos `laplace` und `invlaplace` können auch mit der Einheitssprungfunktion `Heaviside` umgehen. Für diese Funktion wird die Abkürzung `sigma` gewählt.

```
alias(sigma=Heaviside):
laplace(sigma(t-1), t, s);
```

$$\frac{e^{-s}}{s}$$

```
invlaplace(",s,t);
```

$$\sigma(t-1)$$

Auf den ersten Blick sieht es so aus, als käme `laplace` mit einem Sprung im Zeitwert zu einem beliebigen Zeitpunkt a nicht zurecht. Hier hilft `assume` weiter: Wenn für a die Eigenschaft $a > 0$ definiert wird, klappt die Transformation.

```
laplace(sigma(t-a),t,s);
```

$$\text{laplace}(\,\sigma(\,t-a\,), t, s\,)$$

```
assume(a>=0);
laplace(sigma(t-a),t,s);
```

$$\frac{e^{(\,-a\tilde{}\;s\,)}}{s}$$

```
invlaplace(", s, t);
```

$$\sigma(\,t-a\tilde{}\,)$$

`laplace` vereinfacht auch Funktionen bzw. Gleichungen, in denen Ableitungen und Integrale vorkommen. Durch die Abkürzung $F(s)$ für den Ausdruck `laplace(f(t),t,s)` wird das Ergebnis übersichtlicher präsentiert.

```
alias(F(s)=laplace(f(t),t,s)):
laplace( diff(f(t), t$2), t, s);
```

$$(F(s)s - f(0))\,s - \mathrm{D}(f)(0)$$

```
laplace(int(f(T), T=0..t), t, s);
```

$$\frac{F(s)}{s}$$

`laplace` und `invlaplace` beherrschen den Faltungssatz. Im nebenstehenden Beispiel wurde L als Abkürzung für die Laplacefunktion eingeführt, um den Schreibaufwand zu verkleinern und die Ergebnisse übersichtlicher zu gestalten.

```
alias(L=laplace):
L(int(f1(t-tau)*f2(tau),tau=0..t),t,s);
```

$$\mathrm{L}(\,\mathrm{f1}(\,t\,), t, s\,)\,\mathrm{L}(\,\mathrm{f2}(\,t\,), t, s\,)$$

```
F1:=L(f1(t),t,s);
```

$$F1 := \mathrm{L}(\,\mathrm{f1}(\,t\,), t, s\,)$$

```
F2:=L(f2(t),t,s);
```

$$F2 := \mathrm{L}(\,\mathrm{f2}(\,t\,), t, s\,)$$

```
invlaplace(F1*F2,s,t);
```

$$\int_0^t \mathrm{f2}(\,\_U1\,)\,\mathrm{f1}(\,t - \_U1\,)\,d\_U1$$

Lösung von Differentialgleichungen mit der Laplace-Transformation

Die wichtigste Anwendung der Laplace-Transformation besteht im Lösen von Differentialgleichungen. Das Kommando `laplace` hat gegenüber dem bereits in Kapitel 18 beschriebenen Kommando `dsolve` den Vorteil, daß der Rechenvorgang genauer gesteuert werden kann. Aus diesem Grund ist mit `laplace` oft eine Lösung möglich, die von `dsolve` (mit der Option `laplace`) verweigert wird.

Die prinzipielle Vorgehensweise zur Lösung einer Differentialgleichung durch eine Laplace-Transformation ist ziemlich einfach: Die Differentialgleichung für die Funktion $y(t)$ wird transformiert. Aus $y(t)$ wird dabei $Y(s)$, aus der Differentialgleichung wird eine gewöhnliche Gleichung. Diese Gleichung wird mit `solve` für $Y(s)$ gelöst. Schließlich wird diese Lösung zurück in den Zeitbereich transformiert.

Im Mittelpunkt des ersten Beispiels steht die Differentialgleichung $y' + y = u$, wobei die Funktion u einen Rechteckimpuls zwischen $t = 1$ und $t = 5$ darstellt.

```
de:=diff(y(t),t)+y(t)=u;
```

$$de := \frac{d}{dt}y(t) + y(t) = u$$

```
u:=sigma(t-1)-sigma(t-5);
```

$$u := \sigma(t-1) - \sigma(t-5)$$

Vor der Transformation der Differentialgleichung durch `laplace` wird die Abkürzung $Y(s)$ für $\mathcal{L}\{f(t)\}$ definiert.

```
alias( Y(s)=laplace(y(t),t,s) ):
laplace(de, t, s);
```

$$Y(s)s - y(0) + Y(s) = \frac{e^{-s}}{s} - \frac{e^{-5\,s}}{s}$$

Die resultierende Gleichung in s kann für $Y(s)$ mühelos gelöst werden. Dabei wird via `subs` die Randbedingung $y(0) = 0$ eingesetzt.

```
sol:=solve(subs(y(0)=0,"), Y(s));
```

$$sol := -\left(-\frac{e^{-s}}{s} + \frac{e^{-5\,s}}{s}\right)(s+1)^{-1}$$

Probleme gibt es bei der Rücktransformation – `invlaplace` kommt mit der eigentlich ganz einfachen Funktion für $Y(s)$ nicht zurecht.

```
invlaplace(sol ,s,t);
```

$$-\int_0^t e^{-\_U}(-\sigma(t - \_U - 1) + \sigma(t - \_U - 5))\, d\_U$$

Nach der Vereinfachung der Lösung gelingt die Rücktransformation dann doch.

```
simplify(sol);
```

$$\frac{e^{-s} - e^{-5\,s}}{s\,(s+1)}$$

```
invlaplace(", s, t);
```

$$\sigma(t-1)\left(1 - e^{-t+1}\right) - \sigma(t-5)\left(1 - e^{-t+5}\right)$$

Die Abbildung rechts zeigt die Reaktion von $y(t)$ auf das rechteckförmige Eingangssignal.

```
plot({",u}, t=0..9);
```

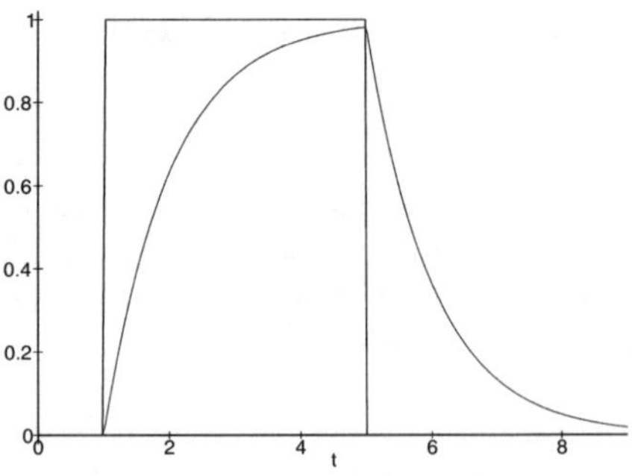

Untersuchung eines RLC-Schwingkreises

Im Mittelpunkt des zweiten Beispiels steht nochmals die bereits im vorigen Kapitel im Zusammenhang mit Fourierreihen vorgestellte elektrische Schaltung, die aus der Hintereinanderschaltung eines Widerstands R, eines Kondensators C und einer Spule L besteht. (L=2 Henry, C=20μF, R=1Ω). Es soll die Reaktion der Schaltung (also der Strom i) auf verschiedene Eingangssignale (Spannung u) untersucht werden.

Die Schaltung kann durch eine Integrodifferentialgleichung beschrieben werden, die durch Differentiation in eine Differentialgleichung zweiter Ordnung überführt wird.

```
u:='u':
sys:= u(t)=R*i(t) + L*diff(i(t),t) + 1/C*int(i(t), t):
de:= diff(sys, t);
```

$$de := \frac{d}{dt}u(t) = R\frac{d}{dt}i(t) + L\frac{d^2}{dt^2}i(t) + \frac{i(t)}{C}$$

Für die transformierten Funktionen $U(s)$ und $I(s)$ werden Abkürzungen definiert. $I(s)$ verursacht übrigens keine Konflikte mit der imaginären Einheit I. Die Laplace-Transformation der Differentialgleichung liefert wiederum eine verhältnismäßig einfache Gleichung in s. Im Gegensatz zum vorigen Beispiel ist die Eingangsfunktion $U(s)$ darin noch direkt enthalten, weil für $U(s)$ in der Folge unterschiedliche Funktionen eingesetzt werden sollen.

```
alias( U(s)=laplace(u(t), t, s), I(s)=laplace(i(t), t, s)):
laplace( de, t, s);
```

$$U(s)s - u(0) = R\,(I(s)s - i(0)) + L\,((I(s)s - i(0))\,s - \mathrm{D}(i)(0)) + \frac{I(s)}{C}$$

Mit `solve` wird die Gleichung nach $I(s)$ aufgelöst. In die Lösung wird $u(0) = 0, i(0) = 0$ sowie $i'(0) = 0$ substituiert, das Ergebnis wird in der Funktion iS gespeichert. (`is` ist ein Schlüsselwort von Maple und kann daher nicht als Variable verwendet werden.)

```
solve(", I(s));
```

$$-\left(U(s)s - u(0) + Ri(0) + Lsi(0) + L\mathrm{D}(i)(0)\right)\left(-Rs - Ls^2 - C^{-1}\right)^{-1}$$

```
iS:=subs( u(0)=0, i(0)=0, D(i)(0)=0, ");
```

$$iS := -U(s)s\left(-Rs - Ls^2 - C^{-1}\right)^{-1}$$

Die folgenden Schritte wiederholen sich jetzt mehrmals: Es werden verschiedene Eingangssignale $u(t)$ angenommen, nach $U(s)$ transformiert und in die obige Lösung für $I(s)$ eingesetzt. Anschließend wird $I(s)$ zurück nach $i(t)$ transformiert und grafisch dargestellt.

Als erstes soll der Strom i berechnet werden, wenn an die Schaltung plötzlich (zum Zeitpunkt $t = 0$) eine Spannung von 300 V angelegt wird. Anschließend wird $U(s)$ in die Lösung für $I(s)$ eingesetzt.

```
ut:=300: us:=laplace(ut, t, s);
```

$$us := \frac{300}{s}$$

```
subs( U(s)=us, iS);
```

$$-300\left(-Rs - Ls^2 - C^{-1}\right)^{-1}$$

Nach der Rücktransformation wird das Ergebnis für $i(t)$ durch das Einsetzen der Bauteildaten stark vereinfacht.

```
it:=invlaplace(", s, t);
```

$$it := 600\,\sqrt{C}\,e^{-\frac{Rt}{2L}}\sinh(\frac{\sqrt{-4\,L+R^2C}\,t}{2\,L\sqrt{C}})\frac{1}{\sqrt{-4\,L+R^2C}}$$

```
it:=simplify( subs( R=16, L=2, C=0.02, it));
```

$$it := 49.99999999e^{-4\,t}\sin(3.0t)$$

Die Abbildung zeigt die Eingangsspannung und die Spannung am Widerstand R=16Ω. Nach einem kurzen Einschwingvorgang (während dem sich der Kondensator auflädt und so die Eingangsspannung kompensiert) sinkt der Strom wieder auf 0.

```
plot({ut, it*16}, t=0..2);
```

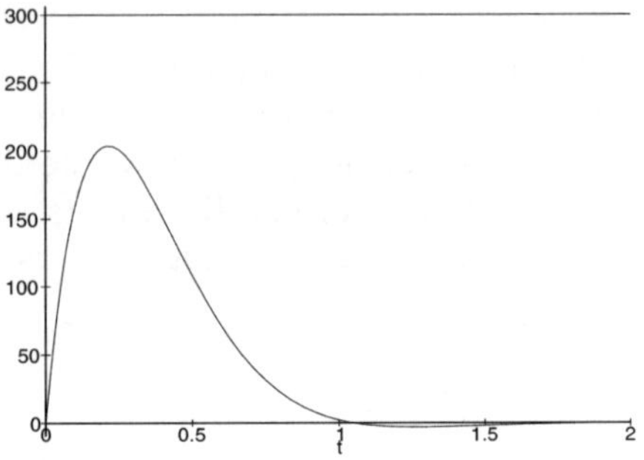

Als nächstes soll untersucht werden, wie die Schaltung auf eine sinusförmige Eingangsspannung mit 50 Hertz reagiert.

```
ut:=100*sin(2*Pi*50*t):
us:=laplace(ut, t, s);
```

$$us := \frac{10000\,\pi}{s^2+10000\,\pi^2}$$

```
invlaplace( subs( U(s)=us, iS), s, t):
it:=subs( R=16, L=2, C=0.02, "): simplify("): evalf(",5);
```

$$0.0040523\sin(314.16t) - 0.15909\cos(314.16t) - 0.21223e^{-4.0t}\sin(3.0t)+$$
$$0.15909e^{-4.0t}\cos(3.0t)$$

Der Strom pendelt sich erst allmählich in eine stabile Schwingung ein. Die Abbildung zeigt die Spannung am Widerstand R während der ersten Sekunde nach dem Einschalten.

```
plot( {it*16}, t=0..1,
      numpoints=2000);
```

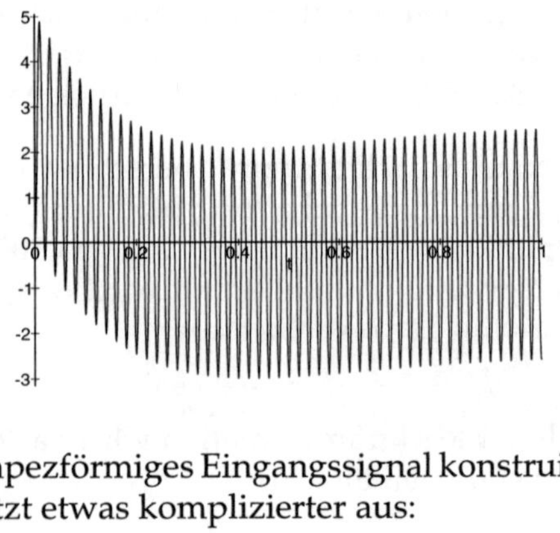

Im letzten Beispiel wird mit der σ-Funktion ein trapezförmiges Eingangssignal konstruiert. Die resultierende transformierte Funktion fällt jetzt etwas komplizierter aus:

```
ut:=t-(t-1)*sigma(t-1)-(t-4)*sigma(t-4)+(t-5)*sigma(t-5);
```

$$ut := t-(t-1)\,\sigma(t-1)-(t-4)\,\sigma(t-4)+(t-5)\,\sigma(t-5)$$

```
us:=laplace(ut, t, s);
```

$$us := s^{-2} - \frac{e^{-s}}{s^2} - \frac{e^{-4\,s}}{s^2} + \frac{e^{-5\,s}}{s^2}$$

Um den Rechenaufwand zu minimieren, werden die Bauteildaten diesmal schon vor der Rücktransformation von $I(s)$ eingesetzt. Die Substitution wird merkwürdigerweise nur dann korrekt ausgeführt, wenn die Substitutionsregeln in geschwungene Klammern gesetzt werden. Außerdem muß der resultierende Ausdruck vor der Rücktransformation mit `simplify` vereinfacht werden – sonst liefert `invlaplace` ein unausgewertetes Integral zurück.

```
subs( {R=16, L=2, C=0.02, U(s)=us}, iS): simplify(");
```

$$\frac{0.5 - 0.5e^{-1.0s} - 0.5e^{-4.0s} + 0.5e^{-5.0s}}{s\,(8.0s + s^2 + 25.0)}$$

```
invlaplace(",s,t): it:=evalf(",5);
```

$$it := 0.02 - 0.026667e^{-4.0t}\sin(3.0t) - 0.02e^{-4.0t}\cos(3.0t) -$$
$$0.5\sigma(t-1)\left(0.04 - 0.053333e^{-4.0t+4.0}\sin(3.0t-3.0) - 0.04e^{-4.0t+4.0}\cos(3.0t-3.0)\right) -$$
$$0.5\sigma(t-4)\left(0.04 - 0.053333e^{-4.0t+16.0}\sin(3.0t-12.0) - 0.04e^{-4.0t+16.0}\cos(3.0t-12.0)\right) +$$
$$0.5\sigma(t-5)\left(0.04 - 0.053333e^{-4.0t+20.0}\sin(3.0t-15.0) - 0.04e^{-4.0t+20.0}\cos(3.0t-15.0)\right)$$

Die Abbildung zeigt die trapezförmige Eingangsspannung und die resultierende Ausgangsspannung am Widerstand R.

```
plot( {ut, it*16}, t=0..8);
```

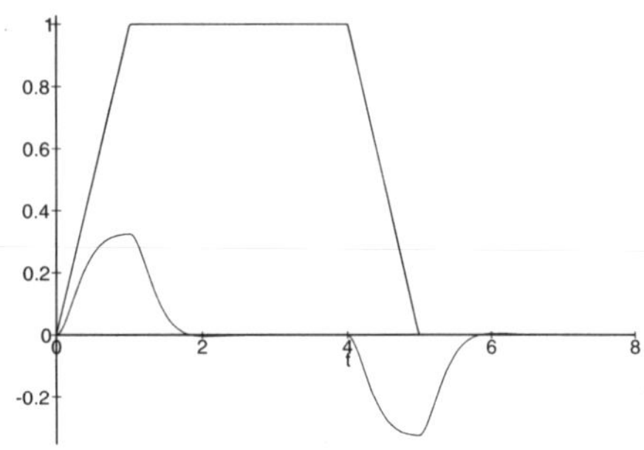

Mellin-Transformation

Die Mellin-Transformation ist folgendermaßen definiert:

$$F(s) = \int_0^\infty t^{s-1} f(t)\,dt$$

Das Kommando `mellin` wird ähnlich wie `laplace` aufgerufen – im ersten Parameter die zu transformierende Funktion, im zweiten Parameter deren Variable und im dritten Parameter die Variable der transformierten Funktion.

Die folgenden Kommandos demonstrieren die Anwendung des `mellin`-Kommandos. Fallweise kann das Ergebnis durch `simplify` noch vereinfacht werden.

```
with(inttrans): mellin(sin(t),t,s);
```

$$\Gamma(s)\sin(\frac{\pi\,s}{2})$$

```
mellin(t^a, t, s):
simplify(");
```

$$\frac{\sigma(s+a)-\sigma(-s-a)}{s+a}$$

Z-Transformation

Die Z-Transformation transformiert diskrete Funktionen $f(n)$ nach $F(z)$. f ist nur für ganze n größer gleich Null definiert. Die Z-Transformation wird nach folgender Formel durchgeführt:

$$F(z)=\sum_{n=0}^{\infty}\frac{f(n)}{z^n}$$

Die Kommandos `ztrans` und `invztrans` müs-sen durch `with(inttrans)` aktiviert werden. Der Aufruf erfolgt wie bei `laplace` und `mellin`, mit der gleichen Reihenfolge der Parameter.

```
with(inttrans):
ztrans( n^2, n, z);
```

$$\frac{z\,(z+1)}{(z-1)^3}$$

```
invztrans(",z,n);
```

$$n^2$$

Eine Überraschung tritt bei der Rücktransformation von $F(z) = 1$ auf. `invtrans` formuliert das Ergebnis mit der `Delta`-Funktion, die es laut Dokumentation und Online-Hilfe gar nicht gibt. Mathematisch ist diese Funktion ähnlich wie der Diracimpuls definiert: Sie liefert 1 für $n = 0$ und 0 für alle anderen n. Die Funktion kann auch zur Formulierung eigener Funktionen verwendet werden.

```
invztrans(1,z,n);
```

$$\Delta(n)$$

```
ztrans(n^2*Delta(n-3),n,z);
```

$$\frac{9}{z^3}$$

Eine Auswertung der Deltafunktion ist allerdings nicht möglich.

```
sol:=invztrans(
  (1-4*z^2) / (z^2-2*z+1), z, n);
```

$$sol := \Delta(n) - 3\,n - 5$$

```
seq( sol, n=0..3); n:='n':
```

$$\Delta(0)-5, \Delta(1)-8, \Delta(2)-11,$$

$$\Delta(3)-14$$

Die Funktion `Delta` darf nicht neu definiert werden, weil `ztrans` dann nicht mehr funktioniert. Deswegen wird die kleingeschriebene `delta`-Funktion definiert und in der Lösung zur Substitution von `Delta` verwendet. Durch diesen Umweg können Funktionen mit der `Delta`-Funktion ausgewertet werden.

Die Definition von `delta` sieht folgendermaßen aus: Wenn x den Wert 0 enthält, lautet das Ergebnis 1. Wenn x nicht 0 ist, aber einen numerischen Ausdruck enthält, liefert die Funktion 1. In allen anderen Fällen, also beispielsweise wenn x ein Symbol wie n enthält, wird die unausgewertete Funktion zurückgegeben. Diese muß in Apostrophe gestellt werden, um einen rekursiven Aufruf von `delta` zu verhindern.

```
delta:=x->
   if x=0 then 1;
   elif type(x,numeric) then 0;
   else 'delta(x)' fi:
sol:=subs(Delta=delta, sol);
```

$$delta := \delta(n) - 5 - 3\,n$$

```
seq(sol, n=0..3); n:='n':
```

$$-4, -8, -11, -14$$

Lösung von Differenzengleichungen mit der Z-Transformation

Die Z-Transformation wird vor allem dann verwendet, wenn das Verhalten diskreter Systeme berechnet werden soll. Solche Systeme kommen vor allem in der Regelungstechnik vor, wenn eine digitale Schaltung in periodischen Abständen (also diskret und nicht kontinuierlich) Eingangswerte mißt und daraus ein Ausgangssignal erzeugt.

Im ersten Beispiel soll die Gleichung $f(k+2) - 4\,f(k+1) + 3\,f(k) = 1$ mit $f(0) = 0$ und $f(1) = 1$ gelöst werden. Dazu wird die ganze Gleichung Z-transformiert. Um das Ergebnis übersichtlicher anzuschreiben, wird $F(z)$ als Abkürzung für `ztrans(f(k),k,z)` eingeführt.

```
sys:=f(k+2)-4*f(k+1)+3*f(k)=1:
alias(F(z)=ztrans(f(k),k,z)):
ztrans(sys,k,z);
```

$$z^2 F(z) - f(0)z^2 - f(1)z - 4\,zF(z) + 4\,f(0)z + 3\,F(z) = \frac{z}{z-1}$$

In das Ergebnis wird $f(0) = 0$ und $f(1) = 1$ eingesetzt, anschließend wird die Gleichung für $F(z)$ gelöst.

```
subs(f(0)=0, f(1)=1, ");
```

$$z^2 F(z) - z - 4\,zF(z) + 3\,F(z) = \frac{z}{z-1}$$

```
sol:=solve(", F(z));
```

$$sol := -\frac{\left(-z - \frac{z}{z-1}\right)}{(z^2 - 4\,z + 3)}$$

Die gesuchte Funktion $f(k)$, die die oben formulierte Gleichung erfüllt, ergibt sich durch die Rücktransformation nach k.

```
fk:=invztrans(", z, k);
```

$$fk := \frac{3\,3^k}{4} - \frac{k}{2} - 3/4$$

```
seq(fk, k=0..5); k:='k':
```

$$0, 1, 5, 18, 58, 179$$

Im zweiten Beispiel soll $u(k)$ für das System $e(k) = u(k+2) - 3*u(k+1) + 2*u(k)$ berechnet werden, wenn als Eingangssignal $e(k)$ die Deltafunktion verwendet wird. Damit wird die Impulsantwort eines diskreten Systems berechnet.

```
alias( E(z)=ztrans(e(k),k,z), U(z)=ztrans(u(k),k,z)):
ztrans( e(k)=u(k+2)-3*u(k+1)+2*u(k), k, z);
```

$$E(z) = z^2U(z) - u(0)z^2 - u(1)z - 3\,zU(z) + 3\,u(0)z + 2\,U(z)$$

```
uz:=solve(", U(z));
```

$$uz := -\frac{E(z) + u(0)z^2 + u(1)z - 3\,u(0)z}{-z^2 + 3\,z - 2}$$

In die Lösung für $U(z)$ wird das Z-transformierte Eingangssignal $E(z)$ eingesetzt.

```
ek:=Delta(k);
```

$$ek := \Delta(k)$$

```
ez:=ztrans(ek,k,z);
```

$$ez := 1$$

Vor der Rücktransformation wird der Startzustand des Systems, nämlich $u(0) = 0$ und $u(1) = -1$, und die Eingangsfunktion $E(z)$ in uz substituiert.

```
subs( E(z)=ez, u(0)=0,
               u(1)=-1, uz);
```

$$-\frac{1 - z}{-z^2 + 3\,z - 2}$$

```
uk:=invztrans( ", z, k);
```

$$uk := \frac{\Delta(k)}{2} - \frac{2^k}{2}$$

Da `invtrans` das Ergebnis mit der `Delta`-Funktion formuliert, muß diese zur Auswertung durch `delta` ersetzt werden. (`delta` wurde im vorigen Abschnitt definiert und liefert 1 für $k = 0$ und 0 für alle anderen k.)

```
uk:=subs( Delta=delta, uk);
```

$$uk := \frac{\delta(k)}{2} - \frac{2^k}{2}$$

```
seq(uk, k=0..5); k:='k':
```

$$0, -1, -2, -4, -8, -16$$

Syntaxzusammenfassung

`with(inttrans);`
aktiviert die Kommandos `laplace`, `mellin` und `ztrans`.

`laplace(f,t,s);` `invlaplace(F,s,t);`
führt die Laplace-Transformation von $f(t)$ nach $F(s)$ bzw. die Umkehrtransformation aus.

`mellin(f,t,s);`
führt die Mellin-Transformation von $f(t)$ nach $F(s)$ durch.

`ztrans(f,k,z);` `invztrans(F,z,k);`
führt die Z-Transformation von $f(k)$ nach $F(z)$ bzw. die Umkehrtransformation aus.

Kapitel 27

Vektoranalysis

Dieses Kapitel beschreibt die in Maple vorgesehenen Kommandos zur Vektoranalysis und deren Anwendung zur Vereinfachung aufwendiger Integrale. Das Kapitel gibt auch einige Beispiele zur grafische Darstellung von Vektorfeldern.

`grad`
berechnet den Gradienten einer skalaren Funktion.

`diverge`, `curl`
berechnen Divergenz und Rotation von vektoriellen Funktionen. `grad`, `diverge` und `curl` können in einer großen Zahl von vordefinierten Koordinatensystemen eingesetzt werden.

`potential`, `vecpotent`
berechnen eine skalare oder vektorielle Potentialfunktion zu einer gegebenen vektoriellen Funktion. Alle fünf Kommandos sind Teil des `linalg`-Packages.

`fieldplot[3d]`, `gradplot[3d]`
stellen zwei- und dreidimensionale Vektorfelder grafisch dar.

Gradient, Divergenz und Rotation

Das Package `linalg`, das in Kapitel 14 (Vektor- und Matrizenrechnung) bereits eingehend behandelt wurde, enthält einige noch nicht besprochene Kommandos zur Vektoranalysis. Zum besseren Verständnis dieser Kommandos ist es notwendig, den Unterschied zwischen skalaren und vektoriellen Funktionen zu klären: Eine skalare Funktion (im kartesischen Koordinatensystem) ist eine Funktion der drei Variablen x, y und z, die als Ergebnis einen Skalar (also einen einzelnen Wert liefert). Im Gegensatz dazu stehen vektorielle Funktionen, die als Ergebnis der drei Parameter x, y und z wiederum einen Vektor $(x1, y1, z1)$ liefern. Allgemein können skalare und vektorielle Funktionen folgendermaßen definiert werden:

```
sf := f(x,y,z):
vf := [fx(x,y,z), fy(x,y,z), fz(x,y,z)]:
```

Das Kommando `grad` berechnet den Gradienten einer skalaren Funktion. Dem Kommando wird im zweiten Parameter die Liste der Variablen der Funktion übergeben. Das Ergebnis ist eine vektorielle Funktion. Der resultierende Vektor zeigt für jeden beliebigen Punkt jeweils in die Richtung der größten Funktionszunahme (und steht damit normal auf die Niveauflächen der Funktion).

```
with(linalg):
grad( sf, [x,y,z] );
```

$$[\frac{\partial}{\partial x} f(x,y,z), \frac{\partial}{\partial y} f(x,y,z), \frac{\partial}{\partial z} f(x,y,z)]$$

```
grad( x+x*y*z^2, [x,y,z]);
```

$$[1 + yz^2, xz^2, 2\,xyz]$$

`diverge` berechnet die Divergenz von Vektorfeldern. Die Divergenz gibt als skalare Funktion die Dichte der Quellen des Vektorfeldes an jedem beliebigen Koordinatenpunkt an.

```
diverge( vf, [x,y,z]);
```

$$\frac{\partial}{\partial x} fx(x,y,z) + \frac{\partial}{\partial y} fy(x,y,z) + \frac{\partial}{\partial z} fz(x,y,z)$$

```
diverge( [y*sin(x), x*cos(y), z], [x,y,z] );
```

$$y\cos(x) - x\sin(y) + 1$$

Die Rotation wird mit dem Kommando `curl` berechnet. Die Rotation gibt als vektorielle Funktion Stärke und Richtung der im vektoriellen Feld auftretenden Wirbel an.

```
curl( vf, [x,y,z] );
```

$$[\frac{\partial}{\partial y} fz(x,y,z) - \frac{\partial}{\partial z} fy(x,y,z), \frac{\partial}{\partial z} fx(x,y,z) - \frac{\partial}{\partial x} fz(x,y,z), \frac{\partial}{\partial x} fy(x,y,z) - \frac{\partial}{\partial y} fx(x,y,z)]$$

Das etwas unübersichtliche Ergebnis kann mit `convert(..., matrix)` als Spaltenvektor angezeigt werden.

```
convert(", matrix);
```

$$\begin{bmatrix} \frac{\partial}{\partial y} fz(x,y,z) - \frac{\partial}{\partial z} fy(x,y,z) \\ \frac{\partial}{\partial z} fx(x,y,z) - \frac{\partial}{\partial x} fz(x,y,z) \\ \frac{\partial}{\partial x} fy(x,y,z) - \frac{\partial}{\partial y} fx(x,y,z) \end{bmatrix}$$

Die Kommandos rechts zeigen ein weiteres Anwendungsbeispiel zu `curl`. Das Ergebnis wird wiederum mit `convert` in eine lesbarere Form gebracht.

```
curl( [z*sin(x), z*sin(y),
       sqrt(x^2+y^2)], [x,y,z] ):
convert(",matrix);
```

$$\begin{bmatrix} \frac{y}{\sqrt{x^2+y^2}} - \sin(y) \\ \sin(x) - \frac{x}{\sqrt{x^2+y^2}} \\ 0 \end{bmatrix}$$

`grad`, `diverge` und `curl` können für alle in Maple definierten Koordinatensysteme verwendet werden. (Seit Release 4 stehen immerhin 31 dreidimensionale Koordinatensysteme zur Verfügung – siehe `?coords`. Mit `addcoords` können sogar neue Koordinatensysteme definiert werden.)

Um die Divergenz in Zylinderkoordinaten zu berechnen, müssen in zwei zusätzlichen Parametern eine Liste mit den Namen der drei Koordinaten und der Name des Koordinatensystems übergeben werden.

```
vf:=[r*cos(phi),r*sin(phi),r]:
diverge(vf, [r,phi,z],
        coords=cylindrical);
```

$$3\cos(\phi)$$

Im zweiten Beispiel werden einige `alias`-Abkürzungen eingeführt, um die Rotation einer allgemeinen Funktion in Kugelkoordinaten übersichtlich darzustellen.

```
alias(R=R(r,theta,phi), Theta=Theta(r,theta,phi), Phi=Phi(r,theta,phi)):
curl( [R, Theta, Phi], [r,theta,phi], coords=spherical):
convert(",matrix);
```

$$\begin{bmatrix} \dfrac{r\cos(\theta)\,\Phi + r\sin(\theta)\left(\frac{\partial}{\partial\theta}\Phi\right) - r\left(\frac{\partial}{\partial\phi}\Theta\right)}{r^2\sin(\theta)} \\ \dfrac{\left(\frac{\partial}{\partial\phi}R\right) - \sin(\theta)\,\Phi - r\sin(\theta)\left(\frac{\partial}{\partial r}\Phi\right)}{r\sin(\theta)} \\ \dfrac{\Theta + r\left(\frac{\partial}{\partial r}\Theta\right) - \left(\frac{\partial}{\partial\theta}R\right)}{r} \end{bmatrix}$$

Das letzte Beispiel zeigt die Berechnung des Gradienten einer allgemeinen Funktion in elliptischen Zylinderkoordinaten.

```
grad( f(u,v,z), [u,v,z], coords=ellcylindrical): convert(",matrix);
```

$$\left[\begin{array}{c} \dfrac{\frac{\partial}{\partial u}\,\mathrm{f}(u,v,z)}{a\sqrt{\sin(v)^2+\sinh(u)^2}} \\ \dfrac{\frac{\partial}{\partial v}\,\mathrm{f}(u,v,z)}{a\sqrt{\sin(v)^2+\sinh(u)^2}} \\ \frac{\partial}{\partial z}\,\mathrm{f}(u,v,z) \end{array}\right]$$

Anmerkung: Nichtkartesische Koordinaten können ausschließlich bei den Kommandos `grad`, `diverge` und `curl` und für einige `plot`-Kommandos verwendet werden. Es gibt aber kein Kommando, um Koordinatenpunkte zwischen verschiedenen Koordinatensystemen umzurechnen.

Potentialfunktionen

Bei komplizierteren Berechnungen besteht oft der Wunsch, Vektorfunktionen durch einfachere Potentialfunktionen zu ersetzen. Die Kommandos `potential` und `vecpotent` sind bei der Suche geeigneter Potentialfunktionen behilflich.

`potential` testet, ob zu einer gegebenen Vektorfunktion vf eine skalare Potentialfunktion existiert. Wenn das der Fall ist, schreibt das Kommando die Lösung in die im dritten Parameter in Apostrophen angegebenen Variable. Die Potentialfunktion erfüllt die Forderung $\mathrm{grad}(p) = vf$.

```
potential( [x,y^2,z^3],
           [x,y,z], 'p');
```

true

```
p;
```

$$\frac{x^2}{2}+\frac{z^4}{4}+\frac{y^3}{3}$$

```
grad(p, [x,y,z]);
```

$$[x, y^2, z^3]$$

`vecpotent` stellt eine Variante zu `potential` dar und versucht eine vektorielle (statt einer skalaren) Potentialfunktion zu finden. Das Ergebnis erfüllt die Bedingung $\mathrm{rot}(p) = vf$.

```
vecpotent( [y^2+z^2, x^2+z^2,
            x^2+y^2],
           [x,y,z], 'v');
```

true

```
matrixform( map(simplify,v) );
```

$$\left[\begin{array}{c} x^2 z+\frac{z^3}{3}-x^2 y-\frac{y^3}{3} \\ -y^2 z-\frac{z^3}{3} \\ 0 \end{array}\right]$$

```
curl(v, [x,y,z]);
```

$$[y^2+z^2, x^2+z^2, x^2+y^2]$$

Gaußscher und Stokescher Integralsatz

Der Gaußsche Integralsatz ermöglicht die Transformation zwischen Volumen- und Oberflächenintegralen. Durch diese Transformation kann sich das gegebene Integral vereinfachen (wobei je nach gegebener Funktion und der Form der umschließenden Fläche die eine oder die andere Form des Integrals einfacher auszuwerten ist).

$$\iiint_V \operatorname{div} f \, dV = \iint_A f \cdot n \, dA$$

Dabei ist n der Normalvektor auf die Funktion f.

Dazu gleich ein Beispiel: Es soll das Oberflächenintegral über die Funktion $f \cdot n$ entlang der Oberfläche eines Würfels zwischen $(0,0,0)$ und (a,a,a) ermittelt werden, wobei $f = [e^x, \cosh(y), \sinh(z)]$. Allein das Aufstellen dieses Integrals ist mühsam. Immerhin muß über alle sechs Begrenzungsflächen des Würfels integriert werden. Durch die Überführung in ein Volumenintegral wird außerdem die Berechnung des Normalvektors n gespart.

```
f:=[E^x, cosh(y), sinh(z)];
```

$$f := [e^x, \cosh(y), \sinh(z)]$$

```
int(int(int(
   diverge(f,[x,y,z]),
   x=0..a), y=0..a), z=0..a):
simplify(");
```

$$2\,a^2\,(e^a - 1)$$

Der Stokesche Integralsatz ermöglicht die Transformation zwischen einem Integral über eine dreidimensionale Fläche und einem Integral entlang der Begrenzungslinie dieses Integrals. Die Formel lautet:

$$\iint_A (\mathrm{rot} f) \cdot n \, dA = \oint_C f \cdot r'(s) \, ds$$

Dabei ist n der Normalvektor auf die Integrationsfläche A und $r'(s)$ der Tangenteneinheitsvektor entlang der Integrationskurve s, wobei $r' = \frac{dr}{ds}$.

Im Beispiel zur Anwendung des Stokeschen Integralsatzes soll das Linienintegral $f \cdot r'$ entlang des Kreises $x^2 + y^2 = 1$ für $z = 1$ ermittelt werden, wobei $f = [-3y, 3x, z]$. Das Doppelintegral am Ende dieses Beispiels demonstriert nur die prinzipielle Vorgehensweise, das Ergebnis ist ohnehin offensichtlich.

```
f:=[-3*y,3*x,z];
```

$$f := [-3\,y, 3\,x, z]$$

```
n:=[0,0,1];
```

$$n := [0, 0, 1]$$

```
dotprod(n,curl(f,[x,y,z]));
```

$$6$$

```
int( int( 6,
  x=-sqrt(1-y^2)..sqrt(1-y^2)),
  y=-1..1);
```

$$6\,\pi$$

Grafische Darstellung von Vektorfunktionen

Das Package `plots` enthält vier Kommandos zur Darstellung vektorieller Funktionen. Die Grundidee ist bei allen vier Kommandos dieselbe: Über den darzustellenden Raum wird ein zwei- oder dreidimensionaler Raster gelegt. In jedem Rasterpunkt wird durch einen kleinen Pfeil Größe und Richtung des dort auftretenden Vektors angezeigt.

`fieldplot` zeichnet zweidimensionale Vektorfelder. Die beiden Vektorkomponenten werden in einer Liste angegeben, die beiden weiteren Parameter geben den Zeichenbereich an.

```
with(plots):
fieldplot( [x*y^2, y*x^2],
           x=-1..1, y=-1..1);
```

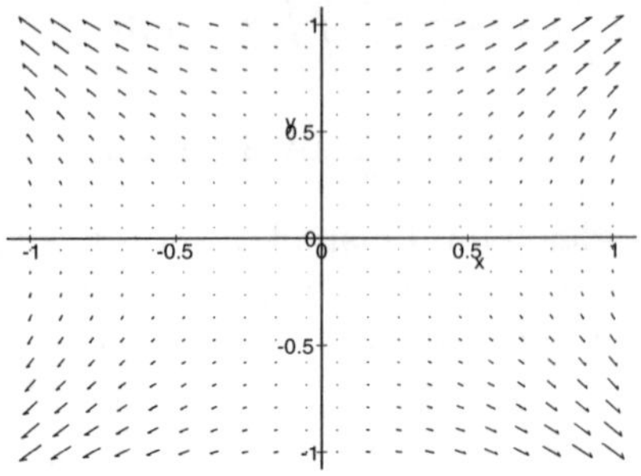

Das Kommando eignet sich auch zur Darstellung komplexer Funktionen.

```
fieldplot( [ Re(sin(x+I*y)),
             Im(sin(x+I*y)) ],
  x=0..Pi, y=-1..1, axes=boxed);
```

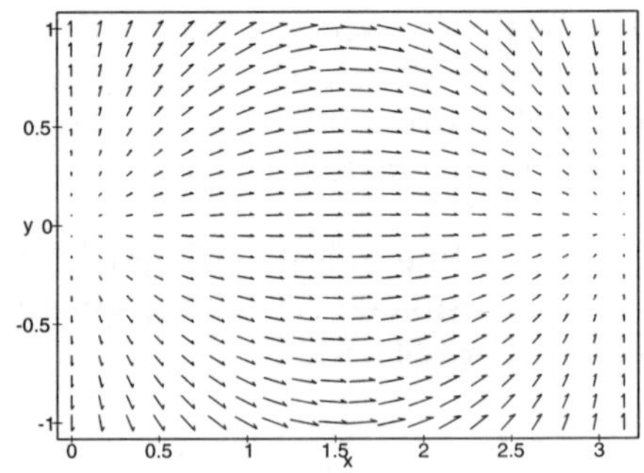

`gradplot` stellt die partiellen Ableitungen einer skalaren Funktion dar (also die Vektoren $[\frac{\partial}{\partial x} f, \frac{\partial}{\partial x} f]$. Über die Option `arrows` kann die gewünschte Pfeilform eingestellt werden. Beachten Sie, daß dabei – im Gegensatz zu den meisten anderen Grafikoptionen – Großbuchstaben vorgeschrieben sind.

```
gradplot( sin(x*y), x=-1..1,
        y=-1..1, arrows=SLIM);
```

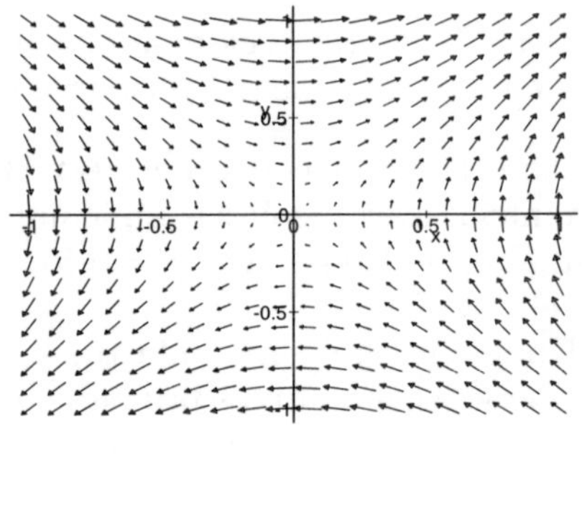

`fieldplot3d` und `gradplot3d` sind die dreidimensionalen Varianten zu den beiden oben beschriebenen Kommandos.

```
fieldplot3d( [x,y,z],
   x=-1..1, y=0..Pi/2, z=0..Pi/2,
   orientation=[131,71],
   axes=boxed, grid=[5,5,5],
   arrows=SLIM, color=black);
```

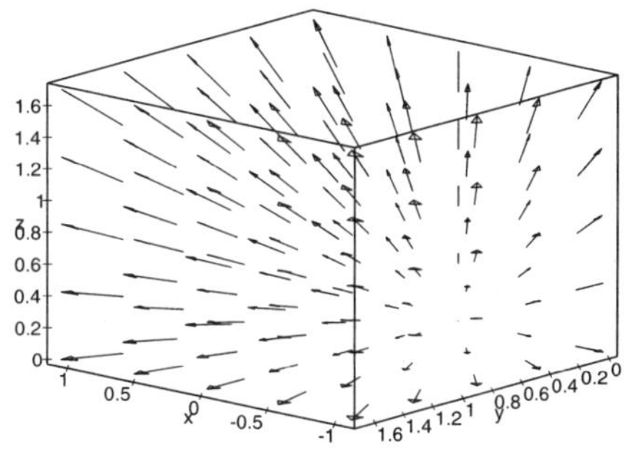

Über die Option `grid` wird die Rastereinteilung in den drei Koordinatenrichtungen angegeben. Durch die `color`-Option kann eine beliebige Farbverteilung eingestellt werden. Diese und die anderen im Kommando vorkommenden Optionen sind in Kapitel 20 beschrieben.

Syntaxzusammenfassung

`with(linalg);`
aktivert die fünf unten beschriebenen Kommandos.

`grad(f, [x,y,z]);    grad(f, [x,y,z], c);`
bildet den Gradienten einer skalaren Funktion mit den drei Variablen x, y und z. Das Ergebnis ist eine vektorielle Funktion. Der optionale Parameter c bestimmt ein nichtkartesisches Koordinatensystem, z.B. `coords=cylindrical`, `coords=spherical` etc. Eine Liste der vordefinierten Koordinatensysteme gibt `?coords`.

`diverge([fx, fy, fz], [x,y,z]);    diverge([fx, fy, fz], [x,y,z], c);`
berechnet die Divergenz einer vektoriellen Funktion. Das Ergebnis ist eine skalare Funktion.

`curl([fx, fy, fz], [x,y,z]);    curl([fx, fy, fz], [x,y,z], c);`
bildet die Rotation einer vektoriellen Funktion. Das Ergebnis ist wiederum eine vektorielle Funktion.

`potential([fx, fy, fz], [x,y,z], ´p´);`
versucht eine skalare Potentialfunktion aufzustellen, die die Bedingung $\mathrm{grad}(p) = f$ erfüllt. Das Kommando liefert das Ergebnis *true* oder *false* und schreibt gegebenenfalls das Ergebnis in die Variable p.

`vecpotent([fx, fy, fz], [x,y,z], ´p´);`
schreibt (falls möglich) eine vektorielle Potentialfunktion in die Variable p. Die Potentialfunktion erfüllt die Bedingung $\mathrm{rot}(p) = vf$.

Grafische Darstellung von Vektorfunktionen

`with(plots);`
aktiviert die unten angeführten Kommandos.

`fieldplot([fx, fy], x=x0..x1, y=y0..y1);`
stellt die zweidimensionale Vektorfunktion $[f_x, f_y]$ durch kleine Pfeile dar.

`gradplot(f, x=x0..x1, y=y0..y1);`
stellt die partiellen Ableitungen von f nach x und y durch Pfeile dar.

`fieldplot3d([fx,fy,fz], x=x0..x1, y=y0..y1, z=z0..z1);`
wie oben, aber für dreidimensionale Vektorfelder.

`arrows = ..`
stellt die Pfeilform ein:
`THIN`: kleine, hakenförmige Pfeile.
`SLIM`: kleine Pfeile mit 'echter' Spitze.
`LINE`: Linien ohne Spitze.
`THICK`: breite Pfeile.

`grid = [nx, ny]` oder `grid = [nx, ny, nz]`
stellt die Anzahl der Rasterpunkte in den zwei oder drei Koordinatenrichtungen ein.

Kapitel 28

Programmieren I: Grundlagen, interne Strukturen

Dieses ist das erste von drei Kapiteln, die sich explizit mit dem Programmieren in Maple befassen. Natürlich ist das Thema auch in den vorangegangenen Kapiteln immer wieder am Rande aufgetaucht – das erste Mal bei der Definition eigener Funktionen in Kapitel 8, dann immer wieder zur Formulierung einfacher `for`-Schleifen u. a.

Die drei Kapitel bilden eine Einführung in die Programmiersprache von Maple. Sie sollten sich aber bewußt sein, daß damit keine vollständige und umfassende Behandlung des Themas Programmieren gegeben ist. Insbesondere sei auf das seit Release 4 mitgelieferte Manual 'Programming Guide' verwiesen, das auf beinahe 400 Seiten die Programmierung von Maple erklärt. Dieses Buch ist didaktisch wie inhaltlich hervorragend aufgebaut (eine wahre Rarität unter Originalhandbüchern!).

Dieses Kapitel vermittelt vor allem Grundlagenwissen. Wenn Sie nur schnell eine Schleife schreiben wollen, können Sie das zum Teil theoretische Kapitel vorläufig einfach überspringen. Für fortgeschrittene Anwendungen stellen die im Kapitel behandelten Themen aber eine unverzichtbare Basis dar:

- Codeeingabe
- Regeln für die Angabe von Dateinamen
- Aufbau von Maple (Kernel, Library, Packages)
- Anzeige des Maple-Codes von Kommandos
- Aufbau und die interne Verwaltung mathematischer Ausdrücke
- Speicherung bereits berechneter Ergebnisse (`remember`-Option)

Kapitel 29 beschreibt die prozeduralen Sprachelemente von Maple. Damit sind jene Kommandos (Schlüsselwörter) gemeint, mit denen Sie Abfragen und Schleifen bilden, Prozeduren definieren etc. Das Kapitel geht auch auf den Umgang mit Parametern (Typenüberprüfung), auf lokale Variablen und die Programmierung von Optionen ein.

Kapitel 30 vollzieht dann den Schritt von einer einzelnen Prozedur zur Gestaltung neuer Kommandos und ganzer Packages mit Hilfetexten. Das Kapitel beschreibt auch, wie eigene Packages in der `share`-Bibliothek oder in eigenen Bibliotheken gespeichert werden können. Als Beispiel dient das neue Kommando `seqn`, eine verbesserte Variante zu `seq`.

Kapitel 32 zum Thema Grafikprogrammierung enthält einige weitere Beispiele zur Programmierung eigener Kommandos.

Die Programmierumgebung

Obwohl Sie Maple bis jetzt als Computeralgebra-Programm kennengelernt haben, das primär dazu dient, mathematische Kommandos entgegenzunehmen und auszuwerten, können Sie Maple genauso gut auch als Programmiersprache betrachten. Intern besteht Maple aus einer sehr kleinen Anzahl von Kommandos zur Formulierung von Schleifen, Verzeigungen, Prozeduren etc. Diese Kommandos bilden die Programmiersprache Maples. Alle weiteren Kommandos (etwa `solve` zur Lösung von Gleichungen) sind in dieser Programmiersprache erstellt und werden von Kernel interpretiert. (Siehe auch den folgenden Abschnitt zum Aufbau von Maple.)

Sie können diese Kommandos zur Erstellung eigener Programme oder neuer Kommandos verwenden. Wenn Sie schon Erfahrungen in einer prozeduralen Programmiersprache (Pascal, C etc.) haben, wird Ihnen der Einstieg in die Programmierung von Maple besonders leicht fallen.

Die ersten Experimente werden Sie sicherlich im Worksheet-Interface von Maple durchführen. Dazu geben Sie den Programmcode wie ein gewöhnliches Maple-Kommando ein. Wenn Sie mehrere Zeilen benötigen, gelangen Sie mit (Shift)+(↵) in die nächste Zeile.

Das Beispiel rechts zeigt die Definition einer rekursiven Funktion zur Berechnung von Fibonacci-Zahlen. (Eine Beschreibung der wichtigsten Schlüsselwörter der Programmiersprache von Maple folgt im nächsten Kapitel.)

```
f:=proc(x::nonnegint)
  option remember;
  if x=0 then 0
  elif x=1 then 1
  else f(x-1)+f(x-2) fi
end:

f(50);
```

$$12586269025$$

Den Programmcode speichern Sie einfach zusammen mit der Worksheet-Datei. Wenn Sie die Datei später wieder laden, müssen Sie das Kommando zur Definition von f neuerlich ausführen, damit die Fibonacci-Funktion wieder zur Verfügung steht.

Relativ rasch werden Ihnen die sehr eingeschränkten Editiermöglichkeiten der Maple-Oberfläche auf die Nerven gehen. Selbstverständlich können Sie zur Erstellung des Programmcodes auch einen beliebigen anderen Editor verwenden. Mit dem Kommando `read` können Sie die Textdatei dann in Maple einlesen (siehe auch den folgenden Teilabschnitt zum Thema Verzeichnisse und Dateien). Die übliche Dateikennung für Maple-Quellcode ist `*.mpl`.

```
read `test.mpl`;
```

Wenn die Datei Syntaxfehler enthält, liefert `read` eine Fehlermeldung und zeigt die fehlerhafte Zeile an. Bei längeren Prozeduren kann es sinnvoll sein, die `interface`-Variable `echo` auf 2 zu stellen. Maple zeigt dann alle eingelesen Programmzeilen an und erleichtert so die Orientierung im Code.

Anmerkung: Prinzipiell können Sie Programmcode auch über die Zwischenablage zwischen Maple und einem Editor hin- und herkopieren. In der aktuellen Windows-Version funktioniert das allerdings nicht befriedigend: Beim Einfügen von Text in Maple wird zwischen alle Zeilen je eine Leerzeile eingefügt. (Der Grund: Maple-intern wird zur Trennung der Zeilen ein anderer Code verwendet als unter Windows.) Auch der Datentransfer in die andere Richtung macht Probleme: Maple kopiert mit jeder Programmzeile auch die Maple-Eingabekennzeichnung > in die Zwischenablage. Da dieses Zeichen nicht zum Programmcode gehört, muß es im Editor mühsam wieder entfernt werden.

Zur Fehlersuche in Maple-Programmen steht Ihnen auch ein einfacher Debugger zur Verfügung. Der Debugger ist in Kapitel 30 beschrieben.

Dateien und Verzeichnisse

Eine Quelle ständigen Ärgers sind die Konventionen zur Angabe von Dateinamen. Die Ursache der Probleme liegt dabei weniger bei Maple als in dem Umstand, daß Maple mit drei recht unterschiedlichen Dateisystemen (DOS/Windows, Apple, Unix) zurechtkommen muß. Dieser Abschnitt gibt einige Tips zur Angabe von Dateinamen.

- Dateinamen müssen in linksgerichtete Apostrophe ` gestellt werden.
- Als Trennzeichen zwischen Verzeichnissen kann in allen Maple-Versionen das Zeichen / verwendet werden. Maple ersetzt das Zeichen unter DOS/Windows automatisch durch \.
- Selbst wenn Sie mit der Windows-Version von Maple arbeiten, ist die Angabe eines einzelnen \-Zeichens im Dateinamen nicht zulässig. \ wird (wie in C bzw. unter Unix üblich) zur Kennzeichnung von Sonderzeichen verwendet und bildet mit dem nachfolgenden Zeichen eine Einheit. Das Sonderzeichen \ selbst kann nur durch zwei \-Zeichen gebildet werden, also etwa `verzeichnis\\name`.

Ein weiteres Problem beim Zugriff auf Dateien stellt das aktuelle Verzeichnis dar. Mit dem Kommando ``read `name` `` wird die Datei `name` aus dem aktuellen Verzeichnis gelesen. Das aktuelle Verzeichnis ist aber im Regelfall *nicht* dasselbe Verzeichnis wie jenes, aus dem die gerade aktuelle Worksheet-Datei stammt. Es besteht keine Möglichkeit, per Programmcode Dateien im gleichen Verzeichnis zu speichern oder zu lesen, in dem sich auch die aktuelle Worksheet-Datei befindet. Es gibt auch keine Möglichkeit, das aktuelle Verzeichnis zu ermitteln.

Welches Verzeichnis als aktuelles Verzeichnis gilt, hängt von der Maple-Version und von der Konfiguration ab. Bei der Windows-Version gilt standardgemäß `maple\examples` als aktuelles Verzeichnis. Sie können diese Voreinstellung im Programm-Manager (Windows 3.1) oder im Explorer (Windows 95) ändern (Arbeitsverzeichnis neu einstellen).

Natürlich können Sie bei jedem Dateizugriff den vollen Dateinamen (mit Laufwerk und allen Verzeichnissen) angeben. Wenn Sie die Worksheet-Datei aber später auf einem anderen Rechner installieren, dann stimmen die Pfadangaben freilich auch nicht mehr.

Verweis: Das Thema 'Umgang mit Dateien' ist mit diesen wenigen Absätzen natürlich noch nicht abgeschlossen. Kapitel 29 beschreibt Maple-Kommandos, mit denen Sie im Programmcode Dateien lesen und schreiben können (`fopen`, `fprintf` etc.). Kapitel 30 erklärt, wie Sie Maple-Programmcode im Binärformat speichern können (sowohl als Einzeldatei als auch in Form von eigenen Librarys).

Der Aufbau von Maple

Maple besteht – ein wenig vereinfacht – aus einem Programm (dem Kernel), das die Maple-Programmiersprache definiert, und einer Menge ASCII-Code in dieser Programmiersprache, durch den die zahlreichen Kommandos definiert sind. So gesehen können Sie Maple einfach als eine besonders für mathematische Anwendungen optimierte Programmiersprache betrachten.

Nach dem Start von Maple können Sie eine Menge Kommandos sofort verwenden. Das liegt daran, daß einige Kommandos intern in Maple eingebaut sind (etwa `seq`) und der Code zahlreicher weiterer Kommandos beim Start von Maple oder beim ersten Aufruf des jeweiligen Kommandos automatisch gelesen wird.

Aus der Sicht des Anwenders können die Maple-Kommandos so eingeteilt werden:

- sofort verfügbare Kommandos,
- Kommandos, die vor ihrer Verwendung mit `readlib` gelesen werden müssen,
- Kommandos in Packages, die mit `with` aktiviert werden müssen und
- Kommandos in der `share`-Library (siehe den nächsten Abschnitt).

Maple-intern sieht die Einteilung etwas feiner aus. Bei den sofort verfügbaren Kommandos wird zwischen Kommandos und Schlüsselwörtern unterschieden, die zum Kernel gehören und in kompilierter Form vorliegen, und solchen Kommandos, die bei ihrem Aufruf automatisch geladen werden. Diese Kommandos sind nach dem Start von Maple folgendermaßen definiert:

```
kommando := 'readlib('kommando')':
```

Sobald dieses Kommando das erste Mal aufgerufen wird, lädt Maple den dafür vorgesehenen Code. Auf diese Weise stehen sehr viele Kommandos fast verzögerungsfrei zur Verfügung, ohne den Arbeitsspeicher mit dem Code zahlloser gar nicht benötigter Kommandos zu füllen.

Bei allen weiteren Kommandos der Library muß das `readlib`-Kommando von Ihnen ausgeführt werden, wie das im Verlauf der letzten Kapitel immer wieder beschrieben wurde.

Bevor Sie Kommandos aus Packages verwenden, müssen Sie normalerweise das Kommando `with` mit dem Package-Namen als Parameter ausführen, etwa `with(linalg)`. (Alternativ dazu können Sie auch jedesmal den vollständigen Namen des Kommandos eingeben, also etwa `linalg[vector]` statt `vector`.) Durch das `with`-Kommando werden die im Package vorkommenden Kommandos in der oben schon beschriebenen Form durch `readlib` definiert – für das Kommando `vector` also:

```
vector := readlib(`linalg/vector`):
```

Wirklich geladen wird der Code dieses Kommandos aber erst bei dessen erster Verwendung. Das Kommando `with` funktioniert übrigens nur, weil im Namen des Packages – also beispielsweise in *linalg* – bereits unmittelbar nach dem Start von Maple eine Tabelle mit eben diesen `readlib`-Anweisungen steht. Diese Tabelle können Sie mit `op(linalg)` (schon vor der Ausführung von `with`) ansehen.

Abgesehen von einigen internen Kommandos, die sich vorkompiliert im Kernel von Maple befinden, wird der verschlüsselte Code aller weiteren Kommandos (inklusive der Packages) in den Dateien `lib\maple.lib` gespeichert. Damit Maple die gewünschten Informationen in diesen Riesendateien ausreichend schnell findet, enthält `lib\maple.ind` einen Index zu dieser Datei. Die Hilfetexte zu den Kommandos befinden sich in `lib\maple.hdb`. Zusammen beanspruchen diese drei Dateien in der aktuellen Version mehr als 11 MBytes.

Mit dem Zusatzprogramm `march` können Sie ein Inhaltsverzeichnis der Library-Datei erstellen, einzelne Dateien extrahieren oder zusätzliche Dateien in die Library aufnehmen. Details zu diesem Programm folgen in Kapitel 30.

Über die Online-Hilfe erhalten Sie Informationen darüber, zu welcher Gruppe welche Kommandos gehören:

?index	Überblick über die Schlüsselwörter von Maple
?keywords	interne Kommandos des Kernels (kompiliert)
?index,statement	Schlüsselwörter der Programmiersprache von Maple
?index,procedure	Schlüsselwörter plus Tools zur Programmierung (Debugger etc.)
?index,function	Liste aller vordefinierten Funktionen
?inifcn	Liste der Funktionen mit kurzer Erklärung
?packages	Überblick über die Packages
?ininame	Liste der vordefinierten Variablen wie I und π
?envvar	Liste der Enironment-Variablen wie `Digits`
?index,misc	Überblick über Hilfsfunktionen und externe Tools
?operator	Überblick über die Operatoren von Maple
?expressions	Operatoren und Funktionen zum Aufbau mathematischer Ausdrücke
?share	Informationen zum Aufbau der `share`-Library
?share,contents	Übersicht der Kommandos in der `share`-Library (vorher muß `read(share)` ausgeführt werden)
?updatesR4,language	Neuerungen in der Programmiersprache von Maple in Release 4

Die share-Library

Mit der `share`-Library sind eine Reihe von Zusatzkommandos und Packages gemeint, die zwar mit Maple ausgeliefert werden, aber offiziell nicht zur Standard-Library gehören und nicht wie andere Maple-Kommandos dokumentiert sind. Die Kommandos der `share`-Library stammen von Maple-Anwendern, die den Code anderen Anwendern zur Verfügung stellen. Weitere bzw. aktuellere Packages der `share`-Library können Sie über Internet beziehen – siehe das Online-Hilfethema `?share,address`.

Zur Verwendung der Kommandos aus der `share`-Library muß diese zuerst aktiviert werden:

```
with(share):
```

Der Code einzelner Kommandos kann jetzt wie aus der Standard-Library mit `readshare` gelesen werden, beispielsweise:

```
readshare(math,system);
```

Nach dem Laden von Kommandos aus der `share`-Library können Sie zumeist mit `?kommando` einen kurzen Hilfetext betrachten, der unmittelbar die Bedienung des Kommandos beschreibt.

Die Kommandos der `share`-Library sind wie die normale Library in einer `maple.lib`-Datei gespeichert – diesmal aber im Verzeichnis `share`. Darüber hinaus enthält der `share`-Verzeichnisbaum eine Menge begleitende Dateien: den Programmcode im ASCII-Format (`*.mpl`-Dateien), Hilfetexte im ASCII-Format (`*.mph`-Dateien), Worksheets, die die Anwendung der Library demonstrieren etc.

Außerdem existieren zu einigen Kommandos TeX- oder LaTeX-Dateien mit ausführlichen Informationen über Funktionsweise und über den mathematischen Hintergrund der Kommandos. Damit Sie diese Dateien ausdrucken oder am Bildschirm ansehen können, benötigen Sie allerdings das Satzprogramm TeX bzw. LaTeX, das standardgemäß nur auf Unix-Rechnern zur Verfügung steht.

Beachten Sie bitte, daß eine Veränderung der `*.mpl`- oder `*.mph`-Dateien im `share`-Verzeichnisbaum die Funktion der Library-Funktionen nicht verändert. Sowohl der Programmcode als auch die Hilfetexte werden automatisch aus den Library-Dateien gelesen, der `share`-Verzeichnisbaum dient nur zur zusätzlichen Dokumenation der Library. Informationen darüber, wie Sie die `share`-Library erweitern oder verändern können, erhalten Sie in Kapitel 30. Ein Inhaltsverzeichnis der `share`-Library können Sie sich mit `march` ansehen – dieses Kommando wird ebenfalls in Kapitel 30 beschrieben.

Träge Kommandos

Träge Kommandos, also beispielsweise `Int`, `Diff`, haben für sich keine Bedeutung. Sie entfalten ihre Wirkung erst im Zusammenspiel mit anderen Kommandos. So ist `evalf( Int(...))` nicht mit `evalf(int(...))` gleichwertig – siehe Kapitel 17.

Die eigentliche Funktion träger Kommandos besteht darin, eine Auswertung (zumindest vorläufig) zu verhindern. Die häufigste Anwendung träger Kommandos erfolgt in Kombination mit `evalf`, um eine numerische Berechnung zu erzwingen. Seit Release 3 sind `simplify` und `expand` in der Lage, auch Ausdrücke mit trägen Kommandos zu vereinfachen. Träge Kommandos können auch zum Anschreiben von mathematischen Ausdrücken verwendet werden, die genau in dieser Form (und nicht erst nach einer Auswertung) am Bildschirm angezeigt werden sollen:

```
Int(1/(1+x^3), x), Diff(x,y), Sum(n^2/n!, n=1..infinity), ;
  Product( (1+1/n^5), n=a..b)
```

$$\int \frac{1}{1+x^3}\,dx,\ \frac{\partial}{\partial y}\,x,\ \sum_{n=1}^{\infty}\frac{n^2}{n!},\ \prod_{n=a}^{b}\left(1+\frac{1}{n^5}\right)$$

Es besteht keine Möglichkeit, träge Kommandos durch `eval` oder andere Kommandos in ihre normalen Äquivalente umzuwandeln. Sie können aber mit `subs` eine Konversion in gewöhnliche Maple-Kommandos erzwingen:

```
f:=Int(1/(1+x^3), x): eval(subs(Int=int, f));
```

$$\frac{1}{3}\ln(x+1)-\frac{1}{6}\ln(x^2-x+1)+\frac{1}{3}\sqrt{3}\arctan\left(\frac{1}{3}(2x-1)\sqrt{3}\right)$$

Schutz von Kommandos

Schlüsselwörter (siehe Hilfetext `?keywords`) sind intern in Maple integriert und können nicht verändert werden. Alle anderen Kommandos sind in gewöhnlichen Maple-Variabeln gespeichert. Um diese Variablen vor einem irrtümlichen Überschreiben zu bewahren, sind sie durch `protect` geschützt. Der Versuch, eine so geschützte Variable zu überschreiben, führt zu einer einer Fehlermeldung. Sie können aber den Schutz mit `unprotect` auflösen. `protect` und `unprotect` können auch zum Schutz eigener Variablen oder der darin gespeichertern Prozeduren verwendet werden.

Maple-Code ansehen

Das Studium des Maple-Codes ist sicherlich eine der wichtigsten Informationsquellen bei der Gestaltung eigener Maple-Prozeduren. Sie finden hier – leider ohne Kommentare oder andere Erklärungen – zahlreiche Beispiele dafür, wie Maple selbst (also seine Kommandos) funktioniert. Mit Ausnahme der zum Kernel gehörenden Kommandos und der vorkompilierten Library-Kommandos können Sie den Code aller Maple-Kommandos problemlos mit `print` ansehen. Sie müssen dazu lediglich die `interface`-Variable `verboseproc` auf 2 stellen.

Das Kommando `abs` gehört zu den in den Kernel integrierten Kommandos. Das Kommando existiert nur in kompilierter Form. Daher kann der Code nicht angesehen werden.

```
interface(verboseproc=2):
print(abs);
     proc() options builtin; 49 end
```

Das Kommando `read` zählt zu den wenigen Kernelkommandos von Maple, zu denen überhaupt keine Information verfügbar ist.

```
print(read);
  Syntax error, reserved word
  `read` unexpected
```

`cos` befindet sich in der Standard-Library und wird automatisch geladen, sobald es benötigt wird. Der Code beträgt knapp 50 Zeilen, von denen hier nur die ersten 10 wiedergegeben sind.

```
print(cos);

    proc(x)
    local n,t;
    options `Copyright 1992 by the University of Waterloo`;
        if nargs <> 1 then ERROR(`expecting 1 argument, got `.nargs)
        elif type(x,'complex(float)') then evalf('cos'(x))
        elif type(x,`*`) and member(I,{op(x)}) then cosh(-I*x)
        elif type(x,'complex(numeric)') then
             if csgn(x) < 0 then cos(-x) else 'cos'(x) fi
      ...
    end
```

Der Code zahlreicher Kommandos ist auf mehrere Prozeduren aufgeteilt. So existieren beispielsweise zahlreiche `convert/xxx`-Prozeduren, die die Konversion von Maple-Ausdrücken in verschiedene Datentypen vornehmen. In der Online-Hilfe zu einigen Maple-Kommandos wird dieser Mechanismus als einfache Erweiterungsmöglichkeit erwähnt. Beispielsweise können Sie eine Prozedur `evalf/constant/Name` schreiben, die den Wert der neuen numerischen Konstante `Name` zurückgibt.

Der erste Versuch, die Prozedur zu `convert/listlist` anzusehen, scheitert daran, daß Maple den Code dieser Prozedur noch nicht geladen hat. Nachdem eine einfache Konversion durchgeführt wurde, führt das `print`-Kommando zum gewünschten Ergebnis. Beachten Sie bitte die korrekte Schreibweise: Die Teilnamen der Prozedur werden durch /-Zeichen voneinander getrennt, der gesamte Name wird in nach rechts gerichtete Apostrophe gesetzt.

```
print(`convert/listlist`);
```

convert/listlist

```
convert( array([[2],[1]]), listlist);
```

$[[2],[1]]$

```
print(`convert/listlist`);
```

```
proc(a::{array, list})
local Seq, an, aa, ranges, names, b, n, i;
option
`Copyright (c) 1994 by Waterloo Maple Inc. All rights reserved.`;
    if type(a, list) then an := 'unknown'; aa := array(a)
    elif type(a, name) then aa := eval(a); an := a
    else aa := a; an := 'unknown'
    fi;
    ...
end
```

Kommandos aus Packages müssen ebenfalls zuerst ausgeführt werden, bevor der Code betrachtet werden kann. Außerdem muß der vollständige Name der Prozedur, der sich aus dem Package- und dem Kommandonamen ergibt, angegeben werden.

```
with(linalg): toeplitz( [a,b,c] );
```

$$\begin{bmatrix} a & b & c \\ b & a & b \\ c & b & a \end{bmatrix}$$

```
print(`linalg/toeplitz`);
```

```
proc(L)
local i, j, n, A;
option `Copyright (c) 1990 by the University of Waterloo. All \
rights reserved.`;
    if args[nargs] = 'array' then
        _EnvLinalg95 := false;
        RETURN(procname(args[1 .. nargs - 1]))
    fi;
    ...
end
```

Bei vielen Kommandos verteilt sich der Code auf zahlreiche weitere Prozeduren. So verzweigt der Code des Integrationkommandos `int` je nach Typ des Integrals in zahlreiche andere Prozeduren `int/integraltyp`. Solche Verzweigungen in weitere Prozeduren kommen sehr häufig vor und machen die Analyse komplexer Kommandos zu einer recht mühsamen und unübersichtlichen Angelegenheit.

Wenn Sie herausfinden möchten, wie ein aus mehreren Prozeduren zusammengesetztes Kommando funktioniert, können Sie die globale Variable *infolevel*[*kommando*] auf einen

Wert zwischen 2 und 5 stellen. Je höher Sie den Wert wählen, desto mehr Informationen gibt Maple während der Abarbeitung des Kommandos aus. Das funktioniert allerdings nur dann, wenn die Prozeduren das Kommando `userinfo` zur Ausgabe von Informationen enthalten (beispielsweise bei `int`, `dsolve` und `simplify`). `infolevel[all]:=5` zeigt ein Maximum an Informationen bei sämtlichen Kommandos an.

```
infolevel[all]:=5:
int(1/(1+x^3),x):
  int/indef:   first-stage indefinite integration
  int/ratpoly:   rational function integration
  parfrac/parfrac:   partial fraction decomposition
  factor/polynom:   polynomial factorization: number of terms   2
  parfrac/parfrac:   splitting   1/(1+_X)/(_X^2-_X+1)
  solve/linear:   # equations   2
  solve/linear/integer/sparse:   # equations   2
  solve/linear/integer/sparse:   c[1], -2+3*c[1], 3
  solve/linear/integer/sparse:   # equations   1
  solve/linear/integer/sparse:   c[2], 1+3*c[2], 3
  solve/linear/integer/sparse:   backsubstitution at:   2
  solve/linear/integer/sparse:   backsubstitution at:   1
  parfrac/parfrac:   exit partial fraction decomposition
  parfrac/parfrac:   split is   1/3/(1+_X)-1/3*(-2+_X)/(_X^2-_X+1)

print(`int/indef`);
    proc(f)
    local g, r;
    option remember, `Copyright (c) 1992 by the University of
       Waterloo. All rights reserved.`;
        userinfo(1, int, `first-stage indefinite integration`);
        if type(f, 'series') then RETURN(`int/series`(f, _X))
        elif type(traperror(degree(f, _X)), 'integer') then
            RETURN(`int/polynom`(f))
        elif type(f, `+`) then RETURN(map(`int/indef`, f))
        ...
    end
```

Der Aufbau mathematischer Ausdrücke

Die meisten Kommandos von Maple bearbeiten in irgendeiner Form mathematische Ausdrücke. Manche Kommandos rechnen damit (`diff`, `int`), andere Kommandos führen Äquivalenzumformungen durch (`simplify`, `solve`) oder werten den Ausdruck numerisch aus (`evalf`). Wenn Sie selbst Kommandos schreiben möchten, müssen Sie wissen, wie mathematische Ausdrücke zusammengesetzt sind und wie Sie sie analysieren können. Grundlegende Informationen zu diesem Thema waren übrigens bereits in Kapitel 10 zu finden, wo es hauptsächlich um die Vereinfachung mathematischer Ausdrücke gegangen ist.

Im folgenden Beispiel wird ein typischer mathematischer Ausdruck analysiert – das Ergebnis des Integrals über $1/(1+x^3)$.

```
sol:=int(1/(1+x^3), x);
```

$$sol := \frac{\ln(1+x)}{3} - \frac{\ln(x^2-x+1)}{6} + \frac{\sqrt{3}\ \arctan(\frac{(2\,x-1)\sqrt{3}}{3})}{3}$$

`nops` bestimmt die Anzahl der Terme des Ausdrucks, `whattype` gibt Auskunft über den Typ des Ausdrucks. Es handelt sich also um eine Summe mit 3 Summanden. Diese Angabe bezieht sich allerdings nur auf die oberste Ebene des Ergebnisses.

```
nops(sol);
```

$$3$$

```
whattype(sol);
```

$$+$$

Alternativ zu `whattype` kann die Typenüberprüfung auch mit `type` erfolgen. `type` ermöglicht in manchen Fällen eine feinere Differenzierung. (Beispielsweise liefert `whattype` bei allen Reihen `series`, mit `type` kann zwischen `taylor` und `laurent` unterschieden werden.)

```
type(sol, `+`);
```

$$true$$

Der dritte Term der Summe kann mit `op` ermittelt werden. Zur weiteren Analyse dieses Ausdrucks wird dieser in der Variable *op3* gespeichert.

```
op3:=op(3,sol);
```

$$op3 := \frac{\sqrt{3}\ \arctan(\frac{(2\,x-1)\sqrt{3}}{3})}{3}$$

Bei *op3* handelt es sich um ein Produkt. Alle Faktoren dieses Produkts ermittelt `op` ohne Positionsangabe.

```
whattype(op3);
```

$$*$$

```
op(op3);
```

$$1/3, \sqrt{3}, \arctan(\frac{(2\,x-1)\sqrt{3}}{3})$$

Der erste Faktor dieses Produkts wird nun in *op31* gespeichert und analysiert. Es handelt sich um den Bruch $1/3$.

```
op31:=op(1,op3):
whattype(op31), op(op31);
```

$$fraction, 1, 3$$

Der zweite Faktor enthält $\sqrt{3}$. Maple stellt Wurzeln mit dem Exponenten $1/2$ dar.

```
op32:=op(2,op3):
whattype(op32), op(op32);
```

$$\hat{}, 3, 1/2$$

Im dritten Faktor befindet sich die `arctan`-Funktion. `whattype` liefert in diesem Fall nur *function*. Der Name der Funktion kann mit `op(0,...)` ermittelt werden. `op(0,...)` führt bei den meisten anderen Datentypen zu einer Fehlermeldung.

```
op33:=op(3,op3):
whattype(op33), op(op33);
```

$$function,\ \frac{(2\,x-1)\,\sqrt{3}}{3}$$

```
op(0,op33);
```

$$\mathrm{arctan}$$

Als nächstes kann der Inhalt der Funktion zerlegt werden:

```
op331:=op(1,op33):
whattype(op331), op(op331);
```

$$*, 1/3, 2\,x-1, \sqrt{3}$$

op331 hätten Sie mit einer verschachtelten `op`-Struktur auch direkt aus *sol* ermitteln können.

```
op(1,op(3,op(3,sol)));
```

$$\frac{(2\,x-1)\,\sqrt{3}}{3}$$

Die Analyse mathematischer Ausdrücke führt – genügend Geduld vorausgesetzt – irgendwann zu elementaren mathematischen Ausdrücken (Zahlenwerten, Variablen), die durch Operatoren (etwa +, *) oder Funktionen miteinander verbunden sind. Dieses Konzept gilt allgemein auch für andere Maple-Datentypen – etwa für Listen, für Felder, für Reihenentwicklungen etc.

Das folgende Kommando hilft bei der Analyse mathematischer Ausdrücke. Es zerlegt den als Parameter übergebenen Ausdruck in immer kleinere Teile und gibt diese unterschiedlich stark eingerückt aus. Die in der Prozedur vorkommenden Sprachelemente werden im nächsten Kapitel noch beschrieben. An dieser Stelle soll nur ganz grob das Konzept der Prozedur beleuchtet werden.

```
nestprint:=proc(x)
  local i,n;
  if nargs=2 then n:=args[2]; else n:=0; fi:
  for i from 0 to n do printf(`   `); od:
  if type(x,function) then
    lprint(op(0,x));
    for i from 1 to nops(x) do: nestprint(op(i,x),n+1): od:
  elif nops(x)>1 then
    lprint(whattype(x));
    for i from 1 to nops(x) do: nestprint(op(i,x),n+1): od:
  else
    lprint(op(x));
  fi;
end:
```

Die `if`-Abfrage in der dritten Zeile testet, ob an die Prozedur ein zweiter Parameter übergeben wurde. Wenn das der Fall ist, wird n (das ist die Einrücktiefe) damit belegt, andernfalls bekommt n den Wert 0. Die folgende Schleife gibt mit `printf` n mal 3 Leerzeichen aus.

In der folgenden `if`-Verzweigung werden drei Fälle berücksichtigt: Wenn es sich beim Ausdruck um eine Funktion handelt, wird der Funktionsname mit `lprint` ausgegeben und der

Inhalt der Funktion rekursiv an `nestprint` weitergegeben. Wenn es sich um einen beliebigen anderen Ausdruck mit mehr als einem Term handelt, wird der Typ des Terms mit `whattype` ermittelt und ausgegeben, die Subterme werden an `nestprint` weitergegeben. Anderenfalls enthält x bereits die kleinstmögliche mathematische Einheit und wird direkt ausgegeben.

Maple verwaltet negative Vorzeichen als Multiplikation mit -1.

```
nestprint(-x);

   *
      -1
      x
```

Brüche werden entweder mit `fraction` oder in Form von Produkten mit negativen Hochzahlen gespeichert. Das hat zur Folge, daß der Aufbau mathematischer Ausdrücke nicht eindeutig ist. Für den Bruch $2/3$ bestehen zwei mögliche Darstellungen, die je nach Herkunft (Rechengang) des Ausdrucks auch beide vorkommen: $\mathit{fraction}(2,3)$ oder $` * `(2, ` \wedge `(3, -1))$.

```
nestprint(2/3);

   fraction
      2
      3

nestprint(2/x);

   *
      2
      ^
         x
         -1
```

Am Bildschirm können Sie nicht erkennen, wie der Ausdruck intern gespeichert ist. $2/3$ wird in jedem Fall als Bruch (und nicht in der Form $2 * 3^{-1}$) dargestellt. Die unterschiedlichen Darstellungsvarianten wirken sich allerdings auf das Kommando `latex` aus, das dann statt eines kompakten Bruchs plötzlich eine unübersichtliche Aneinanderreihung von Produkten mit unterschiedlichen Potenzen liefert. (Informationen zu `latex` finden Sie in Kapitel 34.)

Fließkommazahlen werden in der Form `float(a, b)` gespeichert. a und b sind ganze Zahlen und beschreiben die Zahl $a * 10^b$.

```
nestprint( evalf(1/3) );

   float
      3333333333
      -10
```

Im letzten Beispiel wird nochmals der dritte Summand des Integrals analysiert. Das Beispiel macht deutlich, aus wie vielen Einzelkomponenten scheinbar einfache mathematische Ausdrücke zusammengesetzt sind.

```
op3;
```

$$\frac{\sqrt{3}\ \arctan(\frac{(2\,x-1)\sqrt{3}}{3})}{3}$$

```
nestprint(op3);

  *
    fraction
      1
      3
    ^
      3
      fraction
        1
        2
    arctan
                                    *
                                      fraction
                                        1
                                        3
                                      +
                                        *
                                          2
                                          x
                                        -1
                                      ^
                                        3
                                        fraction
                                          1
                                          2
```

Wenn Sie das Kommando `nestprint` später nochmals verwenden möchten, sollten Sie es mit `save` in einer Datei speichern. Mit `read` können Sie das Kommando dann jederzeit wieder einlesen.

```
save nestprint, `nestprt`;
read(`nestprt`):
```

Seit Release 4 steht das Kommando `dismantle` zur Verfügung, das im Prinzip dieselbe Aufgabe erfüllt wie `nestprint`. Das Ausgabeformat ist allerdings noch unübersichtlicher als bei `nestprint`.

```
readlib(dismantle):
dismantle(op3);
  SUM(3)
    PROD(5)
      INTPOS(2): 3
      RATIONAL(3): 1/2
      FUNCTION(3)
        NAME(5): arctan
        EXPSEQ(2)
          SUM(3)
                      PROD(5)
                        SUM(5)
                          NAME(4): x
                          INTPOS(2): 2
                          INTNEG(2): -1
                          INTPOS(2): 1
                        INTPOS(2): 1
                        INTPOS(2): 3
                        RATIONAL(3): 1/2
                      RATIONAL(3): 1/3
                INTPOS(2): 1
              RATIONAL(3): 1/3
```

Interna zur Verwaltung mathematischer Ausdrücke

Im vorigen Abschnitt wurde anhand einiger Beispiele beschrieben, wie Maple mathematische Ausdrücke zusammensetzt. In diesem Abschnitt finden Sie Informationen darüber, wie diese Ausdrücke von Maple verwaltet werden.

Maple speichert jeden mathematischen Ausdruck nur ein einziges Mal. Wenn in der Formel $(1+x)^2 + (1+x)^3$ zweimal der Subterm $(1+x)$ vorkommt, dann wird in der internen Darstellung zweimal auf diesen Subterm verwiesen – einmal in der Form $\hat{}(\rightarrow (1+x^2), 2)$ und das zweite Mal in der Form $\hat{}(\rightarrow (1+x^2), 3)$. Dieser Mechanismus gilt sowohl für elementare Ausdrücke (etwa Zahlen oder Variablen) als auch für beliebig komplexe, zusammengesetzte Ausdrücke.

Das Kommando `adrprint` ist durch eine kleine Veränderung von `nestprint` in den drei `lprint`-Kommandos entstanden. Es gibt zusätzlich zu den Operatoren bzw. Funktionen auch die dazugehörigen vollständigen Ausdrücke aus. Außerdem wird zu jedem mathematischen (Teil-)Ausdruck angegeben, an welcher Adresse er gespeichert wird. Zur Ermittlung der Adresse wird `addressof` verwendet.

```
adrprint:=proc(x)
  local i,j,n;
  if nargs=2 then n:=args[2]; else n:=0; fi:
  for i from 0 to n do printf(`   `); od:
  if type(x,function) then
    lprint(op(0,x), x, addressof(x));
    for i from 1 to nops(x) do: adrprint(op(i,x),n+1): od:
  elif nops(x)>1 then
    lprint(whattype(x), x, addressof(x));
    for i from 1 to nops(x) do: adrprint(op(i,x),n+1): od:
  else
    lprint(op(x), addressof(op(x)));
  fi;
end:
```

Im Beispiel rechts erkennen Sie, daß die Zahl 1, die Variable x und der Ausdruck $(1 + x)$ jeweils an denselben Adressen gespeichert sind. Intern werden mathematische Ausdrücke also hauptsächlich nur durch Zeiger auf elementare mathematische Ausdrücke oder bereits vorhandene zusammengesetzte Ausdrücke dargestellt.

```
adrprint( (1+x)^2 + (1+x)^3 );

   +   (1+x)^2+(1+x)^3   1551096
      ^   (1+x)^2   1593068
         +   1+x   1547444
            1   1554660
            x   1583824
         2   1554676
      ^   (1+x)^3   1593080
         +   1+x   1547444
            1   1554660
            x   1583824
         3   1554692
```

Interna zur Verwaltung von Prozeduren

Prozeduren (und damit auch Kommandos) werden in ganz normalen Variablen gespeichert. Die Anweisung zur Definition einer Prozedur sieht prinzipiell folgendermaßen aus:

```
name := proc(para1,para2,...) kommandos; end:
```

In der Variablen *name* ist der Code der oben definierten Prozedur gespeichert. Wenn Sie nun nur `name` (ohne Parameter) eingeben, liefert Maple als Reaktion wiederum nur diese Zeichenkette. Prozeduren sind also – wie Funktionen, Tabellen und Felder – von der automatischen Auswertung ausgenommen. Der Code der Prozedur wird nur dann angezeigt, wenn Sie `print(name)` oder `op(name)` oder `eval(name)` eingeben.

Darüber hinaus existieren zusammen mit der Prozedur sechs interne Verwaltungsinformationen, auf die Sie mit `op(n,eval(name))` zugreifen können. Für $n = 1$ bis 6 liefert Maple dann die Parameter der Funktion, deren lokale Variablen, deren Optionen (inklusive der Copyright-Meldung), die Erinnerungstabelle zu bereits berechneten Ergebnissen (siehe nächsten Abschnitt), eine Zeichenkette mit einer Kurzbeschreibung der Funktion und schließlich die Liste der globalen Variablen.

Im folgenden Beispiel werden diese sechs Informationen des Kommandos `simplify` angezeigt. Die Erinnerungstabelle ist wegen des vorher ausgeführten `restart`-Kommandos leer; es existiert keine Kurzbeschreibung, das Kommando verwendet keine globalen Variablen.

```
restart;
seq( [op(i,eval(simplify))], i=1..6);
```

$$[s],$$

$$[f, i, inds, r, rnormal, symb\_mode, cin, cout, v, prps],$$

$$[remember, system, \text{`}Copyright\ 1992\ by\ the\ University\ of\ Waterloo\text{`}],$$

$$[], [], []$$

Die Speicherung bereits berechneter Ergebnisse

Eine Besonderheit von Maple besteht darin, daß es sich bei den meisten Kommandos bereits berechnete Ergebnisse merkt. Wenn Sie ein kompliziertes Integral berechnen, kann es einige Sekunden (oder Minuten) dauern, bis Maple das Ergebnis liefert. Wenn Sie das Integral ein zweites Mal benötigen, wird das Ergebnis praktisch verzögerungsfrei präsentiert.

Intern wird diese scheinbare Intelligenz durch eine Erinnerungstabelle realisiert. Diese Erinnerungstabelle wird im vierten Operanden der internen Verwaltungsinformationen einer Prozedur gespeichert.

```
simplify( sin(x)^2+cos(x)^2);
```

$$1$$

```
op(4, eval(simplify));
```

$$\begin{array}{l} \text{table}([\\ \quad \sin(x)^2 + \cos(x)^2 = 1, \\ \quad (\sin(x)^2 + \cos(x)^2, power, trig) = 1 \\ \quad \sin = \sin \\ \quad \cos = \cos \\ \quad x = x \\ \quad]) \end{array}$$

Seit Release 4 kann der Inhalt der Erinnerungstabelle zur Funktion *name* auch mit `print(name)` angezeigt werden, wenn vorher die `interface`-Variable `verboseproc` auf 3 (oder einen höheren Wert) gestellt wird.

Die Erinnerungstabelle einer Prozedur kann mit `forget` gelöscht werden.

```
forget(simplify):
op(4, eval(simplify));
```

table([])

Einen Sonderfall stellt das Kommando `int` dar. Es besitzt für sich keine Erinnerungstabelle. Dieses Kommando ist so komplex, daß es selbst wiederum zahlreiche Subprozeduren aufruft. Eine dieser Subprozeduren lautet `int/indef`. Diese Prozedur ist von Anfang an mit einer Tabelle vordefinierter Integrale ausgestattet, in der unter anderem die Integrale der Standardfunktionen wie $\sin(x), \cos(x), \ln(x)$ etc. enthalten sind. Diese Tabelle wird in der Folge mit den Ergebnissen der durch `int` berechneten Integrale erweitert.

Das Beispiel rechts zeigt Ausschnitte der Erinnerungstabelle zum `int`-Kommando. Beachten Sie, daß darin auch das soeben berechnete Integral von $1/x$ enthalten ist.

```
restart;
int(1/x, x);
```

$\ln(x)$

```
op(4, eval(`int/indef`));
```

table([
$(ln(x)) = x * ln(x) - x$
$(abs(x)) = 1/2 * x * abs(x)$
$(1/x) = ln(x)$
$(sech(x)) = arctan(sinh(x))$
...])

Es wurden bereits in Kapitel 8 zur Definition eigener Funktionen erwähnt, daß durch die Option `remember` auch eigene Funktionen mit einer Erinnerungstabelle ausgestattet werden können. Das darin erwähnte Beispiel `fibonacci` wird hier nochmals aufgegriffen, um eine nicht ganz offensichtliche Nebenwirkung der Erinnerungstabelle zu demonstrieren.

Nebenstehend ist nochmals die aus Kapitel 8 stammende Funktion `fibonacci` abgedruckt. Die Funktion verwendet einen rekursiven Algorithmus zur Berechnung von Fibonacci-Zahlen.

```
f:=proc(x:nonnegint)
  option remember;
  if x=0 then 0
  elif x=1 then 1
  else f(x-1)+f(x-2) fi
end:
```

Diese Funktion zeigt ein auf den ersten Blick widersprüchliches Verhalten: $f(1000)$ führt in der Windows-Version wegen der hohen Rekursionstiefe zu einem Stack-Overflow. Die Berechnung klappt aber einwandfrei, wenn vorher $f(500)$ berechnet wurde. (Die beiden Ergebnisse sind rechts nur unvollständig abgedruckt. $f(1000)$ liefert eine Zahl mit mehr als 200 Stellen.)

```
f(1000);
    Error, (in type/nonnegint)
    too many levels of recursion
f(500); f(1000);
```

139423...125

4346655768693...875

Der Grund für dieses eigentümliche Verhalten liegt in der Erinnerungstabelle. Bei der Berechnung von $f(500)$ werden alle Fibonacci-Zahlen zwischen 1 und 500 in dieser Erinnerungstabelle gespeichert. Die Rekursionstiefe erreicht aber (trotz Erinnerungstabelle) 500. Wenn $f(1000)$ vor $f(5000)$ berechnet wird, erreicht die Rekursionstiefe 1000, was (zumindest in der aktuellen Windows-Version) zu hoch ist. Wird $f(1000)$ dagegen erst *nach* $f(500)$ berechnet, kann die Berechnung bereits nach der Hälfte – aufbauend auf der bereits gespeicherten Fibonnacci-Zahl zu 500 – abgebrochen werden. Die Rekursionstiefe erreicht also nur noch 500!

Abschließend ein letztes Beispiel, daß die Implikationen der Erinnerungstabelle demonstriert. Die nebenstehenden Zeilen definieren eine rekursive Funktion, der offensichtlich eine Abbruchbedingung fehlt – ein Aufruf dieser Funktion müßte daher zu einem 'stack overflow error' führen.

```
test:=proc(x)
  option remember;
  test(x-1)+test(x-2):
end:
```

Bevor die Funktion zum ersten Mal ausgeführt wird, werden die Funktionswerte `test(0)` und `test(1)` durch Zuweisungen definiert. Maple trägt diese Werte in die Erinnerungstabelle ein. Die Berechnung $test(5)$ führt aus diesem Grund nicht zu einer Endlosschleife – wenn x nach mehreren rekursiven Aufrufen 2 erreicht hat, kann unmittelbar auf $test(1)$ und $test(0)$ zurückgegriffen werden.

```
test(0):=0:
test(1):=1:
test(5);
```

$$5$$

Nun zum vielleicht überraschendsten Aspekt dieses Beispiels: Die Berechnung von $test(5)$ gelingt auch dann, wenn auf die `remember`-Option verzichtet wird! Durch die Zuweisungen $test(n) := m$ erzeugt Maple nämlich auch jetzt eine Erinnerungstabelle und trägt darin die Funktionswerte für $x = n$ ein. Die Erinnerungstabelle wird allerdings bei der Ausführung von `test` nicht automatisch mit dessen Ergebnissen erweitert.

Syntaxzusammenfassung

Librarys und Packages

`readlib(kommando);`
liest den Code eines Kommandos aus der Standard-Libarary.

`with(package);`
definiert die Namen der Kommandos des Packages durch `readlib`-Anweisungen. Sobald das Kommando zum ersten Mal verwendet wird, lädt Maple automatisch dessen Code.

`with(share);`
aktiviert die `share`-Library.

`readshare(kommando,verzeichnis);`
liest den Code eines Kommandos aus der `share`-Library.

Verwaltung von mathematischen Ausdrücken

`op(ausdruck);`
liefert die Operanden eines mathematischen Ausdrucks als Folge (beispielsweise a, b, c von $a + b + c$ oder $\cos(a * b * c)$).

`op(n, ausdruck);`
liefert den n-ten Operanden eines Ausdrucks. Bei Funktionen ist $n = 0$ erlaubt und liefert dann den Namen der Funktion: `op(0,sin(x))` gibt also `sin`.

`nops(ausdruck);`
bestimmt die Anzahl der Operanden eines Ausdrucks.

`whattype(ausdruck);`
stellt den Typ eines mathematischen Ausdrucks fest (beispielsweise '+', '*', `function`).

`type(ausdruck, typ);`
testet, ob der Ausdruck den angegebenen Datentyp aufweist.

```
readlib(dismantle):    dismantle(ausdruck);
nestprint(ausdruck);   adrprint(ausdruck);
```
zeigen den Aufbau von mathematischen Ausdrücken in Form einer hierarchischen Liste an. `dismantle` ist ein Kommando von Maple. `nestprint` und `adrprint` sind in diesem Kapitel im Abschnitt 'Aufbau mathematischer Ausdrücke' definiert.

Interna von Kommandos und Prozeduren

`op(n, eval(name));`
zeigt Verwaltungsinformationen zu einem Kommando, einer Prozedur oder einer Funktion an: für $n = 1$ die Namen der Parameter, für $n = 2$ die lokalen Variablen, für $n = 3$ die Optionen des Kommandos, und für $n = 4$ den Inhalt der Erinnerungstabelle.

`interface(verboseproc=2):`
`print(name);    print(`pack/name`);    print(eval(name));`
zeigen den Code des angegebenen Kommandos an. Bei Kommandos aus Packages muß entweder der vollständige Kommandoname `` `package/name` `` oder `eval(name)` verwendet werden. Der Code kann nur angezeigt werden, wenn er bereits geladen wurde. Dazu müssen Kommandos aus Packages vorher ausgeführt werden.

`readlib(forget):    forget(kommando):`
löscht die Erinnerungstabelle eines Kommandos, einer Prozedur oder einer Funktion mit `remember`-Option.

`protect(name);    unprotect(name);`
`protect` schützt eine Variable (bzw. die darin enthaltene Prozedur) vor einer irrtümlichen Zuweisung. `unprotect` hebt diesen Schutz wieder auf.

Kapitel 29

Programmieren II: Prozedurale Sprachelemente

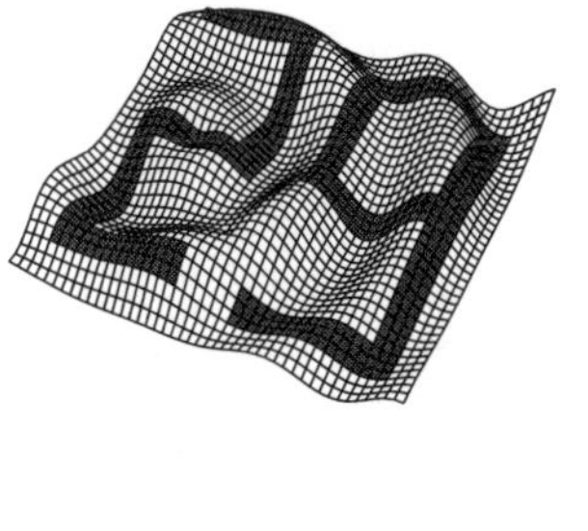

Dieses Kapitel beschreibt die wichtigsten Kommandos zur Gestaltung von Programmen, also zur Formulierung von Prozeduren, Schleifen, Abfragen etc. Maple besitzt eine prozedurale Programmiersprache, deren Aufbau den Programmiersprachen wie C, Pascal oder Fortran sehr ähnlich ist. Die Aufzählung unten beschreibt ganz kurz die wichtigsten in diesem Kapitel behandelten Kommandos:

`proc`
leitet eine Prozedur ein. Prozeduren werden zur Programmierung von Funktionen, Kommandos und Operatoren verwendet.

`RETURN`
beendet eine Prozedur und gibt den Inhalt einer Variablen als Ergebnis zurück.

`for`
steht am Beginn einer Schleife.

`if`
wird zur Formulierung von Abfragen verwendet.

`readdata`, `readline`, `fopen`, `fscanf` und `fprintf`
stellen die wichtigsten Kommandos zur Ein- und Ausgabe von Daten dar.

Im Rahmen der Beschreibung dieser Kommandos wird auch auf verschiedene Programmiertechniken eingegangen – etwa auf die Typenüberprüfung der Parameter, auf die Programmierung von neuen Operatoren oder auf die Verarbeitung eigener Optionen, die vom Nutzer des Programms in der Form `option=einstellung` übergeben werden.

Verweis: Einleitende Informationen zur Definition von Funktionen finden Sie in Kapitel 8.

Prozeduren

Prozeduren beginnen mit dem Schlüsselwort `proc`. Prozeduren stellen die Grundlage des Programmierens in Maple dar. Sie werden sowohl zur Programmierung komplizierter Kommandos als auch zur Formulierung einfacher Funktionen verwendet. Der prinzipielle Aufbau einer Prozedur sieht folgendermaßen aus:

```
name := proc(x::typ1, y::typ2, ..)
  local l1,l2,..;
  options ..;
  kommando; kommando; ...; kommando;
end:
```

Die Elemente einer Prozedur werden hier ganz kurz und überblicksmäßig beschrieben. Daran anschließend finden Sie mehrere Teilabschnitte mit detaillierteren Informationen.

Nach dem Schlüsselwort `proc` werden die Parameter der Prozedur angegeben. Parameter haben dieselbe Wirkung wie lokale Variablen, eine Änderung des Parameters x hat daher keinen Einfluß auf die gleichnamige Variable x der Maple-Oberfläche oder der aufrufenden Prozedur. Weitere Informationen zur Parameterliste und zur Typenüberprüfung folgen einige Absätze weiter unten.

Nach der Parameterliste erfolgt die Definition einer Liste lokaler Variablen. Der Gültigkeitsbereich lokaler Variablen ist auf die Prozedur eingeschränkt, Wechselwirkungen zu gleichnamigen Variablen außerhalb der Prozedur sind nicht möglich.

Mit dem Schlüsselwort `options` können einige Optionen angegeben werden, die das Verhalten der Prozedur steuern. Die wichtigsten lauten `remember`, `operator`, `arrow`, `angle` und `trace`. Diese Prozeduroptionen sind nicht mit Optionen zu verwechseln, die der Anwender eines Kommandos in einem Parameter in der Form `optname=einstellung` angibt. Auf die Gestaltung von Prozeduren, die solche Optionen verstehen, wird in einem eigenen Abschnitt einige Seiten weiter unten eingegangen.

Jetzt beginnt der eigentliche Code der Prozedur. Sie können darin beliebig viele Kommandos aufrufen, mit `if` Abfragen oder mit `for` Schleifen bilden etc. Die Ergebnisse der in der Prozedur ausgeführten Kommandos werden am Bildschirm nicht angezeigt. Sie können Bildschirmausgaben aber durch `print` oder `lprint` (ohne Formatierung) erzwingen. Die Definition einer Prozedur wird mit dem Schlüsselwort `end` abgeschlossen.

Der Rückgabewert

Als Rückgabewert der Prozedur gilt das Ergebnis des letzten Kommandos. Alternativ dazu können Sie die Prozedur jederzeit mit `RETURN` verlassen und auch dabei einen Rückgabewert angeben.

Im Beispiel rechts wurde die Fakultätsfunktion mit `RETURN` programmiert. Das rekursive Beispielprogramm ist nicht gegen eine mögliche Fehlbedienung (etwa durch die Angabe eines negativen Arguments) abgesichert. Das Thema Typenüberprüfung wird weiter unten noch aufgegriffen.

```
test:=proc(x)
  if x=0 then RETURN(1): fi:
  x*test(x-1);
end:
test(4);
```

$$24$$

Formalitäten

Ob Sie innerhalb einer Prozedur Doppelpunkte oder Strichpunkte zur Trennung der Kommandos verwenden, ist gleichgültig. Die Ergebnisse der Kommandos innerhalb einer Prozedur werden in keinem Fall am Bildschirm angezeigt (es sei denn, Sie verändern den Wert der `interface`-Variablen `printlevel`).

Wenn nach `end` (also in der letzten Zeile einer Prozedur) ein Strichpunkt steht, dann gibt Maple den Code der Prozedur nach ⏎ nochmals am Bildschirm aus. Aus diesem Grund enden die meisten Prozedurdefinitionen dieses Buchs mit einem Doppelpunkt, wodurch die doppelte Anzeige des Programmcodes vermieden wird. Der abschließende Doppel- oder Strichpunkt hat keinen Einfluß auf das Verhalten der Prozedur.

Prozeduren sind wie Funktionen, Tabellen und Felder von der automatischen Auswertung ausgenommen. Wenn Sie die neue Prozedur `name` definieren und anschließend das Kommando `name` ohne Parameter eingeben, antwortet Maple nur mit der Ausgabe der gleichnamigen Zeichenkette. Damit der Code von Prozeduren ausgeführt wird, müssen Sie eine Parameterliste in runden Klammern angeben. Prozeduren ohne Parameter müssen von einem leeren Klammerpaar gefolgt werden!

Die Parameter einer Prozedur

Dem Schlüsselwort `proc` folgt normalerweise eine Liste mit den Parametern der Prozedur. Beim Aufruf der Prozedur müssen mindestens so viele Parameter angegeben werden, wie in der Prozedurdefinition angegeben sind. Mehr Parameter sind erlaubt und können über `nargs` und `args` gelesen werden (siehe unten). Weniger Parameter führen hingegen zu einer Fehlermeldung durch Maple.

`test` wurde mit drei Parametern definiert. Beim Aufruf der Prozedur wurden vier Parameter angegeben, der letzte Parameter wird von der Prozedur aber ignoriert. Als Parameter sind alle Datentypen erlaubt (Zahlenwerte, Listen etc.).

```
test:=proc(x,y,z)
  x,y,z:
end:
test(1,sqrt(2), [a,b,c], x);
```

$$1, \sqrt{2}, [4, b, c]$$

Maple beklagt sich, daß `test` mit zu wenigen Parametern aufgerufen wurde.

```
test(1,2):
    Error, (in test) test uses a
    3rd argument, z, which is
    missing
```

Variable Parameteranzahl

Bei vielen Prozeduren soll die Anzahl der Parameter variabel gehalten werden. Das gilt besonders für alle Prozeduren, an die eine beliebige Anzahl von Optionen der Form `option=einstellung` (in beliebiger Reihenfolge) übergeben werden kann. In solchen Fällen können innerhalb der Prozedur die beiden Variablen `nargs` und `args` ausgewertet werden. `nargs` enthält die Anzahl der Parameter, die insgesamt übergeben wurden. `args` enthält diese Parameter als Menge; einzelne Parameter können mit `args[n]` gelesen werden.

Im Beispiel rechts wird eine Prozedur definiert, an die mindestens zwei Parameter übergeben werden müssen. Beim Aufruf werden fünf Parameter angegeben. Die beiden ersten stehen in x und y, auf die restlichen drei wird über `args[3]` bis `args[5]` zugegriffen. (Selbstverständlich sind – trotz der Parameter x und y – auch die beiden ersten Parameter in `args` enthalten.)

```
test:=proc(x,y)
  local n;
  x, y, seq( args[n], n=3..nargs):
end:
test(a,b,c,d,e);
```

$$a, b, c, d, e$$

Parameter in eckigen Klammern

Bei einigen Maple-Kommandos (vor allem aus dem `stats`-Package) wird ein Teil der Parameter in eckigen Klammern übergeben. Obwohl sich daraus kein erkennbarer Vorteil ergibt (und der Anwender durch die inkonsistente Syntax nur verwirrt wird), sollten Sie zumindest wissen, wie Sie diese Form der Parameterübergabe selbst realisieren können.

Wenn Sie eine Prozedur in der Form `kommando[x1,x2](x3)` aufrufen, dann rechnet Maple die Parameter in den eckigen Klammern noch zum Kommandonamen. Innerhalb der Prozedur können Sie auf den Kommandonamen über das Schlüsselwort `procname` zugreifen. Über `op` können Sie dann die Indizes des Prozedurnamens lesen.

```
fn:=proc(x3)
  print(op(1,procname), op(2,procname), x3);
end:
fn[a,b](c);
```

$$a, b, c$$

Ein praktisches Beispiel dieser Form der Parameterübergabe finden Sie in Kapitel 21, wo die Grafikkommandos des Statistikpakets um die neuen Kommandos `yscale` und `yshift` erweitert wurde und dabei die Syntax der vorhandenen Kommandos `xscale` und `xshift` beibehalten wurde.

Typenkontrolle

Häufig erwartet eine Prozedur bestimmte Datentypen für ihre Parameter – etwa Integerzahlen, Listen etc. – und liefert nur dann korrekte Ergebnisse, wenn der Datentyp korrekt ist. Wenn eine Überprüfung der Typen bereits beim Parameteraufruf automatisch durchgeführt werden soll, kann zu den Parametern mit dem `::`-Operator ein Datentyp angegeben werden. (In Release 3 reichte dazu noch ein einfacher Doppelpunkt aus.)

`test` liefert trotz des geringeren Programmieraufwands präzise Fehlermeldungen.

```
test:=proc(x:nonnegint,
           y:nonnegint)
  sqrt(x*y);
end:

test(1.5, 2):
  Error, test expects its 1st
  argument, x, to be of type
  nonnegint, but received 1.5
```

Eine vollständige Liste der von Maple unterstützten Datentypen finden Sie in der Online-Hilfe unter `?type`. Die folgende Tabelle greift aus den beinahe 90 Typen einige besonders wichtige heraus:

`integer:`	ganze Zahlen	`range:`	Bereiche in der Form $a..b$
`float:`	Fließkommazahlen	`set:`	Mengen $\{a, b, c\}$
`fraction:`	Brüche	`list:`	Listen $[a, b, c]$
`name:`	Variablennamen	`table:`	Tabellen
`algebraic:`	algebraische Ausdrücke	`array:`	Felder
`polynom:`	Polynome	`vector:`	Vektoren
`equation:`	Gleichungen	`matrix:`	Matrizen

Die automatische Typenauswertung kommt auch mit recht komplexen Ausdrücken zurecht: Durch geschwungene Klammern können mehrere Alternativen angegeben werden. Bei Aufzählungstypen (Listen, Folgen etc.) kann auch der Typ der Listenelemente angegeben werden.

`x::constant..constant`	x muß ein Bereich zweier konstanter Zahlen sein
`x::{list,set}`	x darf wahlweise eine Liste oder eine Menge sein
`x::list('=')`	an x muß eine Liste mit Gleichungen übergeben werden (z. B. $[x = 3, y = 4]$)
`x::anything`	an x darf ein beliebiger Ausdruck übergeben werden

Wenn für einen Parameter mehrere Typen zugelassen werden oder überhaupt keine Typenkontrolle durchgeführt wird, kann der Datentyp auch nachträglich mit der Funktion `type` festgestellt werden.

An die Prozedur `test` sollen zwei positive ganze Zahlen übergeben werden. Die Typenkontrolle erfolgt über das Kommando `type`. Wenn die Typen nicht übereinstimmen, wird die Prozedur durch `ERROR` mit einer Fehlermeldung beendet.

```
test:=proc(x,y)
  if not type( [args],
    [nonnegint, nonnegint]) then
    ERROR(`falsche Parameter`)
  fi:
  ...
end:
```

Besonderheiten beim Umgang mit Variablen und Parametern

Lokale und globale Variablen

Bis zu Release 2 galten alle Variablen innerhalb einer Prozedur, die nicht explizit mit `local` als lokal definiert oder in der Parameterliste aufgezählt wurden, als global. In Release 3 wurde das Schlüsselwort `global` eingeführt, um globale Variablen zu kennzeichnen. Bei nicht deklarierten Variablen entschied Maple darüber, ob die Variablen lokal oder global sind. In Release 4 ist es wieder anders: Jetzt gelten alle Variablen als lokal, die nicht explizit als `global` deklariert werden. `local` ist deswegen aber nicht überflüssig geworden: Damit sollten weiterhin alle lokalen Variablen deklariert werden, um eine Warnung wie *'i' is implicitly declared local* zu vermeiden.

Falls Sie keine Erfahrung mit anderen Programmiersprachen haben, ganz kurz eine Erläuterung zu den Begriffen 'lokal' und 'global'. Normalerweise ist es nicht erwünscht, daß eine Prozedur Variablen verändert, die außerhalb der Prozedur eingesetzt werden. Wenn beispielsweise in einer Prozedur eine Schleife für $i = 1$ bis 10 ausgeführt wird, soll sich eine eventuell schon vorhandene gleichnamige Variable i außerhalb der Prozedur nicht ändern.

Lokale Variablen sind nicht nur innerhalb einer Prozedur lokal, sondern auch für jeden Aufruf dieser Prozedur. Das ist besonders wichtig, wenn sich eine Prozedur rekursiv selbst aufruft. In diesem Aufruf wird für alle lokale Variablen für jeden neuerlichen Aufruf Speicherplatz reserviert. Eine Veränderung in einer Ebene der Prozedur hat keinen Einfluß auf die Variablen der darunterliegenden Ebenen.

Die Prozedur rechts bildet eine Menge mit den ersten n Potenzen des Parameters x. Innerhalb von `for`-Schleifen wird die lokale Variable i verwendet. Ein Aufruf von *test* verändert die Variable i außerhalb der Prozedur daher nicht.

```
test:=proc(x,n)
  global i:
  for i from 1 to n do
    print(x^i);
  od;
  end:
i:=0: test(x,2);
```

$$x, x^2$$

```
i;
```

$$3$$

Um den Effekt globaler Variablen zu demonstrieren, wurde im Beispiel rechts die Schleifenvariable i als global deklariert. Nach dem Aufruf der Prozedur *test* hat i daher einen neuen Wert.

```
test:=proc(x,n)
  global i:
  for i from 1 to n do
    print(x^i);
  od;
  end:
i:=0: test(x,2);
```

$$x, x^2$$

```
i;
```

$$3$$

Globale Variablen werden eingesetzt, wenn eine Prozedur eine Variable mit einem ganz bestimmten Namen verändern oder lesen soll. Beispielsweise könnten Optionen einer Prozedur durch globale Variablen gesteuert werden, die vor dem Aufruf der Prozedur eingestellt werden.

Im Beispiel unten wird die Prozedur `fn` definiert, die eine Fließkommaauswertung des übergebenen Parameters bewirkt. Wenn die globale Variable *_fn_digits* nicht belegt ist, erfolgt die Auswertung in der durch `Digits` vorgegebenen Stellenzahl, andernfalls bestimmt *_fn_digits* die Anzahl der Stellen. Informationen zu `if` finden Sie etwas weiter unten.

```
fn := proc(x) global _fn_digits:
  if _fn_digits='_fn_digits' then evalf(x) else evalf(x,_fn_digits) fi:
end:

fn(1/3);
```

$$.3333333333$$

```
_fn_digits:=20: fn(1/3);
```

$$.33333333333333333333$$

Eine Besonderheit gilt für Umgebungsvariablen wie `Digits`, die an sich wie globale Variablen aussehen: Wenn solche Variablen innerhalb einer Prozedur verändert werden, dann gilt diese Änderung nur innerhalb der Prozedur. Daher kann die Rechengenauigkeit innerhalb einer Prozedur bedenkenlos verändert werden, ohne Konsequenzen für weitere Berechnungen in Maple befürchten zu müssen.

Auswertung von Variablen

Im allgemeinen verhalten sich Maple-Kommandos im Programmcode so wie bei der interaktiven Ausführung derselben Kommandos. Es ist also kein Unterschied, ob Sie `solve` in einem Programm oder als gewöhnliches Kommando einsetzen.

Der einzige elementare Unterschied zwischen der interaktiven Ausführung von Kommandos und der Ausführung derselben Kommandos in Prozeduren tritt bei der Variablenauswertung auf: Dabei berücksichtigt Maple Spezialregeln, die in keiner anderen Programmiersprache gelten und vor allem bei erfahrenen Programmierern (die ein anderes Verhalten als selbstverständlich voraussetzen) die größten Verständnisprobleme verursachen. Auch wenn die im folgenden beschriebenen Regeln auf ersten Blick sehr merkwürdig aussehen, sind sie für ein Computeralgebrasystem sinnvoll und ermöglichen eine effiziente Programmierung.

Im interaktiven Betrieb wertet Maple Variablen vollständig aus, auch wenn dabei verkettete Zuweisungen berücksichtigt werden müssen. $a + 1$ liefert daher wenig überraschend $c + 1$. (Wenn c mit einem Wert belegt würde, würde Maple natürlich auch der Ergebnis ausrechnen.)

```
restart:
a:=b:
b:=c:
a+1;
```

$$c + 1$$

Werden dieselben Variablenzuweisungen dagegen für lokale Variablen in einer Prozedur ausgeführt, heißt das Ergebnis plötzlich $b + 1$! Zum Ergebnis $c + 1$ kommen Sie nur, wenn Sie `eval(a)+1` statt `a+1` schreiben.

```
test:=proc()
  local a,b,c:
  a:=b: b:=c: a+1;
end:
test();
```

$$b + 1$$

Der Grund: Während Maple im interaktiven Betrieb alle Variablen so weit wie möglich auswertet, beschränkt sich die automatische Auswertung lokaler Variablen in Prozeduren auf nur eine Ebene. (Deswegen lautet das Ergebnis $b + 1$. Würde Maple ganz auf die Auswertung verzichten, hieße das Ergebnis gar $a + 1$.)

Es kommt aber noch schlimmer: Während Maple lokale Variablen zumindestens eine Ebene weit auswertet, verzichtet es bei Parametern ganz darauf. Wohl werden die beim Aufruf einer Prozedur angegebenen mathematischen Ausdrücke vollständig ausgewertet (sogar dann, wenn der Prozeduraufruf innerhalb einer Prozedur erfolgt). Innerhalb der Prozedur verhalten sich die Parameter dann aber vollkommen passiv, scheinen also gegen Zuweisungen immun zu sein.

Die dritte Variante von *test* verwendet Parameter zum Rechnen, was eigentlich nicht die Aufgabe von Parametern ist. Das Ergebnis: $a + 1$! (Zum Ergebnis $c + 1$ kommen Sie aber auch in dieser Variante, wenn Sie `eval(x)+1` statt `x+1` schreiben.) *test* verändert die Variablen a und b, die beide nach dem Aufruf c enthalten.

```
restart:
test:=proc(x,y,z)
  x:=y: y:=z: x+1;
end:
test(a,b,c);
```

$$a + 1$$

```
a,b,c;
```

$$c, c, c$$

Wieder anders sieht es bei globalen Variablen aus: diese verhalten sich innerhalb der Prozedur exakt gleich wie außerhalb, d. h., es gilt in jedem Fall eine vollständige Auswertung.

```
test:=proc()
  gloal a,b,c:
  a:=b: b:=c: a+1;
end:
test();
```

$$c + 1$$

Zusammenfassung: Innerhalb von Prozeduren werden globale Variablen vollständig, lokale Variablen nur eine Ebene weit und Parameter überhaupt nicht ausgewertet. Eine vollständige Auswertung kann jederzeit durch `eval` erzwungen werden.

Anmerkung 1: Die Operatoren `"`, `""` und `"""` können auch in Prozeduren zum Zugriff auf die drei letzten Ergebnisse verwendet werden. Die Operatoren werden wie globale Variablen vollständig ausgewertet. Gleichzeitig verhalten Sie sich aber wie lokale Variablen insofern, als sie lokal innerhalb der Prozedur zur Verfügung stehen und keinen Einfluß auf die Operatoren außerhalb der Prozedur haben. Beim Eintritt in die Prozedur sind alle drei Operatoren leer.

Die Operatoren `"`, `""` und `"""` werden insbesondere zum Aufruf von Prozeduren benötigt, deren Parameter mit `uneval` gekennzeichnet sind. Ein Beispiel zur Anwendung der Operatoren finden Sie im nächsten Kapitel (Beschreibung des neuen Kommandos `seqn`).

Anmerkung 2: Auch bei der automatischen 'vollständigen' Auswertung werden Prozeduren, Tabellen und Felder nicht ausgewertet. Zu einem Prozeduraufruf kommt es nur, wenn Klammern angegeben werden; bei Tabellen und Felder muß `eval` verwendet werden (siehe Kapitel 13, Seite 218), damit der Inhalt (und nicht nur der Variablenname) übergeben wird. Das sind zwar auch Besonderheiten von Maple, aber die gelten zumindest unverändert in und außerhalb von Prozeduren.

Verweis: Ein praktisches Beispiel, das die zahlreichen Implikationen bei der Auswertung von Variablen und Parametern demonstriert, finden Sie im folgenden Kapitel: Dort wird die Programmierung des Kommandos `seqn` beschrieben. `seqn` ist eine (für gewisse Anwendungen) bessere Alternative zu `seqn`.

Veränderung von Parametern

Veränderungen der Parameter innerhalb der Prozedur sind zwar nicht üblich, aber möglich. Allerdings müssen dann sowohl beim Aufruf der Prozedur als auch im Code dieser Prozedur gewisse Regeln beachtet werden.

Maple wertet die an eine Prozededur übergebenen Parameter vorher aus. Wenn Sie $a + 3$ übergeben und a enthält den Wert 4, dann wird der Wert 7 an die Prozedur übergeben. Damit eine Variable durch die Prozedur verändert werden kann, müssen zwei Voraussetzungen erfüllt sein: Die Variable muß für sich allein übergeben werden (d. h., a, aber nicht $a+1$), und die Auswertung der Variable zu ihrem Inhalt muß verhindert werden (d. h. der Prozedur muß der Name der Variable und nicht deren Wert übergeben werden).

Die zweite Voraussetzung kann seit Release 4 ganz einfach dadurch erfüllt werden, indem beim Parameter als Typ `uneval` oder `evaln` angegeben wird. Damit wird erreicht, daß bei der Parameterübergabe ganz auf die Auswertung verzichtet wird oder daß die Auswertung nur soweit durchgeführt wird, bis ein Variablenname vorliegt. (`evaln` wertet beispielsweise `z.3` zum Namen *z3* aus.)

Der Prozedur *test* wird der nicht ausgewertete Name der Variable a übergeben. Nach dem Aufruf hat a den Wert 5.

```
restart:
test:=proc(x::evaln)
  x:=5;
end:
a:=3: test(a): a;
```

$$5$$

Im zweiten Beispiel soll der Wert der übergebenen Variable um eins erhöht werden. Beim ersten Versuch werden Sie wahrscheinlich die nebenstehende Prozedur formulieren. Sie versagt, weil x ein Parameter ist und innerhalb der Prozedur nicht ausgewertet wird (siehe den vorherigen Abschnitt).

```
test:=proc(x::evaln)
  x:=x+1;
end:
a:=3: test(a): a;
  Error, too many levels of recursion
```

Die korrigierte Variante verwendet in der ersten Zeile `evaln`, um eine Auswertung bei der Übergabe des Parameters zu vermeiden, und in der zweiten Zeile `eval`, um die Auswertung jetzt doch durchzuführen.

```
test:=proc(x:evaln)
  x:=eval(x)+1;
end:
a:=3: test(a): a;
```

$$4$$

test funktioniert auch dann, wenn im Parameter ein symbolischer Ausdruck übergeben wird.

```
a:=sin(b): test(a): a;
```

$$\sin(b) + 1$$

Achtung: Im Gegensatz zu alten Prozeduren, in denen zu verändernde Variablen in Apostrophen angegeben werden mußten (siehe nächstes Beispiel), ist das bei dem neuen Code, der `evaln` verwendet, nicht zulässig!

```
a:=3: test('a'):
  Error, Illegal use of an
  object as a name
```

Älterer Maple-Code (bis Release 3) mußte ohne die `evaln`-Kennzeichnung von Parametern auskommen. Am Code der Prozedur änderte sich sonst nichts, allerdings müssen zu verändernde Parameter jetzt in Apostrophe gestellt werden (um die Auswertung so zu vermeiden).

```
test:=proc(x:evaln)
  x:=eval(x)+1;
end:
a:=3: test(a): a;
```

$$4$$

Da Felder von der automatischen Auswertung ausgenommen sind, ist eine Veränderung von Feldelementen auch ohne die Kennzeichnung des Parameters durch `evaln` möglich.

```
test:=proc(x::array)
  x[1]:=1:
end:
a:=array([0,0]): test(a):
print(a);
```

$$[1,0]$$

Prozeduroptionen

Als nächstes Kommando nach `local` oder `global` können mit `options` mehrere in Maple vorgesehene Optionen ausgewählt werden. Diese Optionen steuern die interne Verwaltung und Anwendung der Prozedur. Maple kennt folgende Optionen:

`remember`: Zur Prozedur wird eine Erinnerungstabelle verwaltet, in der bereits berechnete Ergebnisse gespeichert werden. Dadurch kann – insbesondere bei rekursiven Prozeduren – eine enorme Zeitersparnis erreicht werden. Die Erinnerungstabelle kann über `op(4,op(name))` direkt manipuliert bzw. mit `forget(name)` gelöscht werden. Siehe auch Kapitel 8 und 27.

`system`: Wenn diese Option zusammen mit `remember` verwendet wird, dann wird die Erinnerungstabelle bei einer 'garbage collection' gelöscht. Eine 'garbage collection' ist die Neuorganisation des Speichers, wobei nicht mehr benötigte Informationen gelöscht werden. Dieser Vorgang wird automatisch von Maple ausgeführt, bevor der Speicher knapp wird.

`builtin`: Wird für Prozeduren verwendet, die direkt im Kernel von Maple integriert sind. Die Option kann beim Programmieren eigener Kommandos nicht verwendet werden.

`operator`: Die Option bewirkt, daß die Funktion als funktionaler Operator gilt (entspricht der Deklaration `f:=x->y^2`). Die Option hat keinen Einfluß auf die tatsächliche Wirkung und Funktion der Prozedur.

`arrow`: Die Option wird zusammen mit `operator` verwendet und führt dann zur Pfeildarstellung der Funktion. Auch `arrow` verändert die Funktion der Prozedur nicht.

```
test:=proc(x)
  options operator, arrow;
  x^2;
end:
print(test):
```

$$x \mapsto x^2$$

`trace`: Die Option bewirkt, daß jeder Einsprung in die Prozedur und jeder Rücksprung aus der Prozedur dokumentiert wird. Die Option wird vor allem zur Fehlersuche in rekursiven Prozeduren verwendet. Weitere Tips zu diesem Thema finden Sie im Abschnitt zur Fehlersuche in nächsten Kapitel.

`Copyright`: Mit der Option kann eine Copyright-Notiz in der Prozedur verankert werden. Die übliche Anwendung sieht so aus, daß eine Zeichenkette in nach rechts gerichteten Apostrophen und mit `Copyright` beginnend angegeben wird.

```
test:=proc(x)
  options `Copyright mk 96`;
  x^2;
end:
op(3, op(test));
    `Copyright mk 96`
```

Schnelle Fließkommaauswertung von Prozeduren

Prinzipiell können Sie mit `evalhf(prozedur(..))` eine schnellere Auswertung des Kommandos in der Fließkommaarithmetik des Rechners erzwingen. `evalhf` funktioniert allerdings nur, wenn in der Prozedur ausschließlich auf solche Kommandos und Funktionen zurückgegriffen wird, die auch unmittelbar in der Programmiersprache C ausgeführt werden könnten. Symbolische Berechnungen sind von `evalhf` von vornherein ausgeschlossen, ebenso viele numerische Verfahren (z.B. zur Integration) sowie die Kommandos zur Matrizenrechnung. `evalhf` ist somit nur dann sinnvoll einzusetzen, wenn eine aufwendige Berechnung ohne Maple-Spezialfunktionen durchgeführt werden soll.

Die Prozedur *test* berechnet die Summe von $1/x^2$ für $x = 1..n$. Eine Besonderheit der Prozedur besteht darin, daß das Hochkomma `"` wie eine Variable verwendet wird. Die Anweisung `0:` liefert das Ergebnis 0 und löscht damit `"`. `"+1/i^2` greift auf `"` zurück und liefert das um $1/i^2$ vergrößerte Ergebnis. Die letzte Anweisung der Prozedur (`":`) liefert den Rückgabewert der Prozedur.

```
test:=proc(n)
  local i:  0:
  for i from 1 to n do:
    "+1/i^2:
  od:
  ":
end:
```

Die Prozedur ist normalerweise verhältnismäßig langsam, weil symbolisch gerechnet wird. Das Kommando `test(2000)` liefert daher einen sehr großen Bruch, der durch `evalf` numerisch ausgewertet wird. Wenn `test` dagegen in `evalhf` ausgeführt wird, erscheint das Ergebnis fast verzögerungsfrei in der Genauigkeit der Hardware-Arithmetik (üblicherweise 16 Stellen). Zur Kontrolle wird das Ergebnis nochmals mit `add` berechnet.

```
test(2000): evalf(");
```

$$1.644434192$$

```
evalhf(test(2000));
```

$$1.644434191827396$$

```
Digits:=16:
evalf(add( 1/n^2, n=1..2000));
```

$$1.644434191827393$$

In Prozeduren, die mit `evalhf` ausgewertet werden sollen, ist eine Rückgabe von Ergebnissen in den Parametern nicht erlaubt. Zu dieser Grundregel existiert eine Ausnahme: Felder, die als Parameter übergeben werden, dürfen innerhalb der Prozedur verändert werden. Das ist allerdings auch nur dann möglich, wenn die Feldvariable in `var` eingeschlossen wird. Auch bei diesem Sonderfall dürfen nur einzelne Elemente des Felds (`x[1,2]:=..`), nicht aber das Feld als Ganzes (`x:=..`) verändert werden.

Die Prozedur `test` schreibt in das erste Element des Felds x den Wert 0. Als Testobjekt wird der Prozedur das Feld $a := [1, 2]$ übergeben. Damit eine Fließkommaauswertung möglich ist (die hier nur zu Demonstrationszwecken erfolgt), muß a in `var` eingeklammert werden.

```
test:=proc(x:array)
  x[1]:=0:
end:

a:=array([1,2]):
evalhf( test(var(a)) ): print(a);
```

$$[0.0, 2.0]$$

Definition neuer Operatoren

Normalerweise werden Prozeduren zur Definition neuer Funktionen oder Kommandos verwendet. Es besteht aber auch die Möglichkeit, neue Operatoren zu definieren. Eigene Operatoren beginnen immer mit dem Symbol '`&`'. Die drei folgenden Beispiele zeigen die Definition von Operatoren für ein, zwei oder drei Operanden. Operatoren für mehr als zwei Operanden sind allerdings selten sinnvoll und unterscheiden sich in ihrer Anwendung nicht von gewöhnlichen Funktionen.

Bei der Definition von Operatoren muß der mit '`&`' beginnende Operatorname in rechtsgerichtete Apostrophe gestellt werden. Der Operator `&op1` quadriert den dahinter angegebenen Operanden.

```
`&op1`:=proc(x)
  x^2;
end:

&op1 a;
```

$$a^2$$

Das zweite Beispiel zeigt einen Operator, der die Summe der Quadrate der beiden Operanden bildet. Der Operator wird wie gewöhnliche Maple-Operatoren zwischen die beiden Operanden gestellt.

```
`&op2`:=proc(x,y)
  x^2+y^2:
end:
a &op2 b;
```

$$a^2 + b^2$$

Operatoren für drei oder mehr Operanden werden wie gewöhnliche Funktionen aufgerufen, d.h., die Parameter werden hinter dem Operator in Klammern gestellt.

```
`&op3`:=proc(x,y,z)
  x+y+z;
end:
&op3(a, b, c);
```

$$a + b + c$$

Anmerkung: Mit dem Kommando `define` können Merkmale von Operatoren definiert werden – etwa ob der Operator assoziativ, kommutativ etc. ist. Das Kommando ist allerdings nur für formale Operatoren von Interesse, nicht aber für Operatoren, die explizit durch eine Prozedur definiert wurden. Formale Operatoren sind Operatoren, von denen nur der Name existiert. `define` löscht die Definition eines Operators durch eine Prozedur und wirkt sich lediglich auf die Vereinfachung von Ausdrücken mit formalen Operatoren aus.

Verzweigungen und Schleifen

Nachdem `if`-Abfragen bereits in zahlreichen Beispielen dieses Buchs verwendet wurden, wird jetzt die (aus anderen Programmiersprachen ohnedies bekannte) Syntax nachgeliefert.

Verzweigungen, Fallunterscheidungen und Abfragen werden in Maple mit den Schlüsselwörtern `if`, `then`, `elif`, `else` und `fi` gebildet.

```
if   bedingung1 then ...
elif bedingung2 then ...
elif bedingung3 then ...
else ...
fi;
```

Anstelle der drei Punkte dürfen beliebig lange Kommandosequenzen eingefügt werden. Die `elif`- und `else`-Abschnitte sind optional, jede `if`-Abfrage muß aber mit `fi` abgeschlossen werden.

Schleifen werden in Maple wahlweise mit dem schon bekannten Kommando `seq` (siehe Kapitel 12) oder über die Schlüsselwörter `do` und `od` gebildet. Diese Schlüsselwörter bilden für sich eine Endlosschleife, weswegen sie normalerweise in Zusammenhang mit `for` oder `while` verwendet werden. Schleifen können vorzeitig mit `break` verlassen werden. `next` überspringt die verbleibenden Kommandos bis `od` und setzt die Schleife dort fort. Die folgenden Beispiele zeigen einige einfache Schleifen.

In der Schleife rechts durchläuft x die Werte 1, 2 und 3. Es spielt keine Rolle, ob x vor Beginn der Schleife bereits einen Wert hatte – dieser wird gegebenenfalls gelöscht. Nach dem Ende der Schleife hat x den Wert 4.

```
for x from 1 to 3 do
  print(x):
od:
```

$$1$$
$$2$$
$$3$$

Das Beispiel rechts ist eine Variante zum vorigen Beispiel. Die Schleife wird in umgekehrter Richtung und mit der Schrittweite -2 durchlaufen. Nach dem Ende der Schleife hat x den Wert -1. `for`-Schleifen sind abweisend. Schleifen der Form `for i from 1 to 3 by -1` werden daher kein einziges Mal ausgeführt.

```
for x from 5 to 1 by -2 do
  print(x):
od:
```

$$5$$
$$3$$
$$1$$

Eine weitere `for`-Variante kann mit dem Schlüsselwort `in` gebildet werden. In die Schleifenvariable werden der Reihe nach alle Elemente der nach `in` angegebenen Liste eingesetzt.

```
for i in [1,2,3] do
  print(i)
od:
```

$$1$$
$$2$$
$$3$$

Mit `while` kann eine Schleife in Abhängigkeit einer allgemeinen Bedingung formuliert werden. Die Schleife wird solange ausgeführt, bis die Bedingung nicht mehr erfüllt ist. Beachten Sie das Kommando `eval` bei der Erhöhung der Schleifenvariable x um 1: Ohne dieses Kommando würde Maple eine rekursive Endlosschleife für x bilden. Eine Besonderheit von `while`-Schleifen besteht darin, daß die Ergebnisse der darin enthaltenen Kommandos angezeigt werden. Aus diesem Grund fehlt das `print`-Kommando.

```
x:=0:
while(x<3) do
  x:=eval(x)+1:
od;
```

$$x := 1$$
$$x := 2$$
$$x := 3$$

Die `for`-Schleife hat eine wesentliche Einschränkung: Sie kommt nicht mit symbolischen Start- und Endwerten bzw. Schrittweiten zurecht. Es ist nicht möglich, eine `for`-Schleife von 0 bis π mit der Schrittweite $\pi/8$ zu bilden. Maple liefert in diesem Fall die Fehlermeldung 'unable to execute for'. Auch die Formulierung der Schleife mit `while` nach dem obigen Muster verursacht Probleme. Der Ausdruck `while(x<=Pi)` liefert die Fehlermeldung 'cannot evaluate boolean'. Das folgende Beispiel zeigt einen Weg, dieses Problem zu umgehen.

In der nebenstehenden Schleife durchläuft x die Werte $0, \pi/8, \pi/4..., \pi$. (Auf den Abdruck der Ergebnisse der Schleife wurde diesmal verzichtet.) Beachten Sie die etwas umständliche Formulierung der `while`-Bedingung mit `evalf`. Auf diese Weise wird die Fehlermeldung 'cannot evaluate boolean' vermieden.

```
x:=0:
while(evalf(x)<=evalf(Pi)) do:
  print(x):
  x:=eval(x)+Pi/8:
od;
```

Im letzen Beispiel wird durch `do` und `od` eine Endlosschleife gebildet, die dann mit `break` vorzeitig verlassen wird.

```
x:=0:
do
  x:=eval(x)+1:
  if x>3 then break; fi;
  print(x):
od:
```

$$1$$
$$2$$
$$3$$

Kommandos mit eigenen Optionen

Viele Maple-Kommandos zeichnen sich dadurch aus, daß nach einigen starr vorgegebenen Parametern beliebig viele weitere Parameter in der Form `option=einstellung` angegeben werden dürfen. Am häufigsten tritt diese Situation bei Grafikkommandos auf.

Das folgende Beispiel stellt ein Schema vor, nach dem beliebig viele Optionen mit Defaulteinstellungen berücksichtigt werden können. An das Kommando `test` müssen in den beiden ersten Parametern Listen übergeben werden (beispielsweise um die darin enthalten Koordinatenpunkte zu verarbeiten, oder was auch immer; das ist für dieses Beispiel nicht wichtig).

Außerdem können die drei Optionen `optiona`, `optionb` und `optionc` eingestellt werden, wobei für die Option A numerische Werte, für B Zeichenketten und für C ein Boolescher Wert (also *true* oder *false*) erlaubt ist. Die Defaulteinstellungen für die drei Optionen lautet 10, 'default' und *true*.

Das Programm verwendet zur Auswertung der Optionenliste, die einfach mit `args` aus allen Parametern ab der dritten Position ermittelt, das Kommando `hasoption`. Dieses Kommando nimmt als ersten Parameter eine Liste von Optionen entgegen. Im zweiten Parameter muß der Name der Option (und optional der gewünschte Datentyp) angegeben werden. Der dritte Parameter enthält eine Variable, in der die Einstellung der Option gespeichert wird. Im optionalen vierten Parameter kann eine Variable angegeben werden, in der die (um die aktuelle Option verkleinerte) Parameterliste übergeben wird. Falls die Variablen für den dritten oder vierten Parameter schon belegt sind, müssen sie in Apostrophen übergeben werden.

`hasfunction` liefert *true* oder *false* zurück, je nachdem, ob die gesuchte Option gefunden wurde oder nicht. In *test* wird das dazu ausgenutzt, um für nicht angegebene Optionen Defaultwerte zu verwenden.

Nach der Ermittlung der drei Optionen enthält *opts* eine Liste mit allen übrigen Optionen. Diese Liste könnte nun an andere Maple-Kommandos weitergegeben werden, wenn diese Optionen erwarten (etwa bei der Programmierung eines neuen Grafikkommandos, das auf `plot3d` aufbaut und deren Optionen einfach unverändert weitergeben möchte. In *test* werden dagegen keine weiteren Optionen erwartet, daher wird eine Fehlermeldung ausgegeben.

Die Beispielprozedur endet damit, daß die Einstellung der drei Optionen ausgegeben wird. In der echten Anwendung würde an dieser Stelle der eigentliche Code der Prozedur beginnen.

```
test:=proc(l1:list, l2:list)
  local opts, available, value, opta, optb,optc;
  opts:=[args[3..nargs]];
  if not hasoption(opts, optiona=posint, opta, 'opts') then
    opta:=10:
  fi:
  if not hasoption(opts, optionb=string, optb, 'opts') then
    optb:=abc:
  fi:
  if not hasoption(opts, optionc=boolean, optc, 'opts') then
    optc:=false:
  fi:
  if nops(opts)>0 then
    ERROR(`invalid option`, opts):
  fi:
  print(opta,optb,optc);
end:
```

Die vier folgenden Beispiele demonstrieren den Aufruf der `test`-Prozedur. Beim ersten Aufruf werden lediglich zwei leere Listen übergeben, die Prozedur liefert die Defaulteinstellung der Optionen. Beim zweiten Aufruf werden eigene Optionen angegeben. Beispiel drei und vier zeigen, wie sich die Prozedur verhält, wenn Optionen im falschen Format oder überhaupt unzulässige Optionen übergeben werden.

```
test([],[]);
```

$$10, abc, false$$

```
test([],[], optiona=5, optionb=xyz, optionc=false);
```

$$5, xyz, false$$

```
test([],[], optiona=xy);
  Error, (in hasoption) The, optiona, option must be a, posint,
  but got, xy
```

```
test([],[], optiona=5, optionb=xyz, optionc=false, optiond=3);
  Error, (in test) invalid option, [optiond = 3]
```

Bearbeitung von Dateien

Häufig besteht der Wunsch, Daten aus anderen Programmen in Maple weiterzuverarbeiten bzw. die Ergebnisse von Maple wieder in andere Programme einzulesen. Zum Datenaustausch kommt in solchen Situationen eigentlich nur eine ASCII-Datei in Frage, die das Zahlenmaterial (oder eventuell auch Zeichenketten) in einer für beide Programme verständlichen Form enthält.

Maple bietet inzwischen schon eine fast unüberschaubare Anzahl von Kommandos zu diesem Zweck an, und mit jedem Release scheinen es mehr zu werden. Dieser Abschnitt beschränkt sich auf die wichtigsten Kommandos. Weitergehende Informationen zu unterschiedlichen Dateitypen, weiteren Kommandos etc. finden Sie in der mit Release 4 mitgelieferten Datei `examples\lang.mws` sowie unter dem Hilfethema `?file_types`.

Hinweis: Die folgenden Beispiele gehen davon aus, daß sich die dreizeilige Textdatei `data.dat` im aktuellen Verzeichnis befindet. (Informationen zur Angabe von Dateinamen und Verzeichnissen finden Sie im vorigen Kapitel auf Seite 441.)

Dateinummern

Ein gemeinsames Merkmal beinahe aller Kommandos zur Bearbeitung von Dateien ist die Angabe der Datei. Diese kann wahlweise direkt durch den Dateinamen oder durch eine Dateinummer (file descriptor) erfolgen. Im zweiten Fall muß die Dateinummer vor dem ersten Zugriff mit `fopen` ermittelt werden. Nach dem letzten Zugriff muß die Datei mit `fclose` wieder geschlossen werden.

An `fopen` muß der Dateiname und die Art des Zugriffs (`READ` oder `WRITE`) übergeben werden. Optional kann im dritten Parameter noch der Datentyp (`TEXT` oder `BINARY`) angegeben werden – in den meisten Fällen erkennt Maple den erforderlichen Typ aber selbständig an der Art des Zugriffs.

Der Vorteil von Dateinummern (neu seit Release 4) gegenüber der direkten Angabe des Dateinamens besteht darin, daß problemlos auf mehrere Dateien gleichzeitig zugegriffen werden kann.

Textdateien lesen

Das Kommando `readline` liest eine Textzeile aus einer Datei. Das Programm rechts öffnet die Datei `data.dat`, liest den darin enthaltenen Text zeilenweise in die Stringvariable s und gibt deren Inhalt am Bildschirm aus. Anschließend wird die Datei mit `fclose` wieder geschlossen.

```
fn:=fopen(`data.dat`, READ):
s:=readline(fn):
while(s<>0) do:
  lprint(s):
  s:=readline(fn):
od:
fclose(fn):
  1 2 3
  4 5
  6.6 7 8e-8 9
```

`readdata` eignet sich zum Einlesen von reinen Zahlendateien. Die Zahlen müssen zeilenweise in der Datei stehen und durch Tabulator- oder Leerzeichen voneinander getrennt sein. Andere Trennungszeichen, etwa Kommas oder Semikolons, sind nicht erlaubt. Bei Fließkommazahlen muß ein Dezimalpunkt (kein Komma) verwendet werden. Exponenten müssen in der Form $123e456$ angegeben werden. Die in Maple sonst auch gültige Schreibweise $123 * 10^{456}$ ist nicht erlaubt. Der Zahlenbereich ist auf das in der Programmiersprache C übliche `double`-Format begrenzt, also maximal 16 Stellen, Hochzahlen bis ± 310.

An `readdata` werden drei Parameter übergeben: der Dateiname oder die Dateinummer, das Zahlenformat (`integer` oder `float`) und die Anzahl der Spalten. Wenn auf die beiden letzten Parameter verzichtet wird, liest `readdata` nur die erste Zahl jeder Textzeile und interpretiert die Zahlen als Fließkommazahlen. `readdata` liefert als Ergebnis eine (gegebenenfalls verschachtelte) Liste.

`readdata` liest die erste Zahl jeder Zeile und gibt das Ergebnis als Liste zurück.

```
fn:=fopen(`data.dat`, READ):
readdata(fn);
fclose(fn):
```

$$[1., 4., 6.6]$$

Im Beispiel rechts wird aus Gründen der Übersichtlichkeit der Dateiname direkt angegeben. `readdata` erwartet ganze Zahlen und bildet Listen mit je zwei Zahlen pro Zeile.

```
readdata(`data.dat`, integer, 2);
```

$$[[1, 2], [4, 5], [6, 0]]$$

Auch `fscanf` eignet sich zum Einlesen von Textzeilen. An das Kommando wird die Dateinummer und eine Zeichenkette übergeben, die das Format der gewünschten Daten beschreibt. Die Syntax ist dieselbe wie bei dem gleichnamigen aus C bekannten Kommando. Insbesondere werden ganze Zahlen durch `%d`, Fließkommazahlen durch `%f` und Zeichenketten durch `%f` beschrieben. (Eine ausführliche Beschreibung der Syntaxmöglichkeiten gibt die Online-Hilfe.) `fscanf` liefert das Ergebnis als Liste zurück.

Im Beispiel rechts wird abermals die gesamte Datei eingelesen, wobei alle Zahlen als Fließkommazahlen interpretiert werden. Das Ende der Datei wird mit `feof` erkannt.

```
fn:=fopen(`data.dat`, READ):
while(not feof(fn)) do
  lst:=fscanf(fn, `%f %f %f`):
  lprint(lst):
od:
fclose(fn):
  [1., 2., 3.]
  [4., 5., 6.6]
  [7., .8e-7, 9.]
```

`read` ist ein weiteres Kommando zum Lesen von Dateien. Es ist nur in Kombination mit `save` sinnvoll anzuwenden und wird etwas weiter unten gemeinsam mit diesem Kommando beschrieben.

Textdateien schreiben

Zum Schreiben von Textdateien eignen sich die Kommandos `writeline` und `fprintf`. Ihre Anwendung ist der von `readline` bzw. `scanf` sehr ähnlich.

Nebenstehendes Programm liest `data.dat` zeilenweise ein und kopiert die Zeichenketten in die Datei `datacopy.dat`. An `writeline` wird die Dateinummer und die zu schreibende Zeichenkette übergeben.

```
f1:=fopen(`data.dat`,READ):
f2:=fopen(`datacopy.dat`, WRITE):
s:=readline(f1):
while(s<>0) do:
  writeline(f2,s):
  s:=readline(f1):
od:
fclose(f1): fclose(f2):
```

Eine zweite Version desselben Programms kann auch mit `fprintf` formuliert werden. Dabei darf nicht das Sonderzeichen `\n` zur Markierung des Zeilenendes vergessen werden.

```
f1:=fopen(`data.dat`,READ):
f2:=fopen(`datacopy.dat`, WRITE):
while(not feof(f1)) do:
  s:=readline(f1):
  fprintf(f2, `%s\n`, s):
od:
fclose(f1): fclose(f2):
```

Anmerkung: Maple berücksichtigt je nach Version (Unix, Windows, Apple) die für das jeweilige Betriebssystem üblichen Zeichen zur Markierung des Zeilenendes. Siehe auch den Hilfetext zu `?file_types`.

Binärdateien lesen und speichern

Zum Zugriff auf Binärdateien eigenen sich vor allem die Kommandos `readbytes` und `writebytes`. Damit kann eine bestimmte Anzahl von Bytes gelesen oder geschrieben werden. Die Daten werden wahlweise als Liste von Integerzahlen oder als Zeichenketten übergeben.

Die effizienteste Möglichkeit, in Maple eine Datei zu kopieren, sieht folgendermaßen aus:

```
writebytes(`datacopy.dat`,
  readbytes(`data.dat`,infinity)):
```

Während des Zugriffs ist auch eine Veränderung der Schreib- oder Leseposition innerhalb der Datei möglich: `filepos` ermittelt die aktuelle Position oder verändert sie. Die schon mehrmals eingesetzte Funktion `feof` testet, ob bereits das Dateiende erreicht ist.

Die Kommandos read und save

Während die bisher behandelten Kommandos den Datenaustausch zwischen Maple und anderen Programmen erleichtern, haben die Kommandos `read` und `save` nur innerhalb von Maple-Anwendungen Bedeutung.

`save` speichert den Inhalt von Maple-Variablen (also auch Listen, Felder, Matrizen, Prozeduren etc.) in einer Datei. Die Namen der Variablen werden dabei mitgespeichert, so daß beim späteren Laden die Zuordnung zwischen Daten und Variablen automatisch wieder hergestellt wird.

Wenn der Dateiname mit `.m` endet, wird dabei ein Maple-internes binäres Format verwendet, andernfalls wird die Datei als ASCII-Text gespeichert. Die in der Datei gespeicherten Variablen können zu einem späteren Zeitpunkt durch `read` wieder gelesen werden.

Der Vorteil von `read` und `save` gegenüber den oben beschriebenen Kommandos besteht darin, daß auch sehr große Maple-Ausdrücke (z. B. eine Matrix mit 100 mal 100 Elementen) sehr effizient gespeichert werden können. Der Nachteil besteht darin, daß sich das Format der Dateien (insbesondere das Binärformat) praktisch mit jedem neuen Release von Maple ändert und daher nicht portabel ist.

Die wichtigste Anwendung von `read` ist aus diesem Grund das Einlesen von Programmcode, der zuvor mit `save` oder `savelib` gespeichert wurde. Mehr Informationen zu diesem Thema finden Sie im folgenden Kapitel, wo beschrieben wird, wie eigene Kommandos gespeichert und in Packages oder Librarys verwaltet werden können.

Im Beispiel rechts wird die Variable a mit einem 2*2-Feld in der Datei `test.dat` gespeichert. Im Anschluß an das `save`-Kommando ist die resultierende ASCII-Datei dargestellt. Die beiden Zeilenumbrüche wurden nur aus Platzgründen durchgeführt, `test.dat` besteht aus einer einzigen Zeile.

```
a:=array([[1,2], [2.3, 1/3]]):
save a, `test.dat`;
```

```
a := array(1 .. 2, 1 .. 2,
[(2, 1)=2.3,(2, 2)=1/3,(1, 1)=1,
(1, 2)=2]);
```

Mit `read` kann a ganz bequem wieder eingelesen werden.

```
a:='a':
read `test.dat`:
print(a);
```

$$\begin{bmatrix} 1 & 2 \\ 2.3 & 1/3 \end{bmatrix}$$

Bildschirmausgabe, Tastatureingabe

Die zwei gebräuchlichsten Kommandos zur Ausgabe von Informationen am Bildschirm wurden in diesem Buch schon mehrfach vorgestellt: `lprint` zur Ausgabe unformatierter Zeichenketten und `print` zur Ausgabe formatierter mathematischer Ausdrücke. `printf` funktioniert ähnlich wie `lprint`, ermöglicht aber eine genauere Steuerung der Ausgabe (siehe `fprintf` etwas weiter oben). Neben diesen drei Kommandos, die speziell für die Bildschirmausgabe vorgesehen sind, können auch die im vorigen Teilabschnitt beschriebenen Kommandos (`fprintf` und `writeline`) zur Ausgabe am Bildschirm verwendet werden, wenn statt der Dateinummer `terminal` angegeben wird. Das ist vor allem zu Testzwecken sehr angenehm.

```
lprint(x^2, 1/3);
  x^2   1/3
print(x^2,1/3):
```

$$x^2, \frac{1}{3}$$

```
i:=3: f:=evalf(sqrt(3)):
printf(`i hat den Wert %d, f hat den Wert % f`, i, f);
  i hat den Wert 3, f hat den Wert  1.732050
writeline(terminal, `abc`, `def`):
  abc
  def
```

Auch zur Eingabe einer Zeichenkette über die Tastatur kann ein schon bekanntes Kommando verwendet werden: Wenn bei `readline` statt des Dateinamens `terminal` angegeben wird, erwartet Maple die Eingabe über die Tastatur. `readstat` ist sogar in der Lage, Maple-Kommandos entgegenzunehmen und auszuwerten. Als Parameter kann eine Zeichenkette angegeben werden, die dann vor dem Eingabecursor angezeigt wird.

```
printf(`Geben Sie eine Zeichenkette ein: `): s:=readline(terminal);
  Geben Sie eine Zeichenkette ein:
  > hallo
```

$$s := hallo$$

```
s:=readstat(`Geben Sie ein Maple-Kommando ein: `);
  Geben Sie ein Maple-Kommando ein: > sqrt(x);
```

$\sqrt{x}$

Umgang mit Zeichenketten

Zeichenketten werden in Maple in rechtsgerichteten Apostrophen angeschrieben, also etwa 'abc'. Zeichenketten können wie alle anderen Maple-Ausdrücke in Variablen gespeichert werden. Ab Release 3 ist das Limit von maximal 512 Zeichen aufgehoben. Zeichenketten dürfen jetzt beliebig lang werden.

Mehrere Zeichenketten werden mit `cat` oder dem Verkettungsoperator '.' zu einer Zeichenkette verbunden. `length` ermittelt die Länge der Zeichenkette.

```
str:=`abcde` . `fghikl`;
```

$str := abcdefghikl$

```
length(str);
```

11

Maple-Ausdrücke können mit `convert, string` in Zeichenketten umgewandelt werden. Eine unmittelbare mathematische Auswertung von Zeichenketten ist nicht möglich. Erst nach der Rückverwandlung in Maple-Ausdrücke durch `parse` funktioniert `evalf` wieder.

```
convert(2/3, string);
```

2/3

```
evalf(");
```

2/3

```
parse(");
```

$\frac{2}{3}$

```
evalf(");
```

0.666666667

`substring` ermittelt eine Teilzeichenkette. Das erste und letzte Zeichen muß in einer Bereichsangabe genannt werden. Wenn nur ein Zeichen gelesen werden soll, müssen Anfangs- und Endzeichen übereinstimmen (z.B. `3..3`).

```
substring(str, 3..5);
```

cde

Seit Release 4 sind in `substring` auch negative Indizes erlaubt, um bequem auf das Ende der Zeichenkette zuzugreifen. Beachten Sie aber, daß im Bereich zuerst das vordere und dann das hintere Zeichen angegeben wird. Der Bereich `-1..-3` ist ungültig!

```
substring(str, -3..-1);
```

ikl

`searchtext` ermittelt die Position eines Suchmusters in einer Zeichenkette. Das Kommando liefert 0 oder die Position des ersten Auftretens der Zeichenkette. Durch eine optionale Bereichsangabe kann der Suchbereich eingeschränkt werden. `searchtext` liefert nur dann ein Ergebnis, wenn die gesamte Zeichenkette in diesem Bereich enthalten ist (nicht nur das erste Zeichen!). `SearchText` unterscheidet im Gegensatz zu `searchtext` zwischen Groß- und Kleinschreibung.

```
searchtext(`efg`, str);
```

$$5$$

```
searchtext(`efg`, str, 1..6);
```

$$0$$

`parse` liest die übergebene Zeichenkette und liefert entweder einen unausgewerteten Maple-Ausdruck oder das Ergebnis dieses Ausdrucks zurück. Die Zeichenkette kann mit oder ohne anschließendes Semikolon übergeben werden. Eine Auswertung erfolgt nur, wenn im zweiten Parameter das Schlüsselwort `statement` angegeben wird.

```
parse(`diff(sin(x),x)`);
```

$$\frac{d}{dx}\sin(x)$$

```
parse(`diff(sin(x),x)`,statement);
```

$$\cos(x)$$

`sscanf` funktioniert ähnlich wie das im vorigen Abschnitt vorgestellte Kommando `fscanf`. Es liest Daten aus der im ersten Parameter genannten Zeichenkette, wobei die Formatanweisungen des zweiten Parameters beachtet werden. Das Ergebnis wird als Liste zurückgegeben.

```
sscanf(`1 2.2 3.3`, `%d %d %d`);
```

$$[1, 2, 0]$$

```
sscanf(`1 2.2 3.3`, `%f %f %f`);
```

$$[1.0, 2.2, 3.3]$$

```
sscanf(`x=5,y=666`, `x=%d,y=%d`);
```

$$[5, 666]$$

`sprintf` funktioniert ähnlich wie `printf` und `fprintf`; allerdings erfolgt die Ausgabe nicht am Bildschirm oder in eine Datei, vielmehr liefert die Funktion eine Zeichenkette als Ergebnis.

```
sprintf(`int %d, float %f`, 3, 2.5);
```

$$int3, float2.5$$

Syntaxzusammenfassung

Prozeduren

```
p:=proc(var1::typ1, va2::typ2 ...)
  local l1,l2 ...: global g1,g2 ...:
  options ...: description `Kurzbeschreibung`:
  kommando: ...: ...:
end:
```

definiert die Prozedur p. Beim Aufruf der Prozedur wird eine automatische Typenüberprüfung der Parameter durchgeführt. Wenn als Typ `evaln` oder `uneval` angegeben wird, kann eine vollständige Auswertung der Parameter beim Aufruf vermieden werden (wichtig für Rückgabeparameter). $l1, l2$... gelten als lokale, $g1, g2$... als globale Variablen. Die möglichen Prozeduroptionen werden etwas weiter unten beschrieben. Die Prozedur liefert normalerweise das Ergebnis des letzten Kommandos als Rückgabewert. Die Prozedur kann aber auch vorzeitig durch `RETURN` abgebrochen werden, wobei der Parameter von `RETURN` als Rückgabewert gilt. Prozeduroptionen:

`remember`: Alle Ergebnisse der Prozedur werden in einer Erinnerungstabelle gespeichert.
`system`: Die Erinnerungstabelle darf bei einer 'garbage collection' gelöscht werden.
`builitin`: Das Kommando ist im Kernel von Maple integriert.
`operator`: Die Prozedur wird durch `print` in der Klammerschreibweise angezeigt.
`arrow`: Die Prozedur wird durch `print` in Pfeilschreibweise angezeigt.
`trace`: Alle Ein- und Aussprünge in die Prozedur werden angezeigt.

```
`&op`:=proc(...) ... end:
```

definiert einen neuen Operator durch die angegebene Prozedur.

```
nargs;
```

enthält die Anzahl der Parameter, die an die Prozedur übergeben wurden.

```
args;
```

enthält die übergebenen Parameter als Folge.

```
evalhf(p);
```

führt die Prozedur unter Verwendung der schnellen Fließkommaarithmetik des Rechners aus. Die Rechengenauigkeit wird durch den Rechner vorgegeben (meist 16 Stellen).

`hasoptions(opts, name=typ, 'einstellung', 'opts');`
hilft bei der Auswertung eigener Optionen. Das Kommando testet, ob *opts* eine Option mit dem angegebenen Namen und Typ enthält. Wenn das der Fall ist, wird die Einstellung in der im dritten Parameter genannten Variablen gespeichert und `hasoptions` liefert *true* zurück. Falls im optionalen vierten Parameter noch eine Variable angegeben wird, speichert `hasoptions` darin die um die gerade ausgewertete Option verkleinerte Optionenliste.

Verzweigungen und Schleifen

```
if   bed1 then ...
elif bed2 then ...
else ... fi;
```
bildet eine `if`-Abfrage. Es sind beliebig viele `elif`-Blöcke erlaubt. Die `elif`- und `else`-Blöcke sind optional, die Abfrage muß aber in jedem Fall mit `fi` abgeschlossen werden.

`do ... od;`
bildet eine Endlosschleife. Ein Ausstieg ist nur mit `break` möglich.

`for var from anfang to ende do ... od;`
durchläuft die Schleife für ganzzahlige Werte von *anfang* bis *ende*.

`for var from anfang to ende by schritt do ... od;`
wie oben, allerdings mit einer beliebigen Schrittweite für die Laufvariable.

`for var in liste do ... od;`
führt den Schleifenkörper für jedes Element der Liste einmal aus.

`while bedingung do ... od;`
führt die Schleife aus, solange die Bedingung nach `while` erfüllt ist.

`break;`
verläßt die aktuelle Schleife und setzt das Programm nach `od` fort.

`next;`
überspringt die Kommandos in der aktuellen Schleife und setzt die Schleife bei `od` fort.

Umgang mit Dateien

``fn:=fopen(`dateiname`, typ);``
öffnet die angegebene Datei zum Lesen (`READ`) oder Schreiben (`WRITE`).

`fclose(fn);`
beendet den Zugriff auf die Datei.

`feof(fn);`
testet, ob das Dateiende erreicht ist.

`pos:=filepos(fn);`
`filepos(fn, newpos);`
ermittelt die aktuelle Position innerhalb der Datei bzw. verändert sie.

`fprintf(fn, format, data1, data2, data3 ...);`
`printf(format, data1, data2, data3 ...);`
`s:=sprintf(format, data1, data2, data3 ...);`
formatiert die angegebenen Daten gemäß der Formatierungszeichenkette und speichert Sie in einer Datei bzw. gibt sie am Bildschirm aus bzw. liefert die Zeichenkette als Rückgabewert. *format* kennt unter anderem die Codes `%d` für ganze Zahlen, `%f` für Fließkommazahlen und `%s` für Zeichenketten. (Eine vollständige Beschreibung der Formatierungsmöglichkeiten gibt die Online-Hilfe.)

`lst:=fscanf(fn, format);`
`lst:=sscanf(str, format);`
liest Daten aus einer Datei oder Zeichenkette und liefert die gefundenen Elemente als Liste. *format* enthält ähnlich wie bei `fprintf` Formatangaben für die erwarteten Daten.

`readdata(fn, typ, n);`
liest die angegebene ASCII-Datei zeilenweise und liefert eine (verschachtelte) Liste von Zahlenwerten. Als Datentyp kann wahlweise `integer` oder `float` (default) gewählt werden. *n* gibt die Zahl der maximal zu lesenden Spalten an.

`readline(fn);`
liest die nächste Zeile aus der angegebenen Datei und liefert das Ergebnis als Zeichenkette. Wenn das Dateiende erreicht ist, liefert das Kommando den Wert 0.

`writeline(fn, str1, str2 ...);`
schreibt eine oder mehrere Zeichenketten (getrennt durch Zeilenendezeichen) in die Datei.

`readbytes(fn, n);`
liest *n* Bytes aus der Datei und gibt die Daten als Liste von ganzen Zahlen zurück. Wenn der optionale Parameter `TEXT` angegeben wird, liefert das Kommando eine Zeichenkette als Ergebnis. Wenn die gesamte Datei gelesen werden soll, kann für *n* `infinity` angegeben werden.

`writebytes(fn, data);`
speichert die angegebenen Daten (eine Liste von ganzen Zahlen oder eine Zeichenkette) in der Datei.

`save var,`datname`;`
speichert die angegebene Variable in einer Datei in einem Maple-internen Format. Wenn der Dateiname mit `.m` endet, verwendet Maple ein binäres Format, andernfalls werden die Daten im ASCII-Format gespeichert.

`read `datname`;`
liest die in der Datei gespeicherten Variablen wieder ein.

`print(a,b,c);`
gibt die Ausdrücke *a*, *b* und *c* im Formelsatz am Bildschirm aus.

`lprint(a,b,c);`
gibt die Ausdrücke *a*, *b* und *c* als ASCII-Zeichenkette am Bildschirm aus.

`s:=readline(terminal);`
ermöglicht die Eingabe einer Textzeile über die Tastatur.

`s:=readstat(`Erklärung`);`
ermöglicht die Eingabe einer Maple-Anweisung über die Tastatur.

Umgang mit Zeichenketten

`cat(`abc`, `def`);        `abc` . `def`;`
vereint zwei Zeichenketten.

`lenght(str);`
ermittelt die Länge der Zeichenkette.

`convert(expr, string);        parse(str);`
`convert` wandelt einen Maple-Ausdruck in eine Zeichenkette um. `parse` führt eine Konversion in die umgekehrte Richtung durch.

`substring(str, a..b);`
ermittelt die Teilzeichenkette vom *a*-ten bis zum *b*-ten Zeichen aus *str*.

```
searchtext(`muster`, str);      searchtext(`muster`, str, a..b);
SearchText(`muster`, str);      SearchText(`muster`, str, a..b);
```
ermitteln die Position des angegeben Musters innerhalb der Zeichenketten. Wenn die Suche erfolglos bleibt, liefern die Kommandos den Wert 0 als Ergebnis. Durch den optionalen dritten Parameter wird der Suchbereich eingeschränkt. `SerachText` unterscheidet zwischen Groß- und Kleinschreibung.

`parse(s);      parse(s, statement);`
liest die Zeichenkette *s* und liefert den unausgewerteten oder den ausgewerteten Maple-Ausdruck (zweite Syntaxvariante).

Kapitel 30

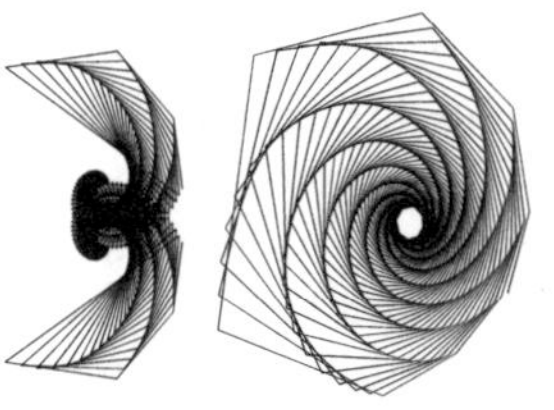

Programmieren III: Eigene Kommandos und Packages

Die bisher vorgestellten Programmierbeispiele stellen eher Ad-hoc-Lösungen dar, die je nach Bedarf rasch programmiert werden können und anschließend wieder in der Versenkung verschwinden. Wenn Sie neue Kommandos programmieren, die Sie über längere Zeit immer wieder einsetzen oder an andere Personen weitergeben möchten, sind die Anforderungen an das Programm etwas höher. Die Kommandos sollten möglichst gut gegen Bedienungsfehler abgesichert sein. Sie sollten mit einer brauchbaren Online-Hilfe ausgestattet sein und den üblichen Maple-Konventionen entsprechen etc. Dieses Kapitel geht auf diese Bedingungen ein und enthält Informationen zu folgenden Themen:

- Fehlersuche (Debugger)
- Analyse des Zeit- und Speicherbedarfs von Prozeduren (Profiler)
- Zusammensetzung eigener Packages
- Verwendung von `march` zum Erzeugen eigener Librarys
- Gestaltung von Hilfetexten für neue Kommandos

Zentrales Beispiel dieses Kapitels ist das neue Kommando `seqn`, das die Bildung verschachtelter Listen erlaubt und dabei Schleifen mit beliebiger Schrittweite ermöglicht. In mehreren Abschnitten wird beschrieben, wie dieses Kommando programmiert, mit einer Online-Hilfe ausgestattet und schließlich wahlweise in eine eigene oder in die `share`-Library integriert wird.

Fehlersuche, Fehlerabsicherung

Dieser Abschnitt beginnt mit der Beschreibung der Kommandos `tracelast`, `trace` sowie der Umgebungsvariablen `printlevel` und `infolevel`, die sehr einfache Hilfsmittel zur Fehlersuche darstellen. Wenn diese Hilfsmittel nicht ausreichen, kann der Debugger von Maple zu Hilfe genommen werden, der ein schrittweises Ausführen der Prozedur ermöglicht. Zur Analyse von Textdateien mit Programmcode eignet sich das Zusatzprogramm `mint`. Es gibt Informationen über die verwendeten Variablen und Funktionen, weist auf eventuelle Namenskonflikte hin etc. Zuletzt wird noch das Kommando `traperror` erläutert: Das Kommando ermöglicht es, eventuell auftretende Fehler abzufangen und das Anzeigen von Fehlermeldungen am Bildschirm zu vermeiden.

Verfolgung des Programmablaufs durch trace, printlevel und infolevel

Wenn sich die gerade erstellte Prozedur mit einer merkwürdigen Fehlermeldung statt mit dem erwünschten Ergebnis meldet, bietet `tracelast` eine bequeme Möglichkeit, die zuletzt ausgeführte Anweisung und den Wert der Variablen zu diesem Zeitpunkt festzustellen.

Im folgenden Beispiel soll `seq` für die Werte zwischen a und b ausgeführt werden. Intern wird der Bereich durch die Variablen $n1$ und $n2$ formuliert. Allerdings enthält der Code einen Fehler: Die Zuweisung an $n2$ verwendet den Operator `=` statt `:=`. `tracelast` zeigt die lokalen Variablen an, so daß der Fehler problemlos gefunden werden kann.

```
test:=proc(a,b)
  local n1, n2, i:
  n1:=a: n2=b:
  seq(i,i=n1..n2);
end:
test(3,4);
  Error, (in test) unable to execute seq
tracelast;
  Error, (in test) unable to execute seq
    executing statement: seq(i,i = n1 .. n2)
    locals defined as: n1 = 3, n2 = n2, i = i
    test called with arguments: 3, 4
```

Zur raschen Analyse rekursiver Funktionen eignet sich die Option `trace`. Maple zeigt jeden Ein- und Aussprung aus der Prozedur, jedes Ergebnis eines Kommandos sowie jede Zuweisung einer Variablen am Bildschirm an.

```
test:=proc(x)
  option trace:
  if x>1 then x*test(x-1) else 1 fi:
end:
test(2);
    --> enter test, args = 2
    --> enter test, args = 1

   1

    <-- exit test (now in
        test) = 1}

   2

    <-- exit test (now at top
        level) = 2}

   2
```

Dieselbe Wirkung wie durch die Option `trace` erhalten Sie auch durch das gleichnamige Kommando. Vor der Ausführung einer Prozedur ohne `trace`-Option wird `trace(prozname)` ausgeführt. Anschließend werden während der Ausführung der Prozedur dieselben Informationen wie oben angezeigt. `untrace(prozname)` hebt die Wirkung von `trace` wieder auf.

Hinweis: Die Datei `chap32.mws` auf der beiliegenden CD-ROM zeigt anhand der beiden Prozeduren `seq1` und `seqn` eindrucksvoll, daß sich mit `trace` auch der Programmablauf von sehr komplexen, sich gegenseitig aufrufenden Prozeduren nachvollziehen läßt.

Eine ähnliche Wirkung erzielen Sie auch durch die Veränderung der globalen Variablen `printlevel :=n`. Diese Variable gibt an, bis zu welcher Ebene n die Auswertung von Maple-Kommandos angezeigt wird. Dabei gilt folgende Definition für die aktuelle Auswertungsebene: Kommandos, die unmittelbar ausgewertet werden, befinden sich in der untersten Ebene (0) und werden immer angezeigt. Jede Schleife oder `if`-Bedingung erhöht die Ebene um 1, jede Prozedur bzw. jeder rekursive Prozeduraufruf erhöht die Ebene um 5. `printlevel` gilt im Gegensatz zu `trace` für sämtliche Prozeduren und Maple-Kommandos.

Durch das Kommando `userinfo` werden Informationen nur dann angezeigt, wenn die globale Variable `infolevel` entsprechend eingestellt wird. `userinfo` eignet sich dazu, dem Anwender einer Prozedur auf Wunsch Zusatzinformationen über die internen Abläufe innerhalb der Prozedur zu geben. `userinfo` wird beispielsweise in den Kommandos `int`, `dsolve` und `simplify` eingesetzt und gibt Informationen über das gewählte Integrationsverfahren, den Typ der Differentialgleichung etc.

Das folgende Beispiel zeigt die Anwendung von `userinfo`: Im ersten Parameter des Kommandos wird das Informationsniveau angegeben. Der Wertebereich geht von 1 (wichtige Meldung) bis 5 (selten benötigte Details). Der zweite Parameter bestimmt den Namen der Prozedur, für die die Informationen angezeigt werden. Der Name muß nicht identisch mit dem unmittelbarem Prozedurnamen sein. Es dürfen auch mehrere zusammengehörende

Prozeduren den gleichen userinfo-Namen verwenden. Ab dem dritten Parameter werden die auszugebenden Informationen angegeben.

Die Beispielprozedur test quadriert den übergebenen Parameter und gibt je nach *infolevel*[*test*] die Meldung 'Hallo!' aus.

```
test:=proc(x)
  userinfo(3, `test`, `Hallo!`):
  x^2:
end:
```

Die Prozedur zeigt die Zusatzinformationen erst dann an, wenn *infolevel*[*test*] größer oder gleich 3 gesetzt wird.

```
test(3);
```

$$9$$

```
infolevel[test]:=3:
test(3);
    test:   Hallo!
```

$$9$$

Neben den drei beschriebenen Methoden zur Protokollierung des Programmablaufs können Sie natürlich auch ganz einfach print- oder lprint-Anweisungen in den Programmcode einfügen. Bei print werden mathematische Ausdrücke korrekt formatiert (etwa $\sqrt{x}$), lprint gibt reine Zeichenketten aus (etwa x^(1/2)).

Das Kommando ERROR gibt die als Parameter genannten Ausdrücke und Zeichenketten ebenfalls am Bildschirm aus. Allerdings wird die Prozedur anschließend abgebrochen. Das Kommando eignet sich insbesondere für einen kontrollierten Ausstieg aus der Prozedur nach der Feststellung eines Fehlers (z.B. wegen der falschen Verwendung eines Parameters). Gleichzeitig kann dem Anwender der Prozedur eine klare Fehlermeldung präsentiert werden.

Der Maple-Debugger

Die Fehlersuche in eigenen Prozeduren kann ein ausgesprochen mühsamer Prozeß sein. Seit Release 4 steht in allen Maple-Versionen ein einfacher Debugger zur Verfügung, der dabei hilft. Der Debugger wird automatisch aktiviert, sobald es innerhalb einer Prozedur zu einer Unterbrechung kommt. Dazu muß in der zu analysierenden Prozedur entweder ein Breakpoint gesetzt oder eine Variable überwacht werden. Anschließend wird die Prozedur wie üblich gestartet. In der vorher angegebenen Zeile wird die Programmausführung unterbrochen. Maple zeigt statt des normalen Eingabzeichens > den Text DBG> an, um so anzuzeigen, daß der Debugger aktiv ist. Maple nimmt jetzt bis zum Ende der Prozedur verschiedene Debugger-Kommandos entgegen, mit denen eine schrittweise Ausführung der Prozedur ermöglicht wird.

Der Debugger kann auch dazu verwendet werden, die meisten Maple-Kommandos zu analysieren. Ausnahmen bilden nur jene Kommandos, die aus Geschwindigkeitsgründen in kompilierter Form vorliegen.

Dieser Abschnitt beginnt im Gegensatz zu den meisten anderen Teilen des Buchs mit einer Syntaxzusammenfassung der Kommandos zum Aufruf und zur Steuerung des Debuggers, Beispiele folgen erst anschließend. Diese Vorgehensweise erleichtert den Überblick über die Möglichkeiten, die der Debugger bietet. Weitere Beispiele finden Sie in Kapitel 6 des Maple-Manuals 'Programming Guide'.

Vor dem Aufruf des Debuggers

`showstat(test);`
: zeigt den Programmcode der zu analysierenden Prozedur *test* mit den Maple-internen Zeilennummern an. Diese Zeilennummern unterscheiden sich von den tatsächlichen Zeilennummern, die beispielsweise in einem Texteditor angezeigt werden, weil Maple Zeilen mit mehreren Kommandos intern in mehrere Zeilen zerlegt. Außerdem werden manche Schlüsselwörter (etwa `od` oder `fi` zum Abschluß einer Schleife oder einer Verzweigung) nicht als eigenständige Kommandos akzeptiert, die entsprechende Zeile bekommt aus diesem Grund keine Nummer.

`stopat(test);`
: unterbricht die Ausführung von *test* in der ersten Zeile.

`stopat(test,zeilennr);`
: unterbricht die Ausführung von *test* in der angegebenen Zeile. (Es gilt die Numerierung von `showstat`.)

`stopat(test,zeilennr,bedingung);`
: unterbricht die Ausführung von *test* in der angegebenen Zeile, sofern die Bedingung erfüllt ist. In der Bedingung können globale und lokale Variablen der Prozedur verwendet werden.

`stopwhen(globaleVariable);`
`stopwhen([test,variable]);`
: unterbricht die Ausführung von *test*, wenn sich der Inhalt der angegebenen Variable ändert. Die zweite Syntaxvariante eignet sich für Überwachungsausdrücke mit lokalen Variablen.

``stoperror(`fehlertext`);`` `stoperror(all);`
: unterbricht die Ausführung des Codes, wenn der angegebene Fehler auftritt. Als *fehlertext* muß beispielsweise `` `division by zero` `` angegeben werden, also die Maple-interne Bezeichnung des Fehlers. Wenn das Schlüsselwort `all` angegeben wird, wird der Debugger bei jedem Fehler gestartet.

`showstop();`
: zeigt eine Liste aller Breakpoints und Überwachungsausdrücke an.

`DEBUG();`
`DEBUG(bedingung)`
wenn im Programmcode der zu analysierenden Prozedur das Kommando `DEBUG` verwendet wird, wird der Code an dieser Stelle unterbrochen (bei der zweiten Syntaxvariante nur dann, wenn die Bedingung erfüllt ist).

`test(parameter ...);`
startet die Ausführung der Prozedur *test*. Der Debugger wird aktiviert, sobald die Programmausführung auf einen Breakpoint stößt oder ein überwachte Variable ihren Inhalt ändert.

`unstopat(...); unstopwhen(...); unstoperror(...);`
löst einen Breakpoint oder eine Überwachungsbedingung auf. Es gilt dieselbe Syntax wie bei `stopat`, `stopwhen` bzw. bei `stoperror`.

Steuerung des Debuggers

Kommandos zur Steuerung des Debuggers werden ohne den sonst üblichen abschließenden Strichpunkt angegeben. Während der Debugger aktiv ist, können gewöhnliche Maple-Kommandos nur in stark eingeschränktem Umfang ausgeführt werden. Insbesondere ist es möglich, Variablen anzuzeigen oder zu verändern.

`step`
führt das nächste Kommando aus.

`next`
führt das nächste Kommando aus. Wenn es sich dabei um einen Kontrollausdruck handelt (Schleife, Verzweigung etc.), wird der gesamte Ausdruck auf einmal ausgeführt. `next` kann also zur Ausführung zahlreicher Kommandos führen.

`outfrom`
führt die Kommandos im aktuellen Kontrollausdruck aus und unterbricht die Ausführung nach dem Ende dieses Ausdrucks wieder.

`return`
führt die aktuelle Prozedur vollständig aus und unterbricht die Ausführung nach dem Rücksprung. `return` ist nur dann sinnvoll, wenn die zu analysierende Prozedur sich selbst oder andere Prozeduren aufruft.

`cont`
setzt die Programmausführung bis zum nächsten Breakpoint bzw. bis zur Änderung der nächsten überwachten Variable fort.

`showstat`
`showstat prozedur`
`showstat prozedur zeileVon..zeileBis`
`list`

zeigt das gesamte Programmlisting, Teile daraus oder (relativ zur aktuellen Zeile) die vorigen fünf und die nächsten zwei Zeilen. Breakpoints werden durch die Zeichen `!` oder durch `?` (mit Bedingung) gekennzeichnet.

`where`
`where n`

zeigt den Aufruf-Stack einer Prozedur an. Das ist vor allem zur Analyse rekursiver Prozeduren wertvoll. Durch die zweite Syntaxvariante kann der Ausdruck des Stacks auf die letzten n Ebenen beschränkt werden.

`stopat, stopwhen, stoperror`
`unstopat, unstopwhen, unstoperror`

können wie die gleichnamigen Maple-Kommandos zum Setzen und Löschen von Haltepunkten verwendet werden. Parameter werden ohne Klammern und ohne Kommas angegeben.

`quit`

beendet die Ausführung der Prozedur und den Debugger.

Beispiel

Das folgende Beispiel zeigt die Analyse der rekursiven Fibonacci-Funktion f, die für nicht ganzzahlige Parameter nicht wie erwartet funktioniert. (Die einfachste Möglichkeit zur Behebung des Problems wäre die Deklaration des Parameters x als `x::nonnegint`. Damit wäre sichergestellt, daß an f nur positive ganze Zahlen übergeben werden können.)

```
restart:
f:=proc(x)
  option remember;
  if x=0 then 0
  elif x=1 then 1
  else f(x-1)+f(x-2) fi
end:
f(2.5);
  Error, (in f) too many levels of
  recursion
```

`showstat` zeigt den Code in einer anderen Formatierung und mit den Maple-internen Zeilennummern.

```
showstat(f);
  f := proc(x)
    1    if x = 0 then
    2      0
         elif x = 1 then
    3      1
         else
    4      f(x-1)+f(x-2)
         fi
  end
```

Mit `stopat` wird ein bedingter Haltepunkt formuliert: Die Ausführung soll in Zeile 4 unterbrochen werden, wenn die Variable x dort kleiner 0 ist.

```
stopat(f,4,x<0);
```

$$[f]$$

Die Ausführung von f wird erwartungsgemäß automatisch unterbrochen. Im Debugger wird der Wert von x angezeigt.

```
f(2.5);
  f:
     4 f(x-1)+f(x-2)?
DBG > x;
```

$$-0.5$$

`where` zeigt, wie es soweit hat kommen können. In eckigen Klammern wird der Parameter der Funktion angegeben.

```
DBG > where
  TopLevel: f(2.5)
      [2.5]
  f: f(x-1)+f(x-2)
      [1.5]
  f: f(x-1)+f(x-2)
      [.5]
  f: f(x-1)+f(x-2)
      [-.5]
```

`list` zeigt nochmals den Programmcode rund um die aktuelle Zeile an. Bei genauem Hinschauen sollte spätestens jetzt klar werden, daß die Bedingung $x = 0$ für nicht ganze Zahlen ungeeignet ist. $x \leq 0$ würde die grenzenlose Rekursion stoppen.

```
DBG > list
  f := proc(x)
    1     if x = 0 then
    2       0
          elif x = 1 then
    3       1
          else
    4?!     f(x-1)+f(x-2)
          fi
  end
```

Mit `quit` wird die Ausführung der Prozedur beendet und der Debugger verlassen.

```
DBG > quit
  Warning, computation interrupted
```

Analyse des Programmcodes durch mint

Als letztes Hilfsmittel zur Fehlersuche bietet sich das von Maple getrennte Programm `mint` an. An dieses Programm wird beim Aufruf der Name einer Textdatei mit Maple-Code übergeben. `mint` analysiert den Code und gibt als Ergebnis eine Liste von Fehlern und Warnungen zurück. Etwas informativer wird `mint`, wenn mit der Option `-i` Werte zwischen 2 und 4 angegeben werden. Der folgende Aufruf von `mint` (für die DOS-Version von Maple) analysiert die im übernächsten Abschnitt beschriebene Datei `seqn.mpl` und schreibt das Ergebnis in die Datei `errors.lst`.

```
mint -i 4 seqn.mpl > errors.lst
```

Die Datei `errors.lst` enthält zwar keine Fehlermeldungen (weil `seqn` – hoffentlich – keine mehr enthält), gibt aber Aufschluß über die Verwendung der vorkommenden Symbole. Beispielsweise werden Sie darauf hingewiesen, daß die lokale Variable *range* auch in Maple verwendet wird (z.B. als Option von `plot`). Wenn innerhalb der Prozedur `seqn` ein `plot`-Kommando aufgerufen würde, könnten sich daraus Komplikationen ergeben.

Seit Release 4 steht eine Variante zu `mint` auch in Form des eingebauten Maple-Kommandos `maplemint` zur Verfügung. Der Vorteil des Kommandos besteht darin, daß der Programmcode nicht in einer externen Textdatei vorliegen muß, sondern auch direkt in einem Worksheet definiert werden kann. Allerdings ist `maplemint` weniger leistungsfähig als `mint` und liefert in der aktuellen Version noch recht zweifelhafte Ergebnisse.

Abfangen von Fehlern mit traperror

Während sich die bisherigen Teilabschnitte mit der Suche nach Fehlern beschäftigten, geht es jetzt darum, eine Prozedur auch dann sicher aufzurufen, wenn noch Fehler zu erwarten sind. (Selbst bei korrektem Code kann es zu Fehlern kommen, wenn falsche Parameter übergeben werden, der verfügbare Speicherplatz nicht ausreicht etc.)

In Maple existiert kein Kommando `on error goto`, mit dem in einigen Programmiersprachen auf bereits aufgetretene Fehler reagiert werden kann, ohne die Prozedur sofort zu beenden. Dafür steht das Kommando `traperror` zur Verfügung. Es wertet den als Parameter übergebenen Ausdruck aus. Wenn dabei kein Fehler auftritt, liefert `traperror` einfach das Ergebnis des Ausdrucks, andernfalls eine Zeichenkette mit der Fehlermeldung. Der Vorteil von `traperror` liegt vor allem darin, daß das gerade laufende Programm trotz des festgestellten Fehlers beim Aufruf einer Funktion nicht abgebrochen wird.

Ob ein Fehler aufgetreten ist, kann über die globale Variable `lasterror` festgestellt werden. Diese Variable wird durch den Aufruf von `traperror` gelöscht. Falls ein Fehler auftritt, wird der Fehlertext darin gespeichert.

Die Prozedur `test` berechnet den Reziprokwert des übergebenen Parameters. Die Auswertung von `test(3)` via `traperror` liefert anstandslos $1/3$, `lasterror` wird nicht belegt.

```
test:=proc(x) 1/x: end:
traperror(test(3));
```

$$1/3$$

```
lasterror;
```

$$lasterror$$

`traperror` erkennt die Division durch 0 und liefert als Ergebnis die Fehlermeldung. Diese Fehlermeldung ist jetzt auch in `lasterror` enthalten.

```
traperror(test(0));

    `division by zero`

lasterror;

    `division by zero`
```

Die Analyse des Zeit- und Speicherbedarfs von Prozeduren

Die einfachste Möglichkeit, den Zeitbedarf und den Speicherverbrauch von Kommandos zu messen, bietet das Kommando `showtime`. Nach seiner Aktivierung zeigt es nach jedem ausgeführten Kommando an, wieviel Zeit und Speicherplatz die Berechnung des Ergebnisses erfordert hat.

```
restart:
readlib(showtime):
showtime();

O1 :=
simplify(sin(x)^2+cos(x)^2);

    1

time = 0.12, bytes = 200690
```

Außerdem wird das Ergebnis in durchlaufenden Variablen On gespeichert, auf die Sie zugreifen können. Damit steht ein praktischerer Mechanismus als die Zeichen `"`, `""` und `"""` zum Zugriff auf die drei letzten Ergebnisse zur Verfügung.

```
O2 :=
int(1/(1+x^5),x):
time = 2.63, bytes = 2364518

O3 :=
O1;

    1

time = 0.01, bytes = 69042
```

`showtime` wird durch das Kommando `off` abgeschaltet.

```
O4 :=
off;
```

Aussagekräftigere Informationen über das Zeitverhalten und den Speicherbedarf von Prozeduren können mit dem Kommando `profile` ermittelt werden. Nachdem dieses Kommando in Release 3 vorübergehend nicht mehr zur Verfügung stand, ist es in Release 4 wieder in die Standardbibliothek zurückgekehrt.

`profile` muß vor seiner Verwendung mit `readlib` geladen werden. Alle zu analysierenden Kommandos oder Prozeduren müssen als Parameter von `profile` genannt werden. Im folgenden Beispiel wird das in Kapitel 28 definierte Kommando `nestprint` verwendet, um den aus dem Integral $\int 1/(1+x^5)dx$ resultierenden Ausdruck zu analysieren. Dabei wird mit `profile` gemessen, wieviel Zeit und Speicher die Prozedur `nestprint` und die Kommandos `int` und `lprint` beanspruchen.

```
restart:
nestprint:=proc(x) ... end: # siehe Kapitel 28
readlib(profile):
profile(nestprint,lprint,int):
nestprint( int(1/(1+x^5),x));
   +
        *
           fraction
   ...
```

```
showprofile();
function               depth    calls     time    time%          bytes   bytes%
-------------------------------------------------------------------------------
lprint                     1      285    1.017    18.70        4808840    62.07
int                        1        1    2.540    46.71        2256736    29.13
nestprint                 10      285    1.880    34.57         681372     8.79
-------------------------------------------------------------------------------
total:                    12      571    5.437   100.00        7746948   100.00

unprofile(nestprint,lprint,int):
```

Kurz einige Anmerkungen zur Interpretation dieser Tabelle: `nestprint` hat während der Analyse des Ausdrucks eine Rekursionstiefe von 10 erreicht und wurde insgesamt beinahe 300 mal (rekursiv) aufgerufen. Der Speicherverbrauch ist dennoch vergleichsweise bescheiden. Die Ausgabe der Informationen am Bildschirm durch `lprint` haben beinahe 20 Prozent der gesamten Zeit beansprucht. Nicht ganz nachvollziehbar ist der enorme Speicherbedarf von `lprint`.

Beispiel: Das neue Kommando seqn

Das Kommando `seq` hat zwei wesentliche Nachteile:

- Die Schleifenvariable wird immer um 1 erhöht, es ist daher unmöglich, Folgen mit variabler Schrittweite zu bilden.
- Es können nur einfache Folgen gebildet werden. Verschachtelte Listen müssen durch eine vollkommen unübersichtliche Verschachtelung des `seq`-Kommandos erstellt werden.

Version 1

Dieser Abschnitt beschreibt die allmähliche Entstehung des neuen Kommandos `seqn`, das beide Nachteile vermiedet. Das Kommando entspricht in seiner Funktion im wesentlichen dem Mathematica-Kommando `Table`. Die erste Version der neuen Prozedur sieht folgendermaßen aus:

```
seq1:= proc( f, range )
  local i, data;
  data:=[]:
  for i from op(1,op(2,range[1])) to op(2,op(2,range[1])) by range[2] do
    data := [ op(data), eval(subs( op(1,range[1])=i, f)) ];
  od;
  op(data);
end:
```

Die Bedienung des Kommandos ist aus dem folgenden Beispiel zu erkennen: Im zweiten Parameter wird in einer Liste zuerst der aus dem seq-Kommando bekannte Term $x = a..b$ und anschließend der gewünschte Schrittwert angegeben.

```
seq1(x^2, [x=1..2, 0.5]);
```

$$1, 2.25, 4.0$$

Der Code des Programms ist mit Ausnahme der op-Kommandos leicht verständlich: Für die lokale Variable i wird eine Schleife vom Start- zum Endwert gebildet. In data wird bei jedem Schleifendurchgang ein zusätzliches Listenelement eingefügt. Am Ende der Prozedur werden die Elemente dieser Liste als Folge zurückgegeben.

Nun zu den op-Kommandos: range[1] enthält das erste Listenelement, also $x = a..b$. Das innere op-Kommando zerlegt diesen Ausdruck in x und $a..b$. Mit dem äußeren op-Kommando wird a und b ermittelt.

Das Kommando unterscheidet sich zur Zeit in vier wesentlichen Punkten vom Original:

- Das Kommando ist in keiner Weise gegen Bedienungsfehler abgesichert.
- Das Kommando weigert sich, symbolische Schleifen auszuführen:
- Das Kommando funktioniert nur, wenn die Schleifenvariable x vorher nicht belegt war.
- Die Syntaxvariante seq(x, data) fehlt. Im Original werden der Reihe nach alle Elemente der Liste oder Menge *data* in x eingesetzt.

```
x:=3: seq1(x^2, [x=2..3,1]);  # sollte 4, 9 liefern
```

$$9, 9$$

```
seq1(x^2, [x=0..Pi, Pi/2]);
    Error, (in seq1) unable to execute for statement
```

Drei der vier Probleme werden im Laufe dieses Abschnitts nach und nach behoben. Die größten Schwierigkeiten bereitet der dritte Punkt, weil es in Maple bisweilen nicht ganz einfach ist, klar auszudrücken, wieweit Ausdrücke zu einem bestimmten Zeitpunkt ausgewertert werden sollen. Die letzte Einschränkung könnte mit wenig Aufwand im Code von seq1 ebenfalls behoben werden, allerdings besteht dazu keine Notwendigkeit. (Diese Variante des seq-Kommandos läßt ohnedies nichts zu wünschen übrig.)

Version 2: Typenkontrolle

Die erste Änderung der Prozedur betrifft die genaue Typenkontrolle des zweiten Parameters: Bereits in der Deklaration des Parameters l wird als Datentyp eine Liste verlangt. In der Folge wird mit type der Aufbau von l getestet. Falls die Schrittweite 0 angegeben wird, wird die Prozedur abgebrochen. Die Prozedur erkennt jetzt auch den Fall $[x = a..b]$ mit fehlender Schrittweite und definiert hier die Schrittweite mit 1.

Die zweite wesentliche Änderung des Programms liegt in der `while`-Schleife, die die `for`-Schleife aus der ersten Variante ersetzt.

```
seq1:= proc( f, l::list )
  local i, data, range;
  range:=l:
  if not type(range[1],name=`..`) then
    ERROR(`wrong parameter`, range);
  elif nops(range)>1 then
    if not type(range[2], algebraic) or evalf(range[2])=0 then
      ERROR(`wrong parameter`, range);
    fi;
  else
    range:=[ op(range), 1]:
  fi;
  data:=[]:
  i:=op(1,op(2,range[1])):
  while evalf(i)<=evalf(op(2,op(2,range[1]))) do
    data := [ op(data), eval(subs( op(1,range[1])=i, f)) ];
    i:=eval(i)+range[2];
  od;
  op(data);
end:
```

Die ersten Tests mit dem neuen Kommando verlaufen durchaus positiv. Das Kommando kommt jetzt auch mit einer Schleife von 0 bis π zurecht und bildet gegebenenfalls automatisch Schleifen mit der Schrittweite 1.

```
x:='x':
seq1(x^2, [x=0..Pi, Pi/2]);
```

$$0, \frac{\pi^2}{4}, \pi^2$$

```
seq1(x^2, [x=2..4]);
```

$$4, 9, 16$$

Der Versuch, eine Schleife mit negativer Schrittweite zu bilden, endet allerdings katastrophal. Die `while`-Bedingung ist für diesen Fall falsch formuliert und führt zu einer Endlosschleife. (Klicken Sie den STOP-Button an, um das Programm zu beenden!)

```
seq1(x, [x=2..4,-1]); # Endlosschl.
```

Version 3: Berücksichtigung negativer Schrittweiten

In der dritten Version ist auch dieser Sonderfall berücksichtigt. Je nach Vorzeichen wird in der lokalen Variable *vgl* der Operator $\leq$ oder $\geq$ gespeichert. Die `while`-Bedingung ist unter Anwendung dieses Operators formuliert. Beachten Sie das vorangestellte `&`-Zeichen zur Kennzeichnung von *vgl* als Operator.

```
seq1:= proc(f, l:list)
  local i, data, range, `&vgl`;
  ... wie oben
  if evalf(range[2])>0 then `&vgl`:=(x,y)->(x<=y):
  else `&vgl`:=(x,y)->(x>=y): fi:
  while evalf(i) &vgl evalf(op(2,op(2,range[1]))) do
    data := [ op(data), eval(subs( op(1,range[1])=i, f)) ];
    i:=eval(i)+range[2];
  od;
  op(data);
end:
```

seq1 kommt jetzt auch mit fallenden Schleifen zurecht. Das Kommando liefert die leere Menge, wenn die Schleife so formuliert ist, daß x den Zielwert nie erreichen kann.

```
seq1(x, [x=3..1, -1]);
```

$$3, 2, 1$$

```
seq1(x, [x=1..3, -1]);
```

Version 4: Spätere Auswertung der Parameter

Noch immer ist das Problem ungelöst, daß seq1 nur dann funktioniert, wenn x unbelegt ist. Um hier ein korrektes Verhalten zu erreichen, muß die Auswertung der Parameter ganz gezielt gesteuert werden: Bei der Übergabe der Parameter darf noch keine sofortige Auswertung erfolgen – aus diesem Grund werden die beiden Parameter in der vierten Variante des Programms mit uneval gekennzeichnet. Der Name der Laufvariablen wird jetzt explizit in der eigenen Variablen *varname* gespeichert. Die Substituierung der Variable durch i und die Auswertung des dabei entstehenden Ausdrucks muß jetzt in zwei getrennten Schritten erfolgen, die die zusätzliche Variable *tmp* erforderlich machen.

```
seq1:= proc( f::uneval, l::uneval )
  local i, data, range, `&vgl`, varname, tmp;
  ... Typenkontrolle wie oben
  varname:=lhs(range[1]):
  ... wie oben
  while evalf(i) &vgl evalf(op(2,op(2,range[1]))) do
    tmp := subs(varname=i, f):
    data := [ op(data), eval(tmp) ];
    i := eval(i)+range[2];
  od;
  op(data);
end:
```

seq1 verhält sich jetzt wie seq und funktioniert auch dann wunschgemäß, wenn die Laufvariable x schon vor der Ausführung des Kommandos belegt ist.

```
x:=3;
```

$$x := 3$$

```
seq1(x,[x=1..3]);
```

$$1, 2, 3$$

Eventuell andere bereits belegte Variablen werden weiterhin korrekt berücksichtigt.

```
seq1(sin(n*x),[x=0..Pi, Pi/2]);
```

$$0, \sin(1/2\, n\, \pi), \sin(n\, \pi)$$

```
n:=1/8:
seq1(sin(n*x),[x=0..Pi, Pi/2]);
```

$$0, \sin(1/16\, \pi), 1/2\, \sqrt{2-\sqrt{2}}$$

Version 5: seqn für verschachtelte Listen

`seq1` teilt in der jetzigen Form noch eine Einschränkung mit dem Original: Das Kommando ist nur für einfache Folgen, nicht aber für verschachtelte Listen geeignet. Solche Listen können wohl gebildet werden, der Aufruf von `seq1` wird aber unübersichtlich:

```
[ seq1( [seq1( x^y, [y=2..4])], [x=0..3] ) ];
```

$$[[0, 0, 0], [1, 1, 1], [4, 8, 16], [9, 27, 81]]$$

Eleganter wäre es, wenn die gleiche Liste durch folgendes Kommando gebildet werden könnte:

```
seqn(x^y, [x=1..3], [y=1..3]);
```

Es bestünde jetzt natürlich die Möglichkeit, ein Kommando `seq2` zu schreiben, das verschachtelte Listen als Resultat zweier Schleifen liefert, und ein Kommando `seq3` für dreifach verschachtelte Listen etc. Eleganter ist die folgende rekursive Lösung, durch die beliebig verschachtelte Listen gebildet werden. Die Grundidee ist einfach: Wenn das neue Kommando `seqn` mit mehr als zwei Parametern aufgerufen wird, dann wird ein Parameter an `seq1` weitergereicht und `seqn` mit den verbleibenden Parametern rekursiv aufgerufen. Mit jedem rekursiven Aufruf reduziert sich die Anzahl der Parameter um eins.

Der Code von `seqn` fällt überraschend kurz aus, was daran liegt, daß der Großteil der Arbeit von der bereits vorhandenen Prozedur `seq1` erledigt wird. In `seqn` wird getestet, ob mehr als zwei Parameter übergeben wurden. Wenn das der Fall ist, werden diese Parameter in der Variablen *var* gespeichert.

```
seqn:=proc(x::uneval, l::uneval)
  local remaininglist:
  if nargs>=3 then
    remaininglist:=args[3..nargs]:
    [seq1(seqn(x, "), l)];
  else
    [seq1(x,l)]:
  fi:
end:
```

Eine Besonderheit ist der Aufruf von `seq1`: Wahrscheinlich würden Sie dafür die folgende Anweisung erwarten:

```
[seq1(seqn(x, remaininglist), l)];
```

Diese Anweisung funktioniert aber nicht, weil der zweite Parameter von `seqn` mit `uneval` gekennzeichnet ist. Maple würde aus diesem Grund den Namen `` `remaininglist` `` anstatt dessen Inhalt übergeben. Durch den Operator " wird auf den letzten Ausdruck zugegriffen und gleichzeitig dessen Auswertung erzwungen.

Die nebenstehenden Beispiele zeigen zwei Anwendungen von seqn. Im ersten Beispiel wird eine einfache verschachtelte Liste der Funktion x^y gebildet. Etwas trickreicher ist das zweite Beispiel, bei dem die Grenze der Laufvariablen y durch den aktuellen Wert von x bestimmt wird.

```
x:='x': y:='y':
seqn( x^y, [x=0..3], [y=2..4]);
```

$$[[0,0,0],[1,1,1],[4,8,16],[9,27,81]]$$

```
seqn( x^y, [x=0..3], [y=0..x]);
```

$$[[0],[1,1],[1,2,4],[1,3,9,27]]$$

Obwohl es auf ersten Blick so aussieht, als würde alles funktionieren, hat seqn einen gravierenden Mangel: Das Kommando funktioniert nicht, wenn die Variablen schon belegt sind. Der Grund: In seqn sind zwar die beiden ersten Parameter mit uneval gekennzeichnet und daher von der Auswertung ausgenommen, für die weiteren optionalen Parameter gilt das aber nicht.

seqn versagt, weil als dritter Parameter nicht $[y = 2..4]$, sondern $[5 = 2..4]$ übergeben wird.

```
x:=3: y:=5:
seqn( x^y, [x=0..3], [y=2..4]);
  Error, (in seq1) wrong
  parameter, [5 = 2 .. 4]
```

Version 6: Die Endversion von seqn

Wohl oder übel ist eine weitere Version von seqn erforderlich. Da es keine Möglichkeit gibt, optionale Parameter von der automatischen Auswertung auszunehmen, muß die Syntax des Kommandos geändert werden. Anstatt mehrere Listen mit den Bereichen für die Laufvariablen zu übergeben, kann nun eine verschachtelte Liste übergeben werden:

```
seqn(x^y, [x=1..3], [y=1..3]);    #bisher
seqn(x^y, [[x=1..3], [y=1..3]]); #neu
```

Die verschachtelte Liste gilt als ein Parameter (egal wie viele Teillisten darin angeführt werden) und kann daher problemlos von der Auswertung ausgenommen werden.

Der Code von seqn wird durch diese Änderung ein wenig unübersichtlich. Als erstes wird getestet, ob an den Parameter *ll* eine Liste übergeben worden ist. Wenn das nicht der Fall ist, wird die Prozedur sofort mit einer Fehlermeldung abgebrochen. Durch `type(ll[1],list)` wird getestet, ob auch das erste Listenelement von *ll* wieder eine Liste ist. (Beachten Sie, daß `type(ll, listlist)` nicht funktioniert. `listlist` setzt regelmäßig aufgebaute Listen voraus, etwa mit $4 * 4$ oder mit $2 * 2 * 2$ Elementen.)

Wenn die verschachtelte Liste genau ein Listenelement enthält (also etwa $[[x = 1..3]]$), dann wird durch op die äußerste Klammerebene entfernt und seq1 aufgerufen. Die Übergabe des Parameters erfolgt wie bei der vorigen Version durch ". Erstaunlicherweise wertet Maple das Zwischenergebnis dabei genau richtig aus, nämlich nur zur inneren Teilliste. Würde deren Inhalt auch ausgewertet, wäre der ganze Aufwand vergebens gewesen.

Wenn es mehr Listenelemente gibt, kommt es zu einem rekursiven Aufruf von `seqn`. Dabei wird an `seq1` das erste Listenelement übergeben, an `seqn` alle übrigen. Zur Parameterübergabe muß jetzt mit " und "" schon auf die beiden letzten Ergebnisse zugegriffen werden.

```
seqn:=proc(x::uneval, ll::uneval)
  local firstlist, remaininglist:
  if type(ll,list) then         # Test ob Liste
    if type(ll[1],list) then   # Test ob verschachtelte Liste
      if nops(ll)=1 then       # Test ob genau ein Listenelement
        firstlist:=op(ll):
        [seq1(x,")];
      else                     # verschachtelte Liste mit mehreren Elementen
        firstlist:=ll[1]:
        remaininglist:=ll[2..-1]:
        [seq1( seqn(x, "), "")];
      fi:
    else                       # einfache Liste
      [seq1(x,ll)]:
    fi:
  else                         # gar keine Liste, Fehler
    ERROR(`wrong parameter, expect list or listlist`, ll):
  fi:
end:
```

Die folgenden Beispiel zeigen, daß `seqn` jetzt wunschgemäßt funktioniert, mit belegten Laufvariablen zurechtkommt, andere Variablen soweit bekannt einsetzt etc. Beachten Sie insbesondere das dritte Beispiel, bei dem die Laufvariable x als Grenze der Schleife für y verwendet wird, das vierte Beispiel, durch das eine dreifach verschachtelte Liste gebildet wird, und das letzte Beispiel, bei dem die Variablen m, x und y belegt sind.

```
x:='x': y:='y':
seqn(x,[x=1..3]);
```

$$[1, 2, 3]$$

```
seqn( x^y, [[x=0..3], [y=2..4]]);
```

$$[[0, 0, 0], [1, 1, 1], [4, 8, 16], [9, 27, 81]]$$

```
seqn( x^y, [[x=0..3], [y=0..x]]);
```

$$[[0], [1, 1], [1, 2, 4], [1, 3, 9, 27]]$$

```
seqn( x+y+z,[[x=1..2],
             [y=10..20, 10],
             [z=100..200, 100]]);
```

$$[[[111, 211], [121, 221]], [[112, 212], [122, 222]]]$$

```
n:='n': m:=1/Pi: x:=3: y:=4:
seqn( n*m*x^y, [[x=0..3], [y=2..4]]);
```

$$[[0,0,0],[\frac{n}{\pi},\frac{n}{\pi},\frac{n}{\pi}],[4\,\frac{n}{\pi},8\,\frac{n}{\pi},16\,\frac{n}{\pi}],[9\,\frac{n}{\pi},27\,\frac{n}{\pi},81\,\frac{n}{\pi}]]$$

Verweis: Der komplette Programmcode von `seq1` und `seqn` in einer Fassung, die die Kommandos als Package nutzbar macht, ist auf Seite 511 abgedruckt.

Organisation eigener Packages und Librarys

Nachdem Sie eine Menge Zeit in die Entwicklung eigener Kommandos gesteckt haben, möchten Sie diese natürlich in einer Form speichern, die die Nutzung unter Maple möglichst einfach macht und eine Weitergabe an andere Maple-Anwender ermöglicht. Dieser Abschnitt geht auf verschiedene Facetten dieses Themas ein: Auf das Speichern und Laden von Kommandos mit `save` bzw. `read`, auf die Organisation eigener Packages durch `table` und deren Aktivierung durch `with`, auf die Speicherung von Packages in der `share`-Library und schließlich auf die Erstellung eigener Librarys. Eigene Librarys sind übrigens auf jeden Fall erforderlich, wenn Sie Ihre Kommandos mit eigener Online-Hilfe ausstatten möchten (siehe den folgenden Abschnitt).

Hinweis: Der gesamte Abschnitt baut auf die beiden im vorigen Abschnitt vorgestellten Kommandos `seq1` und `seqn` auf.

Kommandos einzeln speichern und laden

Die einfachste Möglichkeit, in einem Worksheet definierte Kommandos so zu speichern, daß sie bequem in ein anderes Worksheet geladen werden können, bietet das im vorigen Kapitel bereits erwähnte Kommando `save`. Es speichert Namen und Inhalt aller angegebenen Variablen. (*seq1* und *seqn* sind ja auch Variablen, die aber nicht einen Zahlenwert, sondern Programmcode enthalten.) Wenn bei `save` kein Verzeichnis angegeben wird, speichert Maple die Datei im aktuellen Verzeichnis (siehe Kapitel 28, Seite 441).

Nach einem `restart` können die Kommandos mit `read` wieder gelesen und anschließend wie vorher verwendet werden.

```
seq1:=proc ... end:          #siehe vorigen Abschnitt
seqn:=proc ... end:

save seqn, seq1, `seqn`:
restart:
read `seqn`:
seqn(x^y, [[x=1..3], [y=1..3]]);
```

$$[[1,1,1],[2,4,8],[3,9,27]]$$

Die Datei seqn enthält den Programmcode im ASCII-Format (allerdings ohne Formatierung, d. h., die Kommentare, Zeilenumbrüche und Einrückungen werden eliminiert). seqn ist also nur zur internen Speicherung des Codes geeignet. Den Orginalcode müssen Sie weiterhin in einem Worksheet oder in einer eigenen Textdatei speichern.

Wenn der bei save angegebene Dateiname mit *.m endet, speichert Maple den Variableninhalt in einem binärem Format. (Genaugenommen werden auch in diesem Fall ausschließlich ASCII-Zeichen verwendet, um ein problemloses Versenden der Datei per E-Mail zu ermöglichen. seqn.m ist aber verschlüsselt und kann im Gegensatz zu seqn nicht mehr in einem Editor gelesen werden.) Der Vorteil des binären Formats besteht darin, daß die Dateien kompakter sind und effizienter verarbeitet werden können.

```
save seqn, seq1, `seqn.m`:
restart:
read `seqn`:
seqn(x^y, [[x=1..3], [y=1..3]]);
```

$$[[1, 1, 1], [2, 4, 8], [3, 9, 27]]$$

Kommandos in Packages organisieren

Beinahe ebenso einfach wie das direkte Speichern der Kommandos ist die Organisation eines einfachen Packages. Dazu muß der Code in den Elementen einer Tabelle gespeichert werden. Diese Tabelle wird mit save gespeichert, mit read gelesen und mit with aktiviert. Wenn das Verzeichnis, in dem die Package-Datei gespeichert ist, in den libname-Pfad aufgenommen wird, kann sogar read entfallen (d. h. with übernimmt auch das Laden der Datei).

Die folgenden Kommandos gehen davon aus, daß seq1 und seqn bereits verfügbar sind. Der Name des neuen Packages lautet mypack. Das Package wird durch eine leere Tabelle eingerichtet, anschließend werden die beiden Tabellenelemente seqn und seq1 eingerichtet. Achten Sie auf die eval-Kommandos: Sie sind erforderlich, damit die Tabellenelemente nicht nur den Namen der Kommandos, sondern auch deren Code enthalten.

```
mypack:=table():
mypack[seq1]:=eval(seq1):
mypack[seqn]:=eval(seqn):
```

Wenn Sie von Anfang an wissen, daß Sie ein Package bilden möchten, können Sie die neuen Kommandos seq1 und seqn natürlich gleich unter den Namen mypack[namexyz] einrichten:

```
mypack:=table():
mypack[seq1]:=proc ... end:
mypack[seqn]:=proc ... end:  # Code wie im vorigen Abschnitt
```

In jedem Fall enthält mypack jetzt die neuen Kommandos. Die Kommandos können unter ihrem vollen Namen aufgerufen werden:

```
mypack[seqn](x, [x=1..2, 0.5] );
```

$$[1, 1.5, 2.0]$$

Das gesamte Package kann jetzt mit `save` bequem gespeichert werden. Zum Laden verwenden Sie abermals `read`. Damit die Kommandos nicht nur unter den (umständlichen) vollen Namen, sondern auch in der Kurzform zur Verfügung stehen, müssen Sie außerdem `with` ausführen. Anschließend stehen die Kommandos wieder wie gewohnt zur Verfügung.

```
save mypack, `mypack.m`;
restart:
read `mypack.m`;
with(mypack);
```

$$[seq1, seqn]$$

```
seqn(x, [x=0..Pi, Pi/6]);
```

$$[0, 1/6\,\pi, 1/3\,\pi, 1/2\,\pi, 2/3\,\pi, 5/6\,\pi, \pi]$$

Was im Vergleich zu 'echten' Packages aus der Standardbibliothek jetzt noch stört, ist der Umstand, daß vor dem `with`-Kommando `read` ausgeführt werden muß. Auch dieses Problem läßt sich lösen: Die globale Variable `libname` enthält normalerweise nur den Pfad zum Verzeichnis der Standardbibliothek. Falls die `share`-Library verwendet wird, enthält `libname` auch den Pfad zu deren Bibliothek. Wenn Sie `libname` um den Pfad jenes Verzeichnisses erweitern, in dem Sie Ihre Package-Dateien speichern, übernimmt `with` das Lesen der Package-Datei. Voraussetzung ist allerdings, daß zum Speichern das Binärformat mit der Dateikennung `*.m` verwendet wird.

Das folgende Kommando erweitert `libname` um den Pfad zum aktuellen Verzeichnis, in das `mypack.m` gespeichert wurde. (Das Zeichen `.` verweist immer auf das aktuelle Verzeichnis.) Anschließend wird das Package ganz bequem durch ein einziges `with`-Kommando aktiviert.

```
restart:
libname:=libname, `.`;
```

$$libname := F : \backslash MAPLEV4 \backslash lib, .$$

```
with(mypack);
```

$$[seq1, seqn]$$

```
seqn(x, [x=100..0, -10]);
```

$$[100, 90, 80, 70, 60, 50, 40, 30, 20, 10, 0]$$

`with` funktioniert jetzt zwar auf Anhieb, dafür ist aber die manuelle Veränderung von `libname` lästig. Auch das kann behoben werden: Die eine Möglichkeit besteht darin, daß Sie Ihre Package-Dateien einfach im Verzeichnis der Standard-Library von Maple speichern. Vor allem unter Unix ist diese Variante allerdings nicht sehr geschickt, weil Sie (aus gutem Grund) vermutlich keine Schreibrechte für dieses Verzeichnis haben und vielleicht mehrere Anwender unterschiedliche Erweiterungen durchführen möchten.

Daher ist es besser, die neuen Packages in einem eigenen Verzeichnis zu speichern und `libname` in der Initialisierungsdatei von Maple entsprechend einzurichten. In der Windows-Version von Maple hat diese Datei den Namen `maple.ini` und befindet sich im aktuellen Verzeichnis. Den Ort der Initialisierungsdatei bei anderen Maple-Versionen müssen Sie in der Orginaldokumentation nachlesen.

Die Initialisierungdatei kann Maple-Kommandos enthalten, die beim Start von Maple automatisch ausgeführt werden. Wenn Sie die folgenden Zeilen in `maple.ini` einfügen, dann gilt `F:\mapleV4\mypacks` als zweite Library-Datei. `with` sucht die gewünschten Packages jetzt automatisch zuerst in der Standardbibiothek und dann im angegebenen Verzeichnis. Wenn Sie unter Unix arbeiten, werden Sie vermutlich ein Verzeichnis innerhalb Ihres Home-Verzeichnisses angeben und / zur Trennung der Verzeichnisse verwenden.

```
# maple.ini
print(`Initialisierungdatei maple.ini`):
libname:=libname, `f:\\mapleV4\\mypacks`:
print(`neuer libname`, libname):
```

Nach einem Neustart von Maple bzw. nach `restart` zeigt Maple zwei neue Bildschirmausgaben an (sozusagen als Feedback, ob alles funktioniert). Sofern die Datei `mypack.m` vom aktuellen Verzeichnis (wo sie bisher mit `save` gespeichert worden ist) in das Verzeichnis `mypacks` verschoben wurde, kann `with(mypack)` jetzt sofort ausgeführt werden.

$$Initialisierungdateimaple.ini$$

$$neuerlibname, F : \backslash MAPLEV4 / lib, f : \backslash mapleV4 \backslash mypacks$$

```
with(mypack);
```

$$[seq1, seqn]$$

Falls im Package vor der ersten Verwendung Initialisierungsarbeiten erforderlich sind (Definition neuer Datentypen, Initialisierung eigener globaler Variablen etc.), müssen Sie eine Prozedur mit dem Namen `mypack[init]` definieren. `init` wird von `with` automatisch ausgeführt.

Die in diesem Abschnitt gewählte Vorgehensweise ist zwar sehr einfach, hat aber noch Nachteile:

- Die Verwaltung und Erstellung des Programmcodes für die neuen Kommandos erfolgt in einem Maple-Worksheet, was für großte Projekte unpraktisch ist.
- Alle neuen Kommandos stehen dem Anwender zur Verfügung. Besser wäre es, wenn einzelne Kommandos nach außen hin unsichtbar wären und nur intern zur Verfügung stünden (etwa `seq1`, das ja eigentlich nur eine Hilfsfunktion zu `seqn` ist).
- Es kann keine Online-Hilfe eingebunden werden.

Alle drei Nachteile lassen sich durch die Verwendung eigener Librarys beseitigen.

Die Definition eigener Librarys

Librarys sind Dateien, in denen sehr viele Definitionen von neuen Kommandos gespeichert werden. Natürlich könnte die Standardbibliothek von Maple auch in Hunderten Einzeldateien gespeichert werden (in früheren Maple-Releases war das auch noch der Fall), das wäre aber sehr ineffizient. Deswegen sind alle Kommandos von Maple, die nicht Teil des Kernels sind, im `lib\maple.lib` gespeichert. Die `share`-Library befindet sich in einer zweiten Datei `share\maple.lib`.

Zur Verwaltung der Librarys steht das Zusatzprogramm `march` zur Verfügung. Mit `march` können alle Dateien einer Library ermittelt, einzelne Dateien entfernt oder hinzugefügt oder überhaupt neue Librarys angelegt werden.

`march` wird durch mehrere Optionen gesteuert. Die wichtigsten sind `-l` (Liste aller Dateien anzeigen), `-a` (Datei hinzufügen), `-u` (Datei aktualisieren), `-x` Datei extrahieren und `-d` (Datei löschen). Die weiteren Parameter hängen von der Option an. In jedem Fall muß im ersten Parameter von `march` das Verzeichnis angegeben werden, in dem sich die Library-Datei befindet. (Siehe die Syntaxzusammenfassung am Ende dieses Kapitels bzw. den Hilfetext `?march`.)

Inhaltsverzeichnis der Standard-Library

Mit den folgenden Kommandos können Sie in einem DOS-Fenster ein sortiertes Inhaltsverzeichnis der Maple-Standard-Library erzeugen und in `libcontents.txt` speichern. Unter Unix müssen entsprechend andere Pfadangaben erfolgen.

```
cd F:\mapleV4\bin.win
march -l ..\lib | sort > libcontents.txt
```

`libcontents.txt` enthält die Namen der enthaltenen `*.m`-Dateien, das Datum der letzten Änderung, die Position innerhalb der Dateien und eine interne Indexnummer. Die Standardbibliothek enthält etwa 4000 Einträge.

```
@.m                         95-12-14 14:01  1655318   888
@@.m                        95-12-14 14:01  2034612   485
about.m                     95-12-14 14:04   240928   170
abs/abs.m                   95-12-14 13:48   576718   121
abs/conjugate.m             95-12-14 13:48  2755776   126
abs/csgn.m                  95-12-14 13:48  1288883   201
abs/exp.m                   95-12-14 13:48  1924135   128
...
```

Für Experimente mit Librarys sollten Sie auf keinen Fall die Standard-Library verwenden! Wenn Sie die Library irrtümlich zerstören, müssen Sie Maple neu installieren!

Eine neue Library einrichten

Die folgenden Absätze beschreiben, wie Sie eine eigene Library im neuen Verzeichnis `mylib` einrichten. Dazu erzeugen Sie dieses Verzeichnis und führen `march -c` aus. Als Parameter müssen Sie den Namen des Verzeichnisses angeben. Außerdem benötigt `march` eine Information, wie viele `*.m`-Dateien ungefähr in der Library gespeichert werden sollen. (Das tatsächliche Limit liegt dann etwa bei der doppelten Anzahl, genauere Informationen gibt die Online-Hilfe nicht.) `march` erzeugt damit (momentan nur mit Verwaltungsinformationen gefüllten) Dateien `maple.lib` und `maple.ind` im Verzeichnis `mylib`.

```
cd F:\mapleV4\bin.win
march -c ..\mylib 10
```

Das Speichern von Packages innerhalb dieser Library kann seit Release 4 mit dem Kommando `savelib` direkt von Maple aus erfolgen. Sie müssen dazu nicht mehr neuerlich `march` aufrufen, wie das in bisherigen Maple-Releases der Fall war. Voraussetzung für das korrekte Funktionieren von `savelib` ist allerdings, daß die globalen Variablen `libname` und `savelibname` den Pfad zum Verzeichnis mit der neuen Library enthalten. Beachten Sie, daß die Schreibweise exakt übereinstimmen muß (auch die Groß- und Kleinschreibung, die unter Windows ja sonst keine Rolle spielt).

Um den Prozeß so weit wie möglich zu automatisieren, sollten Sie `libname` und `savelibname` gleich in der Initialisierungsdatei `maple.ini` einrichten. (Die `print`-Anweisungen sind natürlich optional.)

```
# maple.ini
savelibname:=`f:\\mapleV4\\mylib`:
libname:=libname, savelibname:
print(`Initialisierungdatei maple.ini`):
printf(`neuer libname: \n`):
print(libname):
printf(`savelibname: \n`):
print(savelibname):
```

Nach einem `restart` kann `savelib` sofort verwendet werden. Mit `read` wird die Definition von `seqn` und `seq1` neu eingelesen, die drei folgenden Kommandos erstellen das Package `mypack`, und `savelib` speichert das Package in der Library `maple.lib` im Verzeichnis `mylib`.

```
restart:
  init file maple.ini
  libname: F:\MAPLEV4/lib, f:\mapleV4\mylib
  savelibname: f:\mapleV4\mylib
read `seqn`:
mypack:=table():
mypack[seqn]:=eval(seqn):
mypack[seq1]:=eval(seq1):
savelib( mypack, `mypack.m`);
```

Die Verwendung des Packages unterscheidet sich jetzt nicht mehr von der eines Packages der Standardbibliothek:

```
restart:
  init file maple.ini
  libname: F:\MAPLEV4/lib, f:\mapleV4\mylib
  savelibname: f:\mapleV4\mylib
with(mypack);
```

$$[seq1, seqn]$$

```
seqn(x,[x=3..1,-1]);
```

$$[3, 2, 1]$$

Programmcode in Textdateien

Die bisherigen Beispiele gründen immer noch auf der Annahme, daß alle Kommandos zur Definition des Packages und seiner Kommandos interaktiv in Maple ausgeführt werden. Für größere Packages ist das zu umständlich. Praktischer ist es, sämtliche Kommandos zur Definition eines Packages in einer einzigen Textdatei zu speichern, die dann mit jedem beliebigen Editor bearbeitet werden kann.

Im Prinzip enthält die unten abgedruckte Textdatei `mypack.mpl` dieselben Kommandos, die bisher in Maple ausgeführt wurden. Allerdings gibt es einige feine Unterschiede:

- `seq1` wird unter dem Namen `` `mypack/seq1` `` definiert. Es handelt sich um ein internes Kommando, das nur mehr unter diesem recht umständlichen Namen zugänglich ist. Damit wird vermieden, daß das Kommando unbeabsichtigt verwendet wird. `seq1` ist nicht mehr Teil der `mypack`-Tabelle und wird daher bei der Ausführung von `with` nicht mehr angezeigt.
- `seqn` wird direkt als `mypack[seqn]` definiert. `seq1` wird unter dem neuen Namen `` `mypack/seq1` `` aufgerufen.
- Bei `savelib` muß `` `mypack/seq1` `` explizit angegeben werden. Da sich das Kommando nicht mehr in der `mypack`-Tabelle befindet, wird es auch nicht mehr automatisch mit `mypack` gespeichert.

Durch das Kommando `` read `mypack.mpl` `` werden alle Kommandos dieser Datei ausgeführt, inklusive des `savelib`-Kommandos am Ende der Datei. Mit anderen Worten: Sie können `mypack.mpl` bequem in einem beliebigen Texteditor bearbeiten und speichern. Durch `read` lesen Sie den Programmcode ein. Sofern er keine Syntaxfehler enthält, wird er sofort in der eigenen Library gespeichert. Damit kann der Prozeß der Library-Erweiterung weitgehend automatisiert werden. (`savelib` ersetzt übrigens automatisch die alte Version durch die neue Version des Packages.)

```
# Datei mypack.mpl zur Definition des Packages mypack mit
# dem internen Kommando `mypack/seq1` und dem global
# verfügbaren Kommando `seqn`
mypack:=table():

`mypack/seq1`:= proc( f::uneval, l::uneval )
  local i, data, range, `&vgl`, varname, tmp;
  if not type(l,list) then
    ERROR(`wrong parameter, expected list`, l);
  fi:
  range:=l:
  if not type(range[1],name=`..`) then
    ERROR(`wrong parameter`, range);
  elif nops(range)>1 then
    if not type(range[2], algebraic) or evalf(range[2])=0 then
      ERROR(`wrong parameter`, range);
    fi;
  else
    # default stepwidth 1
    range:=[ op(range), 1]:
  fi;
  varname:=lhs(range[1]):
  data:=[]:
  if evalf(range[2])>0 then `&vgl`:=(x,y)->(x<=y):
  else `&vgl`:=(x,y)->(x>=y): fi:
  i:=op(1,op(2,range[1])):
  while evalf(i) &vgl evalf(op(2,op(2,range[1]))) do
    tmp:=subs(varname=i,f):
    data := [ op(data), eval(tmp) ];
    i:=eval(i)+range[2];
  od;
  op(data);
end:

mypack[seqn]:=proc(x::uneval, ll::uneval)
  local firstlist, remaininglist:
  if type(ll,list) then
    if type(ll[1],list) then
      if nops(ll)=1 then
        firstlist:=op(ll):
        [`mypack/seq1`(x,")];
      else
        firstlist:=ll[1]:
        remaininglist:=ll[2..-1]:
        [`mypack/seq1`( seqn(x, "), "")];
      fi:
    else
      [`mypack/seq1`(x,ll)]:
    fi:
  else
    ERROR(`wrong parameter, expect list or listlist`, ll):
  fi:
end:

savelib(mypack, `mypack/seq1`, `mypack.m`):
```

Erweiterung der share-Library

Anstatt eine eigene Library zu definieren können Sie auch die `share`-Library erweitern. Die `share`-Library wird im Prinzip gleich verwaltet wie eine eigene Library. Der Unterschied besteht darin, daß der Inhalt der Library nicht mit `with` sondern mit `readshare` gelesen wird.

`readshare(name,verz)` sucht die Datei `name.m` zuerst im Unterverzeichnis `verz` des `share`-Verzeichnisses und anschließend in der Library-Datei `maple.lib` im `share`-Verzeichnis. Sie können Erweiterungen also sowohl unmittelbar an der `share`-Library-Datei als auch im `share`-Verzeichnisbaum durchführen. (Die zweite Variante ist während der Programmentwicklung möglicherweise bequemer.)

`readshare` arbeitet anders als `with`. Während `with` eine Tabelle erwartet und deren Einträge selbständig verwaltet, ist `readshare` einfach nur ein Variante zu `read`. Aus diesem Grund ist ein Aufbau von Package-Tabellen für die `share`-Library nicht sinnvoll (es sei denn Sie möchten nach dem `readshare`-Kommando auch noch `with` ausführen).

Durch die folgenden Kommandos wird der Programmcode für `seq1` und `seqn` neu in den Speicher gelesen. Anschließend werden die Kommandos unter dem Namen `myown/mypack.m` in die Library `share\maple.lib` eingefügt. `sharename` wird durch `with(share)` initialisiert und enthält den Pfad zum `share`-Verzeichnis.

```
restart:
with(share):
  See ?share and ?share,contents for information about the share library
read `seqn`:
savelibname:=sharename:
savelib(seq1, seqn, `myown/mypack.m`):
```

Die Nutzung der Kommandos erfolgt wie bei anderen Paketen der `share`-Library:

```
restart:
with(share):
  See share and ?share,contents for information about the share library?
readshare(mypack,myown):
seqn(x, [x=1..3]);
```

$$[1, 2, 3]$$

Eigene Online-Hilfe

Mit Release 4 wurde die Verwaltung von Online-Hilfetexten vollkommen neu gestaltet. Das ist mit Vor- und Nachteilen verbunden.

Zuerst die Vorteile: Für die Hilfetexte stehen die selben Gestaltungsmöglichkeiten wie bei Worksheet-Dateien zur Verfügung. Jede beliebige Worksheet-Datei kann als Vorlage für einen Hilfetext verwendet werden. Das Erstellen eines Hilfetexts ist damit ebenso einfach wie das Erstellen eines Worksheets. (Wer mit Release 3 eigene Hilfetexte erstellt hat, wird das zu schätzen wissen.)

Nun die Nachteile: Das neue Format ist inkompatibel zu dem aus Release 3. Alte, oft mühsam erstellte Hilfetexte können nicht mehr weiter verwendet werden. Weiters besteht keine Möglichkeit mehr, Hilfetexte als Teil des Programmcodes zu formulieren und so ein gewisses Maß an Automatisierung zu erreichen. Außerdem können eigene Hilfetexte nur zu Librarys erstellt werden (nicht aber zu einzelnen Kommandos oder Packages, die in `*.m`-Dateien gespeichert werden). Und schließlich ist die neue Hilfefunktion nicht dokumentiert. Zumindest dieses Problem kann durch diesen Abschnitt behoben werden.

Das Konzept der neuen Hilfefunktion besteht darin, daß alle Hilfetexte in wenigen `maple.hdb`-Dateien gespeichert werden. Normalerweise existieren nur zwei solche Dateien, eine im `lib`-Verzeichnis mit den Hilfetexten zur Standardbibliothek und eine zweite im `share`-Verzeichnis mit den Hilfetexten zu den Kommandos der `share`-Library. Darüberhinaus können in eigenen Verzeichnissen mit dem Worksheet-Kommando HEL|SAVE TO DATABASE neue Hilfedateien erzeugt werden (Details zu diesem Kommando folgen unten).

Bei der Suche nach einem konkreten Hilfetext berücksichtigt Maple alle Hilfedateien, deren Verzeichnisse im Pfad von `libname` angegeben sind.

Einen neuen Hilfetext erstellen

Die Erstellung von Online-Hilfetexten ist der letzte Schritt bei der Entwicklung eigener Packages. Voraussetzungen sind, daß das zu beschreibende Kommando bereits verwendet werden kann und daß das Verzeichnis, in dem die Hilfedatei gespeichert werden soll, in `libname` angeführt wird. Es liegt auf das Hand, daß es sinnvoll ist, die Hilfedatei im gleichen Verzeichnis zu speichern wie die neue Library.

Zur Erstellung eines neuen Hilfetexts öffnen Sie ein neues Worksheet. Wenn es in Maple bereits ein Kommando gibt, das so ähnlich funktioniert wie das Ihre, können Sie dessen Hilfetext kopieren und in das neue Worksheet kopieren. Sie sparen sich so eine Menge Arbeit. Gleichzeitig ist ein einigermaßen einheitliches Aussehen aller Hilfetexte gewährleistet. (Sehen Sie sich die Datei `part3\seqnhelp.mws` auf der beiliegenden CD-ROM an. Diese Datei wurde zur Erstellung des Hilfetexts zu `seqn` verwendet.)

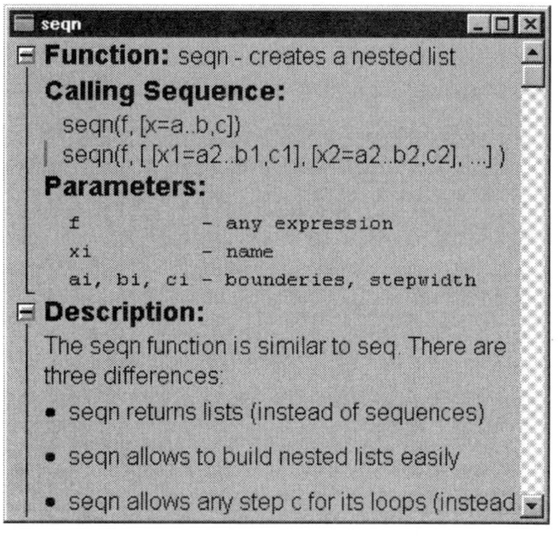

Um das Worksheet als Hilfetext zu speichern, führen Sie das Kommando HELP|SAVE TO DATABASE aus. In dem Dialog müssen Sie zwei Informationen eintragen: den Namen des Hilfetexts (*topic*, also beispielsweise `seqn`) und den exakten Pfad zum Verzeichnis, in dem die Hilfedatei gespeichert werden soll (*database*). Der Pfad muß mit einem Pfad in `libname` übereinstimmen. Optional können Sie weitere Namen (*aliases*) für den Hilfetext und ein übergeordnetes Hauptthema (*parent*, beispielsweise den Package-Namen) angeben. Das *parent*-Thema wird von der aktuellen Windows-Version allerdings ignoriert.

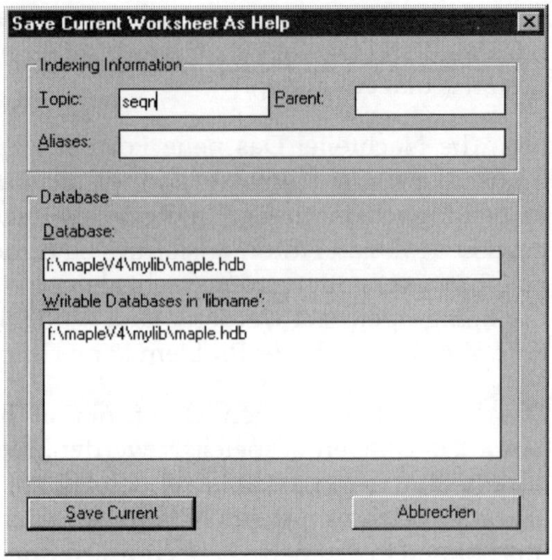

Wenn eine Hilfedatei einmal existiert (d. h. ab dem zweiten Thema) wird der Prozeß etwas komfortabler: Im Dialog werden alle existierenden Hilfedateien angezeigt, zu denen die Variable *libname* verweist. (Davon ausgenommen sind die Hilfedateien der Standard- und der `share`-Library, die nicht verändert werden können.) Zum Speichern des aktuellen Worksheets kann eine der Hilfedateien mit der Maus ausgewählt werden.

Wenn ein Hilfethema bereits existiert, wird der alte Hilfetext ohne Warnung durch den neuen Text überschrieben. Mit DATABASE|REMOVE kann ein Thema aus der Hilfedatei gelöscht werden. (Die Hilfedatei wird dadurch allerdings nicht kleiner, der Hilfetext kann lediglich nicht mehr angezeigt werden.)

Syntaxzusammenfassung

Fehlersuche

`tracelast;`
: zeigt Informationen zum letzten Fehler an (Programmcode der Zeile, in der der Fehler aufgetreten ist, Inhalt von Parametern und lokalen Variablen etc.).

`option trace;`
: zeigt Informationen bei der Auswertung der aktuellen Prozedur an. Die Option muß nach der Definition der lokalen Variablen am Beginn einer Prozedur angegeben werden.

`trace(prozname);` `untrace(prozname);`
hat dieselbe Wirkung wie die Option `trace`, kann aber auch nachträglich ohne eine Veränderung des Codes eingesetzt werden.

`printlevel:=n;`
zeigt Informationen zur Auswertung von Ausdrücken bis zur Ebene n an. Abfragen und Schleifen erhöhen die aktuelle Ebene um 1, Prozeduren um 5.

``userinfo(n, `name`, x);``
gibt x als Zeichenkette aus, wenn $infolevel[name] \geq n$.

`infolevel[name]:=n:` `infolevel[all]:=n:`
bestimmt das Ausmaß von Informationen, die bei der Abarbeitung eines bestimmten Kommandos oder bei allen Kommandos angezeigt werden. n darf Werte zwischen 2 und 5 annehmen. Informationen können nur dann ausgegeben werden, wenn sie im Code des jeweiligen Kommandos vorgesehen sind.

`traperror(x);`
wertet x aus. Wenn dabei ein Fehler auftritt, liefert `traperror` die Zeichenkette mit der Fehlermeldung, andernfalls das Ergebnis von x. Die Fehlermeldung wird auch in die globale Variable `lasterror` geschrieben.

Verweis: Die Kommandos des Maple-Debuggers sind auf Seite 491 beschrieben.

Analyse des Zeit- und Speicherverbrauchs

`readlib(showtime);` `showtime();` `off;`
zeigt nach der Ausführung jedes Kommandos die Rechenzeit und den Speicherbedarf während der Berechnung an. Außerdem werden die Ergebnisse in durchlaufenden Variablen $O1, O2, O3, ..$ gespeichert. `off` beendet diesen Modus.

```
readlib(profile)
profile(proc1, proc2, proc3 ...);
showprofile();
unprofile(proc1, proc2, proc3 ...);
```
`profile` gibt an, welche Prozeduren oder Kommandos analysiert werden sollen. Nach der Ausführung der Prozeduren zeigt `showprofile` an, welche Prozeduren wie oft (rekursiv) aufgerufen wurden und wieviel Rechenzeit und Speicher sie beanspruchten.

Packages laden und speichern

``save proc1, proc2, ..., `name.m`;``
speichert die Prozeduren in der Datei `name.m` im Binärformat.

`read `name.m`;`
liest die Prozeduren ein.

`savelib(proc1, proc2, ... , `name.m`);`
speichert die Prozeduren in der Library-Datei in dem durch *savelibname* angegebenen Verzeichnis (siehe unten).

`with(name);`
liest die Datei `name.m` aus einem in `libname` genannten Verzeichnis oder aus einer Library. `name.m` muß die Definition einer Tabelle `name` enthalten. Deren Elemente stehen nach der Ausführung von `with` als neue Kommandos zur Verfügung.

`libname`
enthält die Namen aller Verzeichnisse, die Librarys und Hilfedateien enthalten.

`savelibname`
enthält den Namen des Verzeichnisses, in das `savelib` schreiben soll.

`sharename`
enthält den Namen des Verzeichnisses der `share`-Bibliothek (sofern vorher `with(share)` ausgeführt wurde).

Zusatzprogramm march

`march -l libverzeichnis`
liefert eine (nicht sortierte) Liste aller Einzeldateien in `maple.lib`.

`march -x libverzeichnis libdatei neuedatei`
extrahiert eine Datei aus der Library und kopiert sie in eine neue Datei.

`march -a libverzeichnis neuedatei libdatei`
`march -u libverzeichnis neuedatei libdatei`
fügt eine neue Datei in die Library ein bzw. aktualiert sie.

`march -d libverzeichnis libdatei`
löscht die angegebene Datei aus der Library.

`march -p libverzeichnis`
verkleinert die Library auf ihre minimale Größe. Dabei werden Lücken gestopft, die durch Veränderungen von Einzeldateien in der Library entstanden sind.

`march -c libverzeichnis n`
erzeugt eine neue Library (`maple.lib` plus `maple.ind`) im angegebenen Verzeichnis. n gibt an, wieviele Einzeldateien die Library später ungefähr aufnehmen soll.

Kapitel 31

Grafik III: Spezialkommandos

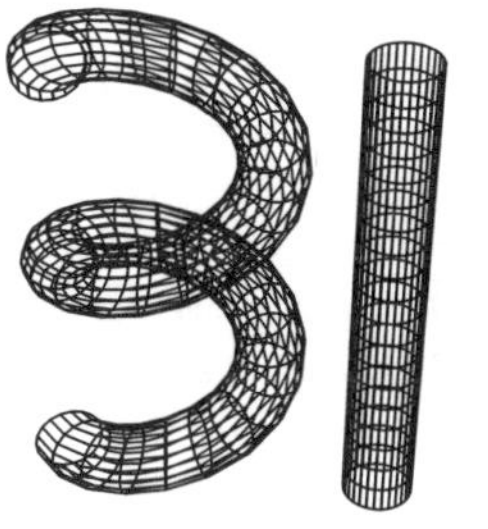

In diesem Kapitel geht es um verschiedene Spezialkommandos aus dem Package `plots`, die in den bisherigen Kapiteln zum Thema Grafik noch nicht behandelt wurden.

`logplot`, `semilogplot`, `loglogplot`
zeichnen Funktionen mit einfach- oder doppelt-logarithmischer Achsenskalierung.

`densityplot`, `contourplot`, `filledcontourplot`
stellen zweiparametrige Funktionen auf einem ebenen Raster durch Schattierungen bzw. durch Höhenschichtlinien dar.

`complexplot[3d]`, `conformal` und `rootlocus`
dienen zur Visualisierung komplexer Funktionen durch die Trennung von Real- und Imaginärteil, durch die Verwendung von Farben, durch konforme Abbildungen oder durch die Darstellung der Nullstellen einer charakteristischen Gleichung (Wurzelortkurven).

`coordplot`, `coordplot3d`
zeigt den Aufbau verschiedener Koordinatensysteme an. Maple kennt seit Release 4 über 40 verschiedene Koordinatensysteme, die bei den meisten `plot`-Kommandos durch die Option `coords` eingestellt werden.

`inequal`, `implicitplot3D`, `polyhedraplot`
sind Spezialkommandos zur Visualisierung von zweidimensionalen Ungleichungssystemen, von impliziten dreiparametrigen Funktionen und von Vielflächern (Dodecahedron, Icosahedron etc.).

`animate`
bildet aus mehreren Grafiken eine Animation (eine bewegte Grafik).

Verweis: Eine generelle Einführung zum Thema Grafik finden Sie in den Kapiteln 19 (2D-Grafik) und 20 (3D-Grafik). Dort sind zahlreiche Optionen beschrieben, die auch in diesem Kapitel wieder eingesetzt werden. Einige Grafikkommandos für Spezialanwendungen wurden in den Kapiteln 18 (Darstellung von Differentialgleichungen), 21 (Darstellung statistischer Daten) und 27 (Darstellung von Vektorfeldern) behandelt. Informationen zum Thema Grafikprogrammierung gibt es im folgenden Kapitel.

Grafiken im logarithmischen Maßstab

Funktionen mit exponentiellen Verläufen werden häufig in einem logarithmischen Maßstab für die y-Achse dargestellt. Der exponentielle Zusammenhang zwischen x und y wird dadurch linear abgebildet.

Die Funktionen e^x und e^{2x} werden durch `logplot` als unterschiedlich steile Geraden dargestellt. Die Funktion e^{x^2} behält ihr exponentielles Aussehen.

```
with(plots):
logplot( {exp(x), exp(x^2), exp(2*x)},
         x=0.1..10, 1..10^6);
```

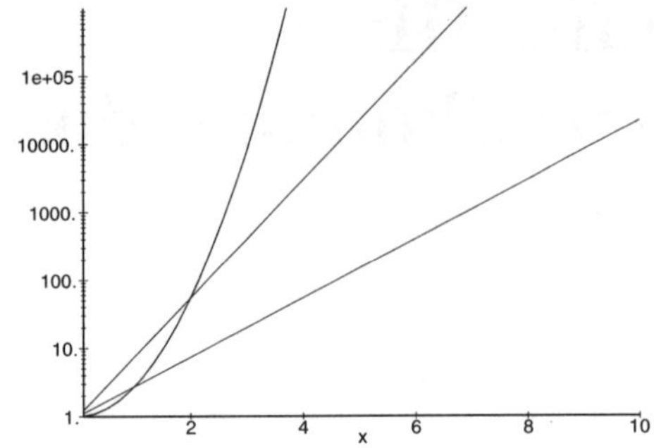

Während `logplot` nur den Maßstab der y-Achse verändert, verwendet `loglogplot` für beide Achsen eine logarithmische Skalierung. Die Abbildung rechts soll den Amplitudengang einer Regelfunktion dargestellen.

```
s:= I*omega:
f:= (1+s*2/5) * (1+s/9) /
    ( (1+s) * (1+s/99) ):
```

```
loglogplot( abs(f),
  omega=0.01..10000);
```

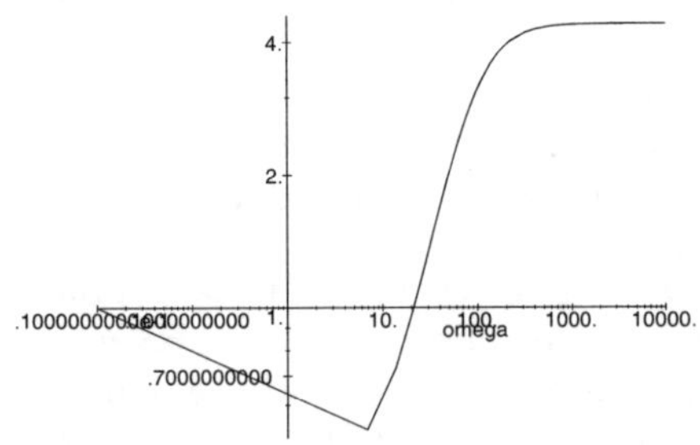

So recht kann die obige Abbildung allerdings nicht begeistern. Bei der Berechnung der Stützpunkte für die Kurve wird der logarithmische Maßstab ganz offensichtlich nicht beachtet. (In Release 3 klappte das noch besser.) Daher müssen die Stützpunkte durch die `sample`-Option vorgegeben werden. An der eigenwilligen Beschriftung der Koordinatenachsen ändert das leider nichts.

```
loglogplot( abs(f),
  omega=0.01..10000, axes=boxed,
  sample=[seq(10^(n/10), n=-20..50)]);
```

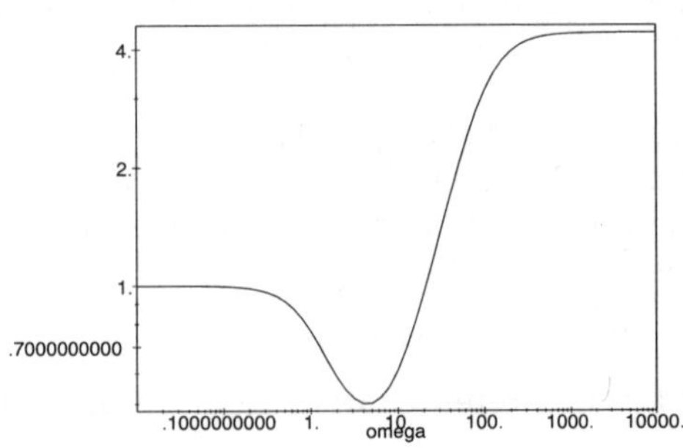

`semillogplot` ist das Gegenstück zu `logplot`: Die x-Achse wird logarithmisch dargestellt, die y-Achse linear. Wie bei `loglogplot` muß die `sample`-Option verwendet werden, um ein passables Ergebnis zu erzielen.

```
semilogplot( argument(f)*180/Pi,
  omega=0.01..10000, axes=boxed,
  sample=[seq(10^(n/10), n=-20..50)]);
```

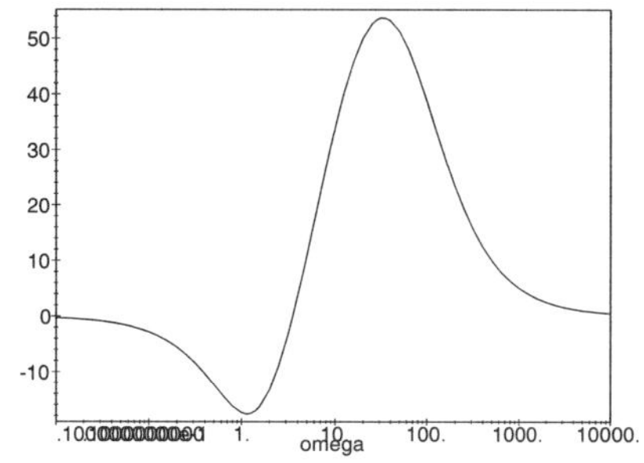

Zweidimensionale Rastergrafik

In Kapitel 20 wurde das Kommando `plot3d` vorgestellt, mit dem Funktionen der Form $z = f(x, y)$ als dreidimensionale Flächen dargestellt werden können. Auch die beiden in diesem Abschnitt vorgestellten Kommandos `densityplot` und `contourplot` eignen sich zur zweidimensionalen Darstellung solcher Funktionen.

`densityplot` ist in seinen Variationsmöglichkeiten ziemlich eingeschränkt. Es stellt eine zweiparametrige Funktion in einem Raster von Graustufen dar. Die Anzahl der Rasterpunkte kann durch `grid=[n,m]` eingestellt werden.

In der Abbildung rechts wird der Wertebereich der Funktion f durch verschiedene Graustufen dargestellt.

```
with(plots):
f:=(x-1)*(x+2)*(y-2)*(y+2):
densityplot(f, x=-3..3, y=-3..3,
            axes=boxed);
```

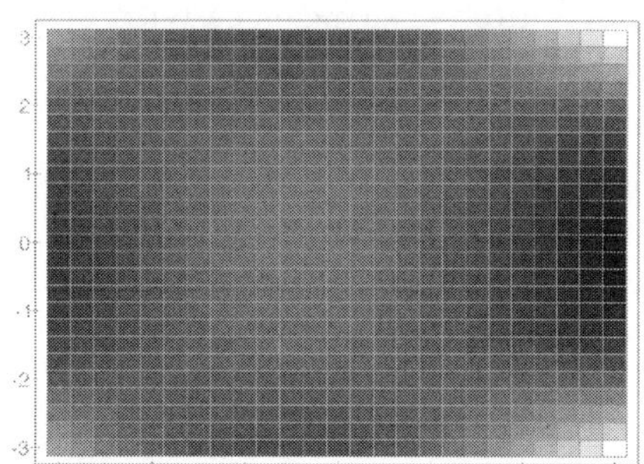

Auch `contourplot` stellt Funktionen der Form $z = f(x, y)$ zweidimensional dar. In der Standardeinstellung dieses Kommandos wird der Wertebereich von f durch Höhenschichtlinien gezeichnet.

```
contourplot(f, x=-3..3, y=-3..3);
```

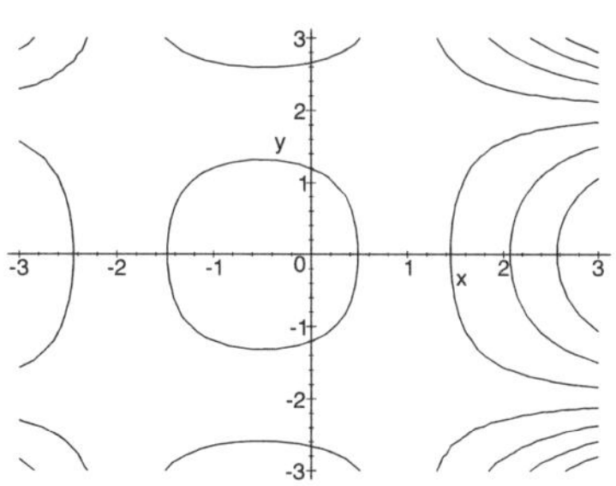

Exaktere Ergebnisse erhalten Sie, wenn Sie sowohl die Zeichengenauigkeit durch `grid` als auch die Anzahl der Höhenschichtlinien durch `contours` vergrößern.

```
contourplot(f, x=-3..3, y=-3..3,
  grid=[30,30], contours=25,
  color=black, axes=boxed);
```

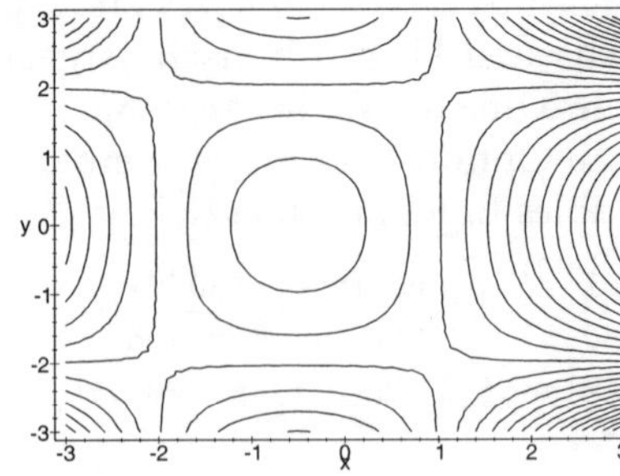

Durch die Option `filled` können Sie die äquipotentialen Bereiche wie auf einer Landkarte einfärben. Mit `coloring` geben Sie dabei den gewünschten Farbbereich an.

```
contourplot(f, x=-3..3, y=-3..3,
  axes=boxed, filled=true,
  coloring=[white,black]);
```

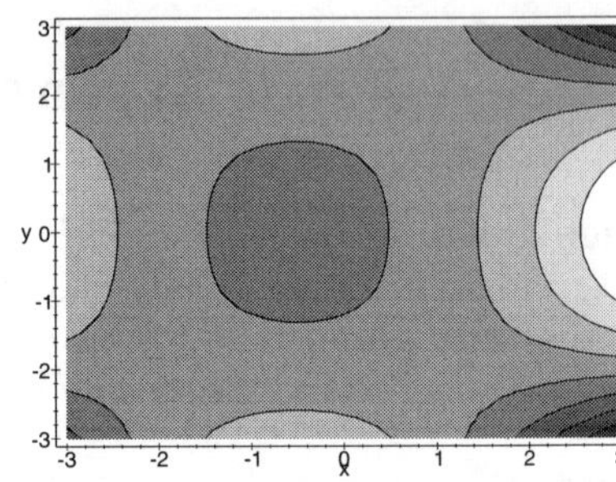

Wenig überraschend stellt `contourplot3d` die dreidimensionale Variante zu `contourplot` dar. Durch `shading=none` wird erreicht, daß die Höhenschichtlinien schwarz (nicht farbig) gezeichnet werden.

```
contourplot3d(f, x=-3..3, y=-3..3,
  axes=boxed, filled=true,
  coloring=[white,black],
  shading=none);
```

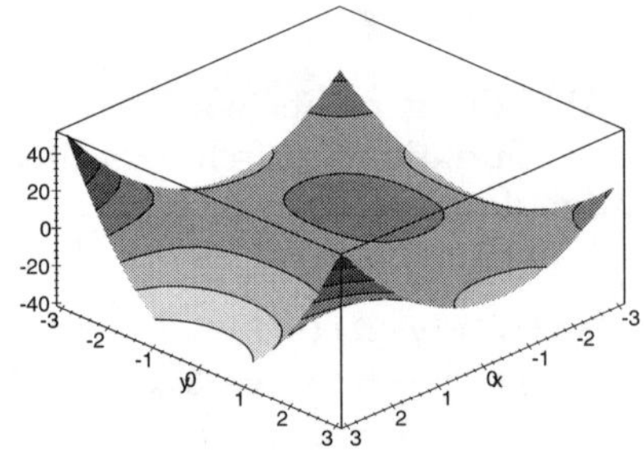

`contourplot3d` kommt auch mit parametrischen Funktionen $[fx, fy, fc]$ zurecht. Die Funktion fc wirkt sich dabei nicht auf die Form der Grafik, sondern ausschließlich auf deren Kolorierung aus. Durch eine geeignete Wahl der Option `orientation`-Option kann auch `contourplot3d` zu einer zweidimensionalen Anzeige des Ergebnisses überredet werden.

```
s:='s':
contourplot3d(
  [t*sin(s), t*cos(s), sin(s*t)],
  s=0..2*Pi, t=0..2,
  contours=20, filled=true,
  coloring=[white,grey],
  shading=none, orientation=[0,0]);
```

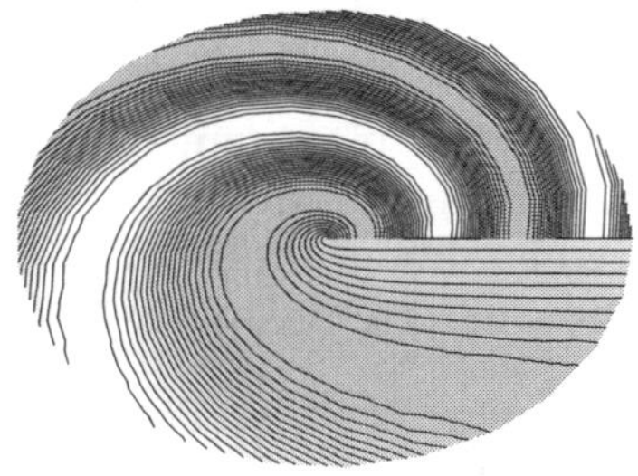

Das Kommando `filledcontourplot` aus der `share`-Library ist intern anders als `contourplot` aufgebaut und liefert qualitativ sehr hochwertige Bilder.

```
with(share): readshare(fconplot, plots):
filledcontourplot(f, x=-3..3, y=-3..3,
  coloring=[black, white], levels=10,
  axes=boxed);
```

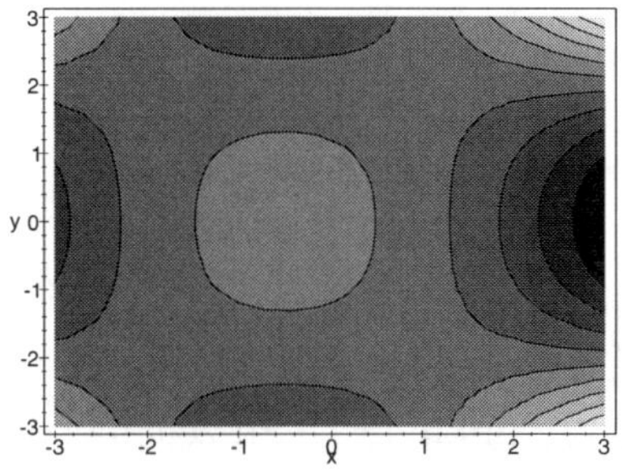

Visualisierung komplexer Funktionen

Das Problem beim Zeichnen komplexer Funktionen besteht darin, daß möglichst vier Variablen (Real- und Imaginärteil des Parameters der Funktion sowie Betrag und Phase des Ergebnisses) in einer einzigen Grafik abgebildet werden sollen. Eine 'normale' dreidimensionale Grafik stellt dagegen nur drei Variablen dar (z.B. die z-Werte einer Funktion aufgetragen über x- und y-Koordinate).

Eine Lösung für das Problem wurde bereits in Kapitel 20 vorgestellt: Mit `plot3d` kann der Betrag der Funktion durch eine dreidimensionale Fläche und der Phasenwinkel durch die Farbverteilung dargestellt werden.

Bequemere Alternativen bieten die Kommandos `complexplot` (zweidimensionale Darstellung einer Funktion mit einem Parameter), `complexplot3d` (dreidimensionale Darstellung einer Funktion mit zwei Parametern), `conformal` (konforme Abbildung eines durch die komplexe Funktion verzerrten Rasters) und `rootlocusplot` (Abbildung des Orts von Nullstellen einer charakteristischen Funktion).

Zweidimensionale Abbildung komplexer Funktionen

`complexplot` stellt einparametrige Funktionen zweidimensional dar. Intern entspricht `complexplot` im wesentlichen dem normalen `plot`-Kommando zum Zeichnen einer parametrischen Funktion. Die Besonderheit besteht lediglich darin, daß `complexplot` die zwei Teilfunktionen für die x- und y-Werte automatisch bildet (Real- und Imaginärteil).

Die Abbildung rechts zeigt den Verlauf der tan-Funktion, wenn komplexe Zahlen zwischen $-\pi - \pi\, I$ und $\pi + \pi\, I$ eingesetzt werden.

```
complexplot(tan(x*(1+I)), x=-Pi..Pi);
```

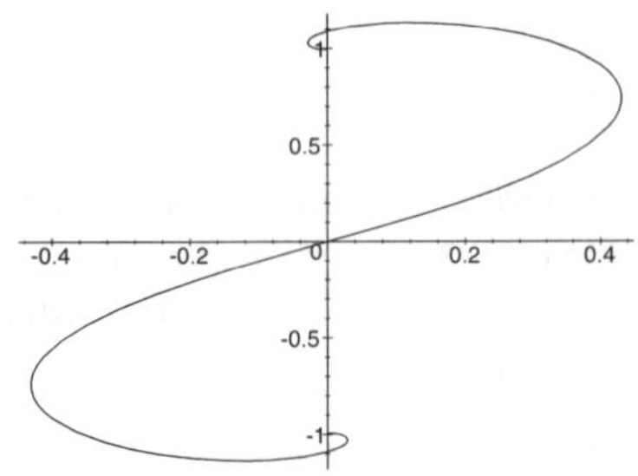

`complexplot` eignet sich auch dazu, einige komplexe Punkte rasch zu zeichnen. Dazu muß lediglich die Option `style=point` verwendet werden.

```
solve(z^12=1);
```

$$1, -\frac{1}{2} + \frac{1}{2}\, I\, \sqrt{3}, -\frac{1}{2} - \frac{1}{2}\, I\, \sqrt{3}, \cdots$$

```
complexplot( ["], style=point,
  axes=boxed);
```

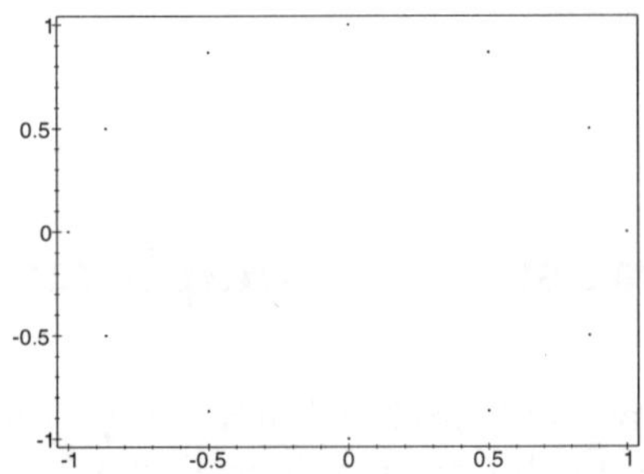

Dreidimensionale Abbildung komplexer Funktionen

`complexplot3d` entspricht im Prinzip `plot3d` unter Angabe einer Steuerfunktion für die `color`-Option. `complexplot3d` ist allerdings erheblich einfacher zu bedienen. Standardgemäß stellt das Kommando den Betrag einer zweiparametrigen Funktion dar und verwendet den Phasenwinkel zur Kolorierung.

Die Abbildung rechts zeigt den Betrag der komplexen Sinusfunktion. Durch die Einstellung der `orientation`-Option wurde die Grafik so gedreht, daß der Realteil von links nach rechts, der Imaginärteil von vorne nach hinten geht.

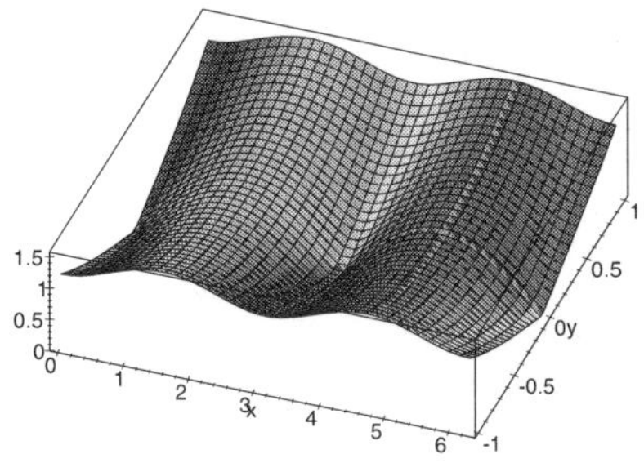


```
complexplot3d(sin(z), z=-I..2*Pi+I,
  orientation=[-70,21], axes=boxed,
  style=patch, grid=[40,40]);
```

Wenn an `complexplot3d` zwei Funktionen übergeben werden, dann bestimmt die erste Funktion die z-Koordinate der dreidimensionalen Fläche und die zweite Funktion die Farbe. Die Abbildung rechts zeigt dieselbe Funktion wie oben, allerdings bestimmt jetzt der Realteil die z-Koordinate und der Imaginärteil die Farbe.

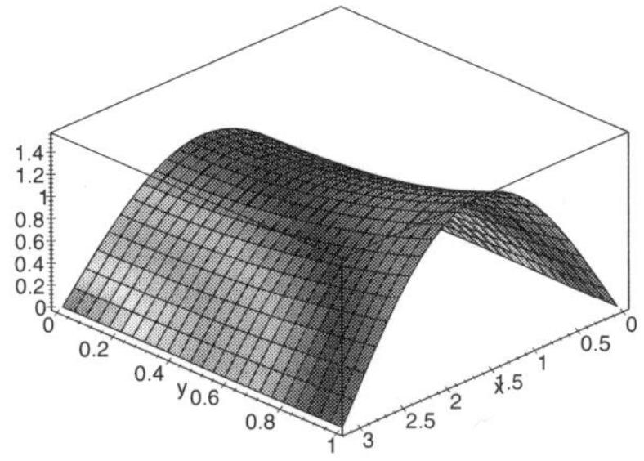


```
f:=sin(z):
complexplot3d( [Re(f),abs(f)],
  z=0..Pi+I, style=patch,
  axes=boxed);
```

Besonders spektakuläre Bilder (nach einer besonders langen Rechenzeit) ergeben sich, wenn der Newton-Algorithmus zur näherungsweisen Bestimmung der Nullstellen von komplexen Funktionen ($N(z) = z - p(z)/(p'(z)+s\,I)$) visualisiert wird. Eine eindrucksvolle Farbabbildung finden Sie im 'Learning Guide', an dieser Stelle muß eine Schwarzweißabbildung ausreichen.

```
p:=(z-1)*(z^2+z+5/4);
```

$$p := (z-1)\,(z^2+z+\frac{5}{4})$$

```
f := unapply(z- p / (diff(p,z)-0.5*I), z);
```

$$f := z \to z - \frac{(z-1)\,(z^2+z+\frac{5}{4})}{z^2+z+\frac{5}{4}+(z-1)\,(2\,z+1)-.5\,I}$$

f@@4 entspricht $f(f(f(f(z))))$, also der vierfachen Verschachtelung einer Funktion. f@@4 wird von Maple effizienter ausgewertet als $f(f(f(f(z))))$.

```
complexplot3d(f@@4,-4-4*I..4+4*I,
  view=-1..2,style=patchnogrid,
  grid=[100,100]);
```

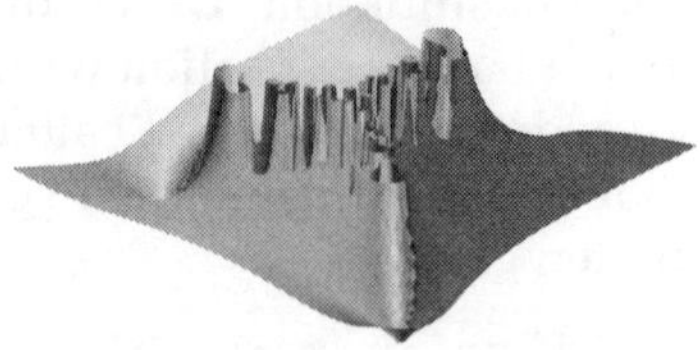

Konforme Abbildungen

Das Kommando conformal berechnet für einen Bereich der komplexen Zahlenebene die Resultate der komplexen Funktion und zeichnet das entstehende, verzerrte Gitter. An das Kommando wird im ersten Parameter die darzustellende Funktion und im zweiten Parameter ein rechteckiger komplexer Bereich angegeben. Maple überzieht den komplexen Bereich mit einem Raster, berechnet die Funktionswerte an den Rasterpunkten und verbindet die resultierenden (komplexen) Koordinatenpunkte.

Die Abbildung der trivialen Funktion $f(z) = z$ führt unmittelbar zum Rechteckraster, den conformal über die Funktion legt. Am Bildschirm wird die Grafik zweifarbig dargestellt (vertikale Linien rot, horizontale Linien grün). Zum Ausdruck von Grafiken sollten Sie die Option color=black angeben.

```
with(plots):
conformal(z, z=-1-I..2+I,
          axes=boxed);
```

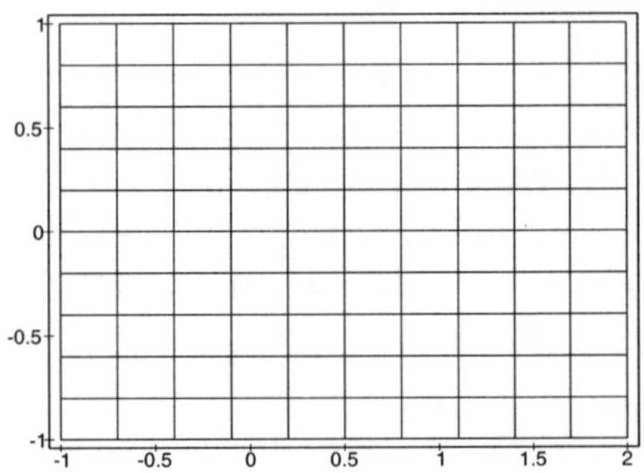

Der erste Versuch, die Funktion $1/z$ darzustellen, endet in einer ziemlich trostlosen Grafik.

```
conformal(1/z, z=-1-I..2+I,
          axes=boxed);
```

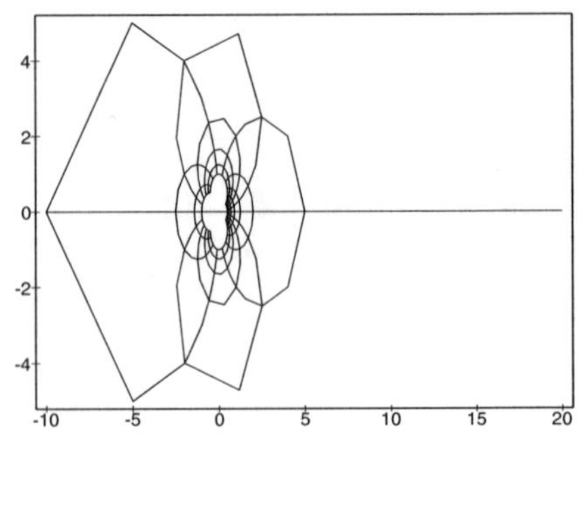

Durch den optionalen dritten Parameter sollte der Zeichenbereich der Abbildung eingeschränkt werden können. In Release 3 hat das auch funktioniert, in Release 4 muß `display` zusammen mit der `view`-Option verwendet werden. `grid` vergrößert die Genauigkeit des Rasters.

```
display( conformal(1/z,
    z=-1-I..2+I, -4-3*I..4+3*I,
    grid=[50,50], axes=boxed),
  view=[-4..4, -3..3]);
```

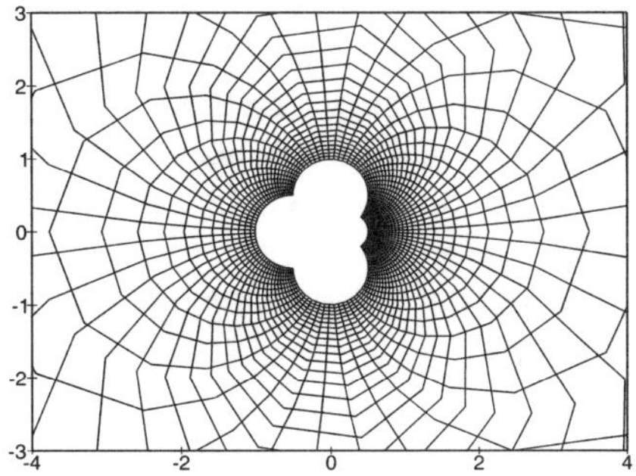

Die Abbildung rechts zeigt eine etwas interessantere konforme Abbildung. Beachten Sie, daß der Zeichenbereich nur Punkte der rechten komplexen Halbebene umfaßt.

```
conformal( (z+1+I)^3, z=-I*2..2+2*I,
  grid=[40,40], axes=frame,
  scaling=constrained);
```

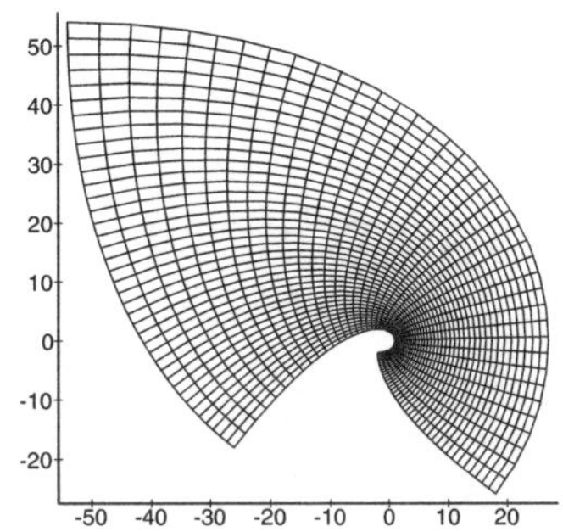

Wurzelortskurven

In Wurzelortskurven werden für die komplexe Funktion f die Nullstellen der Funktion $1 + k\,f = 0$ angezeigt, wobei für k relle Zahlen für einen vorgegebenen Wertebereich eingesetzt werden. Das Kommando `rootlocus` löst also die Gleichung $1 + k\,f = 0$ der Reihen nach für immer neue Werte für k und verbindet zusammengehörige Nullstellen durch Linienzüge. Wurzelortskurven werden zumeist zur Beurteilung der Stabilität von Regelkreisen verwendet.

`rootlocus` stellt die einzelnen Linienkurven in unterschiedlichen Farben dar. Die `color`-Option hat keinen Einfluß auf die Farbe der Kurve, worunter die Darstellung im Schwarzweißdruck etwas leidet.

```
f:=(z*(z+0.5) - (z+2)*(2*z+0.5) ) /
                (z^2*(z+0.5)^2 );
```

$$f := \frac{z\,(z+.5) - (z+2)\,(2\,z+.5)}{z^2\,(z+.5)^2}$$

```
rootlocus(f, z, -5..5, style=line,
          thickness=3);
```

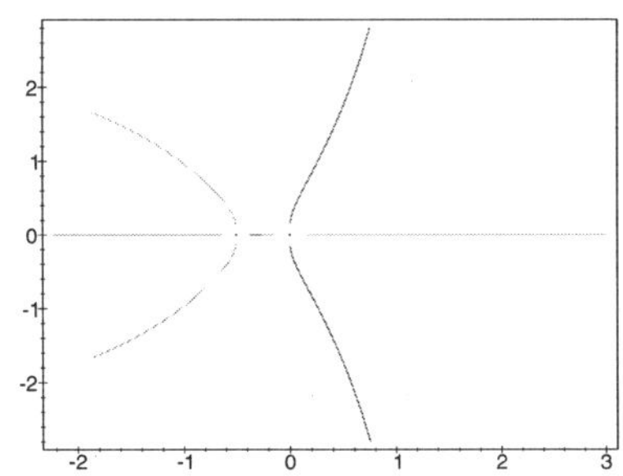

Wenn die Option `point=style` verwendet wird, zeichnet `rootlocus` nur die Punkte der Nullstellen, ohne zu versuchen, die Punkte zu Linien zu verbinden. Das kann vor allem bei unübersichtlichen Linienverläufen ein Vorteil sein, bei denen `rootlocus` zusammengehörige Punkte unter Umständen nicht erkennt.

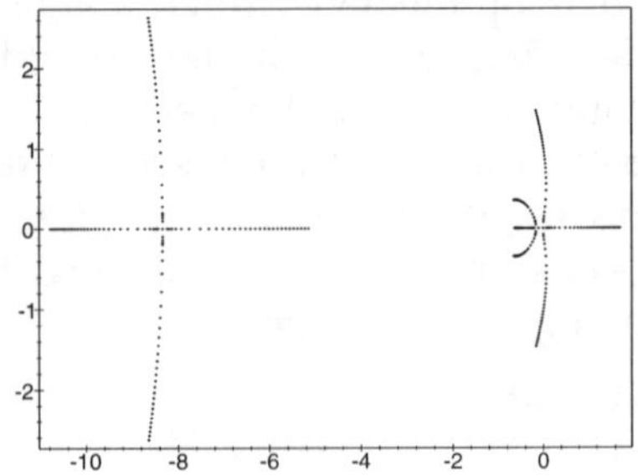

```
f:=(1+s)^2 /
  (s^2*(1+4.5*s)*(1+0.12*s)^2);
```

$$f := \frac{(1+s)^2}{s^2\,(1+4.5\,s)\,(1+.12\,s)^2}$$

```
rootlocus(f, s, -5..5, style=point);
```

Grafik in verschiedenen Koordinatensystemen

Seit Release 4 kennt Maple über 40 vordefinierte Koordinatensysteme, die bei den meisten `plot`- bzw. `plot3d`-Kommandos durch die Option `coords` eingestellt werden können. Eine Liste mit den vordefinierten Koordinatensystemen gibt `?coords`.

Die Anwendung der Koordinatensysteme ist einfach: Bei zweidimensionalen Koordinatensystemen werden die Standardkoordinaten x und y durch die Koordinaten des jeweiligen Systems ersetzt – bei polaren Koordinatensystemen etwa durch r und ϕ. Selbstverständlich können Sie die Variablen weiterhin nennen, wie Sie wollen – auch x und y.

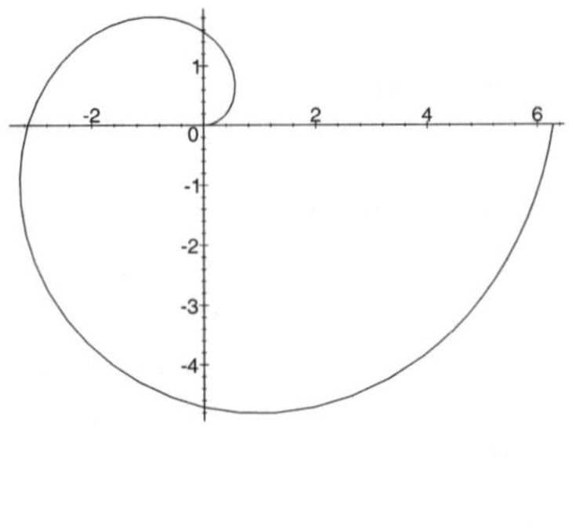

```
plot(phi, phi=0..2*Pi,
  coords=polar);
```

Mit dem Kommando `coordplot` kann der Aufbau eines Koordinatensystems angezeigt werden. Die Abbildung rechts zeigt ein logarithmisches Koordinatensystem, wobei die Linien der beiden Koordinaten durch unterschiedliche Linienformen gekennzeichnet sind.

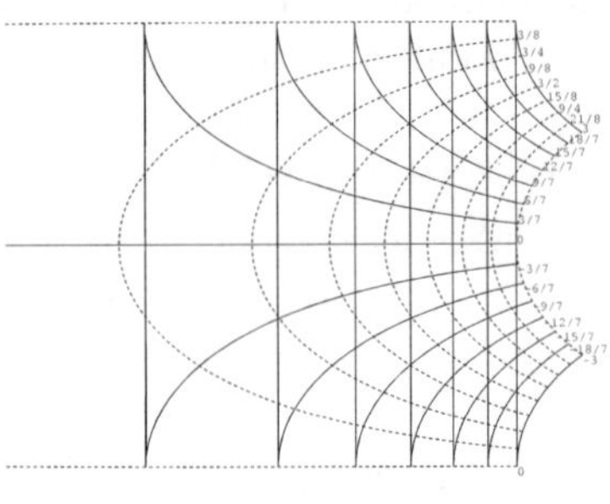

```
coordplot(logarithmic,labelling=true,
  linestyle=[1,2],
  scaling=constrained);
```

Im zweiten Parameter von `coordplot` kann der Bereich angegeben werden, für den das Koordinatensystem gezeichnet wird. Die Abbildung rechts zeigt den Raster für ein polares Koordinatensystem mit $0 \leq r \leq 1$ und $0 \leq \phi \leq 7\pi/4$.

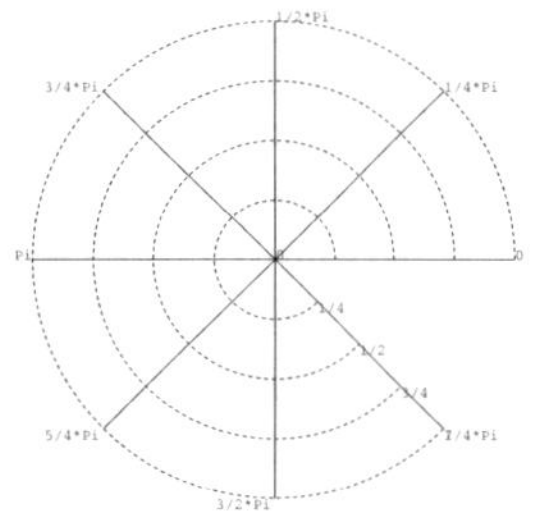

```
coordplot(polar, [0..1,0..7*Pi/4],
  labelling=true,
  grid=[5,8], linestyle=[1,2],
  scaling=constrained);
```

Entsprechend können dreidimensionale Koordinatensysteme bei `plot3d` verwendet werden. Wenn durch `coords=spherical` auf Kugelkoordinaten umgestellt wird, erwartet Maple die Parameter in der Form $r(\theta, \phi), \theta = \theta 0..\theta 1, \phi = \phi 0..\phi 1$. Die Kommandos unten zeichnen näherungsweise die Richtcharakteristik einer Antenne. Dabei verhindert die Option `scaling` wie bei 2D-Grafiken eine Verzerrung der Achsenmaßstäbe.

```
r:=sin(phi) *
  cos( Pi/2 * sin(phi)*cos(theta) );
```

$$r := \sin(\phi)\cos(\frac{\pi \sin(\phi)\cos(\theta)}{2})$$

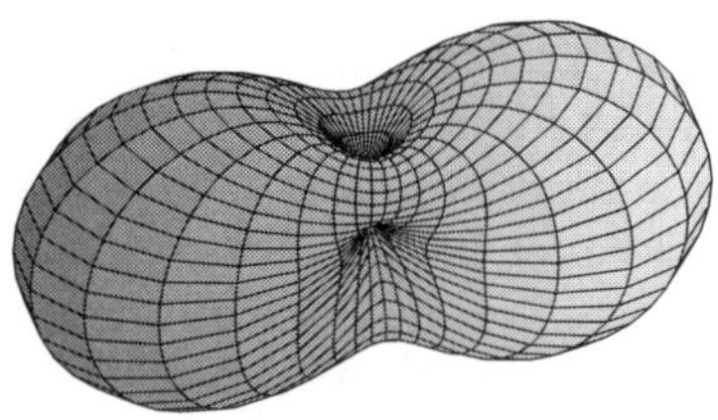

```
plot3d( r, theta=0..2*Pi, phi=0..Pi,
        scaling=constrained,
        orientation=[-15,53],
        grid=[35,35],
        coords=spherical );
```

Auch Zylinderkoordinaten stellen kein Problem dar. Die drei Parameter von `plot3d` lauten jetzt: $r(\theta, z), \theta = \theta 0..\theta 1, z = z0..z1$. Diese Variante von `plot3d` eignet sich insbesondere zur Darstellung von Rotationskörpern.

```
plot3d( 2+sin(z), theta=0..2*Pi,
   z=0..10, grid=[25,25],
   orientation=[45,71],
   coords=cylindrical);
```

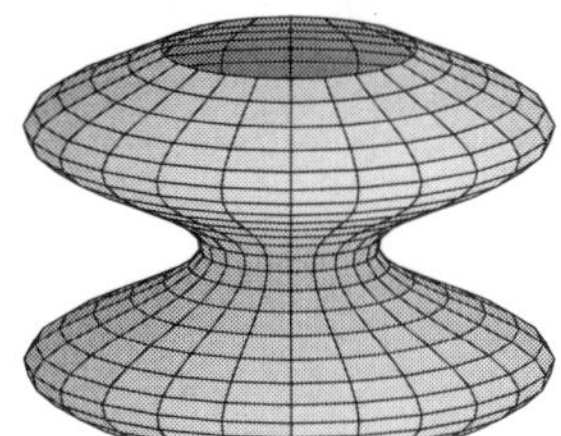

`coordplot3d` zeichnet drei Flächen, bei denen je zwei Koordinaten variiert und die dritte konstant (auf 0 oder 1) gehalten wird. Durch den optionalen zweiten Parameter kann der Wertebereich für die Koordinaten eingestellt werden. Das wurde für die Abbildung rechts ausgenützt, um einen Blick in das Innere eines zylindrischen Koordinatensystems zu gewähren.

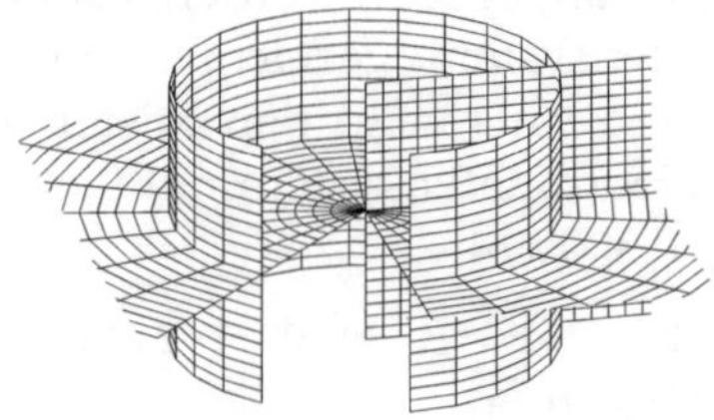

```
coordplot3d(cylindrical,
  [0..2, 0..7*Pi/4, -1..1],
  orientation=[-13,49]);
```

Spezialkommandos

Ungleichungssysteme zeichnen

Ab Release 4 steht das Kommando `inequal` zur Verfügung, mit der eine Menge von zweidimensionalen Ungleichungen grafisch angezeigt werden kann. Die Bedienung des Kommandos bereitet wenig Schwierigkeiten, ungewöhnlich ist lediglich die Einstellung der Optionen. `optionfeasible` bestimmt, wie die Fläche dargestellt werden soll, die alle Ungleichungen erfüllt. Entsprechend ist `optionexcluded` für die Flächen zuständig, die zumindest eine Ungleichung nicht erfüllen. `optionclosed` bestimmt das Linieformat für die Begrenzung von Linien durch $\leq$- oder $\geq$-Operatoren. `optionopen` ist für Begrenzungslinien durch $<$- oder $>$-Operatoren zuständig.

```
inequal( { x+y>=-1, x-y/2<=1, y-x/5<4},
  x=-5..4, y=-2..5,
  optionsfeasible=(color=grey),
  optionsexcluded=(color=white),
  optionsclosed=(thickness=3),
  optionsopen=(linestyle=3,thickness=1),
  axes=boxed );
```

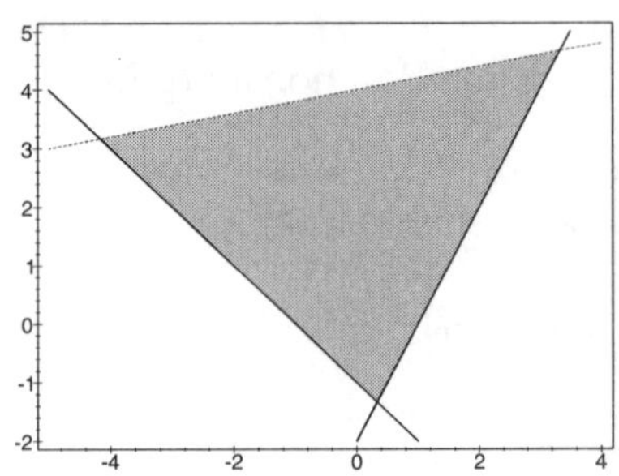

Implizite 3D-Grafiken

Bereits in Kapitel 19 wurde das Kapitel `implicitplot` vorgestellt, das implizite Funktionen (etwa $x^2 + y^2 = 1$) grafisch darstellt. Dieses Kommando besitzt eine 3D-Variante, die verblüffend gut mit dreiparametrigen impliziten Funktionen zurechtkommt.

Die Abbildung rechts zeigt die Kugelfläche $x^2 + y^2 + z^2 = 1$. Die Kugelfläche ist zwar etwas unüblich aus unterschiedlich geformten Teilflächen zusammengesetzt, aber gut erkennbar.

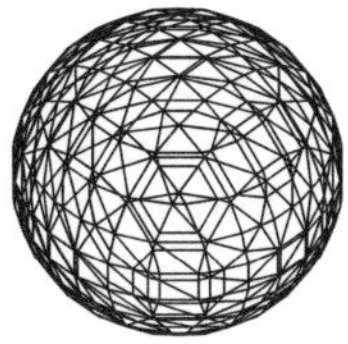

```
with(plots):
implicitplot3d( x^2+y^2+z^2=1,
  x=-1..1, y=-1..1, z=-1..1,
  grid=[10,10,10],
  scaling=constrained);
```

Die Formel $z + \sqrt{x^2 + y^2} - \sin(y^2 + z^3) = 0$ ist zugegebenermaßen ein reines Phanatasieprodukt ohne tieferen mathematischen oder physikalischen Sinn. Die resultierende Grafik stellt sich aber durchaus reizvoll dar.

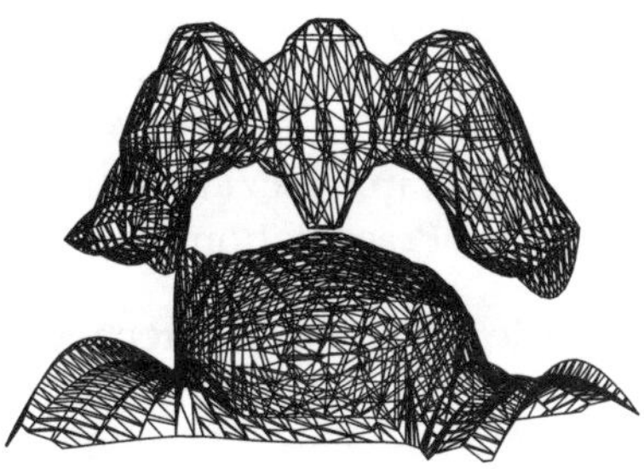

```
implicitplot3d(
  z+sqrt(x^2+y^2)-sin(y^2+z^3)=0,
  x=-2..2, y=-2..2, z=-2..2,
  grid=[20,20,10],
  orientation=[18,83],
  style=wireframe, color=black);
```

Polyhedraplot

Das Kommando `polyhedraplot` zum Zeichnen von Vielflächern (Dodecahedron, Icosahedron) ist zwar von geringem praktischen Wert, die damit erstellten Grafiken sehen aber hübsch aus. An das Kommando werden die Koordinaten des Mittelpunkts des Vielflächers übergeben. Die Optionen `polytype` und `polyscale` steuern den Typ des Vielflächers und seine Größe.

Die Abbildung rechts zeigt die fünf Vielflächer, die von `polyhedraplot` gezeichnet werden können.

```
with(plots):
polys:=array([tetrahedron,octahedron,
    hexahedron,dodecahedron,
    icosahedron]):
seq( polyhedraplot([2.5*n^1.6,n,n/3],
     polytype=polys[n],
     polyscale=1.5+n*0.7), n=1..5):
display( ["], scaling=constrained,
    orientation=[-126,56]);
```

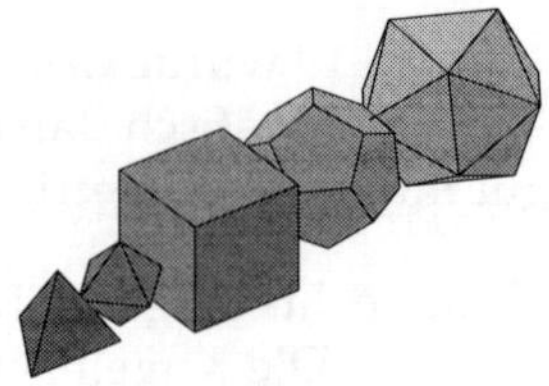

Bewegte Grafik (Animation)

Das Kommando `animate` berechnet mehrere zweidimensionale Grafiken und zeigt diese anschließend als Film an. `animate3d` ist die dreidimensionale Variante dieses Kommandos. Beide Kommandos weisen in ihrer Bedienung eine große Ähnlichkeit mit den Kommandos `plot` und `plot3d` auf. Wenn Sie eine bewegte Grafik aus Bildern zusammensetzen möchten, die nur mit Spezialkommandos wie `tubeplot` gezeichnet werden können, müssen Sie `display` zur Präsentation Ihres Films verwenden.

Das folgende Kommando berechnet 30 Bilder, in denen eine Sinusschwingung nach links wandert. Gegenüber dem normalen `plot`-Kommando unterscheidet sich `animate` durch den dritten Parameter. Dieser Parameter gibt die Variable an, die in den einzelnen Bildern des Films variiert werden soll. Über die Option `frames` kann die gewünschte Anzahl von Bildern angegeben werden.

```
with(plots):
animate( sin(x+phi), x=-1..8, phi=0..2*Pi, frames=30);
```

Etwas mehr Rechenzeit beansprucht das folgende Kommando, das eine auseinanderlaufende dreidimensionale Sinuswelle darstellt. Der Bereich für ϕ wurde absichtlich nicht von 0 bis 2π gewählt – dann würde nämlich ein Bild des Filmes doppelt vorkommen, der Film würde einen spürbaren Ruck aufweisen.

```
animate3d( sin(sqrt(x^2+y^2)+phi), x=-6..6, y=-6..6, phi=0..2*Pi-2*Pi/15,
  frames=15);
```

Die Kommandos unten berechnen in einer einfachen Schleife 10 Bilder eines sich drehenden spiralförmigen Schneckenhauses. Die berechneten Grafiken werden in der Liste *data* gespeichert und durch `display` angezeigt. Dabei muß die Option `insequence=true` verwendet werden, damit `display` die Bilder nicht überlagert, sondern als Sequenz (als Film) darstellt.

```
data:=[]:
for i from 1 to 10 do
  phi:=2*Pi/10*i:
  data:=[op(data),
     tubeplot( [-t^1.5/5,3*cos(t+phi),3*sin(t+phi)], t=0..8*Pi, radius=t/8,
         scaling=constrained,grid=[60,15])    ]:
od:
display(data, insequence=true,  orientation=[107,56]);
```

Syntaxzusammenfassung

`with(plots);`
aktiviert die im folgenden beschriebenen Kommandos.

Logarithmische Kurven

`logplot(f, x=x0..x1);`
`semilogplot(f, x=x0..x1); loglogplot(f, x=x0..x1);`
stellen die Funktion $f = f(x)$ in einem einfach- oder doppeltlogarithmischen Koordinatensystem dar. Bei `logplot` ist die y-Achse logarithmisch skaliert, bei `semilogplot` die x-Achse und bei `loglogplot` beide Achsen. Durch die Option `samples=[x0,x1,x2,...]` können die Stützpunkte angegeben werden, bei denen die Funktion f ausgewertet wird.

Zweidimensionale Rastergrafik

`densityplot(f, x=x0..x1, y=y0..y1);`
stellt die Werte der Funktion $f = f(x, y)$ im angegebenen Bereich durch unterschiedliche Grauschattierungen dar.

`contourplot(f, x=x0..x1, y=y0..y1);`
stellt f durch Höhenlinien (Linien gleicher Funktionswerte) dar. Die Option `contours=n` gibt die Anzahl der Höhenschichtlinien an. Durch `filled=true` kann eine flächige Kolorierung der Äquipotentialflächen erreicht werden. Die Option `coloring=[farbe1,farbe2]` gibt die Farben an, zwischen denen variiert werden soll. (Eine Liste der vordefinierten Farben erhalten Sie mit `?color`.)

`contourplot3d(f, x=x0..x1, y=y0..y1);`
ist die dreidimensionale Variante zu `contourplot`. Zusätzlich zu den oben aufgezählten Optionen können alle Optionen von `plot3d` verwendet werden.

```
with(share): readshare(fconplot, plots):
filledcontourplot(f, x=x0..x1, y=y0..y1);
```

stellt eine Alternative zu `contourplot(...,filled=true)` dar. Die Option `levels=n` gibt die Anzahl der Höhenstufen an, `coloring=[farbe1,farbe2]` bestimmt die Farben, zwischen denen die Farbe des Musters variert wird.

Visualisierung komplexer Funktionen

```
complexplot( [z1,z2,z3,...], style=point);
complexplot( f, t=a..b);
```

zeichnet die komplexen Punkte $z1, z2...$ bzw. die komplexe Funktion $f(z)$. Dabei werden Real- und Imaginärteil in x- und y-Werte umgewandelt. a und b müssen reale Zahlen sein, z darf aber ein komplexer Ausdruck sein (z. B. $t\,(1+I)$).

```
complexplot3d( f, z=a..b));
```

stellt die Funktion $f(z)$ dreidimensional dar. Dabei geben die komplexen Zahlen a und b den Wertebereich auf der komplexen Zahlenebene vor (entspricht x und y). Die z-Koordinate ergibt sich aus dem Betrag von f, die Farbe aus dem Phasenwinkel von f.

```
complexplot3d( [f1,f2], z=a..b);
```

wie oben, allerdings bestimmt die reale Funktion $f1$ jetzt direkt die z-Koordinate, die reale Funktion $f2$ die Farbe.

```
conformal(f, z=z1..z2, z3..z4);
```

stellt die konforme Abbildung eines Rechteckrasters durch die komplexe Funktion $f = f(z)$ grafisch dar. In die Funktion werden z-Werte aus dem komplexen Bereich $z1..z2$ eingesetzt. Die resultierenden Linien werden im komplexen Bereich $z3..z4$ gezeichnet. Wenn diese Option ignoriert wird (das ist bei Release 4 der Fall), muß der Zeichenbereich durch `display(conformal(...), view=[r3..r4,i3..i4])` eingeschränkt werden. $r3$ und $r4$ sind der Realteil von $z3$ und $z4$, $i3$ und $i4$ der Imaginärteil.

```
rootlocus(f,z,a..b)
```

zeichnet die Ortskurve zu $f(z)$. Dazu wird mehrfach die Gleichung $1 + k\,f = 0$ gelöst, wobei für k Werte aus dem Bereich $a..b$ eingesetzt werden. Die zusammengehörenden Nullstellen der Gleichung werden durch verschiedenfarbige Linienzüge verbunden.

Grafiken in nicht kartesischen Koordinatensystemen

`plot(v(u), u=u1..u2, coords=c);`
`plot3d(w(u,v), u=u1..u2, v=v1..v2, coords=c);`

bei fast allen `plot`-Kommandos kann durch die Option `coords` das gewünschte Koordinatensystem angegeben werden. Dadurch wird eine Transformation der zwei oder drei Parameter u, v und w in die kartesischen Koordinaten x, y und z durchgeführt. Eine Auflistung aller 45 vordefinierten Koordinatensysteme samt Transformationsgleichungen finden Sie unter `?coords`. Besonders wichtige Koordinatensysteme sind `polar` (2D), `spherical` (3D) und `cylindrical` (ebenfalls 3D). Bei einigen Koordinatensystemen können zusätzliche optionale Parameter angegeben werden, etwa `ellipsoidal(2,4)`.

`coordplot(c, [u1..u2, v1..v2]);`
`coordplot3d(c, [u1..u2, v1..v2, w1..w2]);`

stellt das Koordinatensystem c grafisch dar. Dazu wird ein Raster von Punkten für den optional angegebenen Wertebereich durch die jeweilige Koordinatentransformation im kartesischen System abgebildet. Durch die Option `labelling=true` wird eine Beschriftung der einzelnen Linien erreicht (funktioniert nur für zweidimensionale Koordinatensysteme zufriedenstellend).

Spezialkommandos

`inequal( {f1(x,y)>n1, f2(x,y)<n2, ...}, x=x1..x2, y=y1..y2);`

stellt das System zweidimensionale Ungleichungen grafisch dar. Die Optionen `optionsfeasible` und `optionsexcluded` geben an, wie die Flächen dargestellt werden sollen, deren Punkte das Gleichungssystem erfüllen bzw. nicht erfüllen. `optionsclosed` und `optionsopen` steuern die Darstellung der Begrenzungslinien für die Operatoren $\geq$ und $\leq$ bzw. für $<$ und $>$. Die Einstellung erfolgt in der Form `optionxy=(color=c, thickness=n1, linestyle=n2)`.

`implicitplot3d(f, x=x0..x1, y=y0..y1, z=z0..z1);`

stellt die implizite Funktion $f = f(x, y, z)$ im angegebenen Bereich dar. Die Anzahl der zu berechnenden Punkte kann durch `grid=[nx,ny,nz]` gesteuert werden.

`polyhedraplot( [x,y,z], polytype=name, polyscale=radius);`

stellt einen der folgenden Vielflächer dar: `tetrahedron`, `octahedron`, `hexahedron`, `dodecahedron` oder `icosahedron`.

Animation

`animate(f, x=x0..x1, t=t0..t1);`

berechnet mehrere Bilder der Funktion f und variiert dabei die Variable t. Die Bilder werden anschließend als Film angezeigt. Durch die Option `frames` kann die Anzahl der zu berechnenden Bilder gesteuert werden.

`animate3d(f, x=x0..x1, y=y0..y1, t=t0..t1);`

wie oben, aber für dreidimensionale Grafiken.

`display( [g1,g2,g3..], insequence=true);`

stellt die zuvor berechneten Grafiken $g1, g2, \ldots$ in bewegter Form (als Film) dar.

Kapitel 32

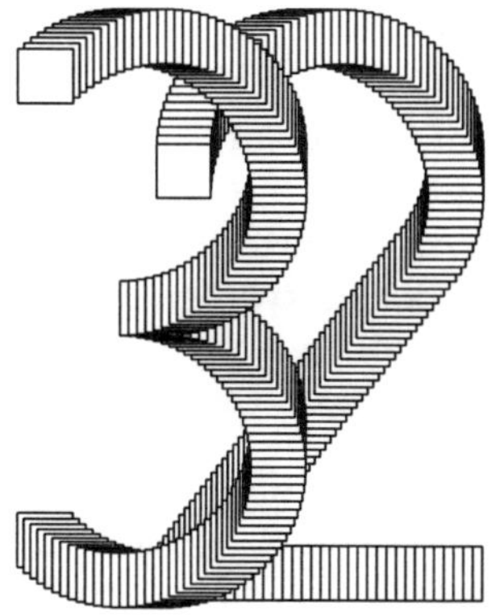

Grafik IV: Grafikprogrammierung

Dieses Kapitel gibt eine Einführung in das Thema Grafikprogrammierung. Inhaltlich baut es auf die vorangegangenen Kapitel zu den Themen Grafik und Programmierung auf. Es beginnt mit einer allgemeinen Behandlung der wichtigsten Datenstrukturen, die zur internen Verwaltung von Grafiken verwendet werden (`PLOT`, `PLOT3D`, `CURVES`, `POLYGONS`, `STYLE`, `COLOR`, `MESH` etc.).

Es beschreibt die Kommandos des Packages `plottools`, mit denen ab Release 4 verschiedene Grafikgrundelemente (`arc`, `circle` etc.) sowie Kommandos zur Manipulation vorhandener Grafiken (`rotate`, `stellate`, `cutout` etc.) zur Verfügung stehen.

Anschließend werden drei konkrete Programmierbeispiele vorgestellt, nämlich:

- das neue Kommando `dotplot` zur Darstellung von Punktgrafiken,
- das neue Kommando `moebius`, mit dem Möbiusbänder gezeichnet werden können (siehe Titelbild!) und
- das neue Kommando `colorplot3d`, mit dem die Einfärbung von 3D-Grafiken exakter als in `plot3d` gesteuert werden kann.

Die Datenstrukturen PLOT und PLOT3D

Die einzige offizielle Dokumentation der Grafikdatenstrukturen befindet sich im Hilfethema `?plot3d, structure`. Dieser Hilfetext enthält zwar die wichtigsten Informationen in sehr knapper Form, Beispiele fehlen allerdings. Dieses Informationsdefizit soll hier behoben werden. Es werden die wichtigsten Schlüsselwörter anhand zahlreicher Beispiele beschrieben. (Eine vollständige Zusammenfassung aller internen Grafikkommandos finden Sie in der Syntaxzusammenfassung am Ende des Kapitels.)

Das folgende Kommando zeichnet zwei Linien von $(1,1)$ nach $(2,2)$ und von $(1,2)$ nach $(2,1)$. Die beiden Linien werden von Maple automatisch in unterschiedlichen Farben gezeichnet: eine schwarz und die andere rot.

```
plot([ [[1,1],[2,2]],
       [[1,2],[2,1]] ]);
```

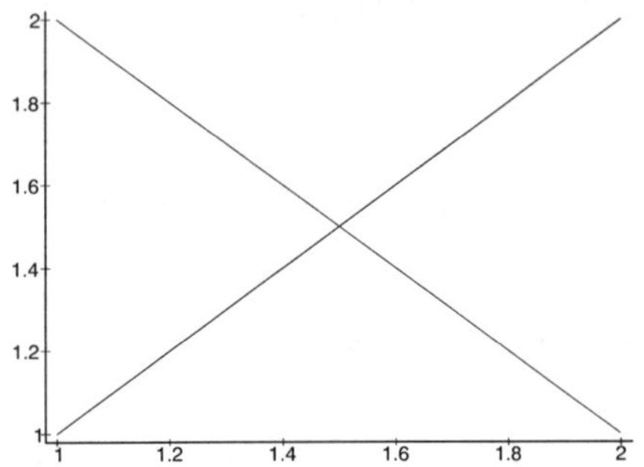

Den einfachsten Zugang zur Grafikprogrammierung finden Sie, indem Sie sich den Code von gewöhnlichen Maple-Grafiken betrachten. Den internen Aufbau der gerade berechneten Grafik können Sie sich problemlos mit `lprint` ansehen:

```
lprint( " );
  PLOT(CURVES([[1., 1.], [2., 2.]],COLOUR(RGB,1.0,0,0)),
  CURVES([[1., 2.], [2., 1.]],COLOUR(RGB,0,1.0,0)))
```

Grafiken werden von Maple in den Kommandos `PLOT` und `PLOT3D` gespeichert. Bei der Ausführung dieser Kommandos werden die darin enthaltenen Daten automatisch angezeigt. Innerhalb dieser Kommandos werden die Elemente der Grafik wiederum durch spezielle Kommandos beschrieben, etwa `CURVES` zur Angabe der Koordinatenpunkte eines Linienzugs oder `COLOR` zur Angabe von Farben. Viele der Kommandos sind gleichnamig zu den Optionen der Grafikkommandos `plot` und `plot3d` und unterscheiden sich nur durch ihre Großschreibung von ihnen. Die beiden nun folgenden Teilabschnitte gehen auf die wichtigsten Grafikkommandos innerhalb `PLOT` und `PLOT3D` ein.

Grafikkommandos in PLOT-Strukturen

Die beiden wichtigsten Grafikkommandos, die innerhalb von `PLOT` verwendet werden, lauten `CURVES` und `POLYGONS`. Damit können Linien und gefüllte Flächen gezeichnet werden.

Innerhalb der Kommandos werden die Koordinatenpunkte in Listen angegeben. Zur Angabe mehrerer Vielecke in `POLYGONS` müssen die Punkte von Polygonen in getrennte Listen geschrieben werden.

Die Einstellung von Farben erfolgt durch `COLOR(RGB, r, g, b)`, wobei r, g und b jeweils zwischen 0 und 1 liegen müssen. Alternativ ist `COLOR(HUE, h)` erlaubt. Die Farbangabe kann entweder innerhalb `CURVES` oder `POLYGONS` erfolgen und gilt dann speziell für die darin beschriebenen Grafikelemente. Alternativ dazu ist eine Angabe außerhalb dieser Kommandos möglich, die dann als Defaulteinstellung für sämtliche Grafikelemente gilt. Im Grafikfenster können nur solche Einstellungen nachträglich durch Menükommandos verändert werden, die außerhalb erfolgt sind.

Durch `STYLE` wird angegeben, wie die `CURVES`- bzw. `POLYGONS`-Daten angezeigt werden sollen: `STYLE(POINT)` führt zur Anzeige von Punkten, `STYLE(LINE)` zur Anzeige von Linien und `STYLE(PATCH)` zur Anzeige von farbig gefüllten Vielecken. `STYLE(PATCH)` ist nur innerhalb von `POLYGON` von Bedeutung und auch dort nur dann, wenn gleichzeitig eine Farbe eingestellt wird!

Die folgenden Beispiele verdeutlichen die Syntax der Grafikkommandos. Jedes der Beispiele beginnt mit dem Grafikkommando `PLOT`. Bei der Ausführung dieses Kommandos wird die Grafik am Bildschirm bzw. in einem eigenen Fenster angezeigt. Auf die Abbildung der ohnedies trivialen Grafiken wurde hier aus Platzgründen verzichtet.

```
# zeichnet einen Linienzug
PLOT( CURVES([[1,1],[2,2], [3,2], [4,2]], COLOR(RGB,0,0,0)));

# 4 Punkte
PLOT( CURVES([[1,1],[2,2], [3,2], [4,2]], COLOR(RGB,0,0,0)),
      STYLE(POINT));

# Linienzug + 2 Punkte
PLOT( CURVES([[1,1],[2,2], [3,2], [4,2]], COLOR(RGB,0,0,0), STYLE(LINE)),
      CURVES([[1,1.5],[2,2.5]], COLOR(RGB,1,0,0), STYLE(POINT)));

# zwei leere Dreiecke
PLOT( POLYGONS(  [[1,1],[2,2],[1,3]], [[2,1],[2.5,2],[3,1]]) );

# zwei leere Dreiecke, STYLE ändert nichts
PLOT( POLYGONS(  [[1,1],[2,2],[1,3]], [[2,1],[2.5,2],[3,1]],
                 STYLE(PATCH)) );

# zwei in unterschiedl. Farbe gefüllte Dreiecke (Randfarbe 0),
# die Defaultoption für STYLE ist PATCH
PLOT( POLYGONS( [[1,1],[2,2],[1,3]], COLOR(RGB,1,0,0) ),
      POLYGONS( [[2,1],[2.5,2],[3,1]], COLOR(RGB,0,1,0) ) );

# ein Dreieck rot gefüllt, eines grün umrandet
PLOT( POLYGONS( [[1,1],[2,2],[1,3]], COLOR(RGB,1,0,0), STYLE(PATCH) ),
      POLYGONS( [[0,1],[2.5,2],[3,1]], COLOR(RGB,0,1,0), STYLE(LINE) ) );
```

Es besteht keine Möglichkeit, unmittelbar ein Polygon mit grünem Inneren und rotem Rand zu zeichnen. Sie können aber zuerst ein grün gefülltes Polygon und anschließend einen roten Linienzug (mit `CURVES`) zeichnen. Beachten Sie aber, daß Sie bei `CURVES` den gemeinsamen Start- und Endpunkt doppelt angeben müssen, damit der Linienzug geschlossen wird.

Maple kennt kein Kommando, um geschwungene Kurven oder Splines zu zeichnen. Damit eine Sinuskurve glatt aussieht, müssen entsprechend viele Koordinatenpunkte in `CURVES` angegeben werden.

Neben den oben beschriebenen Kommandos existieren einige weitere, die zur Einstellung der Koordinatenachsen, des sichtbaren Bereichs etc. dienen. Eine Zusammenfassung dieser Kommandos finden Sie in der Syntaxzusammenfassung am Ende dieses Kapitels.

Grafikkommandos in PLOT3D-Strukturen

Die zentralen Datenstrukturen in `PLOT3D` lauten `GRID` und `MESH`. `GRID` enthält in einer verschachtelten Liste zeilenweise die z-Koordinaten einer rechteckigen dreidimensionalen Fläche. `MESH` ist vielseitiger und erlaubt die Beschreibung beliebig geformter dreidimensionaler Flächen.

Wenn Sie den internen Code von dreidimensionalen Grafiken betrachten möchten, die Sie vorher mit `plot3d` oder verwandten Kommandos erstellt haben, sind Sie mit einem Problem konfrontiert: Eine dreidimensionale Grafik setzt sich aus einer ungeheuer großen Datenmenge zusammen, deren Anzeige am Bildschirm in einem seitenlangen Zahlenfriedhof resultiert. Um die Datenmengen auf ein vernünftiges Maß zu begrenzen, müssen Sie die Zahl der zu berechnenden Punkte über die Option `grid` drastisch reduzieren.

Die Abbildung rechts zeigt die Fläche $z = x - y$. Die Anzahl der Eckpunkte wurde dabei auf nur neun Punkte beschränkt. (Die Defaulteinstellung lautet $15 * 15 = 625$ Punkte.) Die Grafik wird in p gespeichert und erst dann angezeigt. Beachten Sie dabei, daß das erste Kommando mit einem Doppelpunkt endet und so die Anzeige der internen Daten vermeidet.

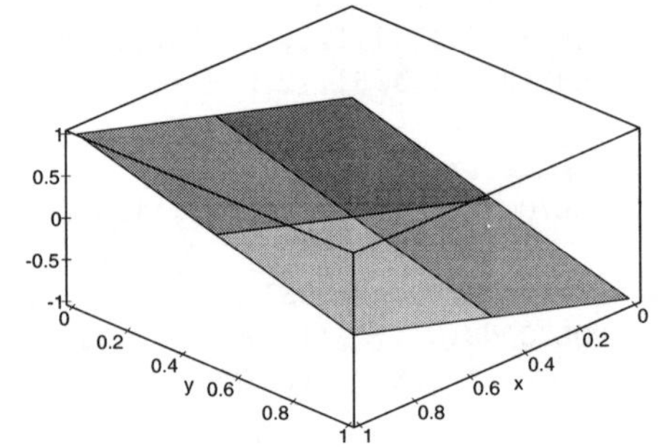


```
p:=plot3d( x-y, x=0..1, y=0..1,
     grid=[3,3], axes=boxed
     style=patch): p;
```

Die interne Darstellung dieser Grafik können Sie sich abermals mit `lprint` anzeigen lassen:

```
lprint(p);
    PLOT3D(GRID(0 .. 1.,0 .. 1.,[[0, -.50000000000000, -1.],
      [.50000000000000, 0, -.50000000000000], [1., .50000000000000, 0]]),
      STYLE(PATCH), AXESSTYLE(BOX),AXESLABELS(x,y,))
```

Aus den obigen Zeilen geht die Verwendung des Grafikkommandos `GRID` klar hervor. Die beiden ersten Parameter bestimmen den Bereich der x- und y-Koordinaten. Da die Koordinatenpunkte in diesem Rechteck gleichmäßig verteilt sind, reicht zur vollständigen Beschreibung der Grafik die Angabe der z-Koordinaten in einer (zeilenweise verschachtelten) Liste.

Am obigen Beispiel stört die unnötig hohe Genauigkeit der Zahlenwerte, die eine übersichtliche Anzeige und Deutung der Daten erschwert. Die Stellenzahl kann durch `Digits` nicht verändert werden, weil die `plot`-Kommandos intern auf die (zumeist 16-stellige) Fließkommaarithmetik des Rechners zurückgreifen. `evalf(p,5)` hilft auch nicht weiter, weil `evalf` weder `PLOT3D` noch `GRID` kennt und die Parameter dieser Kommandos nicht verändert. Um dennoch zu einer übersichtlichen Anzeige von Grafikdaten zu gelangen, muß ein neues Kommando programmiert werden.

`convertf` durchsucht einen Maple-Ausdruck rekursiv nach Fließkommawerten und reduziert deren Stellenzahl mit `evalf` auf ein vernünftiges Maß. Die Grundidee des Kommandos entspricht jener der Prozedur `nestprint` aus Kapitel 28. Das Kommando bildet den neuen Ausdruck *ergebnis* und ersetzt darin rekursiv alle vorkommenden Fließkommazahlen durch Werte geringerer Genauigkeit. Zur Veränderung von Einzeltermen innerhalb der Variablen *ergebnis* wird `subsop` eingesetzt.

```
convertf:=proc(x,n)
  local i,ergebnis, neu;
  ergebnis:=x;
  if type(ergebnis,float) then
    ergebnis:=evalf(ergebnis,n):
  elif nops(ergebnis)>1 or type(ergebnis, function) then
   for i from 1 to nops(ergebnis) do:
     neu:=convertf(op(i,ergebnis), n);
     ergebnis:=subsop(i=neu, ergebnis):
   od:
  fi;
  ergebnis:
end:
```

Das neue Kommando wird nun dazu eingesetzt, den Code zweier 3D-Grafiken mit individueller Farbsteuerung zu betrachten. Im ersten Beispiel wurde die Farbfunktion unmittelbar durch die Option `color` angegeben, im zweiten Beispiel wird das `COLOR`-Kommando zur Definition von RGB-Werten verwendet. In den resultierenden Datenstrukturen erscheint nun innerhalb von `GRID` ein `COLOR`-Kommando, das zu jedem Punkt der Grafik einen bzw. drei Farbwerte enthält.

Beim Zeichnen der Grafik werden die rechteckigen Teilflächen durch zwei kleine Dreiecke dargestellt. Aus den Beispielen wird offensichtlich, warum diese Dreiecke häufig ein wenig voneinander abweichende Farben aufweisen: Maple speichert nämlich nicht zu jeder der rechteckigen Teilflächen eine Farbe, sondern zu jedem der vier Eckpunkte einer Teilfläche.

```
p:=plot3d( x-y, x=0..1, y=0..1, grid=[3,3], axes=boxed,
          color=sqrt(2*x^2+y^2)):
lprint(convertf(p, 3));

    PLOT3D(GRID(0 .. 1.,0 .. 1.,
       [[0, -.500, -1.], [.500, 0, -.500], [1., .500, 0]],
     COLOR(HUE,0,.289,.577,.408,.500,.707,.816,.866,1.)),
     AXESLABELS(x,y,``),AXESSTYLE(BOX))
```

```
p:=plot3d( x-y, x=0..1, y=0..1, grid=[3,3], axes=boxed,
          color=COLOR(RGB, x, y, x*y) ): lprint(convertf(p, 3));

    PLOT3D(GRID(0 .. 1.,0 .. 1.,
        [[0, -.500, -1.], [.500, 0, -.500], [1., .500, 0]],
      COLOR(RGB, 0,0,0, 0,.500,0, 0,1.,0, .500,0,0, .500,.500,.250,
        .500,1.,.500, 1.,0,0, 1.,.500,.500, 1.,1.,1.)),
      AXESLABELS(x,y,``),AXESSTYLE(BOX))
```

Etwas seltener tritt das Kommando `MESH` auf. Es definiert ebenfalls eine dreidimensionale Fläche durch die verschachtelte Angabe von Koordinatenpunkten. Im Unterschied zu `GRID` werden dabei aber auch x- und y-Koordinaten angegeben. Dadurch besteht eine größere Flexibilität im Aussehen des dargestellten Körpers. Gleichzeitig verdreifacht sich allerdings die zu verarbeitende Datenmenge.

```
p:=plot3d( [r*sin(phi), r*cos(phi), cos(r)], r=0..Pi, phi=0..2*Pi,
          grid=[4,4], style=patch):
lprint(convertf(p, 3));

    PLOT3D(MESH([[[0, 0, 1.], [0, 0, 1.], [0, 0, 1.], [0, 0, 1.]],
        [[0, 1.05, .500], [.907, -.524, .500], [-.907, -.524, .500],
         [-.584e-14, 1.05, .500]],
        [[0, 2.09, -.500], [1.81, -1.05, -.500], [-1.81, -1.05, -.500],
         [-.117e-13, 2.09, -.500]],
        [[0, 3.14, -1.], [2.72, -1.57, -1.], [-2.72, -1.57, -1.],
         [-.175e-13, 3.14, -1.]]]),
      STYLE(PATCH))
```

Die Angabe expliziter Farben für die einzelnen Punkte kann wie bei `GRID` durch `COLOR` erfolgen. Statt der Angabe einer Liste mit Farbwerten kann in `COLOR` auch eines der folgenden Schlüsselwörter genannt werden: `XYZSHADING`, `XYSHADING`, `ZSHADING`, `ZHUE`, `ZGREYSCALE?` und `NONE`. Damit wird einer der in Maple vordefinierten Farbverteilungsalgorithmen ausgewählt (siehe Kapitel 20).

Informationen zu den restlichen PLOT3D-Kommandos finden Sie in der Syntaxzusammenfassung am Ende des Kapitels.

Das plottools-Package

Ab Release 4 wird die Grafikprogrammierung durch das plottools-Package unterstützt. Dieses Package enthält zwei Typen von Kommandos:

- Grafikgrundelemente wie arc, aus denen Grafiken zusammengesetzt werden können. Das Ergebnis ist eine Aufzählung von Kommandos wie CURVES (siehe den vorigen Abschnitt). Diese Kommandos können mit display als Grafik angezeigt werden.
- Transformationskommandos wie rotate oder cutout, mit denen bereits vorhandene Grafiken verändert werden können.

Dieser Abschnitt gibt eine Einführung in den Umgang mit den Kommandos, geht aber nicht auf jedes einzelne Kommando ein. Eine vollständige Liste aller 2D- und 3D-Grundelemente finden Sie in der Syntaxzusammenfassung am Ende des Kapitels.

Der Aufbau von Grafiken aus Grafikgrundelementen ist denkbar einfach: An die plottools-Kommandos können außer den Parametern zusätzliche Optionen wie bei plot-Kommandos übergeben werden, um das Aussehen (Farbe, Linienstil) zu steuern. Weitere Optionen können an display übergeben werden – diese Optionen verändern dann aber das Gesamtergebnis und nicht nur ein einzelnes Element. Natürlich können mehrere Grafikelemente zu einer Liste zusammengesetzt und dann gemeinsam gezeichnet werden.

```
restart: with(plots): with(plottools):
display( arc( [1,1], 1, 0..Pi/2,
          thickness=3 ),
     axes=boxed);
```

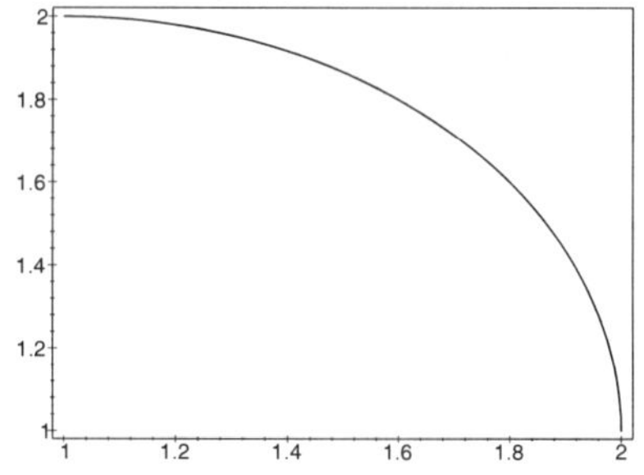


```
cseq:=seq( arc([1,1], n/100,
  n/100..2+n/100), n=1..100):
display([cseq], axes=none);
```

Transformationskommandos wie rotate, translate oder scale können sowohl auf Grafikgrundelemente als auch auf fertige Grafiken angewandt werden. Die folgenden vier Abbildungen demonstrieren die Wirkung von rotate einmal auf einen mit cylinder erzeugten

Zylinder und einmal auf eine mit `plot3d` erstellte dreidimensionale Oberfläche. Beachten Sie, daß im zweiten Fall kein `display`-Kommando mehr erforderlich ist.

```
cyl:=cylinder([1,1,0], 1, 2):
display([cyl], axes=boxed);
```

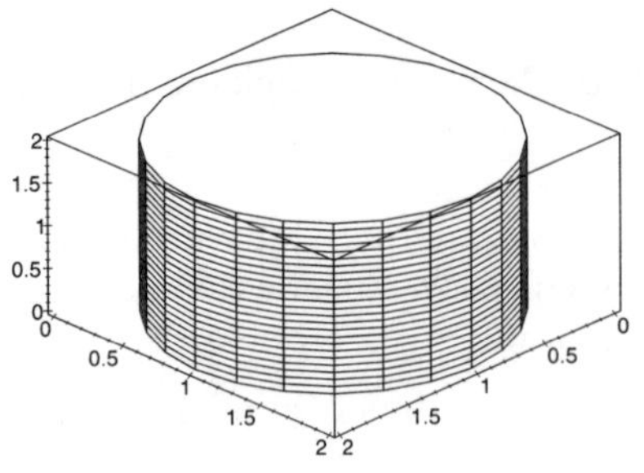

```
c1:=rotate(cyl,Pi/8,0,0):
display(c1,axes=boxed,
  scaling=constrained);
```

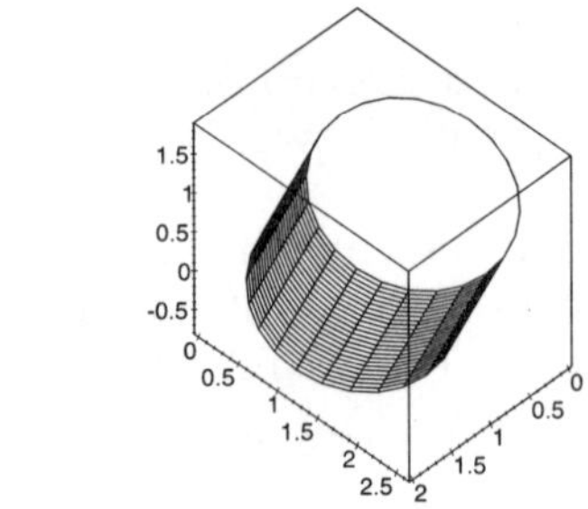

```
p:=plot3d(sin(x*y), x=0..3, y=0..3,
  axes=boxed, style=patch): p;
```

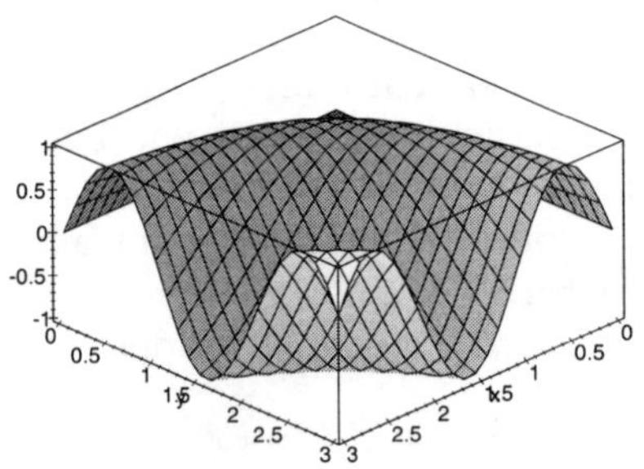

```
rotate( p, 0,Pi/2, 0);
```

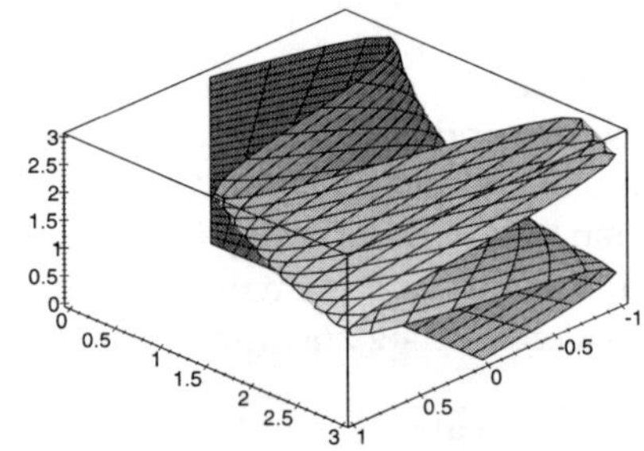

`stellate` ermittelt zu allen übergebenen Polygonen den Mittelpunkt und verschiebt diesen ja nach der Größe des zweiten Parameters n nach außen ($n > 1$) oder nach innen ($n < 1$). Dadurch entstehen aus jedem Polygon mehrere Dreiecke (die intern natürlich wiederum als Polygone dargestellt werden). Die beiden folgenden Abbildungen demonstrieren diesen Effekt an einem Würfel. Die Variable *opts* enthält eine Menge Optionen, die auch bei den folgenden Abbildungen verwendet werden. Die Optionen wurden so gewählt, um eine optimale Darstellung beim Schwarzweißdruck zu gewährleisten.

```
cub:=cuboid([0,0,0],[1,1,1]):
opts:=style=patch, scaling=constrained, orientation=[45,66],
      color=grey, shading=none, lightmodel=light4:
```

```
display(cub, opts);
```

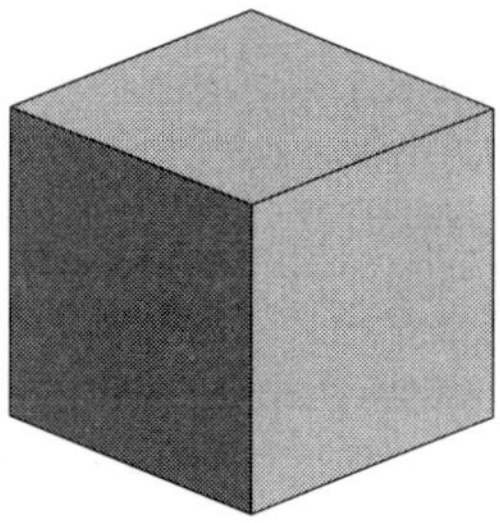

```
cs:=stellate(cub, 0.7):
display(cs, opts);
```

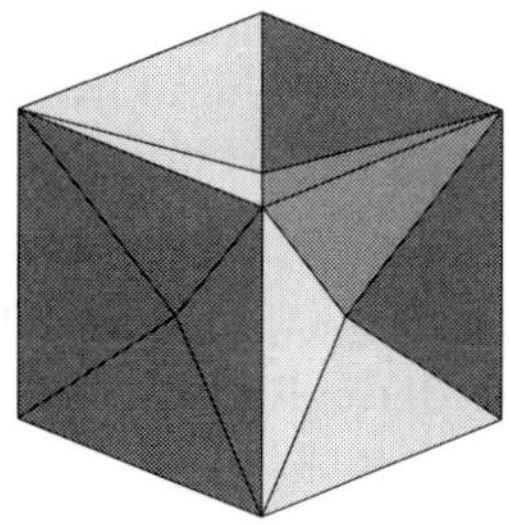

`cutin` verkleinert jedes Polygon um den im zweiten Parameter angegebenen Faktor. `cutout` hat den umgekehrte Effekt: Aus dem Polygon wird der innere Teil ausgeschnitten. Durch beide Kommandos entstehen durchsichtige 3D-Strukturen, die vor allem bei in sich verschlungenen Körpern besser wahrgenommen werden können. Beachten Sie bei den beiden folgenden Kommandos die eckigen Klammern um *cs*: sie sind notwendig, weil *cs* eine Folge von `POLYGON`-Kommandos enthält, während `cutin` und `cutout` eine Liste erwarten.

```
display(cutin( [cs], 3/4), opts);
```

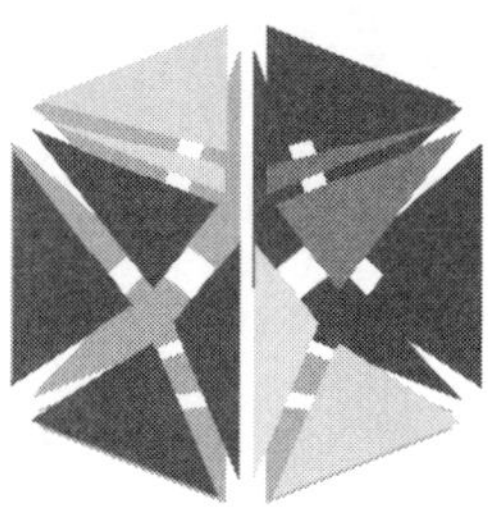

```
display(cutout( [cs], 3/4), opts);
```

`stellate`, `cutin` und `cutout` setzen voraus, daß die Daten als `POLYGON`-Strukturen vorliegen. Bei Ergebnissen des `plot3d`-Kommandos muß eine Umwandlung mit `convert(p, POLYGONS)` erfolgen.

```
p:=plot3d(sin(x*y), x=0..2, y=0..2,
          grid=[15,15]):
pol:=convert(p,POLYGONS):
display(cutout( pol, 3/4), style=patch,
  color=grey, lightmodel=light4,
  axes=framed);
```

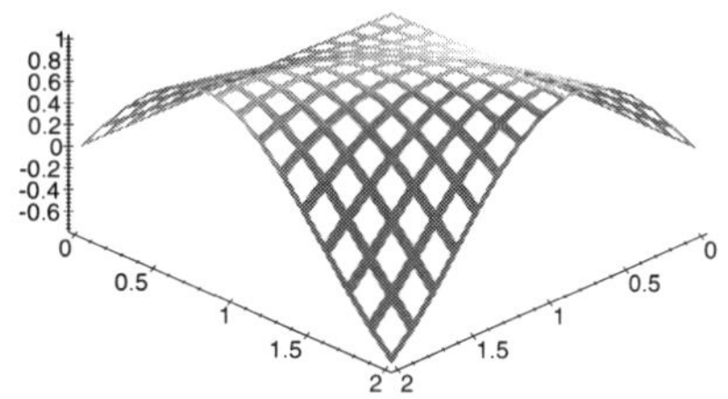

Das Kommando dotplot zur Darstellung von Punktgrafiken

Wenn im Kommando `plot` die Option `style=point` angegeben wird, stellt Maple die Datenpunkte nicht durch einen Linienzug, sondern durch kleine Punkte dar. Diese Punkte sind allerdings relativ klein und können auch mit der Option `symbolstyle` nicht nennenswert vergrößert werden.

Das Kommando `dotplot` schafft hier Abhilfe. Es stellt die Punkte durch kleine regelmäßige Vielecke dar, deren Radius beliebig gewählt werden kann. Das Kommando wurde bereits in Kapitel 22 eingesetzt, als es darum ging, durch einige gegebene Punkte eine Interpolationskurve zu legen.

Die Erzeugung der Polygonlisten für die Vielecke erfolgt durch eine eigene Prozedur, nämlich durch `polyg`. Dieses Kommando erwartet in fünf Parametern die x- und y-Koordinaten des Mittelpunkts, die Radien in horizontaler und vertikaler Richtung sowie die gewünschte Anzahl von Eckpunkten. Das Kommando liefert als Ergebnis eine verschachtelte Liste mit den Koordinaten der Eckpunkte des Polygons. Dabei wird die Rechengenauigkeit auf 5 Stellen eingeschränkt.

```
polyg:=proc(x::numeric, y::numeric, rx::numeric, ry::numeric, n::numeric)
  local data, i;
  data:=[];
  for i from 0 to evalf(2*Pi-0.00001) by evalf(2*Pi/n) do
    data:=[ op(data) , [evalf(x+rx*sin(i),5), evalf(y+ry*cos(i),5)] ];
  od;
  data;
end:
```

Die beiden Beispiele zeigen die prinzipielle Bedienung von `polyg` und die Bildung einer Grafik unter Zuhilfenahme des neuen Kommandos.

```
polyg( 2, 2, 0.1, 0.1, 3);
```

$$[[2.0, 2.1], [2.0866, 1.9500], [1.9134, 1.9500]]$$

```
PLOT( POLYGONS(
   polyg(1,1,0.1, 0.1, 50),
   polyg(2,2,0.1,0.1,50),
   COLOR(RGB,0,0,0) ),
 SCALING(CONSTRAINED) );
```

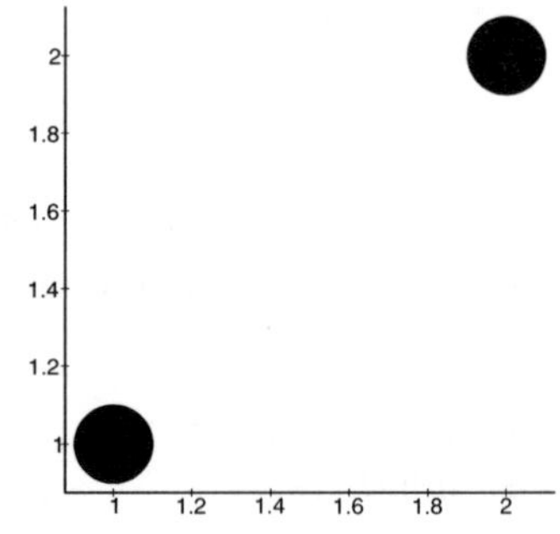

Nun zum neuen Kommando `dotplot`, das auf `polyg` zurückgreift. An das Kommando werden eine Liste mit Koordinatenpunkten und der gewünschte Radius übergeben. Der erforderliche Radius hängt sehr stark von den Koordinatenbereichen der Punkte ab. Durch einen optionalen dritten Parameter kann das Verhältnis zwischen dem horizintalen und vertikalen Radius eingestellt werden. Das ist notwendig, wenn x- und y-Achse der Grafik unterschiedlich skaliert sind (was fast immer der Fall ist). Die beiden Beispiele unten demonstrieren die Wirkung dieses Parameters.

Zum Code der Prozedur gibt es wenig zu sagen: In der lokalen Variablen wird die Liste der Polygondaten aufgebaut. Dabei wird vorausgesetzt, daß der erste Parameter die Form $[[x0, y0], [x1, y1], ...]$ hat. Die Polygone werden aus 25 Punkten zusammengesetzt, was für eine runde Form (zumindest bei kleinen Radien) vollkommen ausreichend ist. Die Koordinatenpunkte werden anschließend in ein `POLYGON`-Kommando gestellt und mit `PLOT` gezeichnet.

```
dotplot:=proc( data::list, rx::numeric )
  local i, pol, prop;
  if nargs>=3 then prop:=args[3]: else prop:=1: fi:
  pol:=[];
  pol:=seq( polyg(data[i][1], data[i][2],rx, rx*prop, 25),
            i=1..nops(data));
  pol:=POLYGONS( pol, COLOR(RGB,0,0,0) );
  PLOT(pol):
end:
```

Die beiden folgenden Kommandos zeigen die Bedeutung des dritten Parameters von `dotplot`: In der Abbildung links werden die vier darzustellenden Punkte als Kreise mit dem Radius 0.1 gezeichnet. Da der sichtbare Bereich der x-Achse von 1 bis 4 reicht, während der y-Achsenbereich nur von 1 bis 2 geht, werden die beiden Achsen unterschiedlich skaliert, es kommt zu einer Verzerrung der Kreise zu Ellipsen. Durch den zweiten Parameter kann dieser Verzerrung entgegengesteuert werden. Bei der Einstellung sind Sie leider aufs Probieren angewiesen, da die Achsenskalierung nicht nur vom Koordinatenbereich, sondern auch von der Größe des Grafikfensters bzw. vom Papierformat abhängt.

```
dotplot( [[1,1],[2,2], [3,1.5],
         [4,2]], 0.1);
```

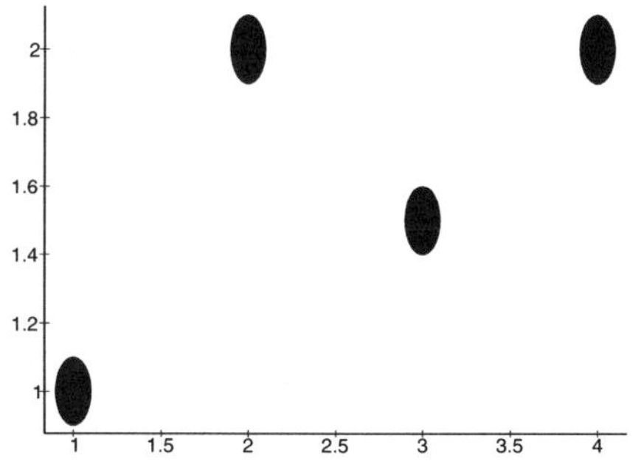


```
dotplot( [[1,1],[2,2], [3,1.5],
         [4,2]], 0.1, 1/2);
```

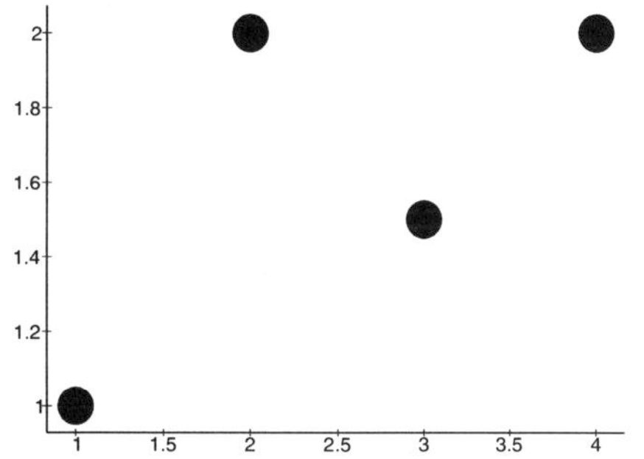

Einige weitere Abbildungen mit `dotplot` finden Sie in Kapitel 22. Dort wurden die Punktgrafiken mit Linienzügen von Interpolationskurven kombiniert.

Das Kommando moebius zur Darstellung von Möbiusbänder

Möbiusbänder sind Bänder, die in sich um 180 Grad gedreht sind. Maple besitzt kein Kommando, mit dem solche Bänder unmittelbar gezeichnet werden können. Eine Darstellung ist daher nur durch die direkte Erzeugung einer `PLOT3D(MESH(...))`-Struktur möglich.

Das Kommando `moebius` erwartet drei Parameter: eine Liste der Koordinaten eines in der z-Ebene liegenden Rahmens, der nach einer z-Achsendrehung um 180 Grad wieder seine Originalform aufweist, den Radius des Möbiusbandes und die gewünschte Anzahl von Teilflächen, aus denen das Band zusammengesetzt werden soll. Das Kommando liefert als Ergebnis eine verschachtelte Liste, die mit `PLOT3D(MESH(...))` angezeigt werden kann.

```
frame:=[ [- 1.5, 0.5,0],
 [ 1.5, 0.5,0],[ 1.5,- 0.5,0],
 [- 1.5,- 0.5,0],[- 1.5, 0.5,0] ];

PLOT3D(
  MESH(moebius(frame, 4.5, 40)),
  SCALING(CONSTRAINED),
  SHADING(XYZSHADING),
  STYLE(PATCH),
  ORIENTATION(-118,-104));
```

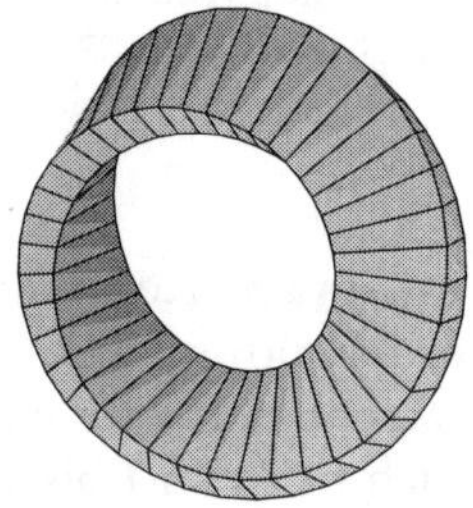

Nun zum Code des neuen Kommandos, der auf insgesamt 5 Prozeduren aufgeteilt ist: `rotatex`, `rotatey` und `rotatez` drehen die durch ihre dreidimensionalen Koordinaten angegebenen Punkte um einen bestimmten Winkel um die x-, y- oder z-Achse. Die Koordinaten müssen in der Form $[[x0, y0, z0], [x1, y1, z1], ...]$ angegeben werden. Der Drehwinkel wird in Grad (nicht in Bogenmaß) angegeben. `translate` verschiebt die Punkte um den Vektor $[dx, dy, dz]$.

Hinweis: Im Gegensatz zu den `plottools`-Kommandos (siehe einige Seiten weiter vorne) bearbeiten die hier vorgestellten Kommandos ausschließlich reine Koordinatenlisten. Die Transformation von Koordinaten in `plot`-Ausdrücken ist nicht möglich!

`moebius` rotiert den als Parameter übergebenen Rahmen zuerst um die z-Achse, verschiebt ihn anschließend aus dem Koordinatenmittelpunkt und rotiert ihn anschließend um die y-Achse. Die resultierenden Koordinaten werden in einer Liste gespeichert. Diese Schritte werden mit immer größeren Drehwinkeln wiederholt, bis der Rahmen vollständig um die y-Achse und um 180 Grad um die z-Achse gedreht wurde.

```
rotatex:=proc(pts::list, winkel)
  local i,pi,y0,z0,sinus,cosinus,newlist;
  pi:=evalf(Pi);
  sinus:=sin(winkel/180.*pi); cosinus:=cos(winkel/180.*pi);
  newlist:=[];
```

```
  for i from 1 to nops(pts) do:
    y0:=cosinus*pts[i][2]-sinus*pts[i][3];
    z0:=cosinus*pts[i][3]+sinus*pts[i][2];
    newlist:=[op(newlist),[pts[i][1],y0,z0]];
  od;  newlist;
end:
rotatey:=proc(pts::list, winkel)
  local i,pi,x0,z0,sinus,cosinus,newlist;
  pi:=evalf(Pi);
  sinus:=sin(winkel/180.*pi); cosinus:=cos(winkel/180.*pi);
  newlist:=[];
  for i from 1 to nops(pts) do:
    x0:=cosinus*pts[i][1]-sinus*pts[i][3];
    z0:=cosinus*pts[i][3]+sinus*pts[i][1];
    newlist:=[op(newlist),[x0,pts[i][2],z0]];
  od;
  newlist;
end:
rotatez:=proc(pts::list, winkel)
  local i,pi,x0,y0,sinus,cosinus,newlist;
  pi:=evalf(Pi);
  sinus:=sin(winkel/180.*pi); cosinus:=cos(winkel/180.*pi);
  newlist:=[];
  for i from 1 to nops(pts) do:
    x0:=cosinus*pts[i][1]-sinus*pts[i][2];
    y0:=cosinus*pts[i][2]+sinus*pts[i][1];
    newlist:=[op(newlist),[x0,y0,pts[i][3]]];
  od;
  newlist;
end:
translate:=proc(pts::list, vec::list)
  local i,newlist;
  newlist:=[];
  for i from 1 to nops(pts) do:
    newlist:=[ op(newlist),
               [ pts[i][1]+vec[1],pts[i][2]+vec[2],pts[i][3]+vec[3] ] ];
  od;
  newlist;
end:

moebius:=proc(pts::list, r, anzahl)
  local i, newlist, newpts;
  newlist:=[];
  for i from 0 to anzahl do:
    newpts:=rotatez(pts, 180./anzahl*i);
    newpts:=translate(newpts, [r,0.,0.]);
    newlist:=[op(newlist), rotatey(newpts,360./anzahl*i)];
  od:
  newlist;
end:
```

Das abschließende Beispiel zeigt die Verschachtelung zweier Möbiusbänder (siehe auch das Titelbild dieses Buchs).

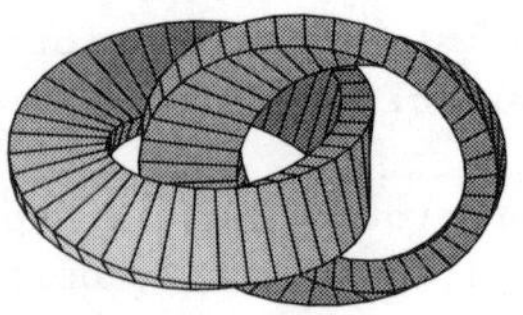

```
mb1:=moebius(frame,4.5, 40):
mb2:=[]:
for i from 1 to nops(mb1) do:
  mb2:=[op(mb2),translate(
    rotatex(mb1[i],90), [4,0,0]) ]:
od:

PLOT3D(MESH(mb1),MESH(mb2),
  SCALING(CONSTRAINED),
  ORIENTATION(95,55));
```

Das Kommando colorplot3d zur exakten Einfärbung von 3D-Grafiken

In Kapitel 20 wurde bereits beschrieben, daß Maple in `plot3d` die durch die Option `color` angegebenen Farbwerte automatisch auf einen Bereich zwischen 0 und 1 skaliert. Es ist zwar recht bequem, weil Sie sich wenig Gedanken bei der Formulierung der Farbfunktion machen müssen. Das hat aber auch den Nachteil, daß Sie die Farbgebung einer dreidimensionalen Grafik nicht exakt steuern können. Daher ist es nicht möglich, mehrere dreidimensionale Flächen mit unterschiedlichen z-Bereichen so einzufärben, daß Punkte gleicher Höhe (also Punkte mit gleichem z-Wert) auch dieselbe Farbe haben. Ebensowenig ist es möglich, eine allgemeine Farblegende zu verwenden (etwa in der Art: Grün für $z < 0$, Gelb für $0 \leq z \leq 10$ und Rot für $10 \leq z$). Die Funktion der Farbe ist somit auf den rein ästhetischen Aspekt reduziert.

Das im folgenden vorgestellte Kommando `colorplot3d` stellt eine bezüglich der Grafikvarianten eingeschränkte Version des `plot3d`-Kommandos dar. Die Besonderheit des Kommandos liegt darin, daß durch die Option `color=COLOR(RGB,fr,fg,fb)` eine Farbfunktion angegeben werden kann, die von Maple *nicht* skaliert wird. Wenn einzelne Farbkomponenten kleiner 0 oder größer 1 werden, ändert sich die Helligkeit der jeweiligen Komponente nicht mehr. Die Einschränkungen des Kommandos gegenüber `plot3d` bestehen vor allem darin, daß keine parametrischen Grafiken gezeichnet und keine anderen `color`-Optionen verarbeitet werden können. Das Kommando könnte aber durch eine genauere Auswertung der Parameter in diese Richtung erweitert werden.

Die beiden folgenden Grafiken zeigen die Anwendung der neuen Kommandos: In der ersten Grafik wird die Funktion $z(x, y) = \sin(\sqrt{x^2 + y^2}) + \sin(x)$ dargestellt, in der zweiten Grafik wurde der Funktionswert generell um 1 erhöht. In beiden Grafiken wird dieselbe Funktion zur Berechnung der Farbwerte verwendet: z-Werte zwischen -2 und 2 werden durch die Grauschattierungen zwischen Schwarz und Weiß repräsentiert. Da die rechte Grafik höhere z-Werte aufweist, erscheint die gesamte Grafik heller.

```
greyscale:=(x)->COLOR(RGB,x,x,x):
z:=sin(sqrt(x^2+y^2))+sin(x):
colorplot3d( z, x=-10..6, y=-10..5,
  color=greyscale(z*0.25+0.5),
  grid=[30,30], view=-2..3,
  axes=boxed, scaling=constrained);
```

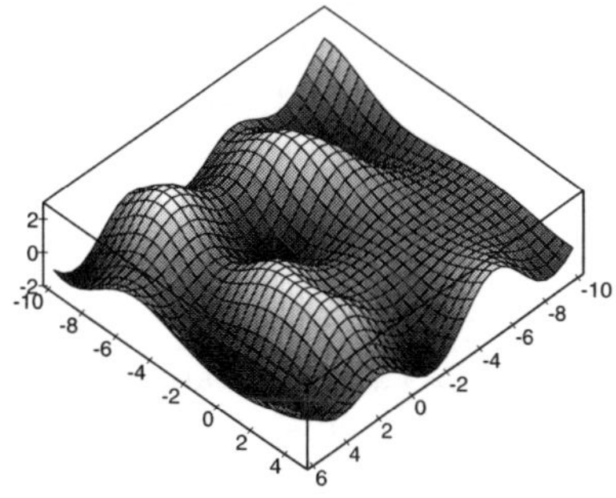

```
z:=1+sin(sqrt(x^2+y^2))+sin(x):
colorplot3d( z,  x=-10..6, y=-10..5,
  color=greyscale(z*0.25+0.5),
  grid=[30,30], view=-2..3,
  axes=boxed, scaling=constrained);
```

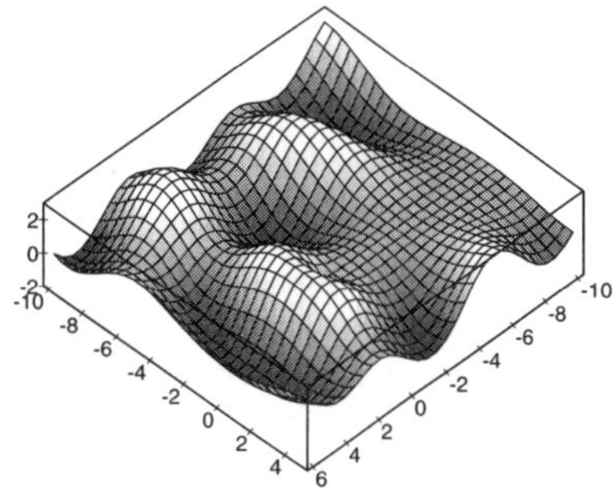

Nun zum Code der neuen Prozedur: Die Prozedur erwartet vier Parameter: Drei davon sind in der Parameterliste aufgezählt, der vierte Parameter in der Form `color=COLOR(RGB,r,g,b)` muß als Option (an beliebiger Stelle in der Parameterliste) angegeben werden. Bei der Auswertung der Optionen werden nur `grid=` und `color=` unmittelbar berücksichtigt. Falls die `grid`-Angabe fehlt, werden 15*15 Datenpunkte berechnet. Aus der `color`-Einstellung wird die Liste mit den Funktionen $[fr, fg, fb]$ entnommen und in der lokalen Variablen c gespeichert.

Beide Optionen werden durch `subsop(i=NULL,opts)` aus der Optionenliste gelöscht. Aus diesem Grund erfolgt die Vergrößerung der Schleifenvariablen i im `else`-Teil der Schleife. Die verbleibenden Optionen werden am Ende der Prozedur an `display` weitergegeben und dort berücksichtigt.

In der Schleife zur Berechnung der Grafik- und Farbdaten geht es vor allem darum, in f und c die beiden Laufvariablen x und y einzusetzen. Die Namen der Variablen in f und c stehen in den lokalen Variablen *varx* und *vary* und wurden den beiden Parametern *xrange* und *yrange* entnommen. Die Datenlisten für die eigentliche Grafik und für deren Farbwerte unterscheiden sich insofern, als die erste Liste verschachtelt, die zweite Liste dagegen linear ist. Deswegen wird beim Zusammensetzen der Farbliste häufiger `op` verwendet, um Listen in Folgen aufzulösen.

Abschließend wird die Grafik mit `PLOT3D`, `GRID` und `COLOR` zusammengesetzt und an `display` weitergegeben. Dieses Kommando wird in der Langform `plots[display]` aufgerufen, um eine Aktivierung des gesamten `plots`-Packages zu vermeiden.

```
colorplot3d:=proc(f::algebraic, xrange::`=`, yrange::`=`)
  local varx, vary, x, x0, x1, y, y0, y1, c, i, j, opts, gridopt,
        dataf1, dataf2, datac1, datac2:
  Digits:=6:
  #
  #     Parameter auswerten
  #
  varx:=op(1,xrange): vary:=op(1,yrange):
  x0:=evalf(op(1, op(2,xrange))): x1:=evalf(op(2, op(2,xrange))):
  y0:=evalf(op(1, op(2,yrange))): y1:=evalf(op(2, op(2,yrange))):
  #
  #     Optionen auswerten
  #
  gridopt:=[15, 15]:      # Defaulteinstellung
  opts:=[args[4..nargs]]:
  i:=1:
  while i<=nops(opts) do:
    if type(opts[i], identical(`grid`)=list) then
      gridopt:=rhs(opts[i]):
      opts:=subsop(i=NULL, opts):  # aus Optionenliste löschen
    elif type(opts[i], identical(`color`)=function) or
           type(opts[i], identical(`COLOR`)=function) then
      c:=[ op(2..4, rhs(opts[i])) ]:
      opts:=subsop(i=NULL, opts):  # aus Optionenliste löschen
    else
      i:=eval(i)+1:
    fi:
  od:
  if c='c' then  # color-Option nicht gefunden
    ERROR(`falsche oder fehlende Farbfunktion color=COLOR(RGB,r,g,b)`):
  fi:
  #     Schleife zur Berechnung der Grafik- und Farbdaten
  #
  dataf1:=[]: datac1:=[]:
  for i from 1 to gridopt[1] do:
    x:=evalf(x0+(x1-x0)/(gridopt[1]-1)*(i-1)):
    dataf2:=[]: datac2:=[]:
    for j from 1 to gridopt[2] do:
      y:=evalf(y0+(y1-y0)/(gridopt[2]-1)*(j-1)):
      dataf2:=[ op(dataf2), evalf( subs(varx=x, vary=y, f)) ]:
      datac2:=[ op(datac2), op(evalf( subs(varx=x, vary=y, c))) ]:
    od:
    dataf1:=[ op(dataf1), dataf2]:
    datac1:=[ op(datac1), op(datac2)]:
  od:
  #     Anzeige der Grafik unter Berücksichtigung der restlichen Optionen
  #
  plots[display]( PLOT3D( GRID(x0..x1, y0..y1, dataf1,
                              COLOR(RGB, op(datac1))) ), op(opts) );
end:
```

Abschließend noch ein Anwendungsbeispiel: Die Abbildung rechts zeigt den Betrag der komplexen Funktion $\sin(x + Iy)$. Die Grauschattierungen geben die Phase der Funktion an: von Dunkelgrau für -180 Grad bis Weiß für 180 Grad.

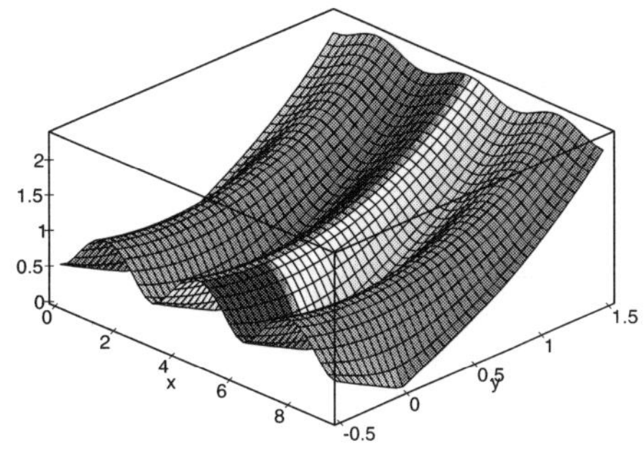


```
f:=sin(x+I*y):
colorplot3d( abs(f), x=-0..3*Pi,
  y=-0.5..1.5, color=greyscale(
    0.33+ (Pi+argument(f))/(3*Pi) ),
  orientation=[-45,45],
  grid=[40,40], axes=boxed,
  labels=[`x`, `y`, ``]);
```

Syntaxzusammenfassung

`PLOT(...);` `PLOT3D(...);`
enthalten die im folgenden beschriebenen Grafikkommandos und Optionen. Die Optionen `COLOR` und `STYLE` dürfen wahlweise innerhalb oder außerhalb eines Grafikkommandos angegeben werden und gelten dann speziell für dieses Grafikkommando oder als Defaulteinstellung. Die restlichen Optionen müssen außerhalb eines Grafikkommandos angegeben werden. Die Syntax der Optionen wurde für die dreidimensionale Anwendung angegeben. Bei der Verwendung in `PLOT` entfällt jeweils der Parameter für die z-Komponente.

`PLOT[3D]( ANIMATE([...]), ...);`
enthält eine Liste von Grafikkommandos für eine bewegte (3D)-Grafik.

Grafikkommandos

`CURVES( [[x0,y0], [x1, y1]...], ...)`
enthält die Koordinaten eines zweidimensionalen Punkt- oder Linienzugs.

`POLYGONS( [[x0,y0], [x1,y1]...], ...)`
enthält die Koordinaten eines zweidimensionalen Polygons.

`GRID(x0..x1, y0..y1, [[z00, z01, z02...],[z10,z11...]...], ...)`
enthält die Daten einer rechteckigen dreidimensionalen Fläche.

```
MESH( [[ [x00,y00,z00], [x01,y01,z01],...],
       [ [x10,y10,z10], [x11,y11,z11]...]...], ...)
```
enthält die Daten einer allgemeinen dreidimensionalen Fläche.

`TEXT( [x0,y0,z0], `text`, ...)`
definiert Ort und Inhalt eines Texts. Im dritten Parameter kann durch `ALIGNABOVE` oder `ALIGNBELOW` sowie durch `ALIGNLEFT` oder `ALIGNRIGHT` die horizontale und vertikale Ausrichtung des Texts angegeben werden (Default jeweils zentriert).

Optionen

`AXESTYLE(...)`
bestimmt das Aussehen der Koordinatenachsen: Die möglichen Einstellungen lauten `BOX, FRAME, NORMAL, NONE.`

`AXESTICKS(xt, yt, zt)`
bestimmt die Orte der Achsenbeschriftung. Für jeden der drei Parameter kann eine Liste der Form $[x0, x1, x2, ...]$ oder $[x0 =$ 'text0', $x1 =$ 'text1', ...] bzw. das Schlüsselwort `DEFAULT` angegeben werden.

`COLOR(HUE,h0, h1, h2, ...)`
`COLOR(RGB,r0,g0,b0, r1,g1,b1, ...)`
bestimmt die Farbe eines Linienzugs / Polygons bzw. die Farben der Teilflächen einer dreidimensionalen Fläche.

`COLOR(...)`
wählt einen Standardalgorithmus zum Einfärben von 3D-Grafiken aus: `XYZSHADING, XYSHADING, ZSHADING, ZHUE, ZGREYSCALE, NONE.`

`CONTOURS(n)` oder `CONTOUR( [c1,c2,c3,...])`
definiert die Anzahl oder die Orte der Höhenlinien. Die Option ist nur in Kombination mit `STYLE(CONTOUR)` oder `STYLE(PATCHCONTOUR)` sinnvoll.

`LABELS(`x`, `y`, `z`)`
gibt die Beschriftungstexte für die Koordinatenachsen an.

`LIGHT(phi, theta, r,g,b)`, `AMBIENTLIGHT(r,g,b)`
definieren die Beleuchtung des dreidimensionalen Körpers.

`PROJECTION(n)`
bestimmt die perspektivische Verzerrung ($n = 0$ bis 1).

`SCALING(...)`
bestimmt die Achsenskalierung: `CONSTRAINED` oder `UNCONSTRAINED.`

`STYLE(...)`
bestimmt die grafische Repräsentation der Daten: `POINTS, LINE, PATCH, CONTOUR, PATCHNOGRID, PATCHCONTOUR, HIDDEN.`

`TITLE(`text`)`
bestimmt den Titel der Grafik.

`VIEW(x0..x1, y0..y1, z0..z1)`
definiert den sichtbaren Ausschnitt der Grafik.

Das plottools-Package

`with(plottools);`
aktiviert die Kommandos des `plottools`-Packages. Mit den Kommandos können 2D- und 3D-Grafikgrundelemente erzeugt und anschließend transformiert werden.

2D-Grafikgrundelemente

```
arc( [x,y], r, winkel1..winkel2 )
arrow( [x1,y1], [x2,y2], breite, pfeilbreite, pfeillänge )
circle( [x,y], rad )
curve( [[x1,y1], [x2,y2], ...] )
disk( [x,y], rad )
ellipse( [x,y], rada, radb )
ellipticArc( [x,y], rada, radb, winkel1..winkel2)
hyperbola( [x,y], a, b, von..bis )
line( [x1,y1], [x2,y2] )
pieslice( [x,y], rad, winkel1..winkel2 )
point( [x,y] )
polygon( [[x1,y1], [x2,y2],...] )
rectangle( [x1,y1], [x2,y2] )
```

3D-Grafikgrundelemente

```
arrow( [x1,y1,z1], [x2,y2,z1], [nx,ny,nz], breite, pfeilbreite, pfeillänge)
cone( [x,y,z], rad, höhe )
cuboid( [x1,y1,z1], [x2,y2,z2] )
cylinder( [x,y,z], rad, höhe )
dodecahedron( [x,y,z], rad )
hemisphere( [x,y,z], rad )
hexahedron( [x,y,z], rad )
icosahedron( [x,y,z], rad )
line( [x1,y1,z1], [x2,y2,z2] )
octahedron( [x,y,z], rad )
point( [x,y,z] )
polygon( [[x1,y1,z1], [x2,y2,z2],...] )
semitorus( [x,y,z], winkel1..winkel2, innenrad, außenrad )
```

```
sphere( [x,y,z], rad )
tetrahedron( [x,y,z], rad )
torus( [x,y,z],  innenrad, außenrad )
```

Transformationskommandos

```
convert(plot, POLYGONS);
cutin( poly, n );
cutout( poly, n );
rotate( plot2d, winkel );
rotate( plot3d, winkelx, winkely, winkelz );
scale( plot2d, sx, sy );
scale( plot3d, sx, sy, sz );
stellate( poly, n );
translate( plot2d, dx, dy );
translate( plot3d, dx, dy, dz );
f:=transform( (u,v,w) -> [fx(u,v,w), fy(u,v,w), fz(u,v,w)]): f(plot3d);
```

Die Transformationskommandos werden entweder auf das Ergebnis eines `plot`-Kommandos oder auf eine Liste von `POLYGON`-Kommandos angewendet. Gegebenenfalls kann mit `convert(plot, POLYGONS)` eine Umwandlung von `MESH`- oder `GRID`-Strukturen in Polygone erfolgen. `transform` führt eine Koordinatentransformation durch: Dazu muß ein funktionaler Operator mit zwei oder drei Parametern (für zwei- oder dreidimensionale Grafiken) definiert werden, der als Ergebnis eine Liste mit den neuen Koordinaten zurückgibt. `transform` liefert als Ergebnis eine Transformationsfunktion, die in der Lage ist, die Maple-internen Grafikstrukturen zu bearbeiten.

Die neuen Grafikkommandos dieses Abschnitts

```
dotplot( [[x0,y0], [x1,y1]...], r, prop);
```

stellt die angegebenen Datenpunkte durch Kreise mit dem Radius r dar. Der optionale Parameter *prop* bestimmt die elliptische Verzerrung der Kreise (Default 1, also ohne Verzerrung).

```
PLOT3D(MESH(moebius(frame, r, n)));
```

zeichnet ein Möbiusband. $frame$ enthält die Koordinatenpunkte des Querschnitts in der Form $[[x0, y0, 0], [x1, y1, 0], ...]$. Der Querschnitt muß eine 180-Grad-Symmetrie bezüglich der z-Achse aufweisen. r gibt den Radius des Möbiusbands an, n die Anzahl der Teilflächen.

```
colorplot3d(f, x=x0..x1, y=y0..y1, color=COLOR(RGB,fr,fg,fb), optionen);
```

stellt die Funktion $f = f(x, y)$ grafisch dar, wobei die Einfärbung durch die Funktionen fr, fg und fb erfolgt. Die Farbwerte dieser Funktionen werden im Gegensatz zu `plot3d` nicht skaliert und sollten daher zwischen 0 und 1 liegen.

Anhang A

Mathematica versus Maple

Mathematica zählt neben Maple zu den ausgereiftesten und am weitesten verbreiteten Mathematikprogrammen. Beide Programme haben ihre Vor- und Nachteile und beide haben ihre Fehler. Ein entscheidendes Argument zur parallelen Verwendung beider Programme ist das der Zuverlässigkeit. Da die Programme unabhängig voneinander entstanden sind, geben zwei übereinstimmende Lösungen eines mathematischen Problems eine sehr hohe Sicherheit, daß das Ergebnis tatsächlich korrekt ist.

Natürlich ist es hier nicht möglich, eine echte Einfühung in Mathematica zu geben (dazu besteht in einem Buch zu Maple auch keine Notwendigkeit). Dieser Anhang soll Ihnen aber helfen, Ihr für Maple erworbenes Wissen möglichst rasch auch in Mathematica anwenden zu können. Der Anhang gibt konkrete Tips zu den unterschiedlichen Syntaxkonventionen und beschreibt Kommandos zur Konversion mathematischer Ausdrücke zwischen Mathematica und Maple.

Schnelleinstieg in Mathematica

Auf den ersten Blick scheinen Mathematica und Maple ganz ähnliche Programme zu sein. Viele wichtige Kommandos sind – von einigen abweichenden Syntaxkonventionen abgesehen – beinahe gleich zu bedienen. Die folgenden Mathematica-Kommandos geben einen kleinen Einblick. Die Ergebnisse von Mathematica wurden wie in Maple als mathematische Formeln gesetzt (über das Mathematica-Kommando `TeXForm`). In der aktuellen Mathematica-Version 2.2 werden Formeln am Bildschirm allerdings noch im unübersichtlichen Textformat (wie in alten Maple-Versionen) angezeigt.

In den drei Kommandos rechts wird die Funktion f definiert, davon die erste Ableitung gebildet und anschließend vereinfacht. Beachten Sie die Syntaxabweichungen: Kein abschließender Strichpunkt, Zuweisungen mit =, eckige Klammern, Groß- und Kleinschreibung, Zugriff auf das letzte Ergebnis mit %.

```
f=(x+1)/(x^2-3)
```

$$\frac{1+x}{-3+x^2}$$

```
D[f, x]
```

$$\frac{-2\,x\,(1+x)}{(-3+x^2)^2}+\frac{1}{-3+x^2}$$

```
fd=Simplify[%]
```

$$-\frac{3+2\,x+x^2}{(-3+x^2)^2}$$

`Solve` berechnet die Nullstellen der Ableitung, wobei die Gleichung mit == formuliert werden muß. `Integrate` funktioniert im wesentlichen wie `int`.

```
Solve[fd==0, x]
```

$$\{\{x\to\frac{-2-2\,i\,\sqrt{2}}{2}\},\{x\to\frac{-2+2\,i\,\sqrt{2}}{2}\}\}$$

```
fi=Integrate[f,x]
```

$$-\frac{\mathrm{ArcTanh}(\frac{x}{\sqrt{3}})}{\sqrt{3}}+\frac{\log(3-x^2)}{2}$$

Die Abbildung rechts zeigt die Funktion f (fett) und deren erste Ableitung. `Plot` wird ähnlich wie `plot` bedient, allerdings werden Bereiche in der Form $\{x, x0, x1\}$ und Optionen mit -> angegeben.

```
Plot[{f, fd}, {x,0,5},
  PlotRange->{-10,10},
  PlotStyle->{ Thickness[0.004],
               Thickness[0.002] } ]
```

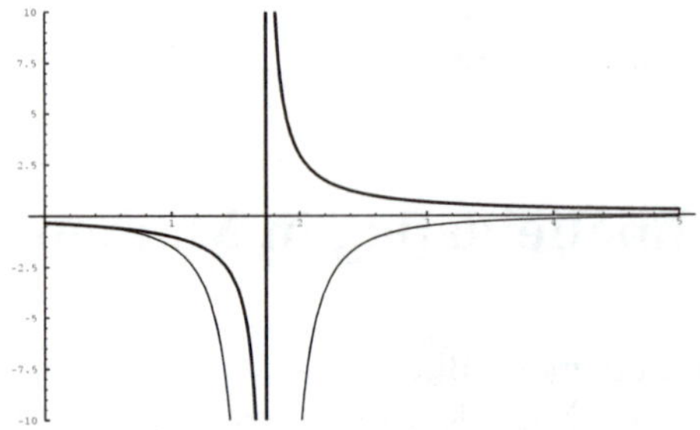

Die aus den obigen Beispielen erkennbaren Ähnlichkeiten zwischen Maple und Mathematica verbergen den Umstand, daß sich die beiden Programme in Wirklichkeit ziemlich grundlegend unterscheiden.

Die Syntax- und Bedienungsunterschiede zwischen Mathematica und Maple können einen gelegentlich zur Weißglut bringen – häufig sind ganz ähnliche Zeichen in ihrer Bedeutung diametral entgegengesetzt. Manchmal drängt sich beinahe der Verdacht auf, dahinter steckt System, aber das wäre vermutlich doch eine böswillige Unterstellung.

Eingabe, Schreibweisen

Ob böswillig oder nicht: Eingaben werden in Mathematica mit SHIFT-ENTER und ohne Strichpunkt abgeschlossen. Bei mehrzeiligen Eingaben erfolgt der Zeilenwechsel mit ENTER. Wenn Sie mehrere Kommandos in einer Zeile angeben möchten, müssen Sie diese durch Strichpunkte trennen – Mathematica zeigt dann allerdings die Ergebnisse dieser Kommandos nicht an. Der Strichpunkt hat damit die Bedeutung des Doppelpunkts in Maple, ENTER und SHIFT-ENTER sind in ihrer Bedeutung vertauscht.

Der Zugriff auf die zuletzt berechneten Ergebnisse erfolgt in Mathematica mit `%`, `%%`, `%%%` etc. Alternativ dazu können Sie auch `%n` angeben – damit beziehen Sie sich auf das n-te Ergebnis. (In Mathematica werden alle Ein- und Ausgaben automatisch durchnumeriert.)

Zur Multiplikation von Zahlen, Variablen oder Funktionen reicht in Mathematica ein Leerzeichen aus – etwa `x y`. In eindeutigen Fällen – beispielsweise `2x` – dürfen Sie sogar darauf verzichten.

Kommentare werden in Mathematica mit `(*` eingeleitet und mit `*)` abgeschlossen.

Viele Kommandos dürfen in Mathematica auch in nachgestellter Form mit dem Operator `//` angegeben werden. Diese Schreibweise ist für nachträgliche Änderungen sehr bequem und vermindert die Anzahl der erforderlichen Klammerebenen.

```
{{1,2},{3,4}} // MatrixForm   (* zeigt die Liste als Matrix an *)
Pi // N                       (* wertet Pi numerisch aus *)
D[x^2/(1+x^2)] // Simplify    (* vereinfacht die Ableitung *)
```

Klammern () {} []

Schlüsselwörter in Maple beginnen immer mit Großbuchstaben (also `Pi`, `E`, `I`), Parameter werden immer in eckige Klammern gestellt (also `Sin[x]`, `D[f,x]`). Runde Klammern werden nur zur Gruppierung mathematischer Ausdrücke (beispielsweise $(a+b)c$) verwendet.

Die Maple-Datentypen für Listen, Mengen, Felder, Tabellen, Vektoren und Matrizen werden in Mathematica durch einfache Listen ausgedrückt. Listen werden in geschwungene Klammern gestellt. Eine 2*2-Matrix hat daher die Form $\{\{1,2\},\{3,4\}\}$. Das Mathematica-Zeichenpaar `{}` entspricht damit am ehesten dem Maple-Zeichenpaar `[]`.

Der Zugriff auf einzelne Elemente einer Liste erfolgt durch die Angabe des Indexes in einem doppelten `[[]]`-Paar. `{a,b,c}[[2]]` liefert daher das Element b.

Einer der grundlegendsten Unterschiede im Umgang mit Mathematica liegt in der vollkommen anderen (und sehr viel flexibleren) Handhabung von Listen. Dieses Thema wird einige Seiten weiter unten in einem eigenen Abschnitt ausführlich behandelt.

Für Bereiche, die in Maple in der Form `x=a..b` angegeben werden, lautet die Mathematica-Syntax `{x,a,b}`. Im Kommando `Table` (das dem Maple-Kommando `seq` ähnlich ist) können Bereiche auch in der Form `{x,a,b,s}` angegeben werden, wobei s die Schrittweite definiert.

Zuweisungs- und Vergleichszeichen $= \;:=\; ->\; ==$

Zuweisungen erfolgen in Mathematica generell mit einem einfachen =-Zeichen. Die Mathematica-Anweisung `a:=b` entspricht der Maple-Anweisung `a:='b'`. `:=` dient in Mathematica also für verzögerte Zuweisungen. Apostrophe als Zeichen zur Blockierung der automatischen Auswertung existieren in Mathematica nicht (auch nicht in einer anderen Syntaxform) und sind wegen der beiden unterschiedlichen Zuweisungsoperatoren auch nicht erforderlich. Zur Formulierung von Gleichungen (etwa in `Solve`) oder von Bedingungen wird das Zeichenpaar == verwendet.

Die Einstellung von Optionen erfolgt in Mathematica mit der Zeichenkombination -> (am häufigsten in den `Plot`-Kommandos). Es existiert kein analoges Kommando zu `subs`. Vorübergehende Substitutionen werden in Mathematica mit `/.` eingeleitet und mit -> ausgeführt. Das ist am leichtesten anhand eines Beispiels darzustellen:

```
subs(x=0, y=1, z=3, f);    # Maple
f /. {x->0, y->1, z->3}    (* Mathematica *)
```

Die geschwungenen Klammern sind erforderlich, wenn mehrere Substitutionen gleichzeitig ausgeführt werden sollen.

Definition von Funktionen

In Mathematica werden Funktionen generell mit dem Operator `:=` definiert. Mathematica gibt nach dem Abschluß der Eingabe kein Ergebnis aus, was an der verzögerten Wirkung von `:=` liegt. Lassen Sie sich dadurch nicht irritieren.

Wie in Maple wird zwischen Scheinfunktionen und echten Funktionen unterschieden. Die Syntax für Funktionen mit richtigen Parametern ist aber leichter nachvollziehbar als in Maple:

```
f:=Sin[x] Cos[y]           (* Scheinfunktion *)
f[x_, y_]:=Sin[x] Cos[y]   (* Funktion mit echten Parametern*)
```

Die Parameter der Funktion werden unmittelbar in einer Parameterliste aufgezählt und müssen mit dem Zeichen _ enden. Dieses Zeichen darf in Mathematica *nicht* in normalen Variablennamen verwendet werden! Die Zeichenkombination `x_` stellt einen Platzhalter für ein Muster (in diesem Fall: für einen beliebigen Parameter der Funktion f) mit dem Namen x dar.

Packages

Packages werden in Mathematica mit `Needs["Gruppe`Name`"]` aktiviert, also beispielsweise `Needs["Graphics`Graphics3D`"]`. Entscheidend ist, daß Sie den Namen des im Package enthaltenen Kommandos vorher *nicht* verwenden! Wenn Sie das irrtümlich dennoch tun, müssen Sie diesen Namen mit `Remove[Kommando]` wieder löschen, bevor Sie das Package mit `Needs` aktivieren.

Numerische Berechnungen

Numerische Berechnungen werden in Mathematica mit dem Kommando `N` ausgeführt. Bei diesem Kommando kann im zweiten Parameter die gewünschte Stellenzahl angegeben werden – andernfalls wird das Ergebnis mit maximal sechs Nachkommastellen angegeben. Wie in Maple sind symbolische Berechnungen – soweit möglich – vorzuziehen.

Im Gegensatz zu Maple merkt sich Mathematica bei jedem numerischen Ausdruck dessen Genauigkeit. 0.1 gilt nur auf sechs Stellen genau (Mindestgenauigkeit), während der Wert 0.100000000 auf neun Stellen genau ist. Wenn in einer Rechenoperation zwei unterschiedlich genaue Zahlenwerte einfließen, berücksichtigt Mathematica nur die Stellenzahl der ungenauesten Zahl. Damit haben Sie immer die Sicherheit, daß das Ergebnis nicht mehr Stellen enthält, als wirklich exakte Informationen vorliegen.

```
x=0.1; y=0.00000000000000000001; x+y
```

0.1

```
x=0.10000000000000000000; y=0.00000000000000000001; x+y
```

0.10000000000000000001

Mathematica berücksichtigt sogar den Genauigkeitsverlust bei längeren Berechnungen. Wenn Sie eine 20*20-Matrix mit 50-stelligen Zahlen invertieren, sinkt die Stellenzahl im Ergebnis auf 42 signifikante Stellen.

Listen

Die größten Probleme beim Wechsel zwischen Mathematica und Maple (egal in welche Richtung) bereiten sicherlich die unterschiedlichen Listenkonzepte. Während Maple vier verschiedene Datentypen (Listen, Mengen, Felder, Tabellen) und einige weitere davon abgeleitete Typen (Vektoren, Matrizen) kennt, gibt es in Mathematica nur Listen, die durch geschwungene Klammern gekennzeichnet sind. Und während es in Maple eine Fülle von Spezialkommandos zum Umgang mit den verschiedenen Listendatentypen gibt, funktioniert die Verarbeitung von Listen in Mathematica zumeist automatisch über Operatoren. Dazu einige Beispiele, die in Maple in dieser Form undenkbar sind:

Mathematica rechnet mit Listen (und damit auch mit Vektoren und Matrizen) wie mit ganz normalen Einzelwerten. In Maple müssen Sie mit `map`, `zip` oder `seq` arbeiten bzw. die Matrizenkommandos über `evalm` auswerten. Der Operator `.` berechnet das In-Produkt.

```
{x,y,z}^{a,b,c}
```

$\{x^a, y^b, z^c\}$

```
Sin[{x,y,z}]
```

$\{\sin(x), \sin(y), \sin(z)\}$

Die Beispiele rechts zeigen zwei Spezialkommandos: `Transpose` stellt eine verschachtelte Liste auf den Kopf, `Flatten` löst eine oder mehrere Klammerebenen auf.

```
Transpose[ {{x,y,z}, {a,b,c}}]
```

$\{\{x,a\},\{y,b\},\{z,c\}\}$

```
Flatten[%]
```

$\{x, a, y, b, z, c\}$

Die automatische Listenverarbeitung in Mathematica wirkt sich stark auf die Formulierung von komplizierteren Aufgabenstellungen aus. Wo Sie in Maple mit `seq` arbeiten oder gar mit `for` Schleifen bilden, setzen Sie in Mathematica oft mehrzeilige Ausdrücke mit zahllosen Klammerebenen zusammen. Nach einiger Gewöhnung werden Sie die Mathematica-Syntax als eleganter und effizienter empfinden. Es ist allerdings unbestreitbar, daß vergleichbare Maple-Konstruktionen, die zumeist auf mehrere Kommandos verteilt werden (müssen), einfacher zu lesen und zu verstehen sind.

Das zentrale Kommando von Mathematica zur Bildung von Listen lautet `Table`. Es vereint die Eigenschaften des Maple-Kommandos `seq` und der in Kapitel 30 vorgestellten Erweiterung `seqn`. Einige Beispiele zum Einsatz dieses Kommandos beenden diesen Abschnitt.

In der einfachsten Form funktioniert `Table` praktisch wie `seq` und liefert eine einfache Liste. `Table` kann aber auch mit einer beliebigen Schrittweite oder verschachtelt eingesetzt werden. Die Maple-Syntaxvariante `seq(x, x=liste)` existiert in Mathematica nicht, ist wegen der automatischen Listenverarbeitung aber auch nicht notwendig.

```
Table[x^2, {x,1,3}]
```

$\{1, 4, 9\}$

```
Table[x, {x,1,2,0.2}]
```

$\{1, 1.2, 1.4, 1.6, 1.8, 2.\}$

```
Table[x^y, {x,3}, {y,3}]
```

$\{\{1,1,1\},\{2,4,8\},\{3,9,27\}\}$

Grafik

Die Bedienung der Grafikkommandos von Mathematica erfolgt im Prinzip so wie in Maple: Dem Kommando wird die zu zeichnende Funktion und der Zeichenbereich übergeben; alle weiteren Einstellungen erfolgen über Optionen.

Zwei Beispiele für Mathematica-Grafiken finden Sie unten bzw. am Beginn dieses Anhangs. Außerdem wurden fast alle Kapitelnummern dieses Buchs mit Mathematica produziert. (Viele der Abbildungen wären in gleicher oder ähnlicher Form auch mit

Maple möglich gewesen. Die Mathematica-Bilder waren aber aus dem 1992 erschienenen Mathematica-Buch schon griffbereit, sind also ein Recycling-Produkt.)

Mit `FilledPlot` aus dem gleichnamigen `Graphics`-Package können Flächenbereiche zwischen zwei Kurven hervorgehoben werden. Die Optionen `GridLines` und `Frame` steuern das Aussehen des Koordinatensystems.

```
Needs["Graphics`FilledPlot`"]
f:=1/3/E^(x^2/3);
FilledPlot[
  {f, If[-2/3<x<4/3, 0, f]},
  {x,-3,3}, GridLines->Automatic,
  Frame->True]
```

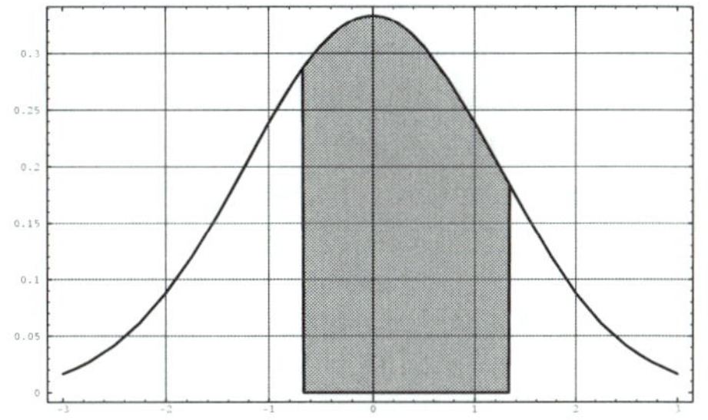

Konversion zwischen Maple- und Mathematica-Ausdrücken

Konversion von Maple zu Mathematica

Seit Release 3 versteckt sich das Kommando `mathematica` in der `share`-Library. Dieses nirgendwo dokumentierte Kommando konvertiert Maple-Ausdrücke in die Mathematica-Syntax.

```
with(share): readshare(math,system):
mathematica( sin(sin(x^2*y^2)) );
  Sin[Sin[x^2*y^2]]

mathematica( array([[a,b,c],[e,f,g]]));
  {{a, b, c}, {e, f, g}}
mathematica( Int(1/x, x=1..2) );
  Integrate[1/x,{x, 1, 2}]
```

Konversion von Mathematica nach Maple

Für die Konversion von Mathematica-Ausdrücken in Maple-Ausdrücke hat Jürgen Schmidt (Universität Gießen, `www.uni-giessen.de/www-Mathematische-Physik`) das Kommando `MapleForm` programmiert und dankenswerterweise zur Weitergabe freigegeben.

Damit Sie MapleForm verwenden können, müssen Sie die Datei mathemat\maple.m von der beiliegenden CD-ROM in Ihr Mathematica-Verzeichnis kopieren. In Mathematica führen Sie das Kommando <<maple.m aus, um die Datei zu laden.

Anschließend können Sie MapleForm wie jedes andere Mathematica-Kommando verwenden, d. h. wahlweise als Funktion oder mit dem Operator //. Wenn Sie die Auswertung eines Mathematica-Kommandos verhindern möchten, verwenden Sie zusätzlich das Kommando Hold (siehe drittes und viertes Beispiel). Weitere Informationen zu MapleForm gibt das Mathematica-Notebook math2mpl.ma, das sich ebenfalls auf der CD-ROM befindet.

```
Sin[Sin[x^2*y^2]] //MapleForm
  sin(sin(x^2*y^2));

MapleForm[ {{a,b,c},{d,e,f}} ]
  [[a, b, c], [d, e, f]];

Integrate[1/x, {x,1,2}] //MapleForm
  log(2);

Integrate[1/x, {x,1,2}] //Hold //MapleForm
  int(´x^(-1)´, ´x´=1..2);
```

Syntaxkonventionen

Maple	**Mathematica**
kommando;	Kommando
kommando: kommando: kommando:	Kommando; Kommando; Kommando;
kommando(ausdruck);	Kommando[ausdruck] oder: ausdruck //Kommando
kommando(ausdruck, option=einst);	Kommando[ausdruck, Option->einst]
# Kommentar	(* Kommentar *)
a*b;	a b
2*Pi;	2Pi
a:=b;	a=b
a:=´b´;	a:=b
x:=´x´;	Clear[x]
f:=x*y;	f=x*y
f:=(x,y)->sin(x)*cos(y);	f[x_,y_]:=Sin[x] Cos[y]
gl:=2*x+3*y=1;	gl=2x+3y==1
[[1,2],[3,4]];	{{1,2},{3,4}}
liste[2]; oder: op(2,liste);	liste[[2]]

Wichtige Kommandos

`convert(f, parfrac, x);`	`Apart[f,x]`
`diff(f,x);`	`D[f,x]`
`dsolve( {diff(y(x),x)+y(x)=1, y(0)=0}, y(x) );`	`DSolve[ {y´[x]+y[x]==1, y[0]==0}, y[x], x]`
`dsolve( {diff(y(x),x)+y(x)=1, y(0)=0 }, y(x), numeric);`	`NDSolve[ {y´[x]+y[x]==1, y[0]==0}, y[x], x]`
`evalf(f, n);`	`N[f,n]`
`evalf(Int(f, x=a..b));`	`NIntegrate[f, {x,a,b}]`
`evalf(Limit(f, x=a));`	`NLimit[f, x->a]`
`expand(f);`	`Expand[f]`
`factor(f);`	`Factor[f]`
`int(f,x);`	`Integrate[f,x]`
`int(f,x=a..b);`	`Integrate[f,{x,a,b}]`
`limit(f, x=a);`	`Limit[f, x->a]`
`normal(f);`	`Together[f] und: Cancel[f]`
`plot(f, x=a..b, option=einstellung);`	`Plot[f, {x,a,b}, Option->einst]`
`residue(f, x=a);`	`Residue[f, {x,a}]`
`seq(f,x=a..b);`	`Table[f, x,a,b]`
`simplify(f);`	`Simplify[f]`
`solve(f=a,x);`	`Solve[f==a,x]`
`solvef(f=a,x);`	`NSolve[f==a,x]`
`solvef(f=a, x, x0..x1, complex);`	`FindRoot[f==a, {x,xstart,x0,x1}]`
`subs(x=a, y=b, f);`	`f /. {x->a, y->b}`
`with(packagename);`	``Needs["Gruppe`Name`"]``

Elementare Konstanten und Funktionen

`abs(x);`	`Abs[x]`
`argument(x);`	`Arg[x]`
`cos(x);`	`Cos[x]`
`exp(1);`	`E`
`I;`	`I`
`Im(z);`	`Im[z]`
`log(x);`	`Log[x]`
`Pi;`	`Pi`
`rand(a..b)();`	`Random[Integer, {a..b}]`
`Re(z);`	`Re[z]`
`sin(x);`	`Sin[x]`
`sqrt(x);`	`Sqrt[x]`
`tan(x);`	`Tan[x]`

Anhang B

Der Inhalt der CD-ROM

Auf der CD-ROM befinden sich alle Beispiele zu diesem Buch, das Programm MaplePS zur Bearbeitung von Maple-PostScript-Grafiken (siehe Kapitel 2) sowie ein Mathematica-Programm zur Konversion von Mathematica-Ausdrücken in die Maple-Syntax. Dieser Anhang beschreibt kurz die einzelnen Verzeichnisse der CD-ROM.

examples

Das Verzeichnis enthält die Beispieldateien zu diesem Buch. Es ist in vier Unterverzeichnisse gegliedert, `part1` bis `part3` sowie `etc`.

In den Verzeichnissen `part1` bis `part3` befinden sich die Dateien `chap01.mws` bis `chap32.mws`. Wenig überraschend enthält `chap01.mws` die Beispiele zu Kapitel 1 etc. Die Worksheet-Dateien sind entsprechend dem Aufbau der Kapitel in Abschnitte gegliedert, so daß einzelne Beispiele leicht zu finden sind. Die Beispiele zu Kapitel 4 sind aus Gründen der Übersicht in 12 kleineren Dateien untergebracht (`chap04a.mws` bis `chap04k.mws`). `chap04.mws` enthält nur Querverweise (Hyperlinks) darauf.

examples\etc

`etc` enthält diverse andere Dateien: `error.mws` enthält Beispiele mit Fehlern, die während der Arbeit mit Maple V Release 4 entdeckt wurden. (Die Datei wurde per E-Mail an Waterloo Software gesandt.)

`styles.mws` ist eine leere Maple-Datei mit den Absatzformaten der restlichen Beispieldateien. `bwstyles.mws` ist eine Variante dazu; sie verzichtet auf Farben und eignet sich daher besonders für Ausdrucke auf Schwarzweißdruckern. Beide Dateien können via FORMAT|STYLE|MERGE EXISTING dazu verwendet werden, um die Absatzformate eigener Maple-Worksheets neu zu definieren.

mapleps

`mapleps` enthält das Windows-Programm `MaplePS.exe` in zwei Versionen: einer 32-Bit-Version für Windows 95 / NT und einer 16-Bit-Version für Windows 3.1. Diese Version sollte auch unter OS/2 laufen. Das Verzeichnis enthält auch die Quellcodes zu beiden Versionen (in Visual Basic 4.0 bzw. 3.0). Die Anwendung des Programms ist in Kapitel 2 beschrieben.

mathemat

`mathemat` enthält zwei Mathematica-Dateien, die die Umwandlung von Mathematica-Ausdrücken in das Maple-Format ermöglichen (siehe auch Anhang A). Damit Mathematica die Datei `maple.m` mit dem neuen Kommando `MapleForm` findet, muß `maple.m` in das Mathematica-Verzeichnis kopiert werden. Anschließend kann die Datei mit `<<maple.m` geladen werden.

`math2mpl.ma` ist ein Mathematica-Workbook, das die Anwendung von `MapleForm` demonstriert. Analog dazu zeigt die Maple-Datei `mpl2math.mws`, wie Maple-Ausdrücke in die Mathematica-Syntax umgewandelt werden können.

Anmerkung: Der Konverter Mathematica → Maple wurde von Jürgen Schmidt (Universität Gießen) zur Verfügung gestellt. Die aktuelle Version des Konverters finden Sie im Internet auf der WWW-Adresse `http://www.uni-giessen.de/www-Mathematische-Physik`.

Anhang Q

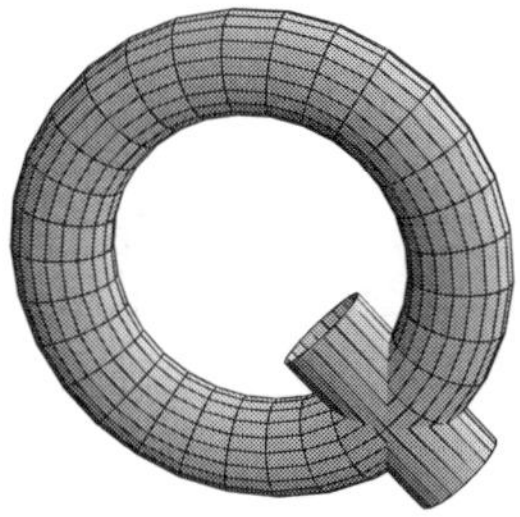

Quellenverzeichnis

I. N. Bronstein, K. A. Semendjajew: *Taschenbuch der Mathematik*, 24. Auflage, Teubner Verlagsgesellschaft 1989.

W. Char, K. O. Geddes, G. H. Gonnet, B. Leong, M. B. Monagan, S. M. Watt: *Maple V First Leaves*, Springer 1992.

W. Char, K. O. Geddes, G. H. Gonnet, B. Leong, M. B. Monagan, S. M. Watt: *Maple V Language Reference Manual*, Springer 1991.

W. Char, K. O. Geddes, G. H. Gonnet, B. Leong, M. B. Monagan, S. M. Watt: *Maple V Library Reference Manual*, Springer 1991.

H. Gloggengießer: *Maple V – Software für Mathematiker*, Markt & Technik 1993.

K. Heal, M. Hansen, K. Rickard: *Maple V Learning Guide*, Springer 1996.

A. Heck: *Introduction to Maple*, Springer 1993.

M. Hörhager: *Maple in Technik und Wissenschaft*, Addison-Wesley 1996.

M. Kofler: *Mathematica – Einführung und Leitfaden für den Praktiker*, Addison-Wesley 1995.

H. Kopka: LaTeX – *Eine Einführung*, Addison-Wesley 1992.

H. Kopka: LaTeX *Erweiterungsmöglichkeiten*, Addison-Wesley 1992.

E. Kreyszig: *Advanced Engineering Mathematics*, Seventh Edition, John Wiley & Sons 1993.

M. Monagan, K. Geddes, G. Labahn, S. Vorkoetter: *Programming Guide*, Springer 1996.

H. Peitgen, P. Richter: *The Beauty of Fractals*, Springer 1986.

D. Redfern: *The Maple Handbook*, Springer 1996.

S. Wolfram: *Mathematica: A System for Doing Mathematics by Computer*, Addison Wesley 1991.

Die Abitur-Beispiele in Kapitel 4 wurden (z.T. in leicht modifizierter Form) den Jahresberichten des Bundesrealgymnasiums Adolf Pichler Platz, Innsbruck aus den Jahren 1982 bis 1988 entnommen.

Stichwortverzeichnis